TRAITÉ

DE

LA CHALEUR

II

Corbeil, typ. et stér. de Crété.

TRAITÉ

DE

LA CHALEUR

CONSIDÉRÉE

DANS SES APPLICATIONS

PAR

E. PÉCLET

ANCIEN INSPECTEUR GÉNÉRAL DE L'UNIVERSITÉ, PROFESSEUR DE PHYSIQUE
APPLIQUÉE AUX ARTS A L'ÉCOLE CENTRALE,
MEMBRE DU CONSEIL DE LA SOCIÉTÉ D'ENCOURAGEMENT.

TROISIÈME EDITION

ENTIÈREMENT REFONDUE.

TOME DEUXIÈME

PARIS

LIBRAIRIE DE VICTOR MASSON

PLACE DE L'ÉCOLE DE MÉDECINE.

M DCCC LX

TRAITÉ
DE LA CHALEUR

LIVRE VII.

VAPORISATION.

912. La vaporisation des liquides donne lieu, dans l'industrie, à quatre systèmes différents d'opération : 1° la formation de la vapeur qui doit être employée comme force motrice ou comme véhicule de la chaleur : nous conserverons à cette opération le nom de *vaporisation*; 2° la production des vapeurs qui doivent être condensées et recueillies : cette opération porte le nom de *distillation*; 3° la vaporisation qui a pour but de séparer, sans le recueillir, un liquide vaporisable mêlé avec un autre qui ne l'est pas ou qui l'est moins : cette opération est désignée sous le nom d'*évaporation*; 4° enfin, la formation des vapeurs, qui a pour but d'enlever un corps liquide qui mouille un corps solide : cette dernière opération porte le nom de *séchage*. Dans ce livre, nous ne nous occuperons que de la vaporisation proprement dite.

CHAPITRE PREMIER.

DES GÉNÉRATEURS DE VAPEUR EN GÉNÉRAL.

Avant d'examiner en détail les différentes parties qui composent un générateur et les différentes dispositions qu'on leur a données, je décrirai sommairement un appareil choisi parmi ceux qui sont le plus généralement employés.

913. *Description d'un générateur.* — Les figures 186 et 187 re-

présentent, la première, une coupe verticale passant par l'axe de la chaudière ; la seconde, une coupe verticale perpendiculaire à la première et passant par le milieu du foyer. A, chaudière proprement dite ;

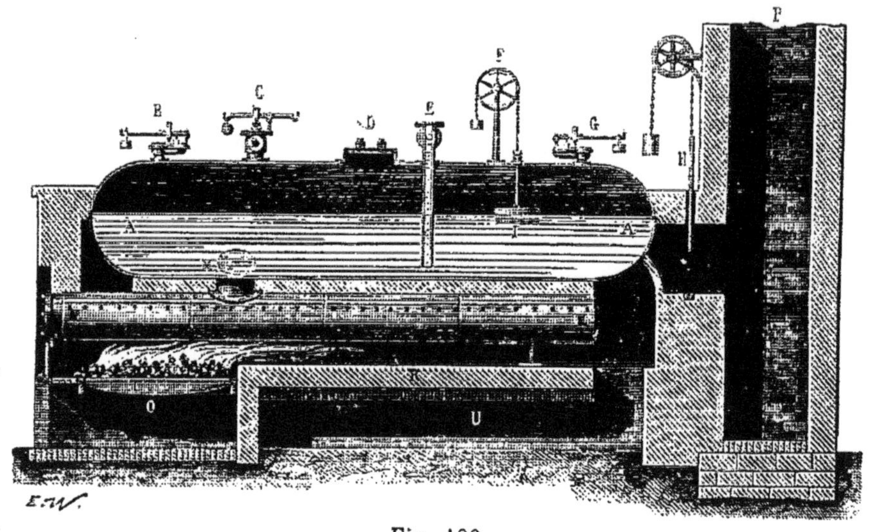

Fig. 186.

N, N, cylindres horizontaux communiquant avec la chaudière et désignés sous le nom de bouilleurs ; O, cendrier et foyer ; C, canal parcouru par la fumée, qui suit d'abord les bouilleurs et fait ensuite le tour de la chaudière avant de passer dans la cheminée P ; H, registre destiné à régler le tirage de la cheminée ; M, tubes de communication de la chaudière et des bouilleurs ; R, voûte sur laquelle reposent les chandeliers en fonte qui supportent les bouilleurs ; I, flotteur qui, en s'élevant ou en s'abaissant, fait mouvoir une aiguille sur un cadran divisé F, et indique ainsi le niveau de l'eau ; E, tuyau d'alimentation ; D, trou d'homme, ordinairement fermé, et qui sert à pénétrer dans la chaudière pour la nettoyer ; C, prise de vapeur, qui peut être ouverte ou fermée au moyen d'un poids placé à l'une ou à l'autre extrémité d'un levier ; B et G, soupapes de sûreté empêchant la pression dans la chaudière de dépasser une certaine limite.

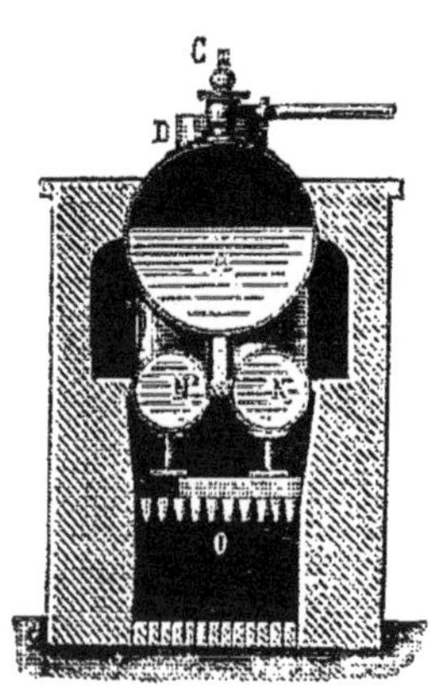

Fig. 187.

914. *Nature du métal.* — Trois métaux seulement peuvent être employés dans la construction des générateurs, la fonte, le fer et le cuivre. Mais la fonte ne présente aucune sécurité; l'emploi en est d'ailleurs interdit, pour la navigation, par les ordonnances concernant les appareils à vapeur; et on peut dire que les chaudières en fonte sont complétement abandonnées. On ne peut donc hésiter qu'entre le fer et le cuivre. Comme ce dernier métal a moins de ténacité que le fer, et qu'il est d'un prix beaucoup plus élevé, les générateurs en cuivre ne sont employés que dans quelques cas spéciaux. Dans l'appréciation de la dépense pour l'établissement d'une chaudière en cuivre ou en fer, il convient toutefois d'observer que les chaudières de cuivre hors de service ont une plus grande valeur que les chaudières en tôle.

915. *Formes des chaudières.* — La forme des chaudières, du moins quand elles sont chauffées extérieurement, n'a qu'une bien faible influence sur la quantité de chaleur qu'elles peuvent transmettre, et, par conséquent, sur la quantité de vapeur qu'elles peuvent produire. On a cru longtemps que la forme concave était préférable pour l'absorption de la chaleur émise par le foyer et les carneaux; mais cette opinion, qui est encore partagée par quelques auteurs, semble contraire à tous les faits industriels. Ainsi, sous le rapport de la transmission de la chaleur, la forme des chaudières est à peu près arbitraire. Mais il est une autre condition qui en restreint beaucoup le choix : c'est la résistance aux forces qui tendent à les déformer où à les déchirer. Ces forces sont au nombre de trois : le poids du métal lui-même, le poids du liquide renfermé dans la chaudière, et enfin la force élastique de la vapeur. En général, les deux premières forces ont une si faible influence, relativement à la dernière, qu'on n'y a jamais égard, et les épaisseurs des feuilles métalliques qu'on emploie dans la construction des chaudières sont toujours de beaucoup supérieures à celles qui correspondraient à leur déformation par le poids du métal et celui du liquide qu'elles doivent renfermer. La forme de chaudière la plus avantageuse, sous le rapport de la résistance, est évidemment celle d'un cylindre à base circulaire, car elle ne peut pas changer par une pression également répartie.

916. Lorsque les chaudières sont à *basse pression,* c'est-à-dire lorsqu'elles doivent produire de la vapeur sous une pression peu supérieure à celle de l'atmosphère, on peut leur donner des formes quelconques, pourvu qu'on maintienne, par des armatures convenablement placées, et d'une résistance suffisante, les parties que la pression tend à écarter.

Mais la disposition le plus généralement employée consiste en un cylindre unique, à base circulaire, placé horizontalement ; la fumée en parcourt successivement la partie inférieure et les parties latérales. Quelquefois les chaudières sont traversées, dans le sens de leur longueur, par un ou plusieurs tuyaux à fumée. Souvent aussi le foyer est placé dans l'intérieur de la chaudière.

917. Quand la vapeur doit être à *haute pression*, on emploie ordinairement des chaudières cylindriques, à foyers extérieurs, et souvent on place au-dessous deux cylindres bouilleurs d'un plus petit diamètre, qui communiquent avec la chaudière par une ou deux tubulures ; ils reçoivent le plus souvent le rayonnement du foyer, et par suite c'est sur eux que se porte toute l'action destructive de la chaleur. Dans les bateaux à vapeur et dans les locomotives, on emploie des dispositions particulières, exigées par les circonstances dans lesquelles ces appareils doivent fonctionner, et qui consistent dans l'emploi d'un foyer intérieur et de tubes d'un faible diamètre parcourus par la fumée.

Nous examinerons plus tard les avantages et les inconvénients de ces différentes dispositions ; je me bornerai maintenant à donner quelques détails sur la construction des chaudières ordinaires.

918. *Construction des chaudières.* — Les feuilles de tôle sont réunies par des rivets fixés à chaud ; le diamètre des trous est ordinairement un peu plus petit que les intervalles qui les séparent. Les têtes des chaudières sont de forme plus ou moins convexe et quelquefois hémisphérique. Les différentes tubulures qui se trouvent à la partie supérieure de la chaudière sont en fonte ; elles sont fixées par des rivets ou par des boulons.

919. La tubulure qui porte le nom de *trou d'homme* (*fig*. 188) est ordinairement elliptique et fermée par une pièce en fonte dont les deux diamètres excèdent de 3 ou 4 centimètres ceux de l'orifice ; on l'introduit en présentant son plus petit diamètre au plus grand de l'ouverture, et on la maintient en place par des boulons

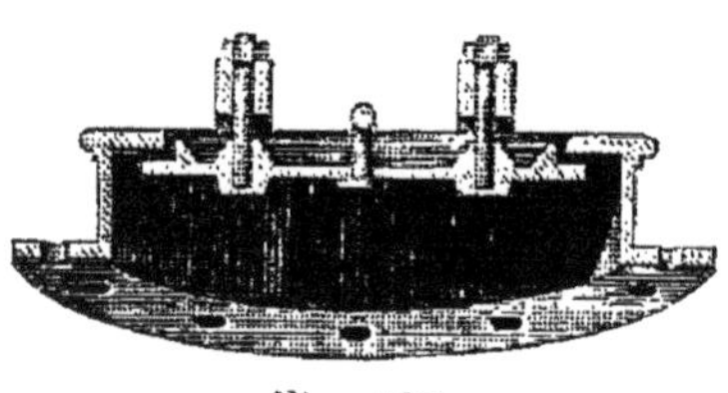

Fig. 188.

vissés dans la plaque de fermeture ou venus de fonte avec elle et qui passent à travers deux pièces de fer s'appuyant sur les bords de la tubulure.

920. Les bouilleurs sont terminés à l'arrière par une surface convexe, et en avant par une tubulure en fonte, fermée comme le trou

d'homme, quand le diamètre des bouilleurs excède 0ᵐ 45 (*fig.* 189 et 190); quand le diamètre est plus petit, les bouilleurs sont fermés par des plaques que retien-nent des croisillons en fer maintenus par des boulons, afin de ne pas diminuer l'orifice d'accès. Les têtes des bouilleurs s'appuient sur la plaque de fonte dans la-quelle sont percées les portes du foyer et du cendrier, et à une certaine distance de la

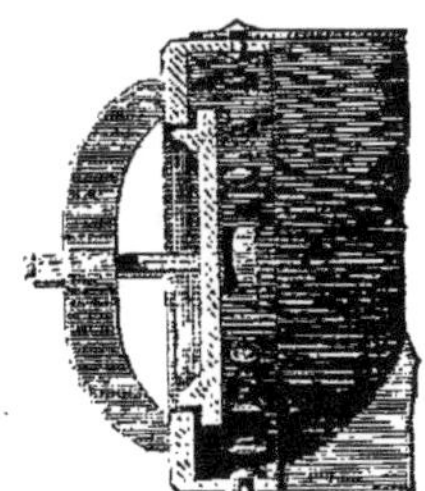

Fig. 189.   Fig. 190.

face antérieure du fourneau, au delà du foyer, sur des supports en fonte. Les chaudières sont ordinairement soutenues par quatre ou par six oreilles en fer, assez prolongées pour porter sur la partie de la ma-çonnerie qui se trouve au delà des carneaux; d'autres fois ces oreilles sont courtes et s'appuient sur des chandeliers en fonte reposant sur le fond des carneaux.

921. *Dimensions des chaudières.* — Dans tous les cas qui peuvent se présenter, la quantité de vapeur à produire par heure est déterminée par l'effet qu'on veut obtenir. La quantité de combustible à brûler s'en-suit nécessairement; en effet, la quantité de chaleur emportée par le gaz dans la cheminée étant à peu près le quart de la chaleur totale dé-veloppée par la combustion, il en résulte que, s'il n'y avait pas d'au-tres pertes, les 3/4 de la chaleur seraient absorbés par la chaudière, et par conséquent, en multipliant par 4/3 la quantité de combustible théo-riquement nécessaire à la production de la vapeur demandée, on aurait celle qui doit être consommée. Ce calcul donnerait à peu près 9ᵏ de vapeur par kilogramme de houille. Mais on est loin d'obtenir un pa-reil résultat; la production la plus habituelle de vapeur par kilo-gramme de houille est comprise entre 6 et 7ᵏ. Cette différence pro-vient de la perte de chaleur par la surface du fourneau et de la partie de la chaudière qui n'est pas couverte de maçonnerie, de l'air qui pé-nètre à travers la maçonnerie, de l'imperfection de la combustion et d'un trop grand excès d'air admis dans le foyer, surtout à l'ouverture des portes. Ainsi on n'obtient guère que la moitié de l'effet utile que le combustible pourrait produire : c'est le résultat sur lequel il faut comp-ter pour tous les combustibles; et, pour l'obtenir, il est même néces-saire que la chaudière ait les dimensions convenables.

Remarquons d'abord que la capacité de la chaudière est sans

influence, car la chaleur n'est reçue que par la surface chauffée.

La chaleur qui se produit dans le foyer se dissipe, comme nous l'avons dit, de deux manières différentes : par le rayonnement et par les gaz chauds qui s'échappent. Une partie de la chaudière s'échauffe par le rayonnement et par le contact des gaz chauds, et une partie seulement par ce dernier mode. On conçoit facilement qu'à mesure que la chaudière est plus longue, la fumée se trouvant en contact avec elle dans une plus grande étendue se refroidit toujours davantage, et qu'il existe une longueur de circuit au delà de laquelle la fumée a seulement la température de 300° à laquelle elle est ordinairement abandonnée dans la cheminée.

Il résulte de là que chaque mètre carré de surface de chauffe absorbe une quantité de chaleur qui diminue très-rapidement, depuis le foyer jusqu'à l'extrémité de la chaudière abandonnée par la fumée ; attendu que l'influence du rayonnement diminue à mesure que l'inclinaison des rayons et la distance augmentent ; et que la température de la fumée décroît aussi très-rapidement, à mesure qu'elle s'éloigne du foyer, par le fait même de l'absorption de la chaleur.

922. On a fait des expériences assez exactes pour déterminer la quantité de chaleur qui peut passer à travers un mètre carré de surface de différents métaux exposée au feu le plus ardent, et de la manière la plus avantageuse. D'après M. Christian, le maximum de vapeur que peut produire dans une heure 1 mètre carré de surface de chaudière de fonte exposée au feu le plus violent et entièrement plongée dans la flamme est de 100 kilogrammes. M. Clément a obtenu le même nombre pour une chaudière de cuivre de 3 millimètres d'épaisseur placée dans les mêmes circonstances. Il résulte de là, comme nous l'avons déjà dit, que la nature et l'épaisseur du métal sont sans influence sur la quantité de vapeur produite, et qu'on doit admettre que, pour la partie de la chaudière qui se trouve immédiatement au-dessus du foyer, chaque mètre carré de surface fournirait 100 kilogrammes de vapeur par heure, si la température du foyer était la même que dans les expériences citées ci-dessus.

Mais il est impossible de rien calculer pour ce qui se passe au delà : les phénomènes sont trop compliqués et dépendent trop des circonstances particulières à chaque chaudière. Il faut alors s'en rapporter à des expériences qui donnent la quantité moyenne de vapeur fournie par chaque mètre carré de surface de chauffe, quand la fumée ne possède à sa sortie que la température convenable au tirage.

923. Or, il résulte de l'observation des chaudières bien établies,

qui produisent de 6 à 7 kilogrammes de vapeur par kilogramme de houille, et qui abandonnent la fumée à environ 300°, que la production moyenne de vapeur par heure et par mètre carré est comprise entre 15 et 30 kilogrammes.

Il est important de remarquer qu'une variation, même assez considérable dans un sens ou dans l'autre, dans le chiffre moyen que nous venons d'indiquer, n'aurait qu'une faible influence sur l'effet utile produit, parce que les variations, dans l'étendue de la surface de chauffe, se portent toujours sur les parties du générateur qui sont abandonnées les dernières par l'air chaud, et qui, par suite, produisent le moins de vapeur.

On doit à M. Cavé une longue série d'expériences sur des chaudières ayant des surfaces de chauffe très-différentes : pour la même espèce de houille, et des surfaces de chauffe correspondant à une production de 24^k et de 10^k de vapeur par mètre carré, les quantités d'eau vaporisée ont été de $6^k 90$ et $7^k 20$ par kilogramme de houille ; les consommations de houille par décimètre carré de grille et par heure étaient de $0^k 46$ et $0^k 24$; mais il paraît, d'après des expériences, faites sur la même chaudière, avec des surfaces de grilles différentes, que la grandeur des grilles a peu d'influence. Dans d'autres expériences, où la surface de chauffe correspondait à une production de 20^k de vapeur par mètre carré, on a obtenu $6^k 75$ de vapeur par kilogramme de la même houille. On voit, d'après ces nombres, combien une variation, même assez considérable, dans l'étendue des surfaces de chauffe, a peu d'influence sur l'effet utile produit.

924. Connaissant, dans chaque cas particulier, la quantité de vapeur à produire dans une heure, et sachant que chaque mètre carré fournit moyennement 15 à 30 kilogrammes de vapeur, on trouvera facilement l'étendue de la surface de chauffe de la chaudière, et par suite toutes les dimensions, quand on aura déterminé la forme qu'elle doit avoir. On compte, en général, que la surface de chauffe des bouilleurs est égale à leur surface totale, et que celle de la chaudière est égale à la partie de sa surface en contact avec les gaz sortis du foyer.

Ordinairement on construit plusieurs chaudières à vapeur, presque toujours trois lorsque deux suffisent à l'effet qu'on veut produire, afin d'éviter le chômage qui aurait lieu pendant les réparations. Dans ce cas, deux seulement sont constamment en activité. La vapeur est reçue dans un même tuyau communiquant à chaque chaudière par un tuyau spécial et muni de robinets ou de soupapes disposés convenablement.

925. *Épaisseur des chaudières*. — L'épaisseur que l'on doit donner aux parois des chaudières dépend de la nature du métal, de leur forme, de leur grandeur et des pressions auxquelles elles seront soumises. Il serait impossible de déterminer cette épaisseur pour les chaudières qui ne seraient ni sphériques ni cylindriques à base circulaire, parce que la pression intérieure tendrait d'abord à les déformer, et que la résistance qu'elles exerceraient varierait avec leur forme, suivant des lois trop compliquées. Autrefois les chaudières à basse pression avaient une forme cylindrique, dont la base était formée d'un rectangle surmonté d'un demi-cercle; souvent les côtés latéraux et la partie inférieure étaient un peu concaves. Ces chaudières, désignées sous le nom de *chaudières de Watt*, étaient munies intérieurement d'armatures destinées à s'opposer à leur déformation; mais, malgré cette précaution, elles se détérioraient promptement et n'étaient presque jamais étanches. Maintenant, les chaudières de manufactures sont toujours des cylindres à base circulaire, quelle que soit la pression de la vapeur qu'elles doivent produire, parce que, ainsi disposées, elles ne peuvent pas changer de forme.

926. Lorsqu'une chaudière cylindrique à base circulaire est pressée intérieurement par la vapeur, en supposant que le métal soit homogène et ait partout la même épaisseur, elle ne peut se rompre que suivant deux génératrices opposées, ou suivant une section perpendiculaire à son axe, à cause de la symétrie du corps.

927. Cherchons d'abord la résistance à la rupture suivant deux génératrices. Le cylindre pouvant être considéré comme formé d'anneaux placés les uns à côté des autres, chacun, dans le cas que nous considérons, résistera isolément à la pression qui tend à l'ouvrir; ainsi, la résistance d'un cylindre à une pression qui tend à le déchirer suivant une arête est indépendante de sa longueur et égale à celle d'un des anneaux qui le composent.

Soit ABCD (*fig.* 191) un de ces anneaux ayant, par exemple, 1^m de hauteur et une épaisseur e ; il sera pressé intérieurement par la vapeur dans la direction des rayons. Si l'on mène un diamètre quelconque AB, il est évident que les forces qui agiront au point A, dans les directions Am et An, et qui tendront à ouvrir l'anneau en ce point, se trouveront de même au point B, de sorte que l'anneau tendra également à se déchirer au point A et au point B. Les tractions qui se manifestent aux points A et B proviennent des pressions qui s'exercent sur les demi-cercles ACB et ADB, et la résultante de ces pressions est facile à trouver. Représentons par p la pression de la vapeur en kilogrammes par millimètre carré ; la pression exercée sur une partie très-petite ss' de l'anneau sera $p \times ss'$, et sera dirigée suivant le rayon qui passe par le milieu de ss'. Décomposons cette force en deux autres, l'une parallèle, et l'autre perpendiculaire au diamètre AB ; il est évident que la première sera sans influence sur la traction aux points A et B ; la seconde s'obtiendra en multipliant $p \times ss'$ par le cosinus de l'angle for-

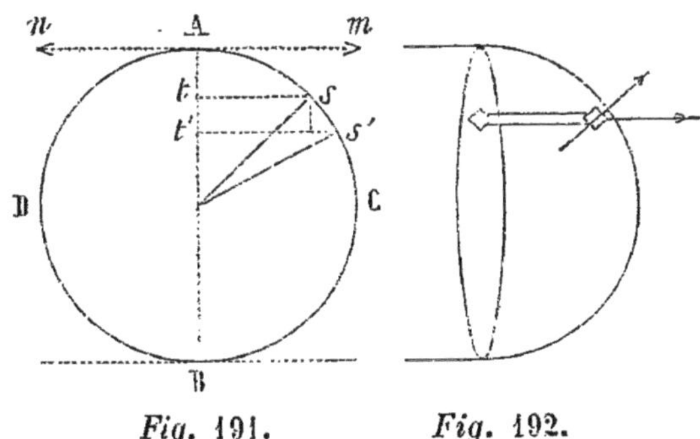

Fig. 191.   Fig. 192.

mé par la ligne ss', avec la ligne AB; ainsi la composante perpendiculaire à AB sera $p \times ss' \times \cos(ss', AB)$. Mais $ss' \cos(ss', AB)$ est égal à la projection tt' de l'arc ss' sur le diamètre AB ; ainsi, la composante cherchée sera $p \times tt'$, et la somme totale des composantes sera $p \times AB$. Comme cette résultante se partage en deux composantes égales appliquées aux points A et B, en chacun de ces points les tractions opposées seront représentées par $\frac{1}{2} AB \times p$ ou par pR ; R étant le rayon de l'anneau.

Ainsi, en désignant par K la résistance à la rupture par traction d'une barre ayant 1 millimètre de section, à l'instant de la rupture de l'anneau, on aura

$$Ke = pR.$$

928. Examinons maintenant la résistance de la chaudière à la rupture suivant un anneau. Deux anneaux contigus tendent évidemment à se séparer en vertu des pressions exercées par la vapeur sur les deux fonds : or, d'après ce que nous avons dit précédemment, la pression exercée par la vapeur, sur un élément quelconque d'un des bouts de la chaudière, pourra (*fig.* 192) se décomposer en deux : l'une, perpendiculaire à l'axe, sera sans influence sur la traction de deux anneaux contigus, et l'autre, parallèle à l'axe, aura pour valeur la pression sur l'unité de surface multipliée par la projection de l'élément sur un plan perpendiculaire à l'axe du cylindre ; par conséquent, la somme totale de ces composantes sera égale à $p\pi R^2$; et, comme cette pression agit sur la circonférence des anneaux, on aura

$$2\pi ReK = p\pi R^2 ; \quad \text{ou} \quad Ke = \frac{pR}{2}.$$

Ainsi, la résistance d'une chaudière à la rupture suivant un anneau est deux fois plus grande que sa résistance à la rupture suivant deux génératrices; par conséquent, l'épaisseur suffisante pour résister à la rupture suivant la direction des génératrices sera plus que suffisante pour résister à la rupture suivant un anneau.

929. L'épaisseur e, qu'il faudrait donner à une chaudière pour qu'elle éclatât par une pression p de la vapeur, serait alors donnée par l'équation $e = \mathrm{R}p : \mathrm{K}$. En prenant pour unité le centimètre, et en désignant par n le nombre d'atmosphères de la vapeur, comme la pression d'une atmosphère sur un centimètre carré est de $1^k 03$, et que la pression qui produit la rupture est celle qui correspond à $n — 1$ atmosphères, on aurait :

$$e = \frac{\mathrm{R}(n — 1)1,03}{\mathrm{K}} \; ; \quad \text{ou, sensiblement,} \quad e = \frac{\mathrm{R}(n — 1)}{\mathrm{K}} \dots\dots(1)$$

930. Le tableau suivant donne, d'après M. Morin, les efforts de traction longitudinale capables de produire la rupture, et ceux que l'on peut faire supporter aux différents métaux avec sécurité, pour les constructions ordinaires.

DÉSIGNATION DES MÉTAUX.	EFFORT PAR MILLIMÈTRE CARRÉ	
	capable de produire la rupture.	qu'on peut faire supporter au métal avec sécurité.
Fer forgé ou étiré { le plus fort, de petit échantillon ...	60,00	10,00
Fer forgé ou étiré { le plus faible, de très-gros échantillon................	25,00	4,16
Fer en barres, moyen	40,00	6,66
Tôle laminée..... { tirée dans le sens du laminage	41,00	7,00
Tôle laminée..... { tirée dans le sens perpendiculaire...	36,00	6,00
Tôles fortes corroyées dans les deux sens............	35,00	6,00
Fonte de fer grise { la plus forte coulée verticalement...	13,50	2,25
Fonte de fer grise { la plus faible coulée horizontalement	12,50	2,17
Acier......... { fondu ou de cémentation, étiré au marteau, en petit échantillon....	100,00	16,76
Acier......... { le plus mauvais, en gros échantillon, mal trempé............	36,00	6,00
Acier......... { moyen............	75,00	12,50
Bronze de canon............	23,00	3,83
Cuivre rouge..... { laminé, dans le sens de la longueur.	21,00	3,50
Cuivre rouge..... { laminé, de qualité supérieure......	26,00	4,33
Cuivre rouge..... { battu............	25,00	4,17
Cuivre rouge..... { fondu............	13,40	2,33
Cuivre jaune ou laiton fin............	12,60	2,10
Étain fondu............	3,00	0,50
Zinc fondu............	6,00	1,00
Zinc laminé............	5,00	0,833
Plomb fondu............	1,28	0,213
Plomb laminé............	1,35	0,225

931. Lorsqu'une chaudière cylindrique, fermée, est pressée intérieurement par la vapeur, le métal est tendu simultanément, et dans le sens de la longueur du cylindre, et dans une direction transversale. Les expériences sur la ténacité des métaux ayant été faites sans que les métaux fussent soumis à une traction latérale, il était important de vérifier si cette circonstance n'avait point d'influence sur la résistance qu'ils présentent. Navier a fait à ce sujet deux expériences décisives : cet ingénieur a fait construire deux vases sphériques en tôle, qui avaient $0^m 33$ et $0^m 28$ de diamètre et $0^m 00266$ d'épaisseur : ces deux sphères ont été rompues, au moyen d'une presse hydraulique, par des pressions de 144 et de 163 atmosphères. Il résulte de là que la résistance de la matière n'est point affaiblie par des tractions égales dirigées dans tous les sens, et qu'elle est la même que si elle était tirée dans une seule direction. En effet, la tôle a été rompue par une tension égale dans tous les sens à environ 46^k par millimètre carré de section, nombre un peu plus grand que celui qui est donné par les expériences directes ; cette différence peut être attribuée à ce que la sphère était consolidée par un cercle, où la tôle était doublée et soudée, et probablement aussi à ce que le fer était d'une très-bonne qualité.

932. En comparant la résistance du plomb donnée par le tableau précédent à celle qui résulte de quelques expériences faites à Édimbourg, par M. Jardine, sur des tuyaux cylindriques que ce physicien a fait crever sous des pressions qu'il a mesurées, Navier a trouvé la plus parfaite coïncidence.

933. Les chaudières étant soumises à des causes de destruction nombreuses et les températures élevées réduisant la résistance, il convient de prendre, pour l'effort qu'on peut faire supporter avec sécurité, des nombres beaucoup plus faibles que ceux du tableau (930). En adoptant 3^k pour la résistance du fer par millimètre carré, l'équation (1) (929) devient :

$$e = \frac{R(n-1)}{300}; \quad \text{ou sensiblement} \quad e = \frac{33R(n-1)}{10000}.$$

Mais, comme pour $n = 1$, l'épaisseur ne peut pas être nulle, la valeur de e sera nécessairement de la forme

$$e = \frac{33R(n-1) + N}{10000}.$$

934. L'instruction annexée à la loi du 12 juillet 1828 donne la

formule suivante pour l'épaisseur que doivent avoir les chaudières à vapeur :

$$e = \frac{36R(n-1)+3000}{10000} \dots\dots\dots\dots\dots\dots\dots(2)$$

dans cette expression, e et R sont estimés en centimètres.

Cette formule conduit évidemment à donner à la chaudière une épaisseur de 0^m003, indépendamment de celle qui est exigée par la pression qu'elle doit supporter.

935. Les ordonnances n'établissent aucune distinction entre les chaudières de fer et les chaudières de cuivre, quoique les résistances de ces deux métaux à la rupture soient différentes. Ces résistances sont entre elles comme 3 est à 2, en prenant pour les poids qui produisent la rupture d'une barre ayant 1 centimètre carré de section 3000 kilog. pour le fer et 2000 kilog. pour le cuivre; ce sont les nombres minimums donnés par les expériences. Malgré les ordonnances, je pense qu'il est utile de donner aux chaudières de cuivre une plus grande épaisseur qu'aux chaudières de fer.

D'après les ordonnances, l'épaisseur des chaudières de cuivre et de fer ne peut pas dépasser 15 millimètres. Cette limite a été fixée parce qu'avec des épaisseurs plus grandes on n'est jamais bien sûr de la bonne qualité de la tôle.

Aucune règle n'est assignée pour les chaudières de fonte; mais comme la résistance de la fonte à la rupture par traction n'est que le tiers de celle de la tôle, et que la pression d'épreuve pour les chaudières de fonte est égale à cinq fois la pression normale, tandis que pour les chaudières de tôle elle est seulement égale à trois fois cette pression, il s'ensuit qu'une chaudière de fonte cylindrique doit avoir au moins cinq fois l'épaisseur d'une chaudière de tôle de même diamètre qui serait soumise à la même pression. Du reste, on n'emploie plus maintenant, et avec raison, de chaudières de fonte, comme nous l'avons déjà dit (914).

Le tableau suivant donne les dimensions des chaudières et les épaisseurs de tôle qui étaient usitées dans l'un des plus grands établissements de chaudronnerie de Paris, il y a quelques années.

TABLEAU DES DIMENSIONS ET DES ÉPAISSEURS DES CHAUDIÈRES

POUR UNE PRESSION DE 5 ATMOSPHÈRES.

NOMBRE de chevaux.	LONGUEUR des chaudières.	LONGUEUR des deux bouilleurs	DIAMÈTRE des chaudières.	DIAMÈTRE des bouilleurs.	ÉPAISSEUR de la tête des chaudières.	ÉPAISSEUR de la tête des bouilleurs.
	m.	m.	m.	m.	m.	mm.
2	1,65	1,75	0,66	0,28	8	8
4	2,10	2,20	0,70	0,30	8	8
6	2,45	2,60	0,75	0,35	9	10
8	2,80	2,95	0,80	0,35	10	10
10	3,25	3,40	0,80	0,38	10	10
15	5,00	5,15	0,80	0,44	10	10
20	6,80	7,00	0,85	0,50	10	10
25	8,50	8,65	0,85	0,50	10	10
30	9,20	9,50	1,00	0,60	10,5	10
40	10,00	10,30	1,10	0,60	11	10

936. En mettant à part les deux premières chaudières, dont les surfaces sont trop grandes, toutes les autres ont des surfaces de chauffe qui correspondent à peu près à 1ᵐᵠ 70 par cheval ; en admettant 5 kilogrammes de houille par cheval et par heure, et 7 kilogrammes de vapeur par kilogramme de houille, la surface de chauffe correspond à peu près à 20 kilogrammes de vapeur par mètre carré et par heure.

937. Quant aux chaudières ayant des tubes intérieurs parcourus par la fumée, on peut se rendre compte de la résistance des tuyaux soumis à des pressions extérieures, en remarquant que, si les tubes étaient exactement circulaires, partout d'une égale épaisseur, et si la pression était la même sur tous les points, cette pression tendrait à écraser le tuyau dans toutes les directions ; et, comme la résistance des métaux à l'écrasement est plus grande que leur résistance à la rupture par traction, le tuyau offrirait une plus grande résistance à la pression quand celle-ci est extérieure que quand elle est intérieure. Mais si les diamètres du tuyau n'étaient pas parfaitement égaux, ou si, même pendant un temps très-court, les pressions n'étaient pas les mêmes sur toute sa surface, les forces extérieures tendraient à l'aplatir, d'autant plus que l'aplatissement aurait fait déjà plus de progrès, et le métal ne résisterait qu'à la flexion. Toutefois les tubes intérieurs peuvent être employés sans danger, si on leur donne une épaisseur suffisante, et leur emploi, qu'on évitait soigneusement il y a quelques années, paraît avoir une tendance à se répandre, surtout en Angleterre.

938. Les épaisseurs des chaudières, déterminées par la formule (934), paraissent devoir mettre à l'abri de tout accident, car elles dépassent de 3 millimètres douze fois l'épaisseur qui correspond à la rupture; mais, par la construction même des chaudières et par la température qu'elles prennent dans les fourneaux, l'excès de résistance est en réalité beaucoup plus petit.

D'abord, les feuilles de tôle sont réunies par des rivets également espacés, dont les diamètres diffèrent peu des intervalles qui les séparent, et par cette seule circonstance la résistance de la chaudière est diminuée de près de moitié. Aussi, dans presque toutes les chaudières qui ont éclaté, la rupture a eu lieu suivant une ligne qui passe par les centres des trous occupés par les rivets. Des expériences faites avec beaucoup de soin par M. Fairbairn, habile ingénieur anglais, constatent l'exactitude de l'influence des rivets sur la résistance des chaudières; d'après ces expériences, lorsque le diamètre des trous est égal aux intervalles qui les séparent, la résistance de la tôle est réduite à 0,55 ; quand les intervalles sont doubles, la résistance devient 0,70 ; tandis que dans les deux cas elle devrait être 0,50 et 0,66. Ainsi il y a un accroissement de 0,05, provenant de l'adhérence des têtes des rivets.

En outre, les chaudières sont toujours à une température moyenne, qui dépasse celle de la vapeur ; car c'est en vertu de la différence de température des deux surfaces de la chaudière que la chaleur la traverse ; et on sait que la ténacité des métaux diminue avec la température. D'après les expériences faites en Amérique par une commission de l'Institut de Franklin sur la résistance des métaux employés à la construction des chaudières à vapeur, la résistance de la tôle, à différentes températures, est donnée par le tableau suivant, la résistance à la température ordinaire étant représentée par 1.

271°............	0,9262	554°............	0,5522
350°............	0,8845	599°............	0,4486
408°............	0,8411	642°............	0,3648
440°............	0,7990	708°............	0,3010
500°............	0,6676		

Ces résultats ont été confirmés par les nouvelles expériences de de M. Fairbairn. Ainsi, pour les températures correspondant aux plus hautes pressions de la vapeur, qui n'atteignent presque jamais 180°, température de la vapeur à 10 atmosphères, on pourrait regarder la résistance de la tôle comme sensiblement égale à sa résistance à la température ordinaire. Mais, il faudrait admettre que la température du métal fût égale à celle de l'eau , tandis qu'elle est toujours plus élevée par le fait seul de la transmission, et que la différence augmente très-probablement avec l'activité de la vaporisation et, sans aucun doute, avec l'épaisseur du métal.

939. *Essais des chaudières.*—L'essai d'une chaudière est important : 1 parce qu'il peut faire connaître des fuites qui ne se seraient pas manifestées sous la pression atmosphérique ; 2° parce que le métal, quoique d'une épaisseur suffisante, peut avoir des parties plus faibles, surtout aux rivures et aux soudures ; et, quand il est en métal coulé, la fonte peut avoir des défauts ; circonstances qui feraient éclater la chaudière avec de grands dangers si la pression était due à la vapeur, au lieu que l'eau la fait rompre sans qu'il en résulte aucun accident pour les personnes qui font l'opération.

Mais ces essais ne peuvent pas donner une certitude complète que la chaudière résistera aux pressions qu'elle aura à supporter, parce qu'elles sont nécessairement de courte durée, qu'on opère à froid, et que la chaudière est exposée, dans son service, à des altérations qui peuvent notablement diminuer sa résistance.

Les ordonnances exigeaient autrefois un essai à froid, sous une pression 5 fois plus forte que celle que les chaudières devaient supporter ; la pression est maintenant réduite au triple. Pour les chaudières et les bouilleurs en fonte, la pression d'épreuve reste fixée à 5 fois la pression normale. L'opération consiste à refouler de l'eau dans la chaudière, à l'aide d'une pompe, en chargeant convenablement les soupapes.

940. *Observations.*—M. Kohn, ingénieur autrichien, a constaté par expérience un fait très-singulier : un générateur à vapeur de 12^m de longueur et $1^m 57$ de diamètre, avec bouilleurs de $0^m,549$ de diamètre et une épaisseur de tôle de $0^m 011$, se dilate de $0^m 0719$ à $153°$, température correspondant à une tension de 5 atmosphères, et ne revient pas à ses dimensions primitives après le refroidissement. Les chaudières, soumises trois ou quatre fois à ces alternatives de chauffage et de refroidissement, ont, d'après des mesures très-précises, présenté, après le refroidissement, un allongement permanent de $0^m 037$ sur leur longueur primitive.

941. Dans tout ce que nous venons de dire, nous avons supposé que les chaudières étaient chauffées extérieurement, qu'elles avaient la forme ordinaire, c'est-à-dire qu'elles étaient formées d'un cylindre avec ou sans bouilleurs ; pour ces formes de chaudières, la section de la cheminée a été donnée (485). Mais on commence, surtout pour les machines de bateaux, à employer des générateurs tubulaires qui diffè-

rent complétement des appareils dont nous avons parlé, et pour lesquels on pourrait penser que les sections de cheminées et du canal de
circulation de fumée devraient être très-différentes.

Les générateurs tubulaires sont toujours à foyer intérieur, et par
conséquent environné d'eau de tous côtés ; dans les locomotives, sur une
des faces du foyer, se trouvent un grand nombre de tubes placés dans
une chaudière cylindrique pleine d'eau ; au delà de la chaudière les
tubes débouchent dans une caisse fermée, désignée sous le nom de
boîte à fumée, à la partie supérieure de laquelle se trouve la cheminée ;
dans les chaudières de bateaux, le foyer est généralement placé dans un
gros tube entouré d'eau, et la fumée revient en avant par un grand
nombre de tubes de 0^{m}08 de diamètre environ, dans la boîte à fumée,
au-dessus de laquelle se trouve encore placée la cheminée. Dans ces
générateurs, le chemin parcouru par la fumée est très-petit, et si la
somme des sections des tubes est égale à la section de la cheminée qui
conviendrait à un générateur à bouilleur, il y a presque compensation
entre l'accroissement de résistance dans les tubes et le raccourcisse-
ment du circuit joint aux diminutions de changement de direction ; et
une différence même assez grande dans ces deux résistances serait peu
importante, attendu que l'influence de la grille sur le tirage est beaucoup plus forte que celle du frottement dans le canal, et que les
sections que nous avons données (485) produisent un assez grand excès
de tirage.

CHAPITRE II.

INDICATEURS DE NIVEAU.

942. Dans toutes les chaudières à vapeur, quel que soit leur
usage, il est extrêmement important de connaître, à chaque instant,
la position du niveau de l'eau ; car ce niveau doit être maintenu
à une hauteur à peu près constante, et l'indication dont il s'agit sert
à régler l'alimentation. Si le niveau s'abaissait au-dessous de la
limite de chauffe, il pourrait en résulter de graves inconvénients,
comme nous l'expliquerons en parlant des explosions des chaudières à vapeur. Si le niveau s'élevait beaucoup au-dessus, le réservoir de vapeur pourrait devenir trop petit, et il en résulterait des
inconvénients d'un autre genre. Aussi, toutes les chaudières à vapeur
sont pourvues d'appareils destinés à faire connaître à chaque instant la

hauteur de l'eau dans la chaudière. Nous décrirons successivement ceux qui sont employés et les plus intéressants de ceux qui ont été proposés.

Indicateurs à robinets.

943. La figure 193 représente le plus ancien appareil de niveau. Il est formé de deux tubes qui traversent la chaudière, et dont les extrémités intérieures correspondent aux niveaux supérieur et inférieur que l'eau ne doit pas dépasser ; les autres extrémités des tubes sont munies de petits robinets. Il est évident que, lorsque le niveau de l'eau sera compris entre les extrémités des tubes, un des robinets devra laisser sortir de la vapeur, et l'autre de l'eau. Les clefs des robinets sont en bois, afin que le chauffeur puisse facilement

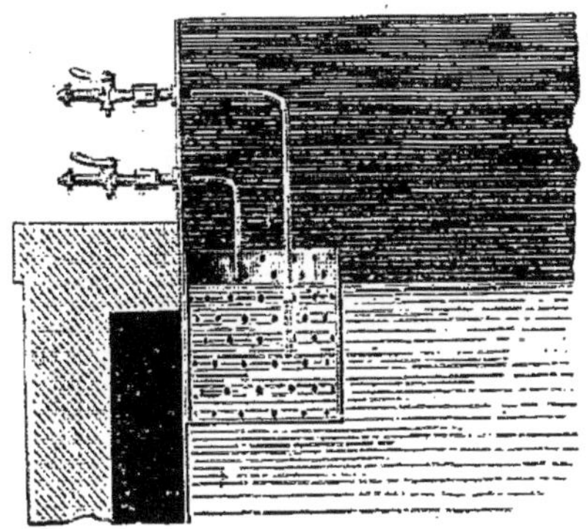

Fig. 193.

les tourner sans se brûler. Chaque tube est garni d'un collet qui s'appuie contre la surface de la chaudière, et qui est fortement serré soit par un écrou, soit de toute autre manière ; pour empêcher les fuites, on met une couche de mastic entre le collet et la chaudière. Plus fréquemment on emploie trois robinets au lieu de deux ; celui du milieu correspond à peu près au niveau normal. On obtient ainsi une appréciation plus exacte de la hauteur de l'eau dans le générateur.

944. Pour éviter les causes d'erreur qui peuvent résulter de l'agitation de l'eau par le fait même de l'ébullition, il serait très-utile de placer dans la partie de la chaudière où se trouvent les extrémités des tubes, une caisse en tôle, fixe, percée d'un grand nombre de petits trous : la petite étendue des orifices de communication avec l'eau de la chaudière atténuerait les oscillations, et le niveau serait sensiblement horizontal dans l'intérieur de la caisse. Cette disposition, que j'ai indiquée en 1842, se trouve reproduite par M. Akins. (*Scientific American*, 8 avril 1854, p. 236.)

945. On emploie aussi pour les locomotives, dans le même but, une disposition différente : en avant de la chaudière se trouve un tube en cuivre, vertical, dont le milieu correspond au niveau normal de l'eau ; l'extrémité supérieure communique avec le réservoir de vapeur et la partie inférieure avec le bas de la chaudière ; le niveau s'établit

dans le tube, et c'est sur ce dernier que se trouvent les trois petits robinets destinés à faire connaître le niveau de l'eau. Cette disposition a, comme la précédente, l'avantage d'atténuer les oscillations.

946. La figure 194 représente un appareil fondé sur le même principe, mais qui permet de déterminer la hauteur du niveau, quand même il aurait éprouvé de grandes variations. Il se compose d'un tube droit, vertical, gradué, et mobile dans le sens de sa longueur à travers une boîte à étoupe; ce tube est muni d'un petit robinet à sa partie supérieure. On l'abaisse progressivement en le tenant par le manche b, jusqu'à ce que le robinet c donne de l'eau ; on lit alors sur le tube

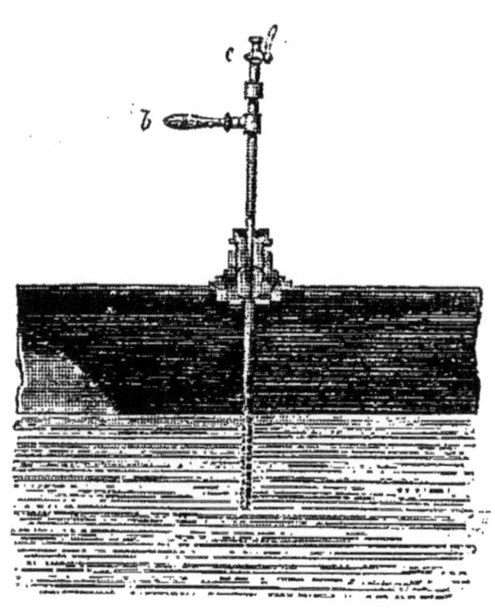

Fig. 194.

la distance du niveau de l'eau à un point fixe qu'on a pris pour point de repère.

947. La figure 195 représente une variante du même appareil, qui permet également de déterminer la hauteur du niveau, et qui est applicable aux chaudières dont le devant est plus facilement abordable que la partie supérieure. Le tube par lequel doit se dégager l'eau ou la vapeur est horizontal et mobile autour de son axe à travers une boîte à étoupe. Son extrémité est courbée à angle droit. On voit, d'après cette

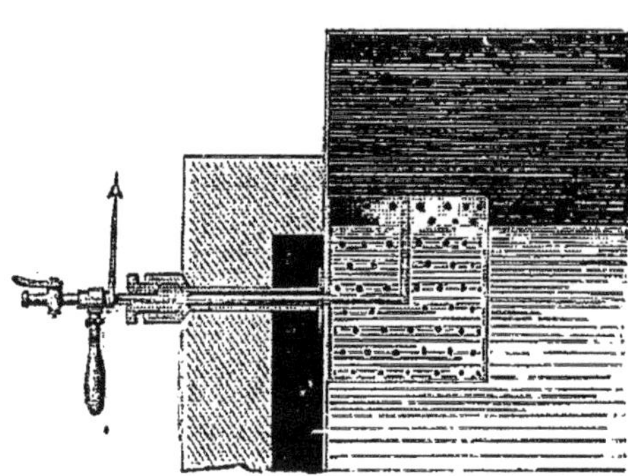

Fig. 195.

disposition, qu'en tournant le tube, au moyen du manche en bois, jusqu'à ce qu'il sorte de l'eau par le robinet, la flèche, qui est parallèle et égale en longueur à la partie recourbée du tube, indiquera la hauteur du niveau.

948. On peut ranger dans la même classe l'appareil (*fig.* 196 et 197) qui est souvent employé dans les chaudières américaines. *abcd* est une pièce en cuivre, filetée à son extrémité et introduite dans un trou ta-

raudé d'une chaudière ; cette pièce est percée d'un canal central occupé par une tige d'un diamètre un peu plus faible, terminée d'un côté
par une soupape qui, dans la posi-
tion indiquée par la figure, ferme
complétement l'orifice du tube, et
de l'autre côté par une espèce de
chapeau m, monté à vis. Le tube
intérieur communique avec un
petit canal latéral e, ouvert à l'exté-
rieur et dirigé verticalement. Lorsqu'on veut savoir si l'eau dans la
chaudière est à la hauteur du tube, on donne un petit coup sec sur la
tête de la tige ; la pression intérieure la ramène aussitôt à sa position
primitive ; mais dans l'intervalle il se dégage par l'ouverture e de l'eau
ou de la vapeur, suivant que le niveau est au-dessus ou au-dessous du
tube.

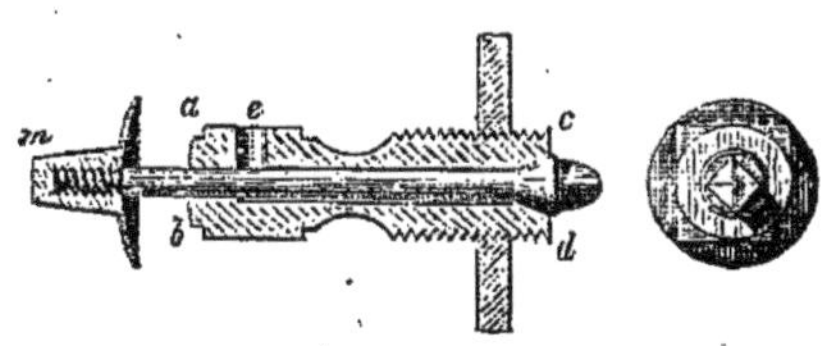

Fig. 196. Fig. 197.

Indicateurs à tube de verre.

949. Ces appareils consistent en un tube de verre vertical qui
communique par le bas avec la partie de la chaudière qui doit toujours être remplie d'eau, et par le haut avec la chambre de vapeur. Il est évident que, par cette disposition, le liquide se met dans
le tube au même niveau que dans la chau-
dière. La figure 198 représente la disposition
la plus simple de ces appareils. A et B sont
deux pièces de cuivre percées dans deux
directions perpendiculaires ; elles sont réunies
par un tube de verre CC ; et leur écartement
est maintenu par une tige de fer FF ; la première de ces deux pièces communique avec le
réservoir de vapeur par un tube muni d'un
écrou roulant et d'un robinet R ; la seconde
communique de la même manière avec la
partie inférieure de la chaudière ; aux deux
extrémités du tube de verre, le joint est rendu
étanche par de la filasse et du mastic rouge
(mélange de céruse, de litharge et d'huile de
lin) ; des fermetures à vis dans les prolongements des tubes horizontaux
permettent de les nettoyer ; les robinets R et R' sont destinés à interrompre la communication avec l'appareil quand il y a des fuites ou que le
tube est cassé ; un bouchon vissé, placé au-dessus de la pièce A, permet

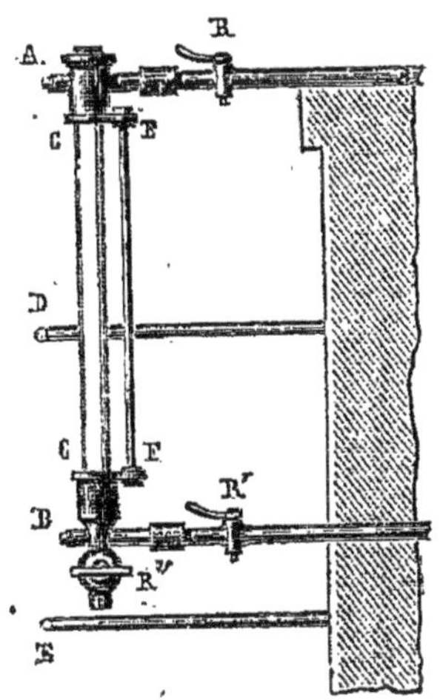

Fig. 198.

de remplacer le tube quand c'est nécessaire. Enfin, deux tiges de fer D et E recourbées et fixées au massif du fourneau entourent l'appareil et servent à le préserver des chocs. Dans le même but, on emploie quelquefois un grillage en fil de fer.

950. La figure 199 représente un appareil de niveau d'eau employé dans les chaudières des machines locomotives. Cet appareil a la plus grande analogie avec le précédent. Les robinets d et d' servent à établir ou à intercepter la communication avec la chaudière ; les boîtes à étoupe a, a' rendent étanches les joints du tube de verre tt, avec les douilles qui doivent le recevoir ; en enlevant les bouchons vissés b et b', on peut nettoyer les tuyaux de communication de l'appareil avec la chaudière ; et enfin le robinet c permet de nettoyer le tube en y faisant passer un courant d'eau.

Les dispositions indiquées (944, 945) sont toujours très-utiles pour diminuer les oscillations de la colonne d'eau dans le tube de verre ; et elles sont indispensables quand les eaux d'alimentation sont bourbeuses ou que l'eau de la chaudière l'est devenue par les dépôts, parce qu'il se forme alors un bouillonnement tumultueux qui empêche d'apprécier le niveau de l'eau dans le tube indicateur.

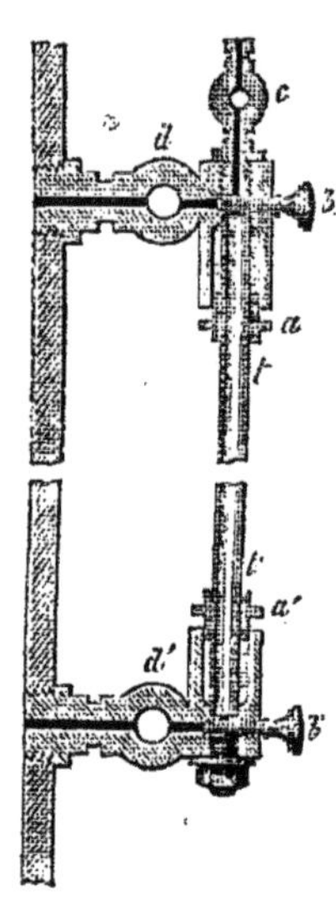

Fig. 199.

Indicateurs à flotteur.

951. L'appareil le plus simple est représenté figure 200. Le flotteur est composé de deux calottes en cuivre soudées sur leurs bords ; il est surmonté d'une aiguille métallique f qui traverse deux guides g et s'élève dans une cloche de verre e d'un petit diamètre, mastiquée dans une douille aa, fixée sur la chaudière.

Lorsque les deux calottes du flotteur ont été soudées, le corps lenticulaire renfermait de l'air à la température et à la pression extérieures ; quand il sera plongé dans l'eau à des températures de 100°, 121°, 134°, 144°, 152°, 159°, 165°, 171°, qui correspondent à des forces élastiques de la vapeur de 1, 2, 3, 4, 5, 6, 7 et 8 atmosphères, la force élastique de l'air, renfermé dans le flotteur aux températures correspondantes, augmentera seulement dans les rapports de 1,36 ; 1,43 ; 1,48 ; 1,52 ; 1,55 ; 1,57 ; 1,59 ; 1,61 atmosphères ; il en résulte que la pression extérieure tendra d'autant plus à écraser la lentille que la pression de la vapeur sera plus considérable, et, par conséquent, on devra donner aux lames de métal dont elle est formée une très-grande épaisseur. Mais si, avant de fermer la lentille, on y introduit une certaine quantité d'eau, suffisante pour remplir sa capacité de vapeur saturée à la plus haute température de l'eau dans la chaudière, les pressions intérieures correspondant aux forces élastiques de la vapeur dans la chaudière de

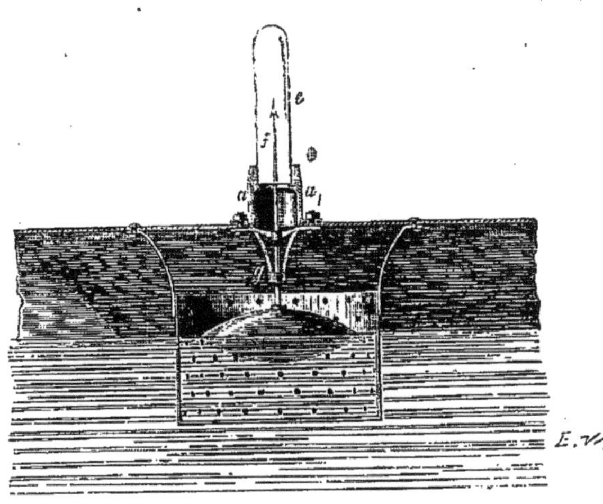

Fig. 200.

1 à 8 atmosphères, seront de 2,36 ; 3,43 ; 4,48 ; 5,52 ; 6,55 ; 7,57 ; 8,59 et 9,61 atmosphères ; ainsi, la pression intérieure excéderait la pression extérieure d'une quantité qui croîtrait seulement de 1,36 à 1,61 atmosphères. On voit, d'après cela, qu'il est toujours avantageux d'introduire de l'eau dans le flotteur, parce qu'il peut alors résister à la rupture avec une épaisseur de métal beaucoup plus petite que s'il ne renfermait que de l'air.

952. La figure 201 représente un appareil disposé de la même manière, mais qui a pour but d'avertir le chauffeur quand le niveau est descendu au-dessous d'une certaine limite.

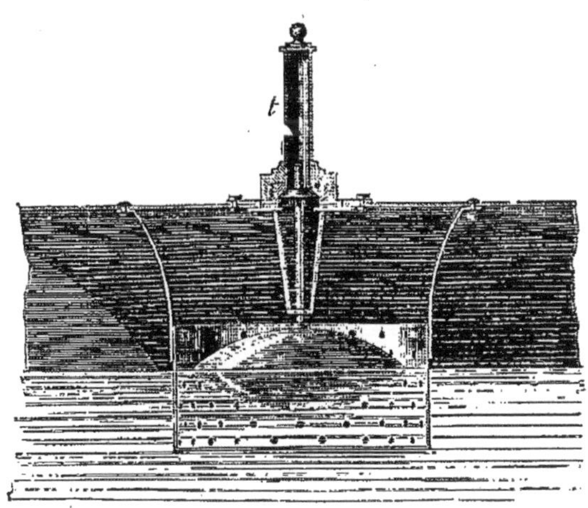

Fig. 201.

La tige du flotteur est fixée à une soupape s qui reste fermée tant que le niveau de l'eau est supérieur à la limite assignée ; mais quand il est au-dessous, la soupape s s'ouvre et la vapeur, en sortant par l'orifice t, produit un sifflement qui prévient le chauffeur.

953. L'appareil que nous avons indiqué d'abord (951) a un inconvénient grave : la cloche de verre peut se casser par des variations brusques de température ou par un choc. M. Lethuillier-Pinel, de Rouen, a évité cet inconvénient d'une manière très-ingénieuse : l'espace dans lequel se meut l'indicateur (*fig.* 202) est une boîte en cuivre B fixée sur un cylindre en fonte A, et dont une des faces *o* est plane; l'indicateur se compose d'un aimant en fer à cheval D terminé par un flotteur F dont les pôles glissent sur la surface intérieure de la face plane de la boîte, quand le niveau dans la chaudière varie; en dehors de la face plane de la boîte se trouve une aiguille aimantée libre, qui suit les mouvements de l'aimant et indique sur une échelle la hauteur de l'eau. A la partie supérieure se trouve une soupape maintenue fermée par un ressort; lorsque le niveau est descendu à une certaine limite, la tige recourbée de l'aimant fait mouvoir une tringle liée à un levier qui ouvre la soupape, et la vapeur s'écoule par un orifice à sifflet *e*. En pressant sur le bouton C, la tige *b* ouvre la soupape, et l'on s'assure si le sifflet fonctionne bien.

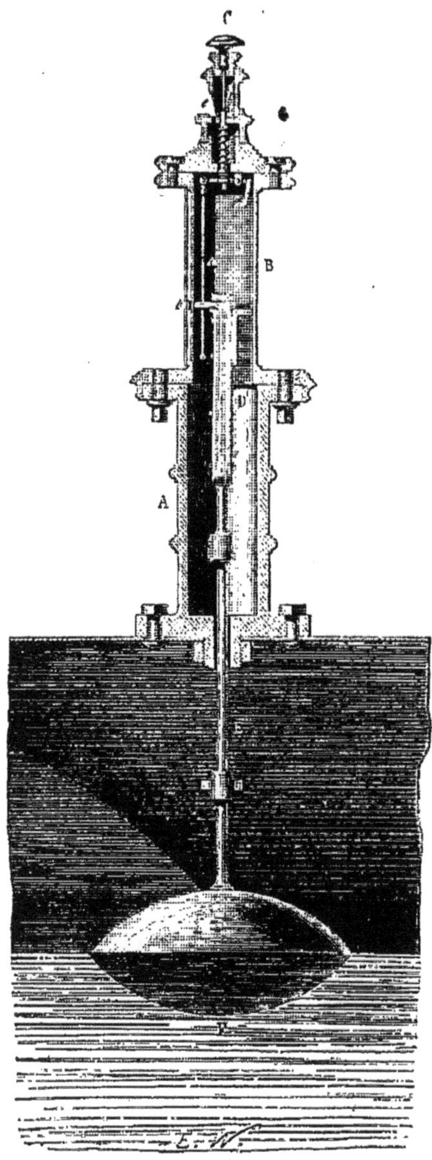

Fig. 202.

954. On a employé dans les chaudières de bateaux un appareil de niveau qui se compose d'un flotteur en cuivre, terminé par une tige recourbée à angle droit, et à l'extrémité de laquelle se trouve une aiguille; la tige est placée horizontalement et peut tourner dans une boîte à étoupe fixée sur l'avant de la chaudière; lors-

que le niveau de l'eau varie, le flotteur fait tourner la tige, et l'aiguille marque sur un cadran la hauteur de l'eau.

955. On emploie le plus ordinairement des flotteurs en pierre ; la figure 203 représente la disposi-tion la plus simple de ces appa-reils. Le flotteur est équilibré par un contre-poids ; un fil de cuivre d'un diamètre seulement suffi-sant pour le soutenir passe à tra-vers une boîte à étoupe, et se ter-mine par une petite chaîne enrou-lée sur la gorge d'une poulie. Une aiguille *e* indique sur un cadran *ab*, fixé à la poulie, la hauteur du niveau. On pourrait évidem-ment remplacer la poulie par un balancier terminé par deux por-tions de cercle. Lorsque l'on con-naît le volume et la densité du

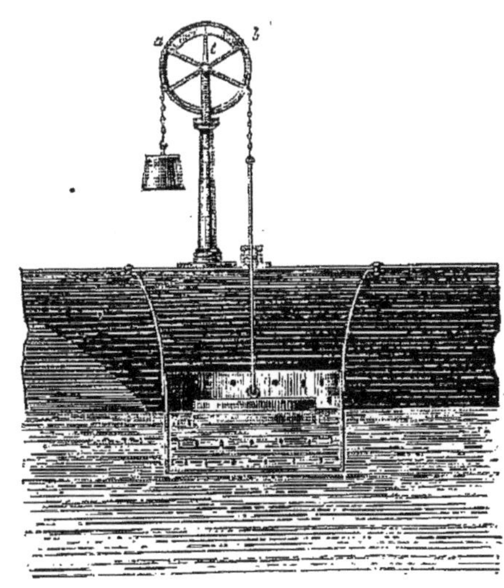

Fig. 20!.

flotteur, il est facile de déterminer le poids P qu'il est nécessaire de pla-cer à l'autre extrémité du balancier, pour que le flotteur reste en équi-libre stable, plongé à moitié dans l'eau. En effet, en désignant par V le volume du flotteur, par *d* sa densité, et par *l* et *l'* les deux bras du balan-cier, on aura

$$(Vd - \tfrac{1}{2} V)l = Pl', \quad \text{d'où} \quad P = V\left(\frac{2d-1}{2}\right)\frac{l}{l'}.$$

956. On emploie quelquefois la disposition indiquée figures 205 206. A est un flotteur en pierre, équilibré par un con-trepoids B au moyen d'une chaîne qui passe sur une poulie P ; l'axe de la poulie sort de la chaudière et porte à son extrémité une aiguille *e* dont la pointe se meut sur un cadran divisé.

957. On a proposé de pla-cer le flotteur et son con-tre-poids dans la chaudière,

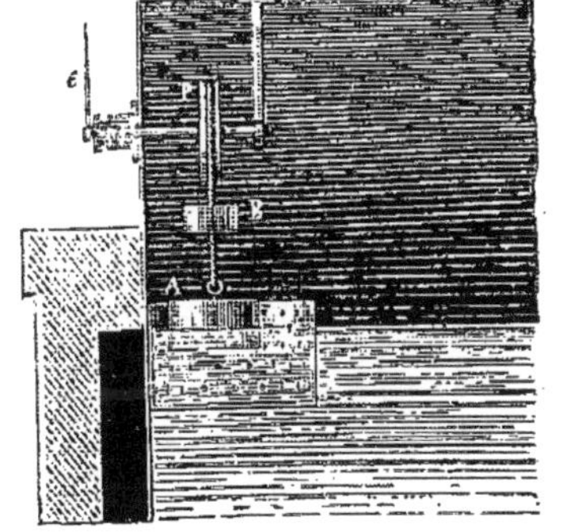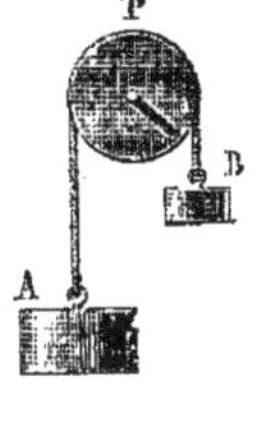

Fig. 204.   *Fig.* 205.

et de mettre en dehors un petit contre-poids pour tendre le fil. Cette disposition, imaginée par M. Chaussenot, aurait l'avantage de permettre l'emploi d'un fil très-fin qui offrirait peu de résistance dans son mouvement à travers la boîte à étoupe; mais elle aurait l'inconvénient de placer toutes les parties importantes de l'appareil à l'intérieur de la chaudière.

958. Dans les figures des appareils de niveau à flotteur, nous avons indiqué, autour du flotteur, une enveloppe métallique percée de trous, afin de diminuer l'amplitude des oscillations du flotteur, et de permettre d'apprécier plus facilement la hauteur du niveau moyen. Il est utile toutefois de laisser à ces enveloppes des communications assez étendues avec la chaudière, pour qu'il reste dans le vase intérieur un petit mouvement oscillatoire nécessaire pour s'opposer à l'adhérence du fil dans la boîte à étoupe; d'ailleurs on s'assure, par ces petits mouvements, que l'appareil marche librement et que la garniture du stuffing-box n'est pas trop serrée.

959. On a proposé un grand nombre de dispositions qui produisent un grand bruit lorsque le niveau s'est abaissé au-dessous d'une limite déterminée. Nous avons déjà décrit plusieurs de ces appareils qui portent le nom de *flotteurs d'alarme*. La disposition suivante (*fig.* 206) est une des plus simples. Elle consiste en un flotteur

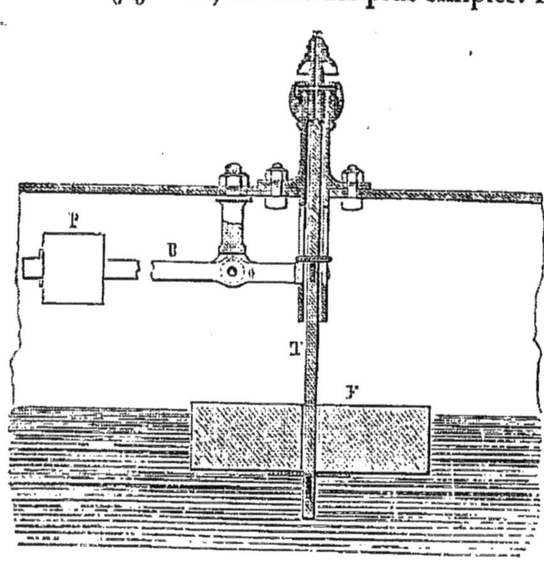

Fig. 206.

F, équilibré par un contre-poids P, fixé sur la tige B, qui est mobile autour du point O. Lorsque le niveau de l'eau descend, la tige T ouvre une soupape qui fait communiquer la vapeur avec un sifflet. Celui-ci est disposé de manière qu'une lame annulaire de vapeur, sortant avec force, vient se briser contre un biseau aigu également annulaire; la calotte métallique, qui se termine par le biseau, sert à renforcer le son.

960. M. Bourdon a réuni dans un même appareil le flotteur d'alarme et le flotteur indicateur. Cette disposition, qui est très-fréquemment

employée dans l'industrie, est représentée dans les deux figures 207 et
208. A la partie supérieure de la chaudière se trouve une boîte triangulaire en fonte, communiquant avec la chaudière. Un levier A, mobile autour d'un axe O, supporte à son extrémité un flotteur F ; en dehors de la boîte, l'axe de rotation porte une tige B parallèle au levier A

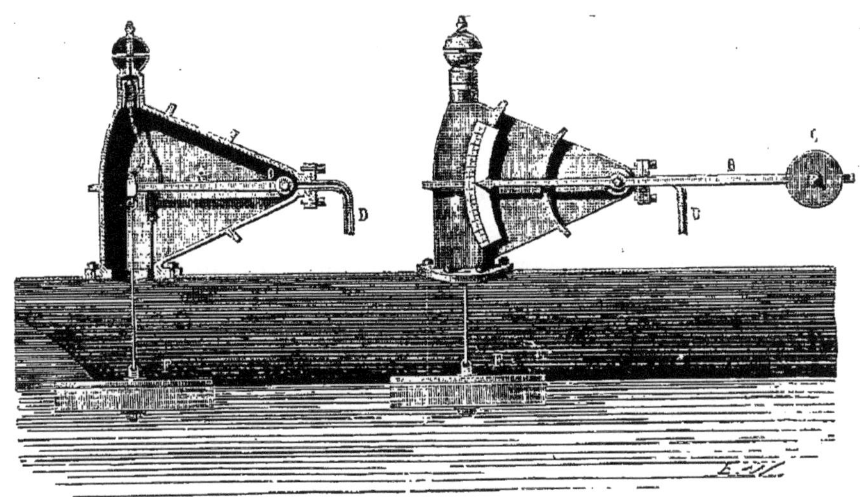

Fig. 207.   Fig. 208.

et munie d'un contre-poids C ; au point de suspension de la tige du flotteur se trouve une chaîne qui ouvre une soupape communiquant avec un sifflet, quand le niveau s'est abaissé
d'une certaine hauteur ; la soupape est maintenue en
place par un ressort à boudin. Le prolongement du levier B
forme une aiguille dont l'extrémité indique sur un cadran
le niveau de l'eau dans la chaudière. Le tuyau D est destiné à conduire la vapeur au manomètre. La figure 209
représente les détails du sifflet.

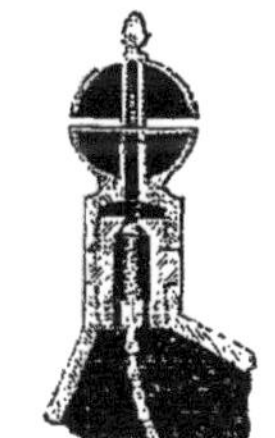

Fig. 209.

961. On peut encore disposer d'une autre manière un
appareil qui produise un grand bruit, quand le niveau de l'eau est
descendu au-dessous d'un certain point. Imaginons qu'on ait placé
au-dessus de la chaudière un cylindre vertical, terminé, inférieurement par un tube qui descend un peu au-dessous du niveau que l'eau
doit toujours dépasser, et supérieurement par un orifice conique communiquant avec un sifflet à vapeur. Si, dans l'intérieur du cylindre,
se trouve un flotteur plus léger que l'eau, obligé de se mouvoir verticalement, et portant une tige conique, disposée pour fermer l'orifice du
cylindre quand le flotteur est poussé de bas en haut, il est évident que,

tant que le niveau de l'eau dans la chaudière dépassera l'extrémité du tuyau plongeur dont nous avons parlé, le cylindre sera plein d'eau et l'orifice fermé ; mais, aussitôt que le niveau sera descendu au-dessous de cette extrémité, l'eau que renfermait le cylindre s'écoulera dans la chaudière, le flotteur descendra et la vapeur s'échappera en traversant le sifflet.

962. Quand les chaudières sont à basse pression, on peut employer un tube vertical, terminé inférieurement au point que le niveau de l'eau ne doit pas atteindre, dont la hauteur excède celle qui correspond au maximum de pression de la vapeur et qui se termine par un sifflet ; il est évident que, lorsque le niveau de l'eau dans la chaudière sera descendu au-dessous de l'extrémité inférieure du tube, la vapeur se dégagera en passant par le sifflet.

963. On pourrait observer directement le niveau de l'eau dans la chaudière au moyen de deux tubulures opposées, percées dans le réservoir de vapeur, fermées par des glaces épaisses ; l'une servirait à éclairer l'intérieur au moyen d'une lampe ; l'autre permettrait d'observer la surface de l'eau et d'apprécier la hauteur du niveau sur une échelle intérieure.

964. Dans toutes les grandes chaudières à vapeur, il est indispensable d'avoir à la fois un indicateur de niveau à tube et un indicateur à flotteur. Pour l'indicateur à flotteur, la disposition de M. Bourdon me paraît une des meilleures, d'autant plus qu'on peut facilement fixer sur la boîte triangulaire la soupape de sûreté, le tube de communication avec le manomètre ou la prise de vapeur, ce qui diminue le nombre des orifices percés directement sur la chaudière.

CHAPITRE III.

MANOMÈTRES ET THERMOMÈTRES.

965. Les manomètres servent à indiquer à chaque instant la pression de la vapeur dans la chaudière ; ces instruments sont d'une nécessité absolue : la raison en est trop évidente pour qu'il soit nécessaire d'insister sur leur importance.

Les manomètres sont disposés de différentes manières et d'après différents principes. On peut les diviser en manomètres à air libre, manomètres à air comprimé et manomètres métalliques.

Manomètres à air libre.

966. Les figures 210, 211 et 212 représentent les types des dispositions employées. Dans la première (*fig.* 210), un tube AB vertical, ouvert par les deux bouts, plonge par la partie inférieure dans un vase M en partie plein de mercure, et un tuyau C communique avec la chaudière à vapeur ; le tube AB porte une échelle divisée en centimètres à partir du niveau du mercure dans le vase ; il est évident que l'excès de la pression de la vapeur sur celle de l'air sera indiquée par la hauteur de la colonne de mercure. Dans la figure 211, le réservoir est placé latéralement, mais l'effet produit est le même. Dans la figure 212, le réservoir M est supprimé, et l'appareil se compose d'un tube ABC, recourbé de manière à former deux branches parallèles ; l'une, la plus grande, est ouverte à la partie supérieure ; l'autre est recourbée et communique avec la chaudière. La pression de la vapeur fait descendre le mercure dans la branche CB, et le fait monter dans la branche BA ; l'excès de pression se mesure par la différence des niveaux dans les deux tubes. La dernière de ces dispositions est la seule qu'on emploie pour les chaudières à vapeur. L'échelle est plus courte que dans les deux premières ; et comme, dans la pratique, il n'est jamais nécessaire d'avoir une grande précision dans l'estimation de l'excès de pression, que le plus souvent il suffit de connaître cet excès à un quart d'atmosphère, il est commode de mesurer la pression sur une échelle qui n'a pas une trop grande hauteur ; on emploie même des dispositions qui ont pour objet de diminuer encore l'étendue de la course du mercure.

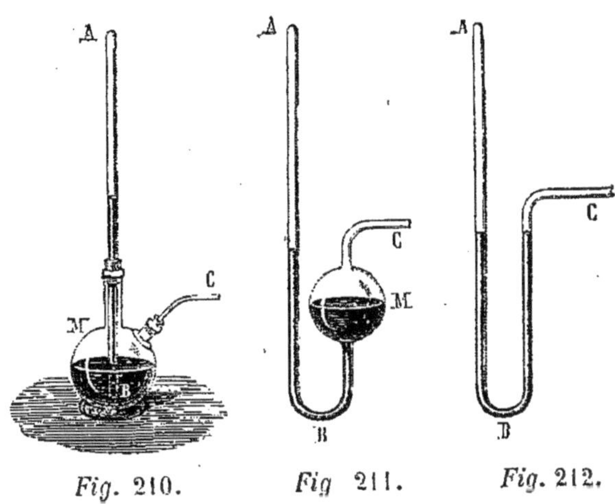

Fig. 210.   Fig. 211.   Fig. 212.

967. Quand les deux branches du siphon ont le même diamètre, l'ascension du mercure dans la branche communiquant avec l'atmosphère est égale à la descente du mercure dans l'autre branche, et, par consé-

quent, l'excès réel de la pression de la vapeur sur la pression atmosphérique est égal à deux fois l'accroissement de hauteur dans la première branche. Si les deux parties du tube avaient des diamètres différents, l'excès
de la pression de la vapeur se déduirait facilement de l'ascension du mercure dans le tube libre et du rapport des diamètres des tubes ; en effet,
désignons par h l'élévation du mercure dans la branche ouverte, par D,
le diamètre du tube en communication avec la chaudière, et par D_1, le
diamètre du tube ouvert ; il est évident que, lorsque le mercure s'élèvera d'une hauteur h dans cette dernière branche, il descendra dans l'autre d'une hauteur telle que le volume du mercure sorti d'une branche
soit égal au volume de mercure entré dans l'autre ; par conséquent, l'a-
baissement du mercure sera égal à $\dfrac{h \cdot D_1^2}{D^2}$, et la différence des niveaux sera

$$h + h \frac{D_1^2}{D^2} = h\left(1 + \frac{D_1^2}{D^2}\right).$$

Il suit de là que, les divisions de l'échelle devant indiquer directement l'excès de pression de la vapeur sur la pression atmosphérique,
les divisions, indiquant des centimètres, devront avoir une longueur
égale à

$$\frac{0^m 01}{1 + \dfrac{D_1}{D^2}}.$$

968. Quand il s'agit d'augmenter la longueur de l'échelle pour observer de plus petites variations, on prend D plus grand que D_1, et la
plus grande longueur d'une des divisions existe quand D est assez
grand relativement à D_1 pour que la fraction $\dfrac{D_1^2}{D^2}$ puisse être négligée ;
alors la colonne de mercure dans la branche libre mesure exacte-
ment l'excès de pression, comme dans les figures 210 et 211. Quand,
au contraire, on veut diminuer la course du mercure dans la branche
libre, afin que l'instrument, avec une petite hauteur, puisse indiquer
de grandes pressions, on prend D_1 plus grand que D ; et, avec des rapports de diamètre convenables, on peut réduire autant qu'on veut l'é-
tendue de la course pour un excès donné de pression.

969. Cette disposition peut donner lieu à des erreurs assez notables,
dues à la quantité plus ou moins considérable d'eau que renferme la
branche en communication avec la chaudière. Cependant, comme

cette partie du tube est en général toujours pleine d'eau, on peut estimer assez facilement la correction à faire. En supposant que le zéro de l'échelle ait été pris quand la chaudière ne fonctionnait pas et que la branche en communication avec elle était pleine d'eau, il est évident que, quand le mercure descendra dans cette branche de 1 centimètre, il sera remplacé par une colonne d'eau, et qu'alors la différence des niveaux, estimée en mercure dans le cas où les sections sont égales, sera diminuée de 1 13,6; ainsi, pour un accroissement h de hauteur dans la branche libre, l'excès réel de pression sera

$$h + h\left(1 - \frac{1}{13,6}\right) = h \cdot \left(\frac{27,2 - 1}{13,6}\right) = 1,92h.$$

Si les deux tubes avaient des diamètres différents D et D_1 (le premier étant celui du tube en communication avec la chaudière), pour un accroissement de hauteur h du mercure dans la branche libre, on aurait évidemment, pour la différence des hauteurs estimée en mercure,

$$h + h\frac{D_1^2}{D^2} - h\frac{D_1^2}{D^2} \cdot \frac{1}{13,6} = h\left(\frac{13,6D^2 + 12,6D_1^2}{13,6D^2}\right) = h\left(1 + 0,92 \cdot \frac{D_1^2}{D^2}\right).$$

D'après cela, la cause d'erreur que j'ai signalée ne peut avoir d'influence qu'autant que le tube communiquant avec la chaudière ne resterait pas plein d'eau. Mais on peut le maintenir constamment dans cet état, en plaçant à son origine un réservoir qui se remplira d'eau par la condensation de la vapeur, et dans lequel le niveau ne pourra éprouver que des variations insensibles pour les plus grandes variations de niveau du mercure.

970. Ces appareils peuvent servir à laisser échapper la vapeur, si la pression dans la chaudière dépasse une certaine limite. En effet, si la hauteur de la branche libre a été calculée de manière que, lorsque le mercure la remplit, la pression dans la chaudière soit arrivée à son maximum, le mercure s'écoulera au dehors si la pression augmente, et la vapeur de la chaudière s'échappera par le tube. Mais, pour que l'efficacité de l'appareil comme tube de sûreté fût complète, il faudrait que la section du tube du plus petit diamètre fût suffisante pour laisser échapper toute la vapeur qui peut se former. Pour éviter la perte de mercure dans le cas d'un accroissement de pression qui dépasserait le maximum que peut indiquer l'appareil, on place, à côté de la partie supérieure, un vase dans lequel le mercure est chassé par la vapeur.

971. On a imaginé plusieurs dispositions dans lesquelles le mercure agit sur un mécanisme qui fait mouvoir une sonnerie destinée à avertir le chauffeur, quand la pression dépasse la limite assignée. Ces appareils, qui peuvent être modifiés d'un grand nombre de manières, ne sont plus employés.

972. Dans le cas où l'excès de la pression de la vapeur sur la pression extérieure ne dépasse pas 5 ou 6 atmosphères, ce qui est le cas le plus général, les manomètres à air libre peuvent être employés. Le tube peut être en verre ou en fer ; dans le dernier cas, le niveau du mercure est indiqué par un flotteur.

Les instructions relatives aux chaudières à vapeur renferment les dessins d'un manomètre à tube de verre et à cuvette ; les manomètres en fer et à siphon renversé me paraissent bien préférables, parce que les tubes ne peuvent pas se casser et qu'ils ont une hauteur deux fois plus petite. Pour un excès de pression de 6 atmosphères, le tube d'un manomètre à cuvette doit avoir au-dessus de la cuvette au moins $0,76 . 6 = 4^m 56$; tandis que dans un manomètre à siphon la hauteur de la partie qui contient le mercure, quand il n'y a pas d'excès de pression, et celle du tube dans lequel le mercure s'élève, est de $2^m 28$; la longueur totale du tube recourbé est d'environ 7 mètres. En supposant que le diamètre intérieur du tube soit de $0^m 01$, le poids du mercure serait à peu près de 15 kilogrammes. Si la section du tube est constante, les excès réels de pression correspondront, comme nous l'avons vu, aux élévations du mercure dans le tube libre multipliées par 1,92 (969).

973. Les figures 213, 214, 215 représentent la disposition des manomètres qu'on employait autrefois pour les chaudières à basse pression, et qu'on appliquait contre une des faces de la chaudière. Ce manomètre se compose d'un canon de fusil recourbé, de manière à former deux branches parallèles : l'une d'elles communique avec la chaudière ; l'autre renferme un flotteur portant une tige dont l'extrémité parcourt une échelle divisée ; le zéro de l'échelle est sur la ligne ab.

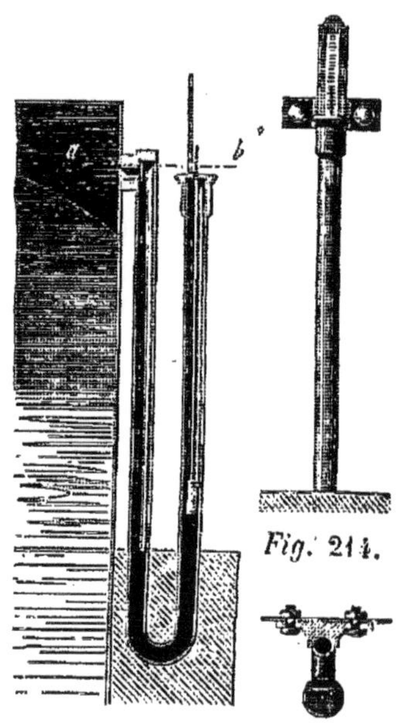

Fig. 214.

Fig. 213.   Fig. 215.

974. La disposition que nous venons d'indiquer a le grand inconvénient, pour les hautes pressions, de faire parcourir au mercure une trop grande étendue, à peu près $0^m 38$ par atmosphère, et par suite les échelles ont une trop grande longueur, ce qui est très-incommode. On pourrait d'abord, en employant des tubes de fer d'un diamètre constant, réduire l'échelle parcourue par l'index dans une proportion quelconque, en faisant passer le fil du flotteur, terminé par un contre-poids, sur une poulie, et en plaçant sur son axe une autre poulie d'un plus petit diamètre, sur laquelle se trouverait enroulé un fil terminé à une extrémité par l'index, et à l'autre par un contre-poids ; le contre-poids du fil de la grande poulie ne servirait alors qu'à tendre le fil de suspension du flotteur.

Mais on préfère donner au tuyau d'ascension du mercure un diamètre plus grand que celui du reste du tube manométrique. Cette disposition a été employée pour la première fois dans un manomètre que MM. Thomas et Laurens ont fait construire en 1843, et sur lequel M. Combes a fait, à la Société d'encouragement, un rapport très-favorable. L'appareil se composait d'un siphon à deux branches parallèles, formé d'un tube de fer de $0^m 006$ de diamètre intérieur ; chacune des branches était terminée à sa partie supérieure par un tube en fer d'une section cinq fois plus grande ; le gros tube de la courte branche était destiné à maintenir pleine d'eau la partie du siphon communiquant avec la chaudière ; l'autre était destiné à contenir le mercure s'élevant par un excès de pression. En faisant abstraction de la colonne d'eau qui remplissait toujours le tube communiquant avec la chaudière, quand le mercure s'élevait d'une hauteur h dans le gros tube, il descendait de $5h$ dans le petit ; et l'excès de pression était représenté par une colonne égale à $6h$; ainsi les divisions de l'échelle correspondant à 1 atmosphère étaient de $\frac{0,76}{6} = 0,126$, tandis qu'elles auraient été de $0^m 38$ dans un siphon à deux branches égales. L'extrémité du tube d'ascension communiquait avec un tube latéral destiné à recueillir le mercure, dans le cas où le maximum de pression, que le manomètre pouvait indiquer, serait dépassé. Au point le plus bas du siphon, il y avait une petite ouverture fermée par un bouchon à vis, pour enlever le mercure. Afin de faciliter le transport de l'appareil, les deux petits tubes parallèles étaient munis d'un joint à brides.

975. La figure 216 représente un manomètre de ce genre destiné à mesurer des excès de pression de 5 à 6 atmosphères : A, tuyau en fer d'un petit diamètre, communiquant avec la chaudière ; B, cylindre en fonte toujours plein d'eau ; C, C, tubes en fer étiré de 5 à 6 mil-

limètres de diamètre intérieur, réunis à la partie inférieure, au moyen d'un tube courbé en demi-cercle (les différentes parties des tubes sont réunies par des écrous roulants); D, tube de verre épais, d'une section cinq à six fois plus grande que celle des tubes C, C et à côté duquel se trouve une échelle divisée; E, tuyau de fonte fermé par le bas, communiquant par la partie supérieure avec le tube de verre D, et percé vers le haut d'un orifice O; il est destiné à recevoir le mercure qui se déverse quand la pression dépasse le maximum que l'appareil peut indiquer.

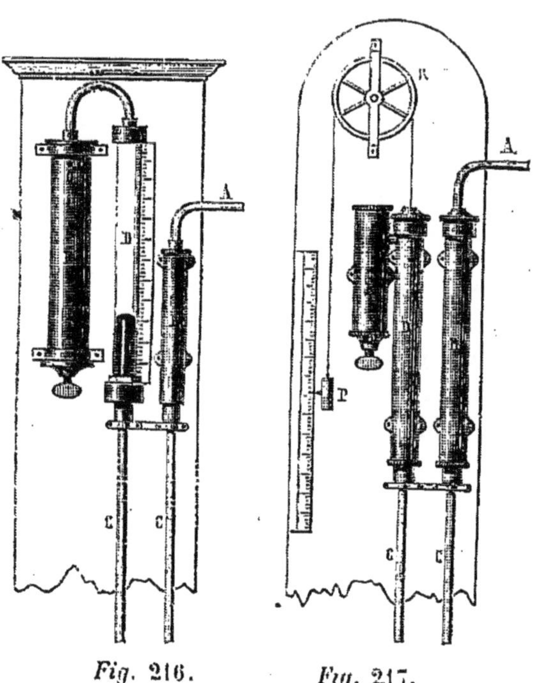

Fig. 216.   Fig. 217.

976. La figure 217 représente un appareil disposé de la même manière; seulement le cylindre D est en fonte, et le niveau est indiqué par le contre-poids P, attaché, par un fil qui passe sur une poulie R, à un flotteur placé sur le mercure dans le tube D. Cette disposition est préférable, parce que, le mercure salissant facilement le verre, la lecture est plus facile.

Dans ces deux derniers appareils, la longueur de l'échelle qui correspond à un excès de pression d'un atmosphère pourrait se déterminer par le calcul, en connaissant les diamètres des tubes C et D (969); mais il vaut mieux déterminer cette longueur par une expérience directe.

977. *Manomètre à air libre et à branches multiples.* —Cet appareil, représenté dans la figure 218, est composé d'un tube de fer replié un grand nombre de fois sur lui-même; toutes les branches sont égales et parallèles, d'un même diamètre et formées de plusieurs parties réunies par des écrous roulants; le tube de fer se termine à une extrémité par un tube de verre vertical *ab*, appliqué contre une échelle divisée *cd*; l'autre extrémité communique avec la chaudière. Toutes les parties in-

férieures des tubes sont remplies de mercure jusqu'à la ligne MN qui passe par leur milieu, et le reste est rempli d'eau. Le mer-

cure a été introduit par des orifices percés à la partie supérieure, jusqu'à ce qu'il se soit écoulé par des orifices latéraux percés dans chaque tube à la hauteur de la ligne MN, et qu'on a fermés ensuite exactement avec des bouchons vissés. Le reste des tubes a été complétement rempli d'eau par les mêmes orifices qu'on a de même fermés avec soin. Il est évident, d'après cette disposition, que si, par la pression de la vapeur dans la chaudière, le mercure s'abaisse d'une quantité h dans le tube AB, il montera et descendra alternativement

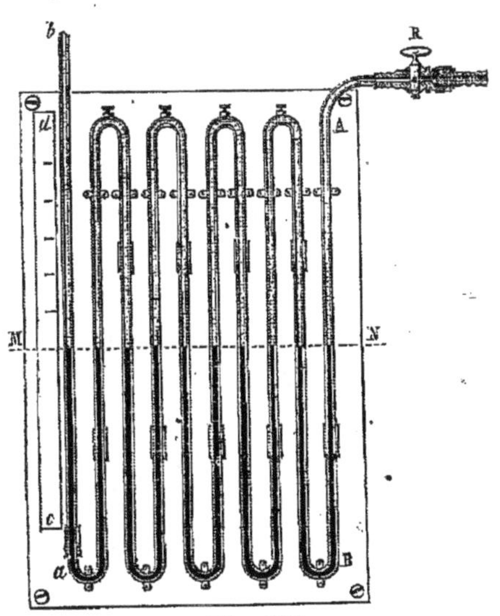

Fig. 218.

de la même quantité dans les suivants, et montera par conséquent de la même quantité h dans le tube ab; mais, comme dans l'appareil (*fig.* 218) il y a cinq paires de tubes communiquant par la partie inférieure, la pression de la vapeur sera égale à $\dfrac{5 . 2h (13,6 - 1)}{13,6}$. Ainsi, la variation de hauteur du mercure dans le tube de verre ab sera à peu près 0,1 de la pression totale estimée en mercure; et, si les tubes avaient chacun $0^m 82$ de hauteur, l'appareil pourrait mesurer des pressions de 5 atmosphères; et les divisions de l'échelle, correspondant à des pressions de 1, 2, 3, 4, 5 atmosphères, seraient écartées entre elles de $\dfrac{0,1 . 0,76 . 13,6}{13,6 - 1} = 0,082$. Il est évident qu'en augmentant la longueur des tubes, ou leur nombre, ou à la fois l'un et l'autre, on pourrait mesurer des pressions quelconques. En donnant $0^m 01$ de diamètre intérieur aux tubes de fer, comme leur longueur serait à peu près de 6^m, ils contiendraient environ 12^k de mercure. On pourrait remplacer le tube de verre par un tube de fer et se servir d'un flotteur, équilibré par un contre-poids, pour indiquer la pression sur une échelle divisée. Ce manomètre est connu en principe depuis longtemps; mais il a été disposé, il y a quelques années, d'une manière très-commode par M. Richard, de Lyon. Il a été appliqué à des chaudières de bateaux et de locomotives.

978. *Manomètre de M. Galy-Cazalat.* — Cet appareil est un mano-

mètre à mercure et à air libre, dans lequel les variations de hauteur de la colonne de mercure ne sont, comme dans l'appareil précédent, qu'une faible fraction de celles qui représentent les variations de pression dans le manomètre ordinaire. Voici le principe sur lequel il repose : imaginons que la vapeur agisse de haut en bas sur un piston plein de $0^{mq}01$ de section, mobile sans frottement dans un cylindre ayant un diamètre un peu plus grand, et que, pour éviter le passage de la vapeur, le cylindre et le piston soient recouverts d'une lame en caoutchouc très-mince et très-flexible. Supposons que le piston, à sa partie inférieure et en dehors du cylindre, se termine par une plaque épaisse ayant $0^{mq}20$ de section, agissant sur une lame mince de caoutchouc, très-flexible, recouvrant un réservoir à mercure. Celui-ci communique par le bas avec un tube de verre qui se relève verticalement et qui est ouvert par la partie supérieure. Il est évident que, si le piston reçoit une pression quelconque, celle qui sera transmise au mercure sera vingt fois plus petite, et par conséquent le mercure s'élèvera dans le tube de 0^m038 pour chaque atmosphère de pression. Cette disposition exige nécessairement que les mouvements des lames de caoutchouc soient très-petits, ce qu'il est facile d'obtenir en donnant une petite section au tube manométrique et une grande section à la cuvette. Par exemple, en supposant que ces deux sections soient dans le rapport de 1 à 1000, pour une variation de pression de 10 atmosphères, le mercure montera dans le tube de 0^m38, la plaque du piston descendra de 0^m00038, et le piston de 0^m0076.

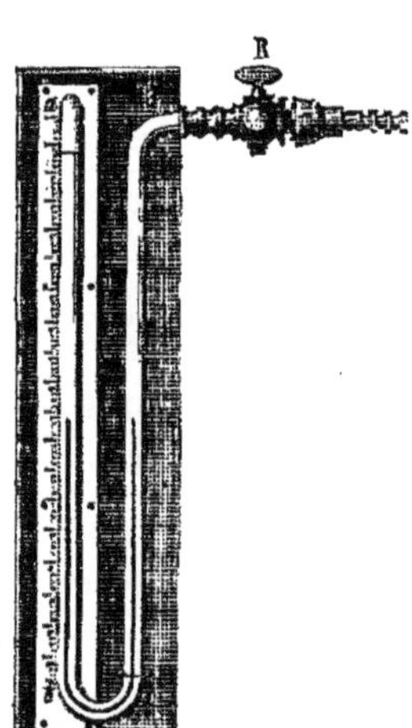

Fig. 219.

M. Journeux a construit un certain nombre de ces appareils, principalement pour les chemins de fer. Il y a dans ces manomètres deux lames en caoutchouc employées à transmettre la pression ; malheureusement on n'est jamais parfaitement sûr qu'elles conservent indéfiniment leur flexibilité ; certains caoutchoucs deviennent avec le temps durs et cassants. L'emploi du mercure est encore un inconvénient ; aussi ces manomètres sont-ils peu employés.

Manomètres à air comprimé.

979. La figure 219 représente la disposition la plus simple d'un manomètre à air comprimé ; elle consiste en un tube de verre *abcd*, formant deux branches parallèles à peu près égales, et renfermant de

l'air et du mercure ; ce tube est fermé à l'extrémité a, et communique par l'extrémité d avec un tuyau, garni d'un robinet R, qui se rend à la partie supérieure de la chaudière. Le mercure s'élève à peu près à la moitié de la hauteur des tubes. Quand la pression de la vapeur dépasse celle de l'atmosphère, le mercure monte dans le tube ab, et la pression de la vapeur se trouve mesurée par la force élastique de l'air comprimé dans le tube, qu'on déduit de la différence de hauteur des deux colonnes. En désignant par H la longueur de la partie du tube occupée par la colonne d'air à la pression atmosphérique, par h la hauteur dont s'élève le mercure dans la branche ab, sous une pression P en hauteur de mercure, on aura évidemment

$$P = 2h + 0{,}76 \cdot \frac{H - h}{H}, \quad \dots\dots\dots\dots\dots\dots(1)$$

équation d'où l'on tire

$$h = \frac{H(P - 0{,}76)}{2H - 0{,}76} \quad \dots\dots\dots\dots\dots\dots\dots(2)$$

En donnant successivement à P les valeurs qui correspondent à différentes pressions en atmosphères, la dernière équation fournira les valeurs de h correspondantes. Ces calculs supposent que le tube a partout le même diamètre, et que sa partie supérieure est terminée par une surface plane. Pour éviter les erreurs qui peuvent résulter de ce mode de graduation, on construit un manomètre étalon avec beaucoup de soin, et on gradue les autres sur celui-là, en les soumettant, au moyen d'une pompe, à des pressions égales, croissant de quart en quart d'atmosphère.

980. Dans l'appareil figure 220, le niveau du mercure reste sensiblement constant dans une des branches ; pour cet appareil, la formule (1) serait encore applicable en changeant $2h$ en h. Il est important de donner une grande longueur aux deux branches du tube qui se trouvent au-dessous du niveau constant du mercure, afin que l'air, par les variations brusques de pression, ne puisse pas en sortir.

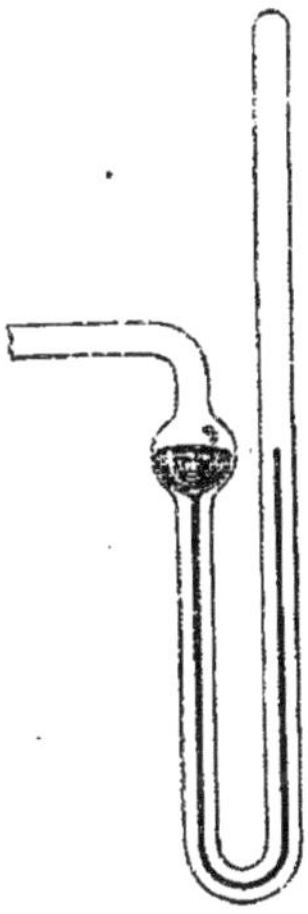

Pour éviter de donner une trop grande longueur au tube qui renferme l'air, on peut employer la disposition indiquée par la figure 221. Les deux branches du tube renferment des

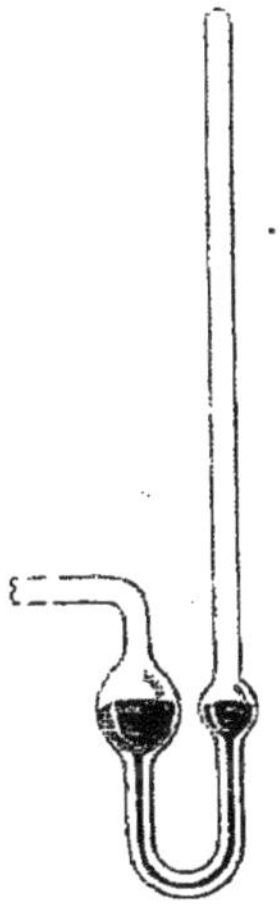

Fig. 220.   *Fig. 221.*

boules situées à la même hauteur, et qui sont à moitié pleines de mercure quand la pression exercée est égale à la pression de l'atmosphère ; mais celle du tube à air est beaucoup plus petite que l'autre. Par cette disposition, le mercure ne commence à s'élever dans le tube qu'après avoir rempli la boule , c'est-à-dire qu'autant que la pression dépasse une certaine limite ; cette boule a aussi pour objet de s'opposer à la sortie de l'air du tube par une diminution brusque de pression.

981. A mesure que la pression augmente, la distance entre deux divisions consécutives de l'échelle diminue nécessairement, la compression de l'air se faisant suivant la loi de Mariotte. Pour obtenir des divisions à peu près égales pour des accroissements égaux de pression, on peut employer des tubes coniques intérieurement ; la graduation doit alors se faire nécessairement au moyen du manomètre étalon.

982. Les indications des manomètres à air comprimé devraient, à la rigueur, subir une correction relative à la température ; mais comme, en supposant une différence de température de 15° entre celle à laquelle la graduation a été faite et celle de l'observation, l'erreur n'excède pas 1 : 20, on néglige cette correction ; dans aucun cas, il n'est important de connaître la pression avec une plus grande précision.

983. M. Bunten a imaginé une manière très-commode de réunir les tubes de verre avec des tuyaux métalliques : les deux tuyaux doivent être à peu près du même diamètre et cannelés ; on les place bout à bout, recouverts de mastic rouge et enveloppés d'un tuyau de plomb d'un diamètre un peu plus grand ; alors, avec une pince, on donne facilement au cylindre de plomb la forme des cannelures des bouts des tuyaux, et le joint devient parfaitement étanche quand le mastic a pris un peu de consistance.

984. Les figures 222 et 223 représentent la disposition qu'on donnait assez généralement aux manomètres à air comprimé. Le mercure était renfermé dans une boîte en fonte, à la partie supérieure de laquelle le réservoir de vapeur communiquait par un tube de fer ; cette cuvette portait à la partie inférieure un tuyau de fer dans lequel plongeait le tube de verre, afin d'éviter qu'une partie de l'air du tube ne s'échappât par un décroissement brusque de pression.

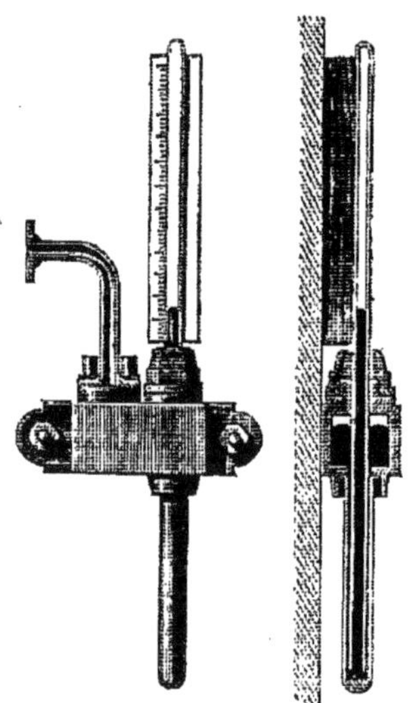

Fig. 222.   Fig. 223.

Les manomètres à air comprimé sont maintenant complétement abandonnés, parce que le volume d'air qu'ils renferment diminue graduellement par l'oxydation du mercure. On reconnaît facilement qu'il y a absorption d'oxygène, parce que les instruments indiquent, sous la pression de l'atmosphère, une pression plus grande, et parce que le mercure acquiert en peu de temps la faculté de mouiller le verre, ce qui indique qu'il tient de l'oxyde en dissolution. On a cru obvier à cet inconvénient en introduisant une petite couche d'eau au-dessus du mercure ; mais, par ce moyen, le métal s'oxyde encore plus facilement.

985. L'inconvénient que je viens de signaler pourrait facilement être évité en substituant à l'air de l'hydrogène, de l'azote ou de l'acide carbonique, et cette substitution ne présenterait aucune difficulté. Par

exemple, pour la disposition du manomètre indiquée figure 224, on remplirait l'appareil de mercure jus-qu'au point a, l'extrémité b étant ouverte ; en inclinant légèrement le tube, le mer-

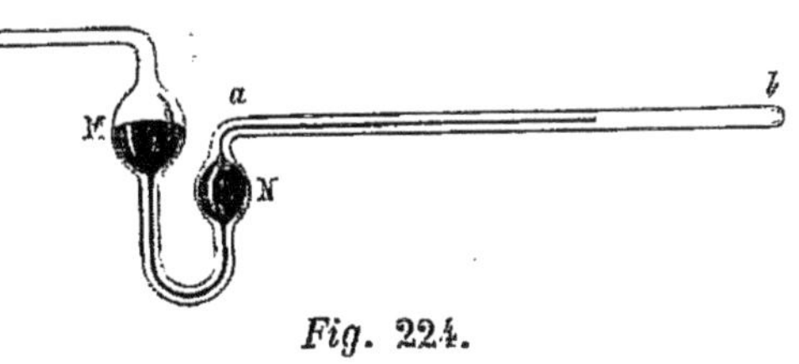

Fig. 224.

cure arriverait au point b. On mettrait alors le tube en communication avec une vessie renfermant le gaz qu'on voudrait introduire dans l'appareil, et on placerait l'extrémité b du tube dans l'ouverture d'un bouchon de liége fixé dans l'ajutage du robinet de la vessie ; en pressant la vessie ou en redressant l'appareil, le gaz s'introduirait dans le tube ; on le fermerait au chalumeau, en un point où il aurait été étranglé, afin de faciliter l'opération. On obvierait ainsi complétement à l'inconvénient qui a fait abandonner les manomètres à air comprimé.

Manomètres métalliques.

986. On emploie maintenant pour tous les générateurs à haute pression, et surtout pour les locomotives, des manomètres dont le jeu repose sur l'élasticité de certains métaux. Ces instruments ne donnent pas des mesures de la pression aussi exactes que les manomètres à air libre, et que les manomètres à gaz comprimés disposés comme nous l'avons indiqué (985) ; mais comme ils sont d'un emploi beaucoup plus commode et d'un prix peu élevé, l'usage en est très-répandu.

987. *Manomètres de Bourdon.* — Ces manomètres sont fondés sur le principe suivant. Lorsqu'un tube creux et courbe est soumis

intérieurement à une certaine pression, il tend à s'ouvrir d'autant plus que la pression est plus considérable. Les figures 225 et 226

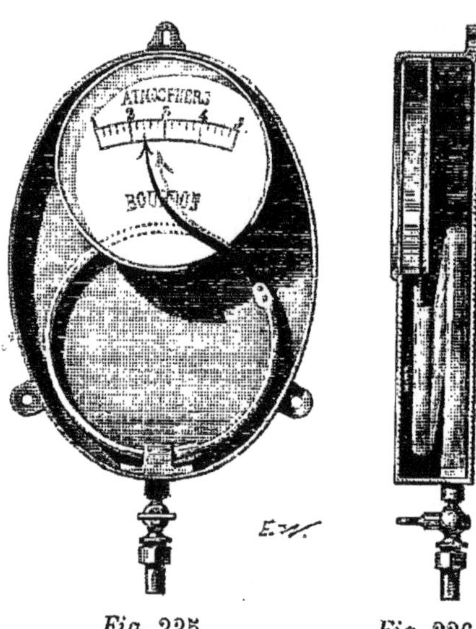

représentent la disposition la plus simple de l'appareil ; la section du tube est une ellipse très-aplatie ; l'une des extrémités est fixe et communique avec la chaudière ; l'autre est libre et porte l'aiguille indicatrice de la pression. La graduation de l'échelle se fait par comparaison avec un manomètre à air libre. Dans quelques appareils, pour augmenter la course de l'index, l'extrémité libre du tube agit sur un levier ou sur un engrenage qui fait mouvoir l'aiguille indicatrice. M. Bourdon a donné à ces instruments un grand nombre de formes différentes :

Fig. 225.   *Fig. 226.*

les uns permettent d'apprécier de très-faibles variations de pression et peuvent servir de baromètres, tandis que d'autres peuvent mesurer des pressions s'élevant jusqu'à 400 atmosphères.

988. *Manomètre de M. Challeton, construit par M. Bourdon.* — Cet appareil, de même que celui dont nous venons de parler, est entièrement métallique, mais il repose sur un autre principe. Un tuyau vertical en cuivre ou en fonte de $0^m 05$ de diamètre est fermé hermétiquement à sa partie supérieure par une lame de cuivre très-mince, légèrement convexe, prise entre deux brides ; sur cette lame, et couvrant toute la surface, se trouve une spirale en acier trempé, fixée par sa circonférence à la surface latérale de la bride supérieure. Une tige fixée au centre de la spirale agit, lorsque la spirale change de forme, sur une aiguille qui se meut sur un cadran divisé. La figure 227 représente une coupe verticale de l'appareil, et la figure 228 une coupe horizontale de la spirale. La vapeur, en pressant sur la plaque de

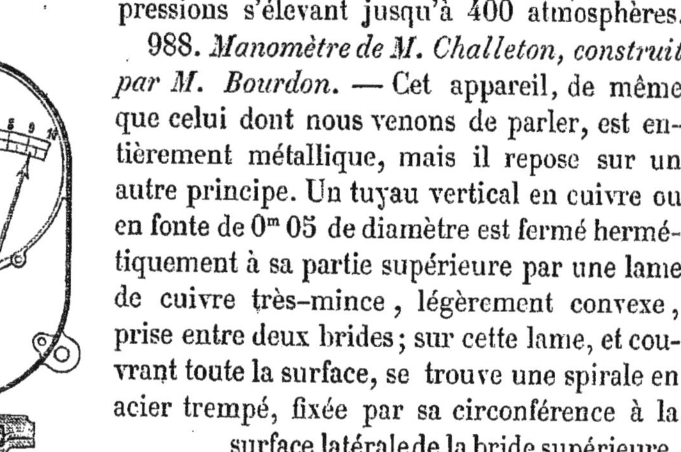

Fig. 227.   *Fig. 228.*

cuivre, fait passer la spirale de la forme convexe à la forme concave, et ce mouvement est indiqué par une aiguille qui se meut sur le cadran divisé en atmosphères.

989. *Manomètre de M. Desbordes.* — Dans ce manomètre, dont la figure 229 représente une coupe verticale, la vapeur agit sur une lame mobile de cuivre D, au-dessus de laquelle se trouve une lame ronde de caoutchouc C, dont les bords sont serrés entre deux pièces de cuivre, et qui s'appuie sur le piston P. La pression de la vapeur se transmet en c à une lame d'acier *ab* fixée par ses extrémités, et la flexion de cette lame met en mouvement le secteur denté S qui fait mouvoir l'aiguille indicatrice ; un ressort R tend constamment à ramener le secteur dans sa position première. Ces manomètres se graduent comme les autres manomètres métalliques, par comparaison avec un manomètre à air libre. Ils ont, de même que ceux de M. Galy-Cazalat, l'inconvénient de renfermer une lame de caoutchouc.

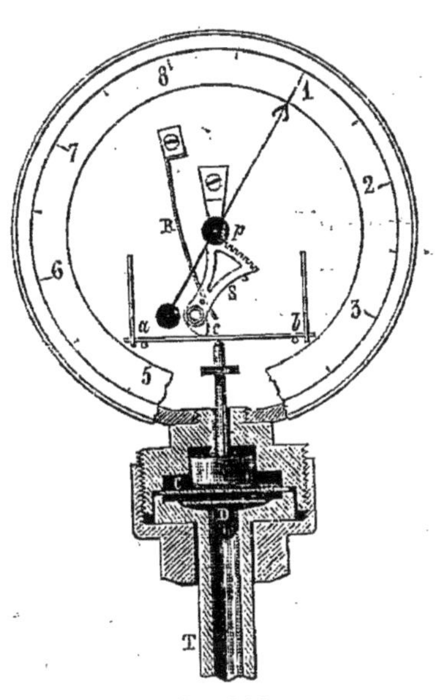

Fig 229.

990. On a aussi employé des manomètres à ressorts. L'appareil se composait d'un cylindre alésé, renfermant un piston surmonté d'un ressort à boudin, qui s'appuyait sur le couvercle du cylindre ; le piston portait une tige qui sortait à l'extérieur ; en faisant communiquer la partie inférieure du cylindre avec une chaudière à vapeur, l'extrémité de la tige indiquait sur une échelle la tension dans la chaudière. La difficulté d'éviter les fuites de vapeur a empêché ces appareils d'être adoptés.

Observations générales sur les manomètres.

991. En résumé, pour les chaudières à vapeur à basse ou à haute pression, les manomètres à air libre, exigés par les ordonnances administratives de 1843, ont été, à cause de leur prix de revient et de la grande hauteur qu'ils exigeaient, à peu près complétement abandonnés ; et les ingénieurs, chargés de faire exécuter ces ordonnances, ont été obligés de tolérer l'emploi des manomètres métalliques. Parmi ces derniers, ceux de M. Bourdon me paraissent préférables aux autres.

Il est peut-être regrettable qu'on ait abandonné les manomètres à air comprimé par suite d'inconvénients qu'il était si facile d'éviter, en remplaçant l'air par un gaz sans action sur le mercure, en faisant les tubes coniques, et en disposant l'appareil de manière à éviter la sortie du gaz par une diminution brusque de pression (984, 985). La fragilité de ces instruments, l'emploi du mercure qui salit le verre et qui rend le transport peu facile, sont, sans doute, les causes qui ont fait abandonner ces appareils par l'industrie ; mais leurs indications étaient toujours plus sûres que celles des manomètres métalliques, qu'un long usage altère profondément et qu'on ne peut employer avec sûreté, si l'on ne fait fréquemment des vérifications de l'exactitude de leur graduation.

Quelle que soit la pression de la vapeur et la nature des manomètres employés, les tubes de communication doivent toujours être pourvus de robinets destinés à établir ou à intercepter la communication de la chaudière avec l'instrument, afin de pouvoir le réparer ou le changer ; mais le chauffeur devra avoir le plus grand soin de ne jamais établir ou intercepter brusquement la communication ; car, quelle que soit la nature du manomètre, il pourrait être dérangé et même brisé par des changements brusques de pression.

Thermomètres.

992. Les thermomètres appliqués aux chaudières à vapeur peuvent servir à indiquer, non-seulement la température, mais encore les pressions de la vapeur saturée, puisque l'on a des tables suffisamment exactes qui donnent les pressions correspondant aux différentes températures. L'échelle pourrait porter d'un côté la température, de l'autre les pressions. Les indications du thermomètre serviraient de contrôle au manomètre et permettraient de reconnaître si la vapeur est surchauffée.

Le réservoir du thermomètre ne devrait pas être exposé librement au contact de la vapeur et de l'eau, dans l'intérieur de la chaudière, à cause de la pression qui diminuerait le volume du réservoir et qui élèverait le mercure dans le tube à une hauteur plus grande que celle qui correspond à la température. Le thermomètre devrait être plongé dans un cylindre en fer rempli d'huile ou de mercure dont les bords seraient fixés sur un orifice percé dans la partie supérieure de la chaudière.

993. M. Collardeau a présenté à la Société d'encouragement, il y a déjà plusieurs années, un thermomètre destiné aux chaudières à vapeur et qu'il avait appelé *Thermo-manomètre*. Cet instrument était un

grand thermomètre gradué dans la graisse au moyen d'un thermomètre étalon. L'échelle était tracée sur le verre et indiquait les pressions correspondant aux différentes températures. Le tube, qui avait $0^m,50$ à $0^m,60$ de hauteur, était conique intérieurement, le diamètre décroissant du réservoir au sommet. M. Collardeau employait cette forme pour donner plus d'étendue aux divisions supérieures. Le prix de cet instrument était peu élevé : cependant il n'a pas été adopté par l'industrie, sans doute à cause de sa fragilité et de la difficulté qu'on avait à lire les indications.

CHAPITRE IV.

SOUPAPES DE SURETÉ ET PLAQUES FUSIBLES.

Soupapes de sûreté.

994. Les soupapes de sûreté sont des plaques fermant une ouverture en communication avec la chaudière et pressées par des poids qui font équilibre à la pression maximum que la vapeur ne doit pas dépasser. Quand la vapeur a acquis cette tension, la soupape se soulève, et la vapeur, s'échappant, ne peut pas acquérir une plus grande force élastique, si l'orifice d'écoulement est suffisant.

995. *Diamètre des soupapes.*—Les ouvertures des soupapes doivent être assez grandes pour laisser sortir toute la vapeur qui peut se former. La quantité de vapeur qui se produit ordinairement dans les chaudières est, comme nous l'avons déjà dit, de 15 à 30 kilogrammes par heure et par mètre carré de surface de chauffe ; mais, comme les soupapes doivent pouvoir servir dans le cas où le feu aurait été augmenté d'une manière extraordinaire, il faut compter sur 100 kilogrammes par heure et par mètre carré de surface de chauffe, nombre qui, comme nous l'avons vu (922), est le maximum de la quantité de vapeur qui puisse être produite.

996. Connaissant la surface de chauffe S de la chaudière, on en déduit le poids et le volume de la vapeur qui doit pouvoir s'écouler par seconde. En désignant ce volume par V, la vitesse d'écoulement par v, la section de l'orifice par S', on aura $V = v \cdot S'$, équation qui donnera S' quand v sera connu. Nous avons vu que les vapeurs s'écoulent comme des liquides de même densité ; ainsi la valeur de S' s'obtiendra facilement. Pour éviter les calculs, j'ai réuni dans le tableau suivant les vitesses d'écoulement de la vapeur pour un certain nombre de pressions.

VITESSE D'ÉCOULEMENT DE LA VAPEUR DANS L'AIR SOUS DIFFÉRENTES PRESSIONS.

Pressions en atmosphères.	Vitesse par seconde.	Pressions en atmosphères.	Vitesse par seconde.
$1^1/_4$	266	8	595
$1^1/_2$	352	10	607
$1^3/_4$	395	12	618
2	428	14	625
3	502	16	631
4	537	18	635
5	559	20	639
6	574		

997. Supposons, par exemple, que la vapeur se produise sous la pression de 2 atmosphères, dans une chaudière ayant 10 mètres carrés de surface de chauffe; la quantité de vapeur produite par heure sera à peu près de $20^k \times 10 = 200^k$. Nous la supposerons, pour tenir compte des circonstances les plus exceptionnelles, de 1000^k, ou par seconde de $0^k 277$. La densité de la vapeur à 2 atmosphères étant de 0,0011, le volume de vapeur à évacuer par seconde sera de $0,277 : 0,0011 = 250$ litres. Ainsi on aura $V = 0^{mc} 250$; $v = 428^m$, et par conséquent $S' = 0,250 : 428 = 0,000578$. Pour donner une issue suffisante à la vapeur, il faudra donc que l'ouverture de la soupape ait à peu près 6 centimètres carrés. Cette ouverture est très-petite à cause de l'énorme vitesse avec laquelle la vapeur s'écoule.

998. Dans les ordonnances relatives aux machines à vapeur, les diamètres D et les surfaces S' des soupapes de sûreté des générateurs sont donnés par les formules

$$D = 2,6 \sqrt{\frac{S}{n - 0,412}}; \quad \text{et} \quad S' = 5,30 \frac{S}{n - 0,412} \ \ldots\ldots (1)$$

dans lesquelles D est estimé en centimètres, S' en centimètres carrés; S représente la surface de chauffe de la chaudière en mètres carrés, et n le nombre d'atmosphères de la vapeur dans la chaudière, c'est-à-dire le numéro du timbre.

999. En admettant les surfaces de chauffe calculées sur $1^{mq} 70$ par cheval et une pression de 6 atmosphères, pour des chaudières de

5   10   15   20   25   30 chevaux,

les sections des soupapes de sûreté sont de

$2^{cq}0$ 4^{cq} $6^{cq}0$ $8^{cq}0$ $10^{cq}0$ $12^{cq}0$;

et les diamètres des orifices de

$$1^c 603 \qquad 2^c 267 \qquad 2^c 777 \qquad 3^c 207 \qquad 3^c 580 \qquad 3^c 927.$$

1000. Si l'ouverture d'une soupape était trop petite pour dépenser la quantité de vapeur qui se forme à une tension donnée, la force élastique de la vapeur augmenterait, mais non pas indéfiniment ; elle atteindrait bientôt une certaine limite qu'elle ne pourrait pas dépasser. En effet, à mesure que la température de la vapeur augmente, la densité, la vitesse d'écoulement et par suite la dépense augmentent en même temps, tandis que la quantité de vapeur formée reste constante : ainsi, il arrivera nécessairement un instant où la dépense sera égale à la quantité de vapeur qui peut se former d'après l'activité du foyer et l'étendue de la surface de chauffe ; à cet instant la température de la vapeur restera évidemment constante. Dans tous les cas, la limite extrême serait celle correspondant à la dépense de 100^k de vapeur par heure et par mètre carré de surface de chauffe.

1001. Ce fait a été vérifié par M. Christian. Il s'est servi pour cela d'une chaudière de fonte épaisse, fermée par un couvercle de même métal maintenu par des boulons ; elle fut placée dans un fourneau et chauffée par un feu très-violent, car la cheminée de tôle rougissait à près de $0^m, 40$ de hauteur. Le couvercle était percé de trois ouvertures : l'une recevait un thermomètre, une autre le fil d'un flotteur qui permettait de mesurer le niveau de l'eau, et la dernière était destinée à recevoir une plaque percée de différentes ouvertures par lesquelles la vapeur s'échappait. La surface de chauffe était de $0^{mq}189382$, et le volume d'eau de 10 litres. Le feu étant maintenu à la même intensité, un litre d'eau a été vaporisé en trois minutes, quelle que fût d'ailleurs l'étendue de la surface libre par laquelle la vapeur se dégageait.

Quand l'orifice était de 36 millimètres carrés, la température était de..			$105°5$
Id.	18	id.	id.	$115°$
Id.	9	id.	id.	$138°$
Ouverture circulaire de 25 millimètres de diamètre			$100°$
Id.	de 12,5	id.		$101°$
Id.	de 6,25	id.		$112°$
Chaudière ouverte			$100°$

Ces expériences confirment, en outre, le fait que nous avons énoncé sur le maximum de vapeur que peut produire 1 mètre carré de surface de chauffe dans une heure ; car, la surface de chauffe étant de

$0^{mq}189382$, le feu le plus violent n'a pu produire que 1 kilogramme de vapeur en trois minutes, ce qui revient à peu près à 100 kilogrammes par mètre carré et par heure.

Elles confirment aussi ce que nous avions énoncé précédemment, que la même étendue de surface de chauffe, dans les mêmes circonstances, produit le même poids de vapeur, quelle que soit d'ailleurs sa tension; et que le même poids de vapeur renferme toujours sensiblement la même quantité de chaleur à toutes les tensions.

1002. *Charge des soupapes.*—La charge d'une soupape, augmentée de la pression de l'atmosphère, doit évidemment être égale à la pression que la vapeur exerce en sens contraire sur cette soupape, à la tension qui ne doit point être dépassée : or, la pression de la vapeur est égale au poids d'une colonne de mercure qui aurait pour base l'étendue de l'orifice, et pour hauteur autant de fois 0^m76 que la force élastique de la vapeur renferme d'atmosphères ; il est, par conséquent, très-facile de trouver dans chaque cas particulier la charge de la soupape.

1003. Par exemple, si la soupape avait un centimètre carré, et si la limite de pression était de 2 atmosphères, le poids de la soupape devrait résister seulement à 1 atmosphère, et par conséquent être égal au poids d'une colonne de mercure qui aurait 1 centimètre carré de base et 0^m76 de hauteur ; cette colonne aurait 76 centimètres cubes, et comme la densité du mercure est de 13,596, et que 1 centimètre cube d'eau pèse 1 gramme, le poids total de cette colonne serait de $76 \times 13,596 = 1033^g296 = 1^k033$.

Ainsi, pour avoir la charge d'une soupape, il faudra multiplier le poids 1^k033 par le nombre d'atmosphères moins une de la vapeur et par le nombre de centimètres carrés de l'ouverture.

Par exemple, si la pression devait être de 3 atmosphères et demi, et si la soupape avait 4 centimètres de diamètre, c'est-à-dire $12^{cq}57$ de surface, le poids de la soupape devrait être de $1^k033 \times 2,5 \times 12,57 = 32^k30$.

Pour des générateurs de

5	10	15	20	25	30 chevaux,

en admettant que la pression de la vapeur soit de 6 atmosphères, les surfaces des orifices seraient, comme nous l'avons vu (699), de

4	2	6	8	10	12 centimètres carrés;

et les charges des soupapes de

$$12^k36 \qquad 24^k72 \qquad 37^k08 \qquad 49^k44 \qquad 61^k80 \quad - \quad 74^k16.$$

1004. La vapeur présente, à sa sortie par les ouvertures des soupapes de sûreté ou par les tuyaux d'écoulement, un phénomène fort singulier : la température de la vapeur, un peu au-delà de l'orifice, est d'autant moins élevée, que la tension et la température de la vapeur dans la chaudière sont plus considérables; ainsi, on ne peut pas tenir la main dans un jet de vapeur à 100° qui sort par un orifice percé dans une chaudière, tandis qu'un courant de vapeur à plusieurs atmosphères ne fait éprouver qu'une sensation de chaleur très-supportable. Ce phénomène, qui paraît paradoxal, est une conséquence nécessaire de la dilatation que la vapeur éprouve à sa sortie dans l'air, dilatation qui est d'autant plus grande que la tension de la vapeur dans la chaudière est plus forte, et qui est nécessairement accompagnée d'un plus grand abaissement de température. Ce phénomène avait été observé depuis longtemps par tous les physiciens qui ont employé les marmites de Papin ; il a été confirmé par M. Perkins et par Clément.

1005. *Dispositions des soupapes de sûreté.*—Les soupapes de sûreté sont, comme nous l'avons déjà dit, des plaques en métal, fermant une ouverture communiquant avec la partie supérieure de la chaudière. Pour les diriger quand elles se soulèvent et pour les forcer à retomber dans leur position primitive, on peut les guider de diverses manières. Quelquefois elles portent à la partie inférieure un cylindre creux, ouvert en bas, percé de plusieurs larges ouvertures qui permettent à la vapeur de s'écouler latéralement, et d'un diamètre un peu plus petit que celui de la tubulure dans laquelle il est engagé. Le plus souvent le guide est formé de trois nervures ayant un axe commun, dont les bords glissent contre les parois de la tubulure sur laquelle s'appuie la soupape. Enfin, elles sont quelquefois munies à la partie inférieure d'une tige d'un petit diamètre, qui passe dans un ou plusieurs anneaux fixes, qui servent de guides.

Dans tous les cas, les surfaces en contact avec les bords supérieurs de la tubulure ont toujours une petite étendue. D'après les ordonnances, la portée de la soupape sur son siége ne doit pas dépasser le trentième du diamètre, et ne doit jamais être supérieure à 0^m 002.

Les soupapes de sûreté sont en fonte ou de préférence en bronze. Elles reposent généralement sur leur siége par une partie plane. On doit éviter les soupapes coniques qui sont sujettes à l'adhérence.

Il est utile de ménager au-dessus du chapeau des soupapes une partie carrée ou hexagonale, au moyen de laquelle on puisse facilement les roder sur leur siége, lorsqu'elles laissent fuir la vapeur, par suite de l'oxydation des surfaces en contact, ou de l'interposition de matières étrangères entraînées par la vapeur.

1006. Avant de décrire les différentes formes de soupapes de sûreté, nous parlerons d'un phénomène fort singulier qui peut avoir une grande influence sur leur efficacité.

Le fait dont il est question a été observé, pour la première fois, par M. Griffith, mécanicien des forges de Fourchambault. Voici en quoi il consiste : si un gaz fortement comprimé dans un réservoir s'échappe par une ouverture pratiquée dans une large surface plane, et que l'on présente au courant une planche ou un disque métallique d'un diamètre beaucoup plus grand que celui de la veine, ce corps, repoussé d'abord par la pression de la veine de gaz, est au contraire attiré, lorsqu'en surmontant cette répulsion il a été approché à une petite distance du plan de l'orifice. Le disque ne peut alors être éloigné que par une force plus ou moins considérable.

Depuis, on a reconnu que les mêmes phénomènes ont lieu dans l'écoulement de l'eau. L'effet dont il est question provient de ce fait général dans l'écoulement de tous les fluides : lorsqu'une veine qui sort d'un tube s'épanouit dans un tuyau dont le diamètre augmente brusquement ou d'une manière continue, l'accroissement de section est toujours accompagné d'une diminution de pression contre la surface intérieure du tuyau, diminution qui peut rendre la pression intérieure plus petite que la pression extérieure (315, 363). Dans l'expérience de M. Griffith, la veine d'air s'épanouissait évidemment dans un canal dont la section était la surface d'un cylindre, ayant pour hauteur la distance des deux plaques, et pour base les cercles concentriques à celui de l'orifice.

1007. Ces expériences ont d'abord fait regarder les soupapes de sûreté comme ne présentant aucune garantie contre un excès de pression. Mais, en ne donnant qu'une très-petite largeur à la surface qui est en contact avec leur siége, les soupapes de sûreté se soulèvent toujours sous des pressions peu différentes de celles qui correspondent à leurs charges. En effet, désignons par S la surface de la soupape pressée par la vapeur, par s la surface en contact avec le siége, par p la pression de l'atmosphère sur l'unité de surface, et enfin par n le nombre d'atmosphères de la vapeur. La charge P de la soupape sera égale à $p\,(n-1)\,$S. Si nous supposons que la soupape ne touche le siége que par un très-petit nombre de points, une couche d'air très-mince couvrira presque toute là surface s; et quand la soupape se trouvera soulevée d'une quantité très-petite, en supposant que la pression de la vapeur sous le rebord de la soupape soit complétement nulle, la pression exercée sur la soupape sera $p(n-1)S + ps$; ainsi, pour la soulever complétement, la tension de la vapeur dans la chaudière devrait augmenter d'un nombre d'atmosphères représenté par $s:S$, et par conséquent d'une fraction d'atmosphères d'autant plus petite que le rapport de s à S sera plus petit. Dans les dispositions ordinaires, $s:S$ est plus petit que $0,1$; ainsi, l'influence du phénomène dont il est question est très-faible, d'autant plus que les suppositions que nous avons faites sont les plus défavorables et ne peuvent jamais se réaliser, car la surface s touche toujours le siége sur une étendue plus ou moins considérable, et la vapeur, en s'écoulant, exerce toujours une certaine pression contre les bords de la soupape. Mais il n'en est ainsi qu'à la condition que s soit très-petit par rapport à S; car, si le contraire avait lieu, l'accroissement de pression nécessaire pour soulever entièrement la soupape pourrait être très-considérable. Nous avons vu (1005) que cette condition doit toujours être remplie.

Les soupapes de sûreté peuvent se diviser en deux classes, celles qui sont chargées directement, et celles dans lesquelles la charge a lieu par l'intermédiaire d'un levier.

1008. *Soupapes chargées directement.* —La figure 230 représente une coupe verticale d'une soupape de sûreté à charge directe, disposée de la manière la plus simple. C est une tubulure en fonte boulonnée sur la chaudière; G et G', deux tiges verticales fixées sur le rebord supérieur de la tubulure; HH, une tige horizontale percée d'un orifice en son milieu et qui relie les deux tiges G et G'; AA, la soupape de sûreté; sur sa tête est fixée la tige T, autour de laquelle sont posés les poids annulaires P, P, P, ayant dans la direction d'un rayon une fente qui permet de les mettre en place sans démonter la traverse HH. La soupape est en cuivre, et la partie

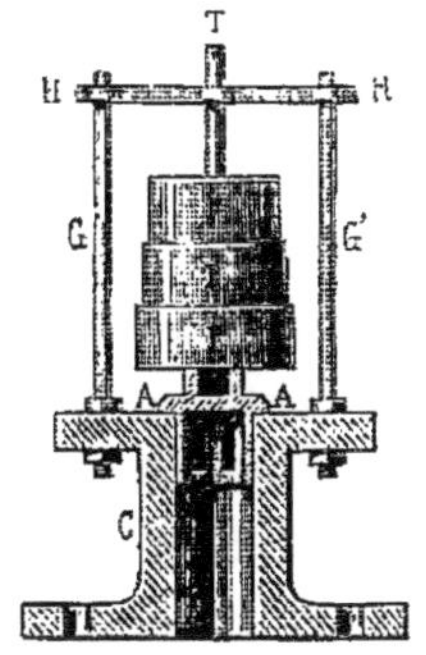

Fig. 230.

qui s'engage dans la tubulure est cylindrique, sensiblement du même diamètre, et percée de quatre ou cinq ouvertures rectangulaires pour donner issue à la vapeur. Ordinairement on fixe sur le bord supérieur de la tubulure, et dans la fonte, un anneau de bronze qui dépasse un peu le plan supérieur de la tubulure. On rode la soupape sur son siége, en introduisant entre les deux une petite quantité d'émeri très-fin.

1009. On place quelquefois le poids dans l'intérieur même de la chaudière ; quand le poids a un diamètre plus grand que celui de la tubulure de la soupape, on l'introduit par le trou d'homme. Cette disposition est peu employée, parce qu'on ne peut ni vérifier la charge, ni la changer.

1010. La figure 231 représente une soupape chargée directement par un poids qu'on peut soulever à l'aide d'un levier. Cette disposition peut être employée lorsque la partie supérieure de la chaudière est difficilement abordable. Elle permet de soulever la soupape de temps en temps pour empêcher l'adhérence de se produire. Dans la disposition indiquée, la vapeur s'écoule par un tuyau communiquant au dehors, afin de ne pas remplir de vapeur la chambre des chaudières, qui est généralement, dans ce cas, de dimensions très-restreintes.

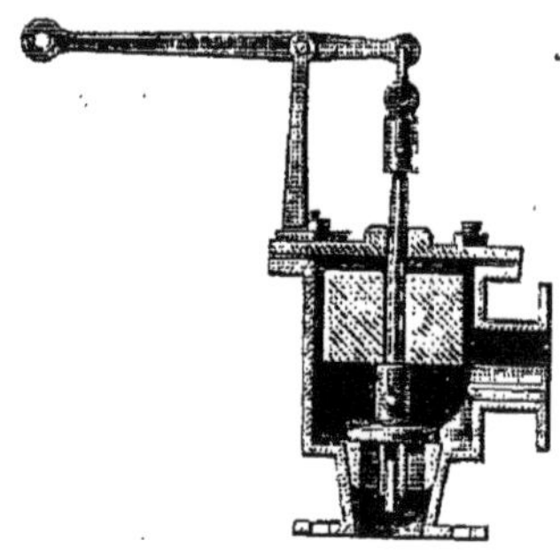

Fig. 231.

1011. On a aussi employé des ressorts de différentes formes, agissant directement sur la soupape. Ce mode de charge a un grave inconvénient : la pression augmente par la tension du ressort à mesure que la soupape s'élève ; et , pour que la section de sortie de la vapeur soit suffisante pour laisser écouler toute la vapeur qui se forme, il faut nécessairement que la pression dépasse la pression limite.

1012. *Soupapes à levier.* — La figure 232 représente une disposition de soupape à levier. La soupape S est chargée , par l'intermédiaire du levier AB, mobile autour du point A ; C est une fourchette qui sert à guider le levier dans son mouvement et l'empêche de s'élever trop haut ; il est évident que la charge de la soupape est

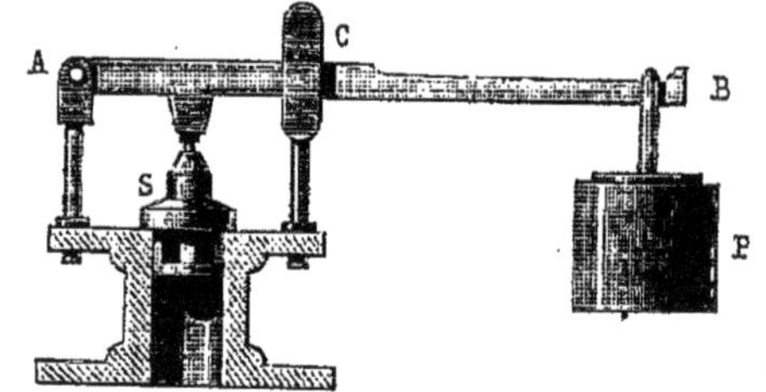

Fig. 232.

égale au poids P multiplié par le rapport des distances horizontales de l'axe de rotation à l'axe de la soupape et au centre de gravité du poids ; mais il faut tenir compte du poids du levier lui-même. En désignant ce poids par p, par l la distance de son centre de gravité au point A (distance qu'on déterminera par tâtonnement en suspendant le levier entre deux pointes, jusqu'à ce qu'il reste en équilibre), l'effet du levier sera évidemment égal à P*l* divisé par la distance horizontale de l'axe de rotation à l'axe de la soupape.

Il est toujours avantageux de placer l'axe de rotation à la hauteur du point de la soupape pressé par l'appendice du levier, afin que, lorsque la soupape se soulève, son premier mouvement soit bien vertical et que les frottements latéraux du guide soient réduits le plus possible. Dans la disposition de la figure 232, il suffirait pour cela de recourber la tige mobile de manière à faire descendre le centre de l'axe de rotation au niveau de la pointe, comme l'indique la figure 233. Il est également important que les ouvertures du cylindre qui sert de guide à la soupape se prolongent jusqu'au plan de contact, afin que la vapeur puisse se dégager par le plus petit mouvement de la soupape ; cette condition est satisfaite d'elle-même, quand la soupape est guidée par des ailes ou par une tige verticale.

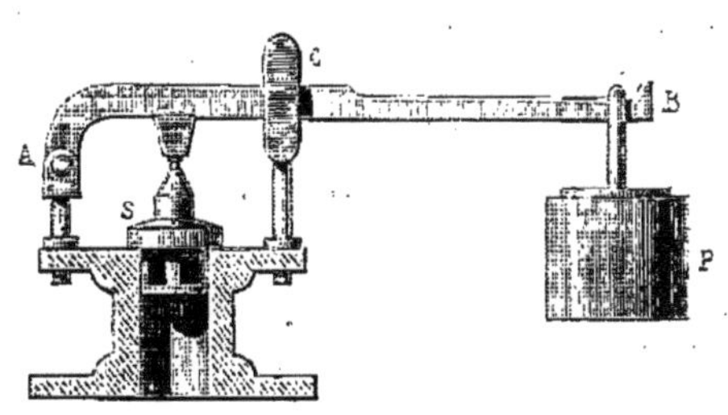

Fig. 233.

1013. M. Chaussenot a fait aux soupapes de sûreté un perfectionnement important. Cette disposition est représentée figure 234. Le centre de rotation

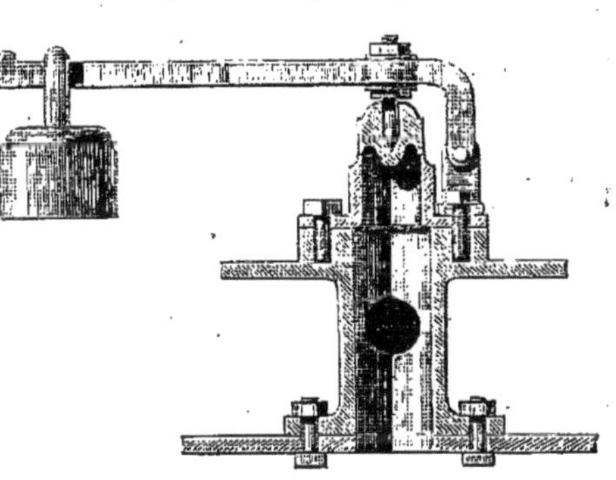

Fig. 234.

du levier est exactement dans le plan de contact de la soupape et de son siége. La tige, fixée au levier et qui appuie à la partie inférieure de la cavité conique percée dans la soupape, peut être placée exactement dans la position convenable au moyen d'un jeu suffisant dans l'orifice du levier, à travers lequel elle passe, et de l'écrou qui la fixe. Cette tige agissant toujours sur le même point de la soupape, celle-ci reprend toujours exactement la même position , et on a pu ne donner qu'environ 1 millimètre de largeur aux bords inférieurs de la soupape, ainsi qu'à la pièce fixe sur laquelle elle s'appuie ; il ne peut y avoir alors d'adhérence sensible entre la soupape et son siége, et la soupape se lève exactement à la pression pour laquelle elle a été calculée.

1014. La figure 235 représente une soupape destinée à faire dégager la vapeur dans un tuyau, et qui est chargée par l'intermédiaire d'un levier. Cette disposition est employée, lorsque, la chambre des chaudières étant très-petite, on est obligé de conduire à l'extérieur la vapeur qui se dégage, quand il y a excès de pression.

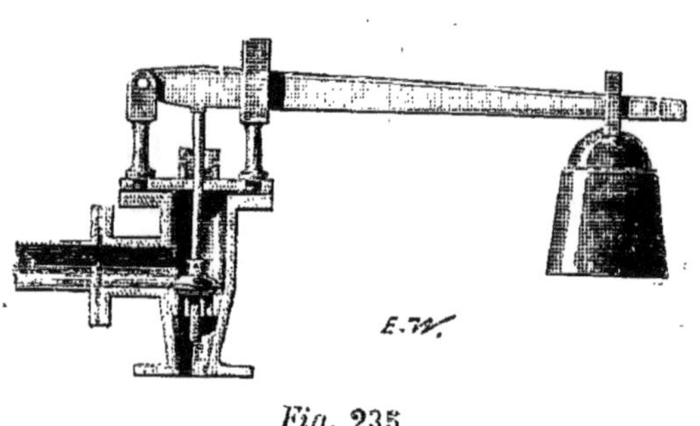

Fig. 235.

1015. *Observations sur les dispositions des soupapes de sûreté.* — Les soupapes de sûreté, d'après leur destination, doivent être disposées de manière à donner issue à toute la vapeur qui peut se former dans la chaudière. Pour qu'il en soit ainsi, il faut évidemment que la soupape puisse se soulever d'une quantité telle que la surface extérieure du cylindre qu'elle a parcouru, en s'élevant, soit égale à la section de la tubulure déterminée par les ordonnances ; c'est-à-dire, qu'elle doit pouvoir se soulever verticalement d'une quantité x, telle qu'on ait $\pi R^2 = 2\pi x R$, d'où $x = \dfrac{R}{2}$, R étant le rayon de la tubulure.

Les soupapes devraient, en outre, satisfaire à une autre condition. Il faudrait que, pendant leur soulèvement, la pression de la chaudière restant constante, la résistance à leur mouvement restât aussi constante. Cette condition est satisfaite quand la soupape est chargée directement en dessus ou en dessous, et qu'elle est guidée verticalement ; mais elle n'est remplie dans aucune des dispositions employées, quand la charge a lieu par l'intermédiaire d'un levier : dans toutes, l'effet du poids diminue avec l'inclinaison du levier. En outre, la tige, dont l'extrémité presse la soupape, change de position ; si elle est fixée au levier et si elle est engagée dans un orifice conique, il se produit des pressions latérales qui s'opposent au mouvement de la soupape, aussitôt qu'elle s'est élevée d'une certaine quantité ; si la tige est articulée sans levier, elle s'incline de manière à agir toujours au même point ; mais il se produit encore une pression latérale, qui tend à faire incliner la soupape et peut l'empêcher de se soulever. Si, au lieu d'une tige terminée par une pointe, le levier portait une plaque mince terminée par un arc de cercle qui s'appuierait sur la soupape, on éviterait les pressions latérales directes ; mais elles se produiraient par suite du déplacement du point de pression.

1016. Pour satisfaire à la condition énoncée, en pressant la soupape par un poids disposé à l'extrémité d'un levier, il faudrait évidemment que le levier portât deux arcs de cercle décrits du centre de rotation, le plus grand ayant le poids suspendu à une chaîne, et l'autre portant une chaîne articulée qui, par sa tension, tendrait à fermer la soupape. Cette disposition est représentée dans la figure 236. A est une boîte en fonte ou en bronze, fixée à une certaine hauteur au-dessus de la chaudière ; elle communique avec celle-ci par un large tuyau B, et porte à sa partie inférieure la soupape C, soutenue par un fil qui passe à travers un guide D et une boîte à étoupes E ; ce fil se termine par une chaîne plate qui s'enroule sur un arc de cercle placé à l'extrémité d'un levier dont l'autre extrémité supporte le poids qui doit contre-balancer la tension maximum de la vapeur.

1017. Le chargement direct de la soupape ne présente réellement aucune difficulté, et pourrait facilement s'appliquer, même pour les plus grandes chaudières, en plaçant une partie du poids dans l'intérieur et le reste en dehors ; mais il faudrait employer un levier pour soulever la soupape, quand cela deviendrait nécessaire. Cette disposition est indiquée dans la figure 237.

1018. Les soupapes de sûreté pressées directement par un poids ont

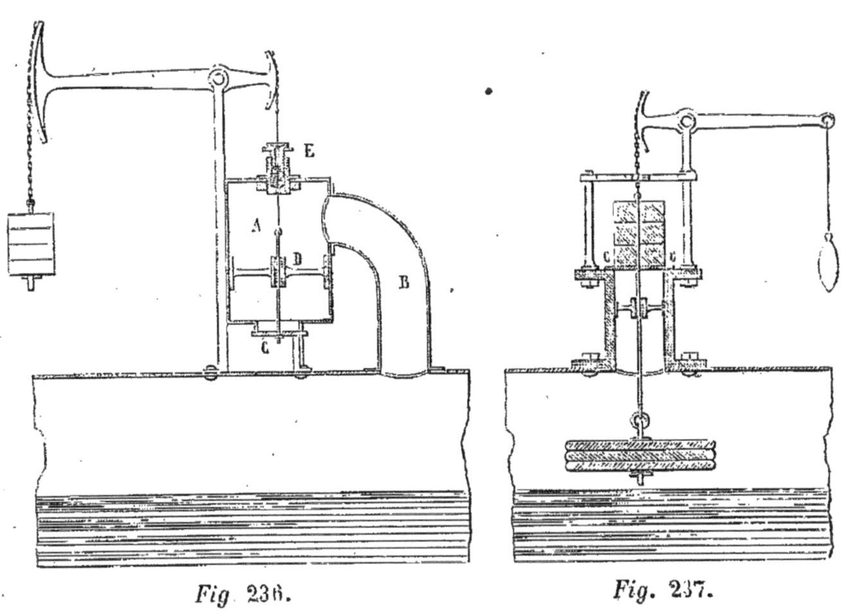

Fig. 236.   *Fig.* 237.

un grand inconvénient pour les chaudières de bateaux, parce que, le plan de l'orifice ne restant pas horizontal, l'action du poids varie avec l'inclinaison de la soupape, quelquefois dans des limites très-étendues. Les soupapes à ressorts auraient l'avantage de produire une pression indépendante de la position de la soupape ; mais, comme je l'ai déjà dit, la charge augmenterait avec le soulèvement, et on retomberait dans un inconvénient aussi grave que le premier. On pourrait l'atténuer en employant des ressorts en hélice d'une grande longueur, ou une série de ressorts disposés de manière à produire le même effet que s'ils n'en formaient qu'un seul, parce que la variation de pression, pour le mouvement que doit prendre la soupape, diminue à mesure que le mouvement du ressort a une plus grande étendue.

1019. Les soupapes de sûreté des bateaux sont placées dans de larges tuyaux ouverts au-dessus du pont pour conduire en dehors la vapeur qui se dégage; ces tuyaux doivent être munis à la partie inférieure d'un tube destiné à évacuer l'eau qui résulte de la condensation, et qui, sans le tube de décharge, s'accumulerait dans le tuyau et augmenterait la pression sur la soupape. En outre, à chaque soulèvement, cette eau s'écoulerait dans la chaudière, y condenserait la vapeur et pourrait amener une diminution brusque de pression qui, dans certains cas, pourrait produire l'écrasement de la chaudière par l'excès de pression extérieure.

1020. On emploie généralement dans les locomotives des soupapes à levier maintenues par un ressort à boudin. La figure 238 représente la disposition d'un de ces appareils. Il y a deux soupapes placées l'une à côté de l'autre sur une même boîte cylindrique en fonte C. Le levier L est fixé à une tige A à double articulation a et a'. Le ressort à boudin est logé dans un cylindre b dont l'extrémité inférieure est maintenue par une pièce à charnière c fixée sur la partie antérieure de la boîte à

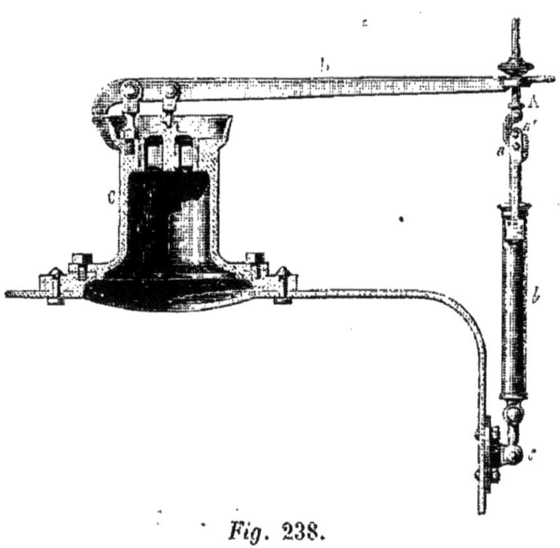

Fig. 238.

feu. Afin que la soupape puisse s'ouvrir complétement, aussitôt que la tension de la vapeur est arrivée à la limite extrême, on a adopté une disposition particulière qui augmente brusquement la distance de l'extrémité du levier au ressort; cette distance est occupée par deux tiges courbées en sens contraire, articulées, qui se superposent en partie; aussitôt que la soupape commence à se lever, la distance du levier au ressort se trouve augmentée d'une quantité suffisante pour que la soupape s'ouvre complétement. Le changement dans la position des deux pièces est produit par une tige de fer extérieure au cylindre qui renferme le ressort; cette tige est maintenue verticale par deux arrêts; mais, aussitôt qu'elle s'est un peu élevée, elle échappe et, en se redressant, elle produit l'allongement dont nous avons parlé. La tige mobile doit être ramenée par le chauffeur dans sa position normale chaque fois qu'elle l'a quittée.

1021. M. Sorel a imaginé une soupape de sûreté à sifflet, qui est fort bien disposée; l'appareil consiste en une soupape ordinaire, au-dessus de laquelle se trouve une cloche à biseau aigu sur lequel vient agir la vapeur qui s'échappe.

1022. *Soupapes de sûreté contre un excès de pression extérieure.* — Lorsque, par une trop grande injection d'eau froide d'alimentation dans une chaudière, ou seulement par son refroidissement, la tension de la vapeur s'abaisse au-dessous de la pression de l'atmosphère, la chaudière peut être écrasée par l'excès de la pression extérieure. Pour éviter cet accident, qui n'est réellement à craindre que pour les chaudières à basse pression, à cause de leur forme et de la faible épaisseur du métal, on place sur les chaudières, et ordinairement sur la plaque qui ferme le trou d'homme, une soupape qui s'ouvre lorsque la pression intérieure est au-dessous de celle de l'atmosphère.

Plaques fusibles.

1023. Les plaques fusibles sont des lames plus ou moins épaisses, formées d'un alliage, dans des proportions variables, de bismuth, de plomb et d'étain, et qui est fusible à la température que l'on ne veut pas dépasser; elles ferment des ouvertures pratiquées sur la chaudière; la plaque fusible est maintenue par une plaque de fonte à jour. Quand la température de la vapeur a atteint celle de la fusion de la plaque, cette dernière entre en fusion, et laisse un libre passage à la vapeur.

1024. Les anciennes ordonnances relatives aux chaudières à vapeur exigeaient que chaque chaudière fût munie de deux plaques fusibles : l'une, la plus petite, fusible à 10° au-dessus de la température correspondant à celle du travail habituel, et l'autre à 20° au-dessus. La disposition était celle qu'indiquent les figures 239 et 240. *o o* représente la plaque fusible ; AA, une plaque de fonte percée d'ouvertures, qui la maintient. Les plaques devaient être placées à la partie supérieure de la chaudière, aussi peu éloignées que possible de sa surface ; et la plus petite, celle dont la fusion avait lieu à la plus basse température, devait laisser, après sa fusion, un orifice de dégagement de la vapeur égal au moins à l'orifice de la soupape de sûreté. Plusieurs constructeurs avaient imaginé diverses dispositions. Il s'en trouvait dans lesquelles on pouvait, au moyen d'une soupape ou d'un robinet, intercepter la communication de la vapeur avec la tubulure fermée par la plaque fusible,

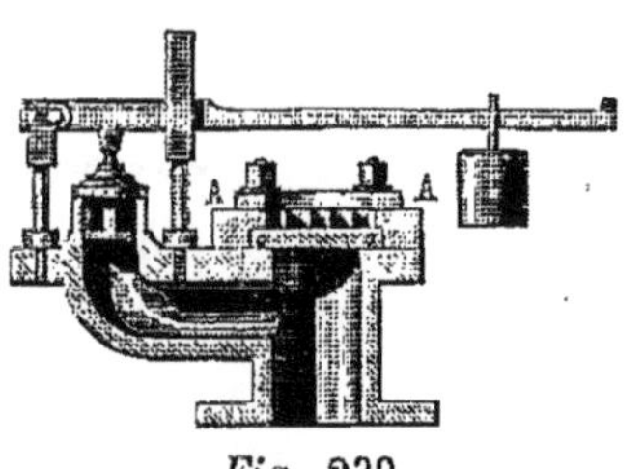

Fig. 239.

Fig. 240.

afin que, par la fusion de la plaque, on ne fût pas obligé d'interrompre le travail et qu'on pût la remplacer. Toutes ont été abandonnées par l'industrie, et dans les nouvelles ordonnances il n'est plus question des plaques fusibles. On a reconnu qu'avec le temps les alliages se transforment en d'autres alliages fusibles à des températures plus basses ou plus élevées, et que par suite l'emploi de ces plaques ne présente pas la moindre sécurité. En outre, pour les chaudières à haute pression, qu'on emploie presque généralement, une faible variation de température correspond à de trop grandes variations de pression ; et d'ailleurs les plaques fusibles ne prennent que lentement la température de la vapeur, à cause de leurs masses et du refroidissement de leur surface libre.

1025. Plusieurs constructeurs avaient imaginé aussi des appareils à plaques fusibles pour constater l'abaissement de niveau de l'eau dans les chaudières ; mais aucun n'a été adopté par l'industrie.

CHAPITRE V.

ALIMENTATION DES CHAUDIÈRES A VAPEUR.

Appareils d'alimentation.

1026. Ces appareils sont destinés à remplacer, dans la chaudière, l'eau qui se dégage en vapeur. Il est toujours important que l'alimentation ait lieu de manière que le niveau de l'eau, dans la chaudière, reste sensiblement constant ; car, si le niveau baissait au delà d'une certaine limite où les gaz chaufferaient la vapeur directement, on pourrait brûler la chaudière, et on se trouverait dans des circonstances favorables aux explosions ; si, au contraire, le niveau s'élevait trop, la vapeur, étant gênée dans son dégagement, pourrait entraîner beaucoup d'eau avec elle.

La hauteur de l'eau dans la chaudière doit toujours dépasser de plusieurs centimètres la limite de la surface qui est chauffée par le courant d'air brûlé, du moins quand la chaudière fonctionne, afin que dans les temps d'arrêt, pendant lesquels l'eau n'est pas mêlée de vapeur, le niveau ne descende pas au-dessous de cette limite. La différence de hauteur, d'après les ordonnances, doit être de $0^m 10$.

1027. Quand les chaudières sont à basse pression, et que l'eau d'alimentation est placée dans un réservoir suffisamment élevé, l'appareil le plus simple consisterait en un tube communiquant avec le réservoir supérieur, plongeant jusqu'au fond de la chaudière et muni d'un robinet. La hauteur de l'eau dans le réservoir, au-dessus du niveau de l'eau dans la chaudière, correspondant à une pression plus grande que celle de la vapeur, il est évident qu'en ouvrant le robinet on introduira de l'eau dans la chaudière. En réglant convenablement les intermittences, on pourra ne faire varier le niveau de l'eau qu'entre des limites aussi resserrées qu'on voudra ; et même, en laissant le robinet ouvert d'une certaine quantité qu'on déterminerait par tâtonnement, le niveau de l'eau dans la chaudière pourrait rester rigoureusement constant, si la production de vapeur et le niveau de l'eau dans le réservoir ne changeaient pas. Cette disposition est employée ; mais elle a le grand inconvénient d'exiger de la part du chauffeur une surveillance sur laquelle on ne peut pas toujours compter.

1028. On employait autrefois un grand nombre de dispositions différentes pour régler par un flotteur l'alimentation des chaudières à basse pression ; ces appareils sont maintenant à peu près abandonnés, parce qu'on n'emploie plus guère la vapeur à basse pression. Je me bornerai à indiquer deux des dispositions les plus simples.

1029. La figure 241 représente un appareil souvent employé dans les chaudières de Watt. L'eau d'alimentation est amenée par une pompe dans la cuvette M, d'où elle tombe dans la chaudière par une soupape, dont le mouvement est réglé par un flotteur.

La figure 242 représente une disposition qui produit le même effet ;

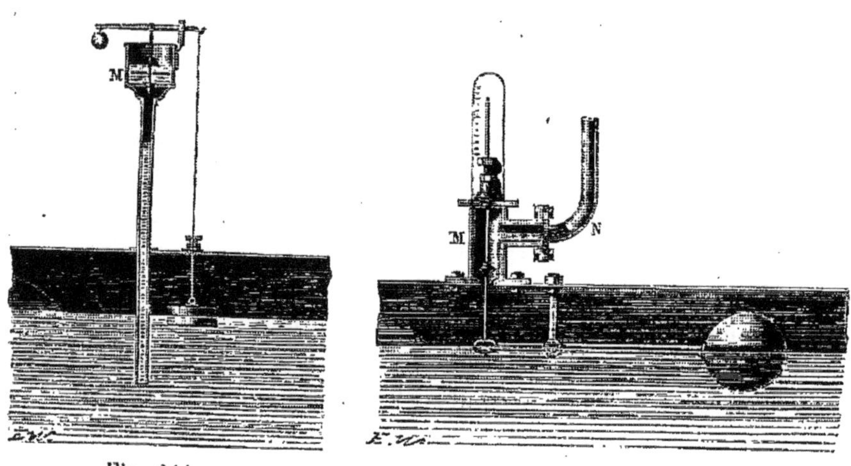

Fig. 241.

Fig. 242.

le tuyau N communique avec un réservoir d'eau supérieur, et la boîte M laisse écouler l'eau dans la chaudière quand le niveau descend au-dessous de la limite fixée ; la tige qui porte la soupape, et sur laquelle agit le flotteur, se prolonge au dehors et indique sur une échelle le niveau de l'eau. Je n'insisterai pas sur d'autres appareils plus ou moins analogues, parce qu'on ne les emploie plus.

1030. *Alimentation par machine à vapeur.* — Maintenant toutes les chaudières à vapeur, ou presque toutes, sont à haute pression, et l'alimentation s'effectue par une pompe mise en mouvement par la machine elle-même, quand le générateur est appliqué à une machine, et, dans le cas contraire, par une petite machine à vapeur spéciale qui porte le nom de *petit cheval*, et qui fonctionne avec la vapeur du générateur. Les pompes sont quelquefois disposées comme l'indiquent les figures 243, 244. L'eau est appelée par le tuyau A, elle s'écoule dans la chaudière par le tuyau B, et dans l'intervalle se trouvent les deux soupapes d'appel et de sortie, un robinet pour régler l'injection de l'eau et une soupape de décharge, qui doit être chargée d'un poids supérieur à celui qui correspond à la pression de la vapeur dans la chaudière. Il y a, du reste, un grand nombre d'autres dispositions de pompe, basées sur les mêmes principes, et même préférables dans les détails.

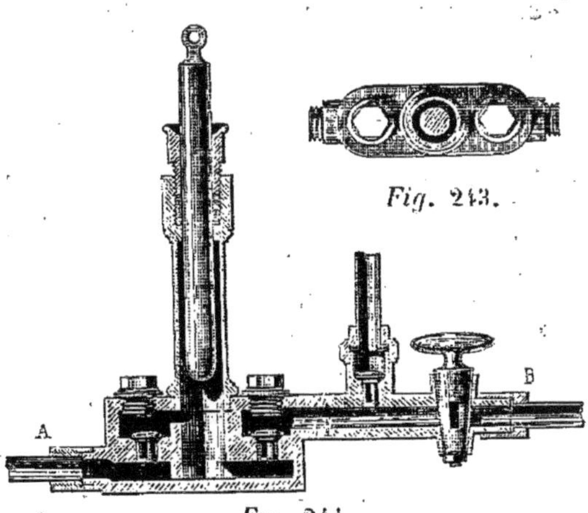

Fig. 243.

1031. On a essayé de régler l'injection de l'eau par le flotteur, et pour cela on a employé la disposition de la figure 245. La tige du flotteur porte deux soupapes qui peuvent ouvrir, en dessus ou en dessous, la boîte M, dans laquelle l'eau est envoyée de la pompe par le tuyau N ; lorsque le niveau de l'eau est assez élevé, l'eau s'écoule par le tuyau P; quand le niveau est trop bas, elle entre dans la chaudière.

Fig. 244.

Cet appareil et d'autres analogues, que je ne crois pas devoir décrire, ne sont pas généralement employés ; on préfère régler l'alimentation par un robinet.

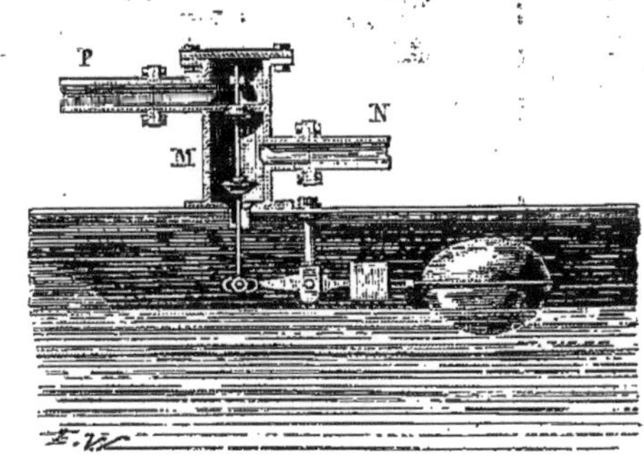

Fig. 245.

1032. Dans toutes les chaudières dont la vapeur est employée comme force motrice, on pourrait se servir, pour l'alimentation, d'un appareil beaucoup plus simple que ceux que nous avons décrits ; il consisterait en un robinet placé sur la chaudière, dont la clef serait horizontale et renfermerait seulement une cavité ; la partie supérieure du boisseau communiquerait avec le réservoir d'alimentation, et la partie inférieure avec la chaudière. Il est évident qu'à chaque tour le robinet verserait dans la chaudière un volume d'eau égal à celui de l'encoche ; on pourrait alors déterminer, ou la vitesse de rotation, ou le volume de la cavité, de manière à fournir à la chaudière un volume d'eau égal à celui qui se réduit en vapeur ; on pourrait même disposer l'appareil de manière à faire varier la vitesse de rotation ou le volume de l'encoche, suivant le besoin. Cet appareil mériterait d'être examiné.

1033. *Alimentation sans machine à vapeur.* — Lorsque les générateurs ne sont pas appliqués à des machines et qu'on veut éviter la construction d'une petite machine spéciale d'alimentation, on peut employer la disposition suivante *(fig. 246)*.

L'appareil se compose d'un vase M, entièrement fermé et placé à une certaine hauteur au-dessus de la chaudière; ce vase communique par sa partie inférieure avec un tube AB, qui plonge dans le réservoir d'eau d'alimentation et qui est interrompu par une boîte G munie d'une soupape qui s'ouvre de bas en haut; le vase M communique avec le fond de la chaudière par un tube CD, qui part de sa partie inférieure et qui est également muni d'une boîte à soupape qui s'ouvre par un excès de pression dans le vase M sous la pression de la chaudière; la partie supérieure du vase M communique avec la partie supérieure de la chaudière par un tube EF muni d'un robinet I, et avec l'atmosphère par un

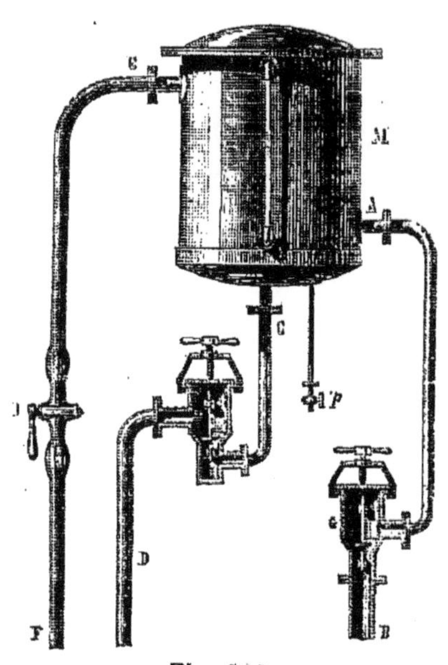

Fig. 246.

petit tube ayant à son extrémité un robinet *p;* enfin, un tube de verre est destiné à indiquer le niveau de l'eau dans le vase M.

Pour se servir de cet appareil, on ouvre les robinets I et *p;* la vapeur s'introduit dans le vase et s'écoule par le robinet *p,* en entraînant l'air qui se trouvait dans l'intérieur; après quelques instants, quand on suppose que la totalité de l'air a été expulsée, on ferme les robinets d'entrée et de sortie de la vapeur. Par le refroidissement du vase, la vapeur qu'il contient se condense; la pression intérieure devient bientôt plus petite que la pression extérieure; l'eau d'alimentation monte dans le tube AB, en soulevant la soupape, et le vase se remplit en grande partie. Si alors on ouvre le robinet I, la vapeur de la chaudière s'introduit dans le vase; dans les premiers instants, elle se condense à la surface de l'eau; mais, quand une couche mince d'eau a été suffisamment échauffée, la pression dans le vase M se trouve sensiblement la même que dans la chaudière, et l'eau s'écoule par le tube CD. Lorsque l'eau s'est écoulée, ce qu'on reconnaît à l'indicateur de niveau, on ferme le robinet I ; quelques instants après, le vase M se remplit de nouveau, et, en ouvrant le robinet l, l'eau pénètre , comme la première fois, dans la chaudière.

1034. Il est important de remarquer que l'élévation de l'eau dans le réservoir M semble dépenser une quantité de chaleur égale à celle que renferme un volume de vapeur égal à celui de ce vase ; mais on n'en perd réellement qu'une partie très-petite, celle qui est suffisante pour produire dans la tension de la vapeur une diminution égale à la diffé-rence de hauteur de l'eau dans le vase M et dans le réservoir d'alimen-tation ; car la chaleur abandonnée par la vapeur condensée , à la suite de l'arrivée de l'eau, est employée à l'échauffer. Il en est évidemment de même de la chaleur abandonnée par la vapeur admise dans le réser-voir pour y établir la tension de la chaudière.

Ces appareils pourraient bien remplacer complétement les pompes pour l'alimentation des chaudières à vapeur à haute et à basse pression ; mais ils sont généralement plus chers, et la manœuvre est loin d'être aussi commode.

1035. *Appareils d'alimentation pour les chaudières à vapeur em-ployées au chauffage.*—Lorsqu'une chaudière à vapeur est employée au chauffage, on l'alimente toujours avec l'eau de condensation, d'a-bord parce que cette eau est à une température supérieure à celle de l'atmosphère, mais surtout parce que, ayant été distillée, elle ne ren-ferme point de sels en dissolution et qu'elle ne forme point de dépôt dans les chaudières. En supposant qu'il n'y ait pas de fuite de vapeur dans les appareils de chauffage, le retour continu de l'eau de conden-sation devrait maintenir un niveau constant dans la chaudière, ou son retour intermittent des variations de niveau comprises entre des li-mites fixes.

1036. Il semble, au premier abord, que, si les appareils de chauf-fage étaient placés à un niveau plus élevé que la chaudière, on pourrait toujours faire revenir directement l'eau de condensation dans le géné-rateur. Mais il n'en est pas ainsi ; du moins les retours d'eau directs ne fonctionnent pas régulièrement. En effet, de quelque manière que l'appareil de chauffage soit disposé, il se compose toujours d'un tube plus ou moins long qui communique par un bout avec la chaudière ; pour que l'eau de condensation retourne au générateur, il faut, ou que le tube s'élève constamment et soit fermé à son extrémité, alors l'eau retourne à la chaudière en sens contraire du mouvement de la vapeur ; ou que le tube s'élève, d'abord par le plus court chemin, au-dessus

des corps qui doivent être chauffés, et qu'il descende ensuite constamment jusqu'au fond de la chaudière, alors la plus grande partie de
l'eau condensée retournera à la chaudière par cette dernière partie du
circuit:

Mais, dans le premier cas, la vitesse de la vapeur pourrait donner à
l'eau un mouvement opposé à celui que la pente du tuyau tend à lui
imprimer, et on ne pourrait être assuré de l'efficacité de l'appareil
qu'autant qu'on emploierait des tuyaux d'un grand diamètre, dans lesquels la vapeur n'aurait qu'une très-petite vitesse, ce qui est rarement
praticable, et occasionnerait toujours de grandes dépenses d'établissement et une grande perte de chaleur par la condensation de la vapeur
dans les tuyaux de conduite.

Dans le second cas, le retour de l'eau dans la chaudière n'aurait lieu
qu'autant que la pression de la vapeur au-dessus de la colonne d'eau
condensée, augmentée du poids de cette colonne, l'emporterait sur la
pression de la vapeur dans la chaudière, circonstance qui n'existerait
que dans quelques cas particuliers; en outre, l'eau pourrait s'élever
dans le tuyau de retour et produire un abaissement considérable du niveau dans la chaudière. A la vérité, on éviterait cet accident, qui serait très-fréquent, surtout au commencement du chauffage, en plaçant
dans le tuyau une soupape qui ne s'ouvrirait que par une pression
exercée de haut en bas; mais l'alimentation n'en deviendrait pas plus
certaine, et l'eau de condensation pourrait même s'accumuler dans une
partie du tube où la vapeur doit se condenser pour produire le chauffage, de manière à diminuer notablement l'effet produit.

Ainsi, on voit que les retours d'eau directs ne sont possibles que dans
des cas particuliers, et qu'il faut presque toujours des appareils spéciaux pour effectuer l'alimentation des chaudières.

1037. On a employé, dans quelques usines, l'appareil d'alimentation
indiqué par la figure 247. Cet appareil se compose de deux vases cylindriques A et B, ayant la forme des chaudières ordinaires et placés l'un
au-dessus de l'autre, et d'un réservoir d'eau froide C plus élevé. L'eau
de condensation, mêlée de vapeur, arrive par le tube f; la vapeur se condense dans le serpentin S, et l'eau condensée tombe dans le vase B. On
fait écouler l'eau chaude dans le vase A en ouvrant les robinets c et d;
et l'eau du vase A dans les chaudières, en ouvrant d'abord les robinets b, b', et ensuite les robinets a et a'. La soupape g sert au retour direct de l'eau condensée à la chaudière, quand ce retour est possible,
c'est-à-dire, quand la pression de la vapeur sur l'eau de condensation,
augmentée de la charge de la colonne d'eau chaude, est plus grande

que la pression de la vapeur dans la chaudière. Comme on le voit, cet appareil est assez compliqué.

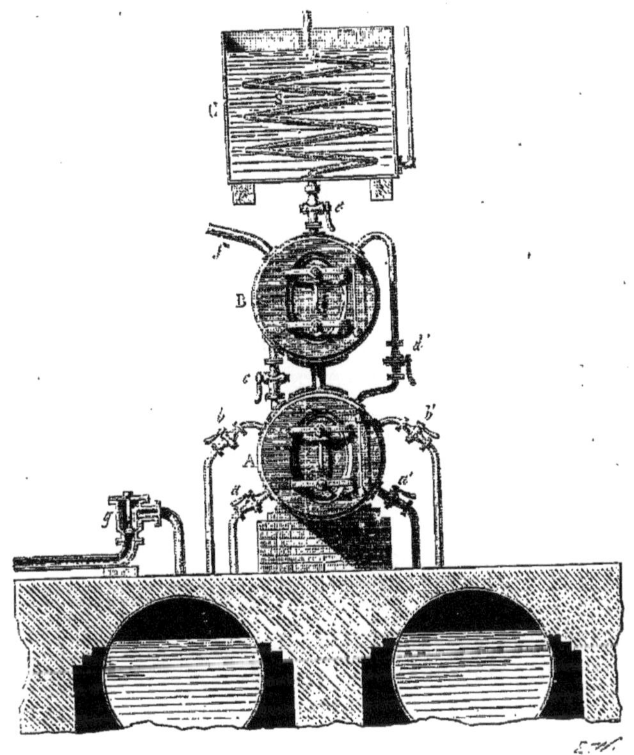

Fig. 247.

Chauffage de l'eau d'alimentation par la chaleur perdue.

1038. Il y a, comme nous l'avons vu (477), une très-grande quantité de chaleur perdue par les cheminées, à cause de la haute température à laquelle l'air brûlé est abandonné. Nous avons également constaté que le tirage n'éprouvait que de faibles variations par des changements assez considérables de température; et, comme il y a toujours dans les cheminées bien construites un grand excès de tirage, il s'ensuit qu'on peut toujours chauffer l'eau d'alimentation au moyen d'une partie de la chaleur perdue, et produire une économie notable de combustible, car elle peut s'élever à un sixième de la dépense.

1039. On pourrait d'abord faire circuler l'eau lancée par la pompe dans un tuyau d'un petit diamètre, diversement contourné, placé au bas de la cheminée ou à la suite de la chaudière. Mais cette disposition a un inconvénient grave: lorsque les eaux renferment du carbonate de chaux tenu en dissolution par un excès d'acide carbonique, ce qui arrive souvent, l'acide carbonique se dégage par l'action de la chaleur, le carbonate de chaux se précipite et engorge les tuyaux. Cet inconvénient pourrait être atténué en employant un faisceau de tubes parallèles que l'eau parcourrait successivement ou simultanément, et qui seraient disposés de manière à pouvoir être facilement nettoyés ; si la chaudière devait fonctionner sans interruption, l'appareil devrait être évidemment double.

1040. On pourrait également chauffer l'eau, en l'injectant, sous forme de pluie, dans une partie du circuit parcouru par la fumée, et recueillant dans un réservoir ouvert, placé au-dessous, l'eau qui aurait été échauffée et qui serait prise par la pompe pour être introduite dans la chaudière. L'appareil pourrait être disposé de manière que l'eau fût séparée des dépôts avant d'arriver à la pompe. Mais cette disposition aurait l'inconvénient de refroidir sans utilité l'air brûlé par la formation de la vapeur, de salir l'eau par les matières qu'entraîne la fumée, et en outre de diminuer le tirage par le volume de vapeur qui se formerait.

1041. Quand les machines sont sans condensation, la chaleur renfermée dans la vapeur à sa sortie est complétement perdue, et il suffirait d'en utiliser à peu près $\frac{1}{6}$ pour chauffer à 100° l'eau d'alimentation. Pour cela, on peut employer deux méthodes différentes. La première consisterait à faire écouler la vapeur par un cylindre d'un assez grand diamètre, dans lequel serait placé un faisceau de tubes parcourus par l'eau venant de la pompe; les tuyaux devraient être disposés de manière à ce qu'on pût facilement en extraire le carbonate de chaux déposé par suite de l'échauffement de l'eau. L'appareil pourrait être formé de deux boîtes circulaires parallèles, opposées et réunies par un grand nombre de petits tubes verticaux que l'eau parcourrait simultanément; le tout serait placé dans un cylindre vertical, dans lequel la vapeur pénétrerait par un orifice central ménagé dans la boîte inférieure. Le nettoyage de la boîte supérieure et des tubes s'effectuerait en enlevant le couvercle supérieur, et celui de la boîte inférieure par une tubulure latérale.

1042. Mais il serait plus commode de chauffer l'eau en l'injectant par une tête d'arrosoir dans le cylindre d'écoulement de la vapeur, et de recevoir les eaux chaudes dans une bâche où le carbonate de chaux se déposerait, et où se trouverait le tuyau d'aspiration de la pompe alimentaire. MM. Legris et Choisy ont construit un appareil fondé sur ce principe. La figure 248 représente cet appareil : A et B, tuyaux d'échappement de la vapeur; H, réservoir d'eau froide qui s'écoule par le tuyau FD, et sort dans le grand tuyau d'échappement CC par la tête d'arrosoir *d;* la vitesse d'écoulement de l'eau est réglée par le robinet G, dont le mouvement est commandé par le flotteur J; E, tuyau d'écoule-

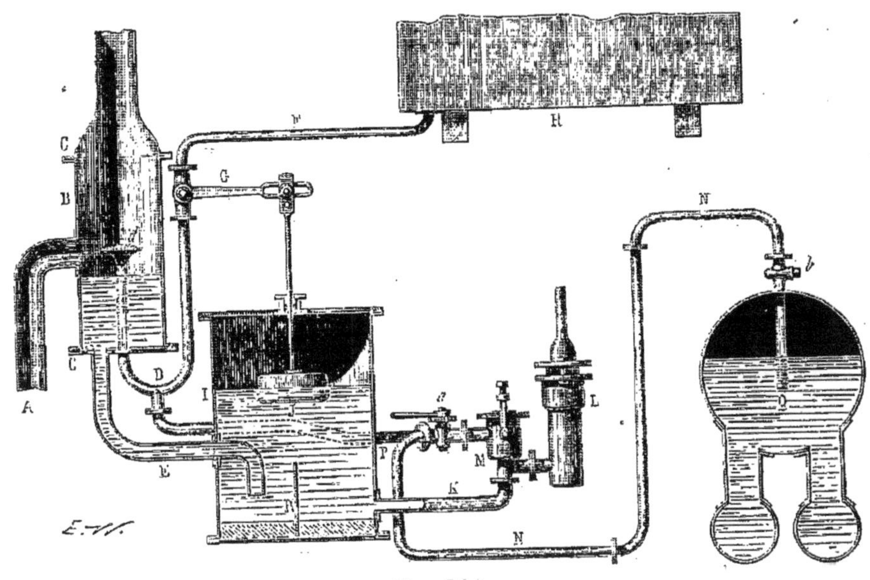

Fig. 248.

ment de l'eau chaude dans la bâche I; R, compartiment de la bâche où se dépose le carbonate de chaux; K, tuyau d'aspiration de la pompe; L, corps de pompe; M, boîte à clapets; N, tuyau de refoulement muni d'un robinet *b* communiquant avec la chaudière Q; P, tuyau muni d'un robinet *a* communiquant avec la bâche et avec le tuyau N, destiné à débarrasser ce tuyau de l'air et de la vapeur qui pourrait interrompre le jeu de la pompe. Cet appareil est assez compliqué, et il nous semble pouvoir être remplacé par des appareils plus simples et atteignant tout aussi bien le même but.

CHAPITRE VI.

APPAREILS POUR SÉPARER DE LA VAPEUR L'EAU QU'ELLE ENTRAINE.

1043. Lorsque la vapeur sort d'une chaudière, elle entraîne toujours avec elle une certaine quantité d'eau liquide en très-petits globules. Cette eau paraît provenir principalement des enveloppes des bulles de vapeur, qui viennent crever à la surface. La quantité d'eau entraînée est très-grande quand on ouvre subitement une large issue à la vapeur, à cause de l'ébullition tumultueuse qui en résulte, surtout quand l'orifice d'écoulement de la vapeur est situé au-dessus d'un des tubes de communication de la chaudière avec un bouilleur. Dans certaines circonstances, on voit sortir une espèce d'émulsion semblable à de l'eau de savon battue. L'existence de l'eau à l'état liquide dans la vapeur est constatée par la présence des dépôts que produit l'eau dans tous les tuyaux qui conduisent la vapeur. Cette eau, entraînée mécaniquement, n'a que de faibles inconvénients quand la vapeur doit être employée au chauffage; elle peut seulement former des dépôts qui, à la longue, obstruent les tuyaux de chauffage, ou diminuent leur conductibilité; mais, pour les machines à vapeur, elle présente de graves inconvénients et produit une perte de chaleur notable, car toute celle qu'elle renferme est perdue.

1044. D'après des expériences faites par M. de Pambour, la quantité d'eau entraînée par la vapeur, dans les locomotives sur lesquelles il a opéré, serait comprise entre 0,30 et 0,40 du poids de la vapeur. Sur les chemins de fer de Versailles (rive gauche) et d'Orléans, M. Lechatelier a trouvé 0,40 pour la quantité d'eau entraînée mécaniquement. Des expériences, faites par MM. Gouin et Lechatelier sur une machine du chemin de fer de Versailles (rive droite), ont donné seulement 0,18. Sur le chemin de fer du Nord, M. Bertera a trouvé en moyenne 0,42 pour les locomotives à voyageurs, et 0,52 pour les locomotives à marchandises. On voit, d'après cela, que les quantités d'eau entraînées mécaniquement sont considérables et qu'elles varient entre des limites assez étendues. Ces expériences ont été faites en déterminant le poids de l'eau consommée dans un certain parcours, et en comparant ce poids à celui de la vapeur consommée d'après les dimensions des cylindres, la détente et le nombre des coups de piston. Il est évident que ces nombres comprennent les fuites et les diverses condensations; ils doivent être considérés comme des maximums. Pour les machines de manufactures, ces nombres doivent être considérablement réduits.

On a proposé et essayé plusieurs moyens de débarrasser la vapeur de l'eau liquide qu'elle contient; nous les indiquerons successivement.

1045. On a d'abord fait communiquer l'orifice par lequel la vapeur doit sortir de la chaudière avec un tuyau de même diamètre, horizontal, occupant dans la chambre de vapeur toute la longueur de la chaudière, et percé à sa partie supérieure d'un grand nombre d'orifices dont les diamètres vont en croissant à mesure qu'ils s'éloignent de l'orifice de sortie, et dont la somme des aires est égale à la section du tuyau. Par cette disposition, la prise de vapeur se fait dans toute la longueur de la chaudière ; l'abaissement de pression ayant lieu dans une grande étendue, l'ébullition est beaucoup moins tumultueuse, et il doit y avoir beaucoup moins d'eau entraînée que dans les dispositions ordinaires. Cet appareil, imaginé par M. Ewbank, a donné de bons résultats.

1046. On a proposé ensuite d'établir la prise de vapeur à l'extrémité d'un tuyau qui plongeait jusqu'au fond de la chaudière, et communiquait ensuite avec la tubulure de sortie ; l'orifice était surmonté d'une soupape que l'on rapprochait convenablement de cet orifice au moyen d'une tige à vis passant à travers une boîte à étoupe. Par cette disposition, l'orifice d'entrée de la vapeur dans le tuyau pouvant être plus petit que la section du tuyau, la vapeur, en y entrant, éprouve une dilatation qui produit la vaporisation de l'eau entraînée à l'état liquide ; la vapeur se réchauffe en parcourant la partie inférieure du canal, et peut sortir saturée et sans eau.

1047. On peut aussi dessécher la vapeur en la chauffant au moyen de la chaleur de l'air brûlé à la sortie des carneaux ; il est possible de vaporiser ainsi la totalité de l'eau entraînée, mais en général il restera une certaine quantité d'eau, ou bien la vapeur sera surchauffée. M. Sorel proposa en France, bien avant qu'on l'eût essayé en Amérique, de diviser la vapeur en deux courants : l'un des deux traverse un serpentin dans lequel la vapeur se surchauffe, et arrive ensuite dans un récipient où il se mélange à l'autre courant. On peut ainsi régler par des robinets les proportions de vapeur saturée et surchauffée. Ce moyen est compliqué à cause de l'appareil de surchauffement, et jusqu'à présent il n'a été employé que dans quelques machines.

1048. Une disposition assez efficace consiste (*fig.* 249) en un vase de fonte, de tôle ou de cuivre, renfermant de l'eau jusqu'à une certaine hauteur, dans lequel la vapeur est amenée par un tuyau AB, qui se prolonge verticalement dans le vase jusqu'à 20 ou 30 centimè-

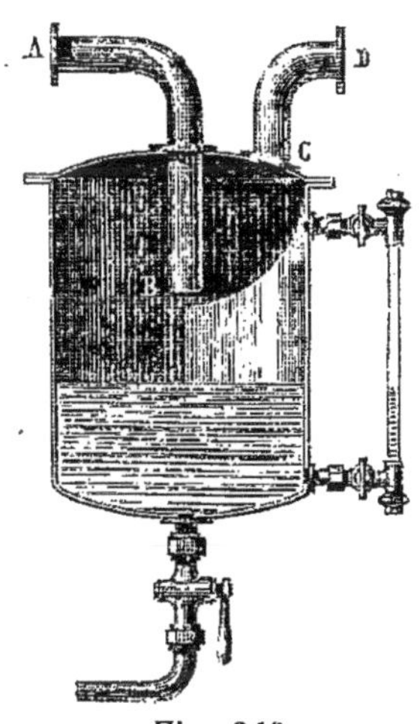

Fig. 249.

tres du niveau de l'eau, et d'où elle sort ensuite par un tuyau CD qui s'ouvre sur le couvercle. Les globules d'eau renfermés dans la vapeur se précipitent dans l'eau du vase et y restent, tandis que la vapeur s'échappe presque sèche. Un niveau d'eau fait connaître au chauffeur

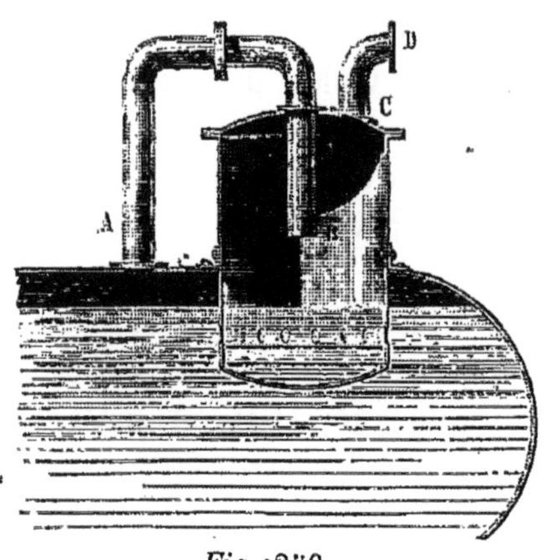

Fig.·250.

la hauteur du liquide dans le vase, et un tube qui retourne à la chaudière permet de n'y laisser que la quantité convenable.

1049. On pourrait rendre l'appareil plus simple et diminuer le refroidissement, en plaçant le vase de projection d'eau en partie dans la chaudière, comme l'indique la figure 250. Il faudrait alors percer la partie inférieure du vase d'un certain nombre d'orifices, pour que le niveau de l'eau se maintînt sensiblement le même que dans la chaudière.

CHAPITRE VII.

FOURNEAUX.

1050. On désigne, ainsi que nous l'avons déjà dit, sous le nom de *carneau*, le canal dans lequel circule la fumée, au-dessous et autour de la chaudière, avant de se rendre dans la cheminée. C'est en parcourant les carneaux que l'air brûlé doit se refroidir jusqu'à 300°, température à laquelle la fumée arrive ordinairement dans la cheminée. La forme et la longueur des carneaux ont une grande influence sur l'effet utile produit, du moins quand la combustion a lieu dans de bonnes conditions.

Plusieurs ingénieurs ont avancé que la circulation de l'air brûlé dans les carneaux était presque inutile. Les carneaux ont, en effet, peu d'influence quand la quantité d'air qui traverse le combustible est trop grande, parce qu'alors la température de l'air qui sort du foyer est peu considérable, et que le chauffage n'a presque lieu que par rayonnement ; mais, quand la combustion est alimentée par le volume d'air seulement nécessaire, la circulation de l'air brûlé dans les carneaux augmente beaucoup la quantité de vapeur produite.

Nous rapporterons à ce sujet une expérience faite par M. Walter. Dans une chaudière à deux bouilleurs, présentant 13ᵐᵍ 46 de surface de chauffe, on a évaporé 1480 litres d'eau en 5 heures, par la combustion de 213 kilogrammes de houille. Chaque kilogramme de houille a produit environ 7 kilogrammes de vapeur, et la quantité moyenne de vapeur produite par heure et par mètre carré de surface de chauffe a été de 22 kilogrammes. En supprimant complétement la circulation de l'air chaud autour de la chaudière, et par conséquent en ne chauffant que les bouilleurs, la surface de chauffe était réduite à 8^{mq}19, et on a produit 1316 kilogrammes de vapeur en 5 heures, avec la même consommation de combustible; ainsi chaque kilogramme de houille a produit 6^{k}18 de vapeur, et chaque mètre carré 32^{k}48. Ainsi la surface de chauffe, placée dans les carneaux, a produit, dans la première expérience, 1480 — 1316 = 164 kilogrammes de vapeur en 5 heures, ou 32^{k}78 par heure, et chaque mètre carré 32,78 : 5,27 = 6^{k}10. Les quantités de vapeur produites par heure et par mètre carré de la chaudière et des bouilleurs étaient 32^{k}48 et 6^{k}10, et la chaudière ne produisait que 164 : 1480 = 0,11 de l'effet total. M. Walter n'a pas déterminé la quantité d'oxygène libre qui se trouvait dans la fumée ; mais il est probable qu'elle était considérable, et que, si elle eût été seulement de 0,1, l'effet produit par les carneaux aurait été beaucoup plus grand.

1051. *Disposition et dimensions des carneaux.* — Dans les chaudières fixes généralement employées en France, l'air brûlé parcourt d'abord toute la partie inférieure de la chaudière, et fait ensuite le tour complet de sa partie latérale. On donne ordinairement aux carneaux la section de la cheminée à son sommet; mais, si on voulait donner à la fumée une vitesse constante, en supposant que l'air, en sortant du foyer, fût à 7 ou 800°, et à l'entrée de la cheminée à 300°, la section des carneaux devrait décroître à peu près uniformément dans le rapport de 25 ou 29 à 11. On ne sait pas s'il y a de l'avantage, sous le rapport du refroidissement de l'air brûlé, à le faire passer plus ou moins vite contre la même surface de chauffe, en donnant au carneau une section plus ou moins faible ; il est probable que l'influence de cette section dépend de la position de la surface de chauffe. Pour le canal qui se trouve au-dessous de la chaudière, il semble qu'il n'y a pas d'inconvénient à lui donner un excès de section, parce que l'air chaud suivra toujours la surface de la chaudière; mais il n'en serait pas ainsi des carneaux latéraux, car, s'ils étaient trop grands, le courant n'aurait lieu qu'à la partie supérieure, et on perdrait une grande partie de la surface de chauffe.

1052. On a reconnu par expérience que, si l'air brûlé revenait en avant simultanément par les deux faces latérales, il ne se distribuait pas également dans les deux carneaux, et que, s'ils étaient trop grands, il n'en parcourait qu'un seul, celui qui présentait le moins de résistance. C'est une disposition qu'il faut éviter, et, si on est forcé de l'employer, il serait bon de disposer, dans les deux carneaux, des registres que l'on réglerait par tâtonnement, de manière à diviser également la fumée entre eux.

1053. On a proposé de placer sur le fond du carneau qui règne au-dessous de la chaudière des cloisons transversales, destinées à changer plusieurs fois la direction du courant; cette disposition diminue l'étendue de la surface de chauffe, concentre le rayonnement du foyer sur une plus petite partie de la chaudière, diminue le tirage, et ne permet pas de nettoyer facilement le fond de la chaudière ; aussi a-t-elle été complétement abandonnée.

Les carneaux latéraux doivent être munis, à une des extrémités, d'une ouverture, ordinairement fermée ou par des briques ou par des plaques de tôle ou de fonte ; cette ouverture sert à enlever de temps en temps la suie qui s'accumule contre la surface des chaudières, et qui diminue de beaucoup la quantité de chaleur transmise.

1054. Tout ce que nous avons dit relativement aux chaudières à un seul cylindre est applicable aux chaudières à bouilleurs; nous avons seulement une observation à faire relativement à la position de la voûte qui sépare le carneau des bouilleurs de ceux de la chaudière.

Dans les anciennes chaudières, la voûte passait par le milieu des bouilleurs; mais par cette disposition on perdait presque complétement, comme surface de chauffe, la moitié de la surface des bouilleurs, parce que leur partie supérieure se recouvrait de cendres qui diminuaient beaucoup la transmission. Maintenant on place la voûte à la partie supérieure, ou un peu au-dessus des bouilleurs.

1055. On donne ordinairement aux carneaux, comme nous l'avons déjà dit, la section minimum de la cheminée, ou une section décroissante du foyer à leur extrémité ; mais il paraît, d'après quelques faits pratiques, qu'il y aurait de l'avantage à leur donner une section beaucoup plus grande ou beaucoup plus petite. Malheureusement les phénomènes qui se produisent dans la transmission de la chaleur de l'air chaud aux surfaces du générateur sont très-compliqués, et des considérations théoriques ne peuvent conduire qu'à des aperçus. Dans le cas que nous considérons, un courant d'air chaud, qui parcourt un canal intérieur, chauffe directement les surfaces de la chaudière et des carneaux; la chaleur de ces derniers se transmet par rayonnement à la chaudière, et les veines d'air refroidies reprennent lentement de la chaleur aux veines centrales, soit par une propagation directe, soit par les mouvements qui résultent du frottement ou des différences de température, et des changements de section ou de direction. Supposons que la section des carneaux soit beaucoup diminuée, la surface de chauffe restant la même, de manière que l'air qui parcourt la surface de la chaudière ne forme qu'une lame très-mince, la vitesse de l'air sera beaucoup augmentée ; la transmission de la chaleur des veines centrales à celles qui touchent la chaudière s'effectuera très-rapidement; l'air se refroidira plus vite dans le même trajet; sa température à la sortie sera plus abaissée, et l'effet utile des surfaces de chauffe sera augmenté ; mais il en résulte nécessairement un accroissement de résistance. Si l'on suppose, au contraire, que les carneaux aient une très-grande section, le mouvement sera très-lent, les veines refroidies par leur contact avec la chaudière auront plus de temps pour reprendre la chaleur aux couches centrales; les mouvements résultant des différences de température pourront se produire facilement; il se formera des courants descendants contre les surfaces de chauffe; et comme, en même temps, la surface des carneaux qui rayonne sur la chaudière sera plus grande, on conçoit que, dans ce cas encore, l'effet utile des surfaces de chauffe doive être augmenté.

1056. Les fourneaux se construisent en briques ; l'intérieur du foyer et le carneau qui le suit doivent toujours être en briques réfractaires liées entre elles par de la terre à brique ; pour le reste du fourneau, on peut employer des briques ordinaires réunies par du mortier à sable siliceux.

Il est utile d'établir au-dessous du carneau inférieur un espace voûté, pour diminuer la transmission de la chaleur dans le sol et les frais de construction, et aussi pour faciliter les réparations et le dépôt des cendres.

1057. Il est bon d'élever la maçonnerie à la hauteur des tubulures qui portent les différents appareils de niveau, de sûreté, d'alimentation et d'écoulement de la vapeur, afin de diminuer la quantité de chaleur perdue par le rayonnement de la partie supérieure de la chaudière et par son contact avec l'air.

1058. On emploie rarement une seule chaudière, du moins quand le travail ne doit pas éprouver d'intermittence. Dans les grands appareils, il y a toujours trois ou quatre chaudières quand deux ou trois suffisent. On les place à côté les unes des autres, afin de diminuer la perte de chaleur par les parois exposés à l'air. Mais il est utile de ne pas les rendre solidaires, et de les isoler les unes des autres par des intervalles vides ménagés dans la maçonnerie.

1059. La dilatation des briques et l'absence presque complète de liaison entre elles produisent dans les fourneaux des mouvements qui ne sont point accompagnés de retrait pendant le refroidissement, et qui à la longue déforment complétement les maçonneries. Pour prévenir la prompte détérioration des fourneaux, on les consolide souvent avec des tiges et des plaques de fer et de fonte qu'on désigne sous le nom d'*armatures*, et qui ont pour objet de s'opposer aux dislocations qui tendent à se produire.

1060. Quand le fourneau est vertical et circulaire, des cercles de fer serrés par des clavettes et enveloppant des barres verticales de fer ou de fonte, appliquées contre la maçonnerie, forment le meilleur système d'armature qu'on puisse employer.

1061. Quand les fourneaux ont une forme rectangulaire, cette disposition des armatures serait sans efficacité. On pourrait soutenir les faces de devant et de derrière par de larges plaques de fonte, qui seraient maintenues par des tiges de fer taraudées aux extrémités et serrées par des écrous, et les flancs des fourneaux par des montants en fer ou en fonte, qui seraient fixés par la partie inférieure dans les fondations, et reliés entre eux par des tirants transversaux serrés par des écrous.

On pourrait aussi, pour consolider la maçonnerie, employer les armatures dont nous avons parlé (519) à l'occasion des cheminées.

1062. Pour éviter les armatures et en même temps le refroidissement, on met souvent les chaudières dans le sol. Cette disposition dispense, en outre, des constructions accessoires exigées dans certains cas par les ordonnances.

CHAPITRE VIII.

INCRUSTATIONS DES CHAUDIÈRES ET INFLUENCE DE CERTAINES EAUX D'ALIMENTATION.

1063. Les eaux introduites dans les chaudières y déposent, par leur vaporisation, toutes les matières qu'elles tenaient en dissolution. Ces dépôts s'effectuent sous la forme de boues ou de croûtes plus ou moins dures et plus ou moins adhérentes à la surface intérieure de la chaudière; ils diminuent nécessairement la transmission de la chaleur du métal à l'eau (du moins quand ils ont acquis une certaine épaisseur), et par conséquent l'effet utile du combustible. En outre, le métal de la chaudière doit s'échauffer beaucoup plus, et par suite devenir plus oxydable et perdre une partie de sa ténacité. Ces incrustations ont, par conséquent, une grande influence sur l'altération des chaudières, et paraissent avoir été quelquefois des causes d'explosion.

1064. M. Cousté, ancien élève de l'École polytechnique, dans un travail remarquable à plusieurs égards, sur les incrustations des chaudières à vapeur (*Annales des mines*, 1854), a fait de très-longs calculs pour déterminer la perte de chaleur due aux incrustations, et il l'estime à 0,40. Mais cette perte, qui provient du décroissement de la transmission de la chaleur à travers les surfaces incrustées, dépend d'un trop grand nombre d'éléments pour pouvoir être calculée; M. Cousté fait d'ailleurs intervenir dans ses calculs l'épaisseur du métal, qui est absolument sans influence. Il est bien certain que la transmission de la chaleur se trouve diminuée par les incrustations; mais le décroissement suit une loi beaucoup moins rapide que celle à laquelle M. Cousté est conduit, à cause de la température fort élevée de la surface extérieure de la chaudière et du décroissement moins rapide de la température de l'air brûlé dans son trajet; par suite, le chiffre de 0,40, qui résulte de ces calculs, nous paraît très-exagéré.

1065. Le poids des dépôts varie avec la nature des eaux dans des limites très-étendues. D'après des expériences faites sur de l'eau d'un puits de Paris, 100^k d'eau, en s'évaporant, laissaient un résidu de $0^k 18$. En employant cette eau pour une machine à vapeur de 20 chevaux sans condensation, dont la consommation de vapeur serait à peu près de 480^k par heure, le dépôt dans le même temps serait de $0^k 864$; par 24 heures, de $20^k 72$; et pour un travail continu d'un mois, de $621^k 9$. L'eau de Seine, qui pour 100^k ne renferme que $0^k 0186$ de sels, ne donnerait dans les mêmes circonstances qu'un dépôt dix fois moindre. Dans une chaudière à vapeur de la fabrique de céruse de Clichy, après trois semaines d'un travail de 10 heures par jour, les incrustations avaient 5 centimètres d'épaisseur; la partie inférieure des bouilleurs ne durait pas au delà de huit à dix mois. Dans une chaudière locomobile à tubes intérieurs, disposés comme ceux des locomotives, les incrustations qui recouvraient les tubes remplissaient presque complétement l'espace qui les séparait, et la chaudière devait évidemment, en fonctionnant dans ces conditions, être mise rapidement hors de service.

1066. Les incrustations se produisent non-seulement dans les chaudières, mais dans les parties des tubes d'alimentation qui plongent dans les chaudières. Elles peuvent les fermer dans les intervalles de repos, et produire la rupture de la chaudière par suite de l'abaissement du niveau de l'eau.

1067. Pour éviter l'influence des dépôts et des incrustations, on est obligé de temps en temps d'interrompre le travail, de laisser refroidir le fourneau, d'enlever les boues par des lavages, et les matières solides, adhérentes aux surfaces de la chaudière, à l'aide du burin et d'un travail long et très-pénible. Lorsque les incrustations renferment beaucoup de carbonate de chaux, on facilite le nettoyage en introduisant dans la chaudière de l'acide chlorhydrique, qui, en décomposant ce sel, détruit la cohésion des incrustations et les réduit à l'état de boue, qu'on enlève ensuite par des lavages ; mais cette opération est dangereuse, parce que l'acide attaque fortement le fer.

1068. On a employé différents moyens pour éviter les incrustations. On s'est d'abord servi des pommes de terre ; la colle de fécule qui se produit s'interpose dans les dépôts, et ne leur permet pas de prendre de l'adhérence. Mais la colle donne à l'eau une certaine viscosité qui favorise son entraînement par la vapeur. On a aussi employé le son ; cette matière agit, comme les pommes de terre, par la petite quantité de fécule qui s'y trouve, et en outre en s'interposant directement dans les dépôts.

1069. M. Chaix, en 1836, a proposé, pour éviter l'adhérence, d'introduire dans les chaudières une certaine quantité d'argile plastique. L'argile, interposée dans les dépôts, détruit complétement toute adhérence, et il suffit de laver les chaudières à grande eau, après certains intervalles, opération qui n'exige pas que les fourneaux soient refroidis. L'emploi de la terre argileuse avait déjà été indiqué dans le même but, en 1826, par M. Pelouze, dans le *Manuel du manufacturier*.

Tous les ingénieurs de la marine ont rendu le compte le plus favorable de l'emploi de l'argile dans les chaudières de bateaux à vapeur. Voici, en outre, les résultats de plusieurs expériences faites par une commission de la Société d'encouragement dans les ateliers de M. Cavé, sur la chaudière d'une machine de 10 chevaux. On a introduit dans la chaudière 20 kilog. d'argile délayée dans l'eau, et, après huit jours de travail, il n'y avait aucune incrustation ; de sorte qu'un simple lavage, qui dure une demi-heure, suffit pour mettre la chaudière en état. L'expérience fut répétée, mais prolongée pendant quinze jours, et les résultats furent les mêmes. Une troisième expérience, faite sur une autre chaudière, réussit également.

1070. Mais l'emploi de l'argile a un très-grand inconvénient ; il faut que cette substance soit délayée dans un grand volume d'eau ; car, si on l'introduit en masse ou en pâte épaisse, elle se dépose au fond de la chaudière et la fait rougir. Le même effet a lieu lorsqu'une chaudière reste en repos pendant plusieurs jours. Pour employer l'argile dans des conditions favorables , il faudrait l'introduire d'une manière continue avec l'eau d'alimentation elle-même, et ne pas laisser longtemps l'eau en repos dans la chaudière quand elle ne produit pas de vapeur, ce qui est impossible. C'est probablement à cause de ces inconvénients, et probablement aussi de quelques autres circonstances qui ont accompagné les expériences des ingénieurs de la marine , que l'emploi de l'argile est complétement abandonné, même dans la marine de l'État.

1071. Pour faire voir combien la présence des corps étrangers déposés au fond des chaudières facilite leur détérioration , je rapporterai une observation faite par M. Gourlier, alors inspecteur des travaux de la Bourse. Peu de jours après la mise en activité du générateur destiné au chauffage de la Bourse, on s'aperçut qu'il était percé au fond ; on arrêta le feu, et on reconnut, après avoir vidé la chaudière, que le métal était brûlé dans un endroit où s'étaient trouvés quelques chiffons assez volumineux qui avaient été oubliés dans la chaudière lors de son établissement.

1072. En 1845, MM. Neron et Kurtz, ayant remarqué qu'une chaudière à vapeur, alimentée par une petite rivière dont les eaux étaient colorées par des bains de teinture épuisés, ne produisait point d'incrustations , pensèrent que cet effet provenait des matières colorantes en dissolution dans ces eaux, et des expériences directes confirmèrent cette supposition. Après l'examen des résultats, le moyen qu'ils ont indiqué consiste à introduire dans une chaudière 1^k de bois de campêche en poudre ou en copeaux par force de cheval ; cette quantité de matière est suffisante pour éviter les incrustations pendant six semaines ou deux mois. Mais, comme les copeaux peuvent être entraînés par la vapeur, on a reconnu depuis qu'il était plus avantageux d'introduire dans la chaudière la matière colorante en dissolution. D'après des expériences faites à Paris sur une machine de 16 chevaux, 1^k d'extrait solide de bois de campêche, par semaine, était suffisant pour empêcher l'agrégation des dépôts et les réduire à l'état de boue ; la dépense par semaine était de 6 francs. La meilleure manière d'introduire la matière colorante dans la chaudière consiste à la dissoudre dans l'eau d'alimentation, et pour cela il suffit de placer les copeaux de bois de campêche dans un sac en toile plongé dans le réservoir d'alimentation ; la matière colorante se dissout lentement , de sorte que les eaux d'alimentation en contiennent peu. Il paraît que, dans ce mode d'opération, la matière colorante est absorbée par les dépôts à mesure qu'ils se forment, et s'oppose à leur adhérence.

1073. De nombreuses expériences, faites à Saint-Quentin et à Lille dans plusieurs grandes usines, ont donné de très-bons résultats ; mais, dans d'autres localités, ce procédé n'a pas réussi ; il a été employé sans succès dans les générateurs des bateaux à vapeur naviguant sur mer. Comme les eaux d'alimentation des chaudières de Saint-Quentin et de Lille ne renferment point de sulfate de chaux, que les dépôts formés par l'eau de mer sont en très-grande partie formés de ce sel, il est très-probable que les matières colorantes n'agissent que sur le carbonate de chaux.

1074. On a proposé aussi d'employer la sciure de bois et beaucoup d'autres matières en poudre ; on a réussi quelquefois ainsi à éviter l'adhérence des dépôts ; mais ces matières, à cause de leur entraînement par la vapeur, présentent des inconvénients qui ont fait renoncer à leur emploi.

1075. On trouve dans le commerce beaucoup de matières vendues comme propres à empêcher les incrustations , et qui sont composées de la manière la plus singulière ; il en est où l'on découvre par l'analyse du sel de soude, du cachou, de la dextrine, de la potasse, du sucre, de l'alun et de la gomme arabique. Il est évident qu'une pareille matière, introduite dans les chaudières, s'opposerait aux incrustations, si elle renfermait assez de sel de soude pour transformer le sulfate de chaux en carbonate de chaux, et une quantité suffisante de matière analogue aux extraits de bois de teinture pour s'opposer aux incrustations formées par le carbonate de chaux ; mais les proportions de ces matières doivent dépendre nécessairement de la composition des eaux , et il serait évidemment plus simple d'effectuer la précipitation des sels de chaux avant l'alimentation ; l'opération s'effectuerait à moins de frais, et les dépôts resteraient en dehors.

1076. M. Kulhmann a indiqué un procédé qui réussit parfaitement quand les eaux ne renferment que du carbonate de chaux : il consiste à introduire dans la chaudière une certaine quantité de carbonate de soude ou de potasse ; ces sels s'emparent immédiatement de l'acide carbonique qui tient le carbonate de chaux en dissolution, ce dernier se précipite ; et, comme la précipitation est très-rapide, les dépôts ne s'agglomèrent pas et restent à l'état de boues. Mais, comme l'acide carbonique dont le carbonate alcalin s'est emparé se dégage par la chaleur, le carbonate de soude se retrouve bientôt à l'état primitif et peut agir de nouveau de la même manière; de sorte qu'avec une très-petite quantité de carbonate alcalin on peut déterminer la précipitation du carbonate de chaux renfermé dans une quantité d'eau presque indéfinie. Pour les eaux de puits contenant beaucoup de carbonate de chaux, M. Kuhlmann propose d'introduire par mois, dans la chaudière, 100 à 150 grammes de sel de soude par force de cheval. Ce procédé réussit parfaitement à Lille et à Arras; mais à Paris, où les eaux renferment beaucoup de sulfate de chaux, il n'a pas empêché les incrustations.

1077. On a aussi cherché à diminuer la quantité des dépôts qui se forment sur le fond et les parois des générateurs, en plaçant dans l'intérieur des corps sur lesquels les dépôts peuvent se former; on a employé pour cela des fagots; ils se couvrent en effet de dépôts, mais ils sont bientôt réduits à l'état de fragments menus par l'action prolongée de l'eau à une température élevée. Les coquilles d'huître paraissent donner de bons résultats. Une disposition qui me paraîtrait mériter d'être essayée avec persévérance consisterait à placer dans l'intérieur, à une certaine distance du fond, une feuille de tôle recourbée ayant la longueur de la chaudière, et formant un vase dont les bords seraient au-dessous du niveau de l'eau; celle-ci n'y éprouverait qu'une agitation très-faible, et par suite les dépôts devraient s'y faire en plus grande quantité que dans la chaudière; mais cette disposition ne laisserait pas d'être embarrassante et de gêner le nettoyage.

1078. *Altération des chaudières alimentées par les eaux de certaines mines.* — Ces altérations, leurs causes et les moyens de les prévenir ont été étudiés avec beaucoup de soin par M. Lechatelier, ingénieur des mines (*Annales des mines*, t. XX). Elles se manifestent principalement sur les chaudières alimentées par les eaux des carrières d'ardoises, et les mettent souvent hors de service en peu de temps; elles occasionnent quelquefois des explosions par suite de l'amincissement des chaudières. A la carrière d'ardoises d'Avrillé, près d'Angers, dans un générateur qui a fait explosion en 1840, la partie inférieure des bouilleurs et la moitié supérieure de la chaudière étaient intactes; la moitié inférieure de la chaudière avait perdu en dix-huit mois les $\frac{4}{9}$ de son épaisseur; au point où aboutissait le tuyau d'alimentation, l'épaisseur de la tôle était réduite à 1 millimètre.

1079. La nature des actions chimiques qui se produisent se déduit facilement de la composition des eaux d'alimentation, de celle des eaux concentrées par leur séjour dans la chaudière et de celle des dépôts pulvérulents et des encroûtements. Les eaux extraites des mines et carrières dans lesquelles les roches renferment des pyrites qui se décomposent au contact de l'air, en général, ne sont point acides, mais elles renferment constamment

Des sulfates d'alumine ; — de peroxyde de fer ; — de protoxyde de fer ; — de nickel et de cobalt ; — de chaux ;	Des sulfates de magnésie ; — de potasse et de soude ; Des chlorures alcalins ; De la silice gélatineuse.

1080. Il résulte, des nombreuses analyses faites par M. Lechatelier, que les eaux concentrées dans les chaudières ne renferment plus ni alumine, ni peroxyde de fer ; qu'elles sont chargées, au contraire, de sulfate de protoxyde de fer qui, dans certains cas, n'existait pas dans les eaux d'alimentation. Les dépôts qui se forment dans la chaudière contiennent du peroxyde de fer et de l'alumine à l'état d'oxyde et peut-être de sulfate. Il résulte évidemment de là que l'action corrosive provient des sulfates de peroxydes de fer et d'alumine ; ces sels, à la température à laquelle l'eau est soumise et en présence du fer, sont décomposés, le peroxyde de fer et l'alumine sont précipités, et l'acide sulfurique, à l'état naissant, forme avec le fer un sulfate de protoxyde en dégageant de l'hydrogène. Le sulfate de protoxyde de fer peut ensuite passer à l'état de peroxyde au moyen de l'oxygène de l'air en dissolution dans l'eau, et agir de nouveau sur le fer.

1081. Pour éviter dans ce cas les détériorations des chaudières, on peut employer différents moyens. Le premier consisterait à se servir d'eau distillée, en produisant la condensation de la vapeur par transmission de la chaleur à travers des surfaces métalliques et non par contact immédiat de l'eau froide, comme on le fait ordinairement ; mais ce mode de condensation, qui a été essayé, n'a pas donné jusqu'à présent de bons résultats.

1082. On pourrait employer des chaudières en cuivre ; mais il faudrait que les eaux ne continssent que peu ou point de sulfate de chaux, parce que ce sel forme des dépôts adhérents, et que les bouilleurs de cuivre s'altéreraient très-rapidement ; de plus, ces chaudières coûtent à peu près trois fois plus que les chaudières de tôle, et un défaut d'homogénéité pourrait en déterminer la destruction rapide, comme cela s'observe pour certains cuivres employés dans la con-

struction des navires ; enfin, il n'est pas démontré que les eaux corrosives seraient sans action sur le cuivre.

1083. Le blanc d'Espagne ayant la propriété de décomposer les sulfates de peroxyde de fer et d'alumine à la température de l'ébullition,
on pourrait mettre dans la chaudière une quantité de cette matière, suffisante pour décomposer les deux sels dont il est question, pendant la
durée du travail comprise entre deux nettoyages. La craie en excès
n'augmenterait pas les incrustations ; on pourrait d'ailleurs, par quelques essais, déterminer très-approximativement la quantité de craie
qu'on doit employer.

1084. On a essayé d'employer la chaux vive ; mais cette matière présente un grave inconvénient. Comme elle est soluble dans l'eau et en
petite quantité, elle est très-propre à former des encroûtements ; elle
donne, en outre, un dépôt beaucoup plus considérable que la craie ;
car elle précipite tous les oxydes métalliques et la magnésie, qui paraît
être elle-même une matière incrustante ; enfin, elle accompagne l'eau
qui est entraînée par la vapeur, et saponifie les graisses de la machine.
On pourrait mettre un excès de chaux dans les bassins de dépôt où l'eau
séjourne à la sortie de la mine, et alimenter les chaudières avec
ces eaux séparées des dépôts qui se seraient formés ; mais alors ces eaux
seraient saturées de chaux et de sulfate de chaux, et se trouveraient dans
les circonstances les plus favorables à la formation des incrustations.

1085. Il paraît que, dans quelques mines, on emploie le carbonate
de soude pour épurer les eaux ; ce moyen est infaillible, mais il est très-
cher. A Birmingham, on a employé les eaux ammoniacales provenant de la fabrication du gaz de l'éclairage.

1086. On pourrait préserver les chaudières de fer de l'action des
eaux corrosives, en plaçant dans l'intérieur un panier de fer rempli
de rognures de zinc, suspendu au-dessous du niveau de l'eau ; toute
l'action se porterait sur le zinc. Ce métal, même sans former de pile
galvanique avec le fer, et seulement à la température de 100°, décompose complétement les sulfates de peroxyde de fer et d'alumine ; mais,
comme il décompose aussi facilement l'eau à 100°, une partie serait
employée en pure perte ; on pourrait craindre, en outre, que les dépôts qui s'accumuleraient à sa surface ne suspendissent son action.

1087. On pourrait faire agir le fer en rognures, en dehors des chaudières, dans des bassines en cuivre chauffées par la chaleur perdue du
fourneau ; mais il faudrait prolonger l'action pendant longtemps, et
éviter avec soin l'introduction de l'air dans la chaudière.

Enfin on pourrait faire agir la craie sur les eaux d'alimentation dans les mêmes circonstances; ce dernier procédé serait certainement très-efficace et préférable aux autres.

1088. Dans la mine d'anthracite de Bazonges (Mayenne), les eaux sont tellement corrosives qu'une chaudière de tôle a été détruite en trois mois. Elle a été remplacée par une chaudière de cuivre qui ne paraît pas avoir été altérée d'une manière sensible. Toutes les fois qu'on la nettoie, on y met 20^k de ferraille, et on enduit la surface intérieure d'une couche de graisse formée de cinq sixièmes de suif et d'un sixième de mine de plomb. On emploie chaque fois 15^k pour les deux chaudières qui sont chacune de la force de 8 chevaux.

1089. *Altération des chaudières de bateaux à vapeur alimentées par de l'eau de mer.* — Dans les chaudières de bateaux à vapeur qui naviguent sur mer, il se forme souvent des incrustations d'une grande épaisseur, et toujours bien avant que les eaux aient atteint leur point de saturation de sel marin. Pour éviter de trop grands dépôts, on est obligé d'extraire de l'eau des chaudières, quand les eaux sont arrivées à un certain degré de concentration, et pendant longtemps cette opération était faite par les chauffeurs sans règle précise pour déterminer les époques auxquelles il convenait de faire écouler de l'eau, et le temps pendant lequel le robinet de décharge devait rester ouvert. M. Seaward a proposé, pour reconnaître à chaque instant le degré de saturation de l'eau, de disposer un tube de verre comme ceux qui sont employés pour reconnaître le niveau de l'eau, en communication par ses deux extrémités avec la chaudière, en deux points situés au-dessous du niveau habituel; le refroidissement de l'eau renfermée dans le tube produirait une circulation assez rapide pour que l'on pût regarder à chaque instant l'eau du tube comme ayant une densité peu différente de celle de l'eau de la chaudière. Le tube renfermerait des boules de différentes densités comprises entre celles de l'eau de mer bouillante et celle de l'eau de mer bouillante saturée de sel; le nombre des boules qui se trouveraient à la partie supérieure du tube indiquerait le degré de saturation de l'eau. Un densimètre placé dans le même tube me paraîtrait préférable à l'emploi des boules.

1090. Malgré tous les soins qu'on peut apporter à la conservation des chaudières, elles s'altèrent rapidement; car, dans les paquebots naviguant sur mer, la durée moyenne des chaudières n'est que de quatre années, et elles ne fonctionnent à peu près que le quart du temps. Cette altération résulte d'abord de l'oxydation du métal dans le voisinage du foyer, de l'adhérence des dépôts qui s'attachent aux parois, et enfin d'une action chimique de l'eau de mer sur le métal. Cette dernière cause d'altération a été indiquée par M. Faraday, comme cela résulte de la note suivante, extraite de l'ouvrage de M. Marestier sur les bateaux à vapeur d'Amérique.

1091. « M. Faraday, qui a analysé l'eau de mer dans la vue de connaître son action sur les chaudières, a trouvé que l'eau de mer, qui bouillait à environ 101° et dont la densité était égale à 1,0272, contenait 32^{k}298 de sels par mètre cube, savoir :

« 1^{k}014 de sulfate de chaux, qui commence à se précipiter à la température de 102°, quand la quantité d'eau est réduite à 299 litres ;

« 25^{k}785 de chlorure de sodium, qui commence à cristalliser à 100°, quand l'eau est réduite à 102 litres ;

« 2^{k}214 de sulfate de magnésie ;

« 3^{k}285 de chlorure de magnésium.

« Ce dernier sel est celui qui réagit le plus sur les chaudières ; il commence à se décomposer à la température de 100°, lorsque la liqueur est réduite à 35^{lit}5. Les 3^{k}285 contenus dans l'eau de mer sont composés de 1^{k}145 de magnésie et 1^{k}14 d'acide. Si tout l'acide pouvait être séparé, il dissoudrait 1^{k}6 de fer et 3^{k}7 de cuivre, ce qui occasionnerait bientôt la destruction des chaudières. L'acide peut être absorbé par l'addition de 1^{k}64 de chaux vive ou 2^{k}78 de potasse, ou 4^{k}1 de carbonate de potasse. Le dépôt de magnésie pèse 1^{k}145, et celui de carbonate de magnésie 2^{k}43. »

1092. M. Lechatelier a reconnu l'exactitude de l'opinion de M. Faraday, en constatant la présence de la magnésie libre dans les incrustations des chaudières des bateaux à vapeur faisant le trajet du Havre à Hambourg. Cet ingénieur pense que la chaux vive, qui serait d'un usage très-économique, aurait l'inconvénient d'engorger les tuyaux et probablement d'augmenter les incrustations ; le carbonate de chaux serait sans efficacité. La soude et la potasse caustiques seraient d'un usage dispendieux ; car ils devraient décomposer tout le chlorure de magnésium, qui n'agit qu'en partie, et peut-être aussi le sulfate de magnésie, qui peut échanger son acide avec les autres chlorures en dissolution et concourir à l'action corrosive. Quant au carbonate de potasse, au lieu d'en consommer 4^{k}1, comme l'indique M. Faraday, pour décomposer tout le chlorure de magnésium, il faudrait en consommer 5^{k}1, car il précipiterait toute la chaux avant de précipiter la magnésie ; mais il offrirait l'avantage de détruire tout le sulfate de chaux et de carbonater la magnésie ; il ne se ferait plus qu'un dépôt de carbonates insolubles, gélatineux et probablement non incrustants. Le meilleur procédé paraît être celui de Van-Beck ; il consiste à employer le zinc métallique. Il faudrait l'isoler des points où la chaudière est exposée à rougir pour prévenir l'accumulation sur ces parties des dépôts salins, dont il provoquerait sans doute la formation. Il faudrait, en outre, l'introduire en masses présentant une petite surface, pour éviter une consommation trop grande sous l'action de l'eau salée, qui l'oxyderait très-rapidement à la température de l'ébullition. Les chaudières de cuivre, si elles sont attaquées, pourraient être préservées très-simplement et très-économiquement par l'emploi de boîtes pleines de ferrailles, qu'on suspendrait çà et là, en ayant soin de les mettre, en quelques points, en communication avec le cuivre métallique. » (*Annales des mines*, t. XX.)

Mais ces différents moyens préservateurs sont inutiles, parce que les eaux des chaudières sont extraites, comme nous le verrons en parlant des chaudières de bateau, à un degré de concentration bien inférieur à celui qui est nécessaire pour que l'action du chlorure de magnésium se produise.

1093. Dans ce qui précède, j'ai indiqué les différents procédés qui ont été proposés pour éviter l'adhérence des dépôts ou les actions corrosives de certaines eaux d'alimentation. Nous allons maintenant étudier la question directement en nous appuyant surtout sur les recherches récentes de M. Cousté (*Annales des mines*, 1854).

1094. *Examen de la question à résoudre.* — Les eaux d'alimentation des chaudières, à part quelques cas particuliers assez rares, sont des eaux douces ou de l'eau de mer. Le tableau suivant donne, d'après les analyses de M. Colin, les quantités de sels renfermés dans 1000^k des différentes eaux qu'on emploie à Paris et dans les environs.

DÉSIGNATION DES EAUX.	RÉSIDU TOTAL provenant de L'ÉVAPORAT. DE 1000 k.	SULFATE DE CHAUX contenu DANS LE RÉSIDU.	CARBONATE DE CHAUX contenu DANS LE RÉSIDU.	SEL MARIN contenu DANS LE RÉSIDU.	SELS DÉLIQUESCENTS contenus DANS LE RÉSIDU.
	k.	k.	k.	k.	k.
Eau de Belleville et de Ménilmontant	1,648	1,135	0,260	0,020	0,233
Eau de la Beuvronne	0,739	0,448	0,150	»	0,141
Eau de la Bièvre	0,654	0,250	0,136	0,010	0,258
Eau d'Arcueil	0,460	0,168	0,170	0,020	0,108
Eau du canal de l'Ourcq	0,251	0,017	0,200	»	0,034
Eau de la Seine sous Paris	0,174	0,020	0,130	»	0,024
Eau de la Seine au-dessus de la Bièvre	0,161	0,050	0,100	»	0,011

1095. Il résulte de ce tableau que les résidus de l'évaporation de ces eaux sont principalement formés de sulfate de chaux et de carbonate de chaux, et c'est ce qui a été confirmé par l'analyse des dépôts et des concrétions qui se forment dans les générateurs alimentés par des eaux douces.

1096. Quant aux dépôts formés dans les générateurs alimentés par l'eau de mer, voici le résultat des expériences de M. Cousté. Toutes les surfaces intérieures des chaudières qui sont baignées par l'eau sont recouvertes d'une couche blanchâtre, à surface mamelonnée, dure comme du marbre, à cassure en partie amorphe et en partie cristalline. L'épaisseur de cette couche varie beaucoup ; elle est de 2 millimètres environ sur la caisse du foyer, et de 10 à 15 millimètres sur les points de la surface de chauffe où la chaleur est peu intense. Au fond des chaudières, on trouve une quantité considérable d'écailles, tantôt minces et isolées, tantôt agglomérées et formant des concrétions quelquefois grosses comme des moellons. Si on examine la cassure d'une croûte un peu épaisse, encore adhérente à la surface de la chaudière, on remarque de petits filets jaunâtres, de consistance terreuse et moins dure, suivant lesquels la concrétion se clive facilement. La face de contact avec le métal est noircie par une couche d'oxyde ; en partant de cette face, on trouve une série de couches amorphes, blanches, divisées par les filets jaunâtres dont je viens de parler ; et, à la face opposée, il y a généralement une couche d'apparence cristalline. Si l'on examine de même une des écailles un peu épaisses qu'on trouve détachées au fond des chaudières, on voit qu'elle est souvent formée d'un noyau de couches amorphes, complétement enveloppé par une couche cristalline plus ou moins épaisse. Ces dépôts sont composés de 0,81 à 0,85 de sulfate de chaux, de 0,022 à 0,032 de carbonate de magnésie, de 0,06 à 0,10 de magnésie libre, d'un peu de fer, d'alumine et d'eau. Ainsi les dépôts concrétionnés et vaseux ne renferment point de carbonate de chaux. Les lames terreuses proviennent des dépôts, pendant les temps d'arrêt, des matières en suspension ; la moindre épaisseur des concrétions sur les surfaces de la bôîte à feu provient du mouvement de l'eau occasionné par la grande quantité de vapeur qui s'y produit.

1097. Dans les eaux douces, le carbonate de chaux est tenu en dissolution par un excès d'acide carbonique, et s'y trouve à l'état de bicarbonate ; cet excès d'acide carbonique se dégage par l'action de la chaleur, et la plus grande partie du carbonate se précipite ; en outre, la solubilité du carbonate de chaux diminue rapidement à mesure que la température s'élève. A la température ordinaire, d'après M. Buchetz, la quantité de carbonate de chaux qui peut être dissoute dans un volume d'eau représenté par l'unité est comprise entre 1 : 24000 et 1 : 16000, ou entre 0,00004 et 0,000062; ainsi la quantité de sel qu'un mètre cube d'eau peut dissoudre varie de $0^k 04$ à $0^k 062$. Cette quantité devient complétement nulle à une température comprise entre 140° et 150°, d'après M. Cousté.

1098. La solubilité du sulfate de chaux éprouve aussi de grandes variations avec la température. D'après M. Regnault, la solubilité du sulfate de chaux a son maximum à 35°; 100 parties d'eau en dissolvent alors 0,254, et seulement 0,217 à 100°. A 12°, le poids de sulfate de chaux que peut dissoudre un mètre cube d'eau est égal à $2^k 33$. D'après les expériences de M. Cousté, la solubilité du sulfate de chaux est complétement nulle, comme celle du carbonate de chaux, à une température comprise entre 140° et 150°.

Ainsi, quand on produit de la vapeur sous une pression de 4 ou 5 atmosphères, avec des eaux douces ou de l'eau de mer, tous les sels calcaires se déposent par le seul effet de l'élévation de la température.

1099. Si les dépôts résultaient uniquement de la concentration des eaux, qui les amènerait progressivement au point de saturation, on pourrait empêcher complétement leur formation, en enlevant d'une manière continue un certain volume d'eau chaude, de manière que la quantité de sel extrait égalât celle qui est introduite dans les eaux d'alimentation : par exemple, si l'eau d'alimentation renfermait 0,01 d'un certain sel, et si l'eau saturée en contenait 0,03, il est évident qu'en évacuant un volume d'eau chaude égal au tiers de celui qui est fourni par l'alimentation, et en supposant l'eau de la chaudière saturée et homogène, il ne se produirait point de dépôt, et avec une plus grande extraction on se maintiendrait loin de la saturation.

1100. Il semble qu'une extraction partielle pour les générateurs à haute pression, à eau douce et à eau de mer, doive être sans efficacité, puisque les dépôts se forment par le seul effet de l'accroissement de la température de l'eau, et que, pour les générateurs à basse pression, cette extraction ne diminue les dépôts qu'autant que, par l'élévation de température, les eaux ne sont pas amenées à saturation. Mais il n'en est pas ainsi, parce que les sels précipités restent toujours un certain temps en suspension, et qu'en enlevant des eaux troubles on produit évidemment le même effet que si les matières en suspension étaient dissoutes. C'est d'ailleurs ce qui a été parfaitement confirmé par l'expérience sur les générateurs des bateaux à vapeur qui naviguent sur mer, quelle que soit la pression à laquelle la vapeur est produite.

1101. *Épuration des eaux d'alimentation par une action chimique.*
— Si les eaux ne contenaient que du carbonate de chaux tenu en dissolution par un excès d'acide carbonique, on pourrait le précipiter au moyen de l'eau de chaux, mais en ayant soin de ne pas employer ce réactif en excès, car l'eau dissout à peu près un millième de son poids de chaux, et celle-ci produit des incrustations très-dures. L'opération pourrait se faire au moyen de deux réservoirs : dans l'un, qui renfermerait un agitateur mis en mouvement par une manivelle, on opérerait la précipitation ; le second, qui recevrait les eaux du premier éclaircies par le repos, renfermerait le tuyau d'aspiration de la pompe alimentaire. La capacité de chacun des réservoirs devrait être égale à la consommation d'eau pendant le temps nécessaire à l'éclaircissement des eaux, durée qui devrait être déterminée à l'avance. Comme la quantité de sel renfermée dans les eaux varie peu, on pourrait simplifier l'opération en introduisant immédiatement dans le réservoir de précipitation un volume d'eau de chaux qui aurait été déterminé par l'expérience.

1102. Si les eaux d'alimentation renferment du carbonate de chaux et du sulfate de chaux, ce qui a lieu souvent pour les eaux douces, on pourrait précipiter d'abord le carbonate par la chaux, et ensuite le sulfate par une dissolution de carbonate de soude (sel de soude du commerce). Les quantités de ces deux matières, en volume pour l'eau de cháux et en poids pour le sel de soude, pourraient être déterminées par une seule expérience. Les eaux éclaircies ne renfermeraient, à la suite de l'opération, que du sulfate de soude à la place des sels de chaux. On pourrait simplifier l'opération en précipitant les deux sels de chaux par le sel de soude ; mais l'opération coûterait plus cher, et la liqueur éclaircie renfermerait une certaine quantité de carbonate de soude.

1103. Pour les eaux douces, la précipitation préalable des sels de chaux n'exigerait qu'une très-faible dépense. Prenons, par exemple, une machine de 25 chevaux, alimentée par les eaux de Belleville, qui renferment le plus de sels, $1^k 65$ par mètre cube. La quantité d'eau vaporisée par cheval et par heure est environ de 24^k, soit 600^k pour la machine ; la dépense de sel de soude sera à peu près égale au poids des sels, et par conséquent de $600 . 1,65 : 1000 = 0^k 99$, ce qui, à raison de 55^r les 100^k, occasionnerait une dépense de $0,99 . 0,55 = 0^r 54$, et pour 10 heures $5^r 40$, à peu près 0,10 du prix du combustible consommé. Pour les eaux de Seine, le prix de revient de précipitation des sels de chaux serait dix fois plus petit.

1104. Mais, en employant des eaux privées de sels de chaux, il est

très-important que les surfaces intérieures des chaudières soient couvertes d'une faible épaisseur de dépôt ; car ces dépôts sous une faible
épaisseur favorisent la transmission de la chaleur à l'eau ; du moins
c'est ce qui paraît résulter de quelques observations faites sur la
production de vapeur des locomotives ; la production d'une locomotive neuve semble, en effet, augmenter d'abord, puis devient station-
naire et décroît ensuite.

1105. Lorsqu'on emploie du sel de soude pour précipiter le carbonate et le sulfate de chaux, il reste dans les eaux, comme nous l'a-
vons dit, une certaine quantité de soude plus ou moins carbonatée ; cet
état alcalin des eaux d'alimentation ne peut avoir aucun résultat fâcheux, pourvu que le liquide de la chaudière soit renouvelé assez fréquemment pour que les sels ne s'y trouvent pas en très-grande quantité. Cependant il serait très-utile d'employer les dispositions indiquées
(1048, 1049), pour que la vapeur, en se dégageant, entraînât le moins
d'eau possible, à cause de l'action que pourraient avoir les eaux entraînées sur les conduits de vapeur et les organes de la machine.

1106. C'est surtout pour les locomotives, les locomobiles, et en général les chaudières à foyer intérieur, qu'il serait important de n'employer que des eaux dont on aurait préalablement précipité les sels de
chaux, à cause de la difficulté qu'on rencontre dans l'enlèvement des
dépôts adhérents. M. Polonceau a pris, il y a plusieurs années, un
brevet pour enlever les incrustations des locomotives par l'emploi
successif des carbonates alcalins et de l'acide chlorhydrique. Il introduit le carbonate de soude en quantité suffisante dans la chaudière, et maintient l'eau en ébullition pendant douze à quinze heures ;
le sulfate de chaux est transformé en carbonate de chaux, et on introduit alors dans la chaudière de l'acide chlorhydrique qui dissout le
carbonate. M. Polonceau estime à 100 francs la dépense de main-
d'œuvre et de matière pour une locomotive, à 25 ou 30^k la quantité de carbonate de soude, et à 100 ou 120^k le poids de l'acide
chlorhydrique. Voilà évidemment une opération très-efficace, mais
qui est fort compliquée, dispendieuse, et qui pourrait à la fin altérer
la chaudière par l'action de l'acide ; d'un autre côté, quand on
laisse les incrustations se former, on ne peut les enlever que par
le démontage des tubes ou par l'action chimique que nous venons d'indiquer. Ces deux opérations ont toutes deux de graves inconvénients, qu'on éviterait en employant des eaux préalablement privées de sels calcaires. J'ajouterai que, dans le *Guide du mécanicien
constructeur et conducteur de machines locomotives* de MM. L. Lecha-

telier, E. Flachat, J. Petiet et C. Polonceau, on estime à $0^r 10$ par kilomètre parcouru le surcroît total de dépenses qu'occasionne l'usage d'une eau impure, ce qui correspond à 2000^r par machine et par an, à raison de 20000 kilomètres. En admettant une consommation moyenne de 9^k de coke par kilomètre et une production de 6^k de vapeur par kilogramme de coke, la dépense serait de $0^r 10$ pour 54^k d'eau vaporisée, et de $1^r 85$ par mètre cube d'eau, tandis qu'avec des eaux qui seraient complétement saturées de sulfate de chaux, ce qui ne se rencontre presque jamais, même dans les pays abondants en terrains gypseux, le poids du sulfate de chaux serait de $2^k 33$ et n'exigerait, pour sa précipitation, qu'un poids peu différent de carbonate de soude, qui coûterait $1^r 28$. Mais, dans un grand nombre de localités, les eaux douces ne contiennent que du carbonate de chaux et de très-faibles quantités de sulfate, et par conséquent la dépense moyenne d'épuration des eaux serait très-faible en comparaison du chiffre moyen qui représente l'enlèvement des dépôts. La dépense serait encore diminuée par une autre raison : les eaux des chaudières étant claires, il ne serait nécessaire de les renouveler que quand elles seraient trop chargées de sels solubles, et non très-fréquemment, pour enlever les eaux devenues trop boueuses par les dépôts en suspension. Ainsi, il me paraîtrait avantageux sous tous les rapports, et surtout pour la conservation des générateurs, qui sont d'un prix si élevé, de purifier les eaux d'alimentation ; cette opération devrait s'exécuter pour tous les réservoirs placés sur les lignes de chemins de fer.

1107. Ce procédé d'épuration des eaux ne pourrait s'appliquer à l'eau de mer, parce qu'il coûterait trop cher. Les sels qui seraient précipités par le sel de soude exigeraient au moins 6^k de ce sel par mètre cube, et en admettant 30^k de vapeur par cheval pour ce genre de machine et une extraction d'un tiers de l'alimentation, la quantité d'eau à épurer serait par cheval et par heure de 40^k, ce qui correspond à

$$\frac{6.40}{1000} = 0^k 24 \text{ de sel de soude},$$ dont le prix, à raison de 55^r les 100 kilogrammes, serait de $0^r 13$, à peu près la moitié de celui du combustible. En outre, les mouvements du navire ne permettraient pas au dépôt de s'effectuer complétement ; les appareils seraient trop coûteux et gênants à cause de leur poids et de la place qu'ils occuperaient.

1108. Quant aux eaux de certaines mines, qui agissent si énergiquement sur les chaudières, il n'y a pas à hésiter ; il faut les purifier par du carbonate de soude.

1109. *Épuration des eaux d'alimentation en les échauffant.* — En

échauffant les eaux d'alimentation à 100°, on précipiterait le carbonate de chaux tenu en dissolution par un excès d'acide carbonique ; en les chauffant à 140 ou 150°, on précipiterait tous les sels de
chaux. Dans ce dernier cas, si le vase réchauffeur était placé à la suite
de la chaudière et si la vitesse de l'eau y était très-petite, tous les sels
de chaux précipités resteraient dans le vase réchauffeur, et il n'arriverait dans la chaudière qu'une petite partie des dépôts demeurée en
suspension. A la vérité, le vase réchauffeur s'incrusterait ; mais ces incrustations ne présenteraient pas les inconvénients de celles de la chaudière, parce que les surfaces incrustées ne seraient échauffées que par
l'air brûlé déjà refroidi. D'ailleurs, si les réchauffeurs étaient formés de
tuyaux cylindriques fermés aux deux bouts par des plaques mobiles,
et placés dans des carneaux parcourus par l'air brûlé en sens contraire
du mouvement de l'eau, on pourrait facilement nettoyer les tuyaux,
et placer dans chacun d'eux un système de feuilles de tôle minces,
horizontales, sur lesquelles les dépôts se formeraient en très-grande
partie, et qu'il serait facile d'enlever pour les nettoyer.

1110. M. Cousté, qui s'est occupé de la question dont il s'agit,
a proposé d'employer pour les générateurs des bateaux naviguant
sur mer, dans lesquels la pression de la vapeur ne dépasse pas
2 atmosphères, des surchauffeurs ayant des foyers distincts, et de
filtrer les eaux après leur échauffement, quand les machines ne
fonctionnent pas d'une manière continue. Mais ne serait-il pas à
craindre que ces surchauffeurs, qui constituent eux-mêmes une
extrême complication, ne s'incrustassent très-facilement et ne fussent
aussi d'un nettoyage très-difficile ? Quant à la filtration des eaux, elle
serait réellement impossible. Ce procédé n'est praticable qu'en plaçant
à la suite du générateur, quelle qu'en soit la forme, un cylindre chauffé
par la chaleur perdue, ayant une surface de chauffe égale à un cinquième ou un sixième de la surface de la chaudière, dans lequel l'eau
aurait une très-petite vitesse et où se déposeraient les sels calcaires ; le
surchauffeur serait disposé de manière à permettre aux gaz et aux vapeurs qui pourraient se produire de s'écouler dans le réservoir de vapeur. Cette disposition ne serait évidemment efficace qu'autant que la
pression de la vapeur atteindrait 4 ou 5 atmosphères dans le surchauffeur. Il faudrait alors que ce dernier fût disposé pour être à une pression plus élevée que le générateur.

1111. *Alimentation des générateurs par de l'eau distillée.* — On éviterait évidemment les dépôts, en alimentant les chaudières par de l'eau
distillée. Quand la vapeur est employée au chauffage, on satisfait, au

moins en partie, à cette condition, en recueillant les eaux condensées pour servir à l'alimentation. Mais, quand la vapeur est employée à faire mouvoir une machine, la question devient bien plus compliquée ; il faut condenser la vapeur qui sort de la machine sans la mêler avec des eaux impures, comme cela se pratique ordinairement. La condensation de la vapeur doit alors s'effectuer par contact, avec des surfaces constamment refroidies.

1112. Plusieurs ingénieurs ont essayé d'appliquer ce système de condensation par surface aux machines des bateaux qui naviguent sur mer, mais jusqu'ici ces essais n'ont pas eu de succès. Dans certaines dispositions, les surfaces de condensation étaient formées de tubes placés en dehors du bâtiment et au-dessous du plan de flottaison ; dans d'autres, ces surfaces formaient une enveloppe à la surface inférieure et extérieure du bâtiment. Mais il se forme sur la surface des condenseurs, constamment immergés dans l'eau de mer, des incrustations qui diminuent progressivement la transmission de la chaleur, et qui encombrent les intervalles entre les tuyaux. La difficulté a été ainsi reportée, en partie, de la chaudière au condenseur.

1113. M. Bourdon a employé une disposition de ce genre, pendant plusieurs années, dans son atelier de construction. Le condenseur était formé de deux boîtes cylindriques, à bases circulaires, d'une petite hauteur, ayant le même axe horizontal et réunies près de leur circonférence par 72 tuyaux de cuivre. Chaque boîte était munie à son centre d'un tube destiné d'un côté à l'admission de la vapeur, de l'autre à l'écoulement de l'eau résultant de la condensation dans le réservoir de la pompe alimentaire ; ces tubes tournaient dans des boîtes à étoupes fixées à un cylindre enveloppant ; celui-ci renfermait l'eau servant à la condensation, et était alimenté d'une manière continue. Le cylindre tubulaire recevait un mouvement de rotation qui, en renouvelant l'eau en contact avec les surfaces, favorisait la condensation. M. Bourdon avait été conduit à construire cet appareil, parce que la chaudière dont il se servait était d'une disposition toute particulière, et ne pouvait pas être nettoyée intérieurement.

1114. *Alimentation des générateurs en se servant toujours de la même eau pour la condensation.* — Si on avait un certain volume d'eau pure à sa disposition, on pourrait, en employant la condensation par injection, faire constamment servir la même eau pour la condensation de la vapeur ; il suffirait pour cela de la refroidir, après qu'une certaine partie aurait été prise pour l'alimentation de la chaudière. Le refroidissement de l'eau chaude sortant du condenseur s'effectuerait en faisant passer sa chaleur dans un certain volume d'eau froide. Pour économiser l'eau froide, on pourrait disposer l'appareil de manière à faire passer toute la chaleur des eaux chaudes pures dans le même volume d'eau non purifiée; il suffirait pour cela de faire marcher les deux liquides en sens contraire dans des canaux séparés par des cloisons métalliques d'une longueur suffisante, et avec une petite vitesse. Mais, pour abréger le temps, il serait plus avantageux d'employer un plus grand volume d'eau impure. On pourrait se servir d'un grand nombre de dispositions différentes, qui seront examinées à l'occasion du chauffage des liquides. J'indiquerai seulement ici, d'après M. Cousté, une disposition employée dans un steamer.

1115. L'appareil se compose d'un certain nombre de vases cylindriques verticaux en cuivre, terminés par des calottes sphériques et renfermant un grand nombre de tubes verticaux, ouverts par les deux bouts, et fixés dans deux plaques métalliques qui terminent les parties cylindriques des vases. L'eau chaude sortant des condenseurs est amenée par un conduit horizontal au-dessus des vases, y pénètre par des tubes fixés à leur partie supérieure, et s'écoule à leur partie inférieure par des tubes communiquant avec un tuyau horizontal qui amène l'eau refroidie dans l'appareil d'injection du condenseur; les tuyaux d'accès et de sortie sont munis de robinets, de manière à régler le courant dans chaque vase, et chacun d'eux porte à sa partie supérieure un petit robinet pour l'expulsion de l'air. L'eau de mer pénètre dans les vases autour des tubes par la partie inférieure, et s'écoule par la partie supérieure, de manière que l'eau chaude et l'eau froide marchent en sens contraire. L'appareil étant au-dessous du plan de flottaison, le mouvement de l'eau réfrigérante n'exige que peu de travail mécanique. Le mouvement est produit par des hélices placées dans des tuyaux horizontaux, entre deux cylindres et à leur partie supérieure; ces tuyaux d'appel communiquent avec la partie supérieure cylindrique de tous les vases, mais la communication avec chacun d'eux peut être réglée ou interrompue par une soupape à manivelle; les hélices sont mises en mouvement par la machine elle-même; les tuyaux d'entrée sont également munis de robinets. On peut ainsi régler à volonté la vitesse d'écoulement des deux liquides dans les vases et interrompre leur circulation. Pour nettoyer les tubes intérieurs des graisses qui s'y sont déposées, on arrête le mouvement de l'eau chaude et de l'eau froide; on enlève l'eau qui remplit les tubes et les calottes qui se trouvent au-dessus et au-dessous, en faisant arriver un courant de vapeur à la partie supérieure et en ouvrant un robinet à la partie inférieure ; lorsque l'eau est expulsée, on introduit dans le vase une dissolution de soude ou de potasse, de manière à le remplir ; s'il était nécessaire d'opérer à chaud, il faudrait prolonger la durée de l'introduction de la vapeur, de manière à échauffer l'eau froide qui se trouve entre les tubes. Quant au nettoyage extérieur des tubes, il n'est point nécessaire quand l'eau réfrigérante est de l'eau de mer ; mais, si on employait des eaux douces, qui renferment presque toujours du carbonate de chaux dissous par de l'acide carbonique en excès, il se déposerait du carbonate de chaux à la surface extérieure des tubes, et on pourrait l'enlever facilement en introduisant dans les vases une dissolution d'acide chlorhydrique.

Cette méthode semble exiger qu'on ait à sa disposition un certain volume d'eau pure, mais cette condition n'est pas nécessaire ; on peut se servir pour la première opération des eaux qu'on a à sa disposition, les légers dépôts qu'elles peuvent former étant sans influence. Ces appareils seraient surtout avantageux pour les bateaux à vapeur qui naviguent sur mer ; malheureusement ils tiennent beaucoup de place, et seraient d'un service très-compliqué.

1116. En résumé, pour les chaudières fixes, qui sont presque toujours alimentées par des eaux douces, la disposition la plus simple pour éviter les incrustations, quand la vapeur est produite à 4 ou 5 atmosphères, consiste à employer des chaudières suivies de tubes réchauffeurs logés dans des carneaux parcourus par l'air brûlé en sens contraire du mouvement de l'eau. Pour les eaux corrosives, il faut nécessairement les purifier par le sel de soude ou de potasse avant de les introduire dans les chaudières.

1117. Pour les chaudières marines, il n'existe d'autre moyen pratique d'empêcher les incrustations, que l'évacuation des eaux à mesure qu'elles approchent du point de saturation. On diminue ainsi beaucoup les incrustations, mais on ne les détruit pas complétement. Quand elles se sont formées, il faut, pour les enlever, un travail long et pénible. On est obligé souvent d'enlever les tubes, et il en résulte dans tous les cas des altérations de la chaudière qui la mettent rapidement hors de service. Préoccupés de ces inconvénients, MM. Thomas, Laurens et Pérignon ont imaginé une disposition de chaudière qui permet, en défaisant un joint, de mettre à découvert toutes les parties intérieures et de rendre le nettoyage simple et facile. Nous décrirons cet appareil, quand il sera question des diverses dispositions des chaudières de bateaux.

CHAPITRE IX.

CONDUITE DES CHAUDIÈRES A VAPEUR.

1118. L'alimentation des foyers des chaudières à vapeur exige, de la part du chauffeur, du soin et de l'intelligence ; il doit surveiller en même temps les appareils de sûreté, les indicateurs de niveau, et surtout l'appareil d'alimentation de la chaudière.

1119. L'alimentation du foyer doit être faite avec discernement, et de manière que la pression et le niveau de l'eau soient toujours au point convenable. Des chargements trop fréquents ont l'inconvénient d'introduire dans le foyer une trop grande quantité d'air froid par la porte qui reste nécessairement ouverte. Une épaisseur trop grande ou trop petite de la couche de combustible, des morceaux trop gros ou trop menus diminuent l'effet utile, soit par le passage à travers le foyer d'une grande quantité d'air inutile à la combustion, soit par la distillation d'une partie du combustible, soit enfin par la formation d'une certaine quantité d'oxyde de carbone. Ainsi, ce n'est que par des observations suivies que le chauffeur parviendra à reconnaître, d'après les dimensions de la grille, le tirage de la cheminée, la nature du combustible et la grosseur des morceaux, quelles sont les conditions les plus favorables à l'économie du combustible.

1120. Il doit éviter surtout de pousser le feu avec une trop grande activité, parce que, la partie de la chaudière située au-dessus du foyer produisant une très-grande quantité de vapeur, la paroi intérieure pourrait ne pas être mouillée par l'eau d'une manière continue ; il en résulterait une élévation de température qui pourrait produire une altération du métal. Cette altération porte le nom de coup de feu ; elle se manifeste par des écailles d'oxyde qui se détachent et des gonflements de la tôle qui diminuent beaucoup sa résistance.

1121. Les variations brusques de température du foyer ont toujours une influence fâcheuse par les inégalités de dilatation qu'elles produisent dans la chaudière ou dans les carneaux. Ainsi, il ne faut pas éteindre les foyers par des injections d'eau, mais laisser refroidir le fourneau lentement.

1122. Lorsque le travail doit être interrompu, mais seulement pendant une courte durée, le chauffeur doit abaisser le registre de la cheminée et ouvrir la porte du foyer. Si la pression s'élevait trop vers la fin de la journée, il doit diminuer progressivement les charges, de manière qu'à l'instant de la cessation du travail il ne reste que peu de combustible sur la grille. Alors il doit le couvrir de cendres, abaisser le registre de la cheminée et fermer le cendrier.

1123. On a proposé d'abaisser, en partie du moins, le registre de la cheminée quand on ouvre la porte pour charger la grille ; cet abaissement a en effet l'avantage de diminuer la quantité d'air froid qui passe dans les carneaux sans alimenter la combustion ; mais les gaz qui se produisent dans le foyer se trouvent moins bien brûlés, et l'appel d'air extérieur, qui se produit aussitôt qu'on ouvre le registre, pourrait donner lieu, dans quelques circonstances particulières, à des explosions dans les carneaux. Soit par crainte de ces accidents, soit à cause de la négligence des chauffeurs, cette manœuvre ne s'est pas répandue.

1124. Les houilles produisant toujours des scories plus ou moins adhérentes aux barreaux, il faut soulever ces scories de temps en temps au moyen d'une tige de fer recourbée que l'on introduit en dessous à travers les barreaux, et, après un certain temps, il faut les enlever de la grille.

1125. Le manomètre doit être constamment surveillé ; si la pression dépassait la limite assignée, il faudrait modérer la combustion en abaissant le registre, en fermant plus ou moins la porte du cendrier, ou en ouvrant en partie la porte du foyer. Le chauffeur doit soulever de temps en temps les soupapes de sûreté, pour s'assurer qu'elles n'adhèrent pas à leurs siéges ; mais il ne faut pas renouveler trop fréquemment cette opération, attendu que les dépôts de l'eau, entraînés par la vapeur, salissent les surfaces qui doivent être en contact, et s'opposent à la fermeture complète des soupapes. Dans aucun cas et pour aucune raison, les soupapes ne doivent être surchargées.

1126. L'attention du chauffeur doit surtout se porter sur les indicateurs de niveau et sur l'appareil d'alimentation ; car presque toutes les explosions ont eu pour cause un abaissement de niveau dans la chaudière au delà d'une certaine limite. Le tube indicateur et le flotteur doivent être souvent observés ; l'immobilité de l'aiguille de ce dernier, dans un point intermédiaire de la graduation, serait un indice que le fil de suspension du flotteur est trop serré dans la boîte à étoupe, et que l'appareil ne fonctionne pas ; il faudrait alors desserrer l'écrou qui presse les étoupes. Si l'aiguille restait immobile à l'une des extrémités du cadran, le niveau serait trop haut ou trop bas ; dans le premier cas, en tournant le robinet du tuyau d'alimentation, on diminuerait la quantité d'eau introduite à chaque instant dans la chaudière, et on ra-

mènerait en peu de temps le niveau à la hauteur normale. Dans le second cas, si l'abaissement du niveau était considérable, la partie de la
chaudière qui se trouve au-dessus de l'eau pourrait être rouge, et il y
aurait le plus grand danger à remonter brusquement le niveau.
Le seul parti à prendre serait de diminuer l'activité du foyer en
ouvrant la porte, et de s'éloigner du fourneau ; une explosion serait à
craindre.

1127. Si l'abaissement du niveau était peu considérable et n'était
pas arrêté par une plus grande ouverture du robinet du tuyau d'alimentation, il proviendrait d'un dérangement dans la pompe ou dans
l'appareil d'alimentation. Dans le cas où l'on pourrait obvier promptement à cet accident, il ne serait pas nécessaire d'interrompre le chauffage ; mais, si les réparations ne pouvaient se faire en peu de temps, il
faudrait faire tomber le feu et arrêter immédiatement.

1128. Les incrustations ont une grande influence sur la durée des
chaudières, et il paraît que, dans certains cas, elles peuvent être une
cause d'explosion. Le chauffeur doit donc opérer le nettoyage de ses
chaudières avant que ces dépôts soient devenus trop considérables.
Mais il est toujours très-avantageux d'employer les précautions indiquées dans le chapitre précédent pour empêcher l'adhérence des dépôts, et surtout pour les éviter.

1129. Sous le rapport de leur altération par l'usage, on observe de
grandes différences entre des chaudières de même forme, placées dans
les mêmes circonstances. Souvent les bouilleurs se détériorent en très-
peu de temps ; d'autres fois ils n'éprouvent point d'altération, même
après un très-long travail. Je citerai comme exemple une chaudière
établie dans une grande raffinerie de sucre, qui, après douze ans, n'a-
vait pas éprouvé la moindre altération. Il est probable que ces différences proviennent non-seulement de la qualité de la tôle, mais encore
de la nature du combustible, des eaux d'alimentation et aussi des soins
du chauffeur.

1130. Les chaudières s'altèrent encore par les fuites, à cause de l'oxydation que l'eau fait éprouver au métal. Quand les fuites sont légères,
on peut les arrêter en introduisant dans la chaudière un peu de chaux
et de son ; l'amidon forme avec la chaux une espèce de mastic qui
vient se déposer dans les fentes.

1131. Les chaudières doivent aussi, de temps en temps, être nettoyées extérieurement, pour enlever la suie qui recouvre leur surface
et qui diminue notablement la transmission de la chaleur. Les tampons
mobiles placés aux extrémités des carneaux rendent cette opération

facile. Ordinairement on enlève la suie au moyen d'un râcloir fixé à l'extrémité d'une barre d'une longueur suffisante, ou avec une brosse métallique. Après le nettoyage extérieur des chaudières, on s'aperçoit en général, pendant les premiers jours qui suivent, d'une augmentation très-sensible d'effet utile. Quelques constructeurs se réservent les moyens de faire ce nettoyage pendant la marche de l'appareil. Cette précaution est même indispensable pour les chaudières à petits tubes.

Les chaudières à vapeur ne peuvent être installées, du moins en France, qu'après certaines formalités détaillées dans les ordonnances spéciales de l'administration. Ces ordonnances sont indispensables à consulter, quand on a à établir une chaudière à vapeur. Nous ajouterons toutefois que quelques-unes de leurs spécifications, telles, par exemple, que celle qui exige l'emploi des manomètres à air libre, sont déjà tombées en désuétude.

CHAPITRE X.

DISPOSITIONS DIVERSES DES GÉNÉRATEURS A VAPEUR.

Générateurs fixes.

1132. *Petites chaudières.* — On a donné fréquemment aux petites chaudières la disposition indiquée par la figure 251. La surface de chauffe est de 1^{mq} 50. Elle peut fournir 25 à 30 kilogrammes de vapeur à l'heure. Le foyer rayonne sur tout le fond de la chaudière, et la fumée circule une seule fois autour, dans un canal qui s'élève presque à la hauteur du niveau de l'eau; une petite murette oblige la fumée à suivre le carneau, qui communique à la cheminée par un canal placé derrière cette murette. Il est important, dans cette disposition, de ne pas

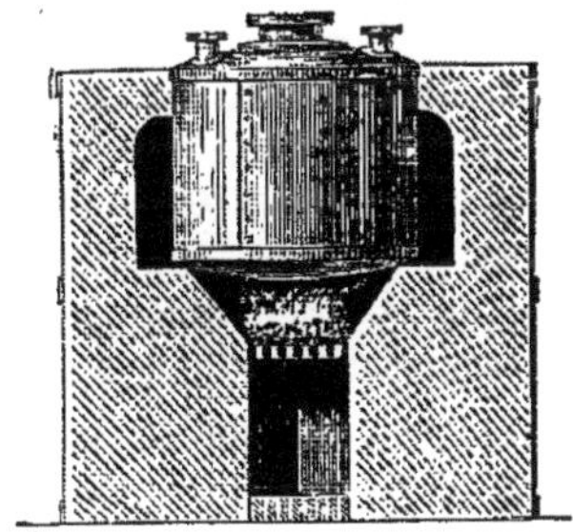

Fig. 251.

donner une trop grande section aux carneaux; autrement l'air chaud n'en parcourrait que la partie supérieure; ou, dans le cas d'une grande section, il faut mettre la communication avec la cheminée à la partie inférieure des carneaux.

1133. On a construit, pour des chaudières du même genre, des fourneaux dans lesquels l'air chaud circulait plusieurs fois autour de la chaudière, dans un canal ayant la forme d'une hélice ; mais ces carneaux avaient nécessairement une grande longueur et opposaient beaucoup de résistance au mouvement des gaz. Ces fourneaux ne marchaient qu'a-vec un grand tirage, et sans produire plus d'effet que la disposition in-diquée dans la figure 251 ; d'ailleurs, il fallait nécessairement enlever la chaudière pour nettoyer les carneaux. Cette disposition est complète-ment abandonnée.

1134. On a proposé ensuite de faire sortir l'air chaud du foyer par tous les points du contour de la chaudière, en plaçant, entre la surface cylindrique et le mur enveloppant, des briques qui obligent la fumée à changer à chaque instant de direction. Ces chicanes augmentent les ré-sistances, diminuent la surface de chauffe, nécessitent le déplacement de la chaudière pour le nettoyage des carneaux, et il faut en outre une disposition particulière pour la communication avec la cheminée, afin que l'air chaud ne suive pas seulement la surface de la chaudière la plus voisine de la cheminée. Toutes ces complications sont sans utilité et doivent être abandonnées.

1135. *Chaudières à basse pression.* — La figure 252 représente une coupe transversale de la disposition connue sous le nom de chau-dière de Watt ou en *tombeau*. Ces chaudières ont le grand inconvé-nient de se déformer par la pression, malgré les nombreuses armatures qui s'opposent à l'écartement des flancs et des bouts, et les mouvements qui se produisent les font souvent perdre à froid. J'ai assisté à une expérience, qui avait pour objet d'essayer la résis-tance d'une chaudière de Watt par de l'eau quel'on comprimait à l'aide d'une pompe foulante ; la chaudière éprouvait des déformations très-marquées, même sous de faibles pressions. Je suis étonné que ces chaudières ne se détériorent pas plus vite par les mouvements qu'elles éprouvent continuellement. Elles sont, du reste, maintenant complétement abandonnées en France.

Fig. 252.

1136. La figure 253 présente une modification assez importante des chaudières en tombeau. L'air chaud, après avoir parcouru la partie inférieure de la chaudière, revient en avant par un canal central, et retourne à la cheminée simultanément par deux carneaux latéraux. Par cette disposition, les surfaces de chauffe sont mieux utilisées, et le tuyau central sert d'armature pour maintenir les deux fonds. Mais il est difficile de répartir également l'air chaud dans les deux carneaux latéraux ; presque toujours la vitesse est plus grande dans l'un que dans l'autre ; et même, si les carneaux sont trop grands, l'air chaud n'en parcourt qu'un seul. Il faut alors placer des registres à l'extrémité de chacun d'eux, et les régler de manière à diviser également la fumée ; on y parviendra facilement, en observant l'appel dans de petits orifices ménagés dans les plaques qui ferment les ouvertures des carneaux. On faciliterait beaucoup l'égale répartition de la fumée dans les deux carneaux latéraux, en plaçant dans le canal central une lame de tôle verticale de la hauteur du tube, de quelques décimètres de lon-

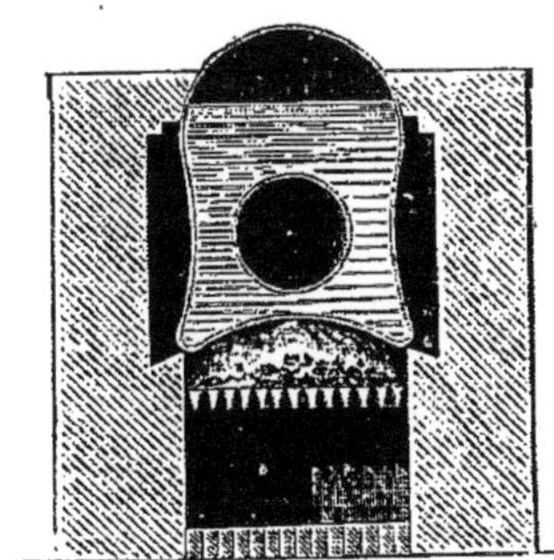

Fig. 253.

gueur, et qui se prolongerait en avant, de manière à séparer complétement le carneau en deux parties. On pourrait aussi faire passer la fumée tout entière par un seul carneau ; mais il faudrait que la cheminée fût placée du côté du foyer. Cette forme de chaudière, comme la précédente, a complétement disparu.

1137. *Chaudières à haute pression.*— Ces chaudières sont toujours composées d'un ou de plusieurs cylindres à base circulaire, parce que cette forme est la seule qui ne change pas par la pression. Cette disposition est maintenant généralement employée, même pour les faibles pressions.

1138. La figure 254 représente une coupe transversale d'une disposition souvent employée en Angleterre. Le foyer est placé au-dessous de la chaudière ; l'air brûlé parcourt d'abord la partie inférieure, revient en avant dans un tube central, et retourne à la fois par les deux faces latérales de la chaudière. Tout ce que nous avons dit précédemment sur la difficulté de répartir également la fumée dans ces deux canaux, et sur les moyens d'y parvenir, est évidemment applicable à cette disposition.

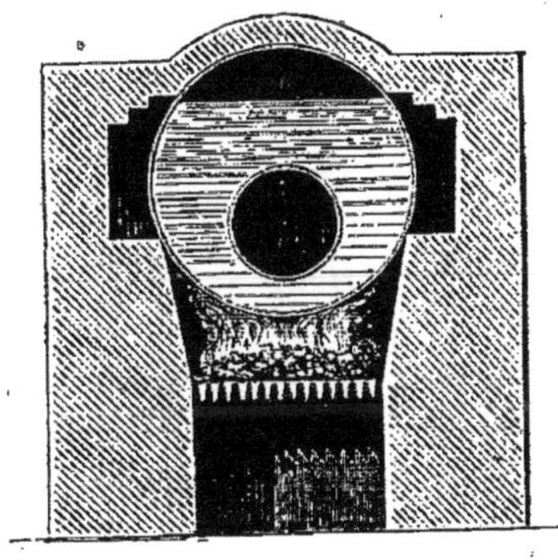

Fig. 254.

1139. Dans la figure 255, l'appareil est composé de deux chaudières, semblables à celle de la figure précédente, et qui communiquent entre elles par la partie supérieure et par la partie inférieure; l'air chaud, à

Fig. 255.

l'extrémité du carneau inférieur, se divise en deux parties; il revient en avant par les tuyaux placés dans l'intérieur des chaudières, et retourne à la cheminée par les carneaux latéraux. Cette disposition fait produire un plus grand effet utile aux surfaces de chauffe qui sont au-dessus du foyer, et permet d'employer des tôles moins épaisses, parce que les diamètres des cylindres sont plus petits.

1140. La figure 256 représente la disposition des chaudières généralement employées en Cornwall, pour les machines d'épuisement à haute pression et à simple effet. Le foyer est intérieur; l'air brûlé revient en avant par un canal qui règne sous la chaudière et retourne à la cheminée par deux carneaux latéraux. Les chaudières sont ordinairement au nombre de trois; mais deux suffisent à la machine. Elles ont 7 pieds anglais (2^{m}13) de diamètre et 36 pieds (10^{m}97) de longueur; l'épaisseur de la tôle est de $\frac{7}{10}$ de pouce (0^{m}018); le diamètre du tube intérieur est de

Fig. 256.

4 pieds (1^{m}22), la longueur de la grille est la même; le mur au delà de la grille s'élève jusqu'à 9 pouces (0^{m}23) de l'arête supérieure; la distance des tubes à la partie inférieure est de 8 pouces (0^{m}21), et le conduit inférieur a 4 pieds (1^{m}22) de largeur sur 20 pouces (0^{m}51) de hauteur. Ces dispositions sont très-bonnes; mais le canal qui est au delà du foyer est trop grand, et sa surface de chauffe est mal employée : il faudrait y placer un bouilleur concentrique, comme l'indique la figure; enfin, il faudrait isoler du sol le conduit inférieur, par de l'air stagnant, au moyen d'une voûte. Avec ces change-

ments, en donnant aux carneaux une section convenable, et à la surface totale de chauffe une étendue suffisante, cette disposition est certainement une des meilleu-res qu'on puisse employer pour des chaudières à basse et à moyenne pression ; elle est sur-tout bien préférable aux chau-dières en tombeau.

1141. La figure 257 repré-sente une chaudière analogue à la précédente, mais à deux tu-bes intérieurs et à deux grilles. En Cornwall, où on emploie quelquefois cette dernière dis-position, les tubes ont 29 pou-

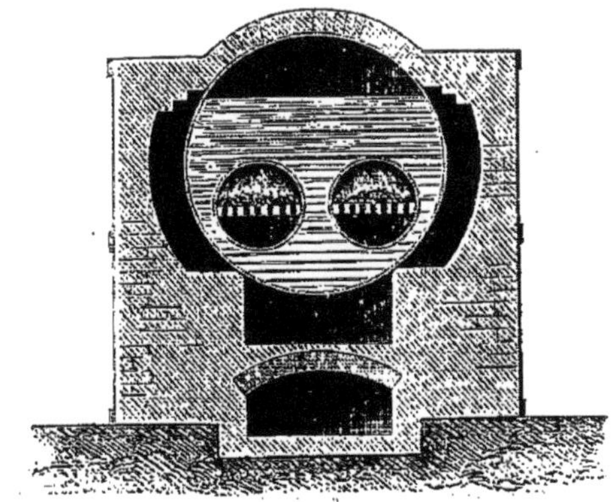

Fig. 257.

ces anglais (0^m74) de diamètre, et leur distance est de 10 pou-ces (0^m25).

1142. La figure 258 représente une disposition peu usitée en France, dans laquelle la surface de chauffe serait certainement mieux utilisée que dans les chaudières ordinaires ; l'air chaud, en sortant du foyer, parcourt une seule fois la longueur de la chaudière, mais

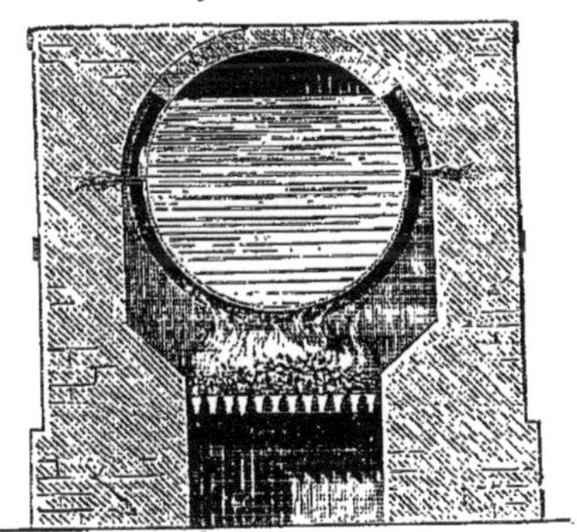

Fig 258.

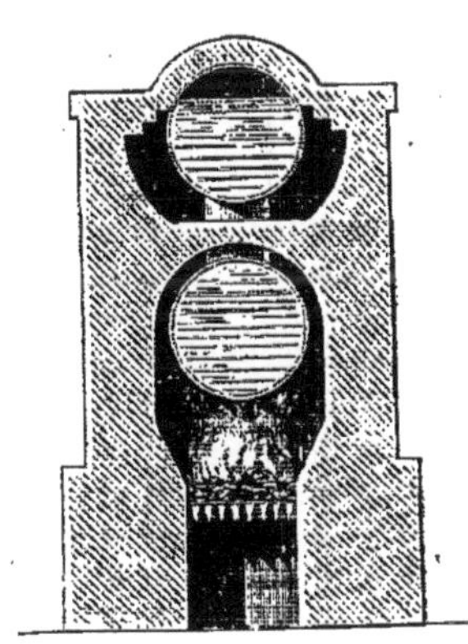

Fig. 259.

dans un canal étroit, dont la section est seulement suffisante pour le tirage.

1143. La figure 259 représente une autre disposition de chaudière à foyer extérieur et à circulation complétement extérieure ; la chau-dière se compose de deux corps cylindriques égaux, placés l'un au-dessus de l'autre.

II.

1144. En France, les chaudières sont presque toujours à bouilleurs et disposées comme l'indiquent les figures 260 et 261. La partie infé-

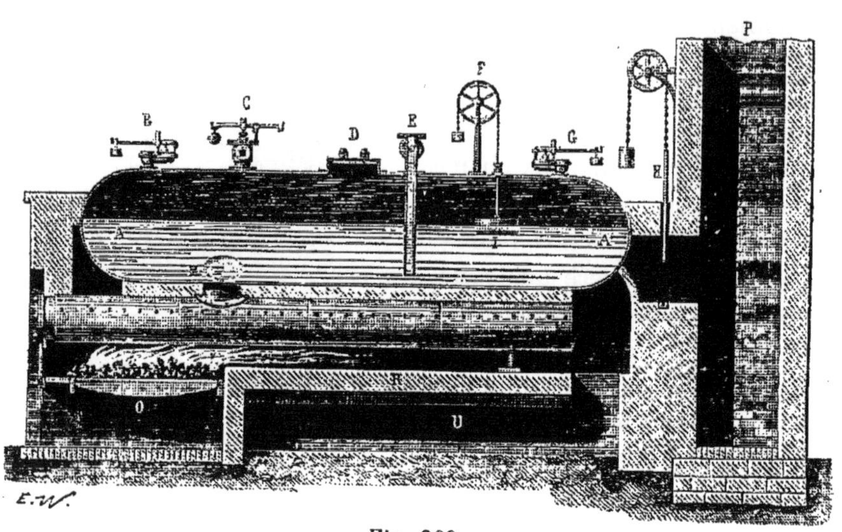

Fig. 260.

rieure seule des bouilleurs reçoit le rayonnement du foyer ; la partie supérieure et la chaudière sont chauffées par l'air brûlé, qui parcourt trois fois la longueur du fourneau avant de se rendre dans la cheminée.

Fig. 261.

1145. On place assez souvent une voûte au-dessus des bouilleurs, de manière à utiliser la surface totale de la partie antérieure des bouilleurs comme surface de chauffe directe ; mais cette disposition présente un inconvénient. En effet, la partie supérieure des bouilleurs, se trouvant toujours occupée par la vapeur qui passe dans la chaudière, peut s'échauffer beaucoup et même rougir, et il en résulte des altérations rapides. En outre, on perd une partie de la surface de chauffe des bouilleurs, par suite du passage des gaz les plus chauds sous la voûte. Une meilleure disposition consiste à placer cette voûte de manière à préserver le sommet des bouilleurs du contact des gaz venant directement du foyer, tout en conservant la plus grande partie possible de la surface directe de chauffe ; tout au moins convient-il de laisser peu d'espace entre la voûte et les bouilleurs.

1146. Les bouilleurs, recevant les premiers effets du foyer, se dilatent plus que les chaudières ; et, si les communications ont lieu par deux tubulures éloignées l'une de l'autre, il en résulte des fuites, à cause des différences de dilatation. Aussi convient-il de rapprocher les cuissards ; et, si une communication est jugée nécessaire à l'extrémité de la chaudière, on l'établit par un tube courbe de cuivre cb, qui peut se déformer sans se rompre (fig. 262). Il est utile que les bouilleurs

Fig. 262.

soient abaissés vers l'arrière, afin que les dépôts se fassent principalement dans les parties les plus éloignées du foyer. Les cuissards doivent évidemment être placés sur la partie la plus élevée, et on fait arriver l'eau d'alimentation par l'autre extrémité.

1147. On a proposé et appliqué différentes dispositions pour utiliser au chauffage de l'eau d'alimentation une partie de la chaleur

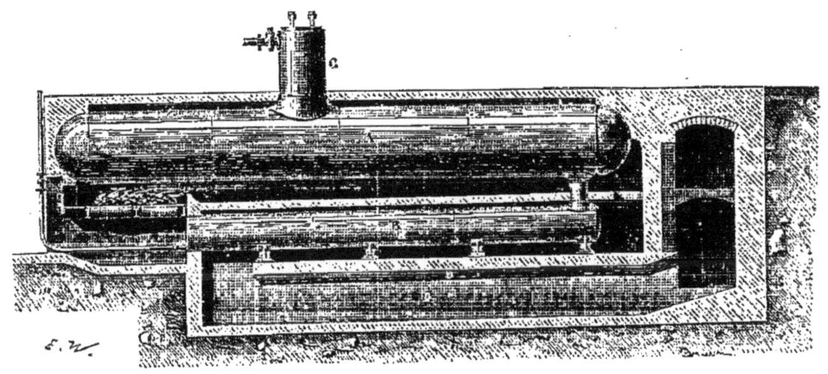

Fig. 263.

renfermée dans l'air brûlé au moment où il quitte la chaudière, sans toutefois abaisser assez la température pour que le tirage puisse en souffrir. Les figures 263 et 264 représentent une de ces dispositions, fréquemment employée en France et en Belgique. Les gaz sortis du foyer, après avoir chauffé la chaudière A sur toute sa longueur, descendent dans un carneau placé au niveau du sol, et dans lequel se trouvent un ou deux tubes réchauffeurs parallèles B, B'. La fumée se rend ensuite à la cheminée par un troisième carneau D placé au-dessous, ainsi que l'indiquent les figures. Les tubes réchauffeurs, légèrement inclinés pour faciliter le dégagement de la vapeur, viennent déboucher dans le cendrier, et c'est par cette extrémité, qui est située au point le plus bas, que se fait l'alimentation ; la fumée se meut donc en sens inverse de l'eau. C est le réservoir de vapeur. Cette disposition a l'inconvénient d'exposer la chaudière à l'action directe du foyer, et nécessite de plus la construction d'un troisième carneau, à une certaine profondeur dans le sol, construction souvent difficile, surtout quand il y a plusieurs chaudières placées les unes à côté des autres.

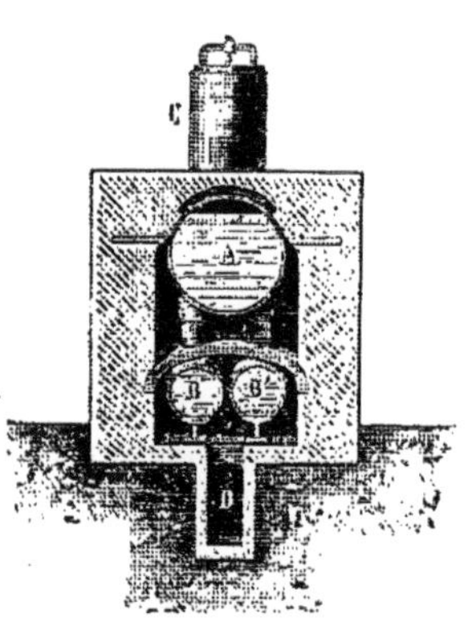

Fig. 264.

1148. Les figures 265 et 266 montrent une disposition de chaudière à réchauffeurs appliquée par M. Farcot, mais dont l'idée première se retrouve dans une chaudière présentée à l'exposition de 1839 par M. Bourdon. La chaudière est placée directement au-dessus du foyer. Les gaz brûlés circulent tout autour avec une faible vitesse, à cause de la grande section des carneaux, et parcourent ensuite en descendant une série de galeries superposées, dans lesquelles sont placés des tubes réchauffeurs communiquant entre eux, comme l'indique la figure 266. L'eau d'alimentation arrive dans le tube inférieur et monte successivement dans les autres, de sorte que son mouvement se produit, comme dans l'appareil précédent, en sens

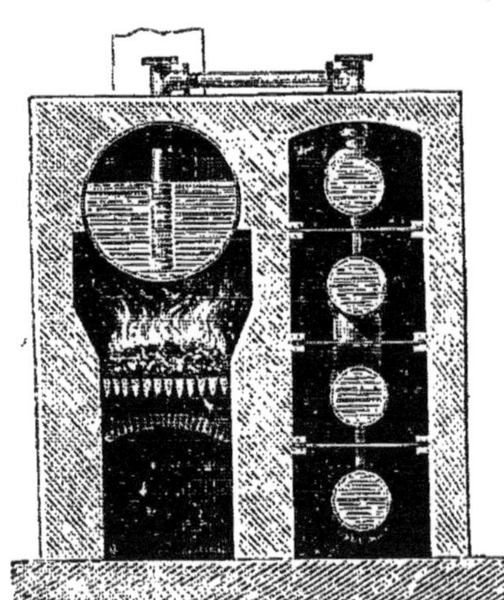

Fig. 265.

inverse de la fumée. Les tubes réchauffeurs sont légèrement inclinés, afin de faciliter le dégagement de la vapeur jusqu'au tube
placé en dessus. Un tuyau, qui met en communication la partie
supérieure de ce dernier tube avec le bas de la chaudière, sert à in

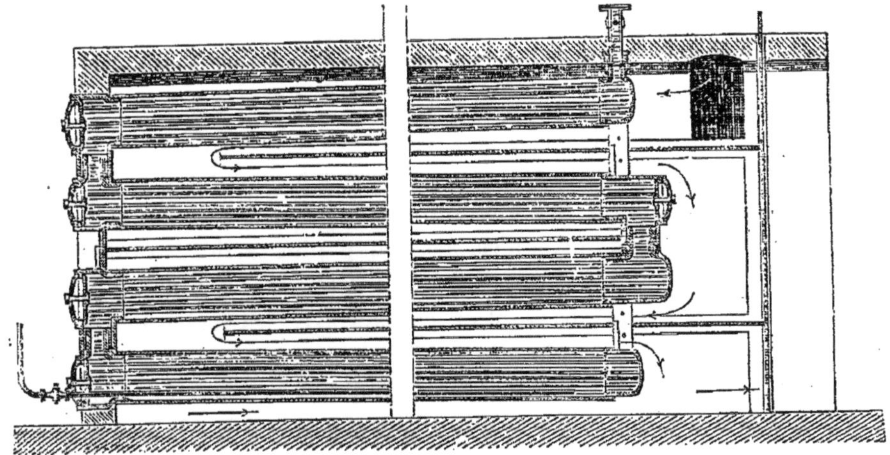

Fig. 266.

troduire à la fois l'eau d'alimentation et la vapeur qui a pu se former
dans les réchauffeurs. Cette disposition, qui a l'inconvénient d'exposer
la chaudière au contact direct de la flamme, exige en outre beaucoup de place et une très-grande surface de chauffe pour une production de vapeur déterminée. Les expériences faites à l'Exposition universelle de 1855 ont constaté une production de $6^k 35$ de vapeur par

kilogramme de houille, et de
17^k par mètre carré de surface
de chauffe, tandis que d'autres
chaudières, de dispositions moins
compliquées et moins coûteuses,
ont donné de meilleurs résultats.

1149. La disposition (*fig.* 267)
employée par MM. Thomas et
Laurens pour de grandes chaudières de manufactures, nous
paraît préférable à celles que
nous venons de décrire. Elle
consiste en une chaudière ordinaire A à bouilleurs B et B', à

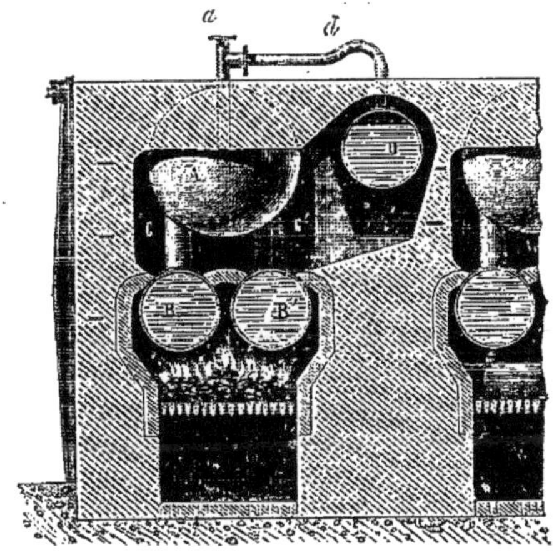

Fig. 267.

laquelle on a ajouté un tube réchauffeur D placé dans l'angle supé rieur du fourneau. L'air brûlé, après avoir circulé autour des bouilleurs, revient en avant par les carneaux C, C', en chauffant la chaudière sur toute la surface inférieure, et se dirige vers la cheminée par le carneau dans lequel se trouve le tube réchauffeur. De cette manière, on évite d'exposer la chaudière au rayonnement du foyer, et la position du réchauffeur est telle qu'on n'augmente que fort peu les dimensions du fourneau. La communication du réchauffeur avec la chaudière est établie par le tube *ad*.

1150. Les réchauffeurs présentent le grand avantage d'éviter en partie les dépôts et les incrustations dans les chaudières et les bouilleurs. La précipitation des sels commence à se produire dans les réchauffeurs, dont le nettoyage est beaucoup plus facile. En outre, une des principales causes d'altération des chaudières est ainsi diminuée, parce que les gaz, qui arrivent en contact avec les réchauffeurs, sont déjà considérablement refroidis.

1151. M. Beslay a construit, il y a quelques années, des chaudières disposées d'une manière particulière. La chaudière de M. Beslay, destinée à produire de la vapeur à 5 atmosphères, est composée de deux bouilleurs verticaux de 3 mètres de longueur, communiquant avec une chaudière horizontale placée au-dessus. Le foyer est à coke et placé au-dessous des bouilleurs; l'air chaud s'élève immédiatement dans une cheminée-verticale qui environne les bouilleurs, mais qui est divisée en deux parties par une cloison qui sépare ces tubes. L'air brûlé circule ensuite une seule fois sous la chaudière, et s'échappe par un très-court tuyau de tôle. De la grille au sommet de cette courte cheminée la distance est de 5 mètres. La partie inférieure des bouilleurs est fermée par une pièce de cuivre, composée d'un anneau et d'une calotte réunis par une soudure forte; l'anneau est garni d'un croisillon intérieur, fixé à une tige de fer verticale qui passe à travers une tubulure de la chaudière, où elle est fixée par un écrou. Par cette disposition, le joint du bouilleur avec la pièce de cuivre qui le termine est d'autant plus étanche que la température est plus élevée, attendu que les bouilleurs se dilatent plus que la tige de fer. Chaque bouilleur renferme un tube d'un petit diamètre, qui s'ouvre dans la chaudière et se termine près de l'extrémité inférieure; ces tubes ont pour objet d'amener l'eau froide à la partie inférieure des bouilleurs. Enfin, à la partie supérieure, les bouilleurs se terminent par un prolongement qui s'élève dans la chaudière jusqu'à une petite distance du niveau de l'eau. La chaudière est munie d'une soupape à sifflet, qui est mise en mouvement par un flotteur. Le tirage de ce fourneau était très-bon; 1 kilogramme de coke produisait 7 kilogrammes de vapeur ; et quand, par l'interruption de l'alimentation, la chaudière et les bouilleurs se vidaient, la soudure de l'anneau de cuivre et de la calotte fondait, et la projection de la calotte sur le foyer avait lieu sans produire d'autre phénomène qu'un faible bruit. Cette disposition, qui pouvait présenter certains avantages sous quelques rapports, a été totalement abandonnée.

1152. M. Séguier a proposé, il y a déjà longtemps , une disposition particulière de chaudière à vapeur. Pour une machine de 20 chevaux, elle se composait de 16 bouilleurs de 0^m 16 de diamètre sur 4 mètres de longueur. Sept tubes accolés formaient un plancher, situé au-dessus du foyer ; d'autres tubes accolés trois à trois dans des plans verticaux formaient trois cloisons, placées une de chaque côté du plancher, et l'autre au milieu. Les tubes du plancher, tous parallèles entre eux, avaient une inclinaison totale de 0^m 66. Deux foyers se trouvaient sous leurs parties les plus élevées. Tous les tubes bouilleurs communiquaient entre eux et avec une chaudière placée au-dessus, qui ne servait que de réservoir d'eau et de vapeur. L'ensemble de l'appareil était renfermé dans une enveloppe de tôle. Enfin, le tirage était produit par un ventilateur à force centrifuge. Cet appareil avait l'avantage d'accumuler les dépôts dans la partie des tubes qui est la moins échauffée. M. Séguier a fait éclater un des bouilleurs ; l'explosion a été faible, et tout s'est borné à un jet d'eau chaude ; mais les jets d'eau chaude et la vapeur qui se dégage sont malheureusement ce qui est le plus à redouter dans les explosions, car il y a eu plus de personnes tuées par ces jets que par la projection des parties des chaudières et des corps environnants. L'expérience a démontré, comme on pouvait s'y attendre, que dans cet appareil le grand nombre de joints donnait lieu à des fuites fréquentes ; que cette chaudière exigeait plus de soin pour l'entretien et plus de temps pour le nettoyage ; que la partie supérieure des tubes, celle qui est au-dessus des foyers, restait constamment pleine de vapeur, et que, par suite, ces tubes étaient constamment brûlés. Ce système n'a point été adopté par l'industrie, malgré les tentatives réitérées de l'inventeur.

1153. M. Henschel, conseiller supérieur des mines à Cassel, a publié, en 1845, deux mémoires sur une nouvelle disposition de chaudières à vapeur, ayant principalement pour but d'éviter les explosions. Cette disposition a beaucoup d'analogie avec celle de M. Séguier. Le générateur est formé de plusieurs tubes de 0^m 12 à 0^m 15 de diamètre, de 3 à 4 mètres de longueur, inclinés vers l'arrière à partir du foyer, communiquant ensemble et avec le tuyau d'alimentation à la partie inférieure, et vers le haut avec le réservoir de vapeur. Le niveau de l'eau, qui est toujours le même dans tous les tubes, s'observe par un flotteur placé dans un cylindre vertical, en dehors du fourneau. Cette disposition est trop compliquée; il y a trop de joints, trop de chances de fuites, trop de pertes de chaleur par la voûte qui enveloppe les tubes; aussi ne s'est-elle nullement répandue.

1154. On a proposé de placer au fond des chaudières des tubes fermés à la partie inférieure, descendant jusque dans le foyer et renfermant des tubes concentriques ouverts par les deux bouts, dont l'extrémité supérieure arrivât un peu au-dessous du niveau de l'eau dans la chaudière, et dont la partie inférieure descendît très-près du fond du tube enveloppant. Par cette disposition, la vapeur s'élèverait dans l'intervalle des deux tubes, et il s'établirait une circulation rapide de l'eau dans le tube intérieur et autour de ce tube, circonstance qui serait favorable à la formation de la vapeur ; mais cette disposition est trop compliquée, et ne présenterait en définitive que peu d'avantages.

1155. Dans la plupart des chaudières dont nous avons parlé, l'air brûlé circule dans des carneaux horizontaux ou verticaux ; et, dans le dernier cas, le mouvement est dirigé de bas en haut. Mais on utiliseraitbeaucoup mieux les surfaces de chauffe en faisant mouvoir l'air brûlé de haut en bas, attendu que, quand l'air brûlé s'élève, il peut ne s'étendre que dans une partie du canal, et que, quand il marche en sens contraire, il se répartit uniformément dans toute la section du canal.

1156. On a essayé de supprimer complétement les carneaux qui font circuler les gaz chauds autour des bouilleurs et de la chaudière; celle-ci est alors suspendue dans une enceinte en maçonnerie; l'orifice de sortie de l'air brûlé est au niveau de la grille. Par cette disposition, les gaz, en sortant du foyer, s'élèvent verticalement, s'étalent autour des surfaces de chauffe supérieures, et descendent progressivement en se refroidissant jusqu'à l'orifice d'écoulement. Il paraît qu'on a obtenu ainsi à peu près les mêmes résultats qu'en forçant les gaz à circuler plusieurs fois autour de la surface du générateur.

1157. M. Grar, de Valenciennes, a imaginé, comme nous l'avons déjà dit (728), de placer plusieurs grilles dans la longueur de la chaudière, et de les alimenter successivement de manière que la fumée d'un foyer récemment chargé soit obligé de passer sur plusieurs foyers, dont la houille est déjà amenée à l'état de coke. Il a obtenu facilement ce résultat à l'aide de deux registres placés aux deux extrémités de la chaudière, et qui permettent de faire varier le sens du mouvement de l'air brûlé. Dans l'une et l'autre de ces directions, les gaz, avant de se rendre dans la cheminée, parcourent un canal horizontal situé au-dessous du foyer, et qui renferme une chaudière toujours pleine d'eau. Parallèlement à ce canal se trouve un autre canal destiné à conduire l'air brûlé de l'une des extrémités de la chaudière inférieure à la cheminée qui se trouve au milieu de la longueur du fourneau.

1158. MM. Holcroft et Hoyle, de Manchester, ont pris une patente pour un générateur à vapeur, décrit dans le *Bulletin de la Société d'encouragement* du mois de novembre 1854. L'appareil, dont les figures 268 et 269 représentent les coupes transversale et horizontale, est formé de trois cylindres horizontaux de même diamètre, placés de manière à

Fig. 268.

envelopper le foyer. Le cylindre supérieur est terminé par des calottes hémisphériques, les deux autres par des surfaces planes. Ces derniers sont traversés par un grand nombre de tubes parcourus par la fumée ; les parties inférieures des cylindres communiquent entre elles par de larges tuyaux formant le prolongement du tuyau d'alimentation ; les réservoirs de vapeur communiquent aussi. La fumée, après avoir parcouru le fond de la chaudière supérieure, revient en avant simultanément par les tubes des cylindres latéraux, d'où elle pénètre dans la cheminée qui se trouve en avant. Ce générateur est bien disposé sous le rapport de l'économie de la place et de la résistance ; il a une partie des avantages des générateurs à foyers intérieurs et à tubes, en employant seulement des cylindres ; et il évite ainsi les pressions agissant extérieurement sur les capacités qui renferment le foyer, et qui sont en général d'un assez grand diamètre. Mais il y a beaucoup de surface

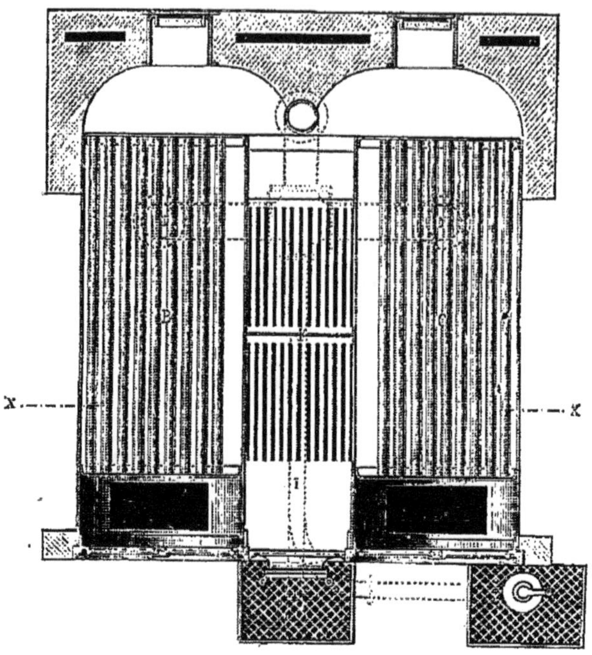

Fig. 269.

de chauffe perdue ; la fumée se divise en deux courants, ce qui est une mauvaise condition, comme nous l'avons vu ; il y a une plus grande surface exposée au refroidissement ; de plus, le nettoyage est à peu près impossible.

1159. Nous avons parlé, à l'occasion des foyers à air forcé, de la chaudière de MM. Molinos et Pronnier ; nous ne reviendrons pas sur cet appareil, que nous avons décrit avec tous les détails nécessaires (735).

1160. M. Boutigny, d'Évreux, à qui on doit beaucoup d'expériences intéressantes sur l'état sphéroïdal des liquides, a présenté à l'exposition universelle de 1855 un nouveau système de générateur, fondé sur un principe complétement opposé à toutes les idées admises. Cet appareil se compose d'un cylindre vertical, terminé à la partie inférieure par une calotte sphérique, à la partie supérieure par un couvercle boulonné, sur lequel sont placés le tuyau d'alimentation, celui d'écoulement de la vapeur, la soupape de sûreté et le manomètre. Dans l'intérieur de la chaudière se trouvent cinq diaphragmes horizontaux, d'un diamètre peu différent de celui de la chaudière, et percés d'un grand nombre de trous. L'eau d'alimentation tombe au fond du cylindre en traversant les diaphragmes, mais elle ne doit pas s'y accumuler; un tuyau spécial est destiné à évacuer celle qui y arriverait. Le cylindre est placé au-dessus du foyer, et les gaz circulent autour de sa surface. Ainsi l'évaporation a lieu au moyen de la chaleur rayonnée par la surface de la chaudière, et qui est absorbée par les petites veines d'eau dans leur chute et par la surface des diaphragmes. Il est évident que, rien ne limitant la température de la chaudière, elle peut atteindre sans obstacle celle qui correspond à la rupture; il suffit, pour cela, que l'activité du foyer soit augmentée ou l'écoulement de la vapeur diminué. D'ailleurs, il est bien constaté par expérience, depuis qu'il existe des chaudières à vapeur, que les surfaces intérieures doivent être couvertes d'eau jusqu'au point le plus élevé de la chauffe extérieure. Malgré les expériences citées dans le *Bulletin de la Société d'encouragement*, ce générateur ne s'est pas répandu.

1161. *Chaudière à vapeur de M. Perkins.* — M. Perkins a imaginé, il y a déjà longtemps, un mode de chauffage, dont nous parlerons plus loin avec détail. Ce chauffage se fait par la circulation de l'eau, à une haute température, dans un circuit fermé, composé de tuyaux de fer d'un petit diamètre; une partie du circuit est fortement chauffée, et la circulation s'établit en vertu de la différence de densité des deux parties du circuit réunies au point le plus bas et au point le plus haut. Cet ingénieur a employé le même moyen pour chauffer l'eau d'un générateur. Pour avoir une idée nette de l'appareil de M. Perkins, imaginons un tube de fer de 0^m012 de diamètre intérieur, tourné en hélice dans un foyer, et une hélice semblable dans une chaudière pleine d'eau, placée à côté; supposons que les parties supérieures et inférieures des hélices communiquent par des tubes de même diamètre, et enfin qu'à la partie supérieure du circuit il y ait un cylindre d'un plus grand diamètre, hermétiquement fermé, dans lequel s'effectue la dilatation de l'eau quand elle est échauffée. Il est évident que, les deux hélices étant pleines d'eau, quand le foyer sera en activité, l'eau circulera dans le circuit; elle prendra de la chaleur dans le foyer, pour la porter dans la chaudière. Si le foyer consomme une quantité suffisante de combustible, et si les surfaces des tuyaux d'absorption et d'émission ont une assez grande étendue, le générateur pourra produire telle quantité de vapeur que l'on voudra. Dans l'appareil construit par M. Perkins, il y avait dix-sept tubes faisant les mêmes circuits; la chaudière était rectangulaire; au-dessous se trouvait le foyer qui n'occupait qu'une partie du fond; la grille était formée de dix-sept tubes parallèles, qui descendaient au delà dans un canal, en formant trois étages horizontaux, que la fumée traversait avant de se rendre dans la cheminée ; les tuyaux se relevaient ensuite et pénétraient dans la chaudière, d'où ils sortaient pour rejoindre les autres extrémités des tubes formant la grille ; les circuits communiquaient avec un tuyau d'un plus grand diamètre, placé au-dessus, et dans lequel s'effectuait la dilatation de l'eau.

1162. On avait prétendu que, par cette disposition, on obtenait plus de vapeur, pour la même consommation de combustible, qu'avec les chaudières ordinaires ; mais il ne peut pas en être ainsi ; car, pour les appareils où la combustion s'effectue dans les mêmes circonstances, l'effet utile dépend uniquement de la température à laquelle l'air brûlé est abandonné, et cette température doit être plus élevée dans l'appareil de M. Perkins que dans les autres. On serait tenté de ne voir dans cet appareil qu'une plus grande complication et deux systèmes de surface de chauffe au lieu d'un seul. A la vérité, on a dit que, par la grande vitesse de circulation de l'eau, la transmission de la chaleur était beaucoup plus grande que dans le chauffage ordinaire ; mais des expériences directes n'ont pas encore confirmé cette assertion. Les dépôts ne peuvent pas se produire dans les tubes, parce que c'est toujours la même eau qui circule ; et, comme ils se font toujours dans la chaudière au-dessous de la surface de chauffe, ils ne sauraient être nuisibles. Un grand nombre de chaudières ont été proposées sur le même principe, mais elles n'ont pas réussi.

Ce mode de chauffage aurait cependant l'avantage de prévenir les explosions qui résultent de l'altération des chaudières par l'action directe du feu, et celles qui proviennent de l'excès de température que prend la chaudière par suite de l'abaissement du niveau de l'eau. Il ne resterait alors que les chances d'explosion résultant d'un excès de pression dans la chaudière ; car les tubes, qui ont toujours une grande épaisseur, offrent une énorme résistance, et d'ailleurs la rupture d'un ou de plusieurs tubes ne produirait pas de graves accidents, à cause de la petite quantité d'eau qu'ils renferment.

Générateurs de bateaux.

1163. Les dispositions adoptées pour les générateurs de bateaux diffèrent essentiellement de celles des générateurs fixes, à cause des conditions particulières dans lesquelles ils se trouvent placés. On doit en effet, pour les bateaux, s'attacher à réduire autant que possible le poids des chaudières et l'espace qu'elles occupent. Il a fallu, par conséquent, éviter la maçonnerie et employer exclusivement les chaudières à foyer intérieur et à circulation intérieure. On a construit, il est vrai, des chaudières à foyer extérieur et à carneaux en briques; mais cette disposition, qui a été employée en Amérique et quelquefois en France, et

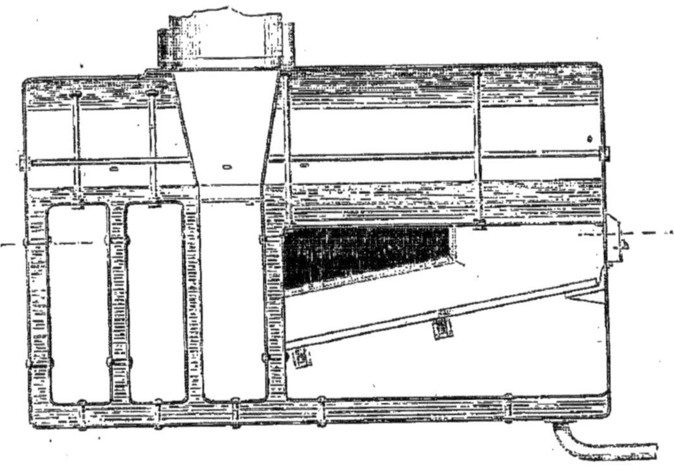

Fig. 270.

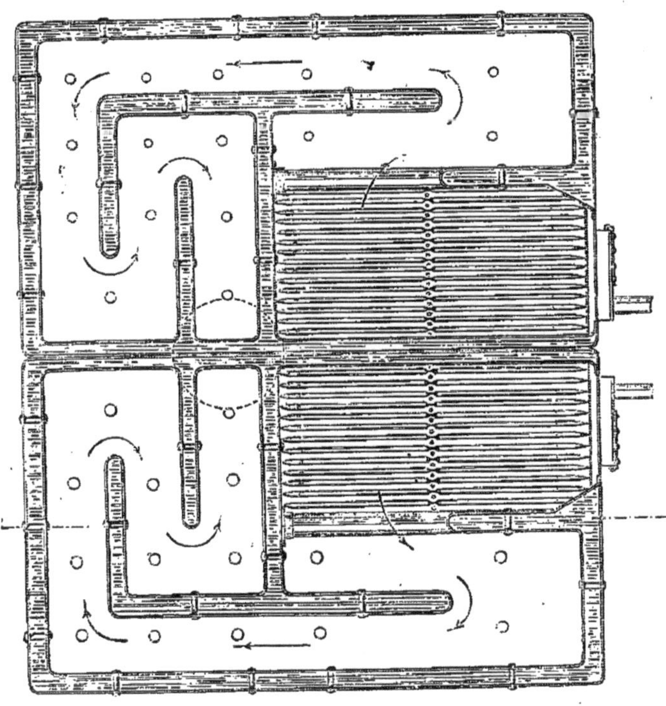

Fig. 271.

qui a pour effet de permettre l'emploi de la vapeur à haute pression, ne s'est nullement répandue.

1164. Jusqu'à ces dernières années, on employait fréquemment des chaudières à foyer intérieur et à galeries rectangulaires. Dans ces chaudières, la flamme et l'air brûlé parcourent, à la sortie du foyer, une suite de carneaux rectangulaires en tôle, dans lesquels ils abandonnent leur chaleur à l'eau de la chaudière. Les figures 270 et 271 donnent la disposition d'un ancien générateur à carneaux rectangulaires. Il se compose de deux chaudières symétriques accouplées. Les foyers sont placés dans l'axe; les gaz chauds s'échappent par une large ouverture latérale, et, après avoir suivi le chemin indiqué par les flèches, arrivent dans une cheminée commune placée au centre, et dont la projection est figurée en ponctué dans la figure 271.

1165. On a donné un grand nombre de dispositions différentes aux chaudières à galeries. Dans certains cas, deux chaudières étaient placées l'une à la suite de l'autre; la première renfermait les foyers, et la seconde les carneaux. D'autres fois, on a fait des chaudières à plusieurs étages de foyers, parce qu'on manquait de surface dans la largeur du bateau et que les grilles ne peuvent avoir qu'une certaine longueur.

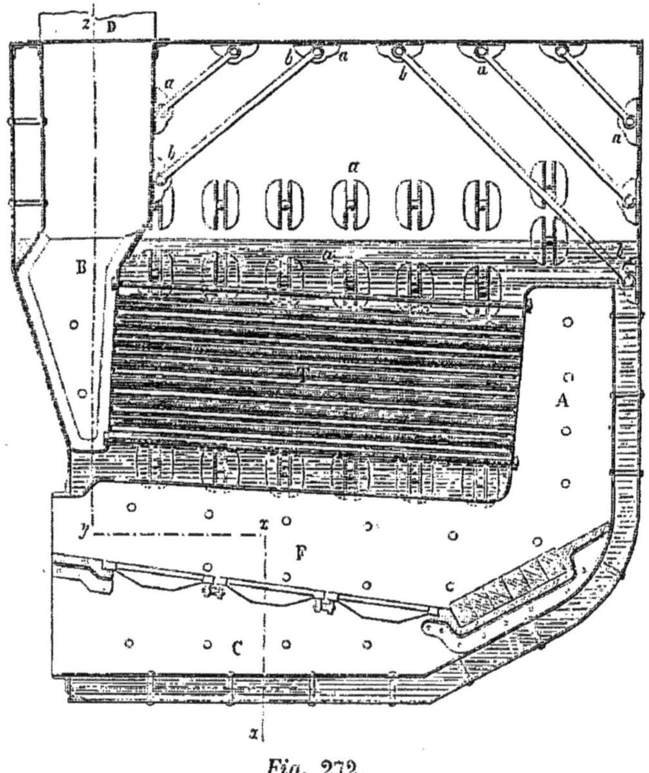

Fig. 272.

Toutes ces chaudières n'existent plus, et, après bien des dispositions proposées et essayées, l'emploi des chaudières tubulaires pour bateaux devient général. Ces chaudières se composent d'un certain nombre de foyers rectangulaires ; la flamme et les gaz se rendent au fond de la chaudière, pour revenir en avant à la cheminée par un grand nombre de petits tubes.

1166. Les figures 272 et 273 représentent la disposition de la chaudière tubulaire construite par M. Mazeline, du Havre, pour l'aviso à vapeur *le Coetlogon*. La figure 272 est une coupe suivant l'axe d'un foyer, et la figure 273 une vue de face et une coupe suivant la ligne *zyxx*. Le géné

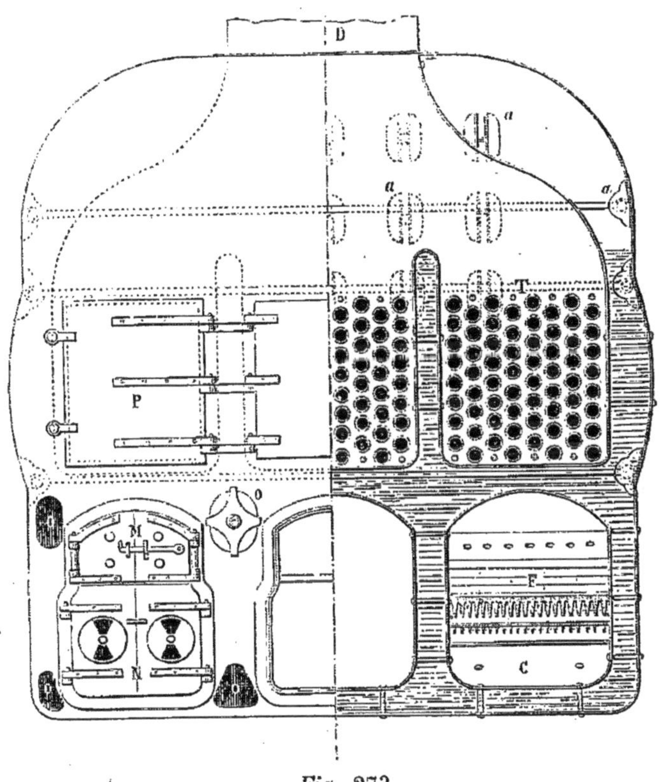

Fig. 273.

rateur se compose de trois foyers et de trois groupes de tubes correspondants. F, foyer dont la grille inclinée est formée de trois rangs de barreaux ; C, cendrier ; A, chambre à combustion des gaz ; T, tubes ; B, boîte à fumée, où les gaz, sortant des tubes, se réunissent pour entrer dans la cheminée D. On remarquera qu'il y a une boîte à fumée distincte pour chaque foyer. Ces boîtes à fumée sont séparées entre elles par des lames d'eau, dont les parois augmentent ainsi la surface de chauffe, et qui obligent les gaz à prendre la direction verticale avant de pénétrer dans la partie commune de la cheminée. Ces lames, que l'on voit en coupe à droite dans la figure 273, n'ont que la longueur comprise entre la plaque des tubes et l'avant de la chaudière. O, O, trous de sel servant au nettoyage de la chaudière; M et N, portes du foyer et du cendrier; P, porte des boîtes à fumée, qu'on ouvre pour nettoyer les tubes ; *a, a,* pièces en fonte fixées aux parois de la chaudière, et portant des boulons d'articulation sur lesquels s'assemblent les tirants transversaux *b, b,* qui maintiennent la rigidité des parois. Cette chaudière, comme appareil de ce système, est très-bien disposée.

1167. L'appareil de vaporisation, dans les grands bateaux à vapeur, se compose d'un certain nombre de corps de chaudières placés les uns à côté des autres. Tous les réservoirs de vapeur communiquent entre eux, mais seulement par des tuyaux munis de robinets qui permettent de suspendre à volonté le service d'une ou de plusieurs chaudières. Cette division de l'appareil générateur est utile pour faciliter l'installation à bord, et aussi pour empêcher qu'un accident n'arrête complétement la marche de la machine.

1168. En France, chaque corps de chaudière est calculé pour une production de vapeur correspondant à une force de 150 chevaux au maximum, et porte plusieurs foyers de 25 à 30 chevaux chacun environ. Pour le vaisseau *la Bretagne,* dont les machines sont d'une force nominale de 1200 chevaux, mais qui peuvent produire facilement une force double, les corps de chaudières sont au nombre de 8, et il y a 40 foyers.

1169. Dans l'origine, on plaçait les chaudières sur une espèce de grillage en chêne, de manière à permettre la visite des tôles inférieures; mais, comme les réparations y étaient néanmoins très-difficiles, et que ces parties s'usaient très-rapidement par le contact de l'air chaud et humide de la cale, on préfère actuellement faire un plancher en madriers, qu'on recouvre d'un mastic épais sur lequel on installe la chaudière. On remplit du même mastic tous les intervalles entre les corps de chaudières, et on le refoule de manière à ne pas laisser de vides. On a soin de rendre lisses les surfaces apparentes et de les incliner pour faciliter l'écoulement des eaux loin des générateurs.

1170. Chaque corps de chaudière a, comme nous l'avons vu, plusieurs foyers correspondant chacun à une force de 25 à 30 chevaux environ. La largeur des grilles est à peu près de 0^m80, et la longueur ne devrait jamais dépasser 2^m. Il est même difficile, avec cette longueur, de bien diriger le foyer, et il est toujours à craindre que, dans les parties les plus éloignées de la porte, le charbon ne soit très-inégalement distribué. En général, quand les foyers dépassaient en longueur la limite que nous venons d'indiquer, on a trouvé avantage à les raccourcir.

On doit toujours donner aux barreaux une inclinaison assez considérable vers l'arrière, afin de faciliter le chargement. Il y a deux ou trois rangées de barreaux sur la longueur de la grille, et il est indispensable que leur dilatation puisse se faire librement. Afin de diminuer l'intensité de la chaleur sur les parois latérales et empêcher la tôle de se brûler, il convient de placer les barreaux extrêmes tout à fait en contact avec la paroi. On empêche ainsi l'accès de l'air, et par suite les jets de flamme.

1171. A la suite de la grille se trouve un autel que l'on fait généralement en briques. Quelquefois cependant, afin d'augmenter la surface de chauffe, l'autel est formé d'une caisse en tôle pleine d'eau, communiquant par la partie inférieure et sur les deux côtés avec la chaudière. On a soin de donner à la partie supérieure de cette caisse une inclinaison assez grande vers la paroi latérale du foyer, afin de faciliter le dégagement de la vapeur produite; mais, malgré cette précaution, la tôle est sujette à se brûler et à se fendre, et les autels en briques sont préférables.

1172. Les parois verticales des foyers, et en général des galeries, devraient être légèrement inclinées, de manière que le ciel fût un peu moins large que le fond. On favoriserait ainsi le dégagement de la vapeur, qui, sans cette précaution, forme contre la paroi une espèce de cloison, et empêche la transmission de la chaleur à l'eau située au delà. En outre, la tôle, s'échauffant davantage, se détruit plus rapidement, et, comme sa résistance diminue beaucoup avec la température, il peut en résulter, dans certains cas, les plus graves accidents.

On comprend facilement, d'après ce que nous venons de dire, pourquoi les surfaces de chauffe horizontales, recouvertes d'eau, telles que le ciel du foyer, sont beaucoup plus productives en vapeur que les surfaces verticales. Le fond du cendrier produit, par la même raison, très-peu de vapeur et s'use beaucoup plus rapidement que les autres parties. Il est vrai que sa destruction est considérablement accélérée par l'eau que les chauffeurs ont l'habitude de jeter pour éteindre les escarbilles.

1173. Les tubes des chaudières de bateau sont souvent en fer. Ils ont 0^m075 à 0^m085 de diamètre, et 1^m50 à 2^m20 de longueur. Souvent aussi on se sert de tubes en laiton des mêmes dimensions. Dans ce dernier cas, le joint avec les plaques des tubes se fait, soit au moyen de viroles légèrement coniques qu'on enfonce dans les extrémités des tubes, soit plus simplement, lorsque les tubes sont assez épais, en matant et mandrinant solidement l'extrémité des tubes contre les plaques. L'emploi des viroles a l'inconvénient de réduire la section des tubes d'une manière assez notable, et de rendre le nettoyage plus difficile.

Il est utile qu'un certain nombre de tubes soient filetés à leurs extrémités, afin de servir d'entretoises; on peut encore, dans le même but, en remplacer quelques-uns par de forts boulons portant des écrous à l'intérieur et à l'extérieur.

1174. Nous avons déjà vu, en parlant des incrustations, que l'eau de mer renferme environ 0,03 de sels en dissolution (1091), et que, pour empêcher les incrustations de se produire, on est obligé de faire des extractions (1089, 1117), c'est-à-dire, d'enlever de la chaudière une partie de l'eau surchargée de sels, en la faisant écouler dans la mer à des intervalles assez rapprochés, ou même d'une manière continue.

On a reconnu par expérience que, pour éviter toute incrustation dangereuse, il ne fallait pas que la proportion de sel dépassât 0,09, c'est-à-dire, le triple de la proportion normale dans l'eau de mer. Il conviendrait même, pour plus de sécurité, de ne pas aller au delà de 0,06. Il en résulte que les extractions doivent être dirigées de manière à évacuer environ une quantité d'eau égale à celle qui est vaporisée ; malgré cette précaution, il se forme toujours des dépôts adhérents qui sont une cause de destruction rapide.

Pendant longtemps les extractions se sont faites sans règles bien précises ; aujourd'hui, au moyen d'un instrument appelé *pèse-sel*, on peut apprécier la proportion de sel dans l'eau de la chaudière, et diriger les extractions en conséquence. Le pèse-sel est une espèce d'aréomètre gradué qu'on plonge dans l'eau extraite de la chaudière à certains intervalles ; la densité de cette eau étant d'autant plus grande que la proportion de sel est plus considérable, l'instrument s'enfonce plus ou moins suivant le degré de saturation, qui est indiqué par le chiffre de la graduation qui affleure. Pour que le pèse-sel fournisse des indications exactes, il est nécessaire de le graduer à la température de l'eau dans laquelle on le plonge pour les épreuves.

1175. La perte de chaleur provenant des extractions est assez considérable. Supposons que, dans une chaudière fonctionnant à 2 atmosphères et alimentée par de l'eau à 30°, on règle l'extraction de manière à ne pas dépasser une proportion de sel égale à 0,06. La température de l'ébullition étant à peu près de 122°, le nombre de calories nécessaires pour vaporiser, à cette température, un kilogramme d'eau prise à 30°, est donné par la formule : $A = 606,5 + 0,305 \times 122 - 30 = 613,7$. Comme, pour chaque kilogramme d'eau vaporisée, il y a un kilogramme pris par les extractions, la quantité de chaleur perdue, en admettant que l'eau salée a la même chaleur spécifique que l'eau pure, sera 122 — 30 = 92, c'est-à-dire, environ 0,15 de la chaleur utilisée.

1176. On a imaginé, pour tirer parti de cette chaleur perdue, de faire passer l'eau extraite de la chaudière dans un grand nombre de petits tubes, autour desquels circule l'eau d'alimentation ; mais ces appareils fort compliqués tiennent beaucoup de place, et les tubes sont sujets à s'engorger.

Pour opérer les extractions, on laisse le niveau de l'eau s'élever dans la chaudière de plusieurs centimètres au-dessus du niveau moyen. On ouvre alors un robinet qui établit la communication avec la mer, et on le laisse ouvert jusqu'à ce que le niveau soit tombé de quelques centimètres au-dessous du niveau moyen. D'autres fois on laisse le robinet constamment ouvert et on règle l'orifice de sortie, pour qu'il s'échappe une quantité d'eau convenable, réglée au moyen du pèse-sel. Enfin, dans certains cas, on se sert de pompes d'exhaustion convenablement calibrées.

Le tuyau d'extraction doit prendre l'eau de la chaudière un peu au-dessous du niveau. On a remarqué, en effet, que l'eau la plus concentrée se trouvait toujours à la partie supérieure. On diminue ainsi la perte de chaleur qui résulte des extractions ; de plus, on enlève les écumes qui, dans certaines eaux, se forment à la surface et sont une des principales causes des entraînements d'eau par la vapeur.

1177. Les chaudières de mer sont exposées à une destruction rapide. Elles sont rongées extérieurement, au réservoir de vapeur par l'eau qui tombe du pont, dans les cendriers par l'eau que jettent les chauffeurs pour éteindre les escarbilles ; et, quand on n'installe pas les chaudières sur une couche de mastic, elles sont détruites à la partie inférieure par l'air humide de la cale.

Les chaudières sont aussi rongées intérieurement et principalement dans la partie du réservoir de vapeur en contact avec la cheminée. Il est probable que l'altération remarquée dans cette partie provient du suréchauffement de la vapeur. Quant à la corrosion des autres points de la chaudière, nous avons indiqué les causes qui la produisent, en parlant des incrustations.

En somme la durée moyenne des chaudières marines est très-limitée et ne dépasse guère quatre ans ; encore ne sont-elles réellement en service que pendant le quart de ce temps.

La difficulté ou, pour mieux dire, l'impossibilité de nettoyages intérieurs est certainement une des principales causes de cette faible durée ; et on conçoit quel grand avantage offrirait une chaudière facilement accessible dans toutes ses parties.

1178. MM. Thomas, Laurens et Pérignon ont présenté à l'exposition de 1856 une chaudière à foyer intérieur qui réalise cette condition d'une manière assez simple. Les figures 274 et 275 montrent en

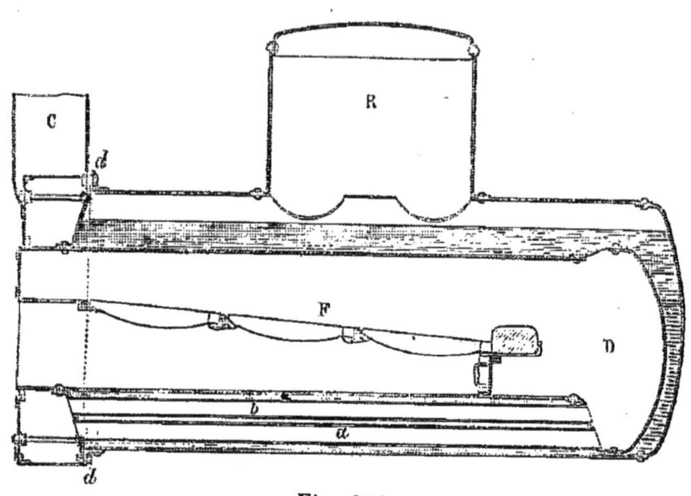

Fig. 274.

coupes longitudinale et transversale une des chaudières de ce système, destinée à un bateau à vapeur. L'appareil se compose de deux parties :

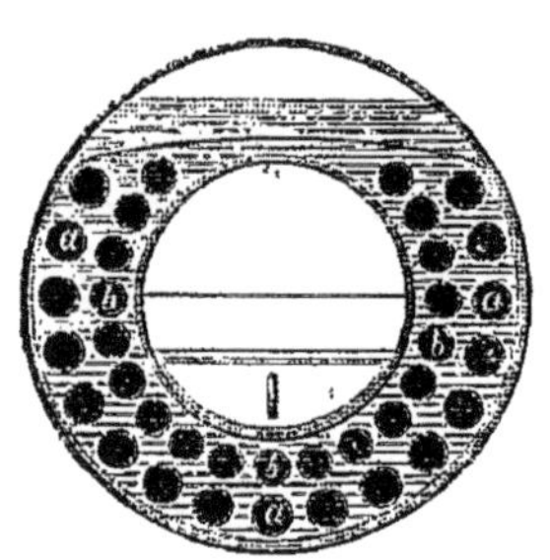

Fig. 275.

l'une fixe, dont aucune portion n'est exposée à l'action du feu et qui forme l'enveloppe extérieure ; l'autre mobile, qui comprend le foyer avec ses tubes à fumée. Cette seconde portion de l'appareil, appelée le *vaporisateur*, se place dans la première, à laquelle elle n'est réunie que par un joint à boulons *dd*. Le vaporisateur communique seul avec la cheminée : il peut aisément être retiré de l'intérieur de la chaudière, une fois le joint défait, et être alors visité et nettoyé dans toutes ses parties ; le même résultat est obtenu en même temps pour l'enveloppe. On voit dans la figure 276 le vaporisateur isolé et extrait de la chaudière.

En F est le foyer, dont la flamme se développe librement dans l'espace D, duquel elle revient en avant dans une boîte à fumée, par une série de tubes *a*, *b*, etc., placés des deux côtés et en dessous du gros tube contenant le foyer : la boîte à fumée qui s'adapte à l'extrémité du vaporisateur forme une capacité annulaire autour des portes du foyer et du cendrier, et porte l'embase C de la cheminée : le réservoir de vapeur est en R.

Le joint *dd* à brides et à boulons, effectué par des moyens à la portée de tous les mécaniciens, tels que des tresses de chanvre enduites de mastic au minium, une rondelle de caoutchouc, etc., etc., opère entre

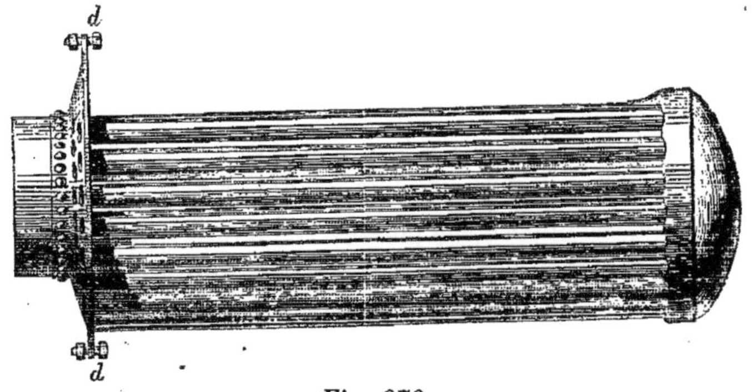

Fig. 276.

les deux parties de la chaudière une jonction parfaite, qui a résisté sans fuites, dans des locomobiles, à l'usage de pressions beaucoup plus hautes que celles employées d'ordinaire dans la navigation, puisque ce genre de chaudière fonctionne fréquemment à 7 et même 8 atmosphères.

1179. Cette idée de faire un tout mobile du foyer et des surfaces de chauffe paraît devoir convenir aux grandes chaudières marines à plusieurs foyers. Chacun des foyers actuels et le faisceau tubulaire qui le surmonte seraient remplacés par un vaporisateur fixé au moyen d'un joint à l'enveloppe commune à tous, laquelle enveloppe continue à former le corps de la chaudière. La cheminée devrait être alors en avant de la chaudière ; la fumée ne traverserait plus la chambre de vapeur ; ce qui n'est pas un inconvénient, car nous avons vu que le suréchauffement de la vapeur, qui résulte du passage de la fumée dans cette chambre, est la cause principale de l'altération assez rapide de la paroi supérieure des chaudières.

On aurait, à bord des bateaux à vapeur dont la puissance exige un certain nombre de ces grandes chaudières à plusieurs foyers, un ou deux vaporisateurs de rechange ; avec cette précaution, une avarie à l'un d'eux n'entraîne pas une longue suspension de service, comme il arrive aujourd'hui avec les chaudières à foyers fixes ; car un vaporisateur avarié peut être changé assez vite, même pendant une traversée. D'un autre côté, les avaries deviendraient moins fréquentes, à cause de la facilité qu'offrent les vaporisateurs mobiles à l'enlèvement complet des dépôts et à un meilleur entretien de toutes les parties de la chaudière.

Générateurs de locomotives.

1180. Les générateurs de locomotives devant avoir peu de volume et une petite hauteur de cheminée, il a fallu disposer les surfaces de chauffe de la manière la plus favorable au refroidissement rapide de la fumée, et on a dû employer un tirage artificiel pour effectuer la combustion. Les générateurs des locomotives sont tous disposés de la même manière; ils sont formés d'un foyer rectangulaire environné d'eau de tous les côtés; sur la face du foyer opposé à la porte, se trouvent logés, dans une chaudière cylindrique pleine d'eau, un grand nombre de tubes en laiton d'un petit diamètre, que les gaz brûlés parcourent en sortant du foyer; au delà est une caisse fermée, désignée sous le nom de boîte à fumée, terminée à la partie supérieure par la cheminée; la vapeur qui s'échappe des cylindres moteurs arrive par un tuyau qui s'ouvre au bas de la cheminée; et le tirage est considérablement augmenté par le jet de vapeur qui s'y produit d'une manière intermittente. Le mécanicien peut diminuer plus ou moins l'orifice de sortie de la vapeur; il augmente ainsi sa tension et sa vitesse, et par suite le tirage; mais il augmente en même temps la contre-pression derrière les pistons.

1181. Les figures 277, 278 représentent en coupes longitudinale et transversale une locomotive de Stephenson. F, foyer intérieur, dont les faces sont maintenues par un grand nombre d'entretoises; C, cendrier; T, tuyaux en laiton, ouverts par les deux bouts, et parcourus par l'air brûlé; D, tuyau d'écoulement de la vapeur détendue; H, *boîte à fumée*; E, cheminée; B, prise de vapeur; AA tuyau conduisant la vapeur aux cylindres.

1182. Un ouvrage très-remarquable, intitulé *Guide des mécaniciens constructeurs et conducteurs de machines locomotives*, publié par d'habiles ingénieurs, MM. L. Lechatelier, F. Flachat, J. Pétiet, et C. Polonceau, renferme les détails les plus complets, sur la forme, les dispositions et les dimensions des nombreuses pièces qui composent les locomotives, et les résultats d'un grand nombre d'expériences. Nous renvoyons pour tous ces détails au livre dont nous venons de parler; ici il ne sera question que de la partie de l'appareil destinée à produire la vapeur.

1183. Le générateur de vapeur des locomotives n'a éprouvé aucun changement bien important depuis bien des années, du moins dans sa

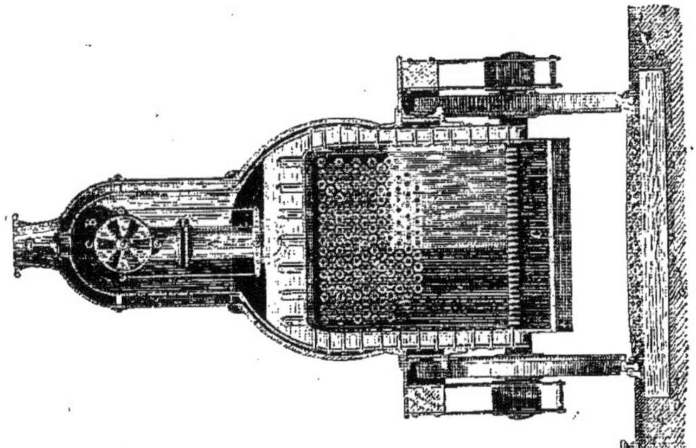

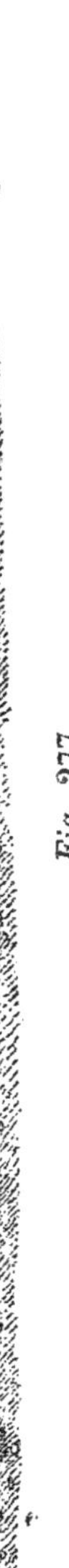

Fig. 278.

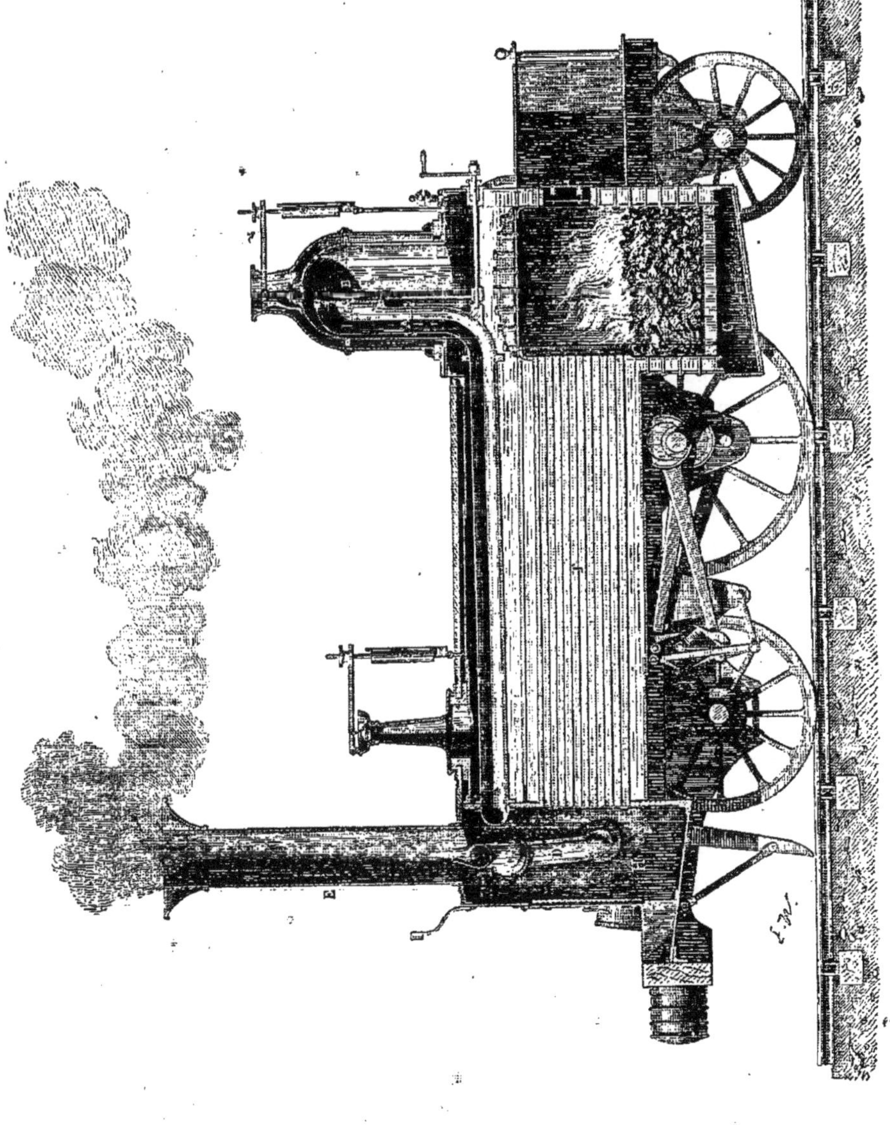

Fig. 277.

disposition générale; on l'a seulement perfectionné dans ses détails, et la tension de la vapeur, qui était originairement de 4 atmosphères, a été portée successivement à 5, 6, 7 et 8.

1184. Les grilles, dans les locomotives, ont toujours à peu près 1^{mq} de surface. La longueur des tubes varie de $2^m 5$ à 4^m; leur diamètre intérieur, de $0^m 037$ à $0^m 064$; leur nombre, de 120 à 162; les surfaces de chauffe des foyers, de 5^{mq} à 7^{mq}; la surface de chauffe des tubes, de 50^{mq} à 93^{mq}. Le diamètre de la cheminée est toujours compris entre $0^m 33$ et $0^m 40$, sa hauteur au-dessus de la boîte à fumée varie de $1^m 60$ à 2^m. La consommation de coke par heure est à peu près de 400^k, pour les machines à grande vitesse; elle est par conséquent de 4^k par décimètre carré de grille. Il résulte des nombreuses expériences faites par plusieurs habiles ingénieurs et qui sont rapportées dans le *Guide du mécanicien*, que la quantité d'eau vaporisée par kilogramme de coke varie entre 9 et 10^k, mais cette vapeur renferme de 0,30 à 0,40 d'eau. La consommation de coke par kilomètre parcouru varie, pour une même machine avec la saison, le vent, la charge des trains; mais la consommation moyenne s'éloigne peu de 9^k. Enfin, d'après les expériences de MM. Gouin et Lechatelier, la température des gaz au sortir des tubes est peu différente de 400°.

1185. Ces nombres nous permettent d'obtenir une évaluation assez approchée du travail de la vapeur pour produire le tirage. Nous prendrons pour exemple une machine type de Stephenson, sur laquelle M. Polonceau a fait quelques expériences manométriques dont nous parlerons bientôt. La machine renfermait 139 tubes, ayant chacun $0^m 037$ de diamètre intérieur; la section d'un tube était égale à $0^{mq} 001074$, et la somme de leurs sections était de $0^{mq} 15$. Le diamètre de la cheminée était égal à $0^m 33$ et sa section à $0^{mq} 0855$. La machine faisait de 40 à 50 kilomètres à l'heure, et sa vitesse moyenne était égale à $45000 : 3600 = 12^m 50$. En admettant une consommation de coke de 9^k par kilomètre, la consommation par seconde était de $0^k 112$. Si l'oxygène de l'air est complétement transformé en acide carbonique, le volume d'air qui pénétrera dans le foyer sera égal à $9 . 0,112 = 1^{mc} 008$; et le même poids d'air dilaté par l'élévation de température, devra sortir par la cheminée; son poids à l'entrée sera de $1,008 . 1,3 = 1^k 31$, et dans la cheminée de $1,31 + 0,112 = 1^k 422$. En supposant que chaque kilogramme de coke produise 6^k de vapeur sèche, le poids de la vapeur produite dans une seconde sera $0,112 . 6 = 0^k 672$, et son volume sera $0,672 . 1,7 = 1^{mc} 14$. Les capacités calorifiques de l'air et de la vapeur d'eau étant 0,24 et 0,475, et les tem-

pératures étant de 400° et de 100°, la température du mélange sera
de

$$\frac{1,42 . 0,24 . 400 + 0,672 . 0,475 . 100}{1,42 . 0,24 + 0,672 . 0,475} = 254°.$$

Ainsi les volumes d'air et de vapeur qui devront s'écouler par la cheminée par seconde seront de $1^{mc} 008 . (1 + 0,00366 . 254) = 1^{mc} 94$, et $1,14 (1 + 0,00366 . 254) = 2^{mc} 20$. La somme de ces deux volumes étant de $4^{mc} 14$, et la section de la cheminée étant de $0^{mq} 0855$, la vitesse d'écoulement sera de $49^m 59$. Comme le poids de l'air est de $1^k 422$, le travail dépensé pour l'appel d'air est de $1,422 . (49,59)^2 : 19,62 = 178^{km}$ ou 2,37 chevaux vapeur. Mais la dépense de travail est un peu plus considérable, attendu que l'air participant au mouvement de translation, la vitesse réelle de l'écoulement est égale à la racine carrée de la somme des carrés des vitesses verticales et horizontales, et par conséquent à la racine carrée de $2459 + 156,25$ qui est $51^m 13$, et le travail devient 189^{km}, ou, en chevaux, 2,52.

Nous avons supposé que l'oxygène de l'air était complétement transformé en acide carbonique; si la moitié de l'air s'échappait sans altération, le poids de l'air chaud serait de $2^k 732$; la température du mélange, de 300°; le volume de l'air froid, qui était de $2^{mc} 016$, deviendrait par l'élévation de température $4^{mc} 22$; celui de la vapeur, $2^{mc} 39$; le volume du mélange serait de $6^{mc} 627$; la vitesse d'écoulement s'élèverait à $77^m 52$, et le travail à 836^{km}, ou 11,14 chevaux. On voit, d'après ces chiffres, l'influence énorme du volume d'air qui échappe à la combustion.

1186. Mais le travail du tirage se compose non-seulement de celui qui correspond à la vitesse effective imprimée à l'air qui s'écoule, mais encore de toutes les résistances qui se produisent dans le trajet de l'air, depuis son entrée dans le cendrier jusqu'à sa sortie de la cheminée, résistances qui occasionnent des pertes de travail très-considérables.

Si l'air était lancé dans le foyer sous une pression P, cette pression irait en s'affaiblissant par les résistances, de manière à être réduite à p à l'extrémité de la cheminée; la valeur de P se composerait de la charge p correspondante à la vitesse et d'une pression p_1, qui disparaîtrait successivement par la détente. Si le gaz, au lieu d'être comprimé dans le cendrier, était poussé dehors par une action produite dans la cheminée, il se produirait dans la boîte à feu une détente sensiblement égale à la pression P, qui devrait se produire dans le cendrier pour effectuer le même mouvement, du moins quand les détentes et les compressions sont assez petites pour ne pas changer sensiblement la densité du gaz. Dans le premier cas, la charge dans le cendrier se composerait de la charge p, correspondant à l'écoulement à l'extrémité de la cheminée, de la résistance G de la grille, de la résistance R dans les tuyaux, de la perte de charge R' par l'accroissement de section de la boîte à fumée, et enfin de la résistance de la cheminée, qu'on peut négliger comme étant très-petite relativement aux autres résistances. Dans le cas d'un appel par la cheminée, la détente produite dans la boîte à fumée sera égale à $p + R + R' + G$ et la détente dans le foyer sera égale à $p + G$. En désignant par s et s' les sections de la cheminée et des tubes, par δ et δ' les densités de l'air dans la cheminée et dans les tubes, la valeur de R, d'après ce que nous avons dit (394), sera

$$R = \frac{Kl}{d} \cdot \frac{s^2}{s'^2} \cdot \frac{\delta^2}{\delta'^2} \cdot p.$$

Or, comme on a

$$\frac{s^2}{s'^2} = \frac{D^4}{n^2 d^4} \quad ; \text{ et } \quad \frac{\delta^2}{\delta'^2} = \frac{(1 + at')^2}{(1 + at)^2},$$

l'expression de la résistance devient

$$R = \frac{Kl}{d} \cdot \frac{D^4}{n^2 d^4} \cdot \frac{(1 + at')^2}{(1 + at)^2} p.$$

Quant à la valeur de R', elle est donnée par la formule du n° 366, et comme, dans ce cas particulier, l'accroissement de section est très-considérable, la perte de charge se réduit à la charge correspondant à la vitesse dans les tuyaux ; on a donc

$$R' = \frac{D^4}{n^2 d^4} \cdot \frac{(1 + at')^2}{(1 + at)^2} p.$$

1187. Essayons d'appliquer ces calculs au cas particulier que nous avons choisi, en supposant successivement que la totalité ou seulement la moitié de l'oxygène de l'air soit transformée en acide carbonique. On peut considérer la section de la cheminée comme composée de deux parties, l'une servant à l'écoulement de l'air chaud, l'autre à celui de la vapeur. Dans les deux cas, le volume de vapeur à 100° est de $1^{mc}14$; dans le premier, la température commune étant 254°, le volume de vapeur sera $2^{mc}20$; dans le second, la température étant de 300°, le volume de vapeur sera de $2^{mc}39$. Les volumes d'air dans les deux cas seront de $1^{mc}94$ et $4^{mc}23$. Dans le premier cas, les deux sections devront être dans le rapport de 2,20 à 1,94 ; et dans le second, dans le rapport de 2,39 à 4,23 ; et comme la section de la cheminée est égale à $0^{mq}0855$, les sections relatives à l'air seront de $0^{mq}0401$ et $0^{mq}0546$; et celles relatives à la vapeur seront de $0^{mq}0456$ et $0^{mq}0309$. Les sections d'écoulement de l'air sont équivalentes à des cercles de $0^{m}2260$ et $0^{m}2637$ de diamètre. On a alors, dans les deux cas, $K = 0,024 ; l = 4^{m} ; d = 0,037 ; n = 139$; dans le premier, $D = 0,226 ; t = \frac{1000 + 400}{2} = 700^{\circ}, t' = 254^{\circ}$; dans le second, $D = 0,2637, t = \frac{800 + 400}{2} = 600^{\circ}, t' = 300^{\circ}$. D'après ces nombres, on trouve pour les résistances des tuyaux dans les deux cas

$$2,594 \cdot 0,072 \cdot 3,4p = 0,63p \quad ; \quad 2,594 \cdot 0,13 \cdot 2,25p = 0,84p ;$$

et pour les charges correspondantes aux vitesses,

$$0,072 \cdot 3,4p = 0,24p \quad ; \quad 0,13 \cdot 2,25p = 0,29p.$$

Par suite, la charge totale dans les deux cas sera

$$p + 0,63p + 0,24p + Gp = 1,87p + Gp \quad ; \text{ et } \quad p + 0,84p + 0,29p = 2,13p + Gp.$$

Ces deux valeurs de la charge P renferment la résistance G du foyer qui n'est pas connue ; mais on peut en obtenir une valeur approchée, d'après les résultats des expériences manométriques faites par M. Polonceau et par les ingénieurs du chemin de fer du Nord (*Guide du mécanicien constructeur et conducteur de locomotives*). M. Polonceau a fait vingt-quatre expériences sur la dépression des gaz dans la boîte à fumée et dans le foyer, observée à l'aide d'un manomètre à eau sur la machine dont nous nous sommes occupés ; le tuyau d'échappement étant plus ou moins ouvert, et la détente plus ou moins grande, la dépression dans la boîte à fumée a varié de $0^{m}020$ à $0^{m}016$, et dans le foyer de $0^{m}058$ à $0^{m}016$. En retranchant dans chaque expérience la détente du foyer de celle de la boîte à fumée, et en divisant cette différence par la détente du foyer, on trouve des nombres compris entre 0,33 et 0,50, et dont la moyenne est égale à 0,44. D'après ces expériences, on aurait donc pour les deux cas que nous examinons

$$\frac{1,87}{G} = 0,44 \quad , \text{ d'où } \quad G = 4,25 \quad ; \text{ et } \quad \frac{2,13}{G} = 0,44 \quad , \text{ d'où } \quad G = 4,84 ;$$

et par suite les valeurs de P deviennent

$$p(1,87 + 4,25) = 6,09p \quad ; \text{ et } \quad p(2,13 + 4,84) = 6,97p.$$

D'autres expériences manométriques ont donné des résultats un peu différents : les nombres obtenus ont varié de 0,44 à 0,30, et leur moyenne est égale à 0,34 ; d'après ce dernier nombre, les valeurs de G seraient égales à 5,5 et à 6,26, et les valeurs de P seraient $7,12p$ et $8,39p$. La moyenne de toutes ces expériences donne $7,14p$ pour la valeur de P, qui se compose de $1,93p$ résistance des tubes et $5,21p$ résistance du foyer.

1188. Les calculs que nous venons de faire, quoique sur un cas particulier, ne permettent pas de douter que le travail résultant du tirage ne soit inférieur à $10p$, et par conséquent qu'il ne soit réellement plus petit que dans le plus grand nombre des générateurs fixes, où il est à peu près double. Ce résultat singulier provient de ce que la somme des sections des tubes étant plus grande que la section de la cheminée réservée à l'écoulement de l'air, il en résulte que le frottement dans les tubes est très-petit, et que la résistance du foyer est beaucoup plus petite qu'on ne le pensait d'après la quantité de coke brûlé par décimètre carré, quantité qui s'élève à 4^k. La faible résistance du foyer provient d'abord de ce que le coke n'obstrue pas les passages de l'air, comme la houille ; de ce que la boîte à feu ayant une assez grande hauteur et se trouvant à une température très-élevée, probablement de 1000°, l'air extérieur tend à y pénétrer avec une certaine vitesse ; et enfin, et c'est la cause la plus influente, de ce que, le cendrier étant ouvert en avant, l'air tend à y pénétrer avec la vitesse même de la locomotive.

Il est évident qu'au travail provenant du mouvement ascensionnel des gaz qui est Pq, q étant le poids des gaz écoulé par seconde, il faudrait ajouter le travail $\frac{qv^2}{2g}$, résultant du mouvement de translation. Dans le cas particulier que nous avons considéré, le poids de l'air dans les deux hypothèses admises étant de 1^k 422 et 2^k 732 et les vitesses d'écoulement de l'air chaud étant de 49^m 59 et de 77^m 52, on aura pour p $(49,59)^2 : 19,62$, et $(77,52)^2 : 19,62$, c'est-à-dire 125,3 et 306,3 ; les valeurs de P seront 125,3 . 6,09 = 763, et 306,3 . 6,97 = 2135 ; les valeurs de Pq seront 763 . 1,42 = 1083^{km} et 2135 . 2,73 = 5828^{km} ; la vitesse de translation étant de 12^m 5, les valeurs de $\frac{qv^2}{2g}$ seront 11^{km} et 21^{km} ; et par suite le travail total dans les deux suppositions sera de 1094^{km} et 5849^{km}, qui représentent à peu près 15 et 78 chevaux. Ces calculs font encore voir l'influence énorme de l'air qui échappe à la combustion.

1189. M. Cadiat, dans un brevet pris en 1851, a proposé de recourber le tuyau de la cheminée de manière que l'écoulement du mélange

de gaz et de vapeur ait lieu en sens contraire du mouvement de la locomotive ; on utiliserait ainsi, par la réaction sur le fond du tuyau, le
travail de l'écoulement. Dans le cas particulier que nous avons étudié
(1185), en supposant l'oxygène de l'air complétement ou à moitié
transformé en acide carbonique, le travail provenant de la réaction
serait équivalent à 2,5 et 11,14 chevaux vapeur ; la machine consommant 0^k112 de coke par seconde, ou $0,112. 3600 = 403^k2$ par
heure , produit certainement plus de 100 chevaux de force; ainsi,
l'économie qu'on retirerait de cette disposition, même dans le cas le
plus favorable, serait peu importante, d'autant plus que le changement
de direction des gaz augmenterait la résistance et diminuerait probablement l'effet produit par le jet de vapeur.

1190. En France et en Angleterre, on n'employait, il y a peu de temps,
que du coke pour le service des locomotives, principalement en vue de la
régularité du service et pour éviter la fumée, et même dans ces derniers
temps on recherchait le coke ne produisant qu'une petite quantité de
cendres. Mais il est évident que tous les combustibles pourraient être employés. En Autriche, sur les chemins du Nord, les locomotives sont alimentées avec du bois. D'après des essais faits en 1844, 100^k de coke peuvent être remplacés par $0^{mc}676$ de bois de pin, ou $0^{mc}540$ de bois de
chêne, ou 225^k de tourbe. En Bohême, où l'on ne trouve point de houilles
propres à la fabrication du coke, on a reconnu que la houille, les li-
gnites et le bois pouvaient être substitués au coke sans inconvénient.

1191. Il y a quelques années, on a fait en Angleterre de nombreux
essais pour remplacer le coke par différentes espèces de houille, en
augmentant à peu près de moitié la longueur du foyer. Les houilles
grasses obstruant la grille diminuaient beaucoup le tirage, produisaient beaucoup de fumée, et la consommation de houille était beaucoup plus considérable que celle de coke. Avec des houilles maigres, on
évitait la fumée ; mais ces houilles se divisaient en petits fragments
par l'action de la chaleur, une partie passant à travers la grille et une
autre partie dans la boîte à fumée ; on a été ainsi obligé de renoncer
à l'emploi des houilles maigres, et on en est revenu à l'usage du coke.

1192. La question a été reprise récemment en employant la grille à
échelons de M. de Marsilly (733), ou la grille de M. Duméry. Je rapporterai à ce sujet un extrait du rapport fait par MM. de Marsilly et
Chobrzynski sur les résultats obtenus en 1856, et inséré dans le bulletin de la Société d'encouragement.

1193. « Au 31 décembre dernier, on comptait sur le chemin du
Nord 83, et sur le chemin d'Orléans 134 locomotives munies de grilles

à gradins et marchant uniquement à la houille. Quelques modifications dictées par l'expérience ont amélioré, dans certains cas, leur usage.

« Le nettoyage des grilles à gradins est assez difficile quand l'arrière du foyer n'est point coupé ; cet inconvénient devient plus grave encore lorsqu'on brûle des charbons impurs ; il est alors nécessaire de piquer le feu souvent et de dégager le mâchefer ; de plus, les barreaux plats se brûlent rapidement. On a remédié à cet inconvénient en composant la grille d'un ou deux barreaux plats seulement à la partie supérieure, puis de barreaux longitudinaux inclinés, et enfin le jette-feu la termine. La houille distille lentement sur le barreau supérieur et s'y agglutine, ce qui facilite la combustion de la fumée. Le piquage du feu s'opère aussi facilement qu'avec la grille ordinaire.

« Cette disposition de grille convient spécialement aux charbons gras et flambants et à ceux qui renferment beaucoup de cendres.

1194. « Il est utile de ménager des trous ou une ouverture longitudinale dans les barreaux plats ; l'accès de l'air est rendu plus facile et la combustion plus active.

« L'emploi des jets de vapeur dans la cheminée, déjà essayé dans les premières expériences, a été généralisé ; de cette manière on arrête la fumée dans les stationnements.

« La houille que l'on consomme est à l'état de gros ; cependant les mécaniciens sont parvenus à brûler en même temps une certaine quantité de menu, et, bien qu'ils préfèrent le gros, ils marchent également bien avec la gailleterie.

1195. « Les houilles maigres, qui décrépitent au feu, ne peuvent être employées, mais on fait un bon service avec les houilles demi-grasses, telles que celles de Charleroy ; toutefois l'expérience a démontré qu'il y avait avantage à les mêler avec des houilles grasses, quoiqu'elles n'aient point un pouvoir calorifique plus élevé. Ainsi les compagnies de chemins de fer ont un grand intérêt à étudier les houilles qu'elles consomment ; en faisant des mélanges dans des proportions convenables, elles réaliseront une économie de consommation et agrandiront le champ de leurs approvisionnements.

1196. « L'usure des grilles à gradins n'est guère plus rapide que celle des grilles ordinaires, et l'accroissement de dépense qui en résulte est très-faible.

1197. « Quant à l'usure des tubes des foyers, les expériences de longue haleine faites aux chemins de fer du Nord et d'Orléans ont prouvé que la houille exerçait une action moins destructive que le coke. Il est rare, avec le coke, que les tubes ne soient pas remplacés après un parcours de 125,000 kilomètres, tandis qu'avec les houilles les tubes fournissent une carrière beaucoup plus longue, et qui, dans certains cas, a embrassé plus de 190,000 kilomètres.

« On ne comprendrait pas, disent les auteurs, que les houilles que nous brûlons usassent rapidement les foyers ; elles sont très-pures, renferment peu de soufre, seulement des traces d'arsenic et une faible proportion d'azote ; le soufre donne de l'acide sulfureux qui est sans action sur le cuivre ; l'arsenic est en quantité trop minime pour exercer une action sensible. Les produits azotés peuvent consister, soit en ammoniaque, soit en composé nitreux ; mais il s'en forme si peu, qu'ils ne peuvent nuire à la conservation des tubes et du foyer. Les morceaux incandescents de houille ne s'attachent pas au métal comme les morceaux de coke ; enfin la houille est friable et les parcelles, entraînées par le courant d'air, ne peuvent, par leur frottement, produire d'usure.

« Il n'en est pas de même du coke : il est dur et présente une surface rugueuse ; les morceaux en sont entraînés dans les tubes et les usent ; ils s'y attachent, ainsi qu'aux parois du foyer, et en brûlant, ils exercent, aux points de contact, une action corrosive due surtout, sans doute, aux sulfures que le coke renferme.

1198. « La production de la vapeur est plus rapide et plus soutenue avec la houille qu'avec le coke ; de là une plus grande facilité pour les mécaniciens de maintenir leur allure en marche, et de mieux surmonter les difficultés qui naissent parfois du mauvais temps, de la nature des rampes ou de l'importance de la charge à remorquer ; de là aussi la marche des trains est mieux assurée, et la sécurité des voyageurs n'a qu'à y gagner.

1199. « Un hectolitre de houille pèse en moyenne 80^k, et un hectolitre de coke 40^k ; par conséquent, dans un même foyer et pour une même hauteur de charge, on peut mettre en poids deux fois plus du premier combustible que du second. » Telle est l'explication donnée par les auteurs du mémoire sur la supériorité de la houille sur le coke. Après avoir pris pour exemple la houille de Bois-du-Luc (Belgique) et son coke, brûlés tous deux au chemin de fer du Nord, ils ont calculé les pouvoirs calorifiques d'après la loi de Welter, et ont trouvé pour le coke 6,461, et pour la houille 7,168. De là cette conclusion, qu'avec la houille, on peut concentrer dans le foyer une masse de combustible capable de développer deux fois autant de chaleur, et plus, qu'avec le coke.

1200. « En résumé, ajoute le rapport en terminant, une expérience de deux années, s'étendant à plus de deux cents locomotives sur les chemins du Nord et d'Orléans, prouve que l'application des grilles à gradins permet de brûler la houille seule, au lieu de coke, dans les trains de voyageurs et de marchandises. Le service est plus facile qu'avec le coke; il y a, en outre, économie dans le prix d'achat du combustible et dans la consommation. Le tableau suivant résume l'économie réalisée par la compagnie du Nord en 1855 et 1856.

DÉSIGNATION DES MACHINES.	NOMBRE de KILOMÈTRES PARCOURUS.	ÉCONOMIE RÉALISÉE.
Machines de Crampton pour voyageurs.......	501,520 kil.	31,094 fr.
Petites machines à marchandises...........	336,457	26,916
Grosses machines du Creuzot..............	2,886,234	372,346
Machines à marchandises (système Engerth)..	145,709	18,796
TOTAL..........	3,869,920 kil.	419,152 fr.

1201. La grille à échelons de MM. de Marsilly et Chobrzinsky a donc rendu un véritable service à l'industrie des chemins de fer, en permettant la substitution de la houille au coke; mais il ne nous paraît pas douteux qu'on n'arrivât aux mêmes résultats, sous le rapport de la combustion de la fumée, en employant simplement une grille ordinaire assez inclinée. On chargerait le combustible, comme dans la grille à échelons, c'est-à-dire d'abord sur l'avant, et on le pousserait à l'arrière à mesure que par la distillation il passerait à l'état de coke. Cette disposition aurait en outre l'avantage de rendre le nettoyage des grilles plus facile et de les faire durer plus longtemps. Cette modification, du reste, a été à peu près faite par les auteurs eux-mêmes.

CHAPITRE XI.

GÉNÉRATEURS CHAUFFÉS PAR LA CHALEUR DES GAZ QUI S'ÉCHAPPENT DE CERTAINS FOURNEAUX.

1202. Dans un grand nombre de fourneaux et surtout de ceux employés en métallurgie, l'air brûlé est abandonné à une très-haute température; dans d'autres, il renferme une quantité plus ou moins grande de gaz combustibles, et quelquefois ces deux circonstances se trouvent réunies. Dans tous les cas, la chaleur que possèdent les gaz chauds, et celle qui peut être développée par une combustion complète, peuvent être employées à produire de la vapeur.

1203. Lorsque la combustion a été complète dans un foyer, et que l'air s'échappe à une haute température, comme dans les fourneaux où l'on fabrique le gaz d'éclairage, et dans certains fourneaux métallurgiques, on peut produire de la vapeur en plaçant une chaudière à la suite. En général, le tirage n'éprouvera que peu de diminution, parce qu'il varie très-peu avec la température de l'air, quand elle est très-élevée, que l'accroissement de résistance provenant de l'accroissement de longueur du circuit est peu considérable, et que les cheminées ont en général un grand excès de tirage. Mais si on voulait refroidir la fumée, autant qu'elle peut l'être par un générateur, il pourrait être nécessaire d'avoir recours à un tirage artificiel, et cela serait indispensable si l'on voulait utiliser toute la chaleur produite pour le chauffage de l'eau d'alimentation. Dans le cas où le refroidissement devrait être complet ou à peu près, on disposerait l'appareil de manière que l'air brûlé pût parvenir à la cheminée sans rencontrer toutes les surfaces de chauffe, et à une température assez élevée pour produire le tirage ; on ferait d'abord prendre ce chemin aux gaz chauds pour effectuer la mise en train, et quand la chaudière serait en pression, on enverrait la vapeur dans la machine motrice et on ferait suivre à l'air brûlé toutes les surfaces de chauffe. L'appareil le plus commode serait un ventilateur à force centrifuge qui appellerait l'air refroidi pour le rejeter dans la cheminée. Si la vapeur était produite à haute pression, on pourrait employer un jet de vapeur.

Nous allons maintenant examiner les dispositions des chaudières chauffées par la chaleur et les gaz combustibles perdus des fours à coke et des fourneaux métallurgiques.

1204. Les fours à coke, dont nous avons déjà parlé (177), ressemblent à des fours de boulanger ; mais ils ont une ou plusieurs courtes cheminées par lesquelles s'échappent les gaz qui se produisent pendant la transformation de la houille en coke. La perte de chaleur totale peut être estimée à 0,40, et un tiers seulement des gaz combustibles dégagés n'est pas brûlé. On effectue la combustion de ces gaz par l'introduction d'une certaine quantité d'air convenablement divisé. On peut calculer la puissance du générateur, ses dimensions et celles de la cheminée, comme si l'on brûlait au-dessous un poids de houille égal à 0,4 de la houille distillée dans le même temps.

Il est évident que le générateur doit être très-rapproché du four. On l'a placé quelquefois au-dessus ; cette disposition a l'inconvénient de rendre les fours et le générateur solidaires, à moins que ce dernier ne soit supporté par des piliers en fonte placés dans les pieds-droits des massifs. Les fours qui alimentent un même générateur doivent évidemment être assez nombreux pour que, les chargements ayant lieu successivement et après des intervalles égaux, la quantité de chaleur fournie au générateur n'éprouve que de faibles variations.

L'introduction de l'air pour effectuer la combustion présente une assez grande difficulté, parce que dans le même four elle doit varier avec l'état de la carbonisation. A la vérité, si les fours sont très-nombreux, en fournissant à chacun la quantité moyenne d'air nécessaire, la compensation s'établira dans le mélange des fumées ; mais on pourrait craindre que la température ne fût plus assez élevée pour effectuer la combustion. Au-dessous des générateurs doit se trouver un foyer qu'on allume quand les fours à coke ne fonctionnent pas et que la vaporisation ne doit pas être interrompue.

1205. La figure 279 représente la disposition d'un appareil de va-

Fig. 279.

porisation appliqué à des fours à une seule entrée : C, C' fours à coke ; D, D' cheminées des fours ; O, O' tuyaux de fonte ou de terre réfractaire, percés d'un grand nombre de petits orifices par lesquels l'air extérieur vient se mêler à la fumée pour la brûler complétement ; ces tubes doivent être munis en dehors de registres, qui sont destinés à modérer le volume d'air qui pénètre dans le canal à fumée, et dont on détermine, par expérience, la position la plus convenable ; B, B' bouilleurs ; A, A' chaudières ; I, I' registres en terre cuite qu'on tient fermés quand on charge ou qu'on décharge les fours.

1206. On a prétendu, qu'il n'y avait pas avantage à utiliser la chaleur perdue des fours à coke, parce qu'on augmentait ainsi le tirage, et que le trop grand volume d'air appelé dans le fourneau brûlait une portion du coke obtenu. Mais il est toujours facile de régler le volume d'air nécessaire à l'opération, et on peut utiliser la chaleur perdue sans qu'il en résulte aucune perte dans le rendement. On a dit aussi que le coke fabriqué dans les fours dont on utilisait la chaleur perdue, était trop léger et ne pouvait pas servir aux opérations métallurgiques; mais il est probable que les mauvais résultats obtenus provenaient uniquement de ce qu'on avait produit trop de tirage et fait marcher l'opération trop vite. Il est bien certain qu'en utilisant la chaleur perdue, et en réglant convenablement le tirage, on peut ne rien changer à la marche ordinaire des fours.

1207. Dans la plupart des usines métallurgiques, principalement dans celles qui ont pour objet la fabrication du fer, et ce sont les plus répandues, les opérations nécessitent des températures très-élevées, d'où résulte une perte de chaleur très-considérable par les cheminées. Dans ces mêmes usines, on a besoin d'une grande puissance motrice, soit pour lancer le vent dans les foyers, soit pour le travail des métaux. On a cherché, dans ces dernières années, à utiliser la chaleur perdue des fourneaux pour faire mouvoir les machines, et on a complétement réussi. Ainsi, sur ces trois conditions qui étaient nécessaires pour la création d'une usine à fer, la proximité des minerais, celle du combustible et la jouissance d'un cours d'eau, la dernière a perdu presque toute son importance.

1208. Les foyers métallurgiques peuvent se diviser en deux classes. La première comprend ceux dans lesquels le combustible est brûlé sur grille, et agit principalement par la flamme qu'il produit. L'air qui s'échappe de ces fours est presque entièrement brûlé, mais il est à une très-haute température. La seconde comprend les fourneaux dans lesquels les matières que l'on veut chauffer, réduire ou fondre, sont mêlées avec le combustible et forment des couches d'une grande épaisseur, circonstance qui occasionne la formation d'une grande quantité d'oxyde de carbone et de différents carbures d'hydrogène.

1209. La première classe renferme tous les fourneaux à réverbère, les fours à réchauffer, les fours à puddler. L'utilisation de la chaleur perdue dans ces fours, pour la formation de la vapeur, est très-simple; il suffit de faire circuler la flamme et l'air brûlé qui sortent du fourneau, autour de chaudières de dimensions convenables, et de faire écouler dans l'atmosphère l'air brûlé refroidi, par une cheminée d'une section et d'une hauteur suffisantes, en conservant à la suite du four l'ancienne cheminée, que l'on tient fermée à l'aide d'un registre, quand le générateur est en activité. Le générateur doit être pourvu d'un foyer spécial pour maintenir la production de la vapeur quand le four, par une circonstance quelconque, cesse de fonctionner.

1210. La consommation moyenne des fours à puddler est de 85 kil. de houille à l'heure ; celle des fours à réchauffer est de 100 à 110. Les sections des cheminées des fours à puddler et à réchauffer sont ordinairement calculées sur une consommation de 4^k à 4^k5 de houille par heure et par décimètre carré, et les surfaces des grilles sont quatre fois plus grandes que celles des cheminées. Mais, pour que le passage de l'air brûlé autour des chaudières ne ralentisse pas le tirage, il est important de donner aux carneaux et à la cheminée une plus grande section. Elle peut être calculée en prenant $0^{mq}01$, pour une consommation de 3^k à 3^k3 de houille par heure ; on a reconnu par expérience que ces proportions étaient très-bonnes ; mais il y aurait de l'avantage à donner encore à la cheminée une plus grande section.

1211. Quant à la surface de chauffe, on peut la déterminer comme si le foyer du four était placé sous la chaudière, parce que, comme nous le verrons plus loin, l'effet du combustible est à peu près le même pour la même étendue de surface de chauffe. On pourrait penser qu'il est utile d'employer des surfaces de chauffe beaucoup plus grandes que pour les appareils ordinaires, attendu qu'aucune partie des chaudières n'est chauffée par rayonnement ; mais cet accroissement de surface n'est pas nécessaire, parce que la flamme arrive sous la chaudière et que l'air brûlé est à une température beaucoup plus élevée que dans les appareils ordinaires.

Les chaudières placées à la suite des fours à réchauffer, produisent de 4 à 5 kilogrammes de vapeur à 5 atmosphères, par kilogramme de houille brûlée sur la grille. Celles qui sont placées à la suite des fours à puddler en produisent à peu près la même quantité. Le poids de la vapeur produite par mètre carré de surface de chauffe et par heure est de 16 à 18 kilogrammes.

1212. Comme dans les fours à réchauffer il se dégage une certaine quantité de gaz combustibles, parce que l'air brûlé ne doit pas être oxydant, on augmenterait notablement l'effet produit dans les chaudières à vapeur, en brûlant complétement les gaz à la sortie des fours par un jet d'air chaud.

1213. Dans certaines usines, les circonstances locales exigent que l'on place les chaudières au-dessus des fours ; cette disposition n'est pas commode, parce qu'il est difficile de rendre les deux fourneaux indépendants et que le rayonnement de ces chaudières superposées rend trop pénible le travail des ouvriers puddleurs.

1214. Dans les foyers de la seconde classe, la chaleur perdue n'est pas seulement celle que renferment les gaz qui s'échappent et dont la température est plus ou moins élevée, mais principalement celle qui peut être dégagée par la combustion des gaz combustibles que renferme la fumée : ainsi, pour utiliser la chaleur perdue, il ne suffit pas de refroidir les gaz, il faut avant les brûler complétement.

1215. Les hauts fourneaux qui produisent la fonte sont en première ligne ; les gaz qui se dégagent sont presque entièrement formés d'azote et d'oxyde de carbone, quand on emploie du coke ou du charbon de bois ; ils renferment en outre des carbures d'hydrogène, quand le fourneau est alimenté par du bois incomplétement carbonisé ou par de la houille crue, comme cela a lieu en Écosse. J'ai donné précédemment (716) la composition des gaz qui s'échappent des hauts fourneaux au charbon de bois, leur puissance calorifique et la température qu'ils peuvent produire.

1216. En parlant des foyers à gaz, j'ai dit que les gaz des hauts fourneaux avaient été employés à un grand nombre d'usages, et notamment à la production de la vapeur nécessaire aux machines soufflantes, au chauffage de l'air et au chauffage des fours où le fer doit être soumis à une température très-élevée. Mais les maîtres de forges trouvent en général qu'il est plus avantageux d'employer les gaz au chauffage de l'air et aux souffleries à vapeur, parce que ces gaz peuvent être utilisés en totalité pour ces deux opérations.

1217. Les premiers générateurs à vapeur furent placés au sommet du haut fourneau, à une petite distance du gueulard. Plus tard on a essayé d'employer des chaudières verticales ; les gaz brûlés descendaient dans un canal vertical en chauffant une partie de la surface et remontaient en échauffant l'autre partie. Maintenant on préfère généralement les placer au niveau du sol ; les gaz descendent par un tuyau, et sont brûlés dans un foyer qui peut être disposé de diverses manières, et l'air brûlé, après avoir parcouru toute la surface de chauffe du générateur, se dégage par la cheminée.

La disposition de la prise de gaz (710), ainsi que les dispositions décrites (711 et 714), me paraissent dans les meilleures conditions, et sont généralement employées. Cependant quelques maîtres de forges se dispensent de foyers à gaz, et font tout simplement arriver les gaz sous la chaudière par une large fente horizontale, ou un tuyau aplati à son extrémité, l'air extérieur arrivant librement an-dessous de la veine des gaz; mais il est évident que la combustion ne s'effectue pas dans de bonnes conditions. L'emploi de bons foyers à gaz permet non-seulement de faire marcher les souffleries, de chauffer l'air lancé par les tuyères, mais encore d'avoir un excès de gaz pour le chauffage des étuves, le grillage des minerais, la dessiccation des bois, etc.

Ordinairement, dans les générateurs chauffés au gaz, les gaz et l'air ne sont pas échauffés et leur accès dans le foyer a lieu par l'appel d'une cheminée.

Il est très-important de ne pas donner un trop grand tirage à la cheminée des générateurs, parce que l'appel se manifesterait au sommet du haut fourneau, et son allure serait changée d'nne manière désavantageuse, de sorte qu'il en résulterait pour le haut fourneau une perte réelle de combustible.

1218. Les générateurs sont toujours des chaudières à bouilleurs ou à réchauffeurs. On ne pourrait pas employer des chaudières tubulaires, parce que les flammes sont en général trop longues, qu'elles s'éteindraient à l'entrée des tubes et qu'il en résulterait une perte notable de chaleur. On ne pourrait se servir de chaudières tubulaires qu'en employant l'appareil de combustion à tubes concentriques (714), parce qu'il peut ne produire que des flammes très-courtes; mais alors il faudrait souffler l'air à l'aide d'un ventilateur.

Il est très-important d'employer des chaudières renfermant de grandes masses d'eau et de grands réservoirs de vapeur, afin d'obvier aux irrégularités qui peuvent se produire dans le volume et la combustion des gaz.

1219. Il est toujours utile de placer près de l'arrivée des gaz, sous la chaudière, un petit foyer destiné à les allumer et à maintenir leur combustion. Il faut aussi avant l'allumage, et à chaque interruption de chauffage, avoir soin de faire écouler les gaz par un tuyau latéral, afin d'éviter qu'il ne se forme dans les carneaux des mélanges de gaz et d'air qui pourraient produire de violentes explosions. Il est aussi très-prudent de munir l'extrémité du tuyau d'accès des gaz de larges soupapes se soulevant par un excès de pression de dedans en dehors, ou mieux de soupapes à eau disposées dans des caisses servant au nettoyage des gaz. Malgré les précautions que j'ai indiquées, de faire écouler latéralement les gaz après chaque extinction de la flamme, il se produit quelquefois des explosions, résultant d'interruptions momentanées de la combustion; elles sont plus rares avec les fourneaux au coke qu'avec ceux au charbon de bois, surtout quand ceux-ci fonctionnent avec addition de bois vert ou torréfié, parce qu'alors les gaz renferment toujours une certaine quantité d'hydrogène bien plus inflammable que l'oxyde de carbone.

1220. Les foyers d'affinerie et de chaufferie, quoique n'ayant que peu de hauteur, rentrent, quant à l'utilisation de la chaleur perdue, dans la même classe que les hauts fourneaux ; car il s'en dégage beaucoup d'oxyde de carbone qui brûle très-facilement à la sortie des feux, à cause de sa haute température. Cependant, dans l'utilisation des gaz qui s'échappent de ces feux, on n'emploie pas ordinairement de dispositions particulières pour effectuer la combustion de l'oxyde de carbone qui reste. Un feu d'affinerie au charbon de bois, qui produit de 22 à 24,000 kilogrammes de fer par mois, peut fournir par sa chaleur perdue 180^k de vapeur par heure, quantité beaucoup plus grande que celle qui est nécessaire pour faire marcher la soufflerie et son marteau. Cette vaporisation peut être produite par une chaudière de 16 mètres carrés de surface de chauffe, même en plaçant entre le foyer et la chaudière un petit four où l'on commence à chauffer la fonte qui doit être affinée. Ces résultats ont été obtenus par MM. Thomas et Laurens dans différentes usines créées sans l'emploi de cours d'eau.

1221. Jusqu'ici on s'est très-peu occupé d'utiliser la chaleur perdue des cubilots ; et cependant elle est assez importante. La quantité de vapeur qu'on pourrait produire excéderait de beaucoup celle qu'exige la machine soufflante, et pourrait même servir à chauffer l'air entrant par les tuyères.

CHAPITRE XII.

EXPLOSIONS DES CHAUDIÈRES A VAPEUR.

1222. Les chaudières à vapeur éclatent quelquefois : l'eau bouillante et les parties déchirées de l'enveloppe sont projetées au loin avec une grande force, renversent les obstacles qu'elles rencontrent, et il en résulte souvent les plus terribles accidents. Ces catastrophes sont trop fréquentes pour qu'on ne cherche pas à les prévenir ; mais elles sont cependant assez rares, relativement au nombre des chaudières qui travaillent, pour que l'on soit assuré que les circonstances qui les produisent se réalisent difficilement.

1223. M. Arago, dans l'*Annuaire du bureau des longitudes*, a donné les détails circonstanciés d'un certain nombre d'explosions, et les *Annales des mines* renferment les procès-verbaux, rédigés par les ingénieurs des mines, de toutes celles qui ont eu lieu depuis un grand nombre d'années. Je me bornerai ici à indiquer les différentes causes d'explosion qui ont été constatées.

1224. 1° *Défauts de construction.* — Ces défauts peuvent provenir de la mauvaise qualité de la tôle ou de formes vicieuses dans la disposition de la chaudière, et quelquefois dans celle du fourneau quand la surface de chauffe s'élève au-dessus du niveau de l'eau. Les essais de la résistance de la chaudière à la pompe de compression peuvent ne pas mettre ces défauts en évidence, parce qu'on opère à froid et que les fuites ne se manifestent souvent que par une pression intérieure beaucoup plus prolongée que la durée ordinaire de ces expériences.

1225. 2° *Altération des chaudières par un long usage.* — Les chaudières s'altèrent toujours avec le temps, principalement par les fuites, autour desquelles le métal s'oxyde rapidement, et surtout par les incrustations qui élèvent beaucoup la température du métal qu'elles recouvrent, et, par suite, facilitent son oxydation et diminuent la résistance. Les chaudières sont aussi rongées très-rapidement, quand les eaux d'alimentation sont acides, comme dans certaines mines (1078). On conçoit facilement que par ces causes d'altération, isolées ou réunies, la résistance de la chaudière, diminuant progressivement, finit par atteindre la limite qui correspond à la rupture. Il ne faudrait pas cependant conclure de là que toutes les chaudières à vapeur doivent finir par éclater après un service plus ou moins prolongé ; car il en existe un grand nombre, construites dans de bonnes conditions, dirigées par des chauffeurs intelligents, qui fonctionnent régulièrement depuis un grand nombre d'années sans avoir éprouvé d'altérations sensibles.

1226. 3° *Surcharge des soupapes de sûreté, adhérence des soupapes sur leur siége, absence de manomètre.* — Ces causes d'explosion se sont reproduites un grand nombre de fois. L'accroissement de pression est une cause d'autant plus efficace d'explosion, que l'excès de résistance des chaudières est peu considérable, malgré leur grande épaisseur, à cause du mode de clouure des feuilles de tôle et de la température élevée à laquelle le métal est soumis.

1227. 4° *Détonation d'un mélange explosif dans les carneaux.* — C'est à cette cause qu'il faut attribuer les explosions de certaines chaudières à foyer intérieur. La détonation d'un mélange explosif a eu lieu, d'après Gay-Lussac, dans le fourneau d'une chaudière de concentration, complétement ouverte, à la raffinerie de salpêtre établie à l'arsenal de Paris; le fourneau a été entièrement démoli, mais la chaudière n'a éprouvé aucune altération. Les mélanges explosifs se forment principalement quand, après avoir abaissé le registre, on le lève ensuite subitement ou qu'on ouvre la porte du foyer; par l'abaissement du registre, le combustible, qui éprouve, quand il en est susceptible, une véritable distillation, remplit les carneaux de gaz combustibles, et par l'ouverture de la porte il arrive un excès d'air qui se mêle au gaz, et qui, dans certaines circonstances, peut produire une violente détonnation : on comprend même difficilement que ces accidents ne soient pas plus fréquents.

1228. 5° *Abaissement du niveau de l'eau dans la chaudière.* — Le niveau de l'eau dans la chaudière peut s'abaisser, soit par une alimentation insuffisante, soit par l'ouverture des soupapes de sûreté ou d'un orifice de dégagement de la vapeur, et, dans certains cas, par la position de l'orifice de sortie de la vapeur, qui laisserait échapper de l'eau à l'état d'émulsion. Cet abaissement de niveau est ordinairement accompagné d'un affaiblissement de la puissance des machines, provenant de la diminution de la surface de chauffe, et il est suivi d'un grand échauffement des parties de la chaudière qui sont chauffées extérieurement par les gaz sortis du foyer et qui ne sont pas mouillées intérieurement.

1229. Indépendamment des explosions, qui heureusement sont assez rares, il arrive aux chaudières à vapeur des accidents qui, dans certains cas, peuvent avoir beaucoup de gravité; la vapeur et l'eau s'échappent quelquefois par des fissures qui se produisent dans les joints. Quand les jets n'ont qu'une petite section, il n'en résulte jamais de graves inconvénients; mais quand la section est considérable, il se dégage instantanément une grande quantité de vapeur qui peut occasionner de graves accidents, surtout dans les bateaux, parce que la chambre des chaudières est petite et fermée.

1230. Plusieurs physiciens avaient prétendu qu'un accroissement graduel de pression ne pouvait pas donner lieu aux explosions fulminantes, qu'il ne pouvait occasionner que des déchirures partielles de la chaudière et des jets de vapeur ou d'eau, et que, pour expliquer ces grandes explosions, il fallait avoir recours à la formation instantanée d'une grande quantité de vapeur. Mais il existe des exemples d'explosions qui, sans aucun doute, ont été provoquées par la surcharge des soupapes de sûreté; d'ailleurs, des expériences faites en Amérique par l'institut Franklin, dans lesquelles on a fait éclater, avec toutes les circonstances des explosions fulminantes, des chaudières de fer ou de cuivre hermétiquement fermées, ne peuvent laisser aucune incertitude à cet égard. Les explosions fulminantes peuvent même se produire dans des vases renfermant de l'air ou un gaz comprimé; je citerai l'explosion d'un réservoir dans lequel du gaz propre à l'éclairage était comprimé par une pompe, explosion dont M. Arago a été témoin, et enfin l'explosion plus récente encore d'un appareil de M. Thilorier, pour la congélation de l'acide carbonique, et qui a occasionné un si funeste accident.

1231. On conçoit facilement qu'une déchirure peu étendue dans une chaudière puisse ne donner lieu qu'à des jets de vapeur et d'eau et n'occasionner aucun ébranlement dans la masse; mais si l'eau est à une température élevée, de manière à pouvoir produire un grand volume de vapeur, la diminution de résistance provenant d'une déchirure partielle peut occasionner la séparation complète d'une partie de la chaudière, qui, étant pressée par la vapeur pendant une partie de son mouvement, peut recevoir une impulsion qui la projette à une grande distance; la réaction provenant de ce mouvement et celle qui résulte de l'écoulement de l'eau peuvent alors occasionner de grands dérangements dans le reste de l'appareil.

De toutes les causes d'explosion que nous avons énumérées, la dernière seule paraît difficile à comprendre, et elle a été expliquée de différentes manières.

1232. Voici d'abord l'explication donnée par M. Perkins, et qui est assez généralement admise. Imaginons que, par une cause quelconque, le niveau de l'eau baisse dans une chaudière; les parties de la surface qui sont en contact d'un côté avec l'air brûlé, et de l'autre avec de la vapeur, prendront une température très-élevée; la vapeur s'échauffera bien au-dessus de la température du liquide; la surface du liquide en contact avec la chaudière diminuant, la quantité de vapeur formée ira aussi en diminuant, malgré l'activité du foyer. Ainsi, la vitesse de la machine se ralentira. Dans cet état, si l'on ouvre une soupape de sûreté ou un tuyau de dégagement, de manière à diminuer la pression intérieure, il se formera une grande quantité de vapeur aux dépens de la température de l'eau elle-même; cette émission de vapeur, qui partira simultanément de tous les points de la masse liquide, produira une augmentation de volume analogue à celle des eaux gazeuses ou du vin de Champagne qu'on débouche; cette mousse pénétrant dans la chambre de vapeur à une haute température, il se formera, dans un temps très-court, une grande quantité de vapeur; la pression augmentera subitement; la soupape de sûreté se soulèvera ; mais, la quantité de vapeur qu'elle laissera écouler n'étant point suffisante, la chaudière éclatera.

1233. Cette explication repose, comme on voit, sur trois points : 1° échauffement de la partie supérieure de la chaudière par suite de l'abaissement du niveau de l'eau ; 2° expansion de l'eau en mousse par une diminution de pression ; 3° formation instantanée d'une grande quantité de vapeur par cette mousse, en pénétrant dans la chambre à vapeur.

Le premier point est évident ; car aussitôt qu'une partie de la surface de chauffe n'est pas baignée par l'eau, comme la chaleur se dissipe très-peu par la vapeur, il en résulte nécessairement que la paroi de la chaudière s'échauffe, et on conçoit qu'elle puisse être portée jusqu'au rouge. Un grand nombre d'observations directes le démontrent. M. Mogle découvrit une fois, en visitant les machines du Cornwall, qu'une échelle en bois, qui reposait par son pied sur le sommet d'une chaudière, avait pris feu. Dans un des paquebots qui font le voyage de Liverpool à Dublin, une planche de sapin, qu'on avait posée accidentellement sur le couvercle de la chaudière, s'était enflammée. Enfin, pour ne laisser aucun doute, nous rapporterons une expérience directe de M. Perkins. Une chaudière cylindrique, de 4 pieds de long sur 1 pied de diamètre, ayant été placée verticalement sur un fourneau, la base fut entourée d'un feu qui s'élevait au tiers de la hauteur, tandis que l'eau plus basse n'en baignait qu'un sixième ; la soupape de sûreté, chargée d'environ 1 atmosphère, était placée sur le côté de la chaudière, à la moitié de la hauteur. On remplaçait l'eau transformée en vapeur que cette soupape laissait échapper, au fur et à mesure de sa fuite. Un thermomètre, plongé dans l'eau et descendant jusqu'au fond du vase, marquait 104° centigrades. Un autre, plongé au milieu de la hauteur de la chaudière, accusait 260° ; le couvercle de la chaudière était rouge. (*Annuaire du bureau des longitudes* de 1830.)

Quant au second point, il est impossible de ne pas l'admettre également. On peut d'ailleurs faire à cet égard une expérience décisive : si l'on place sous une cloche reposant sur le plateau d'une machine pneumatique, un vase renfermant de l'eau ou de l'alcool, on voit, à chaque coup de piston, la vapeur s'élever en mousse à une hauteur plus ou moins considérable. Ce fait a d'ailleurs été constaté directement par M. Jobard sur des bouilleurs en verre, et, par l'institut Franklin, sur une chaudière de fer munie de regards en verre : la pression intérieure étant de 2 atmosphères, lorsqu'on ouvrait un orifice dont la section était égale à $\frac{1}{2055}$ de la surface de la chaudière, le bouillonnement remplissait la chaudière, et l'eau était lancée avec violence par l'orifice.

Mais le dernier point présente beaucoup d'incertitude. On conçoit facilement que l'eau, lancée dans la partie supérieure de la capacité de la chaudière, à travers la vapeur très-dilatée et très-chaude qui s'y trouve, en absorbe très-promptement la chaleur ; mais la quantité de chaleur que cette vapeur contient est peu considérable, et ne peut pas expliquer l'accroissement de pression que suppose l'explication de M. Perkins. Il faudrait alors admettre que la chaleur des parois de la chaudière concourt à la formation instantanée de la vapeur ; mais des faits incontestables, que nous allons rapporter, ne permettent pas de supposer que cette chaleur puisse se transmettre assez rapidement à l'eau pour occasionner un grand accroissement de pression dans un temps très-court.

1234. *Phénomènes que présentent les liquides en contact avec des surfaces métalliques incandescentes.* — En 1756, Leidenfrost a reconnu que, lorsqu'on met quelques gouttes d'eau dans une capsule polie de fer, d'argent ou de platine, chauffée au rouge blanc, les gouttes se réunissent en une seule qui tourne rapidement sur elle-même et s'évapore lentement. Plus tard, M. Dobereiner constata que ce phénomène avait également lieu avec l'alcool, l'éther et les huiles essentielles ; ensuite M. Laurent a établi qu'il se manifestait pour tous les liquides et les corps en dissolution. Plus récemment, M. Boutigny a étudié cette question avec beaucoup de soin et de sagacité, et nous allons résumer le résultat de ses observations.

M. Boutigny désigne sous le nom d'état sphéroïdal l'état particulier que prennent les liquides dans les vases métalliques incandescents, et il a établi les faits suivants :

1° Tous les liquides, l'eau, l'alcool, l'éther, le mercure, les huiles, les graisses, les dissolutions acides ou salines, sont susceptibles de prendre l'état sphéroïdal. La température du vase à laquelle ce phénomène commence à se produire s'élève avec celle de l'ébullition du corps : pour l'eau, l'alcool absolu, l'éther, ces températures sont de 171°, 134°, 61°, et par conséquent bien inférieures à la chaleur rouge.

2° La température des liquides à l'état sphéroïdal, quelle que soit d'ailleurs celle du vase qui les contient, est invariable, et toujours inférieure à celle de leur ébullition ; la quantité de liquide vaporisée augmente avec la température du vase.

3° La température de la vapeur produite par le liquide à l'état sphéroïdal est égale à celle des vases qui la contiennent.

4° Il n'y a pas contact entre le liquide à l'état sphéroïdal et la surface sur laquelle il est déposé; car, si elle est plane, on peut apercevoir la lumière entre elle et la partie inférieure du globule; d'ailleurs, des liquides qui attaquent certains métaux n'agissent pas sur eux lorsqu'ils sont à l'état sphéroïdal.

5° Les phénomènes dont il s'agit peuvent se produire sur de très-grandes masses de liquide; seulement il se manifeste toujours un léger mouvement d'ébullition; mais l'évaporation est très-lente, et se fait brusquement, avec une sorte d'explosion, lorsque la température du vase s'abaisse assez pour qu'il soit mouillé par le liquide.

1235. La lenteur de l'évaporation, dans les circonstances dont il est question, provient de deux causes : de ce que le liquide ne mouille pas le métal, et de ce que la chaleur rayonnée par le métal est presque complétement réfléchie à la surface du liquide.

1236. La cause qui empêche le liquide de mouiller le métal réside très-probablement dans une force répulsive qui se manifeste entre les corps échauffés et qui augmente rapidement avec leur température. Les expériences de M. Perkins, que nous allons rapporter, viennent à l'appui de cette supposition. Un générateur à vapeur en bronze étant fendu sur une partie de sa longueur; rien ne sortait par la fente, à une haute température; mais il se produisait un jet d'eau lorsque la température était peu supérieure à 100°. On pouvait supposer que l'absence du jet à une haute température provenait de la dilatation du métal qui se trouvait de chaque côté de la fente; mais, en perçant le générateur d'un trou de $\frac{1}{8}$ de pouce de diamètre, et en y adaptant un canon de fusil de 3 pieds de longueur, terminé par un robinet, on a reconnu que le robinet ne donnait point d'eau lorsque la pression était de 50 atmosphères, et que, sous une pression beaucoup plus faible, l'eau en sortait avec une grande vitesse.

1237. Quoi qu'il en soit de l'explication du fait dont il s'agit, il est bien démontré que le liquide ne peut mouiller le métal qu'à une température inférieure à 171°. Ainsi le métal, étant à une température supérieure, ne communiquerait pas sa chaleur à l'eau. Mais il faut remarquer que, dans les chaudières à foyers extérieurs, les carneaux latéraux sont terminés supérieurement par des voûtes en briques qui prennent la température des gaz, et la communiquent ensuite partiellement aux parties des chaudières supérieures aux carneaux, et par conséquent la température de la partie de la chaudière qui se trouve au-dessus du niveau de la chauffe pourra, par cette cause, être plus élevée. Ainsi, sur une certaine partie de la chaudière, chauffée plus fortement que la vapeur, il pourra y avoir formation presque instantanée de vapeur par le contact du liquide en émulsion. Perkins cite, à l'appui de son opinion, le fait suivant : un générateur ayant été d'abord chauffé au rouge et ensuite rempli d'eau, la force élastique de la vapeur était d'abord très-faible, et s'est développée avec une grande rapidité à mesure que la température de la chaudière a baissé; mais ce fait, qu'il était facile de prévoir, ne prouve rien, parce que la chaudière avait été rougie avant d'être remplie.

1238. Mais, comme il y a eu souvent des explosions après un certain temps d'arrêt, pendant lequel le niveau de l'eau, par l'absence des bouillons, a nécessairement baissé, il est probable que la vapeur a été surchauffée, et on pourrait penser que l'eau entraînée mécaniquement par la vapeur a pu, en se vaporisant au contact de la vapeur surchauffée, produire presque subitement un grand accroissement de pression. Pour vérifier cette supposition, considérons une chaudière ayant un réservoir de vapeur d'un mètre cube ; admettons que là vapeur soit à 121° et qu'elle s'échauffe progressivement jusqu'à 500° ; son volume augmentera dans le rapport de $1 + 0,00366 . 121$ à $1 + 0,00366 . 500$, c'est-à-dire dans le rapport de 1,44 à 2,83 ; si l'on suppose que la soupape se soit soulevée de manière à maintenir la pression primitive, le poids de la vapeur, d'abord de $1^k 11$, deviendra à peu près $0^k 5$; la vapeur renfermera $\frac{530}{2} = 265$ unités de chaleur latente, et $0,5 . 0,475 (500 - 121) = 89,77$ unités de chaleur sensible, qui ne pourraient vaporiser qu'une quantité d'eau égale à $\frac{1}{3}$ de celle qui se trouve dans la chaudière : ainsi la tension ne serait augmentée que de $\frac{1}{3}$ environ.

1239. Il est donc peu probable que les explosions dont il est question proviennent uniquement d'un accroissement lent de tension de la vapeur ; on pourrait supposer qu'elles résultent de la formation presque instantanée de vapeur qui produirait l'effet d'un choc violent ; cette vapeur serait formée par la chaleur enlevée à la vapeur surchauffée .et aux parois de la chaudière ; mais cette supposition est encore peu probable.

1240. M. Boutigny attribue les explosions qui sont précédées d'un abaissement du niveau à ce que les surfaces de la chaudière abandonnées par l'eau prennent une température élevée ; le niveau remontant par suite d'une alimentation augmentée ou d'une diminution de consommation de vapeur, et un refroidissement des parois de la chaudière permettant à l'eau de mouiller le métal, il y a formation instantanée de vapeur, et par suite explosion. L'explication de M. Boutigny est fondée sur un grand nombre d'expériences, mais elles ont été faites sur une petite échelle ; les vases avaient une grande épaisseur, et l'eau un petit volume : or, comme le contraire a lieu dans les chaudières à vapeur, les phénomènes ne sont pas comparables.

1241. Ainsi, toutes les explications des explosions précédées d'un abaissement de niveau, et qui reposent uniquement sur une formation très-rapide de vapeur par le contact de l'eau avec le métal très-échauffé, ou par la vaporisation, aussi très-rapide, de l'eau entraînée mécaniquement en pénétrant dans la vapeur surchauffée, sont insuffisantes.

1242. Mais il faut remarquer que la résistance d'une chaudière, par le seul mode de clouure, est réduite à 0,55 (938) ; qu'ensuite, si l'on suppose que la température du métal atteigne 700°, sa résistance est réduite à 0,3 (938), et que, par ces deux circonstances réunies, la résistance de la chaudière est réduite à $0,55 . 0,3 = 0,165$ de celle qui résulte de la formule (933) ; or, comme cette résistance est à peu près douze fois plus grande que celle qui correspond à la rupture, il s'ensuit que, quand une partie de la chaudière, où se trouve un joint à rivets, est chauffée à 700°, la résistance de la chaudière n'est pas égale au double de la force qui produit la rupture. On comprend alors facilement qu'une légère altération dans le métal, ou une tôle de mauvaise qualité, ou une température plus élevée du métal, et très-probablement aussi un accroissement rapide de pression résultant du chauffage de la vapeur par le métal incandescent, ou la formation presque instantanée de vapeur par l'eau entraînée mécaniquement et pénétrant dans la vapeur surchauffée, puissent donner à la pression une valeur plus grande que la résistance, et qu'une explosion s'ensuive. D'ailleurs un métal, soumis à une pression si voisine de celle qui produit la rupture, doit nécessairement s'altérer, et c'est pour cette raison qu'on ne peut pas, avec sécurité, faire supporter à la tôle une charge permanente supérieure à $\frac{1}{12}$ de celle qui produirait la rupture. Il est très-probable que c'est à ces causes qu'il faut attribuer les explosions qui se sont manifestées à la reprise du travail.

Il serait possible aussi que la continuité de la pression, sous une température élevée, eût une certaine influence sur la résistance de la tôle.

1243. On a pensé qu'une couche de dépôts au fond de la chaudière, pouvait lui permettre de rougir, et que, par une cause quelconque, la croûte venant à se rompre, l'eau se trouvait en contact avec le métal incandescent, et qu'il se formait instantanément un grand volume de vapeur dont la tension produisait la rupture de la chaudière. Mais cette explication est peu probable, à cause de la faible épaisseur des chaudières, de la faible capacité calorifique du fer et, de la grande surface qu'il faudrait supposer au métal rouge découvert.

1244. M. Galy-Cazalat, tout en admettant pour causes de certaines explosions l'introduction de l'eau au-dessous des couches de dépôts soulevées où le métal est incandescent, et l'élévation du liquide en mousse contre les parois de la chaudière qui ont été chauffées au rouge par un abaissement de niveau, admet encore une autre cause fondée sur les expériences suivantes. Lorsqu'on place, dans un vase renfermant un bain à une température constante, un vase de verre ouvert contenant de l'eau, l'ébullition se fait régulièrement, et la température de l'eau est de 100°. Mais, si l'eau est recouverte d'une couche d'huile, l'ébullition n'est point régulière, et la température de l'eau peut s'élever jusqu'à 123°; dans ce cas une légère élévation de température détermine une formation instantanée de vapeur qui brise le vase. L'ébullition par intermittence a également lieu pour les dissolutions salines saturées. M. Galy-Cazalat admet que, quand l'eau est couverte d'une couche d'huile, ce liquide s'oppose seulement à ce que l'eau reprenne de l'air à mesure qu'elle le perd par l'ébullition, et que de l'eau privée d'air se comporterait de la même manière. Il explique alors certaines explosions par l'absence d'alimentation qui laisse l'eau privée d'air et lui permet de prendre une température beaucoup plus élevée que celle qui correspond à la pression, et de produire instantanément une quantité de vapeur très-grande, d'où résulte une pression que la chaudière ne peut pas supporter, et contre laquelle les soupapes de sûreté sont sans efficacité. Pour que cette explication fût admissible, il aurait fallu démontrer, 1° que c'est bien l'absence seule de l'air qui, dans l'expérience que nous avons citée, a élevé la température de l'eau à 123° sous une couche d'huile : une expérience dans laquelle l'air a été recueilli sous une cloche pleine de mercure, et dans laquelle l'ébullition régulière s'est maintenue après l'expulsion de l'air, est complétement en opposition avec cette opinion; 2° que les mêmes phénomènes se produisent dans les vases métalliques; ce qui n'est pas probable, car tout le monde sait que les soubresauts, qui accompagnent l'ébullition de l'eau dans le verre, n'ont pas lieu dans des vases métalliques, et que la température de l'ébullition de l'eau est moins élevée dans ceux-ci que dans les vases de verre. Ainsi cette explication n'est pas admissible.

1245. M. Jaquemet a donné, il y a quelques années, une explication des explosions complétement différente de celles que nous venons de voir ; nous la rapporterons sommairement. M. Jaquemet a reconnu par expérience que, lorsqu'on ouvre une issue à la vapeur qui se forme dans une chaudière, si la section est très-petite relativement à la surface de chauffe, il ne se dégage que de la vapeur; si la section augmente, il sort un mélange d'eau et de vapeur, dans lequel l'eau est d'autant plus abondante que la section est plus grande, et qu'à une certaine limite de section, inférieure à celle qu'on donne communément à chacune des soupapes, il ne sort plus que de l'eau. Il résulte de ce fait que, quand on ouvre une large issue à la vapeur, la vitesse d'écoulement du mélange d'eau et de vapeur étant beaucoup plus petite que celle de la vapeur pure, la quantité de chaleur entraînée hors de la chaudière pourrait être, malgré la plus grande densité du mélange, plus petite que celle qu'elle reçoit dans le même temps, et, par suite, que la tension de la vapeur augmenterait constamment jusqu'à la rupture de l'appareil. Cette explication suppose nécessairement qu'en ouvrant un large orifice à l'écoulement de la vapeur la pression de la chaudière augmente; mais ce fait, que M. Jaquemet a observé un grand nombre de fois et qui l'avait été avant lui, n'a pas été constaté depuis. Il était probablement dû à certaines circonstances, particulières aux chaudières dont on s'est servi.

1246. On a expliqué les explosions fulminantes par la détonation d'un mélange d'hydrogène et d'air; l'hydrogène proviendrait de la décomposition de l'eau sur le métal incandescent, ou de celle des matières grasses entraînées par l'eau d'alimentation, et l'air arriverait par la pompe alimentaire dont le tube d'aspiration ne plongerait pas dans l'eau ou dont certains joints ne seraient pas parfaitement étanches; l'inflammation du mélange détonant serait due au contact du métal incandescent, ou à une étincelle électrique résultant de l'électricité produite par la vaporisation (1).

Cette dernière explication des explosions, proposée, il y a longtemps, a été reproduite récemment par M. Jobard, qui la regarde comme pouvant seule rendre compte d'une explosion qui a eu lieu à Gand, il y a quelques années : la chaudière était froide, sans eau, ouverte, et la détonation eut lieu lorsqu'un ouvrier s'y introduisit avec une lampe pour la nettoyer. La formation de l'hydrogène dans les chaudières à vapeur

___

(1) La vapeur, qui sort d'une chaudière, est toujours chargée d'électricité. C'est M. Tassin, ingénieur belge, qui paraît avoir constaté ce fait le premier, du moins pour les chaudières à vapeur; car il a été découvert, il y a longtemps, par M. Pouillet, mais par des expériences faites sur des vases d'une petite dimension. Depuis, M. Séguier a fait à ce sujet de nouvelles expériences, dans lesquelles il a pu obtenir des étincelles de plusieurs centimètres de longueur. (*Comptes rendus de l'Académie des sciences*, t. XIII.)

a d'ailleurs été constatée, par M. Séguier, dans plusieurs circonstances ; il a reconnu, dans une chaudière du faubourg Saint-Antoine, qu'il s'échappait de l'hydrogène avec la vapeur par la soupape de sûreté ; dans une machine à vapeur, il a été constaté que ce gaz sortait par la pompe à air.

1247. De tous les détails que nous venons de donner sur les explosions des chaudières, nous pouvons déduire que les précautions les plus importantes à prendre, dans leur construction et leur direction, sont les suivantes :

Employer, autant que possible, des chaudières cylindriques à base circulaire.

Éviter les formes de chaudières qui peuvent changer par la pression ; car les armatures intérieures n'empêchent pas complétement le métal d'obéir à l'influence des variations des pressions intérieures, et ces flexions, en se produisant très-fréquemment, diminuent la résistance de la tôle.

Employer surtout, dans la construction des chaudières, des tôles de bonne qualité, non feuilletées, et de préférence celles qui ont été fabriquées au charbon de bois.

Employer des soupapes de sûreté à rebords étroits, comme celle de M. Chaussenot.

Multiplier surtout les indicateurs de niveau : deux sont indispensables, un à tube et l'autre à flotteur ; mais il serait utile d'employer un troisième flotteur à sifflet, qui ne fonctionnerait que quand le niveau serait descendu d'une certaine quantité au-dessous de la limite assignée. Ce flotteur est d'ailleurs exigé par les nouvelles ordonnances.

Observer le dénivellement produit dans la chaudière par les bulles de vapeur qui se dégagent ; car il en résulte que si, pendant le travail, le niveau était à la hauteur convenable, il descendrait d'une quantité plus ou moins grande quand on arrêterait l'émission de la vapeur, et qu'alors une partie de la surface de chauffe ne serait pas mouillée intérieurement et pourrait rougir ; il faudrait alors, si l'alimentation était produite par la machine, que le chauffeur eût à sa disposition une petite pompe alimentaire, qu'il ferait mouvoir lui-même pour rétablir le niveau dans les temps d'arrêt.

Un thermomètre, dont le réservoir plongerait dans la vapeur, et qui serait disposé comme nous l'avons indiqué (992), serait un moyen très-efficace pour reconnaître le suréchauffement de la vapeur résultant d'un abaissement de niveau.

Employer de bons systèmes d'alimentation, doubles autant que possible, surtout quand l'appareil est une pompe, car le jeu de la pompe d'alimentation peut être interrompu par un grand nombre de causes, par l'introduction de corps étrangers qui s'opposent à la fermeture d'un des clapets, par des fuites dans la garniture du piston, par l'adhérence d'un des clapets sur son siége.

Pour la haute comme pour la basse pression, employer toujours des manomètres à air libre, indépendamment des manomètres métalliques.

Nettoyer souvent les chaudières, surtout si les eaux que l'on emploie forment beaucoup de dépôts, et, dans tous les cas, se servir des différents moyens indiqués pour éviter les incrustations.

Enfin, de toutes les précautions, la plus importante, et malheureusement la plus négligée, c'est le choix d'un chauffeur sobre, actif et intelligent.

CHAPITRE XIII.

AMÉLIORATIONS A INTRODUIRE DANS LES GÉNÉRATEURS.

Générateurs fixes.

1248. Les générateurs en France sont, en général, comme nous l'avons vu, des chaudières à bouilleurs ou à réchauffeurs. Ces derniers sont préférables, surtout quand ils doivent produire de la vapeur à 4 ou 5 atmosphères, parce qu'une partie des dépôts se fait dans les réchauffeurs, où ils ne peuvent avoir que fort peu d'inconvénients. Les incrustations peuvent d'ailleurs être facilement extraites, si l'on a soin de donner aux réchauffeurs un diamètre suffisant. Il serait utile d'avoir pour chaque chaudière deux systèmes de tubes réchauffeurs, fonctionnant alternativement, afin que l'un des systèmes pût être nettoyé sans qu'on fût obligé de suspendre la production de la vapeur. On pourrait rendre ce nettoyage plus facile, en plaçant dans chaque tube plusieurs plaques de tôle horizontales, fixées à une tige, qui permettrait de les enlever toutes à la fois pour les nettoyer en dehors; la plus grande partie des dépôts et des incrustations se trouverait sur les plaques. Si la température de la vapeur n'atteignait pas 140 à 150°, c'est-à-dire 4 à 5 atmosphères, il ne se déposerait dans les tubes réchauffeurs que le carbonate de chaux des eaux d'alimentation; et si ces eaux renfermaient du sulfate de chaux, il se formerait des dépôts et des incrustations dans la chaudière; il faudrait, en ce cas, la nettoyer souvent, ou bien avoir recours à l'épuration préalable des eaux d'alimentation.

En donnant un développement suffisant aux tubes réchauffeurs, on pourrait refroidir à peu près complétement les gaz brûlés, et utiliser presque les 0,75 de la chaleur du combustible brûlé, tandis que l'on n'utilise guère que les 0,5. Mais alors il faudrait produire un tirage mécanique, qui, du reste, ne consommerait que bien peu de travail (569 et suivants); la mise en train pourrait être produite par une cheminée, qui communiquerait avec un point du circuit assez rapproché de la chaudière pour que l'air brûlé y arrivât à une température de 200 à 300°, bien suffisante pour le tirage.

1249. Dans toutes les dispositions de générateur, la transmission de la chaleur à travers le métal de la chaudière paraît augmentée, quand la surface en contact avec l'eau est recouverte d'une légère couche de dépôts; si l'on employait pour l'alimentation des eaux privées de sels calcaires, comme je l'ai dit (1104), il ne faudrait commencer ce système d'alimentation qu'après la formation de cette couche de dépôts.

Il n'est pas douteux qu'il ne soit aussi très-important que la surface extérieure soit terne, pour faciliter l'absorption de la chaleur rayonnante; la suie produit rapidement cet effet; mais quand la couche a une trop grande épaisseur, la transmission diminue à cause de la mauvaise conductibilité de cette matière.

1250. Pour toute espèce de générateurs, il serait important de couvrir les surfaces libres d'un enduit mauvais conducteur de la chaleur et d'une épaisseur suffisante; car on peut compter que la chaleur perdue par chaque mètre carré de surface exposée à l'air, correspond au moins à celle que renferme $1^k 5$ de vapeur. Du poussier de charbon de bois, maintenu par une enveloppe en bois, serait très-avantageux. On place souvent un feutre grossier sous l'enveloppe en bois. L'expérience ayant constaté (843) que la densité des matières filamenteuses, en nature ou en tissus, est sans influence sur leur conductibilité, il serait possible de réduire beaucoup leur poids, sans diminuer leur effet. On pourrait, en se servant de ces matières, employer aussi un enduit plastique, formé de terre ou de sable mêlé d'un peu de plâtre et de paille hachée ou de bourre. Quand les surfaces sont planes ou qu'elles appartiennent à des cylindres de grand rayon, les quantités de chaleur transmises sont à peu près en raison inverse des épaisseurs; dans tous les cas, on pourrait facilement calculer les quantités de chaleur transmises, au moyen des formules que nous avons données dans le livre VI.

1251. Il y a aussi, par la surface des fourneaux, une perte notable de chaleur, qu'on pourrait également réduire par des enduits plastiques. Mais la plus grande perte provient de l'air qui passe à travers les joints des briques, et elle ne saurait être évitée par un enduit extérieur, attendu que les inégalités de dilatation de la maçonnerie et de l'enduit produiraient toujours des fissures. Cette dernière cause de perte de chaleur, qui n'existe pas dans les générateurs à foyers et à circuits intérieurs, ne pourrait être supprimée que par une enveloppe métallique, séparée de la maçonnerie par un intervalle rempli de sable fin.

Générateurs de bateaux.

1252. Pour les bateaux, les chaudières tubulaires sont maintenant, comme je l'ai déjà dit (1165), préférées aux anciennes chaudières à carneaux, parce qu'elles pèsent moins, qu'elles tiennent moins de place, qu'elles permettent d'élever un peu plus la pression de la vapeur et d'obtenir un plus grand effet utile du combustible. On évite, en partie du moins, les incrustations par des extractions convenables. Mais il s'en forme encore, à la longue, aux extrémités des tubes, où le mouvement de l'eau et de la vapeur éprouve plus de résistance que dans le reste de la chaudière. En outre, un peu de négligence de la part du chauffeur pour effectuer les extractions peut compromettre la chaudière, en déterminant la formation d'une couche assez épaisse de dépôts qu'on ne peut enlever que par un travail long et pénible, ou par des moyens dangereux et qui nécessitent même quelquefois l'enlèvement des tubes et la démolition de la chaudière. Sous ce rapport, la disposition que nous avons indiquée (1178), et qui permet le nettoyage facile de toutes les parties de la chaudière, nous paraît un véritable progrès.

1253. Il faut éviter les surfaces planes et chercher à les remplacer par des surfaces cylindriques, et, s'il est possible, par des cylindres à section circulaire, qui, comme dans les chaudières de Cornwall, offrent une grande solidité.

On pourrait diminuer le nombre des tubes, en plaçant dans chacun d'eux des lames de tôle, fixées à angle droit, ou disposées d'une autre manière, qui prendraient la température de l'air brûlé et chaufferaient les surfaces intérieures des tubes par rayonnement.

Pour les machines de bateaux, encore plus que pour les machines fixes, il serait important de dessécher la vapeur; car il paraît que l'entraînement de l'eau se produit plus facilement, surtout à l'embouchure des rivières, quand les eaux sont bourbeuses; et cette eau entraînée, en opposant de très-grandes résistances aux mouvements des pistons, a produit quelquefois de graves accidents, la rupture des cylindres ou des tiges. Un fait remarquable, et qui mérite d'être signalé, c'est que ces entraînements d'eau se manifestent principalement dans les chaudières neuves, et disparaissent quelquefois lorsque leurs surfaces intérieures sont couvertes d'une légère couche d'incrustations.

On pourrait aussi produire un tirage mécanique, comme pour les générateurs fixes; il en résulterait une économie notable de combustible, parce qu'on pourrait refroidir complétement l'air brûlé (571).

Si les générateurs étaient à haute pression, à 4 ou 5 atmosphères, l'eau d'alimentation pourrait être échauffée en parcourant un cylindre d'un assez grand diamètre, disposé comme les réchauffeurs des générateurs fixes, dans lequel les dépôts s'effectueraient presque en totalité, si le cylindre avait un grand diamètre, et que la vitesse de l'eau y fût très-petite.

<h3 style="text-align:center">Générateurs des locomotives.</h3>

1254. Ces générateurs sont disposés d'une manière si avantageuse pour le service, et paraissent satisfaire si complétement aux conditions qu'ils doivent remplir, qu'il est peu probable qu'ils éprouvent de grands changements dans leur disposition. Mais ils me paraissent susceptibles de plusieurs améliorations importantes dans les détails.

D'abord, il n'est pas douteux qu'on ne parvienne à leur faire produire un plus grand effet utile, en augmentant l'étendue de la surface de chauffe, soit par l'accroissement du nombre et du diamètre des tubes, soit en plaçant dans chacun d'eux des lames de tôle diversement disposées, qui prendraient la température de l'air brûlé, et chaufferaient les tubes par rayonnement; cette disposition ne présenterait aucun embarras pour le nettoyage intérieur des tubes, parce que ces lames de tôle étant seulement posées pourraient être facilement enlevées; à la vérité, elles augmenteraient la résistance de l'air brûlé, mais l'accroissement de résistance serait très-faible. En effet, nous avons vu (1187), en parlant des locomotives, que la charge qui produisait l'écoulement était moyennement égale à $p(5{,}21 + 1{,}93)$, le premier nombre représentant la résistance de la grille, et le second celle des tubes; or, si les tubes prenaient un diamètre deux fois plus petit (leur nombre devenant quatre fois plus grand, pour que la somme des sections restât constante), la résistante $\frac{Kl}{d}$ deviendrait deux fois plus grande; la charge pour produire l'appel deviendrait alors $p(5{,}21 + 3{,}86) = p.\ 8{,}07$; elle serait donc augmentée dans le rapport $\frac{8{,}07}{7{,}14} = 1{,}13$. En supposant que le tirage de la cheminée soit constant, la vitesse d'accès de l'air serait seulement les 0,93 de ce qu'elle était d'abord, variation qui est bien inférieure à l'excès de tirage que possèdent toujours les cheminées. Nous venons de supposer que le nombre des tubes devenait quatre fois plus grand; on produit le même effet, d'une manière plus simple, en plaçant des diaphragmes qui divisent la section en quatre parties égales; seulement le frottement est un peu plus grand. Comme nous l'avons vu (345), il est égal à $\frac{KC}{4S}$, C étant le contour du tuyau et S sa surface; et comme $C = D + \frac{\pi D}{4}$, et que $S = \frac{\pi D^2}{16}$, on trouve $\frac{2,34 Kl}{D}$, tandis que dans un tuyau de diamètre $\frac{D}{2}$, le frottement serait $\frac{2Kl}{D}$. On voit, d'après cela, que l'accroissement de résistance serait en général peu considérable.

Ces surfaces de chauffe indirectes produiraient sans aucun doute un accroissement notable de vaporisation. Il est toutefois important de remarquer que ces surfaces de chauffe par rayonnement ne sont efficaces que par leur haute température comparée à celle des tuyaux; si les tuyaux étaient employés à chauffer de l'air, leur température serait beaucoup plus élevée, et les plaques transversales ne serviraient à peu près à rien, et ne feraient qu'augmenter la résistance au mouvement de la fumée.

1255. D'après ce que j'ai dit relativement aux incrustations, les avantages qui résulteraient de l'épuration des eaux d'alimentation sont si évidents que je ne crois pas nécessaire d'insister de nouveau sur ce sujet.

1256. Un autre point, qui me semble beaucoup trop négligé, c'est la dessiccation de la vapeur. Dans les locomotives, et en général dans tous les générateurs tubulaires, les intervalles des tubes devant donner issue à la vapeur qui se produit et en même temps aux courants d'eau qui marchent en sens contraire, il en résulte nécessairement une ébullition tumultueuse, très-favorable à l'entraînement de l'eau, surtout si l'eau de la chaudière est boueuse, ce qui arrive souvent. Or, les eaux entraînées ayant de très-graves inconvénients, je pense qu'il serait très-avantageux, sous tous les rapports, d'employer les moyens connus pour dessécher la vapeur.

1257. Mais l'amélioration, dont on se préoccupe le plus maintenant, en France, c'est la substitution des houilles crues au coke qu'on a employé exclusivement jusqu'à ces derniers temps. L'avantage qui en résulterait serait très-considérable; car la chaleur perdue dans la fabrication du coke employé dans les locomotives n'étant pas utilisée, et le rendement moyen étant de 0,65, il s'ensuit que la perte du combustible s'élève à 0,35. Elle est même plus grande, parce que les gaz perdus ont une plus grande puissance calorifique que le charbon ; et à cette perte il faut encore ajouter la main-d'œuvre, les déchets par le menu, et l'entretien des fourneaux. Malgré tous les essais qui ont été faits récemment, la question n'est point encore complétement résolue. Les houilles crues, plus ou moins grasses, ont un grand inconvénient ; elles se transforment progressivement en coke dans l'intervalle de deux chargements, et, pendant toute la durée de cette transformation, le foyer exige des quantités d'air décroissantes, qu'il paraît bien difficile de fournir de manière à éviter un dégagement de fumée, la production d'oxyde de carbone et le passage à travers le foyer d'un trop grand volume d'air non altéré. La première condition n'est indispensable que pour les trains de voyageurs ; les deux autres ont une très-grande influence sur l'effet utile du combustible, et la dernière sur le travail dépensé pour produire le tirage ; car ce travail croît dans un plus grand rapport que le carré du volume d'air froid appelé pour brûler les mêmes poids de combustible (1185), et il est très-comparable au travail total produit.

1258. Les essais faits sur le chemin de fer du Nord avec la grille à échelons de M. de Marsilly ont donné de bons résultats comme je l'ai dit (1192). Cette disposition satisfait à cette condition avantageuse que le combustible dans le foyer est toujours sensiblement dans le même état. Mais le service est un peu pénible, l'enlèvement des mâchefers difficile, et je ne doute pas qu'en employant une grille ordinaire suffisamment inclinée, on n'arrive au même résultat, sous le rapport de la combustion de la fumée.

CHAPITRE XIV.

PHÉNOMÈNES QUI SE PRODUISENT DANS LA TRANSMISSION DE LA CHALEUR DE LA SURFACE INTÉRIEURE DE LA CHAUDIÈRE A L'EAU.

1259. Les phénomènes dont il est question sont très-compliqués, beaucoup plus qu'on ne serait tenté de le croire au premier abord ; malheureusement, ils ne sont connus que très-incomplétement, et c'est une chose d'autant plus fâcheuse, que c'est au mode de transmission de la chaleur du métal à l'eau qu'on doit attribuer un certain ordre d'explosions des générateurs. Je résumerai ce qu'on sait à ce sujet.

1260. La température de l'ébullition de l'eau dans des vases est toujours supérieure à celle de la vapeur produite. Dans les vases métalliques, la différence est de 0° 15 à 0° 20 ; dans des vases de verre ou de porcelaine, la différence varie de 1° à 1°2, et l'ébullition a lieu par intermittence, en produisant des soubresauts ; le sable ou les métaux en limaille, introduits dans le vase de verre, produisent une ébullition continue et un abaissement de température. Lorsqu'un ballon de verre à moitié plein d'eau recouverte d'une couche d'huile a été maintenu en ébullition pendant quelques minutes pour chasser l'air contenu dans l'eau, si on laisse refroidir le ballon, et qu'on le chauffe ensuite graduellement dans un bain-marie, la température peut être portée jusqu'à 123° sans que l'ébullition se manifeste ; mais à une température supérieure, il se produit subitement une grande quantité de vapeur qui brise le vase quand son orifice est étroit, et qui, dans le cas contraire, s'échappe en entraînant beaucoup d'eau. Enfin, nous avons vu que l'eau ne mouille pas les vases métalliques lorsqu'ils ont atteint une certaine température.

1261. Tous ces faits ne paraissent pouvoir s'expliquer qu'en admettant une force attractive qui s'exerce entre les molécules d'eau et entre ces molécules et les corps solides en contact ; cette force attractive se change en force répulsive quand la température augmente, et cette force répulsive est d'autant plus grande que la température est plus élevée. C'est le sens de la différence de l'attraction des molécules d'eau entre elles, et pour les corps solides en contact, qui fait qu'un liquide mouille ou ne mouille pas un corps solide. C'est la force répulsive de la chaleur croissant avec la température qui produit la vaporisation de l'eau à une température variable avec la pression exercée sur l'eau. Enfin c'est la répulsion des corps échauffés qui s'oppose au contact de l'eau et des corps solides, dans les phénomènes de l'état sphéroïdal.

1262. Comme les métaux sont très-bons conducteurs de la chaleur, et que les chaudières n'ont jamais qu'une faible épaisseur, la différence de température des deux surfaces est toujours très-petite et peut être négligée. Au commencement du chauffage, lorsque l'eau est à une température peu différente de la température extérieure, comme l'eau est un corps mauvais conducteur, la chaleur se transmet peu de couche en couche ; elle ne se répartit dans la masse que par de doubles courants, résultant des différences de température et, par suite, de densité, quand l'échauffement du vase a lieu par la partie inférieure. Quand les couches de liquide qui touchent le métal ont atteint la température de l'ébullition, correspondant à la pression dans le réservoir de vapeur, elles s'élèvent encore à l'état liquide, parce que la pression qu'elles supportent excède celle du réservoir de toute la hauteur de l'eau, et elles se transforment en partie en vapeur au niveau de l'eau ; mais à mesure que leur température augmente, elles se vaporisent à des hauteurs décroissantes ; bientôt elles se forment sur le fond du vase, et la vapeur se détend à mesure qu'elle s'élève. Ainsi, la température de la vaporisation au fond du vase est plus grande que celle du réservoir de vapeur ; mais la différence est en général très-petite ; car, pour une chaudière renfermant une hauteur d'eau de 10^m 33, la différence de température serait celle qui correspond à une différence de pression de 1 atmosphère ; la pression dans le réservoir étant de 1 atmosphère 1/2, la différence de température serait de 16° ; si la pression était de 5 atmosphères dans le réservoir, l'excès de température serait seulement de 7°.

Dans ce que nous venons de dire, nous n'avons pas fait intervenir l'attraction du liquide pour le métal, mais il est évident que si cette attraction est notable, elle s'opposera à la vaporisation, qui n'aura lieu qu'à une température plus élevée, quand la force répulsive de la chaleur aura contre-balancé cette attraction ; alors l'ébullition ne sera plus continue ; elle aura lieu brusquement, à des intervalles plus ou moins rapprochés, parce que l'eau en contact avec le métal devra prendre constamment un certain excès de température sur l'eau environnante.

1263. Dans tous les cas, il est très-probable que les bulles de vapeur, avant de se détacher, prennent d'abord la forme d'une demi-sphère dont la base s'appuie sur la chaudière, et qui se complète progressivement et ne se détache que quand elle ne touche plus la chaudière que par un cercle très-petit relativement à son diamètre ; du moins c'est ce qui arrive pour l'air qui se dégage de l'eau par une diminution de pression. S'il en était réellement ainsi, tous les points de la surface intérieure ne seraient pas constamment mouillés par l'eau, et par conséquent la température de cette surface serait plus élevée que celle de l'eau d'une quantité très-notable, et bien supérieure à la différence très-petite qu'exigerait la transmission régulière de la chaleur. Mais alors n'y aurait-il pas à craindre que, si la production de vapeur était très-active, la différence de température du métal et de l'eau n'atteignît celle qui empêcherait l'eau de mouiller le métal, circonstance qui arrêterait l'ébullition , pour la produire avec explosion lorsque, par une circonstance quelconque, la température du métal s'abaisserait ?

1264. L'expérience ayant à peu près démontré que les chaudières acquièrent une plus grande puissance de vaporisation, quand les surfaces intérieures sont couvertes d'une légère couche de dépôt, il n'est pas douteux que ces matières ne transmettent leur chaleur à l'eau plus facilement que les métaux, soit que les bulles de vapeur se dégagent plus rapidement que sur les surfaces métalliques, soit qu'il y ait un accroissement notable de surface intérieure.

1265. Indépendamment de ces incrustations, qu'on peut produire avec le temps, en employant des eaux renfermant des sels calcaires, il serait du plus grand intérêt d'augmenter la surface de la transmission de la chaleur à l'eau. Cet accroissement ne pourrait s'obtenir que par des appendices intérieurs, qui présenteraient les plus graves inconvénients si les eaux formaient des dépôts et surtout des incrustations; aussi, ne pourraient-ils être employés que lorsque les eaux d'alimentation auraient été purgées des sels calcaires qu'elles contenaient. Des appendices extérieurs faciliteraient évidemment la transmission de la chaleur de l'air brûlé à la chaudière.

Dans l'ouvrage de M. C. W. Williams, sur la combustion de la houille, se trouvent des expériences qui confirment ce que je viens de dire sur l'influence des appendices. Trois vases métalliques pleins d'eau, de même forme et de mêmes dimensions, étaient traversés chacun par un tuyau horizontal rectangulaire, de même surface pour les trois vases; ces tuyaux communiquaient par un bout avec un bec de gaz, et par l'autre avec une cheminée; le premier tuyau était libre dans toute son étendue; le second portait à l'intérieur un certain nombre de pointes métalliques perpendiculaires à la surface; le troisième renfermait le même nombre de pointes, mais disposées à l'extérieur et à l'intérieur. En brûlant dans le bec le même volume de gaz dans le même temps, la quantité d'eau évaporée dans le premier vase a été de 4 livres 14 onces; dans le second, de 7 livres 14 onces; et dans le dernier, de 8 livres 5 onces.

Il n'est pas douteux qu'on ne parvînt encore à augmenter la transmission de la chaleur, en renouvelant rapidement l'eau qui touche la chaudière, de manière à enlever les bulles de vapeur qui restent un certain temps adhérentes au métal (1263); mais cette agitation de l'eau amènerait une grande complication.

On parviendrait aussi très-probablement à accroître la vaporisation, si l'on pouvait placer dans l'intérieur du générateur une surface intérieure disposée de manière à séparer, du moins en grande partie, les courants de vapeur qui s'élèvent et les courants d'eau qui descendent.

LIVRE VIII.

DISTILLATION.

1266. La distillation a pour objet de séparer une substance volatile d'une ou de plusieurs autres qui sont fixes, ou dont la température de volatilisation est plus élevée.

Nous examinerons successivement les différents cas qui peuvent se présenter, en commençant par ceux qui n'exigent que les appareils les plus simples.

CHAPITRE PREMIER.

DISTILLATION SIMPLE.

1267. La distillation est simple lorsque d'un mélange de matières fixes et volatiles on veut séparer toutes les matières volatiles.

Le cas dont il s'agit est, par exemple, celui de la distillation de l'eau; car les substances étrangères qu'elle renferme ordinairement sont des sels fixes; ce serait aussi le cas d'un mélange d'alcool et de sucre, d'alcool et de sels, etc. La distillation des liqueurs vineuses, au contraire, n'est pas une distillation simple, parce qu'elles renferment deux substances vaporisables, de l'eau et de l'alcool. Cependant, si l'on ne voulait pas séparer ces deux substances l'une de l'autre, la distillation des matières fermentées rentrerait encore dans le cas que nous considérons.

Lorsque les matières à distiller ne renferment qu'une seule substance volatile, l'opération consiste : 1° à soumettre le mélange à l'action de la chaleur pour réduire en vapeur le corps vaporisable ; 2° à condenser les vapeurs de manière à recueillir le corps qui en résulte, et qui peut être solide ou liquide.

La formation des vapeurs peut avoir lieu, soit par l'action directe d'un foyer, soit par la vapeur, ou par tout autre véhicule de la chaleur.

1268. *Distillation simple à feu nu.* — Dans ce mode de chauffage, la formation des vapeurs s'effectue dans des appareils semblables à ceux que nous avons décrits en parlant de la vaporisation.

Le métal dont on doit faire usage pour la construction des chaudières dépend de la nature de la substance à distiller. Par exemple, pour la distillation du soufre, du mercure, du zinc, le fer est le seul métal que l'on puisse employer; la fonte est préférable à la tôle qui s'oxyderait trop facilement, et dont les joints seraient difficiles à fermer exactement, surtout si la matière à distiller était du soufre.

Les soupapes de sûreté sont en général inutiles, parce que, comme nous le verrons plus loin, l'espace où la condensation des vapeurs a lieu communique librement avec la chaudière par un tuyau d'un diamètre suffisant, et que son extrémité est toujours ouverte à l'air. Cependant, il est des cas où, la distillation ayant lieu avec pression, les soupapes de sûreté sont indispensables.

Quant au tuyau de dégagement, ses dimensions peuvent se calculer comme pour la vapeur d'eau. Mais, en général, on lui donne un diamètre beaucoup plus grand que celui qui est indiqué par la théorie, parce qu'il n'en résulte jamais d'inconvénient, et qu'au contraire, il y a souvent un très-grand avantage à avoir un grand tuyau de conduite. C'est ce qui a lieu, par exemple, dans la distillation des vins, où il est nécessaire que les vapeurs séjournent le moins de temps possible dans la chaudière, et n'y soient soumises qu'à une faible pression. Dans la distillation du soufre, le canal de dégagement doit être beaucoup plus considérable encore, parce que ce canal est sujet à s'obstruer par la solidification des vapeurs.

Les dimensions de toutes les parties de l'appareil dépendent, comme nous l'avons déjà dit, de la quantité de vapeur que l'on veut obtenir dans un temps donné; car, de cet élément, on peut déduire la quantité de combustible à consommer, l'étendue de la surface de chauffe de la chaudière, et toutes les autres parties de l'appareil.

1269. Tous ces calculs ont déjà été faits pour l'eau; nous allons les appliquer à d'autres substances.

Occupons-nous d'abord de l'alcool, et supposons qu'il s'agisse de distiller par heure 100 kilogrammes d'alcool qui ne soit mêlé qu'avec des substances fixes. Commençons par chercher la quantité de chaleur nécessaire à la vaporisation de l'alcool. L'alcool, dont l'ébullition a lieu à 78° 41, absorbe dans son changement d'état 207 calories; et comme la chaleur spécifique de l'alcool est 0,622, il en résulte que 1 kilogramme d'alcool à 0°, pour être réduit en vapeur, absorbe un nombre d'unités de chaleur égal à $78,41 \times 0,622 + 207 = 255$.

C'est à peu près les $\frac{4}{10}$ de la chaleur qui serait absorbée par l'échauffement à 100° et la vaporisation d'un même poids d'eau. Or, on sait qu'en général 1 kilogramme de houille vaporise 6 kilogrammes d'eau ; par conséquent, 1 kilogramme de houille pourra réduire en vapeur $\frac{6 \times 10}{4}$ = 15 kilogrammes d'alcool.

Quant à la surface de chauffe de la chaudière, nous savons que, dans un appareil bien construit et qui donne 6 kilogrammes de vapeur par kilogramme de houille, chaque mètre carré produit au moins 15 à 20 kilogrammes de vapeur d'eau ; or, cette quantité de chaleur qui passe à travers le métal, pourra volatiliser $\frac{10}{4}$ fois plus d'alcool, c'est-à-dire, de 37 à 50 kilogrammes. Ainsi, pour calculer la surface de chauffe, il faudra compter au moins sur 37 kilogrammes de vapeur d'alcool par mètre carré et par heure. On pourrait, comme nous l'avons déjà fait observer, obtenir une quantité de vapeur beaucoup plus grande, mais la chaleur ne serait pas employée aussi utilement.

Ainsi, pour le cas que nous avons supposé, la surface de chauffe de la chaudière devrait être de $\frac{100}{37}$ = 2^{m}7 ; et la quantité de combustible à brûler par heure serait $\frac{100}{15}$ = 6^{k}66. Les dimensions de la grille, la section de la cheminée, etc., se déduiraient facilement de ces données et de la hauteur de la cheminée.

1270. Supposons maintenant que nous ayons à distiller un mélange d'eau et d'alcool, cas ordinaire de la distillation des vins, et que l'alcool soit à l'eau comme 1 est à 24. L'expérience a appris que pour obtenir presque tout l'alcool contenu dans ce liquide, il faut réduire en vapeur 0,22 de la masse totale, et que la liqueur obtenue porte à l'aréomètre de Baumé le titre moyen de 17°, et se compose de $\frac{1}{24}$ = 0,042 d'alcool, et de 0,22 — 0,042 = 0,178 d'eau.

Si, par exemple, il s'agissait de distiller 1000^k de vin par heure, il faudrait vaporiser 220^k de liqueur, composés de 42^k d'alcool pur et de 178^k d'eau. La quantité de houille nécessaire serait, d'après ce qui précède,

$$\text{Pour la vaporisation de 42 kilogrammes d'alcool,} \quad \frac{42}{15} = 2^k 80$$

$$\text{Pour la vaporisation de 178 kilogrammes d'eau,} \quad \frac{178}{6} = 29,66$$

$$\text{Pour l'échauffement à 100° du liquide restant,} \quad \frac{780}{39} = 20,00$$

$$\text{Total de la dépense du combustible} \ldots \ldots 52,46$$

Il est facile, d'après cela, de calculer la surface de chauffe de la chaudière ; car il doit passer à travers ses parois une quantité de chaleur égale à celle qui serait nécessaire à la vaporisation de $52^k\,46 \times 6 = 314^k\,76$ d'eau, ce qui, à raison de 15 kilogrammes de vapeur par mètre carré, donne $20^{mq}\,492$.

1271. On pourrait calculer de la même manière la quantité de combustible et les dimensions de la chaudière nécessaires pour distiller, par heure, une quantité donnée de tout autre corps volatil, si l'on connaissait exactement sa capacité calorifique et la chaleur qu'il absorbe en se volatilisant.

Si la température de l'ébullition du corps était beaucoup plus élevée que celle de l'eau, la même surface de chaudière ne laisserait pas passer dans le même temps la même quantité de chaleur que dans le cas où elle est employée à vaporiser de l'eau. Il y a alors une très-grande perte de chaleur ; mais on peut toujours en utiliser une partie, en plaçant à la suite de la chaudière de distillation, une ou plusieurs autres chaudières dans lesquelles la matière commence à s'échauffer.

1272. *Appareils de condensation.* — Immédiatement après leur sortie de la chaudière, les vapeurs doivent arriver dans un espace dont les parois, en absorbant leur chaleur latente, les fassent repasser à l'état liquide. Il en est du volume d'un condensateur comme du volume d'une chaudière ; il est sans influence sur l'effet produit, car c'est uniquement par les parois de l'appareil que la chaleur passe pour se répandre au dehors ; par conséquent, toutes choses égales d'ailleurs, la quantité de vapeur qui peut être liquéfiée dans le condensateur est proportionnelle à sa surface. On n'emploie pour agent extérieur de refroidissement que l'air et l'eau, et dans quelques circonstances, le liquide qui doit être ensuite distillé ; dans les appareils d'une grande dimension, l'enveloppe du condensateur est en terre cuite, en étain, en plomb, en cuivre ou en fer.

Il est facile de déterminer l'étendue de la surface du condensateur, quand on connaît la nature du fluide qui doit absorber la chaleur, sa température moyenne, la quantité de vapeur à condenser dans un temps donné, la chaleur que cette vapeur émet par sa condensation, et enfin la quantité de chaleur qui peut passer dans un temps déterminé à travers un mètre carré de la matière du condensateur. Ces derniers éléments peuvent facilement se déduire des résultats suivants, qui ont été obtenus pour la vapeur d'eau.

1273. Lorsque la condensation a lieu par l'air, on pourrait facilement, connaissant la forme, la position et les diamètres des tuyaux, calculer l'effet moyen qu'ils peuvent produire, d'après ce que nous avons dit (806, 807) ; mais on peut compter moyennement sur une condensation de 1^k5 de vapeur d'eau par mètre carré et par heure et pour une différence de température de $75°$. Quand la condensation a lieu par l'eau, la quantité de vapeur d'eau condensée par mètre carré et par heure, pour une différence de température de $1°$, est de 9^k, ou 1^k39, suivant que le condensateur est un petit tuyau ou un vase d'une grande capacité d'où l'air ne peut pas être facilement expulsé ; on déduirait facilement de ces derniers nombres, la quantité de vapeur d'une nature quelconque, qui serait condensée dans les mêmes circonstances, lorsqu'on connaîtra la capacité calorifique de cette vapeur ainsi que sa chaleur latente.

1274. Supposons, par exemple, qu'il s'agisse de condenser par heure 100 kilogr. de vapeur d'alcool à $22°$ de Baumé, dans un condensateur formé d'un tuyau métallique d'un petit diamètre, renfermé dans un vase plein d'eau maintenu à la température moyenne de $20°$. Il faut commencer par chercher la quantité de chaleur émise par la condensation d'un kilogramme de vapeur de cette substance, et la comparer à celle que dégage 1 kilogramme de vapeur d'eau pure. Or, l'alcool à $22°$ de Baumé est composé de 64 parties d'eau et de 36 d'alcool pur ; par conséquent, 1 kilogramme de vapeur d'alcool à $22°$ renferme 0^k64 de vapeur d'eau et 0^k36 de vapeur d'alcool pur ; et comme 1 kilogramme de vapeur d'eau émet en se condensant 550 (1) unités de chaleur, et 1 kilogramme de vapeur d'alcool seulement 207, il en résulte que la quantité de chaleur émise par la condensation de 1 kilogramme d'alcool à $22°$ sera $550 \times 0,64 + 207 \times 0,36 = 426$; ainsi, la quantité de chaleur émise par la condensation de 1 kilogramme d'alcool à $22°$ est égale à $\frac{426}{550} = 0,77$ de celle qui est développée par la condensation de 1 kilogramme de vapeur d'eau.

1275. Examinons maintenant la manière dont les condensateurs sont disposés. Dans les petits appareils de laboratoire, le condensateur est ordinairement un ballon que l'on place à l'extrémité du col de la cornue ou du vase distillateur, et qu'on environne d'un linge mouillé. On emploie aussi quelquefois des alambics en cuivre, dont le chapeau, de forme hémisphérique, est environné d'eau que l'on renouvelle de temps en temps. La chaudière porte ordinairement le nom de *cucurbite*.

Dans les appareils d'une grande dimension, on peut employer des réfrigérants à eau ou à air, ou du moins à liquide et à air ; nous nous occuperons d'abord des premiers.

____

(1) Nous prenons le nombre 550 pour chaleur latente moyenne de la vapeur d'eau ; nous avons vu cependant que ce nombre varie avec la pression, mais l'erreur commise est insensible et ne modifie pas les résultats du calcul.

1276. *Réfrigérants à eau.* — On a employé d'abord un tube droit
en métal, traversant une cuve pleine d'eau ; mais pour condenser une
quantité considérable de vapeur, il aurait fallu des caisses d'une longueur démesurée. Glauber, en 1650, eut le premier l'idée heureuse de
plier le tuyau en hélice, de manière à en loger une grande longueur
dans une cuve d'une petite dimension. Cet appareil, maintenant généralement usité, est représenté figure 280. On le désigne sous le nom
de *serpentin;* l'extrémité su-
périeure est en communication avec la chaudière où se
forment les vapeurs, et la
partie inférieure, munie d'un
robinet C, avec le vase qui
doit recevoir le liquide provenant des vapeurs condensées. L'eau qui sert à refroidir arrive par le tuyau BA et
s'écoule par le tuyau EF. On
règle le volume qui s'écoule
au moyen du robinet D. La
surface d'un serpentin est

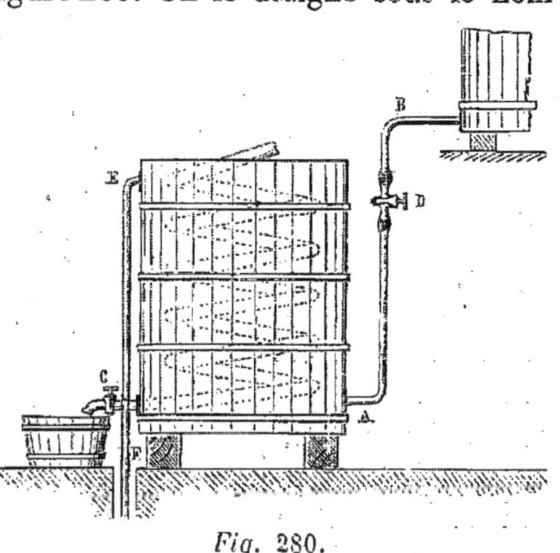

Fig. 280.

évidemment égale au contour de la section transversale multiplié par
la longueur de l'hélice. Cette longueur peut facilement se calculer, car
chaque spire est égale à l'hypoténuse d'un triangle rectangle dont la
base est le développement de la projection horizontale de la spire, et
l'autre côté la hauteur du pas.

1277. Lorsque le condensateur est formé d'un tube d'un petit diamètre, et qu'il a un excès de surface, comme cela arrive toujours, la
vapeur ne se propage qu'à une certaine distance, variable avec l'activité du foyer ; au delà se trouve de l'air saturé de vapeurs à une température décroissante.

Pour que la condensation s'opère complétement dans les appareils,
il faut nécessairement que l'eau se renouvelle d'une manière continue, avec une vitesse suffisante.

1278. Si le liquide qui environne l'appareil de condensation était
sans cesse agité, de manière que dans tous ses points il eût exactement
la même température, la quantité de vapeur condensée dans un temps
donné ne changerait pas sensiblement, parce que la quantité de chaleur transmise à travers les surfaces du conduit de vapeur, étant proportionnelle à l'excès de température de la vapeur et de l'eau, est la

même quand la température du liquide n'est pas uniforme dans tous les points, ou qu'elle est égale partout à la température moyenne. Mais on se garde bien de produire cette agitation, qui exigerait un certain travail, et qui emploierait beaucoup trop d'eau de condensation. Toujours la vapeur arrive dans le condensateur de haut en bas, et l'eau ou le liquide de condensation marche de bas en haut, et s'écoule par la partie supérieure sensiblement à la température de la vapeur. Il résulte de cette disposition qu'on emploie le volume d'eau minimum pour la condensation. Ce volume peut se calculer facilement, car il est égal au volume d'eau, à la température de la vapeur, qui absorbe, à partir de sa température à l'entrée, une quantité de chaleur égale à celle qui se trouve dans la vapeur à condenser.

1279. La figure 280 représente la disposition ordinaire des appareils de condensation. L'eau chaude s'échappe d'une manière continue par un tuyau EF placé vers le sommet de la cuve, et l'eau froide arrive par un tuyau latéral BA qui pénètre dans la cuve par la partie inférieure. On règle à volonté le courant d'eau froide à l'aide du robinet D; l'eau froide se trouve dans un réservoir supérieur où elle arrive soit naturellement, soit au moyen de pompes.

1280. Pour éviter d'élever l'eau froide dans un réservoir supérieur, on a proposé d'alimenter la cuve du serpentin par un appareil très-simple fondé sur le même principe que le jeu du siphon ordinaire. Le tuyau d'alimentation *ab* (*fig.* 281) plonge dans un réservoir d'eau froide M,

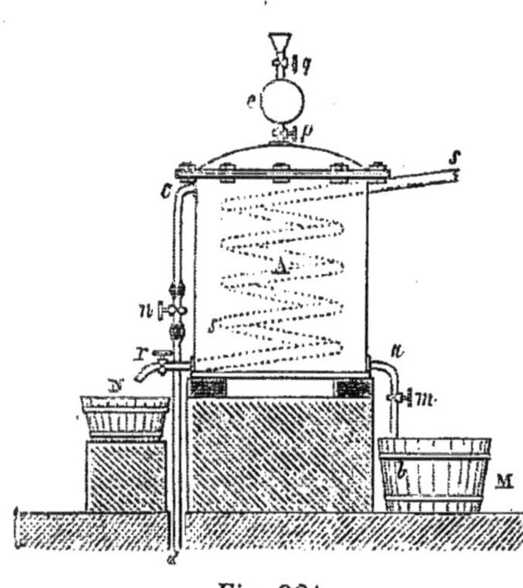

Fig. 281.

placé au point le plus bas, mais dont la distance au sommet de la cuve ne peut excéder 10ᵐ 33. La partie supérieure de la cuve est exactement fermée par un couvercle; un tube *cd* part du haut de la cuve et descend latéralement au-dessous du niveau de l'eau dans le réservoir M. Il est évident, d'après cela, que la cuve fait partie de la branche ascendante d'un siphon ordinaire, et qu'aussitôt que l'appareil sera complétement rempli d'eau, le liquide du réservoir M s'élèvera continuellement dans la cuve pour redescendre par le tube *cd*. Mais pour que cet appareil puisse fonctionner, il est nécessaire d'y ajouter quelques dispositions de détail importantes : 1° Pour amorcer cette espèce de siphon, il faut placer sur les deux tubes *ab* et *cd* deux robinets *m* et *n*, que l'on maintient fermés pendant qu'on remplit le siphon d'eau froide par une ouverture supérieure, et que l'on ouvre aussitôt qu'il est rempli et qu'on a fermé l'ouverture d'introduction de l'eau. 2° Pour éviter que l'écoulement ne s'arrête par le dégagement de l'air qui est dissous dans l'eau et que la chaleur met en liberté, il faut mettre au point culminant du siphon un petit réservoir *e* muni de deux robinets *p* et *q*; pendant que le siphon est en activité, le robinet *p* est ouvert et le robinet *q* fermé ; l'air dégagé se rend dans le réservoir *e*, et de temps en temps on le laisse échapper en ouvrant le robinet *q* après avoir fermé le robinet *p* ; mais toutes les fois qu'on remet le récipient *e* en communication avec le siphon, il faut avoir soin de le remplir exactement d'eau. Le robinet *q* est surmonté d'un entonnoir qui sert à amorcer le siphon. Cet appareil est un peu compliqué, et il cesserait de fonctionner dès que l'eau arriverait à une certaine température. La grande difficulté que l'on rencontrerait dans son exécution, consiste dans l'ajustement du couvercle de la cuve.

1281. Les serpentins sont faciles à construire ; les tuyaux de fer étiré, d'une certaine épaisseur et d'un petit diamètre, se courbent facilement à froid, sans s'aplatir ; quant aux tuyaux de cuivre mince, de plomb ou d'étain, on les courbe aisément sans les déformer, lorsqu'ils ont été remplis de mastic. Pour mieux utiliser la surface de condensation ou pour en placer une plus grande étendue dans la même capacité, on emploie quelquefois la disposition représentée par la figure 282. L'appareil est formé de plusieurs hélices concentriques que la vapeur parcourt simultanément.

1282. Pour économiser l'eau de condensation, ou pour l'obtenir à une température plus élevée quand sa chaleur doit être utilisée , on emploie les dispositions représentées par les figures 283, 284, 285. Dans la première, un cylindre central oblige l'eau qui s'élève à passer près du tuyau qui forme le serpentin. Dans

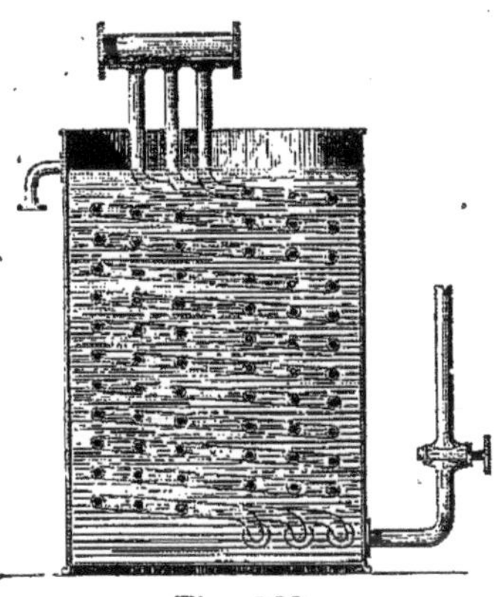

Fig. 282.

la seconde, l'appareil est composé de deux serpentins qui ont un axe commun ; la vapeur parcourt le serpentin central, et l'eau parcourt en sens contraire l'intervalle qui sépare les deux tuyaux. Cette disposition est facile à exécuter quand les tuyaux sont d'un petit diamètre ; avant de les courber, on introduit le petit tuyau dans le grand, après avoir placé de distance en distance, sur sa surface, de petites saillies qui l'empêchent

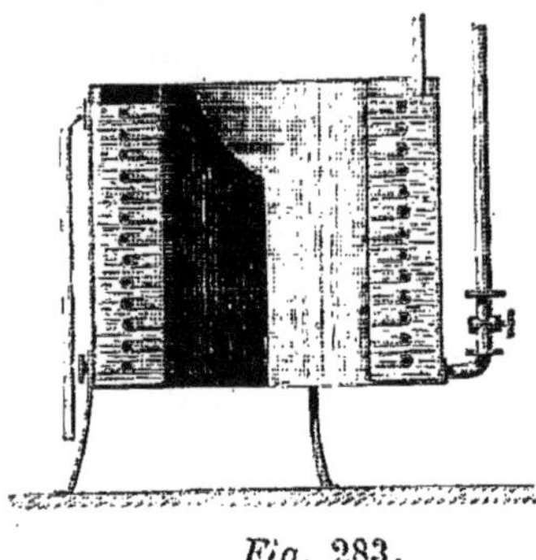

Fig. 283.

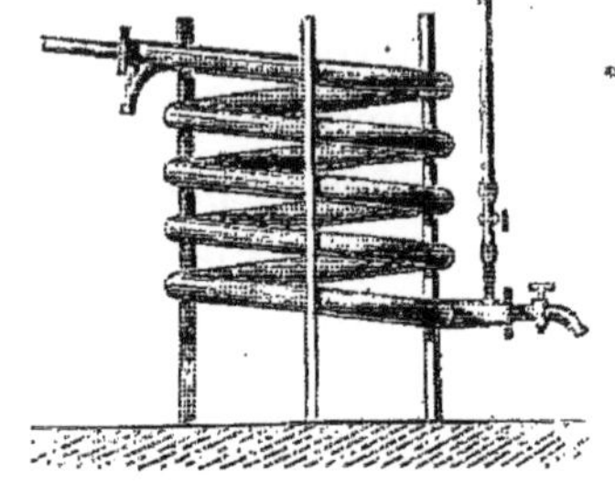

Fig. 284.

de toucher la surface du tuyau enveloppant, et on les courbe ensuite. Si les tuyaux ont un grand diamètre, on les laisse en ligne droite, et on les dispose comme l'indique la figure 285, quand ils ne doivent occuper

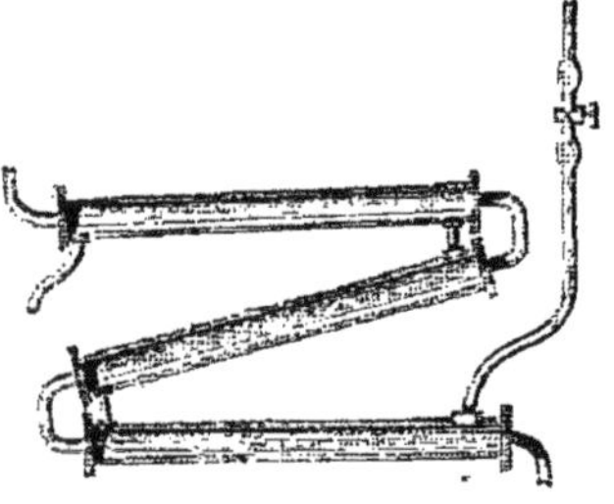

Fig. 285.

qu'une petite longueur ; le tuyau à vapeur est plié de manière à présenter une suite de parties rectilignes qui sont environnées par le tuyau destiné à conduire l'eau de condensation, et les intervalles des tuyaux communiquent par de petits tubes.

1283. On a cherché à construire des condensateurs d'une autre forme, soit pour loger une plus grande surface de condensation dans le même espace, soit pour pouvoir les nettoyer facilement. Avant de les décrire, nous ferons d'abord remarquer qu'une étendue suffisante de la surface refroidissante n'est pas la seule condition à remplir ; il en est d'autres qui sont aussi très-importantes : 1° Il faut que les condensateurs soient disposés de manière que la vapeur puisse expulser complétement l'air qui les remplit au commencement de l'opération ; car la présence de l'air diminue considérablement la faculté condensante de la surface ; on se rendra facilement compte de ce fait en observant que l'air conduit très-mal la chaleur, et que le refroidissement n'ayant sensiblement lieu que sur les couches en contact avec le métal, la condensation ne fait de progrès qu'avec le renouvellement de ces couches qui ne s'effectue alors que lentement. Il en est tout autrement quand l'espace est uniquement occupé par la vapeur ; car la vapeur en contact avec le métal produit, en se condensant, un vide instantané qui est aussitôt occupé par de nouvelles vapeurs. Ainsi le fait même de la con-

densation produit un appel des vapeurs contre la surface refroidissante.
2° Il est parfaitement inutile de forcer la vapeur à serpenter contre la
surface refroidissante, du moins quand la disposition de l'appareil
permet d'expulser l'air par l'introduction des premières vapeurs ;
d'après ce qui précède, la raison en est évidente. 3° Enfin l'appareil doit
être disposé de manière que l'extrémité du canal par laquelle s'écoule
le liquide condensé, et qui est en communication avec l'air, se trouve
en contact avec l'eau la plus froide, afin que le liquide soit à une température peu élevée et émette peu de vapeurs après sa sortie.

1284. Le premier appareil de condensation qu'on a essayé de substituer au serpentin, est composé (*fig.* 286) de deux cônes tronqués
ABCD et A'B'C'D' ayant un même axe ; l'intervalle
est exactement fermé en bas par un diaphragme
annulaire qui est soudé avec chacun des cônes ; il
est fermé en haut par un couvercle à rebords plongeant dans une rigole annulaire remplie d'eau ; la
partie inférieure est un peu inclinée et porte au
point le plus bas un tuyau à robinet ; à la partie
supérieure se trouve un tuyau F destiné à recevoir un tube d'un plus petit diamètre qui amène les
vapeurs de la chaudière. Cet appareil est, comme
le serpentin, fixé à demeure dans une cuve dont

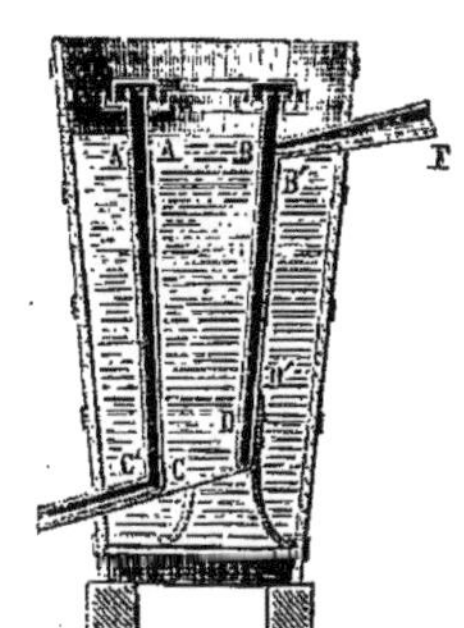

Fig. 286.

l'eau s'écoule par la partie supérieure et se renouvelle par le bas ; il est
d'une construction simple, et, ce qui est très-avantageux dans un grand
nombre de cas, d'un nettoyage facile, le couvercle supérieur pouvant
s'enlever aisément. Cet appareil, connu depuis longtemps, a été employé et a donné de bons résultats.

Solimani, dans son alambic que nous décrirons plus loin, a employé
un condensateur de forme différente, composé de deux lames de cuivre
pliées parallèlement en zigzag, et qui laissent entre elles un intervalle
d'une hauteur constante fermé latéralement par des lames de cuivre
exactement soudées aux premières. Cet appareil reçoit par la partie supérieure le tuyau d'arrivée des vapeurs, et porte à la partie inférieure
un tuyau à robinet par lequel s'écoule le liquide condensé ; il est,
comme le précédent, fixé dans une cuve pleine d'eau. Pour cette disposition, il est plus avantageux d'employer une cuve carrée.

On pourrait aussi employer une disposition que l'on doit à M. Brunel,
et dont cet ingénieur s'est servi dans une machine où il se proposait
d'utiliser l'acide carbonique comme force motrice. Ce réfrigérant est
composé de deux caisses cylindriques exactement fermées, et qui com-

muniquent entre elles par un grand nombre de tubes parallèles, dont les extrémités sont exactement soudées au fond inférieur de la première caisse et au fond supérieur de la seconde; la première caisse reçoit le tuyau qui amène les vapeurs, et la seconde un tuyau à robinet pour l'écoulement du liquide qui provient de la condensation; le fond inférieur de la seconde caisse est un peu incliné, et l'appareil se place, comme les précédents, dans une cuve en bois pleine d'eau.

On pourrait se servir d'un tuyau à section rectangulaire, dont un des côtés serait très-grand par rapport à l'autre et qui serait contourné en spirale. On a aussi employé la disposition représentée dans la figure 287; c'est une caisse cylindrique AA', renfermant une série de vases lenticulaires CC', DD', EE'..., qui communiquent entre eux; chacun d'eux renferme une calotte isolée *bb*, *cc*, *dd*..., qui oblige la vapeur à suivre la surface supérieure de la lentille.

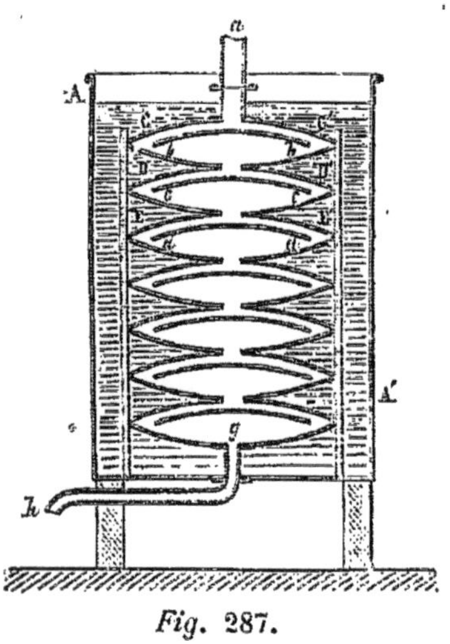

Fig. 287.

1285. Toutes ces dispositions ont le grand inconvénient de ne pas permettre l'expulsion complète de l'air, et par suite de produire moins d'effet utile à surface égale que les serpentins. Les serpentins, dont on peut multiplier le nombre à volonté, doivent être préférés aux autres dispositions, à moins que les vapeurs ne forment des dépôts qui ne pourraient pas être enlevés par un lavage; dans ce cas, il faudrait employer l'appareil figure 286, ou un appareil composé de tubes verticaux communiquant par leurs extrémités avec deux boîtes munies de couvercles faciles à enlever.

1286. Nous avons donné précédemment le moyen de calculer la surface d'un condensateur dans chaque cas particulier; mais il sera toujours avantageux de prendre une surface un peu plus grande, afin de refroidir le liquide condensé.

1287. Dans les opérations suivies, on peut utiliser la chaleur qui provient de la condensation des vapeurs pour chauffer le liquide qui doit servir à l'opération suivante, comme cela se pratique dans les distilleries de vin. Examinons quelle est l'importance de l'économie de combustible qui résulte de cette disposition.

S'il s'agissait de la distillation de l'eau ordinaire, la vaporisation du liquide introduit dans la chaudière devant être complète, on ne pourrait utiliser qu'une faible partie de la chaleur de condensation ; en effet, la vapeur d'eau émettant par sa condensation une quantité de chaleur capable de porter de 0° à 100° 5 fois $\frac{1}{2}$ son poids d'eau, et la charge de la chaudière étant égale à la quantité de vapeur formée, on ne pourrait profiter que de $\frac{1}{5}$ de la chaleur de condensation.

Dans la distillation des vins, on peut en utiliser une quantité beaucoup plus considérable, parce que la quantité de vapeur condensée est toujours beaucoup plus petite que la charge de la chaudière. Par exemple, les vins du Midi, qui contiennent ordinairement $\frac{1}{8}$ de leur poids d'eau-de-vie à 22°, doivent être réduits par la distillation à peu près aux $\frac{78}{100}$ de leur volume primitif pour être épuisés d'alcool ; la quantité de liquide vaporisé est donc égale aux $\frac{22}{100}$ de leur volume ; alors la chaleur émise par la condensation peut être en totalité employée à chauffer la charge de l'opération suivante. En effet, supposons que les opérations successives s'exécutent sur 100 kilogr. ; la quantité de vapeur fournie par chaque opération sera de 22 kilogr. Or nous avons déjà vu que la quantité de chaleur produite par la condensation de chaque kilogramme de vapeur est de 426 unités de chaleur ; par conséquent, celle qui résultera de la condensation de 22 kilogr. sera de 9372 ; en admettant, ce qui est une approximation bien suffisante, que la capacité calorifique du vin soit égale à celle de l'eau, cette quantité de chaleur pourra élever les 100 kilog. de vin de 0° à 93° 72. Ainsi on voit que dans ce cas la chaleur dégagée par la condensation pourra être utilisée en totalité.

1288. Lorsqu'on emploie la chaleur dégagée par la condensation, on se sert toujours de deux serpentins ; l'un pour chauffer le liquide de l'opération suivante, l'autre pour refroidir le liquide qui sort du premier condensateur et pour liquéfier les dernières portions de vapeurs.

1289. *Réfrigérants à air.* — Les réfrigérants à air doivent avoir une surface beaucoup plus grande que celle des réfrigérants à liquides, attendu que, pour la même différence de température, la quantité de chaleur qui traverse la surface du condensateur est beaucoup plus petite dans le premier cas que dans le second. La surface d'un réfrigérant à air devrait être à peu près 200 fois plus grande que celle d'un réfrigérant à eau.

On pourrait cependant diminuer beaucoup l'étendue de la surface des réfrigérants à air, en augmentant la vitesse de l'air qui l'environne ; et cet accroissement de vitesse pourrait être produit par la chaleur même de l'air échauffé : il suffirait, pour cela, de plier le tuyau en hélice cylindrique ou conique, et de l'environner d'un cylindre d'une certaine hauteur ouvert par les deux bouts ; ce tuyau se comporterait comme une cheminée ordinaire ; l'air entrerait par la partie inférieure, s'échaufferait contre le tuyau en condensant la vapeur qu'il renferme, et se renouvellerait avec une vitesse qui dépendrait à la fois de la hauteur du cylindre enveloppant et de la température que prendrait l'air. Les figures 288 et 289 représentent la disposition dont il est question.

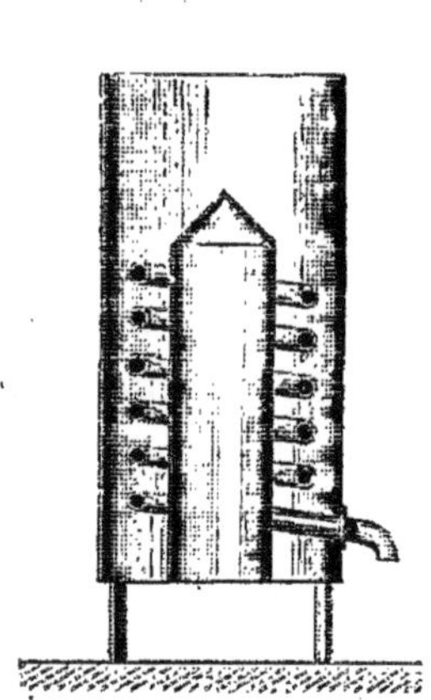

Fig. 288.

Fig. 289.

Dans la première, il n'y a qu'un seul serpentin, avec un cylindre intérieur fermé à la partie supérieure ; ce cylindre serait avantageusement remplacé par un second serpentin que la vapeur parcourrait, en même temps que le premier, de haut en bas. Dans la figure 289, l'hélice du serpentin est conique ; cette forme est plus avantageuse que la première, parce que l'air est plus divisé. On augmenterait la vitesse de l'air, en faisant communiquer le cylindre avec le cendrier d'un foyer consommant beaucoup d'air, ou avec une cheminée ayant un grand excès de tirage.

L'air chaud pourrait être utilisé ; mais, dans le cas où l'on aurait un emploi de la chaleur produite, il serait toujours plus commode de condenser par l'eau, dont on utiliserait ensuite la chaleur, à moins pourtant qu'il ne s'agît de chauffer et de ventiler des ateliers ou des séchoirs.

1290. Lorsqu'on ne peut pas employer utilement la chaleur de condensation absorbée par de l'air ou de l'eau, et qu'il est important de diminuer le volume d'eau employé, il faut

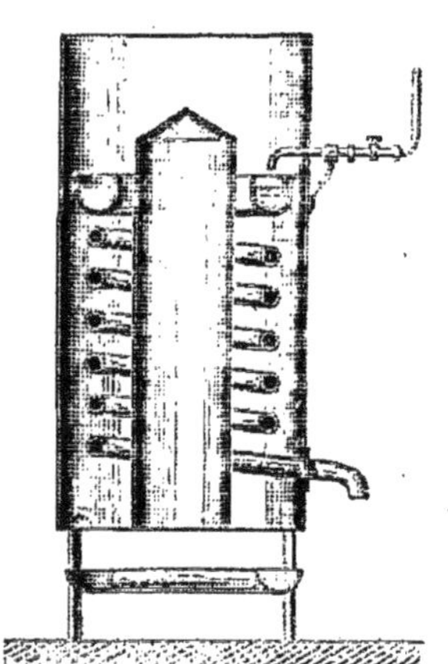

Fig. 290.

se servir de la disposition indiquée dans la figure 290. L'appareil se compose d'un serpentin ordinaire, environné d'un cylindre ouvert par les deux bouts, comme dans la figure 288 ; mais le serpentin est surmonté d'une rigole annulaire, dont le fond est percé d'un grand nombre de petits trous par lesquels de l'eau s'écoule constamment ; cette eau tombe en recouvrant toute la surface du serpentin, elle s'échauffe et donne naissance à des vapeurs qui sont entraînées par le courant d'air. Il est évident que par ce moyen on pourra condenser les vapeurs qui parcourent le serpentin, en consommant une quantité d'eau plus petite que le poids de la vapeur condensée, attendu qu'une partie de la chaleur est absorbée par l'air. Mais la surface de condensation, quoique plus petite que celle qu'exigerait le refroidissement par l'air seul, serait plus grande que si le serpentin était immergé dans un liquide. Cette disposition serait surtout avantageuse pour évaporer une dissolution saline ou un sirop ; nous y reviendrons en parlant de l'évaporation.

1291. Nous terminerons ce qui est relatif à la distillation simple par la description de l'appareil employé par M. Freycinet pour la distilla-

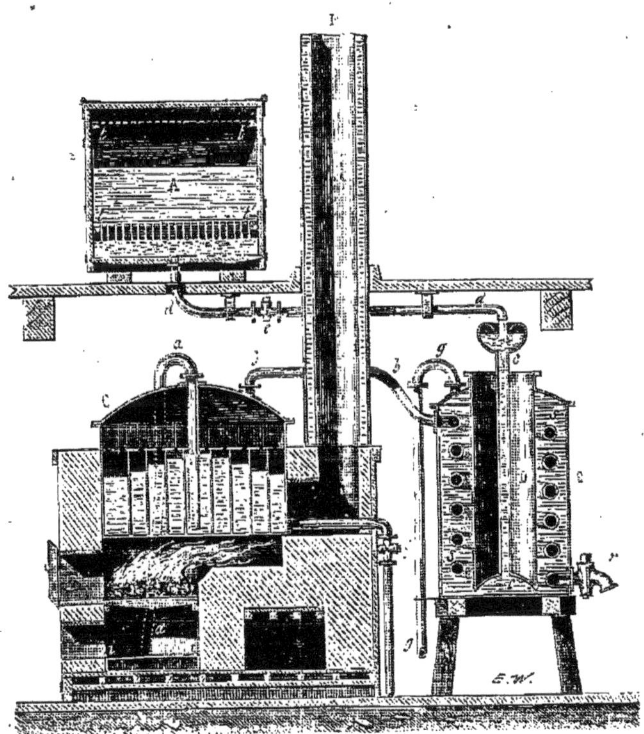

Fig. 291.

tion de l'eau de mer sur les navires. La figure 291 représente une coupe verticale de cet appareil.

Le vase A est le réservoir d'eau disposé de manière à servir de filtre. A cet effet, une toile métallique *tt*, placée à la partie supérieure, arrête les corps étrangers que l'eau entraîne avec elle, et un second tamis *t't'*, placé à la partie inférieure et plus fin que le premier, est destiné à rendre la filtration plus complète. L'eau, en sortant du vase A, se rend par le tube *dd*, muni du robinet *e*, dans le réfrigérant B, pour produire la condensation de la vapeur d'eau. *cc* est le tube qui conduit l'eau à l'extrémité du serpentin *ss*, afin de rendre le refroidissement méthodique. C, chaudière de distillation d'où la vapeur s'échappe par le tuyau *bb* pour se rendre au serpentin. Sur le fond de la chaudière on a fixé une spirale que l'eau parcourt du centre à la circonférence, avant d'être amenée à saturation. Cette spirale est maintenue à la partie supérieure par une plaque horizontale percée de trous et destinée à empêcher l'eau d'être lancée dans le tuyau à vapeur par des mouvements brusques du navire. Cette disposition de la chaudière est employée pour obtenir un repos relatif. L'alimentation se fait avec l'eau du condensateur: cette eau se rend par un tube *gg* dans la caisse *ii* placée sous le cendrier; elle est conduite de là au centre de la chaudière par le tube *aa*, qui se recourbe à cet effet à une hauteur moindre que celle de l'eau dans la colonne *cc*. La cheminée est formée d'une double enveloppe de tôle remplie de sable pour préserver des incendies. *r*, robinet d'écoulement de l'eau distillée; *f*, robinet qui sert à faire écouler l'eau de la chaudière quand elle a atteint le degré de concentration qu'il est bon de ne pas dépasser.

J'ai donné la description de cet appareil, parce qu'il s'y trouve beaucoup de dispositions particulières fort bien entendues pour obvier aux inconvénients qui se rencontrent à bord des bâtiments; mais nous verrons plus loin des appareils beaucoup mieux disposés pour obtenir plus d'eau distillée avec la même consommation de combustible.

1292. *Distillation dans le vide.* —.Si deux réservoirs, en communication par leur partie supérieure, avaient été privés d'air, si l'un d'eux renfermait un liquide vaporisable, et si tous deux étaient maintenus à une température constante, le liquide renfermé dans le premier réservoir produirait constamment des vapeurs qui viendraient se condenser dans le second. Pour opérer sur une petite échelle, on pourrait employer un siphon de verre de $0^m 80$ à $0^m 90$ de hauteur qu'on remplirait de mercure, et qu'on renverserait ensuite dans une cuve à mercure après en avoir fermé les extrémités. Le mercure se maintiendrait dans chaque branche à une hauteur égale à celle du baromètre, et l'espace situé au-dessus de ces colonnes serait complétement vide.

Alors, on pourrait faire passer le liquide au-dessus d'une des colonnes, en l'introduisant au-dessous ; et en plaçant un mélange frigorifique autour de l'autre tube, la distillation s'effectuerait. On pourrait encore employer l'appareil figure 292, composé de deux ballons A et B, réunis par un tube horizontal, et munis de quatre robinets a, b, c, d. Au moyen du premier, on établirait la communication de l'appareil avec une machine pneumatique, et on ferait le vide ; par le second, on introduirait le liquide dans le ballon A ; en environnant alors le ballon B d'un corps froid, la distillation s'effectuerait, et, en ouvrant les robinets a et d, on ferait écouler le liquide distillé.

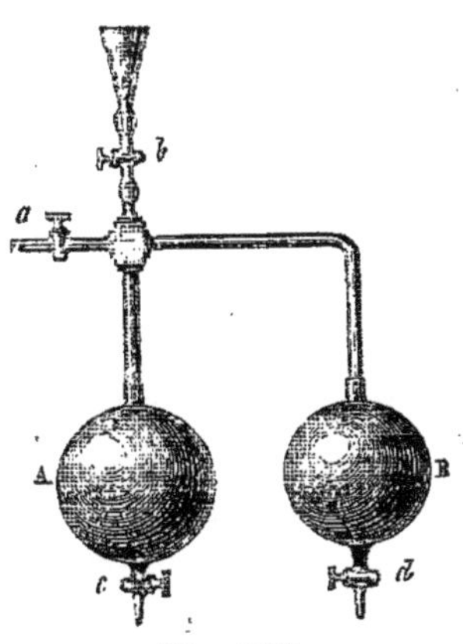

Fig. 292.

1293. Dans ce mode de distillation, la chaleur nécessaire à l'opération doit être fournie au vase qui renferme le liquide à distiller, et il faut condenser la vapeur par l'air ou par un liquide qui se renouvelle constamment. La dépense de combustible est la même que si la distillation avait lieu sous la pression de l'atmosphère. Ce mode d'opération peut être utile lorsque, par la nature du corps sur lequel on opère, il est important que la distillation ait lieu à une température peu élevée : c'est pourquoi nous donnerons quelques détails sur la disposition des appareils à employer.

1294. L'appareil le plus simple (*fig.* 293) est analogue à ceux qu'on emploie pour la distillation ordinaire sous la pression de l'atmosphère ; il n'en diffère que par le réservoir M adapté à l'extrémité du serpentin, et qui est destiné à recevoir les produits de la distillation. Le liquide à distiller est placé dans la chaudière A ; on vide la cuve du serpentin, on ouvre les robinets m, n et p, et on chauffe le liquide de manière à l'amener à la température de l'ébullition. Les vapeurs qui se forment ne se condensent qu'en très-petite quantité, et sortent presque en totalité

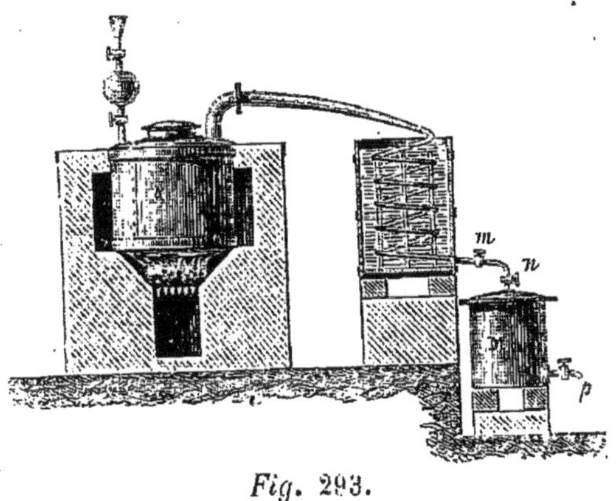

Fig. 293.

par le robinet *p* du réservoir M. Après quelques instants, tout l'air que contenait l'appareil a été expulsé, et ce dernier n'est rempli que de vapeurs. A cette époque, on ferme le robinet *p*, on baisse le feu, et on remplit d'eau froide la cuve du serpentin ; les vapeurs se condensent et le vide s'effectue dans l'appareil. Alors on ranime le feu et on le maintient au degré convenable ; l'ébullition se manifeste à une température peu élevée, la condensation s'opère comme dans la distillation ordinaire, et les produits de la distillation se réunissent dans le récipient M. Si la distillation devait être continue, il faudrait de temps en temps enlever le liquide du réservoir M à l'aide d'une pompe, et alimenter la chaudière au moyen d'un tube d'aspiration garni d'un robinet. Ce mode d'opération a le grand inconvénient d'exiger que le liquide soit d'abord porté à la température de son ébullition dans l'air. Mais on pourrait éviter cet inconvénient en chassant l'air de l'appareil au moyen de la vapeur fournie par une chaudière à vapeur d'eau, qui serait placée à côté, et en n'introduisant le liquide à distiller dans l'alambic, qu'après que l'air contenu dans l'appareil aurait été expulsé par la vapeur.

On emploie maintenant, dans la plupart des raffineries de sucre, des appareils dans lesquels l'évaporation des sirops a lieu dans le vide ; ce sont, en réalité, des appareils de distillation dans le vide, mais comme ils ont pour objet la concentration, nous n'en parlerons que dans le chapitre consacré à l'évaporation.

1295. *Distillation sous des pressions plus grandes que celle de l'atmosphère.* — Dans certaines circonstances, il pourrait être avantageux de distiller sous des pressions plus grandes que celle de l'atmosphère ; on y parviendrait facilement en plaçant, dans le tuyau qui conduit les vapeurs au condensateur, une soupape qui ne s'ouvrirait que sous la pression qu'on veut atteindre.

1296. *Distillation au bain-marie, par la vapeur, etc.* — Dans un grand nombre de distillations, il est important de ne pas faire agir directement le feu sur la chaudière, surtout quand le liquide renferme des substances seulement en suspension, qui, en se précipitant sur le fond de la chaudière, pourraient se brûler et altérer les produits de la distillation. Dans ce cas, on place la chaudière dans une autre, pleine d'eau ; on chauffe cette eau soit directement, soit par de la vapeur à une pression plus ou moins élevée et qu'on fait circuler dans un double fond ou dans un serpentin. On pourrait aussi employer des bains d'huile, des dissolutions salines. Comme ces différents modes de chauffage sont disposés comme pour l'évaporation, nous en remettrons la description au livre suivant.

1297. *Distillations rapides.* — Il y a quelques années, on a beaucoup parlé, dans les journaux scientifiques, de la rapidité avec laquelle on distillait les liqueurs vineuses, en Écosse. Un alambic contenant 80 gallons (305 litres) était rempli de liqueur froide ; cette liqueur était chauffée et distillée, et l'alambic rempli de nouveau, dans trois minutes et demie. Tout le secret consistait à employer de grandes surfaces de chauffe exposées au rayonnement du foyer, de manière à obtenir le maximum de transmission de chaleur. Cette disposition était le résultat de la nature de l'impôt qui se payait par jour et par appareil ; il était alors dans l'intérêt du fabricant de faire des sacrifices de divers genres pour économiser le temps.

CHAPITRE II.

APPAREILS DE DISTILLATION A EFFETS MULTIPLES.

1298. Dans la distillation simple, la chaleur absorbée par la chaudière se dégage en totalité dans la vapeur, et une grande partie de cette dernière passe dans le liquide réfrigérant. Ainsi, dans la distillation de l'eau, en supposant que l'eau condensée soit à 50°, la vapeur renfermant 650 unités de chaleur, le liquide réfrigérant absorbe les $\frac{12}{13}$ de la chaleur entraînée par la vapeur. On peut employer une partie de cette chaleur pour chauffer le liquide destiné aux opérations suivantes ; mais, à moins qu'une partie seulement du liquide ne doive être vaporisée, il y a toujours beaucoup de chaleur perdue.

1299. On peut employer un grand nombre de fois la chaleur qu'exige une première distillation, pour en produire d'autres. En effet, lorsque la vapeur se condense, elle émet exactement toute la chaleur qu'elle a absorbée lors de sa formation ; et par conséquent, s'il n'y avait pas de chaleur perdue par le refroidissement de l'appareil, et si le liquide distillé était à la température extérieure, on pourrait employer un nombre infini de fois la même chaleur à produire la distillation de masses égales de liquide. Mais comme le liquide devrait entrer en ébullition, il faudrait nécessairement que toutes les distillations se fissent à des pressions décroissantes, afin qu'il y eût entre le lieu où la vapeur se condense et le lieu où la chaleur latente de cette vapeur produit une nouvelle vaporisation, une différence de température nécessaire à la transmission de la chaleur. Nous commencerons d'abord par exposer le cas le plus simple, celui où les distillations successives ont lieu dans le vide.

1300. La figure 294 représente la disposition d'un appareil à effets

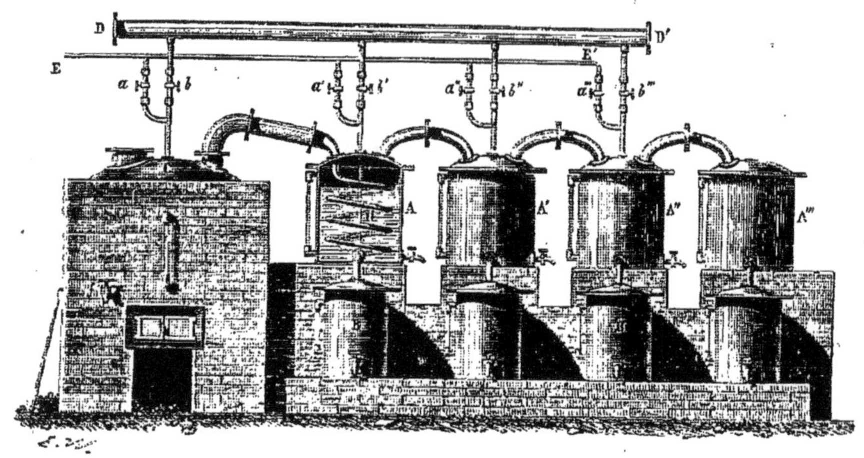

Fig. 294.

multiples. C est une chaudière ordinaire dont la partie supérieure communique avec le serpentin H, qui aboutit au vase B. Le cylindre A, qui environne le serpentin H, communique de même avec un serpentin, et ce dernier avec le vase B′, et ainsi de suite. L'appareil est ainsi composé d'une série de chaudières et de serpentins terminés par des vases fermés, et chaque chaudière est chauffée par la chaleur qui résulte de la condensation des vapeurs de l'appareil précédent. Un tube EE′, qui communique avec un générateur, conduit la vapeur de la chaudière C dans les vases A, A′, A″, A‴ par des tubes garnis des robinets a, a', a'', a'''. Le tube DD′, qui communique avec le réservoir du liquide à distiller, le conduit dans les capacités C, A, A′, A″ par des tubes garnis des robinets b, b', b'', b'''. Supposons que toutes les capacités étant pleines d'air, on ouvre les robinets a, a', a'', a''', et ceux qui sont placés à la partie inférieure des vases B, B′, B″, B‴; il est évident que l'air sera expulsé par la vapeur. Si, après quelques instants, on ferme ces robinets et si on ouvre les robinets b, b', b'', b''', les vases C, A, A′, A″, se rempliront du liquide à distiller; lorsqu'ils seront remplis à la hauteur convenable, on fermera les robinets et on chauffera la chaudière C; les vapeurs produites se réuniront en B, le liquide de A ne tardera pas à entrer lui-même en ébullition; et, dans un temps assez court, l'ébullition existera dans tous les vases, excepté dans le dernier, qui est ouvert et qui ne doit renfermer que de l'eau. Il est évident que, pour qu'il en soit ainsi, les pressions doivent aller en diminuant du vase C au vase A″, puisque les températures sont décroissantes dans le même sens. Les chaudières peuvent être alimentées pendant l'opération ; mais, pour vider les chaudières, C, A, A′, A″, ainsi que les vases B, B′, B″, B‴, il faut faire rentrer l'air dans chacun des appareils distillatoires, ou faire communiquer les vases qu'on veut vider avec d'autres dans lequels on aurait fait le vide par la vapeur.

Dans ce qui précède, nous avons supposé qu'on faisait le vide par la vapeur; on pourrait le produire par une machine. Il semble qu'on pourrait également l'obtenir en remplissant tous les vases d'eau, fermant leur partie supérieure, et les faisant communiquer par un tube d'au moins 11^m de hauteur avec des cuves dans lesquelles l'eau s'écoulerait jusqu'à ce que la colonne d'eau fût à peu près de 10^{m}33; mais ce moyen est pratiquement impossible, à cause du dégagement de l'air en dissolution dans l'eau.

1301. Si on n'enlevait pas l'air des vases, les distillations successives auraient également lieu; seulement les pressions dans les vases, au lieu de rester inférieures à la pression atmosphérique, seraient supérieures. Dans tous les cas, en faisant abstraction de la chaleur perdue par les surfaces des vases, la même quantité de chaleur devant passer à travers chaque appareil, si les surfaces des serpentins sont les mêmes, la même différence de température devra exister entre la vapeur qui s'écoule par un serpentin et le liquide environnant. En supposant une différence de température de 20°, entre deux vases consécutifs, et le dernier vase plein d'eau à 20°, la température de la vapeur, dans le cas où l'on a fait préalablement le vide, serait successivement de 40°, 60°, 80° et 100°; en supposant que le liquide soit de l'eau, les tensions seraient de 0^{m}053, 0^{m}144, 0^{m}352, 0^{m}76. Si l'on supposait que le vide n'ait pas été fait dans les vases, pendant toute la durée de l'opération, l'ébullition dans le dernier vase aurait lieu à 100°, puisque le dernier serpentin s'ouvre dans l'air, et pour que le même excès de température se trouvât dans tous les précédents, les températures de l'ébullition seraient successivement de 120°, 140°, 160°, qui correspondent à des pressions de 2^{at}; 3^{at},5; 6^{at}. La pression dans la chaudière serait considérable ; mais on pourrait la diminuer beaucoup en augmentant les surfaces des serpentins; en supposant seulement une différence de température de 10°, les températures seraient, toujours pour l'eau, de 100°, 110°, 120°, 130°, qui correspondent à peu près à des pressions de 1^{at}; 1^{at},5; 2^{at}; 2^{at},5.

1302. Les principes de la distillation faite en employant, à plusieurs reprises, la chaleur latente de la vapeur, ont été établis pour la première fois, à ma connaissance du moins, par M. Pecqueur, dans un brevet d'invention pris pour dix années, en 1829 ; l'inventeur considère ses appareils comme également applicables à la concentration des jus de betterave, et en général des sirops dans les raffineries. Dans ces appareils, les serpentins où la vapeur se condense sont remplacés par des faisceaux de tubes ayant la forme de demi-cercles concentriques, aboutissant par une extrémité au tuyau d'arrivée des vapeurs, et par l'autre au tuyau d'écoulement des eaux de condensation. Cette disposition avait pour but d'éviter les tractions qui se produisent dans les tubes droits parcourus par la vapeur, quand les extrémités sont fixées. M. Pecqueur parle des distillations et des concentrations successives dans un vide partiel, ou par des excès de pressions dépassant la pression atmosphérique. En 1834, M. Pecqueur prit un nouveau brevet pour un appareil à distillations et à évaporations successives, dont je parlerai dans le livre suivant. Enfin, en 1849, le même ingénieur a pris un brevet pour une autre disposition des appareils de concentration, dont je parlerai également à propos de l'évaporation. Dans ce brevet, M. Pecqueur dit qu'il a fait l'application du principe en question à la construction d'un appareil à distiller l'eau de mer, qui a été installé, en 1842, à bord de la frégate *la Cléopâtre*, et que cet appareil, seulement à double effet, produisait 13^{k}5 d'eau distillée par kilogramme de houille.

1303. Les appareils de distillation à effets multiples ne sont guère applicables à la distillation de l'eau de mer ; on n'obtient jamais de l'eau parfaitement pure, à cause du liquide entraîné mécaniquement par la vapeur, peut-être aussi par certaines matières volatiles organiques. Cette eau est nuisible à la santé, comme des expériences faites à Toulon l'ont démontré ; aussi je n'insisterai pas sur les meilleures dispositions qu'on pourrait donner aux appareils.

CHAPITRE III.

APPAREILS DE DISTILLATION ET D'ANALYSE DES VAPEURS.

1304. Jusqu'ici ces appareils ont été uniquement employés à la distillation des vins et des autres liqueurs alcooliques. Pendant longtemps, pour obtenir de l'alcool concentré, ou seulement des eaux-de-vie à un titre élevé, on était obligé de faire une série de distillations qui étaient à la fois longues et coûteuses. Les appareils d'analyse des vapeurs ont pour objet de donner, par une seule chauffe, de l'eau-de-vie ou de l'alcool à un degré quelconque. Le premier appareil a été imaginé en 1801 par Adam, de Montpellier ; depuis on en a inventé un grand nombre produisant le même effet par des dispositions différentes. Je me bornerai à indiquer les principes sur lesquels reposent ces appareils, et je décrirai ceux qui sont le plus employés.

1305. Le problème à résoudre est celui-ci : un mélange d'eau et d'alcool contenu dans une chaudière étant mis en ébullition, et produisant un courant continu de vapeur d'eau et de vapeur alcoolique, séparer l'eau de l'alcool de manière à obtenir ce dernier à un degré déterminé.

1306. Tous les appareils construits jusqu'ici sont composés : 1° d'une chaudière dans laquelle on met en ébullition le liquide à distiller ; 2° de deux serpentins, dont l'un est destiné à échauffer par une condensation partielle des vapeurs produites le liquide qui doit être distillé, et l'autre à compléter cette condensation ; 3° d'un appareil pour analyser les vapeurs. C'est dans ce dernier que consiste la différence des systèmes. Dans tous cependant, l'appareil d'analyse est disposé de manière à livrer au dernier serpentin les vapeurs suffisamment déphlegmées, et à faire retourner à la chaudière les vapeurs condensées trop aqueuses.

1307. Tous les appareils d'analyse de vapeurs sont fondés sur un ou plusieurs des principes que nous allons exposer :

1° Un mélange d'eau et d'alcool bout à une température d'autant moins élevée que le mélange renferme moins d'eau et plus d'alcool. Quand le mélange renferme des quantités d'alcool égales à

| 1,00 | 0,92 | 0,65 | 0,30 | 0,15 | 0,5 | 0 |

le mélange entre en ébullition, sous la pression atmosphérique, à

| 75°8 | 76°7 | 80° | 85° | 90° | 95° | 100° |

et les vapeurs contiennent des proportions d'alcool représentées par les nombres

| 1,00 | 0,93 | 0,87 | 0,78 | 0,66 | 0,42 | 0. |

2° Lorsqu'un mélange de vapeurs d'eau et de vapeurs d'alcool parcourt un réfrigérant à air ou à eau, les premières vapeurs qui se condensent sont les plus aqueuses, et les dernières les plus alcooliques ; de sorte que, si le réfrigérant a une étendue suffisante, les vapeurs échappées à cette condensation pourront renfermer une proportion donnée d'alcool.

Pour bien voir ce qui se passe dans le refroidissement de ces vapeurs, considérons ce qui arrive quand les vapeurs ne renferment que de l'eau où de l'alcool. Lorsqu'une vapeur, saturée d'eau ou d'alcool, s'écoule par un tuyau communiquant par son extrémité avec l'atmosphère, et dont la surface est exposée à l'air ou en contact avec un liquide à une plus basse température, la vapeur se condense progressivement, mais sans se refroidir, parce qu'elle est soumise à la pression de l'atmosphère. Si la vapeur est formée d'un mélange de vapeur d'eau et de vapeur d'alcool, les phénomènes sont très-différents ; la chaleur perdue doit être fournie par une condensation des deux vapeurs; mais, par la même raison que, dans la vapeur produite par un mélange d'eau et d'alcool, l'alcool est toujours dans une proportion plus grande que dans le liquide, il se condense une proportion plus grande de vapeur d'eau. Ainsi la proportion d'alcool dans la vapeur doit augmenter constamment avec le chemin parcouru, et la température du mélange doit diminuer progressivement jusqu'à 75° 8 température de l'ébullition de l'alcool pur. On voit d'après cela que, si on faisait sortir les vapeurs qui se dégagent d'une liqueur vineuse par un serpentin vertical environné d'eau, maintenu à une température constante, en faisant varier la température de l'eau, ou la longueur du serpentin, ou bien l'activité du foyer, on pourrait recueillir à l'extrémité du serpentin des vapeurs qui, étant ensuite condensées, donneraient de l'alcool à un degré déterminé de concentration.

3° Lorsque de la vapeur d'eau un peu chargée d'alcool rencontre un liquide alcoolique à une plus basse température, une partie de la vapeur d'eau se condense, et une partie de la chaleur provenant de la condensation forme des vapeurs alcooliques. C'est évidemment une conséquence du premier principe. Il résulte de là que, si un courant de vapeur d'eau s'élevait dans une colonne verticale, et si une liqueur alcoolique marchait en sens contraire, de manière à présenter à la vapeur des surfaces très-étendues, la liqueur vineuse irait constamment en s'échauffant et en s'appauvrissant, tandis que les vapeurs seraient de plus en plus chargées de vapeurs d'alcool. Ainsi, si le contact était assez prolongé, les vapeurs qui s'échapperaient de l'appareil pourraient toujours avoir un degré déterminé, qui s'apprécierait très-approximativement par un thermomètre. Les appareils fondés sur ce principe sont bien préférables à ceux qui reposent sur le second, du moins sous le rapport de l'économie du combustible, parce que la chaleur provenant de la condensation des vapeurs est employée à chauffer le liquide et à en vaporiser l'alcool, et que, le liquide à chauffer étant toujours au moins égal à cinq fois celui qu'il faut évaporer pour extraire la totalité de l'alcool, toute la chaleur provenant de la condensation des vapeurs est utilisée, surtout en supposant que la vapeur provienne du liquide appauvri, ce qui a toujours lieu.

1308. L'appareil d'Adam, qui a paru en 1801 et qui a fait époque dans l'histoire de la distillation, était fondé sur le premier principe. Il était composé d'une chaudière et de plusieurs vases fermés, d'une forme ovoïde, et de deux serpentins parcourus successivement par les vapeurs sorties du dernier vase ; les communications de ces différents vases étaient établies comme celles d'un appareil de Wolf. La partie supérieure de la chaudière communiquait avec le premier vase par un tuyau qui descendait jusqu'au fond de celui-ci. La partie supérieure du premier vase communiquait avec le second par un tube qui plongeait également jusqu'au fond de ce dernier, et ainsi de suite. Enfin, le dernier communiquait avec le premier serpentin. La chaudière, les vases et le premier serpentin étaient d'abord remplis de la liqueur à distiller, et le dernier serpentin, d'eau ; on chauffait la chaudière ; les vapeurs alcooliques qu'elle produisait se condensaient dans le premier vase ; ce liquide, plus alcoolique que celui de la chaudière, entrait bientôt lui-même en ébullition, et produisait des vapeurs plus déphlegmées que celles de la chaudière, et qui allaient se condenser dans le second vase, et ainsi de suite. On voit, d'après cela, que les liquides renfermés dans les vases étaient d'autant plus riches en alcool et donnaient des vapeurs d'autant moins aqueuses, qu'ils étaient plus éloignés de la chaudière. L'appareil était disposé de manière à ce que l'on pût mettre en communication avec le serpentin le premier, le deuxième ou le troisième vase ; on obtenait ainsi à volonté de l'alcool à un degré quelconque. L'appareil d'Adam est complétement abandonné depuis longtemps, parce qu'il a le grand inconvénient de produire dans la chaudière une assez grande pression, et qu'il ne permet pas d'obtenir un travail continu.

1309. A la même époque, Solimani imagina un autre appareil d'analyse des vapeurs, qui était fondé sur le second principe. Cet appareil consistait en un condensateur à plaques parallèles, qui était plongé dans de l'eau à une température constante de 40°. Les vapeurs de la chaudière y arrivaient par le bas ; celles qui se condensaient retournaient à la chaudière, et celles qui échappaient passaient dans le réfrigérant, où elles étaient entièrement condensées. En faisant varier la température du condensateur, on obtenait à volonté de l'alcool à un degré quelconque. Solimani avait imaginé un appareil très-simple pour maintenir l'eau à une température constante.

1310. L'appareil d'Isaac Bérard, qui parut peu de temps après, était fondé sur le même principe que celui de Solimani ; mais la disposition était différente. L'appareil d'analyse des vapeurs consistait en un cylindre deux fois recourbé horizontalement et divisé en treize cases par des diaphragmes verticaux percés supérieurement et inférieurement. Le cylindre était plongé dans l'eau, et on pouvait à volonté faire parcourir aux vapeurs sortant de la chaudière un certain nombre des cases du serpentin ; il est évident que les vapeurs étaient d'autant plus déphlegmées qu'elles en avaient parcouru un plus grand nombre.

1311. Mais, dans tous ces appareils, le travail était intermittent. Cellier-Blumenthal imagina de combiner les différentes dispositions employées de manière à produire la continuité du travail, c'est-à-dire à faire arriver d'une manière continue la liqueur vineuse par un bout de l'appareil, et à faire écouler continuellement la vinasse par un autre bout, en recueillant de l'alcool à un degré déterminé de concentration. L'appareil de Cellier-Blumenthal a été un immense progrès dans l'industrie de la distillation, sous le rapport de l'économie du temps et du combustible. La dépense de combustible, qui dans les appareils discontinus s'élève souvent à trois fois le poids de l'alcool *trois-six*, ou à 36° Beaumé, atteint à peine, dans ceux qui sont continus, le quart du poids de cet alcool. Je vais décrire l'appareil de Cellier-Blumenthal tel que le construisait M. Derosnes.

1312. *Appareil distillatoire de Cellier-Blumenthal, construit par M. Derosnes.* — Cet appareil est essentiellement composé (*fig.* 295) de deux chaudières A et A′, d'une colonne distillatoire B, d'un rectificateur C, d'un condensateur chauffe-vin D, d'un réfrigérant F, d'un seau de vidange à robinet régulateur E, et d'un réservoir à vin G.

La chaudière A′ est munie d'une douille destinée à la remplir, d'un robinet R destiné à la vider et d'un tube de niveau. Le tuyau Z conduit la vapeur au fond de la chaudière A.

La chaudière A est chauffée par le conduit à fumée du foyer de la chaudière A′ ; elle est munie, comme la première, d'un tube de niveau ; le robinet R′ sert à faire passer le liquide de la seconde chaudière dans la première.

La colonne distillatoire B renferme une série de diaphragmes, formés de plaques courbes disposées alternativement en sens contraires et de diamètres différents ; les plus grands ont leur concavité tournée vers

le haut et sont percés d'un grand nombre de petits orifices. Il résulte de
cette disposition que les vapeurs qui s'élèvent rencontrent de grandes

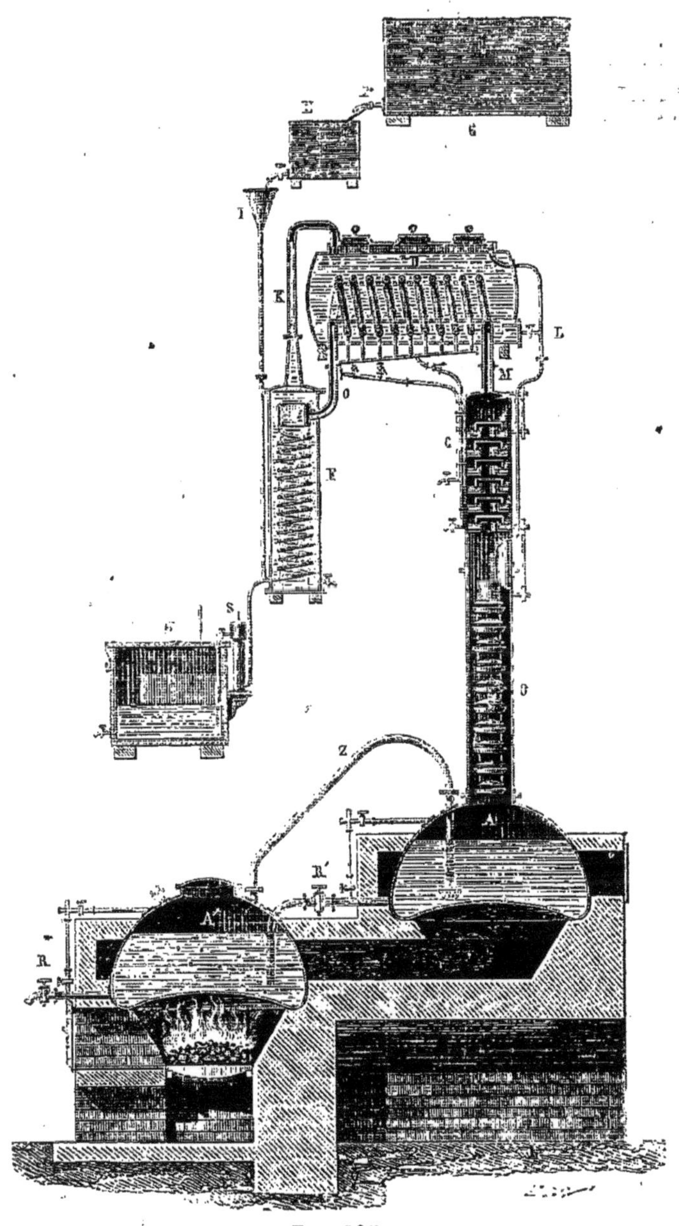

Fig. 205.

surfaces mouillées par le liquide qui descend et des filets de liquide
qu'elles sont obligées de traverser. Dans la colonne d'analyse C, il y a

également des diaphragmes ; mais ils sont percés de grandes ouvertures garnies de rebords en dessus et recouverts d'un chapeau, de sorte que les vapeurs sont forcées, pour passer à travers chacun d'eux, de vaincre une pression du liquide d'environ 2 centimètres. Des douilles, qui ne sont point indiquées dans la figure, permettent l'écoulement du liquide ; elles s'élèvent, au-dessus de chaque diaphragme, au niveau que le liquide doit conserver, et elles descendent, près du diaphragme inférieur, au-dessous du niveau du liquide.

Le condensateur D est un cylindre de cuivre placé horizontalement ; il renferme un serpentin à hélices verticales dont l'origine communique, par le tuyau M, avec la colonne distillatoire, et qui aboutit au tuyau O. Chaque spire reçoit à sa partie inférieure un petit tube qui sort du condensateur, et communique avec un tuyau en pente, lequel, au moyen d'un autre tuyau et de robinets convenablement disposés, peut conduire le liquide, condensé dans une partie ou dans la totalité des spires, soit dans le tuyau O, soit dans le rectificateur. L est un tuyau qui conduit le vin chaud du condensateur à la colonne distillatoire.

Le réfrigérant F est un cylindre de cuivre fermé de toutes parts ; il contient un serpentin dont l'origine communique avec le tuyau O, et dont l'extrémité inférieure permet l'écoulement au dehors du produit de la distillation. Il est surmonté d'un tuyau K, qui alimente de vin le condensateur. La partie inférieure du réfrigérant est alimentée elle-même par le tuyau I qui amène le vin froid.

Le seau de vidange E est muni d'un robinet qui sert à régler l'écoulement du vin dans l'appareil et à maintenir le liquide à un niveau constant : ce vase est alimenté par le réservoir G, au moyen du robinet à flotteur r.

Pour mettre l'appareil en fonction, on commence par remplir les chaudières A et A' du liquide à distiller. On ouvre alors le robinet du vase E : le tube I, le réfrigérant F et le condensateur D se remplissent de vin ; l'air s'échappe par des robinets placés à la partie supérieure, et aussitôt que l'on reconnaît, par l'élévation du niveau du liquide dans la chaudière A, que le vin déverse par le tuyau L, on ferme le robinet du seau de vidange. On allume le foyer placé sous la chaudière A'. Aussitôt que le vin renfermé dans cette chaudière entre en ébullition, la vapeur s'échappe par le tuyau Z, vient se condenser dans la chaudière A, élève la température du liquide qui s'y trouve, et, comme cette chaudière est en outre chauffée par la fumée du foyer, le liquide ne tarde pas à y entrer en ébullition ; les vapeurs alcooliques s'élèvent dans la colonne B, pénètrent dans les spires du serpentin D, s'y condensent en grande partie, et les produits retournent dans le rectificateur. Lorsque le chauffe-vin D est assez échauffé pour que l'on ne puisse plus y tenir la main, on ouvre le robinet du vase E, et la distillation continue. Le vin arrivé par le tuyau I monte dans le réfrigérant F, où il commence déjà à s'échauffer, et il arrive dans le chauffe-vin D, où sa température s'élève presque jusqu'à l'ébullition ; de là il tombe par le tube L dans la colonne B, qu'il parcourt dans toute sa hauteur, et arrive dans la chaudière A. Quand le liquide de la chaudière A' ne contient plus d'alcool, on fait écouler la vinasse par le robinet R, et on ouvre le robinet R' pour remplir de nouveau la chaudière A' avec une partie du liquide de la chaudière A. Quant à la vapeur, elle suit la même route, mais son mouvement est dirigé en sens inverse. Quand elle a été condensée dans le réfrigérant F, elle s'écoule dans le vase N, qui contient un aréomètre, et de là dans le réservoir H.

On conçoit facilement que l'alcool que l'on obtiendra sera d'autant plus rectifié, que l'on fera communiquer avec le rectificateur un plus grand nombre de spires du serpentin du chauffe-vin D. On détermine par expérience, suivant la richesse du liquide et le degré de l'alcool qu'on veut obtenir, quels sont les robinets qu'on doit laisser ouverts.

L'appareil de M. Cellier Blumenthal peut s'appliquer très-facilement à la distillation sans continuité ; il suffit pour cela de remplir le réservoir, le réfrigérant et le condensateur avec de l'eau, et de luter l'extrémité inférieure du tube L, qui doit servir alors à évacuer l'eau chaude.

1313. *Appareil de M. Laugier.* — L'appareil que nous venons de décrire ne laisse rien à désirer sous le rapport de l'économie du combustible, de la rapidité des opérations et de la qualité des produits. Mais il est compliqué, parce qu'il est disposé de manière à permettre d'opérer sur des liquides d'une richesse alcoolique quelconque, et d'obtenir de l'alcool à un degré quelconque de concentration. Des appareils, qui seraient destinés à distiller toujours des liquides de même nature et à produire des liqueurs alcooliques au même titre, pourraient être beaucoup plus simples. C'est le cas de l'appareil de M. Laugier, représenté figure 296.

Dans cet appareil, qui est destiné à la fabrication des eaux-de-vie de fécule, l'opération marche d'une manière continue. Le liquide à distiller est versé par le tube *s* et l'entonnoir *p* dans le vase A, où il arrive à la partie inférieure, pour servir à la condensation des vapeurs alcooliques, et produire un écoulement continu d'alcool par l'extrémité du serpentin renfermé dans le vase A. De ce vase, le liquide échauffé se rend, par

le tube de communication *r*, à la partie inférieure du second vase B, où
s'opère la rectification, au moyen du serpentin condensateur imaginé

Fig. 246.

par M. Laugier. Le liquide se rend ensuite par le tube *c* dans la seconde
chaudière de distillation C, chauffée par la chaleur perdue du foyer
placé sous la première chaudière D, où se termine l'épuisement de
la vinasse. *e* est le tuyau qui sert à faire passer le liquide de la seconde
chaudière dans la première; *m*, le tuyau qui amène, dans la seconde
chaudière C, les vapeurs formées dans la première D ; *b*, le tube qui
conduit les vapeurs alcooliques dans le rectificateur. Le tube *c*, dont
nous avons parlé, est disposé de manière à prendre le liquide à la partie supérieure du vase B, où il est plus échauffé. *d*, tube ramenant les
vapeurs condensées du rectificateur dans la chaudière C; *f*, tuyau
de vidange de la vinasse épuisée; *g* et *h*, niveaux d'eau; *l*, tube
conduisant les vapeurs non condensées du rectificateur dans le serpentin condensateur; *i*, tube qui conduit les vapeurs formées dans le
vase B au serpentin condensateur ; *o*, éprouvette dans laquelle coule
l'alcool et qui contient un aréomètre pour indiquer le degré. M. Laugier

a disposé son serpentin rectificateur de manière que les vapeurs alcooliques arrivent par la partie inférieure pour parcourir en montant toutes les hélices ; mais afin que les liquides ne s'opposent pas au mouvement des vapeurs, chaque hélice renvoie directement par un tube les produits de la condensation au tuyau d qui les conduit à la chaudière. Chaque hélice doit par conséquent être inclinée de manière que les vapeurs suivent le même chemin que les liquides, et la communication des hélices doit se faire par des tubes verticaux qui servent au passage des vapeurs d'une hélice dans l'autre. Le nombre des hélices doit être tel qu'on obtienne à la sortie de l'appareil, par la condensation complète des vapeurs, de l'alcool qui ait le degré voulu.

Si le nombre des hélices était plus considérable, et si les tubes verticaux communiquaient à l'extérieur avec de petits réservoirs séparés, il est évident qu'ils donneraient de l'alcool marquant des degrés de plus en plus élevés.

1314. On emploie souvent des appareils beaucoup plus simples encore, dans lesquels le liquide à distiller est chauffé par un serpentin que parcourt de la vapeur à haute pression. Une de ces dispositions est indiquée dans la figure 297. A est un cylindre de fonte ou de cuivre, où l'ébullition du liquide à distiller est produite au moyen d'un serpentin en cuivre, dont les orifices d'entrée et de sortie sont désignés par les lettres a et b ; c est l'orifice de sortie de la vinasse épuisée ; B est la colonne d'analyse des vapeurs, dans laquelle le liquide à distiller marche en sens contraire de la vapeur. Différentes dispositions sont employées pour augmenter les surfaces de

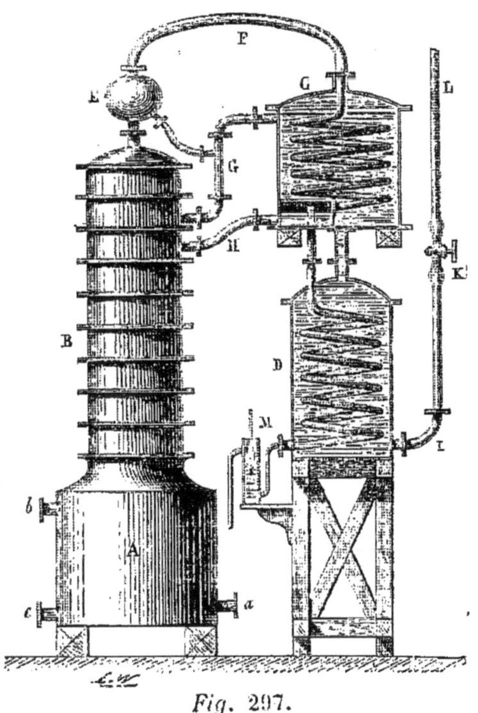

Fig. 297.

contact. Les vapeurs s'élèvent dans le réservoir E et passent par le tube F dans le rectificateur C qui est formé d'un serpentin disposé suivant la méthode ordinaire ; les vapeurs condensées retournent à la colonne d'analyse par le tuyau H et les vapeurs non condensées passent dans le serpentin du vase D où elles sont condensées et refroidies, et s'écoulent au dehors par la tubulure M, qui communique avec un vase renfermant un alcoomètre. Le liquide à distiller arrive d'un réservoir supérieur dans l'appareil, par le tuyau LI muni du robinet K, qui sert à régler l'écoulement; il s'élève dans le vase D, puis dans le vase C, d'où il passe dans la colonne d'analyse B, par le tuyau G, et tombe dans le vase A.

1315. Les diaphragmes de la colonne d'analyse sont disposés de diverses manières. Dans l'appareil de Cellier-Blumenthal, les diaphragmes, percés de petits trous, ont l'inconvénient de s'obstruer facilement par les dépôts, et cette disposition ne peut évidemment être employée que pour la distillation des liqueurs alcooliques parfaitement claires, comme les vins ; on ne l'emploie, en effet, que pour ces liquides.

1316. La disposition des diaphragmes du rectificateur du même appareil consiste dans des espèces de fermetures hydrauliques, pour le dégagement des vapeurs. Cette disposition a le grave inconvénient de produire une pression assez forte dans le vase A, avec des pressions décroissantes de bas en haut dans la colonne, et en outre, de ne pas établir sur une grande étendue le contact du liquide et des vapeurs. Elle est cependant assez généralement employée en Belgique.

1317. M. Coupier, ingénieur qui s'est beaucoup occupé de cette question, a employé une disposition qui lui a toujours donné de très-bons résultats. Chaque diaphragme (*fig.* 298) porte à son centre un large tube d'une hauteur de 2 à 3 centimètres, dont le bord supérieur est taillé en forme de scie; au-dessus de l'orifice se trouve une petite calotte prolongée par une surface plane horizontale, de forme circulaire, et qui s'étend jusqu'à une petite distance de la surface du cylindre extérieur. Il résulte de cette disposition que les vapeurs en s'élevant traversent les filets de liquide, qui s'écoulent par les bords dentelés des cylindres, et se promènent ensuite sur toute l'étendue de la surface du liquide de chaque diaphragme, et à une petite distance et dans un sens opposé. Les dépôts qui peuvent se former sont évidemment sans influence sur la marche de l'appareil, pourvu qu'ils ne soient pas trop considérables.

Fig. 298.

1318. En Angleterre, on se sert généralement, dans les distilleries de grains, d'un appareil d'analyse dont les figures 299 et 299 *bis* représentent deux coupes verticales perpendiculaires. Il se compose d'une caisse en bois, renfermant de l'eau maintenue à une température constante.

Cette caisse en renferme une autre en cuivre mince, également rectangulaire, communiquant par le bas avec la chaudière, et par le haut avec le condensateur et le réservoir de la liqueur à distiller. La caisse en cuivre est traversée dans le sens de sa plus

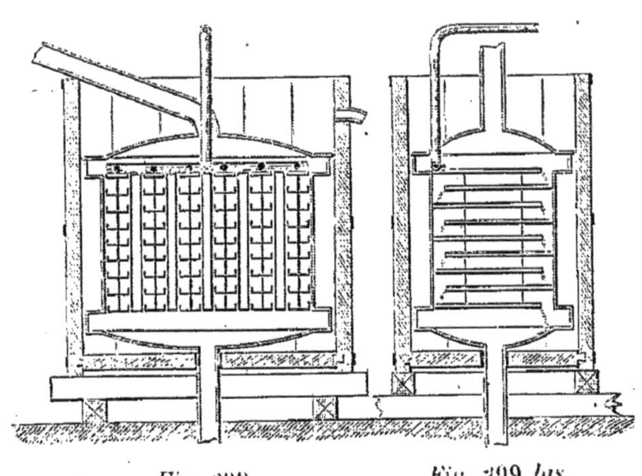

Fig. 299. Fig. 299 bis.

petite largeur par cinq tuyaux étroits, rectangulaires, ayant la hauteur de la partie rectiligne de la caisse, et dans lesquels l'eau de la caisse en bois peut facilement circuler. Dans les intervalles des tuyaux dont nous venons de parler, la caisse en cuivre renferme un grand nombre de plaques à rebords, légèrement inclinées alternativement en sens contraire et disposées de manière qu'un liquide versé sur la première s'écoule successivement sur toutes les plaques. A la partie supérieure de la caisse, un petit tuyau amène le liquide à distiller qui se répartit, au moyen d'un tuyau horizontal, dans chaque système de plaques, d'où il s'écoule dans la chaudière. L'eau chaude du réservoir en bois s'écoule par un tuyau placé à la partie supérieure, et elle est remplacée par de l'eau froide qu'amène un autre tuyau.

Pour maintenir une température constante dans l'eau, on emploie un appareil composé de deux barres, l'une en fer, l'autre en cuivre, soudées dans le sens de leur longueur et courbées de manière à présenter la forme d'une paire de pincettes ; l'écartement des branches varie avec la température en vertu de l'inégale dilatation des deux métaux ; on conçoit alors qu'une des branches étant fixe, l'autre peut agir sur le robinet de l'eau froide, de manière à maintenir sensiblement constante la température de l'eau. Les plaques sont fixées sur des tiges qui permettent de les enlever toutes à la fois pour les nettoyer. Le condensateur est disposé exactement comme le rectificateur. Pour se servir de cet appareil, on commence par remplir la chaudière de liquide à distiller; on la porte à l'ébullition, et lorsque l'eau du vase en bois a atteint une température de 78°, 80° ou 82°, suivant le degré de concentration qu'on veut obtenir, on ajuste au robinet du tuyau d'arrivée d'eau froide le régulateur de température, et on ouvre convenablement le robinet d'accès du liquide à distiller et celui de l'écoulement de la vinasse épuisée; le liquide s'écoule simultanément par toutes les séries de plaques, en parcourant successivement toutes celles d'une même série, et arrive dans la chaudière, presque entièrement dépouillé d'alcool. Les vapeurs produites dans la chaudière marchent en sens contraire et arrivent dans le rectificateur à un degré de concentration qui dépend de la température de l'eau de la caisse. Cet appareil donne de bons résultats. La disposition des plaques est bonne; la surface de contact des vapeurs et du liquide est très-étendue, et il n'y a point d'accroissement de pression dans la chaudière. Mais il est très-probable que la vapeur ne se répartit pas également dans les différents chemins que lui offrent les différentes séries de plaques; de plus, le condenseur étant disposé comme le rectificateur, l'air ne peut pas en être expulsé, et par suite l'appareil n'a pas toute la puissance qu'il aurait si les surfaces métalliques avaient la forme d'un serpentin ordinaire. Cependant, comme toutes ces observations ne conduisent qu'à reconnaître que les effets du rectificateur et du condenseur ne sont pas ce qu'ils pourraient être, l'appareil en question doit donner de bons résultats, quand la quantité de liquide introduit dans la chaudière pendant un certain temps ne dépasse pas une certaine limite.

1319. En Angleterre, les liqueurs vineuses, obtenues par la fermentation de différentes matières amylacées, sont décantées avant d'être soumises à la distillation. En Hollande et en Belgique, on soumet toutes les matières liquides et les dépôts aux appareils qui doivent extraire l'alcool. Dans le premier cas, l'appareil que nous venons de décrire peut être employé; mais on préfère chauffer la chaudière au moyen d'un serpentin parcouru par de la vapeur à haute pression, parce que les matières en suspension, se déposant au fond des chaudières chauffées à feu nu, pourraient s'altérer et donner un mauvais goût au produit de la distillation.

1320. Pour un appareil de distillation et d'analyse des vapeurs à construire, quand on connaît la richesse en alcool du liquide à distiller, le degré de concentration de l'alcool qu'on doit obtenir, et la quantité de liqueur qu'on doit distiller par heure, il est facile de calculer l'étendue de la surface de chauffe de la chaudière et celle des serpentins à vapeur à haute pression, ainsi que la surface du dernier serpentin destiné à condenser les vapeurs rectifiées. Pour la chaudière, il ne faudrait compter que sur une production de vapeur de 15 à 20^k par mètre carré et par heure; et, si le liquide était chauffé par la vapeur, il faudrait compter sur une production de 2^k de vapeur par mètre carré, par heure et par degré de différence de température. Mais il est impossible de calculer l'effet produit par la colonne d'analyse et par le rectificateur, quelle qu'en soit la disposition ; il faut s'en rapporter aux résultats des expériences faites sur le système d'appareil qu'on a choisi. Il est important de remarquer que, si un appareil était insuffisant pour produire, dans un temps donné, un poids déterminé d'alcool à un certain degré de concentration, en diminuant la quantité de vapeurs produites et la quantité de liquide qui parcourt l'appareil, on augmenterait nécessairement la concentration de l'alcool produit.

1321. Une question qui mériterait d'être examinée est celle des distillations successives par la même chaleur, à des températures et à des pressions décroissantes. Par cette méthode, on obtiendrait des produits renfermant encore beaucoup d'eau, mais qu'on pourrait ensuite distiller dans un appareil rectificateur ; il y aurait une économie très-considérable de combustible, et comme les produits pourraient être obtenus à de faibles pressions et à des températures peu élevées, ils pourraient être dans certains cas de meilleure qualité que ceux qu'on obtient dans les conditions ordinaires.

1322. Supposons, par exemple, qu'il s'agisse d'un liquide renfermant, comme les vins, de 0,13 à 0,14 d'alcool, et que, pour en extraire la totalité, on soit obligé de vaporiser 0,2 du liquide ; comme il ne s'agit ici que d'un aperçu, négligeons la différence des quantités de chaleur renfermées dans ces vapeurs et dans la vapeur d'eau. Admettons qu'on ait quatre chaudières, et désignons par P le poids du liquide renfermé dans chacune d'elles ; en supposant qu'on y ait préalablement fait le vide, et que les excès de température soient de 20°, les températures seront de 100°, 80°, 60°, 40°, dont la moyenne est 70°, et la quantité totale de chaleur employée sera de 70P $+$ 0,2 (630 — 70) P $=$ 182P; tandis que si l'on effectuait des distillations simples sous la pression atmosphérique, la dépense de chaleur serait égale à 4P (100 $+$0,2.500)$=$824P, c'est-à-dire à peu près quatre fois et demie plus grande. Si les distillations successives avaient lieu sur la totalité du liquide, la dépense de chaleur serait (630 — 70) P $=$ 560P ; tandis que par des opérations simples, elle serait 4 . 630P $=$ 2520P, ou à peu près quatre fois et demie plus grande, comme précédemment. J'ajouterai que l'économie pourrait être augmentée en faisant passer la chaleur des vinasses épuisées dans les liquides qui les remplaceraient; la chaleur dépensée serait alors réduite à 0,2 (630 — 70) P = 112 P, et le rapport de la chaleur qui serait absorbée par des distillations simples à celle qui est consommée dans l'opération dont il est question serait égal à 824 : 112 = 7,35.

1323. Cet échauffement préalable des liquides aurait en outre l'avantage de donner la même densité aux liquides résultant des distillations des chaudières, ce qui n'arriverait pas si chaque chaudière devait produire la vapeur nécessaire au chauffage des liquides renfermés dans les chaudières suivantes.

1324. J'ai dû me borner à l'examen des appareils de distillation, considérés sous le rapport des phénomènes physiques, et surtout de la dépense de combustible; mais dans l'usage, il y a beaucoup d'autres considérations qui interviennent; souvent le prix trop élevé des appareils les plus parfaits s'oppose à leur emploi; d'autres fois, la nature des liqueurs vineuses ne permet pas de se borner à une seule opération, ni même d'opérer d'une manière continue. Ainsi dans la distillation des jus de betterave fermentés, qui ne renferment ordinairement que 0,04 d'alcool, on a trouvé avantageux de faire une première distillation qui donne de l'alcool renfermant 0,5 d'eau, et de procéder ensuite à une nouvelle opération sur ce liquide, en rejetant dans la chaudière les premiers et les derniers produits qui sont de mauvais goût. Pour tous ces détails pratiques, je dois renvoyer aux ouvrages spéciaux qui ont été publiés sur la distillation, par M. Dubrunfaut, par M. Lacambre et plus récemment par M. Payen.

LIVRE IX.

ÉVAPORATION.

1325. La distillation et l'évaporation ont toutes deux pour objet de séparer une ou plusieurs substances volatiles, mêlées ou combinées avec des substances fixes ou seulement moins volatiles ; mais dans la distillation le but est de recueillir les substances volatiles, au lieu que dans l'évaporation on se propose de recueillir les matières fixes ou celles qui sont moins volatiles.

1326. L'évaporation et la distillation ont encore une autre différence essentielle : la distillation ne peut s'effectuer que par l'ébullition et à une température variable seulement avec la pression ; l'évaporation, au contraire, peut être produite sous la même pression à toutes les températures, du moins quand elle a lieu dans des vases ouverts où l'air peut facilement se renouveler. L'évaporation en vase clos est une véritable distillation.

1327. L'évaporation peut s'effectuer dans un grand nombre de circonstances particulières ; elles sont toutes comprises dans la nomenclature suivante :

Évaporation spontanée à l'air libre ;

Évaporation d'un liquide à la température ordinaire par un courant d'air forcé ;

Évaporation en vase ouvert par l'action directe d'un foyer ;

Évaporation d'un liquide chaud, par un courant d'air forcé ;

Évaporation par la vapeur ;

Évaporation dans le vide ;

Évaporation à effets multiples.

Nous examinerons successivement ces différents cas.

CHAPITRE PREMIER.

ÉVAPORATION SPONTANÉE A L'AIR LIBRE.

1328. Ce mode d'évaporation est principalement employé pour concentrer les dissolutions de sel marin. Examinons d'abord les phénomènes qui l'accompagnent, afin d'en déduire les circonstances les plus avantageuses.

1329. Lorsqu'un liquide est exposé à l'air libre, l'air situé au-dessus de lui se sature de vapeur, il devient plus léger, s'élève, et se trouve bientôt remplacé par de nouvelles couches d'air, qui, après s'être saturées, s'élèvent à leur tour, et ainsi de suite. Il se forme donc deux courants, l'un de couches saturées qui montent, l'autre de couches dans leur état naturel, qui descendent sur le liquide. Ce mouvement est absolument semblable à celui qui a lieu dans une masse d'air ou d'eau qu'on échauffe par le bas. La quantité de vapeurs que le liquide peut fournir à l'air ambiant est proportionnelle à la différence entre la tension du liquide et celle de la vapeur déjà existante dans l'air. Ainsi, toutes choses égales d'ailleurs, l'évaporation dans le même temps sera d'autant plus grande que le liquide sera plus chaud, et que l'air sera plus éloigné de la saturation. Il est évident que si l'air est déjà saturé de vapeur d'eau, l'évaporation sera nulle ; c'est ce qui arrive toujours après un certain temps, quand l'air qui est au-dessus du liquide ne communique pas librement avec l'atmosphère ; car il a bientôt atteint le point de saturation, et l'évaporation qui, jusqu'à cet instant, est allée continuellement en diminuant, cesse alors complétement.

1330. Si l'air est fortement agité, les couches qui viennent se saturer à la surface du liquide se renouvellent beaucoup plus promptement que si leur mouvement était uniquement dû aux variations de densité ; par conséquent l'évaporation est beaucoup plus rapide. Il est encore évident que l'évaporation n'ayant lieu qu'à la surface même du liquide, tout étant égal d'ailleurs, l'effet produit dans un temps donné croît avec l'étendue de cette surface.

1331. De là nous pouvons conclure que l'évaporation spontanée est d'autant plus active, 1° que la surface libre du liquide est plus étendue ; 2° que la température du liquide et de l'air ou seulement de l'un des deux est plus élevée ; 3° que l'air est plus sec ; 4° que l'air est plus fortement agité.

1332. Dans les appareils d'une grande dimension, on ne peut disposer complétement que d'un seul des éléments précédents, l'étendue de la surface du liquide ; et l'on est obligé de subir l'influence de toutes les variations des autres éléments occasionnées par les changements qui surviennent dans l'état de l'atmosphère ; seulement, on a soin de choisir pour les opérations la saison la plus chaude de l'année et l'exposition la plus favorable. Jusqu'ici on n'a employé que deux méthodes d'évaporation spontanée, et toutes deux n'ont encore été appliquées qu'à l'extraction du sel marin.

1333. La première consiste à exposer à l'air la dissolution saline dans de grands bassins d'une très-petite profondeur ; le liquide est élevé dans ces bassins par des machines hydrauliques ou par des machines à vapeur. Dans le midi de la France, l'opération commence ordinairement au mois de mars et se termine en septembre. Les bassins sont garnis d'argile et sont ordinairement de deux espèces : les premiers, plus grands et plus profonds que les autres, reçoivent les eaux neuves qui y sont concentrées jusqu'à saturation ; les autres, d'une petite profondeur, reçoivent des premiers les eaux qui y déposent les cristaux.

1334. Le second mode d'évaporation consiste à remplir de fascines un bâtiment à claire-voie en bois, au-dessus duquel on élève les eaux à évaporer, pour les faire tomber à travers les fascines ; l'eau, divisée par les nombreux obstacles qu'elle rencontre dans sa chute, présente une grande surface à l'air, et éprouve, surtout quand l'air est sec et agité, une forte évaporation. Ces appareils portent le nom de *bâtiments de graduation ;* ils ont un grand avantage sur le premier mode d'évaporation, parce qu'ils sont abrités de la pluie, et qu'on ne les met en activité que dans les circonstances favorables.

1335. Dans toutes les évaporations spontanées, la chaleur nécessaire à la vaporisation est fournie par le liquide et par l'air ; l'évaporation ne coûte donc que l'intérêt du capital employé en terrain, bâtiments, machines, le prix de la main-d'œuvre et celui d'une certaine quantité de combustible quand les eaux sont élevées par des machines à vapeur. Le prix de l'évaporation spontanée est beaucoup plus faible que celui de l'évaporation par la chaleur : en effet, d'après M. Payen, le prix de l'extraction de 100 kilog. de sel dans les marais salants varie de 0 fr. 60 à 2 fr. 50, suivant la localité et les circonstances atmosphériques qui ont accompagné l'opération ; or, l'eau de la mer renfermant 0,025 de sel marin, pour extraire 100 kilog. de sel, il faudrait évaporer 3900 kilog. d'eau, évaporation qui exigerait à peu près 3900 : 6 = 650 kilog. de houille, qui, au prix de 30 francs la tonne, coûteraient 19 fr. 50.

1336. L'évaporation spontanée ne peut pas se produire sur toutes les dissolutions de sels ou d'autres matières solubles dans l'eau, parce qu'il y a un grand nombre de ces substances qui, ayant une grande affinité pour l'eau, ne peuvent la céder à l'air que lorsqu'elles en renferment une grande quantité quand elles sont en dissolutions trèsconcentrées, non-seulement l'évaporation spontanée n'a plus lieu, mais plusieurs d'entre elles absorbent au contraire l'humidité de l'air. Pour celles-là, il faut nécessairement avoir recours à l'évaporation par la chaleur.

CHAPITRE II.

ÉVAPORATION D'UN LIQUIDE A LA TEMPÉRATURE ORDINAIRE PAR UN COURANT D'AIR FORCÉ.

1337. L'évaporation spontanée des liquides dans l'air atmosphérique augmente, comme nous l'avons vu, à mesure que la surface du liquide est plus étendue, que l'air se renouvelle plus rapidement, et qu'il est plus sec et plus chaud.

1338. La plupart et même la totalité de ces circonstances peuvent être réunies artificiellement : le mouvement de l'air exigerait la dépense d'une force motrice ; la dessiccation de l'air, celle d'une substance très-hygrométrique ; et son échauffement, celle d'un combustible. Je ne crois pas qu'on ait encore fait d'essai sur l'évaporation par un courant d'air forcé, desséché et chauffé. Mais Montgolfier a fait, sur l'évaporation par un courant d'air atmosphérique dans l'état où il se trouve ordinairement, des expériences qui présentent un grand intérêt ; elles ont été rapportées par Clément Désormes, dans un mémoire inséré dans les *Annales de chimie*, tome LXXVI.

1339. Le projet de Montgolfier était de concentrer des marcs de raisin avant leur fermentation, en leur conservant tous les principes fermentescibles, de manière qu'ils pussent être transportés à peu de frais, et convertis partout en vin, en les délayant avec une suffisante quantité d'eau et en les faisant fermenter. Pour satisfaire à ces conditions, il fallait opérer la concentration rapidement, et à une température peu élevée. Le principe de l'appareil de Montgolfier est le même que celui sur lequel sont fondés les bâtiments de graduation dont nous avons parlé ; mais le liquide très-divisé était traversé par un courant d'air produit à l'aide d'une machine. Les premiers essais eurent lieu en 1794 ; Montgolfier fit plusieurs conserves de fruits, entre autres de pommes et de raisins. La première, qui était en grande quantité, car il en avait fabriqué plus de 1500 kilog., avait un goût très-agréable. En 1797, il répéta ses expériences à Paris, et il obtint des résultats aussi satisfaisants.

1340. Montgolfier avait reconnu que, dans l'état ordinaire où se trouve l'air en automne, il peut, terme moyen, prendre 3 grammes d'eau par mètre cube. Or un homme, par son travail d'un jour composé de 6 heures d'un travail effectif, peut donner, à l'aide d'une machine, 5 mètres de vitesse à environ 70000 mètres cubes d'air. La quantité d'eau qu'il pourra évaporer sera donc $70000 \times 0^k003 = 210$ kilog.; en supposant que le prix de la journée d'un manœuvre soit de 1 fr. 50, on voit que l'évaporation de 100 kilog. d'eau coûterait $\frac{1,50}{2,10} = 0$ fr. 71. En admettant que le sucre forme un quart du moût de raisin, la concentration de 400 kilog. de sirop exigerait une dépense de 2 fr. 10. On pourrait d'ailleurs réduire beaucoup cette dépense en diminuant la vitesse de l'air; car on sait que la force vive, qui est réellement celle que l'on consomme et que l'on paye, croît comme le carré de la vitesse; ainsi, en diminuant la vitesse de moitié, il serait possible de quadrupler, avec le même travail, la masse d'air mise en mouvement.

1341. On pourrait employer un grand nombre d'appareils différents pour produire le courant d'air qui doit traverser le liquide; le plus simple est le ventilateur à force centrifuge. La figure 300 représente une coupe de l'appareil de concentration qui a été décrit par Clément. AB, manivelle de 0^m40 de longueur, à laquelle un homme fait faire un tour par seconde; BC, axe fixé à la manivelle et portant à l'extrémité C une roue dentée engrenant dans un rouet D, dont le nombre des fuseaux est deux fois plus grand que celui des dents de la roue, de sorte qu'il ne fait qu'un tour tandis que la roue en fait deux; le rouet D est fixé à un axe EF, qui porte par un pivot sur le palier E, et qui est maintenu verticalement en

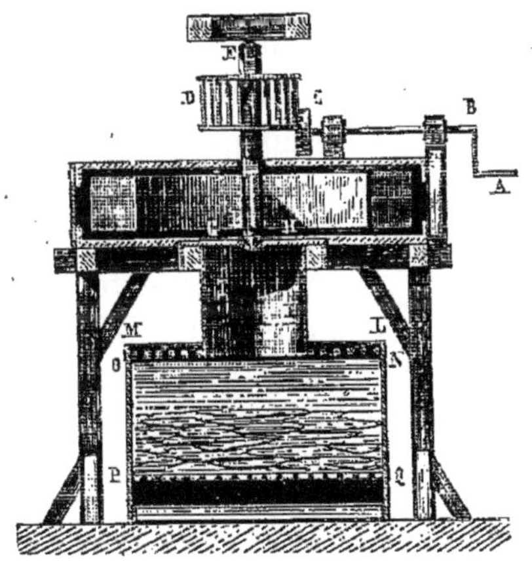

Fig. 300.

F par un collet de cuivre fort juste, mais qui le laisse cependant tourner librement; cet axe EF porte six à huit ailes de 1^m50 de longueur sur 0^m50 de hauteur; leurs nervures sont en fer et recouvertes de toile cirée ou de planches de bois très-minces; ce moulin tourne entre deux plans circulaires parallèles, aussi rapprochés que possible des ailes dont ils débordent un peu le bout; les plateaux sont maintenus par des traverses verticales clouées à leur circonférence. Le plateau inférieur est percé d'une ouverture centrale GH de 0^m92 de diamètre, ou de $0^{mq}65$ de surface. Un cylindre de même diamètre IK, et de 1 mètre de hauteur, s'y trouve fixé ; il est soutenu de manière à ne pas s'appuyer sur l'appareil inférieur. LM est le couvercle de la caisse NOPQ ; il porte un tuyau cylindrique qui se joint exactement au cylindre IK ; on colle du papier sur les joints pour éviter le passage de l'air. La caisse NOPQ est un prisme rectangulaire de 2^m50 de côté, sur 1^m75 de hauteur ; on y place des brins de bois blanc dépouillés de leur écorce et bien propres, par lits réguliers, se croisant alternativement, et laissant plus d'espace libre en bas qu'en haut ; c'est sur ce tas que se disperse le jus que l'on veut concentrer ; il entre par de petits trous ménagés dans le grand couvercle, de manière à le répartir aussi uniformément que possible sur les petits bâtons. On doit laisser au-dessus des bâtons jusqu'au couvercle un espace libre de 0^m31 au moins de hauteur, pour ne pas diminuer le passage de l'air ; les bâtons doivent être assez peu serrés pour qu'une section horizontale présente au moins une surface libre de $1^{mq}90$; le fond de la caisse est formé d'une grille en bois, dont les barreaux sont très-écartés ; au-dessous se trouve un grand vase en bois ou en cuivre mince, destiné à recevoir le sirop concentré.

Cet appareil est mal disposé ; et on en obtiendrait un bien plus grand effet en desséchant l'air par la chaux ou en le chauffant à une température comprise entre 50 et 100°, température qui, dans tous les cas, ne serait pas de nature à altérer les jus, d'autant plus qu'une grande partie de la chaleur de l'air serait employée à former de la vapeur, et non à chauffer le liquide. On pourrait même sans inconvénient élever la température du liquide, et remplacer le travail mécanique par une cheminée d'appel dans laquelle le tirage serait produit par la chaleur qui n'aurait pas été utilisée dans le chauffage du liquide et de l'air. Nous reviendrons plus tard sur cet objet.

CHAPITRE III.

ÉVAPORATION EN VASES OUVERTS PAR L'ACTION DIRECTE D'UN FOYER.

1342. On exécute toutes les évaporations à l'air libre par la chaleur, en plaçant la chaudière qui contient le liquide à évaporer sur un foyer, ou en l'exposant à un courant d'air chaud. Lorsqu'un liquide est en contact avec l'air, l'évaporation se manifeste en général avant même que le liquide commence à s'échauffer, car nous savons que les liquides émettent des vapeurs à toutes les températures ; mais cette évaporation est extrêmement faible. A mesure que le liquide s'échauffe, l'évaporation va en croissant, et une partie de la chaleur reçue par le liquide se perd par cette évaporation ; par conséquent la température du liquide croît beaucoup plus lentement que si la chaudière était fermée. Il peut même arriver que le liquide n'atteigne jamais la température de l'ébullition ; en effet, si la surface du liquide exposée à l'air est très-grande relativement à la quantité de combustible brûlée, l'évaporation, qui est proportionnelle à la surface, pourra, à une certaine température du liquide, emporter une quantité de chaleur égale à celle que le liquide reçoit du foyer, et par conséquent la température du liquide deviendra constante.

1343. Dans tous les cas, que le liquide atteigne ou n'atteigne pas la température de l'ébullition, on admet assez généralement que la quantité de chaleur nécessaire à l'évaporation est la même ; cependant il n'en est point ainsi : cette quantité augmente rapidement à mesure que la température est moins élevée, à cause de la chaleur perdue par l'échauffement de l'air et par le rayonnement. La première perte augmente avec l'abaissement de température, parce que le volume d'air nécessaire pour dissoudre un poids donné de vapeur augmente rapidement à mesure que la température est plus basse ; et on peut facilement la calculer (ces calculs seront faits quand il sera question du séchage par l'air chaud) ; quant à la perte par le rayonnement, on ne peut rien calculer, attendu que, lorsque l'évaporation est très-vive, les vapeurs condensées dans l'air, et dont la température diffère peu de celle du liquide, doivent, en rayonnant sur le liquide lui-même, réduire cette perte à bien peu de chose.

1344. Pour déterminer les quantités de chaleur employées pour vaporiser de l'eau à différentes températures, j'ai fait les expériences que je vais rapporter. J'ai suspendu à une balance très-sensible un vase cylindrique en fer-blanc de $0^m 30$ de diamètre, de $0^m 05$ de profondeur, placé dans un autre d'un plus grand diamètre et d'une plus grande hauteur ; le premier était soutenu dans le second par trois bouchons de liége, et l'intervalle des deux vases était rempli de coton cardé ; le vase intérieur a été rempli d'eau chaude, et j'ai observé le refroidissement que cette eau a éprouvé par des pertes de poids successives de 10 grammes. Les températures observées ont été les suivantes :

58° 25   55° 25   52° 00   48° 50   44° 75   40° 75   36° 25   31° 25.

Ainsi les abaissements de température correspondant à des diminutions de poids de 10 grammes ont été de :

$$3^\circ \qquad 3^\circ 25 \qquad 3^\circ 50 \qquad 3^\circ 75 \qquad 4^\circ \qquad 4^\circ 50 \qquad 5^\circ.$$

Comme le refroidissement du vase par la surface inférieure et les surfaces latérales pouvait être négligé, et que le poids de l'eau chaude était au premier instant de 2^k413, on trouve par un calcul très-simple que les quantités de chaleur absorbées pour évaporer 1^k d'eau, ont été,

$$
\begin{array}{llll}
\text{de } 58^\circ 25 \text{ à } 55^\circ 25, & \text{de} & 724 & \text{unités} \\
\text{de } 55^\circ 25 \text{ à } 52^\circ 00, & & 780 & \text{»} \\
\text{de } 52^\circ 00 \text{ à } 48^\circ 50, & & 837 & \text{»} \\
\text{de } 48^\circ 50 \text{ à } 44^\circ 75, & & 893 & \text{»} \\
\text{de } 44^\circ 75 \text{ à } 40^\circ 75, & & 949 & \text{»} \\
\text{de } 40^\circ 75 \text{ à } 36^\circ 25, & & 1063 & \text{»} \\
\text{de } 36^\circ 25 \text{ à } 31^\circ 25, & & 1176 & \text{»}
\end{array}
$$

La température extérieure était de 15°. Ainsi, comme nous l'avons dit, la quantité de chaleur absorbée pour la vaporisation de 1^k de liquide augmente rapidement à mesure que la température du liquide s'abaisse. Des expériences faites sur une grande échelle confirment parfaitement ce fait.

En prenant les températures moyennes des expériences et traçant une courbe, on trouve que, l'air étant à 15°, les quantités de chaleur absorbées par l'évaporation de 1^k d'eau, le liquide étant à

$$20^\circ \qquad 30^\circ \qquad 40^\circ \qquad 50^\circ \qquad 60^\circ \qquad 70^\circ \qquad 80^\circ \qquad 90^\circ$$

sont représentées approximativement par les nombres

$$1370 \qquad 1160 \qquad 1070 \qquad 840 \qquad 760 \qquad 720 \qquad 690 \qquad 660.$$

1345. *Disposition des appareils.* — Les appareils dont on se sert pour évaporer des dissolutions dans des vases ouverts, sont disposés d'une manière analogue à ceux qu'on emploie pour la vaporisation, seulement la chaudière est ouverte. Le foyer est placé à une extrémité de la chaudière et au-dessous, et l'air brûlé circule sous le reste de la chaudière dans des carneaux qui l'obligent à en parcourir toute l'étendue. La quantité de combustible à brûler, pour produire dans un temps donné un effet déterminé, doit se calculer en comptant que la vaporisation de 1^k d'eau absorbe des quantités de chaleur correspondant à celles que nous venons d'indiquer. Mais on doit employer des surfaces de chauffe beaucoup plus grandes que pour la vaporisation, attendu que l'on peut refroidir beaucoup plus la fumée ; mais il faut alors avoir des cheminées d'une plus grande section, afin de vaincre le frottement qui résulte de l'allongement des carneaux. Ordinairement on place à la suite les unes des autres plusieurs chaudières, dans lesquelles le liquide prend des températures décroissantes, et qui sont souvent disposées de manière à amener le liquide d'une chaudière dans celle qui la précède.

1346. Il n'y a jamais économie de combustible à donner aux chaudières une grande profondeur ; car si l'évaporation a lieu à la température de l'ébullition, la quantité de vapeur produite dépend uniquement, pour la même consommation de combustible, de l'étendue de la surface de la chaudière exposée à l'action directe du foyer ou à celle du courant d'air brûlé ; et quand l'évaporation a lieu à une température inférieure à celle de l'ébullition, la quantité de vapeur produite dépend de la quantité de chaleur qui pénètre dans la chaudière et de la température de l'évaporation, température qui dépend elle-même de l'étendue de la surface libre du liquide. Ainsi, la masse du liquide n'a jamais d'influence.

Dans le dernier cas, une grande profondeur des chaudières a l'avantage d'atténuer les différences de température qui proviennent des variations d'intensité du foyer ; mais la permanence de température est rarement importante.

1347. Quand l'évaporation a lieu à la température de l'ébullition, l'étendue de la surface libre du liquide n'a, comme nous l'avons dit, aucune influence sur l'évaporation ; il se forme autant de vapeur pour la même consommation de combustible quand la chaudière est complétement ouverte, que lorsqu'elle est fermée de manière à ne laisser qu'une petite ouverture pour le dégagement de la vapeur. Cependant, si le couvercle était fixé sur la chaudière, l'ouverture de dégagement devrait avoir des dimensions suffisantes pour que la pression de la vapeur dépassât peu celle de l'atmosphère. Ainsi, lorsque le contact de l'air est nuisible au liquide soumis à l'évaporation, on peut, afin de s'opposer au renouvellement de l'air, fermer la chaudière de manière à ne laisser qu'une issue suffisante à la vapeur.

On pourrait penser cependant que dans les chaudières complétement ouvertes, il doit y avoir une perte de chaleur due au rayonnement de la surface du liquide bouillant ; mais cette perte, comme nous l'avons déjà remarqué, doit être très-faible ; car elle est sensiblement compensée par le rayonnement de la vapeur qui se trouve au-dessus de la surface et qui passe immédiatement à l'état vésiculaire. Dans les chaudières fermées, il y a, au contraire, une perte de chaleur très-grande par le refroidissement de la partie supérieure ; cette perte peut s'estimer à $1^k 50$ de vapeur par mètre carré et par heure : ainsi il sera toujours utile de recouvrir cette partie de la chaudière avec des matières peu conductrices.

1348. La forme des chaudières, l'étendue de leur surface et la nature du métal dépendent nécessairement de la nature du liquide qui doit être évaporé ; ainsi il est impossible de rien dire de général à cet égard. Mais il sera toujours facile, d'après ce qui précède, et en se rappelant les détails que nous avons donnés dans le livre consacré à la vaporisation, de déterminer, dans chaque cas particulier, les dimensions des chaudières et les dispositions les plus avantageuses. Nous allons passer en revue les appareils qui sont le plus fréquemment employés.

1349. Dans les salines, on se sert de chaudières de très-grandes dimensions, chauffées seulement à la partie inférieure. A Dieuze, on avait quatre chaudières rectangulaires et de mêmes dimensions, formées de plaques de tôle de $0^m 004$ d'épaisseur, et de $0^m 50$ de côté dont les bords étaient recourbés en dessous à angle droit et assemblés entre eux par des boulons ; les joints étaient faits au mastic de fonte. Ces chaudières, de 25 mètres de longueur sur 5 mètres de largeur, étaient élevées de $1^m 35$, soutenues par des piliers en fonte et recouvertes d'une vaste hotte en planches conduisant les vapeurs dans une cheminée aussi en planches ; la fumée s'étendait librement sous les chaudières sans rencontrer d'obstacles. Chaque foyer brûlait 2500^k de houille par 48 heures, soit 52^k par heure et $0^k 46$ par décimètre carré de grille. Chaque mètre carré de surface de chauffe produisait 28^k de vapeur. La température de la fumée, à son entrée dans la cheminée, était de $100°$; l'effet utile était de $7^k 50$ d'eau évaporée par kilogramme de houille.

Une autre chaudière, de 16^m de longueur sur 7^m de largeur, fonctionnant de la même manière que les quatre dont nous venons de parler, a donné les mêmes résultats ; une autre, de $27^m 5$ de longueur sur 7^m de largeur, produisait un moindre effet utile.

Les résultats qu'on obtient, en opérant à la température de l'ébullition ou à une température inférieure, sont très-différents. A l'ébullition, on emploie 36 à 38^k de houille pour obtenir 100^k de sel ; à une température inférieure, il en faut de 42 à 44. La différence provient de la chaleur absorbée par l'air et du rayonnement de la surface liquide.

Malgré la grande étendue des chaudières, la température n'y est pas très-différente au-dessus du foyer et à l'autre extrémité ; car, quand on ne porte pas le liquide à l'ébullition, elle est, au-dessus du foyer, de 80°, et de 50 à 60° à l'autre extrémité.

1350. Les figures 301 et 302 représentent deux coupes verticales

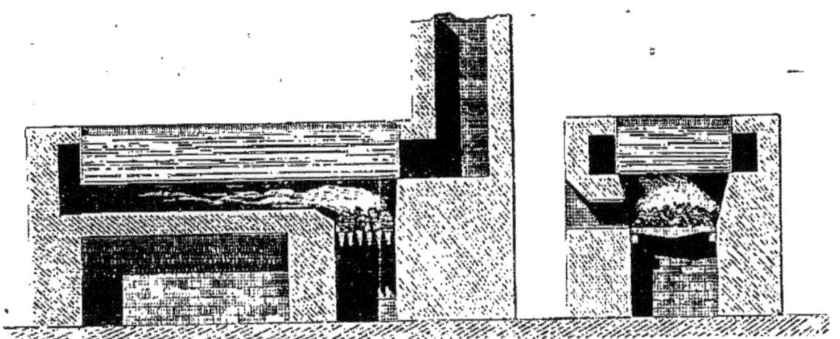

Fig. 301.   Fig. 302.

d'une chaudière d'évaporation ; l'air chaud, en sortant du foyer, s'étend sous la chaudière et revient simultanément des deux côtés en parcourant les faces latérales pour se rendre dans la cheminée. Si le foyer était placé à l'autre bout, le courant d'air chaud devrait parcourir successivement les faces de la chaudière.

Les chaudières ordinairement employées pour la concentration de l'acide sulfurique sont en plomb ; elles reposent sur des plaques de fonte jointives, qui reçoivent d'abord l'action de la chaleur ; les fonds seuls des chaudières sont chauffés, et l'air chaud y est chicané par des cloisons transversales en briques. Cette disposition ne présente aucun avantage et a l'inconvénient de diminuer beaucoup le tirage ; il serait plus avantageux de supprimer complétement ces cloisons, mais en disposant l'orifice de sortie de la fumée de façon que son bord supérieur fût un peu au-dessous du fond de la chaudière, de manière à y former une couche permanente d'air chaud ; le chauffage serait ainsi plus uniforme. Avec ces sortes de chaudières, on donne souvent aux grilles de très-grandes surfaces, afin d'avoir des feux languissants qui ne puissent pas les altérer.

1351. Quand les liquides à évaporer produisent des dépôts dont l'accumulation pourrait nuire à la conservation des chaudières, on donne quelquefois à celles-ci une forme conique (*fig.* 303). On suspend avec des chaînes, et à une petite distance du fond, un vase métallique percé d'un grand nombre de petits trous ; le mouvement du liquide étant beaucoup plus faible dans le vase, les dépôts s'y rassemblent et peuvent être extraits facilement en enlevant le vase.

Fig. 303.

1352. Si les matières qui se déposent formaient des masses considérables, la disposition précédente ne suffirait pas et les matières qui se précipiteraient au fond de la chaudière, recevant l'action directe du foyer, pourraient la faire brûler. Dans ce cas, il serait préférable d'employer d'autres dispositions.

1353. La figure 304 représente une de ces dispositions. Le fond de

Fig. 304.

la chaudière est ondulé, et la partie supérieure des ondulations est seule chauffée ; les carneaux suivent ces ondulations, pour que la fumée s'étende sur toute la surface de chauffe ; ils communiquent entre eux dans l'épaisseur de la maçonnerie enveloppante.

Dans la chaudière dont la figure 305 représente une coupe verticale, le foyer et les carneaux sont intérieurs, et les dépôts s'accumulent aussi

Fig. 305.

à la partie inférieure qui n'est pas chauffée par les gaz.

1354. Lorsque l'évaporation doit avoir lieu à une température élevée, comme celle des dissolutions de carbonate de soude, on emploie
une série de chaudières, placées les unes au-dessus des autres (*fig.* 306).

Fig. 306.

La première, qui est placée au-dessus du foyer, à nu ou sur une voûte
en briques, est destinée à produire ou à terminer l'évaporation ; les
autres, à la commencer, ou du moins à échauffer le liquide. Chaque
chaudière doit alimenter la suivante ; et pour cela, elle est munie
d'un robinet, ou, ce qui vaut mieux, d'un siphon toujours amorcé qui
fonctionne quand on le descend, et qui cesse de faire écouler le liquide lorsqu'on le relève. La disposition la plus simple de ces siphons
consiste en un tube à deux branches égales parallèles, et dont les extrémités sont recourbées ; il est évident que le tube étant plein de liquide, et les extrémités étant à la même hauteur, il restera plein ;
mais si l'on fait plonger une des branches dans un des vases, la
colonne se trouvant raccourcie, le liquide s'écoulera par l'autre
branche.

1355. Dans ce qui précède, nous avons principalement considéré
l'évaporation sous le rapport de l'économie du combustible ; mais il
est des circonstances dans lesquelles le temps est un élément beaucoup plus important, et où il est avantageux de sacrifier du combustible pour accélérer l'évaporation. Tel est, par exemple, le cas de la
concentration des sirops, parce que le sucre est d'autant plus altéré
qu'il reste plus longtemps soumis à l'action de la chaleur.

1356. *Chaudières à bascule.* — Les appareils qu'on a longtemps
employés pour la concentration des sirops consistaient uniquement
en des chaudières peu profondes, dans lesquelles on plaçait le sirop, et
que l'on chauffait directement par un foyer très-actif, dont la fumée
ne circulait pas autour de la chaudière : cette disposition, très-vicieuse sous le rapport de l'économie du combustible, l'était encore

davantage par l'altération que le sirop éprouvait souvent ; car, l'évaporation étant très-rapide, si le vase restait sur le feu après que le
sirop avait atteint le degré convenable de concentration, ce dernier s'altérait, et l'on obtenait moins de sucre blanc et plus de mélasse.

On a complétement évité cet inconvénient, au moyen des chaudières à bascule, que l'on peut soulever et vider à l'instant précis où
la concentration est arrivée à son terme. Cet appareil est composé
(*fig.* 307) d'une chaudière plate A, garnie d'un large goulot un peu

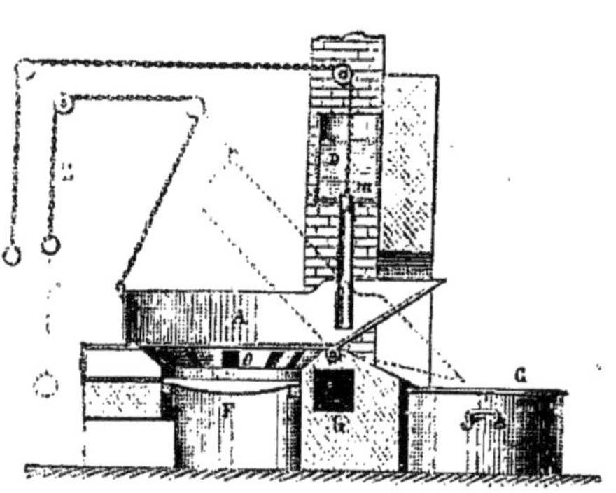

Fig. 307.

relevé, qui déborde le fourneau, et au-dessous duquel se trouve un grand vase de cuivre C, nommé rafraîchissoir, où le sirop cuit est recueilli et commence à grener ; au-dessus de la chaudière se trouve un réservoir D renfermant du sirop destiné à alimenter la chaudière de cuite ; une chaîne E, fixée à la chaudière, et qui passe sur deux poulies, permet de la faire basculer, et de la vider dans le rafraîchissoir ; le réservoir alimentaire est terminé par un tuyau fermé en dedans par une soupape *m* que l'on peut ouvrir de même au moyen d'une chaîne. La grille du foyer a une très-grande surface relativement au fond de la chaudière, et la fumée se dégage par des orifices nombreux *o*, *o*, *o*… placés latéralement, et débouchant dans un carneau circulaire G, qui communique avec deux cheminées. Lorsque le sirop est arrivé au point convenable, un ouvrier fait basculer la chaudière au moyen de la chaîne E ; elle se vide très-promptement dans le rafraîchissoir, et pendant tout le temps de cette opération elle est soustraite à l'action du foyer. Aussitôt que le sirop cuit est écoulé, on ouvre la soupape du réservoir, et la chaudière remise en place se trouve presque aussitôt remplie. Dans ce mode d'opération, on peut mettre peu de sirop à la fois dans les chaudières, et multiplier les cuites, ce qui est très-avantageux ; car l'action prolongée de la chaleur et de l'air nuit beaucoup à la qualité du sirop. On conçoit facilement, qu'en multipliant les cuites, leur durée diminue, et par conséquent, que chaque portion de sirop reste moins longtemps exposée à l'action de la chaleur et de l'air.

Mais ce mode d'opération exige une dépense énorme de combustible, car le foyer a une très-grande étendue, et l'air chaud arrive dans la cheminée à une température extrêmement élevée. On emploie maintenant de préférence les différents appareils à vapeur dont nous parlerons plus loin : ils sont plus avantageux que les chaudières à bascule, sous le rapport de la conservation du sucre, et ils utilisent beaucoup mieux le combustible.

1357. *Appareils destinés à évacuer les vapeurs.* — Dans les usines où l'évaporation se fait sur une grande échelle, l'énorme quantité de vapeur d'eau qui se répand dans les ateliers, et qui s'y condense en partie, est souvent très-incommode, et, en saturant l'air, empêche l'évaporation à une température inférieure à celle de l'ébullition. On a imaginé, pour s'en débarrasser, une disposition très-simple : la chaudière est recouverte d'un dôme ordinairement en planches, ouvert en avant et terminé à l'extrémité de la chaudière par un tuyau vertical qui pénètre dans la cheminée à une certaine hauteur, mais seulement sur une partie de sa largeur ; le courant d'air, que détermine au-dessus des chaudières la force ascensionnelle de la fumée, entraîne les vapeurs, qui, par conséquent, ne peuvent pas se répandre dans l'atelier. Mais cette disposition, malgré un grand accroissement de la section de la cheminée, peut nuire au tirage ; pour qu'il n'en soit pas ainsi, il faut donner au foyer une cheminée en fonte d'une certaine hauteur, environnée d'une cheminée à grande section communiquant avec l'enveloppe de la chaudière ; la cheminée du foyer pourrait ne s'élever qu'à 8 à 10^m; au delà la fumée et l'air chargé de vapeurs seraient mêlés. Quelquefois on se borne à environner la chaudière d'une espèce de hotte analogue à celle des foyers de cuisine, ouverte par trois côtés, et communiquant de même avec une cheminée qui enveloppe celle du foyer. Mais cette disposition est moins bonne que la précédente, parce qu'il y a trop d'air appelé, et qu'une partie des vapeurs peut encore se répandre dans l'atelier. Dans l'une et dans l'autre disposition, dans la dernière surtout, il est nécessaire que des ouvertures d'une surface suffisante permettent l'accès, dans l'atelier, du volume d'air qu'exige la cheminée d'appel.

1358. Enfin, on pourrait se borner à faire évacuer l'air mêlé de vapeurs par une cheminée spéciale d'une grande section ; pourtant, si le mélange se refroidissait assez dans la cheminée pour condenser une partie des vapeurs, ces vapeurs condensées, suspendues dans l'air, pourraient lui donner, malgré son élévation de température, une densité plus grande que celle de l'air environnant, et le mouvement ascensionnel du mélange d'eau et de vapeur n'aurait pas lieu, malgré des ouvertures suffisantes d'accès de l'air dans l'atelier ; mais presque toujours la chaleur dégagée par la condensation des vapeurs est suffisante pour conserver au mélange une certaine force ascensionnelle.

1359. Il est évident que, si l'évaporation avait lieu à la température de l'ébullition, la chaudière étant fermée, un simple tuyau, communiquant avec la chaudière et s'ouvrant à l'extérieur, suffirait à l'évacuation des vapeurs, quelle que fût d'ailleurs sa direction.

1360. Pour évacuer les vapeurs par la cheminée du foyer sans nuire au tirage, on a proposé d'alimenter le foyer par l'air qui s'est chargé de vapeur d'eau en passant sur la chaudière. Celle-ci est alors garnie d'un couvercle un peu élevé, ouvert en avant, par lequel l'air extérieur s'introduit sur le liquide ; l'air descend ensuite par un canal vertical, pénètre dans le cendrier et passe de là dans le foyer, sous la chaudière et dans la cheminée. Cette disposition a le grand inconvénient de faire traverser le foyer par un volume d'air beaucoup plus considérable que celui qui est nécessaire pour la combustion ; en effet, pour brûler 1^k de houille (207) il faut au plus 18 mètres cubes d'air froid ; or, en admettant que chaque kilogramme de houille évapore 6^k d'eau, et que l'évaporation ait lieu à 50°, comme à cette température il faut $11^{mc}72$ d'air à 0° pour enlever la vapeur de 1^k d'eau, le volume de l'air appelé dans le foyer, réduit à 0°, serait de $6 \times 11,72 = 70^{mc}32$. Il y aurait encore beaucoup plus d'air en excès, si l'évaporation avait lieu à une plus basse température. D'ailleurs, la grande quantité de vapeurs que renfermerait l'air en pénétrant dans le foyer serait une circonstance très-défavorable à une bonne combustion, et occasionnerait une grande perte d'effet utile.

CHAPITRE IV.

ÉVAPORATION D'UN LIQUIDE CHAUD, PAR UN COURANT D'AIR FORCÉ FROID OU CHAUD.

1361. Dans ce mode d'évaporation, on peut employer deux méthodes différentes : on peut faire passer l'air en lames minces sur le liquide, ou bien en très-petites bulles à travers le liquide ; et, dans l'un et l'autre cas, on peut chauffer le liquide ou l'air, ou tous les deux.

1362. La disposition la plus simple pour évaporer un liquide chaud par un courant d'air forcé froid, est représentée dans les figures 308 et 309. AA est une chaudière rectangulaire, fermée à la partie supé-

rieure et latéralement par des planches ou des plaques métalliques ;
l'espace compris entre le niveau du liquide et la plaque supérieure est

Fig. 308.   Fig. 309.

ouvert en avant et communique par l'extrémité opposée avec une large
cheminée ; le foyer chauffe directement la partie inférieure de la chaudière par rayonnement, et les parois latérales par le courant de fumée
qui se rend ensuite par un tuyau de tôle dans la cheminée d'appel.
Entre le niveau du liquide et la paroi supérieure de l'encaissement, se
trouvent deux systèmes de toiles parallèles, de métal ou de chanvre,
tendues, et très-voisines les unes des autres ; ces deux systèmes de
toiles sont fixés aux deux extrémités d'un balancier extérieur, de manière que, lorsque l'un est au-dessus du niveau, l'autre plonge dans le
liquide. Par cette disposition, l'air est obligé de passer entre des lames
mouillées très-rapprochées, et dont on renouvelle le liquide aussi souvent que cela est nécessaire.

1363. On a proposé, dans le même but, d'employer une chaudière
cylindrique horizontale, communiquant par la partie supérieure de
l'un des fonds avec l'air, par la partie supérieure de l'autre avec une
cheminée, et renfermant un serpentin de même axe que la chaudière,
animé d'un mouvement de rotation, plongeant par sa partie inférieure
dans le liquide à évaporer et parcouru par un courant de vapeur à
haute pression. Dans cette disposition, le liquide de la chaudière et
celui qui mouille les surfaces du serpentin sont en ébullition, et l'appareil ne sert réellement qu'à évacuer les vapeurs ; il ne rentrerait

dans le cas que nous considérons qu'autant que la vapeur n'échaufferait le liquide qu'à une température inférieure à son ébullition ; mais alors l'appareil que je viens de décrire serait bien préférable, à cause de sa simplicité.

1364. Les figures 310 et 311 représentent une disposition analogue à cette dernière. La figure 310 est une coupe verticale de l'appareil dans

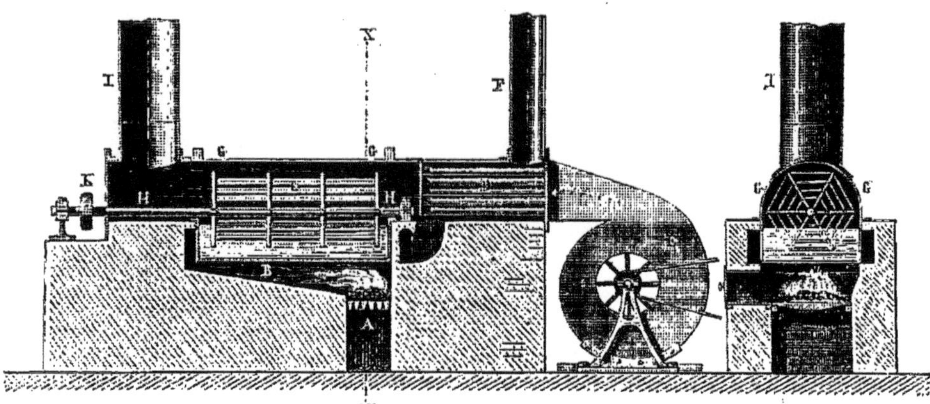

Fig. 310.   Fig. 311.

le sens de la longueur, et la seconde une coupe suivant le plan XY. Les nappes mouillées sont placées autour d'un axe qui est animé d'un mouvement de rotation continu ; le mouvement de l'air est produit par un ventilateur, et la chaleur de la fumée, en sortant du foyer, est employée à chauffer l'air poussé par le ventilateur. A, foyer ; B, carneau à l'extrémité duquel la fumée se divise pour chauffer simultanément les deux faces de la chaudière ; D, caisse renfermant un grand nombre de tubes horizontaux, à travers lesquels s'échappe l'air lancé par le ventilateur E ; la fumée circule autour des tuyaux pour se rendre dans la cheminée F ; G, chaudière dans laquelle plongent des toiles fixées autour de l'axe métallique HH, de manière à former plusieurs surfaces prismatiques concentriques ; I, cheminée d'écoulement de l'air chargé de vapeurs. Le ventilateur et la poulie K sont mis en mouvement par un moteur quelconque.

On pourrait aussi placer sur l'axe de rotation, et perpendiculairement à sa direction, des toiles métalliques circulaires à mailles très-larges, que le mouvement imprégnerait sans cesse de nouveau liquide, et que le courant d'air serait obligé de traverser ; mais ce courant éprouverait plus de résistance, et le contact de l'air et du liquide n'aurait lieu que sur une plus petite étendue.

1365. Dans la disposition précédente, il serait plus avantageux, pour la facilité du nettoyage des toiles métalliques, d'employer les toiles planes et parallèles indiquées (1362). Il serait aussi préférable de placer les tubes de chauffage de l'air dans une enveloppe cylindrique verticale ; les tubes s'ouvriraient à chaque extrémité dans une caisse ; celle d'en bas recevrait l'air du ventilateur, et celle d'en haut verserait l'air chaud dans la chaudière ; la fumée arriverait autour des tubes par la partie supérieure et s'écoulerait dans la cheminée par la partie inférieure : on utiliserait ainsi beaucoup mieux la chaleur des gaz.

Au moyen de ces appareils, on peut évaporer rapidement un liquide par un courant d'air à une température donnée, en chauffant seulement le liquide ou l'air, ou tous les deux. Ces dispositions seraient bien préférables à celle dont nous avons parlé (1341). Elles seraient surtout applicables à la concentration des sucs qui ne peuvent pas, sans altération, ou au moins sans perdre de leur arôme, supporter une température élevée.

1366. La figure 312 représente la disposition d'un autre appareil d'évaporation à courant d'air. A est un vase cylindrique vertical fermé par les deux bouts, dans lequel on peut introduire de la vapeur par le tuyau a; b est un tube pour l'évacuation de l'air, et c le tuyau de retour d'eau; le vase est recouvert extérieurement de toiles métalliques. Le liquide à évaporer est amené d'une manière continue par le tube d; il arrive dans un vase e, percé sur le fond de très-petits trous, et dans lequel restent les matières que le liquide pouvait tenir en suspension ; de là il tombe dans un vase garni d'orifices à sa circonférence, et qui le distribue uniformément sur la toile métallique ; le liquide concentré se réunit dans la rigole annulaire gg, d'où il s'écoule par le tube h. Le cylindre A est environné du cylindre B d'un plus grand diamètre et beaucoup plus haut, par le bas duquel entre le courant d'air, poussé par un ventilateur ou aspiré simplement par l'effet de la chaleur. La gouttière annulaire kk reçoit l'eau qui se condense contre la surface intérieure du cylindre enveloppant. Cette disposition, imaginée pour la concentration des sirops par la vapeur perdue des machines, n'a été que rare-

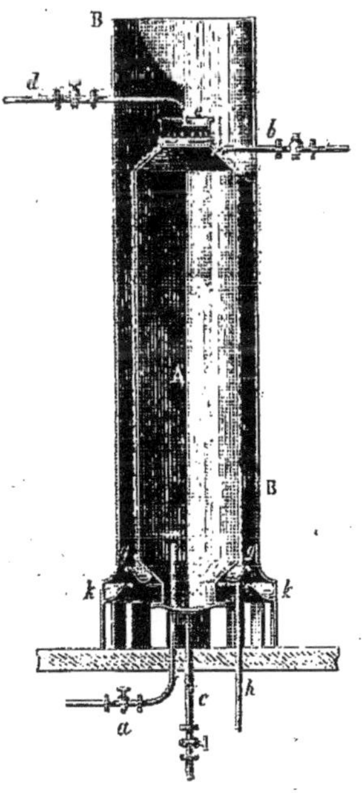

Fig. 312.

ment employée; elle a plusieurs graves inconvénients, et notamment celui de ne pas permettre de nettoyer facilement la toile métallique. Il est évident que, si la vapeur qui arrive dans le cylindre A était à haute pression, l'appareil ne servirait qu'à évacuer les vapeurs.

1367. Appareils de concentration par l'air chaud introduit dans le liquide. — Ce mode d'évaporation, proposé, en 1812, par Parmentier, se trouve décrit dans un ouvrage intitulé : *Nouvel Aperçu des résultats obtenus de la fabrication des sirops et conserves de raisins dans le cours de l'année 1812.* Cet appareil consistait en un soufflet de forge, dont la tuyère communiquait avec un vase lenticulaire percé d'un grand nombre de petits trous et plongé dans le liquide à évaporer. Depuis, plusieurs personnes ont pris des brevets d'invention pour le même objet; un de ceux qui ont été appliqués est

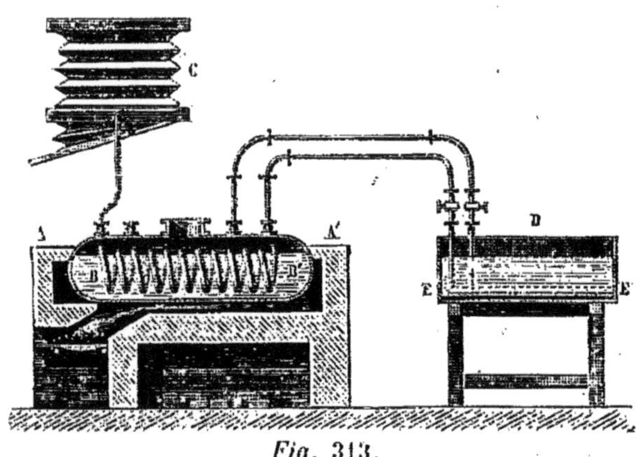

Fig. 313.

celui de M. Brame-Chevalier. Le principe de l'appareil est représenté figure 313. AA' est un générateur à vapeur; il renferme un serpentin BB' communiquant par une extrémité avec un soufflet C, et par l'autre avec l'espace qui se trouve au-dessous

d'un plateau horizontal percé d'un grand nombre de petits trous et placé dans la chaudière de concentration D, à une petite distance du fond. Le générateur fournit de la vapeur à une grille EE' plongée dans le sirop, et qui est destinée à en élever la température. Voici le résultat d'une expérience rapportée par M. Brame-Chevalier. La chaudière de cuite ayant été chargée de 50 kilog. de sirop clarifié à 36° du pèse-sirop, la pression de la vapeur étant de 1 atm. $\frac{1}{2}$, l'opération, par l'action seule de la vapeur, a été terminée en 56'; la température du sirop était de 85° au commencement, et de 93° à la fin. Dans une autre expérience, dans laquelle on a fait passer de l'air à travers le sirop, l'opération a été terminée en 28', et la température du sirop a varié de 70° à 72°.

M. Brame-Chevalier a monté sur une grande échelle des appareils destinés aux raffineries de sucre et aux fabriques de sucre de betterave. Ces appareils se composaient d'une machine soufflante destinée à comprimer l'air, d'un appareil pour le chauffer, et des chaudières de cuite, dont le sirop était chauffé à la vapeur et traversé par l'air chaud qu'on y injectait. Les appareils de M. Brame-Chevalier, quoique très-bien disposés et très-bien exécutés, ont complétement disparu de l'industrie, parce qu'ils sont trop compliqués et d'un prix trop élevé, qu'ils consomment plus de combustible que les appareils qui évaporent dans le vide, et enfin parce que le sirop, à cause de sa viscosité, retient une grande quantité d'air qui nuit à la cristallisation.

CHAPITRE V.

ÉVAPORATION DIRECTE PAR L'AIR BRULÉ.

1368. Si les matières renfermées dans les liquides doivent être calcinées, on emploie la chaleur directe des foyers pour effectuer cette dernière opération, quand les dissolutions ont été amenées à un point convenable de concentration; c'est ce qui s'effectue dans la fabrication du carbonate de soude artificiel. On extrait maintenant par l'évaporation la potasse qui se trouve dans les résidus de la distillation des liqueurs alcooliques provenant de la fermentation des mélasses de sucre de betterave. Les mélasses sont étendues d'une quantité d'eau suffisante pour que la densité du liquide devienne égale à 1,106 ; on ajoute au liquide 0,01 du poids de la mélasse, 0,02 de levûre de bière, et on l'abandonne à la fermentation à une température de 20°. Après la distillation, les vinasses, en sortant de l'alambic, sont soumises à l'évaporation dans des chaudières en cuivre renfermant des serpentins parcourus par de la vapeur à haute pression, jusqu'à ce que le liquide marque 20° à l'aréomètre de Baumé, après quoi l'évaporation et la calcination s'opèrent dans des fours à réverbère. Les matières calcinées renferment moyennement 0,40 de carbonate de potasse, 0,20 de carbonate de soude, 0,15 de chlorure de potassium et d'ammoniaque, 0,08 de sulfate de potasse; le reste est principalement formé de cendres, de chaux et de charbon. La première évaporation a lieu dans des vases de cuivre, afin de donner aux potasses l'aspect bleu azur qu'elles ont ordinairement.

1369. Le mode de concentration des dissolutions de soude et des dissolutions de potasse pourrait être considérablement amélioré, sous le rapport de l'économie du combustible, en employant la disposition suivante. A la suite du fourneau à réverbère destiné à la calcination des matières se trouverait une chaudière rectangulaire, disposée comme dans les figures 308 et 309, dont le fond serait un peu au-dessus de la sole du four, et dont toutes les faces seraient revêtues de maçonnerie, de manière que le liquide ne fût échauffé que par l'air chaud qui passerait dans l'intervalle des lames de toiles métalliques; il est évident que l'air brûlé pourrait n'être abandonné qu'à la température de la vaporisation du liquide, et que le liquide concentré pourrait arriver directement dans le four à réverbère. Dans ce mode d'opération, en supposant qu'on emploie 18^{mc} d'air pour brûler 1^k de houille, le volume de gaz qui se dégagerait à 100° serait de $23^{mc} 4$; la chaleur entraînée par l'air serait égale à $18 . 1,3 . 0,24 . 100 = 561^c$; la chaleur employée à la vaporisation serait alors $8000 — 561 = 7439^c$, ce qui correspond à peu près à $11^k,4$ d'eau évaporée, dont le volume serait égal à $11,4 . 1,7 = 19^{mc} 38$; ainsi le volume total d'air et de vapeur à 100° qui se dégagerait par la cheminée serait de $23,4 + 19,38 = 42^{mc} 78$. Une cheminée pourrait peut-être suffire au tirage et à l'évacuation des vapeurs; car le mélange serait à 100° et la densité de la vapeur est beaucoup plus petite que celle de l'air sous la même pression et à la même température. Mais comme la vapeur produite pourrait se trouver à l'état vésiculaire, surtout à cause du refroidissement de la cheminée, on aurait à craindre que le tirage ne fût pas suffisant; il serait alors prudent de produire un tirage mécanique, qui d'ailleurs n'exigerait que peu de travail.

1370. Pour concentrer des dissolutions directement par l'air brûlé, on pourrait aussi produire d'abord le tirage en faisant élever l'air chaud sortant du four à une hauteur de 3 à 4 mètres dans une cheminée de fonte, placée dans une cheminée en briques. La cheminée de fonte serait surmontée d'un chapeau, et la cheminée en briques, qui aurait une plus grande hauteur, serait fermée par un vase renfermant le liquide à évaporer; au bas de la cheminée enveloppante se trouverait un autre vase destiné à recevoir le liquide concentré, et à la partie supérieure de ce vase serait un canal latéral destiné à conduire le mélange d'air et de vapeur dans la cheminée d'évacuation. Le liquide à évaporer tomberait d'une manière continue sur le chapeau de la cheminée de fonte, et descendrait dans l'espace environnant, en parcourant une série de cloisons annulaires. On pourrait régler la concentration par l'écoulement du liquide; la chute de ce dernier et le refroidissement de l'air favoriseraient le tirage; mais on ne serait pas sûr d'obtenir natürellement un tirage suffisant, et l'apareil serait difficile à nettoyer. La première disposition me paraît bien préférable.

1371. On a essayé de faire passer les gaz qui sortent du four à réverbère à travers le liquide à évaporer; la chaudière était garnie d'un double fond percé de petits trous ; le gaz refoulé arrivait au-dessous et s'échappait en filets qui traversaient le liquide ; on a ainsi obtenu un très-bon effet utile de la chaleur produite dans le foyer ; mais la complication de l'appareil et la force nécessaire pour mettre l'air en mouvement ont fait abandonner cette disposition.

CHAPITRE VI.

ÉVAPORATION PAR LA VAPEUR.

1372. Dans tous les modes d'évaporation produite par la chaleur, on peut se servir de la vapeur d'eau ou de celle de tout autre liquide pour chauffer les matières qui doivent être évaporées ; jusqu'ici on n'a employé que la vapeur d'eau. Ce mode de chauffage ne présente point, en général, d'économie de combustible sur le chauffage direct, puisque, dans la formation de la vapeur, il y a autant et même un peu plus de perte de chaleur que dans le chauffage direct du liquide à évaporer. Cependant il est des circonstances dans lesquelles il y a réellement économie ; c'est ce qui arrive quand les appareils évaporatoires sont nombreux, parce que la vapeur pouvant être fournie par un seul foyer, la perte de chaleur par les parois d'un seul fourneau est plus petite que celle qui aurait lieu par plusieurs produisant ensemble le même effet. Mais l'emploi de la vapeur est principalement avantageux pour évaporer les dissolutions de certaines substances végétales, qui, à cause de leur viscosité ou des dépôts qui se forment pendant l'évaporation, peuvent facilement être altérées, lorsque les chaudières sont exposées directement au feu ; cet inconvénient ne peut pas exister par le chauffage à la vapeur, parce que les surfaces métalliques qui transmettent la chaleur ne peuvent jamais s'échauffer au delà de la température de la vapeur.

1373. Tous les appareils, destinés à évaporer des liquides par le chauffage à la vapeur d'eau, sont essentiellement composés : 1° d'une chaudière à vapeur, dans laquelle la vapeur est formée sous une pression suffisante pour que sa température dépasse au moins de 15 à 20° celle à laquelle l'évaporation doit avoir lieu ; 2° d'une ou plusieurs chaudières évaporatoires que la vapeur chauffe, soit extérieurement en se condensant dans une double enveloppe, soit intérieurement en passant dans un appareil analogue aux serpentins des appareils distillatoires.

1374. Les chaudières à vapeur doivent être construites, ainsi que tous les appareils qui en dépendent, d'après les principes que nous avons développés dans le livre VII, et les appareils de chauffage doivent être essayés comme les chaudières. Bien que ces appareils aient en général un grand excès de résistance, ils sont sujets à quelques accidents provenant principalement de l'ouverture brusque des robinets d'accès de la vapeur, qui produit alors le même effet qu'un choc violent; pour éviter ces accidents, il serait peut-être bon de munir les robinets d'un petit engrenage obligeant à ne les ouvrir que lentement.

1375. Les chaudières évaporatoires sont de formes très-variées ; les seules conditions auxquelles elles soient assujetties sont : 1° de ne point être altérées par le liquide à évaporer ; 2° quand elles sont chauffées extérieurement, d'avoir une forme et une épaisseur qui leur permettent de résister à la pression de la vapeur qui tend à les déformer et à les déchirer. Les surfaces de condensation de la vapeur, comme nous l'avons dit, peuvent être en dehors ou en dedans des chaudières ; dans le premier cas, la surface de la chaudière forme une des parois du canal, la seule qui communique la chaleur au liquide ; dans le second, toute la surface du canal parcouru par la vapeur échauffe le liquide.

1376. De quelque manière que soient disposés les canaux dans lesquels circule la vapeur, qu'ils soient extérieurs aux chaudières, ou composés de tuyaux de différentes formes, diversement contournés et placés dans les chaudières, ils doivent toujours satisfaire à plusieurs conditions : 1° avoir une épaisseur suffisante pour n'être ni déformés ni déchirés par la tension de la vapeur ; 2° être disposés de manière à faciliter l'écoulement de l'eau de condensation dans un réservoir extérieur, ou dans la chaudière à vapeur ; 3° enfin avoir une surface suffisante pour condenser, dans un temps donné, une quantité de vapeur au moins égale à celle que doit émettre le liquide soumis à l'évaporation.

1377. *Examen des phénomènes qui se produisent dans les appareils de condensation de la vapeur.* — Les phénomènes qui se produisent dans les canaux où l'on fait circuler la vapeur sont assez compliqués, même quand le liquide environnant est à une température constante, ce qui arrive lorsqu'il est en ébullition, et que sa densité ne change pas. Considérons d'abord un tuyau d'un petit diamètre, rectiligne ou contourné, mais dans un plan horizontal ; supposons que la vapeur y arrive à 3 atmosphères, c'est-à-dire à peu près à 135°, par une des extrémités, et que l'autre s'ouvre dans l'air. Si le tuyau ne transmettait pas de chaleur, la vapeur s'écoulerait en se détendant, de manière qu'à l'extrémité du tuyau elle se trouverait à la pression extérieure : du moins c'est ce qui arrive pour les gaz comprimés ; il y aurait alors un accroissement progressif de vitesse et un refroidissement résultant de la détente qui amènerait la vapeur de 135° à 100°.

Supposons maintenant que le tuyau soit placé dans un vase renfermant de l'eau en ébullition ; la transmission de la chaleur condensera la vapeur d'eau ; la tension et la température iront en décroissant uniformément, et l'eau provenant de la condensation s'accumulera progressivement et sera refoulée vers l'extrémité libre du tuyau dont elle occupera une longueur d'autant plus petite que la vitesse d'accès de la vapeur sera plus grande ; cette eau s'écoulera à 100°. Si le liquide entrait en ébullition à une température supérieure à 100°, l'eau de condensation ne pourrait pas prendre une température inférieure ; par conséquent elle aurait, à la sortie, une tension plus grande que celle de l'atmosphère, et elle perdrait rapidement cet excès de tension, par la production presque subite d'une certaine quantité de vapeur. Il résulte de là qu'il y aurait avantage, sous le rapport de l'effet utile des surfaces de chauffe, à établir une certaine pression dans le réservoir où se rendent les eaux de condensation. Si la pression y était égale à celle de la chaudière, la température et la tension de la vapeur resteraient les mêmes dans toute l'étendue du tuyau ; mais les eaux de condensation ne s'écouleraient pas ; il faut toujours évidemment que la tension de la chaudière ait un certain excès sur celle du réservoir, pour que l'eau de condensation soit entraînée ; une différence assez petite serait suffisante. Dans une expérience que nous rapporterons plus loin, on a condensé dans un serpentin 250^k d'eau en 11 minutes, c'est-à-dire $\frac{250}{660} = 0^k 379$ par seconde ; la vapeur entrait à 135° et le liquide extérieur était à 100° ; le tuyau ayant 0^m 02 de diamètre intérieur, sa section était de 0^{mq} 000314 ; ainsi l'eau condensée par seconde occupait dans le tuyau une longueur de 1^m 21 ; et, pour l'expulsion de cette eau, il fallait un excès de pression en eau d'environ 0^m 10, qui n'est qu'une faible fraction d'atmosphère, et qui pourrait d'ailleurs résulter de la pente du tuyau. Ainsi, il y aurait avantage, sous le rapport de la quantité de chaleur transmise par le tuyau, à établir dans le réservoir de vapeur condensée une pression peu inférieure à celle de la chaudière ; mais cet avantage n'existerait réellement que pour la partie efficace du tuyau, c'est-à-dire pour celle qui n'est pas occupée par l'eau de condensation ; si le tuyau était trop long pour que la vapeur non condensée arrivât à son extrémité, la disposition indiquée ne ferait que raccourcir la partie efficace du tuyau ; et comme ordinairement les tuyaux ont un excès de longueur, la disposition en question devient inutile. Cependant il est toujours avantageux de faire rendre les eaux de condensation dans un réservoir fermé, terminé à la partie inférieure par une soupape qui s'ouvre à l'aide d'un flotteur quand le niveau de l'eau a atteint une certaine hauteur ; la pression dans ce réservoir serait toujours égale au moins à la tension correspondant à la température de l'ébullition du liquide à évaporer, et on utiliserait une plus grande partie de la chaleur, si, par un excès de pression dans le générateur, le tuyau ne condensait pas toute la vapeur qui y pénètre.

1378. Supposons maintenant que la vapeur, au lieu de parcourir un long tuyau d'un petit diamètre diversement contourné, arrive dans un espace élargi dont la surface soit, en partie ou en totalité, mouillée par le liquide à évaporer ; le premier cas se rencontre pour les chaudières à doubles fonds dans l'intervalle desquels arrive la vapeur ; le second existerait si la vapeur arrivait dans une caisse immergée dans le liquide à évaporer ; dans tous les cas, le vase de condensation doit renfermer à sa partie inférieure un tuyau pour l'écoulement de l'eau condensée. Dans la première disposition, la surface de condensation ne change pas, elle est toujours égale à la surface en contact d'un côté avec la vapeur et de l'autre avec le liquide à évaporer. D'après cela, cette disposition semble devoir être plus favorable à la transmission de la chaleur, que les tuyaux dans lesquels l'écoulement de l'eau de condensation diminue nécessairement l'étendue des surfaces efficaces ; mais, en général, c'est le contraire qui a lieu ; les doubles fonds des chaudières produisent beaucoup moins d'effet, dans les mêmes circonstances, que la même surface en tuyaux d'un petit diamètre. Cette différence peut provenir de plusieurs causes : d'une détente de la vapeur, résultant de son accès dans un grand espace ; ou de ce que l'air n'a point été complétement expulsé de cet espace ; ou enfin de ce que la couche d'eau qui recouvre la surface de condensation de la vapeur ne se renouvelle pas aussi rapidement que dans les tuyaux. Ces diverses causes agissent peut-être simultanément. Il est très-probable que c'est à la présence des molécules d'air mélangées avec la vapeur qu'il faut principalement attribuer l'infériorité généralement observée des appareils à double fond par rapport aux tuyaux.

Dans tous les cas, il n'est pas douteux qu'il n'y ait un grand avantage à expulser l'air aussi complétement que possible des caisses de condensation, en y faisant passer un certain volume de vapeur, et à établir à peu près la pression de la chaudière dans le réservoir d'eau de condensation, ou du moins à disposer ce réservoir de manière que la vapeur y prenne une pression supérieure de quelques degrés à celle qui correspond à la température du liquide en ébullition.

1379. Quelle que soit la disposition de l'appareil de condensation, on observe toujours que, pour le même excès de température, la quantité de vapeur condensée augmente avec la température du liquide, et qu'elle est surtout beaucoup plus grande quand le liquide est en ébullition que lorsqu'il s'échauffe ; cet accroissement dans la quantité de chaleur transmise provient, sans aucun doute, de ce que le liquide qui mouille le métal se renouvelle d'autant plus rapidement qu'il est plus échauffé, et que ce renouvellement s'effectue avec une très-grande rapidité quand l'ébullition existe.

1380. *Effets produits par les surfaces de chauffe.* — Nous avons vu (833) que la quantité de chaleur que peut transmettre une plaque de cuivre de 1^m d'épaisseur, dont les deux surfaces sont maintenues à des températures constantes est égale à 69 calories par mètre carré et par heure, pour une différence de température de $1°$, ce qui correspond, pour une épaisseur de $0^m 001$, à la condensation de $\frac{69000}{650} = 103^k$ de vapeur par mètre carré et par heure. Mais, pour obtenir un pareil résultat, il faudrait que le liquide qui mouille les deux surfaces fût renouvelé avec une rapidité de beaucoup supérieure à celle qui se produit naturellement ; aussi la quantité de chaleur transmise dans les appareils dont il s'agit est-elle beaucoup plus petite.

1381. D'après Clément-Désormes, un mètre carré de cuivre mince exposé d'un côté à la vapeur à $100°$, et en contact par l'autre face avec de l'eau à une température moyenne de $28°$, condense par heure 100^k de vapeur ; ce qui revient à une condensation de $\frac{100}{72} = 1^k 4$ par mètre carré, par heure et par degré de différence de température. Clément n'a pas décrit l'appareil qu'il a employé ; mais il est à présumer qu'il a opéré sur des chaudières à double fond, qu'il n'a pas pris les précautions nécessaires pour expulser l'air, et que le liquide n'a point été porté à l'ébullition, circonstances qui diminuent beaucoup la communication de la chaleur.

1382. Une chaudière cylindrique à double fond, qui renfermait 900^k de jus de betterave, à la température de $4°$, a été chauffée par de la vapeur à 135°; le liquide a été porté à l'ébullition en 16', ce qui correspond à $\frac{900.96.60}{16} = 324000$ unités de chaleur par heure, pour une différence moyenne de température de 83°; et comme la surface du double fond était de $2^{mq}40$, cette quantité de chaleur correspond à la condensation de $\frac{324000}{650.2,4} = 208^k$ de vapeur par mètre carré et par heure pour une différence de température de 83°, ou à $2^k 50$ pour une différence de température de 1°, nombre beaucoup plus grand que celui qui a été donné par Clément. Dans cet appareil, le tuyau amenant la vapeur avait $0^m 04$ de diamètre, et il y avait un robinet placé à la partie supérieure du double fond pour l'expulsion de l'air.

1383. Dans les appareils formés d'un seul tuyau d'un petit diamètre, la condensation de la vapeur est beaucoup plus grande. Voici les résultats de plusieurs expériences faites par MM. Thomas et Laurens, sur une bassine d'évaporation chauffée par la vapeur qui circulait dans un tuyau.

Le tuyau avait 42^m de longueur, $0^m 034$ de diamètre extérieur, et $4^{mq} 48$ de surface. On introduisit 400^k d'eau à 8° dans la chaudière, et l'on fit circuler dans le serpentin de la vapeur d'eau à une tension moyenne de 3 atmosphères, et par conséquent à 135°. En 4 minutes, l'eau fut portée à l'ébullition, et après 15 minutes 250^k d'eau avaient été vaporisés. Dans la première partie de l'expérience, 400^k d'eau ont été échauffés en 4' de 8° à 100°, et ont reçu par conséquent $400.92 = 36800$ calories, qui correspondent à $\frac{36800}{650} = 56^k 6$ d'eau vaporisée en 4'; on condenserait donc $56,6.15 = 849^k$ de vapeur par heure, pour un excès de température de $135 - \frac{108}{2} = 81°$, et par conséquent pour une différence de 1°, ce serait seulement $\frac{849}{81} = 10,48$. Comme la surface de chauffe était de $4^{mq}48$, la quantité de vapeur correspondant à la chaleur transmise par mètre carré, par heure et par degré de différence de température, était seulement de $\frac{10,48}{4,48} = 2^k 33$. Il faut observer que le serpentin et la bassine ont été échauffés dans le même temps. Dans la seconde partie de l'expérience, en 11 minutes, pour une différence de température de 35°, une surface de $4^{mq} 48$ a vaporisé 250^k d'eau; ce qui fait $8^k 70$ de vapeur condensée par mètre carré, par heure et par degré d'excès de température.

Dans une autre expérience, il y avait deux serpentins; chacun avait 15^m de développement et $0^m 034$ de diamètre extérieur; ils présentaient ensemble une surface de $3^{mq} 67$. La vapeur circulant dans les serpentins à une pression de 2 atmosphères et à 121°, on a évaporé 60^k d'eau en 5 minutes; ce qui correspond à 196^k, par mètre carré et par heure, pour une différence de température de 21°, ou bien à peu près à 9^{k}33, par degré de différence de température.

1384. Il résulte de ce que nous venons de rapporter :

1° Que, pour des chaudières à double fond, avant l'ébullition, la quantité de vapeur condensée par mètre carré, par heure et par degré d'excès de température, est égale à 1^{k}4, pour un excès moyen de température de 28°, et à 2^{k}57 pour un excès moyen de 83°; la différence résulte très-probablement de ce que le liquide se renouvelle beaucoup plus rapidement quand le liquide est plus échauffé ;

2° Que pour des serpentins, pendant l'échauffement du liquide, la quantité de chaleur transmise a été, aussi par heure, par mètre carré et par degré de différence de température, de 2^{k}33 pendant l'échauffement; et de 8^{k}70 à 9^{k}33 pendant l'ébullition ; la grande différence observée dans ces deux cas résulte, sans aucun doute, du rapide renouvellement, pendant l'ébullition, du liquide qui mouille les tubes. Le premier nombre, 2^{k}33, est probablement trop faible, à cause de la chaleur nécessaire pour échauffer les appareils et dont on n'a pas tenu compte.

1385. En résumé, on peut admettre, pour les doubles fonds, une condensation de 2^{k}5 de vapeur par mètre carré, par heure et par degré de différence de température, pendant qu'on porte le liquide à l'ébullition ; mais on ne sait rien d'exact, relativement à la quantité de vapeur condensée pendant l'ébullition. Pour les tuyaux, on peut admettre au moins 2^{k}50 pendant le chauffage du liquide, et au moins de 8 à 9^k pendant l'ébullition. Mais pour les serpentins, il y a une condition importante à remplir : leur longueur ne doit pas dépasser une certaine limite ; car la vapeur ne s'étend pas nécessairement jusqu'à leur extrémité, si la longueur est trop grande, quoiqu'il soit bien certain que la vapeur y éprouve une certaine détente, quand une des extrémités débouche dans l'air. On a reconnu, par expérience, que des serpentins de 25 à 30 millimètres de diamètre intérieur ne devaient pas avoir plus de 30 à 40^m de longueur. Il est important de remarquer que la quantité de vapeur condensée par mètre carré, par heure et par degré de différence de température ayant été trouvée sensiblement la même pour des chaudières à double fond et des tuyaux, il est très-probable qu'il en serait de même quand l'ébullition est établie ; mais il faudrait nécessairement que toutes les précautions eussent été prises pour expulser complétement l'air.

On emploie aussi des appareils de chauffage dans lesquels la vapeur parcourt simultanément plusieurs tuyaux, et qu'on désigne sous le nom de grilles; mais, comme, dans ces appareils, on ne peut pas s'assurer si la vapeur parcourt simultanément tous les tuyaux, on ne peut rien affirmer relativement à l'effet qu'ils produisent; cependant, si tous les petits tuyaux débouchaient dans un autre d'un grand diamètre, il deviendrait probable que tous fonctionnent, et alors les surfaces de chauffe devraient produire le même effet que si la vapeur ne s'écoulait que par un seul tuyau.

1386. Dans ce qui précède, nous avons pris, pour l'excès de température des surfaces de transmission, la différence entre la température de la vapeur dans la chaudière et celle du liquide à échauffer; c'est une méthode commode dans la pratique, mais la différence de température des deux surfaces est réellement plus petite; d'abord la surface extérieure est à une température plus élevée que celle de l'ébullition du liquide, car ce n'est qu'à cette condition qu'il y a transmission de chaleur; et l'autre surface est à une température inférieure à celle de la vapeur dans la chaudière, parce que la vapeur a éprouvé une certaine détente dans son trajet, et que la condensation de la vapeur s'effectue, non sur la surface métallique, mais sur une couche d'eau d'une certaine épaisseur, qui recouvre constamment le métal.

1387. Afin de donner une idée de la méthode à employer pour calculer la quantité de vapeur de chauffage à produire et l'étendue de la surface de chauffe d'un appareil, nous prendrons pour exemple la concentration du sirop de sucre. Le sirop, avant la cuite, porte le nom de *clairce;* il est ordinairement composé de 30 parties d'eau et 70 parties de sucre. Pour être amené à 47° de l'aréomètre, ce qui est le degré de concentration ordinaire, il doit perdre à peu près 15 pour 100 d'eau. Ainsi, si l'on voulait concentrer par heure 10000^k de clairce, il faudrait évaporer 1500^k d'eau et élever la masse à la température de l'ébullition. En supposant que la vapeur soit à 3 atmosphères et par conséquent à 135°, et la clairce à 20°, comme la chaleur spécifique de la clairce est la moitié de celle de l'eau, la quantité de chaleur nécessaire pour chauffer la masse à 110°, qui est à peu près la température de l'ébullition, sera $\dfrac{10000 \times 90}{2} = 450000°$, ce qui correspond à $818^k 1$ de vapeur; ainsi la quantité totale de vapeur à fournir par heure sera égale à $1500 + 818^k 1 = 2318^k 1$. Quant à l'étendue de la surface de chauffe, il faut remarquer que, pendant le chauffage de la clairce, la différence moyenne de température de la vapeur et du liquide est $135 - \dfrac{110 + 20}{2} = 70$, tandis que l'excès moyen de la température de la vapeur sur celle de la clairce, pendant l'évaporation, diffère peu de 21°. On voit alors que, sous le rapport du temps, tout se passera comme s'il s'agissait de condenser $1500 + \frac{21}{70} 818^k = 1745^k 4$ par heure, avec une différence de température de 21°. L'étendue de la surface de chauffe, en supposant que la vapeur parcoure des serpentins, devra être de $\frac{1745,4}{21.8} = 10^{mq} 4$. D'après ce que nous avons dit précédemment, il faudra 3 ou 4 appareils.

Nous allons maintenant examiner les différentes dispositions adoptées.

1388. L'appareil représenté par la figure 314 est le plus simple qu'on puisse employer pour le chauffage et l'évaporation par la vapeur ; il est composé de deux chaudières placées l'une dans l'autre, et dont les collets sont maintenus par des boulons ; on met de l'eau dans l'intervalle qui les sépare, et le liquide à évaporer dans la chaudière intérieure. Une soupape de sûreté s'oppose à ce que la tension de la vapeur dé-

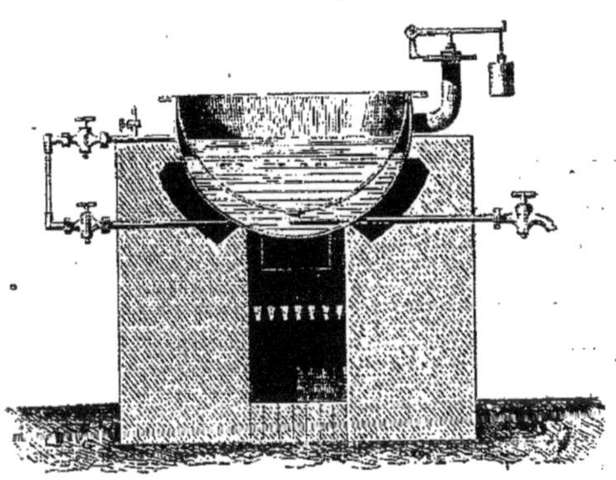

Fig. 314.

passe la limite fixée ; un tube latéral indique le niveau de l'eau dans le double fond ; un autre tube garni d'un robinet et d'un entonnoir permet d'introduire de l'eau dans le double fond pour la première fois, et de remplacer celle qui peut s'échapper à l'état de vapeur par la soupape de sûreté ; le liquide concentré s'écoule par un tube garni d'un robinet. L'appareil est placé sur un foyer qui chauffe directement la chaudière extérieure.

1389. On donne souvent aux chaudières d'évaporation les formes représentées par les figures 315, 316, 317, dans lesquelles A représente le tuyau qui amène la vapeur de la chaudière ;

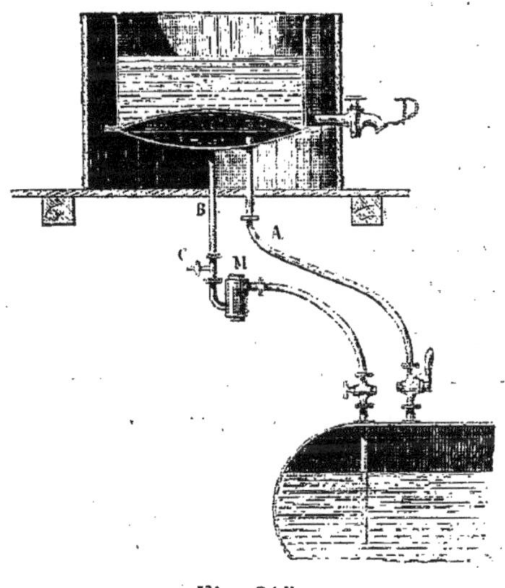

Fig. 315.

B, celui de retour d'eau ; C, le tube à air ; et D, le tuyau d'écoulement du liquide concentré. La première disposition (*fig.* 315) a l'avantage

Fig. 316.   Fig. 317.

de permettre de placer latéralement ce dernier tuyau. Dans la dernière, il est mieux placé que dans la disposition de la figure 316, pour laquelle il est difficile de le rendre étanche.

1390. On pourrait placer la chaudière d'évaporation au-dessus du générateur et faire écouler la vapeur et l'eau par le même canal. Quoique cette disposition soit très-simple, elle est rarement employée, parce qu'elle exige que le canal commun ait un grand diamètre et s'élève d'une manière continue, et parce que les mouvements en sens contraires de l'eau et de la vapeur se gênent toujours.

1391. Assez souvent on fait revenir directement l'eau de condensation à la chaudière par un tuyau distinct et qui descend jusqu'au fond du générateur. Mais, pour éviter que l'eau de la chaudière ne soit élevée dans l'espace où la vapeur se condense, on place sur le tuyau une boîte M (*fig.* 315) garnie d'une soupape qui s'ouvre par une pression dirigée de bas en haut. La pression de la vapeur la maintient fermée, et elle ne s'ouvre que lorsque le poids de la colonne d'eau condensée, augmenté de la pression qui reste dans la chambre de condensation, peut vaincre la pression dans la chaudière ; ce qui arrive toujours après un temps plus ou moins long ; car l'eau, après avoir rempli la portion du tuyau qui précède la soupape, s'accumule dans la chambre, diminue la condensation en diminuant l'étendue de la surface où elle s'opère, et par suite augmente la force élastique de la vapeur dans la chambre. Dans le cas le plus défavorable, le retour d'eau fonctionnerait nécessairement après chaque opération, quand on aurait vidé la chaudière. D'autres fois, l'eau de condensation est reçue dans un vase fermé dont nous parlerons plus loin.

1392. Pour augmenter les surfaces de condensation et pour expulser plus facilement l'air des chambres, on a imaginé un grand nombre de dispositions différentes que nous décrirons successivement.

On a d'abord employé un faisceau de tubes égaux et parallèles, de quelques centimètres de diamètre, fixés par les deux bouts à deux tuyaux d'un diamètre plus grand ; l'un d'eux était divisé par une cloison transversale en deux parties égales ; par l'une arrivait la vapeur qui parcourait la moitié des tubes et revenait par l'autre moitié. Cette disposition a plusieurs inconvénients : 1° la vapeur circule rarement dans tous les tubes, par conséquent l'air n'est pas complétement expulsé, et une partie de la surface de chauffe est perdue ; 2° l'inégale dilatation des tubes qui restent pleins d'air et de ceux dans lesquels circule la vapeur fait souvent casser les soudures ; 3° on ne peut nettoyer la chaudière qu'en dévissant les brides qui y fixent la grille.

1393. Pour éviter les inconvénients que nous venons de signaler, on a imaginé de faire évacuer la vapeur par un seul tube replié à angle droit, dans un même plan, un grand nombre de fois. En Angleterre, Spiller a construit les fonds des chaudières avec deux plaques de cuivre, qui sont, soit l'une, soit toutes les deux, emboîtées de manière à former par leur réunion un ou plusieurs canaux que parcourt la vapeur. M. Pecqueur a employé la grille représentée par la figure 318 : elle est formée de tubes parallèles, fixés par un bout sur un tuyau d'un plus grand diamètre AB ; chacun d'eux renferme un tuyau d'un plus petit diamètre par lequel arrive la vapeur, qui parcourt alors l'intervalle des deux tubes ; la vapeur est amenée par un tube concentrique au gros tuyau AB. M. Moulfarine construisait la grille indiquée par les figures 319 et 320 ; le tuyau AB est divisé en deux parties égales par une cloison transversale ; de chaque côté de la cloison sont fixées les extrémités des tubes de chauffage ; par cette disposition,

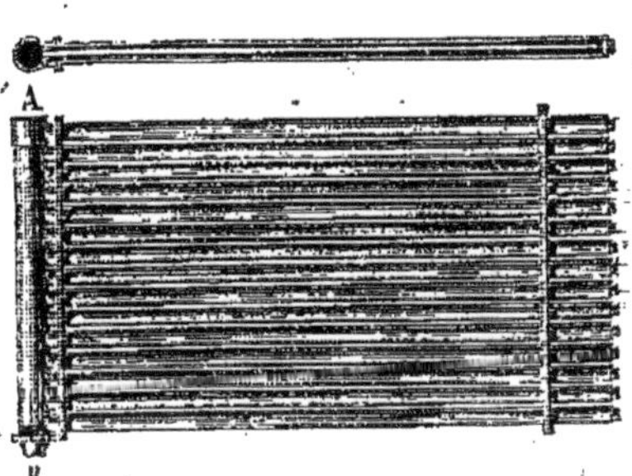

Fig. 318.

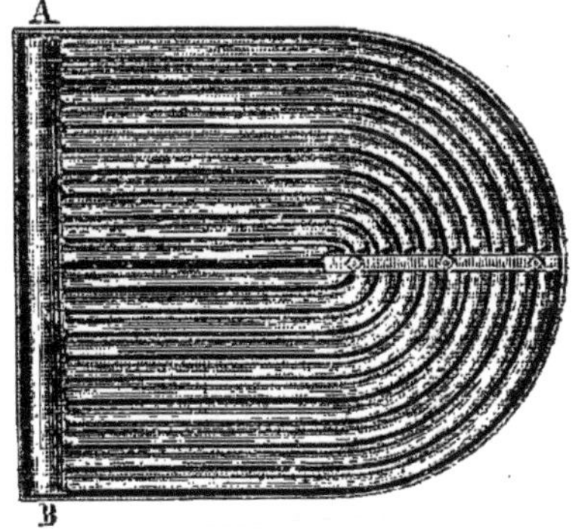

Fig. 319.

Fig. 320.

comme par la précédente, l'inégale dilatation des tuyaux ne peut produire de rupture.

1394. Mais, de tous ces appareils, le plus simple est évidemment un tube contourné en spirale (*fig.* 321); c'est aussi le plus généralement employé; l'air peut en être complétement expulsé, et les variations de température de ses différentes parties sont sans influence.

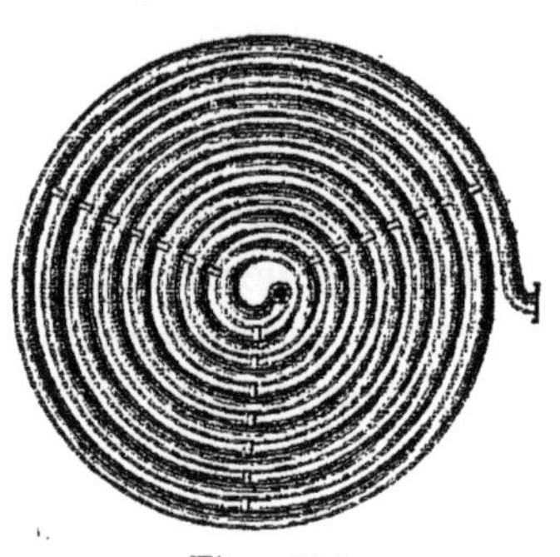

Fig. 321.

1395. Comme il est important de pouvoir nettoyer facilement les grilles, on dispose souvent les appareils de manière à pouvoir les enlever de la chaudière en dévissant deux écrous roulants qui réunissent leurs extrémités avec le tuyau à vapeur et avec celui de retour d'eau.

1396. Pour faciliter le nettoyage des grilles, M. Pecqueur et M. Moulfarine ont imaginé de rendre les chaudières mobiles autour de l'axe du tuyau qui amène la vapeur dans les tubes de chauffage; lorsqu'on incline la chaudière, les grilles, qui n'ont pas changé de position, se trouvent complétement isolées et peuvent facilement être nettoyées. L'inclinaison de la chaudière permet la vidange plus rapide de l'appareil. Ces appareils, qui ont été très-fréquemment employés, ne le sont plus que rarement aujourd'hui; mais ils peuvent être bons dans certaines circonstances.

1397. Dans tous les appareils dont nous venons de parler, quand le retour d'eau n'est pas direct, il est important de recevoir les eaux de condensation dans des vases fermés, qui maintiennent la vapeur à une certaine pression et n'en laissent pas échapper. Ces réservoirs sont représentés dans les figures 322 et 323. Dans la première,

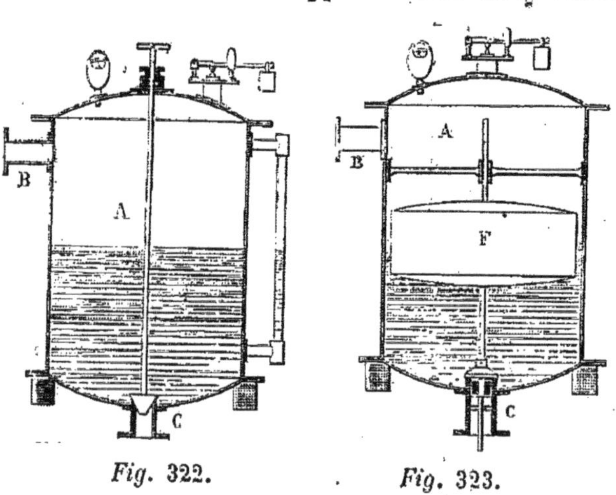

Fig. 322.   Fig. 323.

le vase A, qui reçoit l'eau de condensation par le tuyau B, porte à la partie inférieure une tubulure C, fermée par un bouchon conique ; ce bouchon peut être soulevé au moyen d'une tige qui passe à travers une boîte à étoupe fixée à la partie supérieure du vase. Celui-ci est garni d'un tube de niveau, d'une soupape de sûreté et d'un manomètre métallique ; on peut ainsi savoir ce qui s'y passe, et le vider quand il est rempli ; l'eau s'écoule dans la bâche d'alimentation de la chaudière.

La figure 323 représente une disposition semblable, mais dans laquelle le soulèvement du bouchon qui ferme l'orifice d'écoulement se fait de lui-même au moyen d'un flotteur F ; le tube de niveau devient alors inutile. C'est une disposition présentée récemment comme nouvelle, et qui était déjà indiquée dans ma précédente édition.

1398. Plusieurs autres dispositions ont été imaginées pour l'évaporation des dissolutions de sucre, principalement en vue de diminuer la durée de la concentration. Avant de les indiquer, je rappellerai quelques principes qui devraient toujours servir de guides dans la disposition des appareils.

1399. Quand l'évaporation a lieu par l'ébullition, la quantité de vapeur produite représente la quantité de chaleur transmise à la masse de liquide, à moins pourtant que la surface libre du liquide n'ait une grande étendue ; car, dans ce cas, il y a sûrement une certaine quantité de chaleur perdue par le rayonnement et par le contact de l'air. Il doit arriver pour l'évaporation ce qui a été bien constaté pour le séchage des étoffes mises en contact avec des surfaces métalliques chauffées par la vapeur : la quantité de vapeur condensée excède toujours de beaucoup la quantité d'eau sortie des toiles. A la vérité, la surface extérieure n'est pas toujours mouillée, comme elle l'est dans le cas de l'évaporation, mais une partie au moins de l'effet constaté doit se produire. Ainsi, quand l'évaporation a lieu par l'ébullition, la quantité de vapeur produite sur les surfaces de chauffe dépend de leur étendue et de l'excès de température ; cette vapeur se dégagerait entièrement, si la surface du liquide ne perdait point de chaleur par le rayonnement, ou par le contact de l'air, et il en résulte une certaine perte. Cette perte dans les appareils ordinaires est faible ; mais elle pourrait devenir très-grande, si, par exemple, dans les différentes chaudières à évaporation par la vapeur que nous avons décrites, les tuyaux, au lieu d'être serrés les uns contre les autres, étaient répartis sur une grande surface.

1400. Quand l'évaporation doit avoir lieu à une température inférieure à celle de l'ébullition, elle est produite par le mouvement de l'air et elle augmente avec l'étendue des surfaces exposées à l'air, avec la température du liquide et la vitesse du courant. Pour une certaine étendue des surfaces de transmission de chaleur dans le liquide, et des surfaces mouillées exposées à l'air, on pourra toujours, en faisant varier la vitesse du courant, produire l'évaporation à une température déterminée. Dans ce cas, la quantité de chaleur absorbée pour l'évaporation de 1^k d'eau serait plus grande que lorsque l'évaporation a lieu à la température de l'ébullition, à cause de la chaleur perdue par le rayonnement des surfaces exposées à l'air et de la chaleur employée à chauffer l'air, mais d'autant moins que la température serait plus élevée. S'il y avait nécessité ou seulement avantage, sous le rapport de la qualité des produits, à évaporer un liquide par l'air, les dispositions indiquées (*fig.* 308, 309, 310, 311) seraient certainement très-avantageuses, parce que, l'enveloppe étant à la température du liquide, la perte de chaleur par rayonnement serait nulle, et que celle provenant du refroidissement du dôme pourrait être détruite au moyen d'une enveloppe conduisant mal la chaleur ; mais il faudrait reconnaître par expérience l'influence que pourrait avoir, sur la qualité du produit, le renouvellement rapide de l'air, et vérifier s'il ne se produirait pas un phénomène analogue à celui qui a été constaté en faisant passer l'air à travers le liquide (1367), et, en outre, s'il n'y aurait pas beaucoup d'eau entraînée mécaniquement.

1401. *Cône évaporatoire de M. Lambeck.* — Cet appareil, représenté en coupe verticale (*fig.* 324), se compose de deux troncs de cône verticaux, concentriques, AA, BB, de 4 à 5^m de hauteur ; l'espace annulaire qui les sépare est fermé en haut et en bas, et rempli de vapeur venant d'une chaudière ou d'une machine sans condensation. Le cône intérieur est garni de 9 cônes tronqués d, dentelés à leur partie inférieure et fixés sur une seule tige CC, qui permet de les enlever tous à la fois pour les nettoyer. Le cône extérieur est également garni de 9 cônes tronqués e, disposés en sens inverse des premiers, et dont la surface est dentelée à la partie supérieure. Le liquide à évaporer est fourni par un réservoir F, dont le niveau est maintenu constant au moyen d'un robinet à flotteur a ; il est de là conduit par le tuyau E dans le vase D, qui le distribue sur la surface du cône intérieur au moyen d'un grand nombre d'ouvertures ; et par le tuyau G dans le vase annulaire H, qui le répand sur le cône extérieur. Ce dernier vase H est garni d'un grand nombre de robinets r, r', pour régulariser l'écoulement sur la surface du cône, ou seulement d'une ouverture annulaire dentelée. Les deux robinets b et c règlent la distribution du liquide dans les deux vases D et H ; ils sont solidaires et manœuvrés par deux tiges f et f' fixées aux extrémités d'une

aiguille mobile sur le cadran L. Le liquide se trouve uniformément réparti, au moyen des deux séries de cônes d et e, sur les surfaces inté-

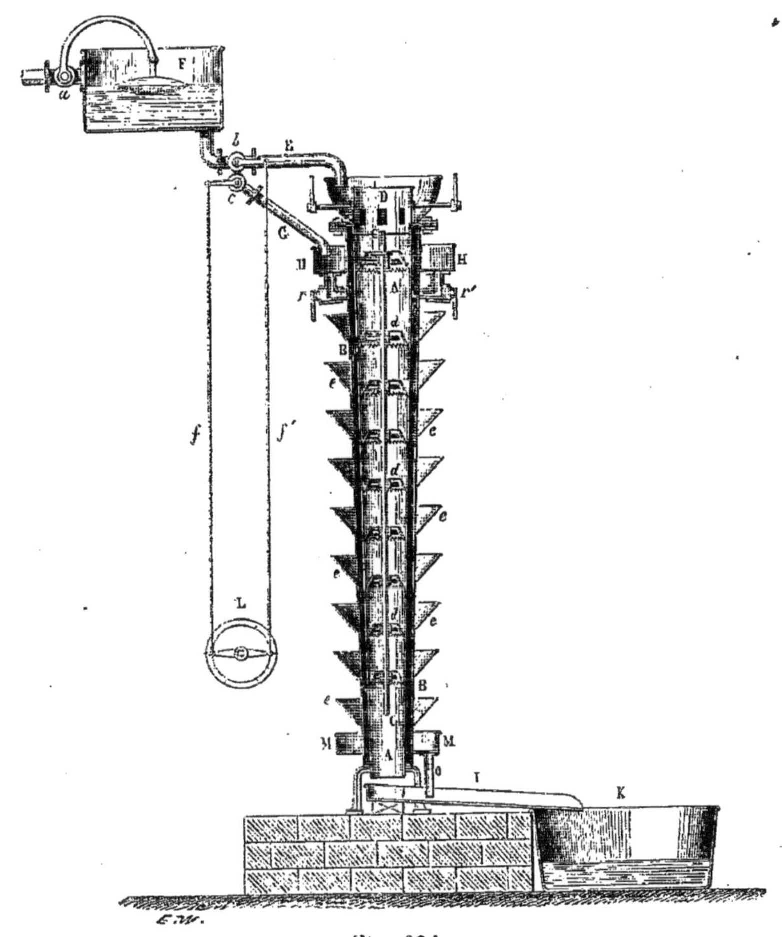

Fig. 324.

rieure et extérieure qu'échauffe la vapeur ; et s'il n'était pas maintenu
en ébullition, l'activité de l'évaporation serait augmentée par le mouvement ascensionnel du mélange d'air et de vapeurs. Le liquide concentré sur la surface extérieure est reçu dans le vase M qui le conduit,
par le tube O et le canal I, dans le réservoir K, où arrive aussi le
liquide concentré par la surface intérieure.

Cet appareil, basé sur le même principe que celui décrit n° 1366,
a été établi dans plusieurs fabriques de sucre ; il produit beaucoup
d'effet ; mais on n'a pas mesuré la quantité de vapeur condensée dans
l'intervalle des deux cônes qui transmettent la chaleur ; et c'est le

rapport de cette quantité de vapeur à celle qui a disparu par l'évaporation qui aurait été la mesure de l'effet utile produit; je suis convaincu que, si ces expériences avaient été faites, on aurait trouvé une grande différence entre les quantités de vapeur condensée sur les faces intérieures et celles que produisent les faces extérieures, et que les mêmes surfaces de chauffe, en double fond ou en serpentin comme dans les dispositions ordinaires, produisent beaucoup plus d'effet utile. Aussi ne convient-il que pour utiliser des vapeurs à basse pression.

1402. Une autre disposition pour la concentration des dissolutions sucrées a été présentée à l'Exposition universelle de 1855. Cet appareil se compose d'un cylindre vertical en cuivre, ouvert par les deux bouts, de 3^m de hauteur et $0^m 50$ de diamètre, renfermant un serpentin de $0^m 03$ de diamètre, lequel est contourné sur un cylindre de $0^m 25$ de diamètre et chauffé par de la vapeur à haute pression. Le grand cylindre renferme un très-grand nombre de sphères de cuivre creuses, retenues par une grille placée à la partie inférieure. A la partie supérieure du cylindre se trouve un réservoir du liquide à concentrer; il est percé d'un grand nombre de petits orifices destinés à répandre uniformément, sur toute la section du cylindre, le liquide qui descend alors sur les surfaces des boules et du serpentin. L'auteur a prétendu que son appareil, essayé dans une raffinerie de sucre, avait donné de bons résultats, et qu'il serait surtout très-avantageux dans les fabriques de sucre indigène. Mais nous avons la conviction que c'est une illusion ; car le principe de cet appareil est contraire à tous les faits observés. Si le cylindre ne renfermait que le serpentin, et si le liquide, en s'écoulant, en parcourait successivement toute la surface, on se trouverait dans le cas de l'appareil que nous venons de décrire; seulement les vapeurs condensées contre la surface intérieure du cylindre fourniraient de l'eau qui, en se mêlant avec le liquide concentré sur la surface du serpentin, diminuerait l'effet produit par ce dernier. Si maintenant nous supposons que le liquide s'écoule sur toutes les surfaces du serpentin et des sphères, le liquide qui recouvre les sphères ne pourra s'échauffer que par la condensation des vapeurs produites sur le serpentin, et les sphères d'une construction si chère n'auront qu'un effet négatif; seulement il y aura une certaine quantité de liquide évaporé par le courant d'air qui se produira dans l'appareil. Les sphères seraient utiles, si l'évaporation devait avoir lieu uniquement par l'air, mais il faudrait que le liquide fût introduit chaud, qu'il y eût au-dessus de la colonne une cheminée suffisante pour établir un bon tirage, ou que le mouvement de l'air eût lieu par une machine ; et dans ce cas, la chaleur étant fournie par le liquide lui-même, on n'en pourrait évaporer que moins de $\frac{1}{6}$.

1403. On a aussi proposé de placer, au-dessus d'une chaudière, un tube de cuivre plié en hélice autour d'un axe horizontal mobile ; l'hélice plonge par la partie inférieure dans le liquide, et le tube est traversé par un courant de vapeur ; l'hélice étant soumise à un mouvement continu de rotation, la partie du tuyau exposée à l'air, produit une évaporation assez rapide du liquide qui se renouvelle constamment. Il est évident que, si dans cet appareil, l'évaporation a lieu par l'ébullition, l'effet serait le même si le tuyau était fixe et plongé dans le liquide ; et que, si l'évaporation a lieu à une plus basse température, elle sera produite par l'air, et alors les appareils des n°ˢ 1362, 1364 seront bien préférables.

1404. *Évaporation par la chaleur de la vapeur détendue des machines à haute pression et sans condensation.* — La vapeur à la sortie des machines sans condensation, renfermant sensiblement la même quantité de chaleur qu'à son entrée, peut être employée à produire l'évaporation, absolument comme de la vapeur neuve, avec la seule différence que le liquide à évaporer ne peut pas être porté à 100°.

Dans ce cas, on fait intervenir l'air pour faciliter l'évaporation. Comme application de ce système, nous pouvons citer le cône évaporatoire de Lambeck, l'appareil du n° 1366 et les appareils décrits n°ˢ 1362, 1364, en supprimant les foyers et en mettant de doubles fonds aux chaudières. Ce genre d'appareils a été fréquemment employé dans les colonies et dans les fabriques de sucre en France. Avec quelques modifications, ils pourraient l'être pour l'évaporation des eaux renfermant du sel marin.

1405. *Évaporation par la chaleur des eaux de condensation des machines.* — Cette chaleur qui représente plus des 0,60 de la chaleur produite dans le foyer, puisque les générateurs bien disposés produisent à peu près 7ᵏ de vapeur par kilogramme de houille, pourrait facilement être employée pour évaporer des liquides avec l'aide du contact de l'air. Il faudrait d'abord faire passer cette chaleur dans le liquide à évaporer, en le chauffant à la plus haute température possible, et pour cela faire écouler l'eau chaude par un tube environné d'un autre d'un plus grand diamètre, dans lequel le liquide à évaporer marcherait en sens contraire. Il est évident que si la capacité calorifique du liquide différait peu de l'unité, et si les tubes avaient une longueur suffisante, ou si les deux mouvements étaient assez lents, il y aurait un échange complet de température entre deux poids égaux d'eau et du liquide ; si la capacité calorifique du liquide était notamment plus grande ou plus petite, les poids des deux liquides devraient être évidemment inversement proportionnels à leurs capacités calorifiques. L'échange des températures pourrait aussi s'effectuer à l'aide de différentes dispositions dont nous parlerons à l'occasion du refroidissement des corps. Le liquide étant échauffé, il faudrait produire l'évaporation par l'air ; pour cela, on ferait écouler le liquide de haut en bas dans des appareils qui obligeraient l'air extérieur à se mouvoir en sens contraire. Un cylindre vertical renfermant des boules sur lesquelles le liquide se diviserait, et entre lesquelles l'air circulerait de bas en haut, serait très-convenable. On pourrait également se servir des appareils employés pour produire le refroidissement des liquides par l'évaporation et que nous verrons plus loin. Si l'on employait le reste de la chaleur des eaux de condensation à échauffer l'air, il est évident que toute la chaleur provenant du refroidissement pourrait être utilisée pour l'évaporation ; en supposant les eaux à 40° et refroidies à 10°, le refroidissement de 1^k pourrait évaporer 0^k 05 du liquide sucré.

1406. *Évaporation par des bains d'huile chaude ou de dissolutions salines.* — Pour porter la chaleur des foyers dans le liquide à évaporer, on a employé différentes substances, principalement dans le but de ne mettre en contact avec le liquide que des corps dont la température fût peu élevée au-dessus de celle à laquelle l'évaporation devait avoir lieu. Nous avons vu que la vapeur d'eau remplit parfaitement cet objet.

Wilson, pour chauffer des liquides à une température supérieure à 100°, s'est servi d'huile qu'il échauffait à part, et qu'il faisait circuler, au moyen d'une pompe, dans un serpentin plongé dans le vase contenant le liquide à vaporiser. Cette disposition a été employée pour la concentration des sirops ; l'huile était amenée à la température de 120 et quelques degrés : à cette température, elle ne laissait pas dégager une quantité sensible de vapeurs. On a trouvé l'huile de baleine épurée préférable aux autres. L'appareil de Wilson a plusieurs graves inconvénients : 1° il est difficile de régler le feu de manière à maintenir constamment l'huile à la température convenable ; 2° une quantité assez notable d'huile est vaporisée ou décomposée ; 3° l'emploi d'une pompe entraîne une certaine complication.

On pourrait employer des dissolutions salines qui n'entrent en ébullition qu'à des températures élevées, telles que des dissolutions de carbonate de potasse ou de chlorure de calcium, mais il faudrait maintenir constamment ces dissolutions au même état de concentration par le retour des vapeurs condensées. L'emploi de la vapeur d'eau à une pression de 3 ou 5 atmosphères est bien préférable sous le rapport économique, et cette faible pression ne présente aucun danger qui ne puisse facilement être prévenu.

CHAPITRE VII.

ÉVAPORATION DANS LE VIDE.

1407. L'évaporation dans le vide pourrait se faire à la température ordinaire, au moyen d'une matière ayant une très-grande affinité pour l'eau et placée dans la même enceinte que le liquide à évaporer. Le prix de l'évaporation consisterait 1° dans la dépense de force mécanique pour la production du vide ; 2° dans la valeur du combustible nécessaire pour dessécher la matière absorbante. Ce mode d'évaporation n'est guère applicable que sur une petite échelle. Nous y reviendrons cependant dans le livre suivant, parce qu'il pourrait être employé avec quelques avantages pour la dessiccation des matières animales.

1408. Mais l'emploi simultané du vide, ou du moins d'une diminution de pression, et de la chaleur est maintenant très-usité, surtout dans les raffineries et dans les fabriques de sucre, parce que l'on évapore ainsi sans le contact de l'air et surtout très-rapidement, circonstances favorables à la conservation des sirops.

Ce mode d'évaporation a été mis à exécution pour la première fois en Angleterre par Howard ; mais il a éprouvé quelques modifications, principalement dans les moyens employés pour faire le vide. Nous décrirons d'abord l'appareil d'Howard, et successivement ceux qu'on a essayé de lui substituer.

1409. *Appareil d'Howard*. — Cet appareil est représenté en coupe dans la figure 325. A est une chaudière destinée à cuire le sirop ; elle est formée de deux calottes de cuivre rouge fortement boulonnées, et elle est garnie d'un double fond dans lequel la vapeur arrive par le tuyau C ; D, tuyau de retour d'eau sur lequel est fixé le robinet d'air ; E, chambre où se réunissent les vapeurs ; le sirop qui pourrait être entraîné mécaniquement retombe dans la chaudière ; G, chambre de condensation, à laquelle aboutit un tuyau en communication avec la pompe à air destinée à maintenir le vide dans l'appareil, et qui n'est pas indiquée dans la figure ; l'eau froide arrive dans l'espace G par l'ouverture H, lorsque, par le mouvement de la manivelle

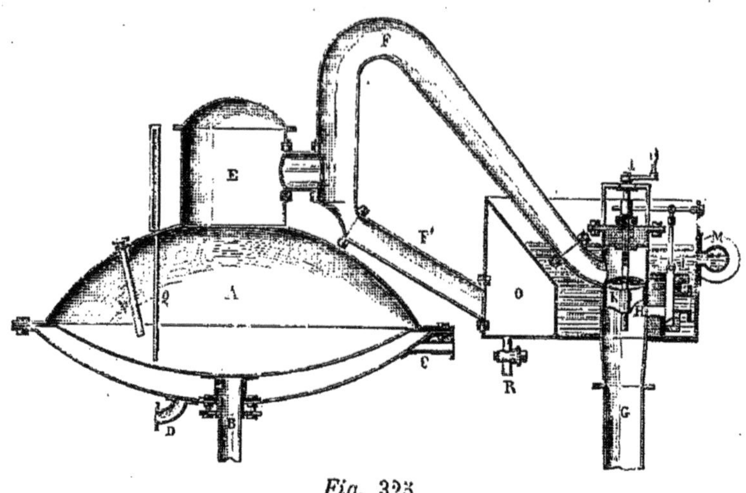

Fig. 323.

à vis I, on a soulevé la soupape K et le piston L ; F, tuyau qui conduit les vapeurs de la chaudière au condenseur ; un tube établit la communication de cet espace avec un manomètre qui indique la pression sous laquelle on produit l'évaporation. Un tuyau F' est destiné à conduire le liquide entraîné par les vapeurs dans la capacité O, d'où il est facile de l'extraire au moyen du robinet R. M est le tuyau d'alimentation d'eau froide ; N, un petit appareil qui permet de prendre du sirop d'épreuve dans la chaudière, sans établir la communication entre sa capacité et l'air extérieur. Q est un thermomètre destiné à indiquer à chaque instant la température du sirop.

Dans ces appareils, il y a toujours une différence de 9 à 12° entre la température de l'eau de condensation et celle du sirop, et la pression intérieure est toujours comprise entre 0^m 50 et 0^m 55 de mercure, ou $\frac{50}{76}$ et $\frac{55}{76}$ d'atmosphère. La pompe à air exige un travail de 2 chevaux-vapeur, pour une fonte de 12000 kil. de sucre brut par jour, ou une fabrication de 100 pains par heure, ou de 600 à 700^k de sucre blanc, et pour une condensation de 500^k de vapeur par heure. Le volume d'eau froide employé est à peu près de 10 à 11 mètres cubes par heure, l'eau de condensation étant à 30°. L'appareil d'Howard est très-répandu, mais il a reçu plusieurs améliorations importantes : on a ajouté un serpentin intérieur, pour augmenter le travail, et on a allongé de différentes manières le circuit que parcourt la vapeur avant d'arriver dans le tuyau où se fait l'injection, afin de recueillir plus complète ment le liquide qui pourrait être entraîné; on y a aussi ajouté des glaces pour voir l'intérieur de la chaudière.

A l'origine, on craignait qu'il ne fût difficile de rendre les chaudières parfaitement étanches; mais on les construit maintenant tellement bien, que des chaudières de 2^m de diamètre, à 8 robinets, dont un de 10 centimètres, dans lesquelles on a fait le vide, ne renferment après 24 heures que de l'air à une pression d'une demi-atmosphère.

Voici maintenant l'indication des appareils qu'on a essayé de substituer à ceux de M. Howard.

1410. *Appareil de Roth.* — Cet appareil ne diffère réellement de celui d'Howard qu'en ce que le vide est produit par la vapeur; la figure 326 en représente une coupe verticale. La chaudière de cuite A

Fig. 326.

est disposée comme dans l'appareil d'Howard, mais elle renferme un serpentin dans lequel circule la vapeur. D est un vase en tôle épaisse, dans lequel s'opère la condensation de la vapeur; il est garni d'un manomètre m et d'un indicateur de niveau n; E, tuyau de vapeur communiquant avec la chaudière; F, G et H, robinets d'admission de la vapeur dans le double fond, dans le serpentin et dans la chaudière; F' et G', robinets de retour d'eau du double fond et du serpentin; i, robinet destiné à introduire du beurre pour empêcher la cuite de devenir mousseuse; K, robinet du tuyau qui plonge dans le vase ouvert renfermant le sirop à cuire; L, robinet du tuyau d'écoulement du sirop cuit, dans le vase O ; M, tuyau qui conduit les vapeurs dans le condenseur ; N, assemblage de plaques métalliques percées d'un grand nombre de trous à travers lesquels l'eau froide se répand en très-petits filets qui sont traversés par la vapeur ; P, robinet du tuyau S d'alimentation de l'eau froide ; Q, réservoir d'eau froide, et R, robinet pour évacuer l'eau chaude et l'air à la fin de chaque opération.

Voici la manière d'opérer. La chaudière étant vide, en ouvrant les robinets H et R, les autres étant fermés, la vapeur s'introduit dans la chaudière et dans le condenseur ; un mélange d'air et de vapeur sort par le robinet R ; et après quelques instants, lorsqu'on suppose que tout l'air a été expulsé, on ferme ces robinets et on ouvre le robinet K d'admission du sirop ; le liquide s'élève d'abord lentement par la condensation progressive de la vapeur dans la chaudière, occasionnée par le refroidissement de l'enveloppe, et ensuite très-rapidement, quand une partie du sirop a pénétré dans la chaudière, à cause de la condensation brusque qu'il occasionne. Lorsque le sirop, dans le bassin, est descendu à une limite fixée, on ferme le robinet K, et on ouvre les robinets F et G qui admettent la vapeur dans le double fond et dans le serpentin, ainsi que les robinets des retours d'eau, et quelques instants après le robinet d'injection P. Après quelques minutes on prend du sirop au moyen de la sonde, et quand il est arrivé au point convenable, on ferme le robinet P d'injection ; le sirop s'échauffe, et lorsqu'il est parvenu à 80 ou 90°, on ouvre le robinet de rentrée d'air et le robinet L, et le sirop cuit s'écoule. Pour procéder à une nouvelle opération, on ouvre le robinet R ; l'eau chaude s'écoule, et on introduit de nouveau la vapeur dans la chaudière, pour expulser l'air qui la remplit ainsi que le condenseur.

La consommation d'eau doit être la même dans les appareils d'Howard et de Roth, la cuite ayant lieu à la même température. M. Roth l'estime à quatre fois le poids du sirop à cuire. D'après M. Roth, une chaudière de cuite ayant 2^m de diamètre, suffit complétement au travail qu'exige une fabrique opérant journellement sur 25000^k de sucre brut.

Lors de l'apparition des appareils de Roth, l'inventeur prétendait qu'ils consommaient moins de vapeur pour établir le vide, que ceux d'Howard pour l'établir et le maintenir ; mais l'expérience a prouvé qu'il n'en était point ainsi. Ils exigent plus de vapeur, et par conséquent de combustible, pour faire le même travail que ceux dans lesquels le vide est produit et maintenu par une action mécanique ; aussi ces derniers sont préférés et seuls employés.

1411. *Appareil de MM. Trappe et Louvrier-Gaspard.* — Ces constructeurs ont proposé et essayé un appareil analogue à celui de M. Roth, mais dans lequel le condenseur a des dimensions beaucoup plus petites et se termine par un tube vertical d'environ 10^m de hauteur, dont l'extrémité inférieure plonge dans un vase constamment rempli d'eau et par lequel s'écoule l'eau de condensation. Cet appareil consomme moins de vapeur que celui de M. Roth, mais il exige un puits profond, ou bien il faut que l'appareil soit placé dans les étages supérieurs des bâtiments ; cette disposition n'a pas non plus été adoptée par l'industrie.

1412. Il est important de remarquer que l'on pourrait réduire presque à rien la dépense réelle de la pompe aspirante dans les appareils d'Howard, en employant de la vapeur à haute pression, une machine à détente sans condensation, et en faisant ensuite passer la vapeur détendue dans une des chambres de condensation de la chaudière, entre les deux fonds ou dans le serpentin. Mais le travail exigé par les pompes est réellement insignifiant.

1413. *Appareil de M. Pelletan.* — M. Pelletan a imaginé un appareil analogue à celui de M. Roth, mais dans lequel l'expulsion de l'air était produite par un jet de vapeur dirigé de dehors en dedans. Pour comprendre ce mode d'action de la vapeur, considérons une capacité AB (*fig.* 327) d'une forme quelconque, garnie de tubulures, l'une E communiquant avec l'extérieur, une autre F communiquant avec un espace fermé dans lequel on veut produire un vide partiel, et enfin une dernière C communiquant avec un générateur et portant un tube conique D, dont l'extrémité se trouve à une petite distance de l'ouverture de la tubulure E, et dont le diamètre est plus petit que celui de cette tubulure. Le jet de vapeur entraîne avec lui l'air de l'espace AB et

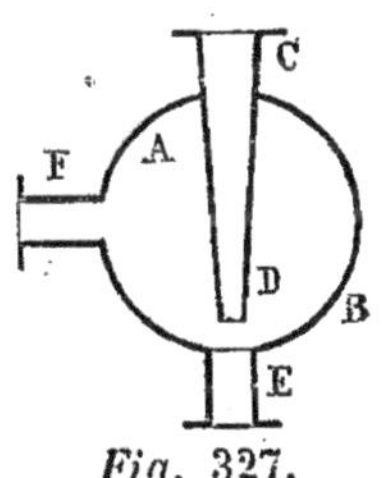

Fig. 327.

par suite celui de l'espace avec lequel AB communique par la tubulure F ; il y produit par conséquent un vide partiel. En employant de la vapeur à 3 atmosphères, et avec les rapports des diamètres indiqués par M. Pelletan, la pression dans l'espace AB et dans celui qui communique avec lui s'est abaissée à 0^m 50 de mercure, ou $\frac{50}{76}$ d'atmosphère. L'appareil de M. Pelletan est fort ingénieux, il avait séduit quelques manufacturiers par sa simplicité, mais on a vite reconnu qu'il occasionnait une plus grande dépense de vapeur et qu'il était difficile d'utiliser le mélange de vapeur et d'air après son action ; il a été complétement abandonné. Toutefois ce moyen de faire le vide peut être employé dans quelques circonstances, de préférence à celui de M. Roth, pour de petits appareils dans lesquels il ne vaudrait pas la peine de construire des pompes.

1414. *Appareil de M. Degrand.* — L'inconvénient des appareils précédents est de consommer pour la condensation une grande quantité d'eau, et cette eau emporte de la chaleur qui se trouve ainsi perdue. M. Degrand avait voulu remédier à ces deux inconvénients en opérant la condensation par un commencement d'évaporation du sirop qui doit entrer plus tard dans la chaudière. Dans son appareil, le vide est d'abord produit par la vapeur. Il se compose (*fig.* 328) de trois parties dis-

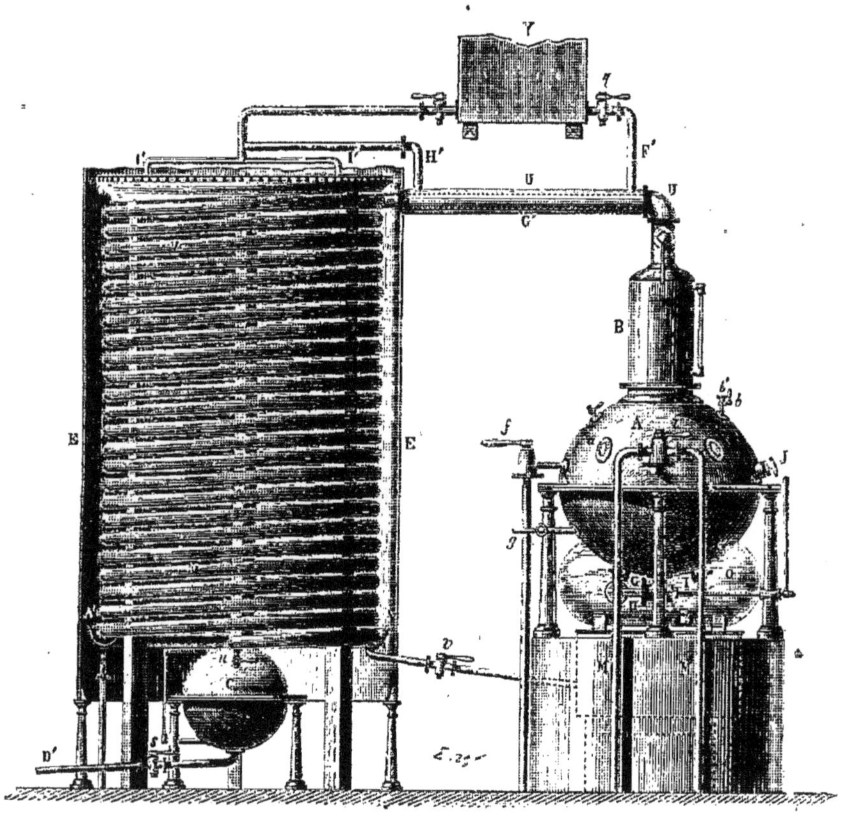

Fig. 328.

tinctes : d'une chaudière évaporatoire, disposée comme dans tous les appareils de cuite dans le vide ; d'un réservoir fermé, placé au-dessous de la chaudière et destiné à recevoir le sirop cuit ; et enfin de l'appareil de condensation des vapeurs par le sirop.

A est une chaudière en cuivre formée de deux calottes sphéroïdales, exactement close et assez solide pour résister à la pression atmosphérique. Elle est surmontée d'une capacité B, dans laquelle se rassemblent les vapeurs qui se dégagent du sirop contenu dans la chaudière. Le sirop est chauffé, comme dans les autres appareils du même genre, par de la vapeur qui circule dans le double fond de la chaudière et dans un serpentin, et dont les robinets f et g règlent l'admission ; G et I sont les tuyaux de retour d'eau. Le robinet H sert à vider la chaudière quand l'opération est terminée. Pour enlever l'air de l'appareil, on introduit la vapeur dans la chaudière en tournant le robinet f, qui sert en même temps à introduire la vapeur dans le serpentin, et on ouvre le robinet u. Lorsque l'air a été expulsé, on ferme les robinets f et u, et on ouvre le robinet q ; alors le liquide renfermé dans le réservoir supérieur Y commence à s'écouler sur le condenseur V, et le vide se produit. Cette opération terminée, on ouvre le robinet i, et la charge de sirop à cuire est aspirée dans la chaudière par les tuyaux M,M' ; on ouvre ensuite les tuyaux f et g, qui permettent l'accès de la vapeur dans le double fond et dans le serpentin ; l'ébullition se manifeste bientôt. Les vapeurs produites dans la chaudière s'élèvent dans la capacité B, et passent dans le tuyau U, qui les conduit au condenseur V. Ce dernier est formé d'un serpentin renfermé dans un cylindre en tôle EE, ouvert par le haut et par le bas ; la vapeur circule dans le serpentin, et elle est condensée par le sirop ou jus du réservoir Y qui tombe sur sa surface ; en ouvrant le robinet q, ce sirop se rend par le tuyau F' dans le manchon G' fermé, par les deux bouts, et enveloppant le tuyau U ; après s'y être échauffé il passe, par le tuyau H' et par les tuyaux I',I', dans un vase annulaire percé d'un grand nombre de petits orifices qui le distribuent sur le serpentin. La portion de sirop non évaporé est reçue dans le vase annulaire A'A' qui la ramène dans un réservoir inférieur par un tuyau garni du robinet v.

Lorsque ces appareils sont établis dans des raffineries, on remplace le jus simplement par de l'eau.

Le cylindre enveloppant donne à l'air une grande vitesse et accélère beaucoup l'évaporation. L'eau provenant de la condensation des vapeurs dans l'intérieur du serpentin se rend dans le vase C, d'où elle s'échappe par le tuyau de décharge D' muni du robinet s. On peut l'évacuer à volonté, sans laisser rentrer l'air dans l'appareil et sans suspendre le travail de la vaporisation dans la chaudière ; pour cela, on ferme le robinet u, on met la capacité C en communication avec la chaudière à vapeur, et on ouvre le robinet de décharge s ; lorsque l'eau est écoulée, on ferme le robinet *s* et on ouvre le robinet *u*. Au-dessous de la chaudière A est un cylindre O destiné à recevoir le sirop cuit, lorsqu'on ouvre le robinet H ; le vide y est fait préalablement par la vapeur. Dans les raffineries où l'on emploie de l'eau pour condenser la vapeur, celle qui sort du serpentin suffirait au besoin.

On voit, d'après ce qui précède, 1° que s'il n'y avait pas de pertes par les robinets et les ajutages, le vide une fois produit dans l'appareil se maintiendrait indéfiniment, et qu'à chaque opération il suffirait de faire le vide dans le cylindre O et dans le réservoir C, ce qui consommerait un volume de vapeur égal à trois ou quatre fois seulement le volume du sirop avant la cuite ; 2° que, dans les raffineries, on ne consommera pas d'eau pour la condensation ; 3° que, dans les fabriques de sucre indigène, on pourra employer la condensation de la vapeur à évaporer du sirop déféqué, ce qui doublera à peu près l'effet utile du combustible.

Mais ces résultats ne sont pas complétement atteints dans la pratique, et l'on a été conduit à entretenir le vide avec une pompe à air, comme nous allons le voir dans la disposition suivante adoptée par MM. Derosne et Cail, et employée plus spécialement dans les fabriques de sucre.

1415. *Appareil de M. Degrand, modifié par MM. Derosne et Cail.* — Cet appareil est une combinaison de ceux d'Howard et de Degrand ; le vide est produit et maintenu dans la chaudière par une pompe à air, et la vapeur est condensée par la transmission de la chaleur, à travers la paroi d'un serpentin, à un liquide qui s'évapore par un courant d'air. Les figures 329 et 330 représentent une coupe verticale et une projection horizontale de la partie de l'appareil qui se trouve à la suite de la chaudière. Celle-ci d'ailleurs est disposée comme toutes celles qui évaporent dans le vide ; seulement le dôme qui la surmonte renferme une soupape destinée à établir ou à intercepter la communication avec le reste de l'appareil, au moyen d'un levier et d'une tige passant à travers une boîte à étoupes. C, tuyau d'écoulement des vapeurs de la chaudière ; D, cylindre dans lequel les vapeurs sont projetées de haut en bas et où s'arrête le liquide entraîné ; la hauteur de ce liquide est indiqué par un niveau *n*, et il peut être extrait par un robinet *r*, placé à la partie inférieure, lorsque le vide n'existe pas dans l'appareil ; E,E, tubes destinés à conduire les vapeurs dans les deux serpentins F,F, formés chacun d'un tube replié sur lui-même dans un plan vertical et fixé dans un châssis en bois ; G,G, tuyaux placés à la suite des serpentins et qui établissent la communication avec la pompe aspirante ; H,H, réservoirs du liquide

froid, placés au-dessus des serpentins et dont le liquide s'écoule par un
grand nombre de petits orifices distribués sur toute leur longueur; les
plaques dans lesquelles sont percés les orifices sont terminées en bas
par une ligne dentelée afin de répandre uniformément le liquide; les
robinets d'alimentation des réservoirs H se manœuvrent au moyen d'une
manette à la portée des ouvriers et d'une tringle I I; K, K, réservoirs du
liquide écoulé sur les serpentins. Dans les fabriques de sucre indigène,
le volume du sirop qui s'écoule sur les serpentins est réduit à peu près
à moitié, il est conduit dans le réservoir L, d'où il est appelé dans la
chaudière par le tuyau M; il y est concentré de manière à indiquer
26 à 28° à l'aréomètre de Beaumé, densité que le sirop doit avoir pour

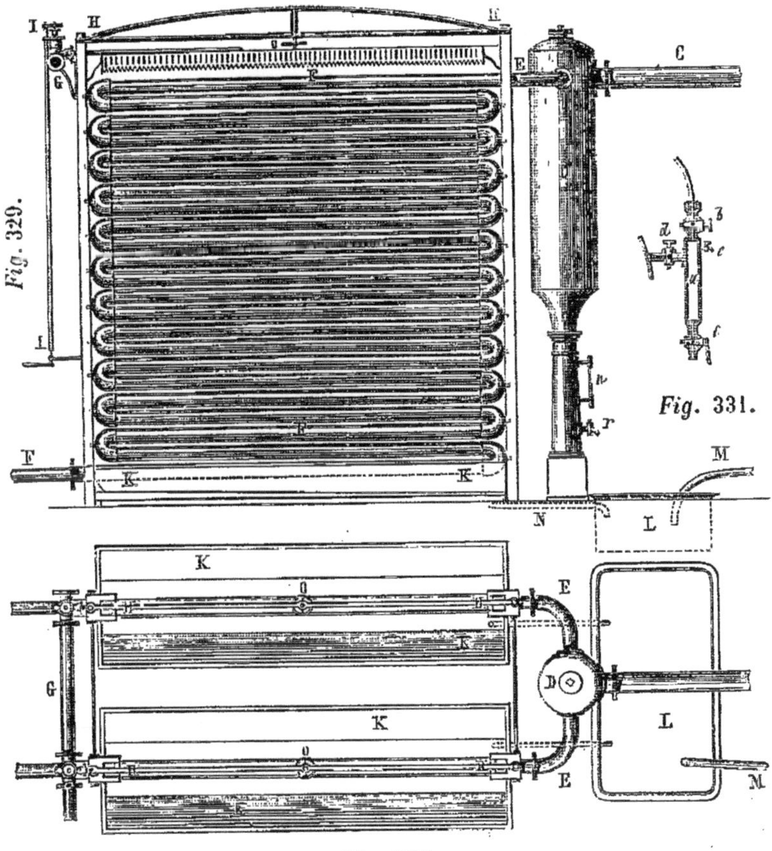

la seconde filtration; on peut également alimenter la chaudière avec
du sirop qui a été filtré une première ou une seconde fois.

La figure 331 est une coupe, à une plus grande échelle, d'un petit appareil destiné à prendre du sirop dans la chaudière, sans établir de communication avec l'extérieur. *a* est un cylindre qui communique avec la partie supérieure et la partie inférieure de la chaudière par des tubes garnis des robinets *b* et *d*, et avec l'extérieur par les robinets *c* et *e* ; en ouvrant les deux premiers, le cylindre *a* se remplit du liquide de la chaudière ; et en ouvrant les deux autres, on peut le recevoir dans une éprouvette pour en constater la densité.

1416. Le moyen si ingénieux de condensation inventé par M. Degrand, après avoir été fréquemment employé, surtout aux colonies, est aujourd'hui à peu près complétement abandonné, malgré l'économie presque de moitié obtenue sur la consommation de vapeur. Cela tient à ce que l'effet varie avec la température de l'air extérieur et avec l'épaisseur de la couche de dépôt qui se forme sur les tuyaux ; de plus, le sirop, par son contact avec l'air, subit une certaine altération. Aussi beaucoup de manufacturiers, ayant de l'eau à leur disposition, préfèrent-ils dépenser plus de vapeur pour le chauffage, et avoir des appareils à simple effet en condensant par injection comme dans l'appareil d'Howard. Le condenseur peut affecter beaucoup de formes ; la suivante a été adoptée par MM. Cail et compagnie. AB (*fig.* 332) est un cylindre de fonte séparé en deux parties par une cloison CD, qui porte un tube FF ouvert par les deux bouts ; les vapeurs de la chaudière arrivent par la tubulure G ; le liquide entraîné se rassemble autour du tuyau FF, un tube de niveau en indique la hauteur ; les vapeurs descendent par le tube FF, dans lequel se fait une injection d'eau froide ; une autre injection a lieu au-dessous de CD ; les vapeurs non condensées et l'air s'échappent par la tubulure H pour se rendre dans la pompe aspirante.

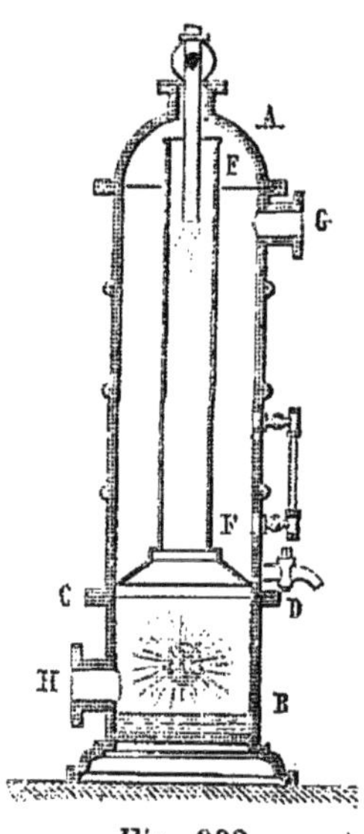

Fig. 332.

1417. J'ai dû me borner, dans l'examen des appareils à cuire les sirops de sucre, aux considérations qui se rapportent à l'emploi plus ou moins économique de la chaleur ; pour de plus amples détails, il convient d'avoir recours aux ouvrages spéciaux.

CHAPITRE VIII.

APPAREILS D'ÉVAPORATION DANS LESQUELS LA CHALEUR EST EMPLOYÉE PLUSIEURS FOIS.

1418. D'après ce que nous avons dit à l'occasion de la distillation, on conçoit facilement que la même chaleur puisse être plusieurs fois employée, et que les appareils de distillation à effets multiples, dont nous avons parlé (1298 et suiv.), soient applicables à la concentration des dissolutions. L'appareil de M. Degrand, que nous avons été conduits à décrire précédemment (1414), se trouve être un premier exemple du double emploi de la chaleur. Mais dans chaque cas particulier, il y a des conditions à remplir, qui sont quelquefois incompatibles avec un emploi réitéré de la vapeur, ou du moins qui limitent beaucoup le nombre des effets qu'on peut produire.

1419. D'abord, quand l'évaporation doit avoir lieu dans l'air à la température ordinaire ou à une température inférieure à celle de l'ébullition du liquide, l'évaporation se fait par le renouvellement de l'air; et, dans ce cas, il serait extrêmement difficile d'employer plusieurs fois la chaleur renfermée dans la vapeur, à cause de la difficulté qu'on rencontre dans la condensation de la vapeur mêlée avec l'air. Mais quand le liquide est évaporé dans une chaudière fermée, à une température supérieure à celle de son ébullition dans l'air, ou quand l'ébullition a lieu dans le vide, on peut utiliser plusieurs fois la chaleur dépensée pour la première opération, à la vérité avec des appareils compliqués qui exigent des soins dans leur construction et dans leur usage, mais qui produisent une économie de combustible considérable.

1420. La figure 333 représente une coupe verticale d'un appareil construit, il y a longtemps, par M. Derosne pour concentrer le jus de betterave, et dans lequel 1^k de houille évapore de 9 à 10^k d'eau. A, B et C sont trois chaudières placées à des hauteurs différentes et chauffées par le même foyer F; le liquide à évaporer est renfermé dans le réservoir D, d'où il s'écoule constamment dans le vase E, et successivement dans les trois chaudières A, B, C, dont il parcourt les fonds en faisant de longs circuits commandés par les nombreuses chicanes dont ces fonds sont garnis; le liquide, après avoir parcouru les trois chaudières, se réunit dans le vase M. Les chaudières sont garnies de couvercles à fermetures hydrauliques, et de tuyaux qui conduisent

les vapeurs dans le double fond d'une grande caisse métallique inclinée I I. Ces vapeurs, en parcourant le double fond, se condensent, et

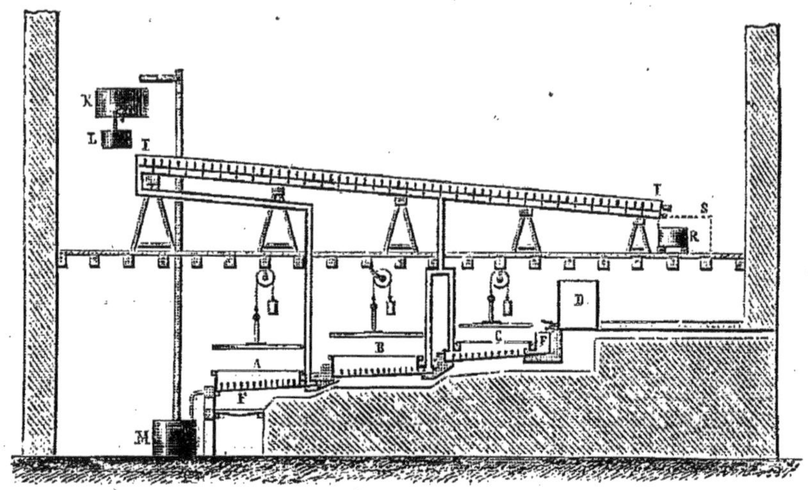

Fig. 333.

les eaux de condensation se réunissent dans le vase R. Le réservoir K
verse constamment dans le vase L, et celui-ci dans la partie supérieure
de la caisse I, le liquide à concentrer, qui, après avoir parcouru les
nombreuses sinuosités de la caisse, se rassemble dans le vase S. Ce
dernier alimente le vase D, et le vase M alimente le réservoir K. Cet
appareil est complétement abandonné.

1421. La figure 334 représente une disposition qu'on a appli-

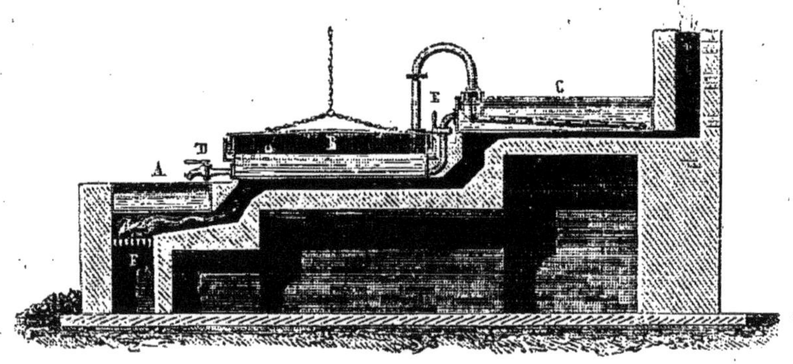

Fig. 334.

quée, il y a quelques années, pour la concentration des dissolutions de
carbonate de soude. L'appareil est composé de trois chaudières A, B, C,
placées les unes à la suite des autres et à des hauteurs différentes ; la

première est placée à nu au-dessus du foyer F ou sur une voûte en briques; la seconde est garnie d'un couvercle à fermeture hydraulique, et les vapeurs qu'elle produit vont se condenser dans un serpentin plongé dans la troisième chaudière. Chacune d'elles est alimentée par la suivante, au moyen des robinets D et E. Pour une consommation de 20^k de houille à l'heure, la somme des surfaces de chauffe des chaudières devrait être de 10^{mq}, la grille de 0^{mq}21, la section des carneaux de 0^{mq}07. Par cette disposition on augmente au moins d'un tiers l'effet utile. Dans certaines circonstances, on pourrait aussi utiliser la vapeur produite dans la première chaudière, du moins pendant une certaine partie de la durée de la concentration.

1422. Quand le liquide peut être évaporé dans des vases fermés, on pourrait se servir d'une disposition analogue à celle que nous avons indiquée en parlant de la distillation; elle est représentée dans la figure 335. Nous supposerons d'abord que l'évaporation a lieu dans

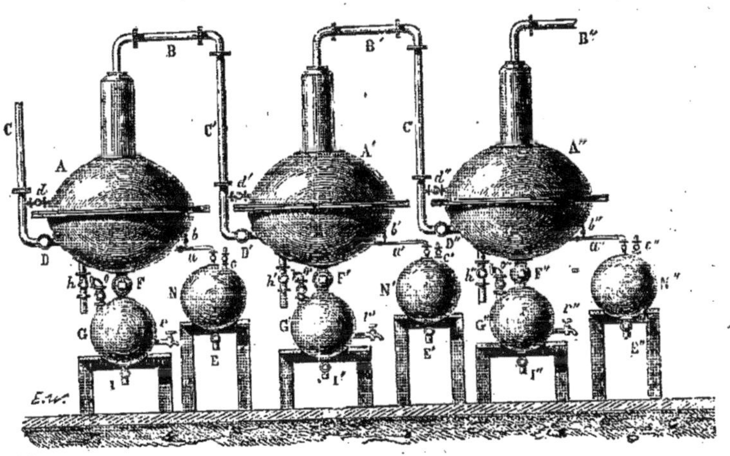

Fig. 335.

le vide. A, A', A'', sont trois chaudières à cuire dans le vide, renfermant un double fond, un serpentin et tous les accessoires qui se trouvent dans ces sortes d'appareils. La vapeur produite dans la première se dégage par les tubes B et C' et se répartit au moyen des robinets d' et D' dans le serpentin et le double fond de la seconde; la vapeur de la seconde passe de même dans le serpentin et le double fond de la troisième par les tubes B' et C'' et les robinets d'', D''; enfin celle de cette dernière sort par le tube B'' et vient se condenser dans un serpentin exposé à l'air libre comme dans l'appareil de Degrand. F, F', F'' sont les robinets pour vider les cuites; G, G', G'', les réservoirs qui les reçoivent et dans lesquels on fait le vide à chaque opération au moyen des robinets o, o', o''; I, I', I'' les robinets pour vider ces réservoirs; a, a', a'' et b, b', b'', sont les robinets de retour d'eau des doubles fonds et des serpentins; N, N', N'', les réservoirs d'eau de condensation; h, h', h'', les tubes d'alimentation des chaudières; $r, r' r''$, les robinets d'air.

Le vide étant fait dans l'appareil, les chaudières étant chargées de sirop, la vapeur du générateur arrive dans le double fond et dans le serpentin de la première chaudière, les robinets D, D', D'' et d, d', d'' étant ouverts, tous les autres étant fermés, et le sirop froid coule sur le serpentin exposé à l'air libre qui se trouve au delà de la chaudière A''. Il est évident que chaque chaudière produira la même quantité de vapeur, puisque la vaporisation de chacune d'elles provient de la chaleur dégagée par la condensation des vapeurs fournies par celle qui précède, en négligeant toutefois la chaleur que renferme l'eau de condensation et la perte de chaleur par le refroidissement des chaudières. Alors, en supposant que toutes les chaudières renferment la même étendue de surface de chauffe, la différence de température de l'ébullition dans les différentes chaudières sera constante; ainsi tout dépendra de la température de l'ébullition dans la dernière chaudière A'', et de la température de la vapeur du générateur; si cette dernière température était de 100°, et celle de l'ébullition dans la chaudière A'' de 70°, elle serait de 80° dans la chaudière A', et de 90° dans la chaudière A. Si l'on voulait qu'elle ne fût que de 80° dans cette dernière, la température de la vapeur du générateur ayant un excès de 20°, les températures dans les chaudières A', A'' seraient de 60° et 40°. Mais si les surfaces de chauffe dans les chaudières A' et A'' étaient deux fois plus grandes que celle de la chaudière A, les températures de A' et de A'' seraient de 70° et de 60°.

Mais cela suppose que les surfaces de chauffe sont seulement suffisantes dans chaque chaudière, et comme elles sont toujours beaucoup plus grandes, la surface utilisée est variable, et les températures du liquide dans les chaudières seront beaucoup plus rapprochées. La température de la première chaudière dépendra à la fois de la tension qui reste dans le serpentin exposé à l'air libre, du volume et de la température de la vapeur qu'on y introduit; et comme la température de cette vapeur peut être maintenue constante en faisant tourner plus ou moins les robinets d'introduction dans le double fond et dans le serpentin, ainsi que la quantité de sirop froid qu'on fait tomber sur le serpentin exposé à l'air libre, on pourra obtenir l'effet demandé, soit pour la durée de l'opération, soit pour la température de l'ébullition dans la première chaudière. Quant aux températures dans les autres, il est absolument impossible de les déterminer ; ces températures seront décroissantes, et les différences dépendront de l'étendue des surfaces de chauffe et de la température des eaux de condensation ; mais cela est sans importance : le point essentiel est de produire un effet donné dans un temps donné, la température du sirop dans la première chaudière étant fixée. Nous verrons plus loin que cette disposition peut s'étendre jusqu'à trois chaudières.

Il est bien entendu que l'appareil serait disposé de manière que l'on ne fût obligé de faire le vide qu'une ou deux fois par jour dans les chaudières, mais à chaque opération dans les réservoirs N et G seulement. La rentrée de l'air ayant principalement lieu par les robinets, ils devraient être construits avec beaucoup de soin.

1423. Il y aurait certainement de l'avantage à produire et à maintenir le vide par une pompe à air qui communiquerait avec les réservoirs d'eau de condensation et qui serait mise en mouvement par une machine à haute pression à détente sans condensation ; la vapeur étant ensuite employée au chauffage, la force motrice ne coûterait rien ; on aurait des appareils plus simples ; les rentrées d'air seraient immédiatement réparées ; mais chaque réservoir d'eau condensée devrait communiquer avec la pompe au moyen d'un robinet qui permît de maintenir la pression convenable dans la chaudière correspondante ; celle-ci, par conséquent, devrait être pourvue d'un manomètre.

1424. Si l'on voulait employer des surfaces de chauffe différentes et seulement suffisantes, les excès de températures devraient être en raison inverse des surfaces. Supposons trois vases de concentration et un quatrième pour condenser les vapeurs du dernier, et désignons par s, s', s'', s''', les surfaces de condensation ; par t, t', t'', t''', et T les températures des vapeurs et celle de l'eau renfermée dans le dernier vase de condensation ; par m le poids de vapeur condensée par mètre carré, par heure et par degré de différence de température ; les quantités de vapeur produites simultanément dans les trois premiers vases et condensées dans le suivant, seront $ms(t-t')$, $ms'(t'-t'')$, $ms''(t''-t''')$, et celle qui est condensée dans le dernier sera $ms'''(t'''-T)$; toutes ces quantités devant être égales, les excès de température devront être constants si les surfaces de chauffe sont les mêmes ; si elles sont différentes, les excès de température s'en déduiront facilement ; et, connaissant t, on en tirera les valeurs de t', t'', t''' ; quant à la quantité de vapeur produite dans chaque appareil, elle se calculera en partant de la valeur de m donnée précédemment (1380 et suiv.). Il est plus avantageux d'employer des surfaces de chauffe égales, parce qu'alors les appareils sont les mêmes, et un excès de surface, pour que l'effet ne diminue pas par l'introduction d'une petite quantité d'air.

La question dont il s'agit est d'une très-grande importance dans toutes les opérations où la quantité d'eau à évaporer est considérable, comme dans les raffineries et les fabriques de sucre.

1425. Un appareil analogue à celui de M. Degrand a été exécuté en Angleterre par John Reynolds, pour la concentration des eaux salées, mais il n'a pas réussi. Les surfaces de condensation étaient formées de tubes d'un petit diamètre, chauffés extérieurement. Ces tubes s'obstruaient par des cristaux de sel. Je pense que les appareils à effets multiples ne peuvent guère être employés pour la concentration des dissolutions salines qu'autant qu'on n'atteindra pas la saturation.

1426. Mais c'est surtout pour la concentration des jus de betterave que l'emploi de ces appareils serait important ; car le rendement des jus étant de 0,08 environ, il faut évaporer 92^k d'eau pour obtenir 8^k de sucre ; par conséquent chaque kilogramme de sucre exige environ 2^k de houille, quand l'évaporation a lieu directement.

1427. Le principe des distillations et des évaporations successives, en employant la même chaleur, paraît avoir été établi et appliqué pour la première fois en 1829 par M. Pecqueur. Plus tard, des appareils ont été construits sur les mêmes principes dans les divers pays manufacturiers, notamment en Amérique, par M. Rillieux, en 1845.

Nous n'avons à nous occuper que du mode de condensation des vapeurs, car les moyens employés pour le passage de la vapeur d'un vase de distillation au suivant, pour l'alimentation des vases et pour la production du vide, n'ont rien de particulier et peuvent varier d'un grand nombre de manières ; ils sont d'ailleurs bien connus.

1428. Dans les premières dispositions adoptées par M. Pecqueur en 1829, cet ingénieur employait des appareils analogues à celui qui est représenté figure 318, afin de laisser aux tubes la liberté de changer de forme et de longueur sans que les joints fussent altérés.

Dans son brevet de 1834, l'appareil est disposé comme l'indique la figure 336. L'ensemble des vases évaporatoires forme un cylindre vertical ouvert à la partie supérieure, divisé, par des plaques transversales en cuivre, un peu bombées en dessus, en quatre chambres intérieures A, B, C, D, formant autant de chaudières partielles ; celle du bas est chauffée par de la vapeur qui circule dans un double fond ; des tuyaux garnis de robinets établissent des communications d'une chaudière à la suivante, et permettent de les remplir par celle du bas au moyen de la pression de la vapeur, ou par celle du haut par le seul poids du liquide; des robinets de décharge, non indiqués dans la figure, excepté pour la première, permettent de les vider. Au-dessous du fond de chacune, se trouve une plaque de cuivre mince, ayant la forme d'une surface de révolution, fixée contre les bords du cylindre, s'abaissant progressivement au delà et se relevant au milieu de manière à s'approcher très-près du fond de la chaudière supérieure, point où elle est percée d'un orifice; de petits tubes en cuivre viennent aboutir très-près de la partie la plus basse de ces plaques, et se prolongent en dehors, où ils sont garnis de robinets qui communiquent avec l'espace où le vide se produit. Si l'on suppose les quatre chambres A, B, C, D pleines du liquide à concentrer, le vase

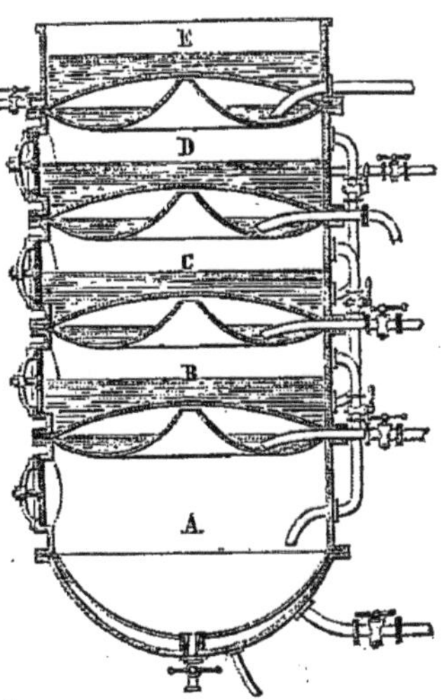

Fig. 336.

supérieur E plein d'eau, le vide établi, et qu'on fasse arriver de la vapeur dans le double fond du vase A, l'ébullition se manifestera bientôt. Les vapeurs viendront se condenser sur le fond du vase B; et l'eau provenant de cette condensation se réunira dans les parties basses du double fond; le liquide de B entrera en ébullition, et les mêmes phénomènes se produiront successivement dans C et D; et, après un certain temps, les liquides des vases A, B, C, D se trouveront en pleine ébullition, mais à des températures décroissantes. Cet appareil, bien disposé sous le rapport des principes, laisse beaucoup à désirer sous le rapport des détails. Son principal inconvénient est de ne pas présenter assez de surface de condensation.

1429. M. Pecqueur a proposé depuis, en 1849, un appareil d'une autre disposition, représenté en coupe verticale dans la figure 337. Pour ne pas trop augmenter les dimensions de la figure, j'ai supprimé le second condenseur, qui est identique au premier, et le dernier, qui ne diffère des précédents que par l'absence de la coupole, attendu que le liquide qu'il renferme, et qui est toujours de l'eau pure, est soumis à la pression de l'atmosphère. Voici la description de l'appareil prise dans le brevet.

« Le générateur se compose d'un cylindre A, monté sur une semelle en fonte *aa* ; d'une cloche D, dont le sommet est percé de trous où sont ajustés des bouilleurs d, d, d, d, lesquels sont fermés en bas et ouverts en haut ; du couvercle E, d'une cheminée ee', d'un cendrier F, d'un foyer G ; de deux cloisons $g, g'g'$ en terre réfractaire, pour obliger

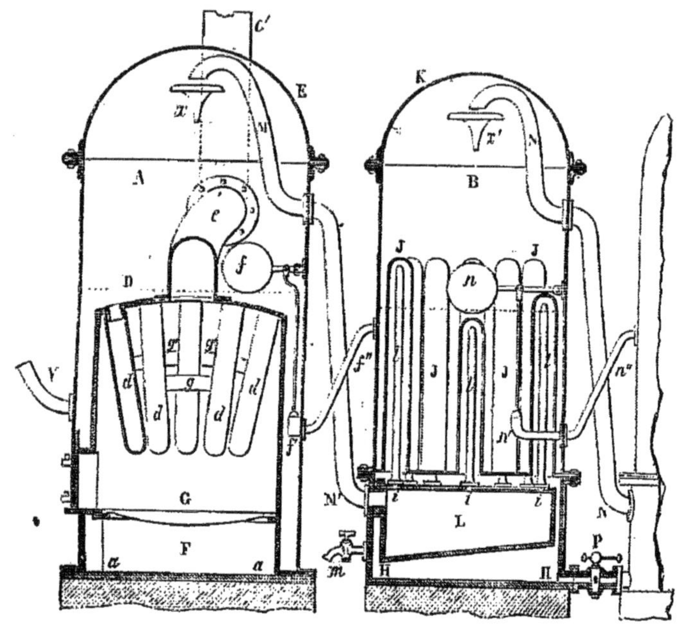

Fig. 337.

la flamme à lécher les surfaces de la cloche et des bouilleurs avant de se rendre à la cheminée ; d'un flotteur f, d'une soupape f', d'un tuyau f''. Le flotteur, la soupape et le tuyau servent à faire passer le trop plein du liquide du générateur au premier concentrateur-condenseur.

« Le premier concentrateur-condenseur se compose d'un cylindre B, d'une cuvette en fonte HH, d'un plateau ii percé de trous où sont ajustés hermétiquement les bouilleurs J, J,... ; d'un couvercle K ; d'une boîte L où vient se rendre, par le tuyau MM', la vapeur qui se forme dans le générateur ; à la partie supérieure de cette boîte sont ajustés autant de petits tubes $l, l,...$ qu'il y a de bouilleurs J ; ces tubes montent presque jusqu'au haut de ces bouilleurs, où ils sont ouverts ; d'un petit robinet m pour retirer le liquide qui, entraîné par la vapeur, viendrait se déposer dans la boîte L ; du flotteur n, de la soupape n' et du tuyau n'', qui servent à faire passer le liquide du premier concentrateur-condenseur dans le second.

« Le deuxième concentrateur-condenseur (non indiqué dans la figure) est semblable au premier. S'il y en avait un troisième, un quatrième, ils seraient également semblables au premier.

« Les couvercles du générateur et des concentrateurs-condenseurs se ferment avec des griffes en place de boulons, pour être promptement et facilement ouverts et refermés, afin que le nettoyage prenne le moins de temps possible. Pour empêcher que les flocons lancés par le liquide en ébullition dans le générateur et dans les concentrateurs-condenseurs ne se trouvent entraînés avec la vapeur dans les tuyaux M, N, etc., je place sous les ouvertures de ces tuyaux les espèces d'entonnoirs à bords renversés x, x'.....

« Le réfrigérant est semblable aux concentrateurs-condenseurs ; seulement on n'a pas besoin de couvercle, lorsqu'il s'agit de la concentration des sirops ou de la distillation des liquides spiritueux.

« On peut appliquer cet appareil à la concentration continue des sirops dans le vide. Le suc entre dans l'appareil par l'effet de son poids ou d'une pompe, au moyen du tuyau V ajusté sur le cylindre A, et en sort après avoir passé dans le générateur, dans le premier et dans le deuxième concentrateur-condenseur, et s'être concentré d'une certaine quantité dans chacun.

« Le degré de concentration qu'on veut donner au sirop se règle par la quantité plus ou moins grande de jus qu'on fait entrer dans l'appareil.

« Lorsque le jus remplit le générateur jusqu'à la ligne ponctuée, le surplus soulève le flotteur f, ouvre la soupape f' et passe dans le premier concentrateur-condenseur ; et, lorsqu'il remplit ce dernier à la hauteur du flotteur n, le surplus soulève le flotteur, ouvre la soupape n' et sort de l'appareil par le tuyau n''. Il résulte de cette disposition que les niveaux du liquide à concentrer se maintiennent toujours à la hauteur déterminée par la position des flotteurs.

« Le feu étant allumé, on fait bouillir le sirop renfermé dans le générateur. La vapeur qui s'en dégage passe par les tuyaux M, M et arrive dans la cuvette L, d'où elle est portée en haut des bouilleurs J, J,... par les petits tubes l, l,... et chauffe les bouilleurs, qui, à leur tour, chauffent le jus contenu dans le premier concentrateur. Cette vapeur se condense et tombe en eau dans la cuvette H. La vapeur formée dans le premier concentrateur-condenseur passe par les tuyaux N, N' dans la boîte L' (1) et chauffe les bouilleurs J', J',..., en commen-

---

(1) Comme nous l'avons déjà dit, le deuxième concentrateur condenseur est identique au premier ; les parties semblables sont indiquées par les mêmes lettres accentuées. Il en est de même pour le troisième concentrateur-condenseur.

çant par leur sommet, au moyen des petits tubes *l'*, *l'*…. Cette vapeur se condense et tombe en eau dans la cuvette H'.

« La vapeur qui se forme dans le deuxième concentrateur-condenseur passe par un tuyau dans la boîte L″ du réfrigérant, et chauffe les bouilleurs J″, J″,…, en commençant par leur sommet, au moyen des petits tubes *l″*, *l″*…. Cette vapeur se condense et tombe en eau dans la cuvette H″.

« Une pompe à air, en communication avec la cuvette H″, établit le vide dans cette cuvette, ainsi que dans le haut du deuxième concentrateur-condenseur. Comme la pression est plus grande dans la cuvette H que dans la cuvette H', et plus grande dans cette dernière que dans la cuvette H″, il ne faut qu'ouvrir un instant le robinet P pour faire passer dans la cuvette H' l'eau et l'air contenus dans la cuvette H, et qu'ouvrir un instant le robinet P' pour faire passer dans la cuvette H″ l'eau et l'air contenus dans la cuvette H'. L'eau froide arrive dans le réfrigérant par le bas, et en sort chaude par le haut. La sortie du sirop du deuxième concentrateur-condenseur, dans lequel le vide existe, ne peut s'opérer que par une pompe aspirante ou par deux récipients dans lesquels le vide pourrait être établi à volonté.

« Je préfère l'emploi des deux récipients, qui seraient tour à tour mis en rapport avec le deuxième concentrateur-condenseur. Au moyen d'un robinet à trois eaux, on mettra successivement chaque récipient en rapport avec le deuxième concentrateur, afin que l'un se remplisse tandis que l'autre se videra.

« Chaque récipient sera muni, à sa partie inférieure, d'un robinet, pour qu'on puisse le vider. Ils seront, par leur partie supérieure, en double communication, d'une part, avec la partie supérieure du générateur au moyen d'un tuyau et d'un robinet ; de l'autre, avec la cuvette H″, aussi au moyen d'un tuyau et d'un robinet. Ainsi, pour vider le sirop contenu dans l'un des récipients pendant que l'autre se remplit, il ne faudra que fermer le robinet qui correspond à la cuvette, ouvrir le robinet d'en bas et ouvrir celui qui correspond au générateur : aussitôt le sirop, pressé par la vapeur, coulera avec force, et l'on saura que le récipient est vidé quand la vapeur sortira. Chaque récipient sera muni de verres pour qu'on puisse voir dans son intérieur quand il sera assez rempli, afin que le sirop ne puisse jamais être aspiré dans la cuvette.

« Tel est l'appareil à concentrer les sirops pour produire un triple emploi de la même chaleur, ce qui économisera les deux tiers du combustible.

« Il ne faudrait qu'ajouter ou retrancher un concentrateur-condenseur pour en faire un appareil à quatre ou à deux emplois de la même chaleur, ce qui économiserait la moitié ou les trois quarts du combustible. »

La disposition générale de l'appareil est bien d'accord avec les phénomènes physiques qui se produisent; mais, au point de vue manufacturier, il présente les plus graves inconvénients. La première chaudière A, chauffée à feu nu, est d'un nettoyage à peu près impossible, et les autres, bien qu'à un degré moindre, présentent le même inconvénient.

1430. Il paraît que, dans un brevet américain accordé à M. Rillieux en 1845, se trouve la description d'un appareil d'évaporation, par la condensation de la vapeur, construit d'après les principes que nous venons d'exposer. Cet appareil ressemble à une chaudière de locomotive; seulement les deux boîtes qui se trouvent aux extrémités des faisceaux de tubes, sont occupées, la première par la vapeur qui doit être condensée, et l'autre par l'eau condensée; l'espace qui environne les tubes est rempli du liquide à concentrer; les vapeurs qui proviennent de l'ébullition passent d'abord dans le dôme de la chaudière d'où elles s'écoulent par un large tuyau pour traverser les tubes de la chaudière suivante. Les dispositions employées pour faire circuler les vapeurs, les liquides à concentrer et les eaux de condensation ne présentent rien de particulier. Cette disposition ne laisse pas que d'être compliquée, et elle conserve le principal inconvénient de l'appareil Pecqueur, consistant dans la difficulté d'enlever les dépôts, car le nettoyage est loin d'être facile.

1431. Dans un brevet pris en 1850, MM. Cail et Cie ont donné la description d'une nouvelle disposition de condensateur, semblable à celui dont nous venons de parler, mais dans lequel les tuyaux de condensation sont placés verticalement. Elle ne me paraît guère plus avantageuse que la première.

1432. La disposition adoptée par M. Robert, dans sa fabrique de sucre, à Seelowitz, près de Brunn (Autriche), nous paraît préférable. Elle consiste en une chaudière verticale, divisée en trois parties par deux cloisons horizontales, réunies par un grand nombre de tubes verticaux; le liquide à évaporer remplit une partie du compartiment supérieur, les tubes, et tout le compartiment inférieur, tandis que la vapeur circule dans l'intervalle des tubes. Sous le rapport des frais de construction résultant de la multitude des joints, cette disposition a les mêmes inconvénients que les précédentes; mais les surfaces intérieures des tuyaux, ainsi que la chaudière, se nettoient évidemment avec une grande facilité, et il ne peut rien se déposer à la surface extérieure des tuyaux, puisqu'ils ne sont touchés que par la vapeur.

1433. Quant à la marche des opérations, les brevets de M. Pecqueur ne renferment que des idées parfaitement justes ; mais il n'en est pas de même de ceux qui ont été pris depuis. Ainsi M. Rillieux avait admis que les surfaces de condensation de la vapeur devaient augmenter rapidement à mesure qu'on s'éloignait de la première chaudière. Son appareil était composé de trois chaudières, et les vapeurs produites dans la première se condensaient à la fois dans les deux autres, effet qui ne pouvait évidemment avoir lieu qu'autant que les liquides de ces deux chaudières pouvaient entrer en ébullition à la même température ; et cependant M. Rillieux y plaçait des liquides de densité différente. D'après cela l'appareil n'était réellement qu'à double effet, et seulement à triple effet en alimentant la première chaudière avec la vapeur sortant d'une machine à haute pression sans condensation, et en comptant l'effet de la vapeur produit par la machine.

Ces observations s'appliquent exactement à l'appareil de MM. Cail et Cie. D'après ces constructeurs, si une première chaudière d'évaporation, chauffée à feu nu ou par la vapeur à haute pression, bout à 100° et chauffe par sa vapeur une seconde chaudière, et celle-ci une troisième, et si le vide est maintenu dans la seconde chaudière à 0^m 60 de mercure (ce qui correspond à 65° pour la température de son ébullition), et dans la troisième à 0^m 70 de mercure (ce qui correspond à 45° pour la température de l'ébullition), la surface de chauffe de la première étant représentée par 1, celle de la seconde sera 5, et celle de la troisième 20. D'abord l'effet de la première, si elle est chauffée à feu nu, ne peut pas être comparé à ceux des deux autres, parce qu'il dépend de l'intensité du foyer et qu'il peut varier dans de fortes proportions, depuis 20^k jusqu'à 50^k de vapeur par mètre carré et par heure ; il ne pourrait leur être comparé qu'autant que le chauffage aurait lieu par de la vapeur dont on connaîtrait la température. Quant aux deux autres, les excès de température sont $100 - 65 = 35°$ et $65 - 45 = 20°$; ainsi, dans ces circonstances, les surfaces de chauffe devant être en raison inverse des excès de températures, la troisième surface devrait être à la seconde dans le rapport de 35 à 20 ou de 1,75 à 1, et non pas dans celui de 20 à 5 ou de 4 à 1. L'appareil dont il est question n'est réellement qu'à double effet ; car les vapeurs de la première se rendent simultanément dans la seconde et dans la troisième. Enfin les deux dernières chaudières communiquant avec la pompe à air par le même tuyau, il s'y produit nécessairement la même détente, et les liquides ne peuvent y entrer en ébullition qu'à la même température, et à la condition d'avoir le même degré de concentration; cependant, d'après la description, la seconde chaudière pourrait concentrer-le sirop jusqu'à 25° Baumé, et la troisième pourrait l'amener de 25° au point de cuite. Il résulte évidemment de ce que je viens de dire que M. Rillieux, l'inventeur de l'appareil, ne s'est pas complétement rendu compte des phénomènes physiques qui s'y produisent.

1434. En résumé, c'est M. Pecqueur qui le premier a établi les vrais principes de la distillation et de l'évaporation à effets multiples et qui en a fait le premier l'application; l'appareil qui me paraît fonctionner dans les meilleures conditions est celui qu'a établi M. Robert à l'usine de Seelowitz.

1435. Mais sans sortir des dispositions qui sont du domaine public, il est facile de trouver une combinaison plus avantageuse que celles de M. Pecqueur et de M. Robert. Chaque appareil serait formé d'un cylindre vertical terminé par des calottes sphériques et renfermant un ou plusieurs serpentins contournés en hélice, parcourus par la vapeur. C'est certainement la disposition la plus simple qu'on puisse employer; pour chaque serpentin il n'y aurait que deux joints, et les variations de température se borneraient à faire un peu changer la courbure des tuyaux. Le nettoyage des vases se ferait facilement par un trou d'homme placé sur le dôme du cylindre, et le nettoyage intérieur des tubes deviendrait inutile, parce qu'ils ne seraient parcourus que par la vapeur. Chaque réservoir d'eau de condensation communiquerait avec la pompe à air par un tube garni d'un robinet, et renfermerait en outre un manomètre indicateur de la pression intérieure.

J'ai insisté longuement sur ces appareils, parce qu'ils sont d'une grande importance dans la fabrication du sucre indigène, et qu'ils peuvent l'être dans d'autres industries.

Pour être juste, je dois ranger au nombre des appareils à double effet qui ont réussi les premiers, celui de M. Degrand (1414), lorsque la condensation de la vapeur, sortant de l'appareil à vide, a lieu avec le sirop. L'expérience prouve que le double effet s'y trouve à peu près rempli.

Les cônes de Lambeck ont servi également à produire un double effet de la vapeur en faisant arriver celle qui résulte d'une évaporation à une plus haute pression dans un second appareil.

1436. *Évaporation des liquides, en employant, comme moyen de chauffage, la vapeur qui se dégage, après l'avoir comprimée.* —

Dans ce qui précède, nous avons indiqué l'emploi de la chaleur de la vapeur pour produire des évaporations successives sous des pressions décroissantes. M. Pelletan a proposé, dès avant 1840, un autre mode d'évaporation qui consiste à aspirer, au moyen d'une pompe, la vapeur qui se produit dans une chaudière fermée, et à la comprimer dans un double fond de manière à élever sa température de plusieurs degrés ; cette vapeur se condense en en produisant de nouvelle dans la chaudière. Si l'eau de condensation en s'échappant échangeait sa température avec le liquide d'alimentation de la chaudière, et s'il n'y avait point de perte de chaleur par les parois, il est évident qu'avec la même quantité de chaleur on pourrait évaporer un poids indéfini d'eau au moyen d'une certaine puissance mécanique. Mais comme l'utilisation de l'eau de condensation présenterait trop de difficultés, on doit compter qu'elle serait abandonnée à 100°. Alors la dépense de chaleur pour évaporer 1ᵏ d'eau serait seulement de 100 unités, au lieu de 650, et avec 1ᵏ de vapeur partant d'un générateur, on pourrait évaporer 6ᵏ 5 d'eau. D'après M. Pelletan, on n'aurait dépensé que 1 kilogramme de charbon pour évaporer 30, et même jusqu'à 100 kilogrammes d'eau. Mais cela ne serait évidemment possible qu'autant que l'on ne tiendrait pas compte du travail dépensé pour faire mouvoir les pompes, et que l'eau de condensation, du moins pour le dernier chiffre, ne serait pas abandonnée à 100°. M. Pelletan a aussi proposé de produire la dilatation dans la chaudière et la compression de la vapeur dans le double fond, par un jet de vapeur ; il paraîtrait que le premier système n'a jamais été essayé. Voici la disposition ingénieuse de l'appareil employé dans le second système.

M (*fig*. 338) est une chaudière à fermeture hydraulique dont le couvercle I I, est équilibré par un contre-poids. Cette chaudière, destinée à la concentration des jus de betterave, est chauffée par un double serpentin G, G, placé au fond. A, A, sont les tuyaux d'aspiration des vapeurs formées dans l'appareil ; ils sont munis des robinets *a*, *a* ; les jets de vapeur se produisent

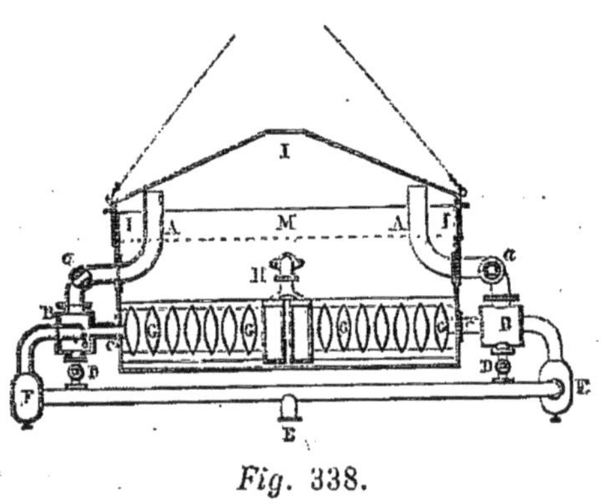

Fig. 338.

par les tubes *b*, *b*, dans les boîtes B, B, pour appeler les vapeurs par les tuyaux A, A et les refouler dans le serpentin par les tubes *c*, *c* ;

D, D, prises de vapeur supplémentaires pour la mise en train; F, F, réservoirs destinés à retenir l'eau entraînée mécaniquement par la vapeur qui arrive du générateur par un tuyau E; H, tuyau de retour de l'eau condensée. On voit, d'après cette disposition, que lorsque, par une opération préliminaire, on a purgé d'air la chaudière et qu'on ouvre tous les robinets, le jet de vapeur, en s'échappant par la buse b, appelle la vapeur qui se forme dans la partie supérieure de la chaudière, la comprime en la lançant dans le serpentin, et que le chauffage a lieu et par cette vapeur et par celle que fournit le générateur. La chaudière sur laquelle on a fait l'expérience que nous allons rapporter avait 1^m de largeur sur $2^m 50$ de longueur.

On a commencé par expulser l'air de la chaudière et par chauffer l'eau à 100°, en y introduisant directement la vapeur; ensuite on a fait passer la vapeur dans le serpentin, et on a ouvert les robinets a, a; la pression dans le vase F a été maintenue à 5 atmosphères, et à $0^m 873$ en hauteur de mercure dans le serpentin. La quantité d'eau évaporée dans la chaudière a été de $91^k 9$. Dans une première expérience, on avait condensé 40^k d'eau dans le serpentin. En admettant que la quantité de vapeur fournie par le générateur était la même dans les deux expériences, il s'ensuivrait que 40^k de vapeur auraient évaporé $91^k 9$ d'eau, ce qui donne $\frac{91,9}{40} = 2^k 3$ d'eau par kilogramme de vapeur. La seule manière de reconnaître l'effet que ce mode d'opération pourrait produire serait de condenser complétement la vapeur à la sortie du serpentin; le poids de l'eau qu'on obtiendrait ainsi, ajouté à celui de l'eau écoulée du serpentin, représenterait le poids de la vapeur fournie par le générateur et celui de la vapeur d'eau fournie par le liquide à évaporer; et comme ce dernier poids peut facilement se déduire de l'abaissement du niveau, on trouverait facilement le rapport de la quantité de vapeur employée à celle qui est produite; jusqu'à ce que l'expérience ait été faite ainsi, on ne peut avoir que des probabilités sur l'efficacité de ce nouveau moyen d'évaporation. Il paraît que ces essais n'ont pas été faits, ou du moins que les résultats n'ont pas répondu aux espérances de l'auteur, car il n'a pas persisté dans ses recherches.

1437. Il est encore possible d'utiliser la chaleur qui provient de la condensation des vapeurs pour produire une seconde évaporation, lorsque la température de l'ébullition du second liquide est moins élevée que celle du premier. Il est même des cas dans lesquels cette opération s'exécute avec une extrême facilité. Par exemple, dans les fabriques d'acide acétique, l'acide brut obtenu par la distillation du bois doit être distillé de nouveau pour être séparé d'une partie du goudron

qu'il contient; après quoi on le combine avec de la chaux, et la dissolution d'acétate de chaux doit être concentrée jusqu'à un certain
point. Or, cette concentration peut être produite par la chaleur qui
se dégage de la condensation des vapeurs dans la distillation de l'acide
brut; et pour cela, au lieu de conduire les vapeurs dans un serpentin, on les fait arriver dans un lait de chaux; l'acide se combine avec
la chaux, et la chaleur qui résulte de la condensation des vapeurs et de
la combinaison concentre la dissolution d'acétate de chaux. Ce procédé
a été mis en pratique vers 1835 par MM. Thomas et Laurens, et a
très-bien réussi.

LIVRE X.

SÉCHAGE.

1438. Le séchage a pour objet, comme nous l'avons déjà dit, de dessécher une matière solide, c'est-à-dire d'enlever l'eau qu'elle contient, du moins celle qui peut être extraite sans altérer la matière. Dans certaines circonstances, cette opération peut avoir lieu partiellement par une action mécanique produisant une certaine compression et par suite l'écoulement d'une partie de l'eau que la matière renferme; mais la dessiccation complète ne peut avoir lieu ainsi, et on l'obtient, soit par l'air à la température ordinaire ou à une température plus ou moins élevée, soit par l'action seule de la chaleur. Quand la dessiccation a lieu à une température très-élevée, elle porte le nom de *torréfaction* ou de *calcination*.

1439. Les matières à dessécher peuvent être en masses plus ou moins volumineuses, ou en menus fragments, et les procédés de séchage sont fort différents suivant les cas. Par exemple, si les matières à sécher sont des fils ou des tissus, on pourra, en les suspendant à des perches ou à des cordes, les espacer de manière que l'air puisse facilement circuler et les dessécher rapidement, soit dans un lieu découvert, à l'air libre, soit dans un espace fermé, par un courant d'air froid ou chaud ; mais, si la matière à dessécher était en poudre, il faudrait renouveler souvent les surfaces, ou donner aux appareils une disposition qui permît à l'air de circuler à travers la matière pulvérulente.

1440. Nous examinerons d'abord le séchage des tissus ; les principes que nous allons établir seront applicables à la dessiccation des fils, du papier, de la colle, etc. ; seulement, pour ces matières, les appareils devraient recevoir des modifications faciles à déterminer dans chaque cas particulier.

CHAPITRE PREMIER.

EXTRACTION DE L'EAU PAR UNE ACTION MÉCANIQUE.

1441. Lorsque les fils et les tissus de différentes natures ont été blanchis et égouttés, on enlève une grande partie de l'eau qu'ils renferment par une action mécanique. Les moyens employés sont le tordage à la main, différentes presses et un appareil appelé *essoreuse*, dont le jeu est fondé sur la force centrifuge. Le tordage à la main est long, pénible et altère les fils et les tissus ; l'action des presses est plus efficace, mais les machines à force centrifuge sont préférables encore, et sont maintenant préférées.

1442. Considérons un vase cylindrique, percé d'un grand nombre de petits orifices ou formé d'une toile,métallique à mailles serrées, renfermant un tissu humide ; soumettons-le à un mouvement de rotation très-rapide autour de son axe ; les particules d'eau qui mouillent le corps, sollicitées par la force centrifuge, sortiront par les ouvertures du cylindre. Cet appareil, fondé sur le même principe que le panier à salade, est maintenant employé, non-seulement pour le séchage des fils et des tissus, mais encore dans les raffineries de sucre pour séparer les cristaux de sucre du sirop interposé.

1443. Les essoreuses varient de formes et de dimensions, suivant l'usage auquel on les destine et suivant qu'elles doivent être mises en mouvement par des hommes ou par une machine ; mais elles sont toujours composées de la caisse rotative à jour, d'un système d'engrenage destiné à augmenter la vitesse, et d'une enveloppe en tôle ou en fonte pour recevoir le liquide projeté par l'action de la force centrifuge.

1444. Les essoreuses ne peuvent pas expulser la totalité de l'eau renfermée dans les tissus, qu'on en retire toujours un peu humides, quelque grande qu'ait été la vitesse de rotation ; le séchage s'achève à l'air libre, ou par l'action de la chaleur dans des séchoirs fermés.

1445. Les essoreuses sont très-employées dans les buanderies, pour extraire la plus grande partie de l'eau renfermée dans le linge lavé. Elles sont très-répandues en Angleterre, et commencent à être adoptées en France.

1446. Dans des expériences faites par M. Schlumberger, deux hommes, en une heure de travail, ont enlevé 151^k d'eau en poussant la dessiccation aussi loin que le permettait l'essoreuse. En supposant la journée de 10 heures, le prix de la journée de 2^{r}50, le prix de revient de l'extraction de 1^k d'eau serait de 0^{r}0033. En admettant que 1^k de houille puisse évaporer 8^k d'eau, et en supposant le prix de la houille à 5^r les 100^k, le prix de l'évaporation de 1^k d'eau par la chaleur serait de 0,05 : 8 = 0,0062. Ainsi l'action mécanique coûte moins que la chaleur. La différence serait encore plus grande, si l'on avait égard aux frais accessoires qui sont plus considérables dans l'emploi de la chaleur. Cette différence augmenterait encore de beaucoup, si la puissance était produite par la vapeur, car le travail équivalent à celui de deux hommes est un tiers de cheval-vapeur, qui correspond au plus en 10 heures à $\frac{40}{3} = 13^k\,3$ de houille, c'est-à-dire à 0^{r}66 au lieu de 5^r.

1447. Les quantités d'eau qui restent dans les étoffes après les différentes actions mécaniques dépendent de leur nature et de la puissance de l'action exercée. Il résulte, d'un tableau qui se trouve dans un mémoire de M. Rouget de Lisle (*Bulletin de la Société d'encouragement*, t. L, p. 294), qu'un poids représenté par 1

de flanelle,	de calicot,	de soie,	de toile de lin,

retient après le tordage un poids d'eau égal à

2	1	0,95	0,75 ;

qu'après l'action d'une presse puissante, ces quantités sont réduites à

1	0,60	0,50	0,40 ;

et qu'après l'essorage elles sont seulement de

0,60	0,35	0,30	0,25.

Pour obtenir ces derniers résultats, la caisse en mouvement ayant 0^{m}80 de diamètre, doit tourner avec une vitesse de 5 à 600 tours par minute.

1448. L'essoreuse généralement employée (*fig.* 339), dans les établissements de bains et lavoirs publics, consiste en un récipient g en fil de fer galvanisé, de forme circulaire, de 0^{m}60 de diamètre sur 0^{m}15 de hauteur, dont le bord supérieur est un peu rentré en dedans. Ce récipient est solidement fixé sur un axe vertical f, reposant sur une crapaudine p qui est reliée à une enveloppe en fonte hh. L'extrémité supérieure de l'arbre porte un pignon conique l commandé par une roue k d'un diamètre beaucoup plus grand, montée sur un petit arbre horizontal qui se termine par un pignon droit, commandé par une grande roue. Celle-ci est callée sur un arbre qui peut recevoir le mouvement soit par une manivelle soit par des poulies. La femme qui veut employer la machine place son linge dans le récipient et tourne la manivelle ; l'eau est projetée contre l'enveloppe en fonte, d'où elle s'écoule par un conduit. Ce travail est rapide et peu pénible. L'essorage peut être employé pour le linge le plus fin et les dentelles sans aucun inconvénient. Il peut amener le linge fin, avec une vitesse de rotation suffisante, au point de dessiccation convenable pour le repassage.

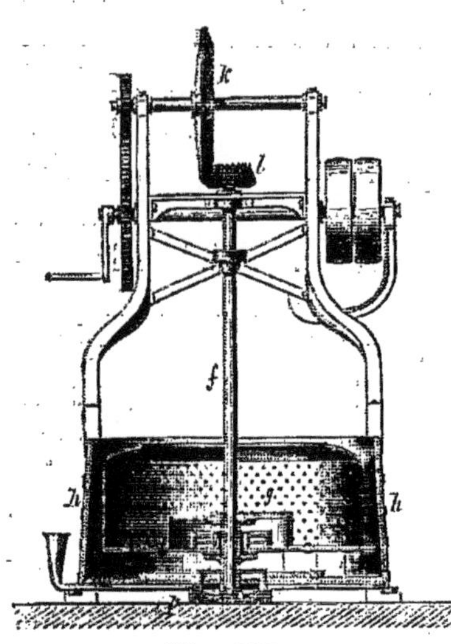

Fig. 339.

CHAPITRE II.

SÉCHAGE A L'AIR LIBRE.

1449. Le séchage à l'air libre consiste uniquement à suspendre les tissus sur des cordes ou des perches, à l'extérieur ou dans des pièces dont l'air se renouvelle facilement ; il est de tous les modes de séchage le plus généralement employé, parce qu'il est à la fois le plus simple et le plus économique.

1450. Dans les grandes blanchisseries, on emploie à cet usage des bâtiments très-élevés, construits en bois et à claire-voie. Cette disposition est avantageuse, parce qu'elle diminue beaucoup la main-d'œuvre qui serait nécessaire, si tous les jours il fallait porter les tissus à l'étendage, et les enlever rapidement lorsqu'il doit pleuvoir.

1451. Ce mode de séchage a cependant un grand inconvénient : il est très-irrégulier, car il dépend de la température de l'air, de son état hygrométrique et du vent. Dans certaines circonstances, il est extrêmement rapide ; dans d'autres, il est très-lent et quelquefois com-

plétement nul. Ainsi on ne peut pas faire des travaux réguliers et continus, ou bien il faut des séchoirs d'une dimension extrêmement considérable pour y accumuler les tissus, quand le temps n'est pas favorable.

Les seules conditions à remplir dans le séchage à l'air libre consistent : 1° à placer le séchoir dans un lieu découvert où l'air circule facilement; 2° à lui donner une grande élévation, parce que l'air est d'autant plus sec et plus agité qu'il est plus éloigné de la surface de la terre;
3° à donner un libre accès à l'air par toutes les faces du bâtiment. Lorsqu'il est dangereux de laisser pénétrer dans les séchoirs l'air saturé
d'humidité, par exemple, dans les séchoirs à colle, on place sur les
faces du bâtiment de grandes jalousies que l'on ouvre et que l'on ferme
à volonté. Ordinairement on couvre les séchoirs d'un toit qui déborde
beaucoup les faces latérales, afin d'abriter les matières qu'il renferme
des pluies obliques. Nous ne pouvons pas entrer dans de plus longs
détails sur un sujet que nous ne devons considérer que d'une manière générale.

CHAPITRE III.

SÉCHAGE PAR UN COURANT D'AIR PRODUIT ARTIFICIELLEMENT.

1452. Dans la dessiccation à l'air libre trois circonstances exercent
une grande influence sur la rapidité de l'évaporation : la température
de l'air, son état hygrométrique, et la vitesse du vent. Cette vitesse
pourrait être produite artificiellement par une action mécanique, et
comme le travail nécessaire pour faire mouvoir un grand volume d'air
avec une petite vitesse est très-faible, il est important d'examiner quel
serait, sous le rapport économique, le résultat de ce mode de séchage.

1453. Supposons une galerie remplie de matières à sécher, ouverte
par un bout, communiquant par l'autre avec l'orifice central d'un ventilateur à force centrifuge. Supposons, pour fixer les idées, que l'orifice du
ventilateur ait 1^m de diamètre, et que la vitesse d'accès soit de 2^m ; le
volume d'air appelé par seconde sera de $2 \times 0^m785 = 1^{mc}570$, et son
poids de $2 \times 1^k02 = 2^k04$. Le travail, abstraction faite du frottement,
sera de $0^{km}4$, tandis que le travail d'un homme appliqué à une manivelle est de 10^{km} ; ainsi un homme pourrait facilement conduire deux
ventilateurs, même en exagérant les résistances de toute espèce, en
donnant à la galerie pour section 2^m sur 8^m, et 15 à 20^m de longueur,
les étoffes étant espacées comme elles le sont dans les séchoirs ordinaires

Le volume d'air appelé par heure sera $1^{mc}, 570 . 3600 = 56520^{mc}$; si l'air était à 15° et à moitié saturé, la tension de la vapeur serait de $0^m 006$; son poids par mètre cube, de $0^k 0064$; le poids total, de 362^k. En supposant 2 hommes à 3 francs pour un travail de 10 heures, le prix de l'évaporation de 362^k serait de $0^f 60$; et celui de 1^k d'eau reviendrait à $0^f 0016$. La dépense serait encore beaucoup plus faible, si l'on diminuait la vitesse d'accès en augmentant les diamètres d'entrée des ventilateurs ou leur nombre, et si le travail était produit par la vapeur.

1454. Le tirage par une cheminée d'appel coûterait beaucoup plus; en effet, l'excès de température de l'air dans la cheminée devrait être au moins de 20°; or, pour élever de 20° la température de 1^{mc} d'air, il faut $1,3 . 20 . 0,24 = 6^c 24$; par conséquent 1^k de houille sera nécessaire pour $8000 : 6,24 = 1282^{mc}$ d'air; et par suite, pour le volume d'air précédemment calculé, il faudrait $56520 : 1282 = 45^k$ de houille, ce qui, à 50 fr. la tonne, porterait la dépense d'appel par heure à $2^f 25$.

1455. Mais l'effet produit dépendant de la température de l'air et de son état hygrométrique, il augmentera évidemment à mesure que la température sera plus élevée et que le degré de saturation sera moindre; il serait évidemment nul si l'air était saturé. En outre, l'évaporation produit un refroidissement de la matière et de l'air, qui diminue nécessairement la quantité de vapeur dont l'air peut se charger. En supposant que toute la chaleur soit fournie par l'air, $0^k 0064$ de vapeur, dans les circonstances que nous avons supposées, exigent à peu près $0,0064 . 640 = 4^c 096$, ce qui abaisserait la température de l'air de $13° 1$. A la vérité, une grande partie de cette chaleur sera restituée par l'enveloppe de la galerie, par l'air et par le rayonnement des corps environnants; mais il y aura toujours un certain abaissement de température qui dépendra de la nature de l'enveloppe de la galerie, de son épaisseur, de ses dimensions et d'une foule de circonstances dont il est impossible d'apprécier d'avance l'influence.

1456. Il est évident que si l'on voulait construire un appareil de séchage par l'air extérieur non échauffé et mis en mouvement par un travail mécanique, il faudrait réduire autant que possible la vitesse d'appel, en multipliant le nombre des ventilateurs, employer un moteur à vapeur et disposer l'enveloppe du séchoir de manière qu'elle se mît promptement en équilibre de température avec les corps environnants; cette enveloppe devrait par conséquent n'avoir qu'une faible épaisseur, et devrait être formée de corps bons conducteurs. C'est le contraire des conditions à remplir pour les enveloppes des séchoirs à air chaud.

1457. Ce mode de séchage pourrait devenir très-avantageux si l'on pouvait dessécher à peu de frais l'air à son entrée dans le séchoir ; il donnerait un effet utile à peu près proportionnel à la température extérieure. Avec cette modification, il pourrait s'appliquer avantageusement à la dessiccation des corps qui ne peuvent subir cette opération qu'à une température peu élevée, comme la colle. La dessiccation de l'air pourrait avoir lieu par la chaux vive ou par le chlorure de calcium ; avec le premier corps, elle coûterait fort peu de chose si l'on avait l'emploi de la chaux hydratée, ce qui a lieu dans quelques circonstances ; avec le chlorure de calcium, le prix de la dessiccation de l'air résulterait de celui de la dessiccation et de la calcination du chlorure, opérations qui pourraient quelquefois s'effectuer par la chaleur perdue des générateurs. La dessiccation de l'air s'effectuerait facilement dans des caisses en bois, communiquant par la partie supérieure avec le séchoir, latéralement et par la partie inférieure avec l'air extérieur, et garnies d'un grand nombre de cloisons horizontales à claire-voie sur lesquelles la chaux ou le chlorure de calcium seraient déposés, et de portes latérales pour renouveler la matière siccative ; pour l'emploi de la chaux vive, les cloisons pourraient être en bois ; pour le chlorure de calcium, elles devraient être en toile métallique, et le fond de la caisse devrait renfermer un vase destiné à recevoir le chlorure de calcium liquéfié. Dans tous les cas, il faudrait donner aux caisses une grande section, et espacer assez les matières siccatives pour que l'air ne prît dans les caisses qu'une très-petite vitesse ; l'appareil devrait être disposé de manière que l'air ne sortît jamais du séchoir que saturé, et pour cela il devrait avoir une petite hauteur et être divisé en deux parties égales A et B, par une cloison longitudinale qui ne se prolongerait pas jusqu'à son extrémité. Chacune des deux parties pourrait communiquer par ses deux extrémités avec les caisses de dessiccation et avec l'appel. Au commencement du travail, on ferait marcher l'air dans le sens AB ; quand les matières de A seraient sèches, on fermerait la communication des deux chambres, on ferait seulement passer l'air à travers la seconde chambre B, pendant qu'on renouvellerait les matières de A, après quoi on ferait marcher l'air dans la direction BA ; quand les matières de B seraient sèches, on ferait passer l'air seulement à travers la chambre A, pendant qu'on renouvellerait celles de B, et ensuite on ferait circuler l'air de nouveau dans les deux chambres et dans la direction AB. Ces mouvements s'effectueraient très-facilement par des registres convenablement placés.

CHAPITRE IV.

SÉCHAGE PAR LA CHALEUR.

Séchage par l'air chaud.

1458. Le séchage à l'air chaud est très-favorable à la régularité du travail; il est nécessaire lorsque la dessiccation doit s'effectuer rapidement, ou qu'elle ne pourrait pas avoir lieu à l'air libre. Ce mode de séchage est évidemment plus cher que celui qui se fait naturellement par l'exposition à l'air. La dépense de chaleur se compose toujours de celle qui est employée à produire la vapeur et de celle que renferme l'air qui entraîne la vapeur.

1459. Les séchoirs, qui portent souvent le nom impropre d'*étuves*, peuvent se diviser en trois classes : ceux qui reçoivent l'air chauffé en dehors; ceux dans lesquels, outre le courant d'air chaud, il y a un chauffage intérieur; et enfin ceux dans lesquels il n'y a point d'accès régulier d'air extérieur, c'est-à-dire dans lesquels la vaporisation est uniquement produite par la chaleur provenant d'un calorifère intérieur. Nous examinerons successivement ces différents modes de séchage.

1460. *Séchoirs à courants d'air chauffé extérieurement.* —. Ces séchoirs consistent toujours en une chambre close, dans laquelle sont étendues les matières à sécher, et qui a deux ouvertures, l'une pour l'arrivée de l'air chaud, l'autre pour la sortie de l'air saturé de vapeurs dans l'atmosphère. De quelque manière que soit placé l'orifice d'accès de l'air chaud, ce gaz gagne toujours rapidement la partie supérieure du séchoir; l'orifice d'écoulement de l'air saturé doit évidemment être placé à la partie inférieure : car s'il était placé en haut, et si l'air chaud n'était pas uniformément distribué dans toute la surface du séchoir, il se dégagerait beaucoup d'air non saturé, tandis que si l'orifice de sortie est placé au bas, l'air chaud descendra en se répandant uniformément dans toute la section. Je pense qu'il est plus avantageux d'amener l'air chaud dans un canal au sommet du séchoir, que de le laisser monter à travers une partie des matières humides, parce qu'il y aura plus de régularité dans le séchage. Les orifices de dégagement doivent communiquer avec une cheminée d'appel qui permette au besoin d'augmenter le tirage au moyen d'un foyer spécial; ordinairement on se contente de placer dans leur intérieur la cheminée en tôle du calorifère.

1461. L'appareil étant disposé comme nous venons de le dire, examinons ce qui se passe par l'accès de l'air chaud, et faisons pour le moment abstraction de la chaleur absorbée par les murailles et transmise au dehors. L'air chaud, en descendant par couches horizontales sensiblement isothermes, se refroidit en échauffant les matières humides et en se chargeant de vapeur, et quand il en est saturé, les vapeurs qu'il renferme se condensent successivement à mesure que l'air se refroidit; ainsi la température des matières va progressivement en diminuant de haut en bas; à une distance du sol, décroissant avec le temps, l'air saturé de vapeur est à la température extérieure, et il sort par la cheminée d'écoulement un volume d'air égal à celui qui est entré dans le calorifère, augmenté de celui qui correspond à la saturation complète, et l'air sort évidemment dans ces conditions jusqu'à l'époque où les matières qui se trouvent à la surface du sol commencent sensiblement à s'échauffer. A partir de cet instant, la température du mélange d'air et de vapeurs à la sortie du séchoir va toujours en croissant; mais à une certaine limite la quantité totale de chaleur contenue dans un mètre cube du mélange d'air et de vapeurs est égale à celle qui se trouvait dans le poids d'air que contient le mélange à la température d'entrée de l'air chaud dans le séchoir; au delà de cette température, l'air n'est plus saturé, et il l'est d'autant moins que sa température est plus élevée. S'il atteignait la température qu'il avait en entrant dans le séchoir, il est évident qu'il ne serait nullement chargé de vapeurs.

1462. Il résulte de cet examen des phénomènes qui se produisent dans un séchoir, qu'on peut diviser l'opération en trois périodes distinctes :

Dans la première, toute la chaleur apportée par l'air est employée à l'échauffement des matières à sécher; l'air écoulé est à la température extérieure, et toute la chaleur est utilisée.

Dans la seconde période, l'air s'échappe saturé à une température qui va d'abord en croissant jusqu'à une certaine limite, variable avec la température à l'entrée du séchoir ; ensuite la température du mélange reste constante.

Enfin, dans la dernière période, durant laquelle s'achève la dessiccation, l'air s'échappe non saturé à une température croissante, et d'autant moins saturé que sa température est plus élevée; la limite de cette température est évidemment celle que l'air possédait en entrant dans le séchoir. Dans cette période, il y a une quantité de chaleur perdue plus ou moins considérable suivant sa durée.

1463. Quand le séchage a lieu par l'air, il y a une certaine quantité de chaleur employée à chauffer l'air, et une autre partie à produire de la vapeur; pour savoir comment la chaleur se partage entre l'air et la vapeur, calculons pour différentes températures, les quantités d'air et de vapeur renfermées dans un mètre cube du mélange saturé. En désignant par p la tension de la vapeur à $t°$, celle de l'air sera $0,76 - p$; le poids P de la vapeur sera :

$$P = \frac{5}{8} \cdot \frac{1,3 \cdot p}{0,76 \cdot (1 + at)} = \frac{1,07 \cdot p}{1 + at} \; ;$$

celui P_1 de l'air sera :

$$P_1 = \frac{1,3 \cdot (0,76 - p)}{0,76 \cdot (1 + at)} = \frac{1,71 \cdot (0,76 - p)}{1 + at} \; .$$

Le nombre de calories C absorbées par l'eau pour passer de $0°$ à $t°$ et se vaporiser à cette température, sera :

$$C = P (606,5 + 0,305\, t) = \frac{1,07 \cdot p\, (606,5 + 0,305\, t)}{1 + at},$$

et le nombre de calories C_1 absorbées par l'air pour passer de $0°$ à $t°$ sera :

$$C_1 = P_1 0,2377 \cdot t = \frac{0,41\, (0,76 - p)t}{1 + at}$$

Aux températures de :

| $5°$ | $10°$ | $20°$ | $30°$ | $40°$ | $50°$ | $60°$ | $70°$ | $80°$ | $90°$ |

les tensions p de la vapeur étant :

| 0^m007 | 0^m009 | 0^m017 | 0^m032 | 0^m055 | 0^m092 | 0^m149 | 0^m233 | 0^m355 | 0^m526, |

celles $0,76 - p$ de l'air seront :

| 0^m753 | 0^m751 | 0^m743 | 0^m728 | 0^m705 | 0^m668 | 0^m611 | 0^m527 | 0^m405 | 0^m234; |

les poids P de la vapeur renfermée dans 1^{mc} seront :

| 0^k007 | 0^k009 | 0^k017 | 0^k031 | 0^k051 | 0^k078 | 0^k122 | 0^k185 | 0^k274 | 0^k423; |

les poids P_1 de l'air :

| 1^k264 | 1^k238 | 1^k183 | 1^k122 | 1^k051 | 0^k991 | 0^k857 | 0^k709 | 0^k535 | 0^k300; |

les quantités C de chaleur absorbées par la vapeur :

4^c2 5^c5 10^c4 19^c1 31^c6 48^c5 76^c3 116^c1 172^c9 268^c2,

et celles C_1 absorbées par l'air :

1^c5 2^c9 5^c6 8^c0 10^c0 11^c5 12^c2 11^c8 10^c1 6^c4.

les quantités totales $C + C_1$ de chaleur renfermées dans l'air et dans la vapeur :

5^c7 8^c4 16^c0 27^c1 41^c6 60^c0 88^c5 127^c9 183^c0 274^c6;

Les rapports $\frac{C}{C + C_1}$ des quantités de chaleur renfermées dans la vapeur aux chaleurs totales contenues dans l'air et la vapeur sont :

0,74 0,654 0,65 0,70 0,76 0,81 0,86 0,91 0,94 0,98;

les poids $P + P_1$ du mètre cube du mélange :

1^k271 1^k247 1^k200 1^k153 1^k102 1^k069 0^k979 0^k894 0^k809 0^k723;

les poids du mètre cube d'air sec aux mêmes températures :

$1^k,279$ $1^k,257$ $1^k,213$ $1^k,173$ $1^k,136$ $1^k,100$ $1^k,067$ $1^k,036$ $1^k,007$ $0^k,979$;

les poids d'air nécessaires pour évaporer 1^k d'eau aux diverses températures :

180^k600 137^k500 69^k590 36^k190 20^k610 12^k710 7^k025 3^k831 1^k952 0^k709.

1464. Il résulte de ces nombres plusieurs conséquences importantes : 1° l'effet utile de la chaleur décroît d'abord rapidement à mesure que s'élève la température du mélange d'air et de vapeur à la sortie du séchoir ; il atteint un minimum égal à 0,65, pour une température de 20° environ et augmente ensuite lentement avec la température, pour redevenir égal à l'unité à 100° ; 2° la densité de l'air saturé de vapeurs décroît constamment avec l'accroissement de température, et elle est toujours plus petite que celle de l'air sec à la même température.

1465. Nous avons supposé l'air extérieur à 0° et sec, mais il est toujours à une température différente et plus ou moins chargé de vapeurs ; ces circonstances feront certainement varier les nombres que nous avons calculés ; mais ces variations ne changeront pas les conséquences générales que nous avons déduites de la supposition admise.

1466. Pour que l'air chaud puisse sortir saturé à une température donnée, du moins quand les matières humides ont été échauffées, il faut nécessairement que l'air chaud pénètre dans le séchoir à une température croissante avec celle de sa sortie ; car lorsque le régime est établi, toute la chaleur apportée par l'air doit se retrouver dans le mélange d'air et de vapeur à la sortie, et il est facile de prévoir que la température de l'air chaud doit augmenter suivant une loi très-rapide à mesure que celle du mélange s'élève. En effet, en supposant à l'origine l'eau et l'air à 0°, en conservant les notations précédentes et en désignant par t' la température de l'air chaud entrant, la quantité de chaleur absorbée par un mètre cube du mélange, sera, d'après ce qui précède :

$$C + C_1 = \frac{0,41(0,76 - p)t}{1 + at} + \frac{1,07(606,5 + 0,305t)p}{1 + at} \; ;$$

et on aura

$$\frac{0,41(0,76 - p)t'}{1 + at} = \frac{0,41(0,76 - p)t + 1,07(606,5 + 0,305t)p}{1 + at} \; ,$$

d'où

$$t' = \frac{0,41(0,76 - p)t + 1,07(606,5 + 0,305t)p}{0,41(0,76 - p)} \; ;$$

et pour des températures de sortie du mélange égales à

| 20° | 30° | 40° | 50° | 60° | 70° | 80° | 90° |

on trouve pour les températures d'entrée

| 57° | 98° | 165° | 273° | 453° | 785° | 1435° | 3827°. |

1467. Si la température extérieure était égale à 0°, en négligeant la petite quantité de vapeur que contient l'air, on aurait évidemment :

$$t' - \theta = \frac{0,41(0,76 - p)(t - \theta) + 1,07(606,5 + 0,305t - \theta)p}{0,41(0,76 - p)} \; .$$

En supposant $\theta = 15°$, et pour les mêmes valeurs de t, on aurait pour t' :

| 47° | 68° | 135° | 242° | 423° | 756° | 1430° | 3794°. |

1468. Ainsi, quand l'air extérieur est à 0° ou à 15°, pour que le mélange saturé fût à 40° seulement, l'air chaud devrait entrer à une température voisine de 150°, température qui ne pourrait pas être dépassée pour les matières textiles ; l'effet utile serait alors seulement de 0,76 ; mais avant qu'on eût atteint cette température, il aurait été en décroissant pendant l'échauffement des matières à partir de 1°; l'effet utile moyen dépasserait 0,75; il deviendrait évidemment plus petit à la fin de la dessiccation, quand la température de sortie dépasserait 40°, parce qu'alors l'air ne sortirait plus saturé.

1469. Mais quand l'air extérieur est à 0° ou à une température quelconque θ, l'effet utile, qui est primitivement égal à l'unité, quand l'air sort du séchoir saturé à la température extérieure, diminue d'abord pour augmenter ensuite, et se rapprocher de l'unité quand la température du mélange s'approche de la limite de saturation; on conçoit facilement qu'il doit en être ainsi.

1470. La formule générale qui représente l'effet utile peut facilement s'obtenir en remarquant qu'on peut toujours négliger dans le calcul la petite quantité de vapeur qui se trouve dans l'air extérieur. En supposant par exemple l'air à 15° et à moitié saturé, la tension de la vapeur est seulement de 0^m0064, le poids de l'air sec renfermé dans 1^m cube est de 1^k216, celui de la vapeur de 0^k010; le poids du mètre cube du mélange, de 1^k226; la capacité calorifique moyenne du mélange de 0,239; tandis que si l'on négligeait la vapeur qui se trouve dans l'air, le poids du mètre cube d'air serait de 1^k23; et la capacité calorifique de 0,2377. Ainsi on peut ne pas avoir égard à la vapeur qui se trouve dans l'air à 15°, et à plus forte raison quand la température est moins élevée. D'après cela, en désignant par θ la température extérieure, et, comme ci-dessus, par t la température de sortie de l'air saturé, par p la tension de la vapeur, les quantités de chaleurs C et C_1, absorbées par l'air et la vapeur de $\theta°$ à $t°$ sont :

$$C = \frac{0,41(0,76-p)(t-\theta)}{1+at}; \text{ et } C_1 = \frac{1,07(606,5+0,305t-\theta)p}{1+at}.$$

Le rapport de la chaleur employée pour la vaporisation à la chaleur totale dépensée sera

$$\frac{C}{C+C_1} = \frac{1,07(606,5+0,305t-\theta)p}{1,07(606,5+0,305t-\theta)p+0,41(0,76-p)(t-\theta)}.$$

On voit, à l'inspection de cette formule, que, pour la même valeur de t, l'effet utile sera d'autant plus grand que θ sera plus élevé. Pour $\theta = 15°$ et pour les valeurs suivantes de t

| 20° | 30° | 40° | 50° | 60° | 70° | 80° | 90° |

les valeurs de l'effet utile sont

| 0,876 | 0,813 | 0,823 | 0,847 | 0,876 | 0,901 | 0,920 | 0,938 |

Examinons maintenant les dispositions les plus convenables des différentes parties du séchoir.

1471. Les appareils destinés à chauffer l'air varient beaucoup dans leurs dispositions, suivant que l'on fait passer dans le séchoir l'air qui a servi à la combustion, ou de l'air qui a reçu par transmission une partie de la chaleur développée dans le foyer. Dans le premier cas, l'appareil se compose seulement d'un foyer, et il faut employer des houilles sèches qui ne produisent pas de fumée, du coke ou du charbon de bois. A la rigueur on pourrait employer un combustible quelconque, si l'on pouvait parvenir à brûler complétement la fumée ; mais, comme nous l'avons vu, tous les appareils qu'on a imaginés jusqu'ici ne la font pas disparaître complétement, et les inconvénients de la fumée dans un séchoir sont trop grands et pourraient occasionner des pertes trop considérables, pour que l'on pût employer des foyers fumivores dont l'effet dépend toujours de l'ouvrier qui dirige le feu. L'emploi de l'air brûlé, même entièrement dépouillé de fumée, présente d'ailleurs de grands inconvénients qui en restreignent l'emploi à un très-petit nombre de cas ; une partie des cendres est entraînée sur les objets à sécher, et la nature de l'air qui remplit le séchoir ne permet pas aux ouvriers de s'y introduire. L'air est ordinairement échauffé sans qu'on lui fasse subir aucune altération ; et on emploie pour cela des calorifères à air chaud, à vapeur, ou à eau chaude, sur lesquels nous donnerons dans le livre suivant tous les détails nécessaires.

1472. Le séchoir est une vaste chambre, n'ayant d'autres issues que les ouvertures par lesquelles arrive le courant d'air chaud, et celles qui laissent écouler dans l'atmosphère l'air saturé d'humidité. Il doit cependant avoir des portes pour le passage des ouvriers et l'introduction des matières à dessécher, et des fenêtres pour éclairer le travail qu'on y fait à la fin de chaque opération ; mais ces ouvertures doivent être peu nombreuses, et fermées pendant le séchage. Les parois de la chambre doivent être en matières peu conductrices de la chaleur, afin que le refroidissement occasionné par l'air extérieur soit le plus petit possible. Les murs peuvent être en maçonnerie ordinaire, ou en bois et en plâtre.

1473. La disposition des objets à sécher et le mode de distribution de l'air chaud ont plus d'influence sur la saturation de l'air que les dimensions mêmes du séchoir ; car cette saturation dépend uniquement de l'étendue des surfaces humides que l'air est obligé de parcourir avant de sortir. Un très-grand séchoir, dans lequel les matières humides seraient mal disposées et auraient une grande épaisseur, pourrait laisser échapper de l'air très-chaud et peu saturé à toutes les époques de l'opération, tandis qu'un séchoir beaucoup plus petit, où l'air sera obligé de circuler sur une grande étendue de surfaces humides minces, ne laissera dégager que de l'air complétement saturé, du moins dans les deux premières périodes (1462).

1474. Les conditions les plus importantes à remplir sont : 1° de ne laisser sortir du séchoir que de l'air complétement saturé, du moins dans les deux premières périodes ; 2° de ne pas laisser séjourner dans certaines parties du séchoir de l'air sursaturé. Si la première condition n'était pas remplie, il y aurait beaucoup de perte de chaleur ; et quant à la stagnation de l'air dans certaines parties du séchoir, elle empêcherait ladessiccation des matières qui y seraient placées, et même, dans certaines circonstances, pourrait nuire à leur qualité. Pour satisfaire à ces deux conditions, il faut que la matière à sécher présente une surface uniformément distribuée dans toute l'étendue du séchoir, et que les ouvertures d'accès et de sortie de l'air chaud soient convenablement placées.

1475. On fait souvent arriver l'air chaud par le bas du séchoir, et on le fait sortir par le haut. Cette disposition du tuyau d'écoulement est très-vicieuse, comme nous l'avons déjà dit, parce que l'air chaud, à son entrée dans le séchoir, étant à une température plus élevée que celui qui s'y trouve, gagne rapidement, sans s'étendre beaucoup, et par le chemin de moindre résistance, le haut du séchoir, d'où il est aussitôt porté à l'extérieur avant d'être saturé ; et si les orifices d'entrée de l'air chaud ne sont pas très-multipliés et uniformément répartis sur le sol, certaines parties de l'air du séchoir restent immobiles, se refroidissent, et laissent précipiter de la vapeur sous la forme de vésicules qui le rendent plus pesant que l'air seulement saturé à la même température. Ces inconvénients peuvent être complétement évités en faisant arriver l'air par la partie supérieure, et en faisant sortir les vapeurs du séchoir par des ouvertures pratiquées au niveau du sol, communiquant avec des cheminées suffisamment élevées.

1476. J'ai eu plusieurs fois l'occasion de reconnaître la grande différence qui existe entre les effets produits par les séchoirs, suivant que le canal d'évacuation des vapeurs est placé à la partie supérieure ou à la partie inférieure. En 1822, M. Ternaux en a fait l'observation dans un séchoir qu'il avait fait construire à Saint-Ouen pour dessécher des vermicelles de pommes de terre. Le séchoir était établi au premier étage, dans une chambre de 180 mètres cubes de capacité, échauffée à 30 ou 40 degrés par un calorifère de Désarnod, placé au réz-de-chaussée. Ce séchoir avait primitivement des ouvertures pratiquées à la partie supérieure ; M. Ternaux ayant reconnu que la dessiccation s'opérait trop lentement, remplaça les premières issues par neuf nouvelles, pratiquées au niveau du carrelage, et communiquant avec des canaux qui s'élevaient au-dessus des toits. Il obtint les résultats suivants, qui sont des termes moyens de cinq expériences :

SORTIE DONNÉE AUX VAPEURS.	VERMICELLE OBTENU.		
	1re QUALITÉ.	2e QUALITÉ.	FERMENTÉ.
	kilogr.	kilogr.	kilogr.
Par le bas......................	247,040	18,01	2,04
Par le haut......................	144,075	65,17	39,04

et la consommation de combustible a toujours été beaucoup plus grande dans le second cas que dans le premier.

1477. Ainsi, nous admettrons comme une condition d'une grande importance. que l'issue des vapeurs doit toujours être pratiquée au niveau du sol du séchoir. Cette circonstance, qui s'oppose à la stagnation de l'air dans certaines parties du séchoir, est en même temps très-favorable à la saturation de l'air chaud ; car l'air chaud se meut rapidement quand il s'élève dans un milieu plus dense, et au contraire il chemine lentement et se distribue uniformément quand il marche de haut en bas.

1478. On augmenterait évidemment l'uniformité du séchage en multipliant les orifices de communication avec la cheminée. La disposition la plus convenable consisterait à mettre dans le séchoir un plancher élevé au-dessus du sol et dont les planches seraient espacées de quelques centimètres, et à établir la communication avec la cheminée au-dessous du plancher.

1479. Les cheminées d'évaporation peuvent être en planches, en plâtre ou en maçonnerie légère. Il est toujours avantageux d'en avoir plusieurs, quand le séchoir a de grandes dimensions, pour rendre le mouvement de l'air plus uniforme dans toute l'étendue du séchoir.

1480. Le tirage naturel de la cheminée d'évaporation, abstraction faite des frottements, se compose du tirage résultant de la colonne d'air chaud qui débouche au sommet du séchoir, augmenté de celui de la cheminée elle-même, et diminué du tirage du séchoir. Connaissant, d'après ce que nous avons dit précédemment, la température de l'air chaud dans le canal d'accès, celle du séchoir et celle de la cheminée, on en déduira d'après la formule (447) la charge produisant l'écoulement, et par suite la section que devrait avoir la cheminée si elle ne donnait issue qu'à l'air qui a pénétré dans le calorifère ; et en multipliant cette section par le rapport du volume total de vapeur et d'air au volume d'air, on obtiendra la section que devrait avoir la cheminée, si l'air et la vapeur n'éprouvaient pas de résistance dans leur chemin ; mais comme ces résistances ne proviennent que du frottement, et que la vitesse est très-petite dans le séchoir, on sera toujours assuré, en doublant la section, d'avoir un excès de tirage. Supposons, par exemple, que le séchoir ait 6^m de hauteur, le canal d'air chaud 8^m, la cheminée 12^m, et que la température de l'air chaud soit de $140°$; celle de l'air extérieur étant de $15°$, la température du séchoir et celle de la cheminée seront d'environ $40°$, et la charge, d'après la formule, sera

$$\frac{0,00366 \cdot \left\{ (8 \cdot (140 - 15) - 6(40 - 15) + 12(40 - 15) \right\}}{1 + 0,00366 \cdot (140 + 40 + 40)} = 2,21 ;$$

par suite, la vitesse d'accès de l'air froid dans le calorifère sera de $6^m 58$. En supposant une consommation de houille de 20^k par heure, un effet utile dans le calorifère de $0,75$, la quantité de chaleur qui passera dans l'air par heure sera de 120000 calories, c'est-à-dire de $33^c 32$ par seconde ; et comme un mètre cube d'air, échauffé de 15 à $140°$, absorbe à peu près 38 calories, le volume d'air froid qui pénétrera dans le calorifère par seconde sera de $0^{mc} 87$; et comme la vitesse est de $6^m 58$, la section d'entrée sera de $0^{mq} 13$. La tension de l'air sec dans de l'air saturé à $40°$ étant égale à $0,707$, le volume saturé est au volume d'air sec dans le rapport de $0,76$ à $0,707$ qui est $1,077$; par conséquent là section de la cheminée devrait être égale à $0^{mq} 13 \cdot 1,077 = 0^{mq} 14$. Il faudrait donner $0^{mq} 26$ de section aux canaux de circulation de l'air chaud, et $0^{mq} 28$ à la section de la cheminée.

1481. On peut augmenter le tirage de la cheminée d'évaporation en augmentant la section ; il y a une certaine influence résultant de l'accroissement de section, et la vitesse étant diminuée, le frottement l'est également. Cette résistance pourrait être regardée comme nulle si la section était trois ou quatre fois plus grande que la section théorique (487). Il y aurait alors à craindre l'action des vents ; mais on s'y soustrairait complétement en rétrécissant l'orifice supérieur, de manière que les sections d'entrée et de sortie fussent égales. Il sera toujours utile de garnir le sommet de la cheminée d'un chapeau qui s'oppose à l'influence des vents, ou, mieux encore, d'un appareil qui utilise la vitesse du vent et la fasse concourir au tirage.

1482. On peut aussi activer le tirage de la cheminée d'évaporation, en y plaçant la cheminée du calorifère, qui doit alors être en tôle ; son sommet doit dépasser celui de la cheminée enveloppante, et chacune d'elles doit être terminée par un chapeau (*fig.* 340), afin d'éviter que la fumée ne soit refoulée dans le séchoir. On pourrait faire déboucher la cheminée à fumée à une certaine hauteur dans la cheminée d'évaporation ; si la cheminée à fumée s'élevait à quelques mètres, le tirage du foyer ne serait pas sensiblement diminué, et celui de la cheminée d'évaporation serait beaucoup augmenté ; mais cette disposition serait dangereuse si les matières à sécher étaient altérables par la fumée.

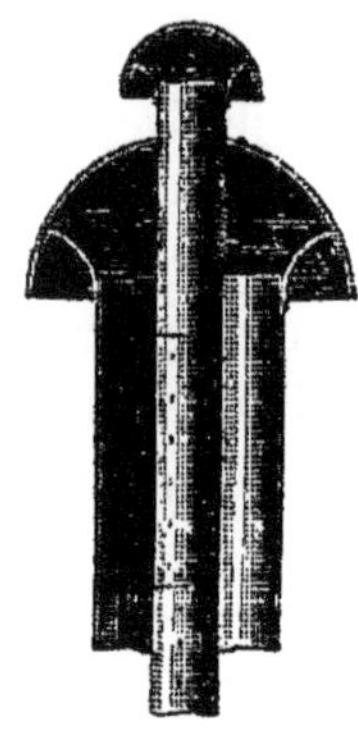

Fig. 340.

1483. Indépendamment de la chaleur perdue pour l'évaporation de l'eau renfermée dans les matières à sécher, il y a dans les séchoirs plusieurs autres causes de perte qu'il est nécessaire d'examiner, afin de voir quels moyens on pourrait employer pour les éviter, ou du moins pour les diminuer.

1484. La première est la perte de chaleur à la fin du séchage par l'air chaud qui se dégage sans être saturé. On peut l'éviter complétement par une disposition très-simple et d'une exécution facile.

Le séchoir est divisé en deux chambres égales A et B (*fig.* 341) par deux cloisons verticales, séparées par un intervalle suffisant pour que la section horizontale de l'espace qu'elles comprennent excède celle de la cheminée d'évaporation. Ce canal vertical intérieur est muni, à la partie supérieure, à la partie inférieure et de chaque côté, d'ouvertures qui règnent dans toute la longueur, et qui sont garnies de registres mobiles a, a',

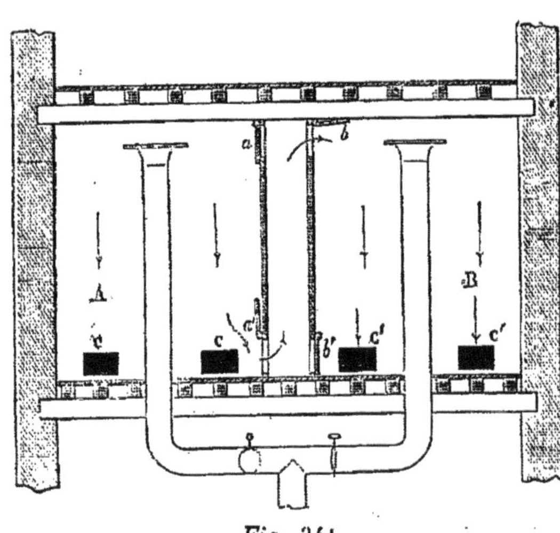

Fig. 341.

b, b', au moyen desquels on peut faire communiquer la partie inférieure de chaque chambre avec la partie supérieure de l'autre. Au centre de chacune des chambres se trouve un tuyau vertical qui amène l'air chaud; chaque chambre communique par le bas avec la cheminée d'évaporation, et les orifices de communication sont pourvus de registres C, C et C', C'. Les deux chambres étant remplies de matières à sécher, supposons qu'on fasse arriver l'air chaud dans la chambre A, les registres a et a' étant fermés, tout se passera comme dans un séchoir ordinaire ; mais aussitôt que la température du mélange d'air et de vapeur dépassera la température à laquelle l'air cesse d'être saturé, on ouvrira les registres a', b et C', et on fermera les registres C ; l'air chaud, arrivant toujours à la partie supérieure de A, passera à la partie inférieure de B, et de là dans la cheminée. Quand les matières de A seront complétement sèches, on fermera les registres a' et b, et on fera arriver l'air chaud dans B; on enlèvera les matières sèches de A en les remplaçant par des matières humides. Lorsque l'air sortira de B à une température supérieure à la limite de saturation, on fera passer l'air de B à la partie supérieure de A, en ouvrant les registres b', a, C, et fermant le registre C', et ainsi de suite. Il est évident que, par cette disposition et ce mode de direction de l'opération, on ne laissera sortir que de l'air saturé.

1485. Une autre cause de perte de chaleur provient de celle que renferment les matières sèches ; mais elle est en général peu importante, du moins par rapport à celle qui est employée à la vaporisation. Les tissus, avant d'être placés dans le séchoir, passent par l'essoreuse, qui enlève une grande partie de l'eau qu'ils renferment, et n'en laisse qu'à peu près 0,5. Dans cet état, la quantité de chaleur absorbée par la vaporisation sera de 320 unités; celle que renfermera la matière échauffée sera seulement de $0,5 . 0,54 . 100 = 27$. Mais si l'eau à vaporiser ne représentait que 0,1 du poids total, le premier effet serait représenté par 64, le second par $0,9 . 0,54 . 100 = 48,6$; et celui-ci approcherait du premier. Comme il faut toujours que les matières séchées soient refroidies, il convient d'examiner, dans chaque cas particulier, s'il y aurait de l'avantage à chauffer de l'air avec cette chaleur pour effectuer un commencement de séchage, ou pour l'employer à d'autres objets.

1486. Il y a aussi une perte notable de chaleur résultant de l'échauffement de tout le volume d'air du séchoir à la température de la fin de la dessiccation ; car, à la suite de l'ouverture du séchoir pour enlever les matières sèches et les remplacer, la totalité de l'air chaud est presque toujours remplacée par de l'air extérieur. Cette perte est souvent considérable, car, la température de l'air dépassant ordinairement 100°, la perte s'élève à $1,3 . 0,24 . 100 = 31^{c} 2$ par mètre cube. Cette perte ne peut pas être évitée, mais on peut la diminuer en laissant dans le séchoir le moins d'espace libre possible, sans pourtant gêner les mouvements de l'air.

1487. Enfin, une dernière cause de perte est l'échauffement des murailles et la transmission de la chaleur à travers leur épaisseur et à travers les vitres. En supposant une température moyenne extérieure de 7°, une température intérieure de 100° et une épaisseur de murailles de $0^m 30$, la quantité de chaleur transmise par mètre carré et par heure est de 131 calories, et pour les vitres elle est de 153°. Dans chaque cas particulier, les formules que nous avons données (864, 881), permettront de calculer la perte de chaleur avec toute la précision désirable. Cette perte de chaleur est considérable, mais forcée; on peut seulement la diminuer en donnant aux murailles une grande épaisseur, et surtout par de bonnes dispositions intérieures qui permettent d'accélérer le travail et de le rendre continu.

1488. *Séchoirs à courants d'air chaud et à chauffage intérieur.*— Si le séchoir est chauffé intérieurement, tout se passera évidemment comme s'il était chauffé par l'air chaud seulement, mais à une plus haute température, et l'effet utile sera augmenté. Si, par exemple, l'air extérieur était à 15°, si les 0,9 de la chaleur étaient introduits directement, et si l'air chaud arrivait à 143°, les résultats seraient les mêmes que si le chauffage avait lieu par de l'air chaud à 1430°; la limite de température de l'air saturé à sa sortie sera 80°, et l'effet utile, calculé d'après la formule (1470), sera 0,92; et comme, avant l'établissement de ce régime, l'effet utile était peu différent, on voit qu'il y aurait un grand avantage à produire un chauffage intérieur.

1489. Dans les séchoirs à air chaud et à chauffage intérieur, on place ordinairement les tuyaux de chauffage à la partie inférieure, ainsi que les orifices d'écoulement de l'air chargé de vapeurs, et on fait arriver l'air extérieur par un canal qui ordinairement enveloppe une partie des surfaces de chauffe. Dans cette disposition, il se forme des courants ascendants autour des tuyaux de chauffage, des courants descendants dans les intervalles; les courants ascendants se refroidissent en se chargeant de vapeur; les courants descendants, à leur point de départ, sont en général saturés; mais, comme ils se réchauffent par la rencontre des courants ascendants, il peut se dégager de l'air non saturé pendant toute la durée de l'opération, même en supposant les surfaces de chauffe uniformément distribuées près de la surface du sol et les orifices de dégagement au-dessous; en outre, il se dégage nécessairement de l'air de moins en moins saturé vers la fin de l'opération.

1490. Ces inconvénients, qui sont accompagnés d'une grande perte de chaleur, peuvent être évités par une disposition convenable de l'appareil. Considérons un séchoir (*fig.* 342) divisé en deux chambres égales par une double cloison, garnie de registres a, a', b, b', disposés de la même manière que dans la figure 341. Chacune de ces chambres peut recevoir, au moyen des tuyaux o et o', de l'air chauffé par un calorifère; et chacune est divisée en deux parties égales A, A', B, B' par une cloison double, renfermant des tuyaux de chauffage et garnie à la partie

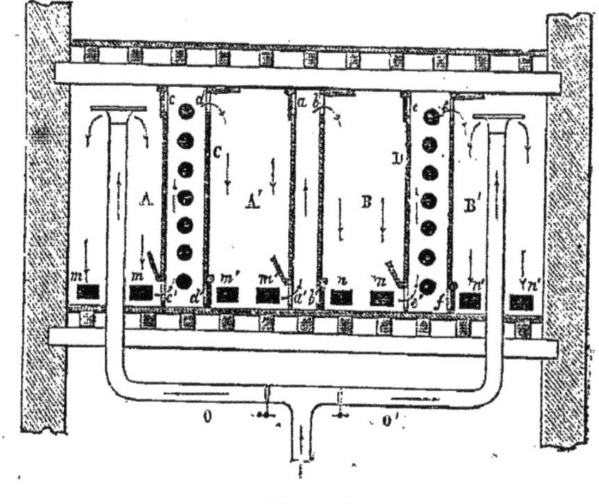

Fig. 342.

supérieure et à la partie inférieure de registres c, d, c', d'; e, f, e', f'; enfin les parties inférieures des chambres partielles communiquent avec la cheminée d'appel par des orifices pourvus de registres m, m', n, n'. Supposons les chambres A, A', B, B' remplies des matières à sécher, l'air chaud arrivant par le tuyau O à une température de 150° environ, les tuyaux de l'espace C chauffés de manière à émettre sensiblement la même quantité de chaleur que le calorifère, les orifices c', d et m' ouverts; l'air chaud descendra dans la chambre A, le mélange d'air et de vapeur s'élèvera en s'échauffant dans l'espace C, et l'air saturé de vapeurs s'écoulera dans la cheminée par les orifices m', à une température comprise entre 50 et 60°, avec un effet utile compris entre 0,75 et 0,80. Quand la température dépassera cette limite, l'air cessera d'être saturé ; alors il faudra chauffer les tuyaux de l'intervalle D, et faire sortir l'air par les orifices n' en ouvrant les orifices a', b, n' et fermant les autres communications avec la cheminée d'appel. Lorsque les matières de A et A' seront sèches, on interceptera la communication de A' avec B, on arrêtera l'écoulement de l'air chaud par le tuyau O, on le fera arriver par le tuyau O', on continuera à chauffer les tuyaux de D, et on fera sortir l'air par les orifices n. Les matières sèches de A et A' ayant été enlevées et remplacées, on conservera le même mode de circulation jusqu'à ce que l'air ait dépassé la limite de température correspondante à la saturation ; alors on chauffera les tuyaux de C, et on fera écouler l'air par les orifices m, et ainsi de suite. Si chacune

des deux chambres était divisée en 3, 4, 5 parties égales, et si les sépara-
tions renfermaient des appareils de chauffage identiques, il est évident
que tout se passerait comme si l'air chaud arrivait à des températures
de 450°, 600°, 750°, etc., et par suite les effets utiles s'élèveraient de
0,80 à 0,90. Il y aurait en réalité peu d'avantage à augmenter le
nombre des appareils de chauffage intérieur, et la disposition de la
figure 342 me paraît plus avantageuse à cause de sa simplicité.

Séchage par le chauffage direct.

1491. Les séchoirs de cette espèce sont formés d'une chambre close,
renfermant un calorifère placé à la partie inférieure et une ou plusieurs
ouvertures fermées par des soupapes légères. La chaleur produit d'abord
une dilatation de l'air et une formation de vapeurs ; l'accroissement de
pression qui en résulte ouvre les soupapes pour donner issue au mélange d'air et de vapeur; après un temps plus ou moins long, les matières atteignent une température de 100°, et les vapeurs qui se forment
se dégagent naturellement par les orifices. Lorsqu'il n'y a plus de dégagement sensible de vapeurs, les matières sont sèches, et on procède à
leur enlèvement. En supposant que les matières à sécher soient disposées de manière que l'air et la vapeur puissent facilement circuler, et
que les surfaces de chauffe soient à la partie inférieure, ce mode de séchage est plus avantageux que le séchage par l'air chaud, et d'autant
plus que, par cette dernière méthode, le mélange d'air et de vapeurs est
abandonné à une plus basse température.

1492. Il est évident que, lorsque les matières à sécher peuvent supporter une température supérieure à 100°, et qu'on veut sécher par
l'air chaud, de manière que le mélange sorte à une température élevée voisine de 80°, pour obtenir un grand effet utile il est bien préférable d'opérer en vase clos, par la chaleur seule ; les appareils sont
beaucoup plus simples, et on obtient un effet utile plus considérable.

1493. Il est important de remarquer que, dans tous les modes de
séchage à l'air chaud ou par la chaleur seule, le mélange d'air et de
vapeur, qui s'échappe à une température plus ou moins élevée, renferme
presque toute la chaleur employée, et qu'on peut faire passer toute
cette chaleur dans de l'air qu'on échaufferait à la même température,
et qui pourrait ensuite être utilisé pour une dessiccation particulière ou
pour d'autres objets.

1494. On pourrait aussi produire le séchage, en employant plusieurs fois de suite la chaleur de la vapeur, comme pour la distillation et l'évaporation. Le séchage devrait évidemment avoir lieu en vase clos ; les séchoirs seraient disposés comme les appareils d'évaporation à effets multiples ; les pressions intérieures des vases iraient nécessairement en décroissant du premier au dernier, et il faudrait employer ou des pressions plus grandes que celles de l'atmosphère, ou établir et maintenir dans les vases un vide partiel. Mais les chambres de séchage, par suite de leurs grandes dimensions et de la nature des matériaux employés dans leur construction, ne pourraient supporter ni un excès de pression intérieure, ni une pression inférieure de beaucoup à la pression de l'atmosphère, de sorte que ce mode de séchage, quoique beaucoup plus économique que tous les autres, ne paraît pas réellement applicable.

CHAPITRE V.

RÉGULATEURS DE TEMPÉRATURE.

1495. Les matières à sécher ne pouvant, en général, supporter sans s'altérer qu'une température déterminée, et les appareils de chauffage, par suite de l'abaissement du registre de la cheminée d'écoulement, pouvant fournir de l'air à une température très-élevée, il est important de placer dans les séchoirs des appareils qui en limitent la température ; ces appareils mettent en mouvement le registre de la cheminée à fumée ou du cendrier, et ferment plus ou moins l'un ou l'autre de ces canaux, quand la température du séchoir dépasse la limite assignée. On peut produire cet effet d'un grand nombre de manières différentes, soit par la dilatation d'un métal, d'un liquide ou d'un gaz, soit par l'électricité.

1496. Lorsqu'on veut employer la dilatation d'un métal, l'appareil peut être formé d'une simple barre fixée par l'une de ses extrémités, et dont l'autre agit directement ou par l'intermédiaire d'un levier sur un bras du fléau d'une balance en équilibre, dont l'autre bras supporte le registre du cendrier.

On pourrait aussi, pour obtenir directement une plus grande course, employer deux plaques métalliques de fer et de cuivre, soudées ou réunies par des rivets et pliées sous un petit angle ; un accroissement de température augmenterait l'angle primitif, et, si une des branches était fixe, l'autre pourrait agir sur la balance dont nous venous de parler. La disposition du manomètre métallique de M. Bourdon, qui consiste, comme nous l'avons dit, en un tube recourbé fermé par ses deux extrémités, pourrait aussi être employée avec avantage ; l'effet résulterait à la fois de l'inégale dilatation des parties extérieure et inférieure de la courbure du tube et de l'accroissement de pression intérieure, qu'on pourrait augmenter dans une très-grande proportion, en introduisant une très-petite quantité d'eau dans le tube.

1497. Les liquides pourraient être employés sous la forme d'un thermomètre ; le réservoir serait formé d'un tube métallique d'un petit diamètre, communiquant avec un siphon renversé renfermant du mercure ou de l'huile, et dont la branche libre supporterait un flotteur agissant sur le fléau de la balance dont nous venons de parler. La colonne de mercure ou d'huile qui termine l'appareil est indispensable, si l'on emploie de l'eau ou de l'alcool, pour éviter la diminution du liquide par l'évaporation.

1498. Pour se servir de la dilatation des gaz, il faudrait employer un tube métallique d'un petit diamètre, très-long et communiquant avec un siphon renversé plein de mercure ; l'accroissement de température de l'air produirait un accroissement de pression qui amènerait dans les deux colonnes de mercure une variation de hauteur, qu'on utiliserait pour agir sur le flotteur. On pourrait aussi introduire dans le réservoir d'air une certaine quantité d'eau qui augmenterait beaucoup les variations de pression.

1499. Enfin, pour l'emploi de l'électricité, on placerait dans l'espace où l'on doit maintenir une température constante un thermomètre à mercure, dont le réservoir renfermerait un fil de platine, et la tige un autre fil de platine dont l'extrémité partirait du point de l'échelle thermométrique qui ne doit pas être dépassé ; en dehors de cet espace, on aurait un électro-aimant et une pile qui ferait partie d'un circuit terminé par les deux fils de platine du thermomètre. Par cette disposition, il est évident que, lorsque le mercure du thermomètre aura atteint le fil de platine de la tige, le circuit sera fermé, et l'électro-aimant, en agissant sur une plaque de fer placée à une certaine distance de ses pôles, l'attirera, et ce mouvement pourra facilement être communiqué au registre d'accès de l'air froid.

Toutes ces dispositions présentent des difficultés de construction ou d'autres inconvénients ; nous décrirons d'abord les appareils qui ont été essayés.

1500. M. Sorel a employé, pour produire une température sensiblement constante, inférieure à 100°, une disposition très-simple. L'appareil se compose de deux vases A et B (*fig.* 343), de même hauteur, communiquant par leur partie inférieure et renfermant de l'eau jusqu'à une certaine hauteur. L'un d'eux est fermé, l'autre ouvert, et ce dernier contient un flotteur lié par une corde et une poulie, au registre de la cheminée ou à un contre-poids qui parcourt une échelle divisée. Quand la température extérieure augmente, la tension du gaz dans le vase fermé augmente et par l'élévation de la température de l'air, et par l'accroissement de force élastique de la vapeur ; alors le niveau du liquide s'abaisse dans ce vase, s'élève dans l'autre, et les vases peuvent avoir des dimensions telles qu'à une température assignée le mouvement imprimé au registre commence à fermer l'orifice. On pourrait

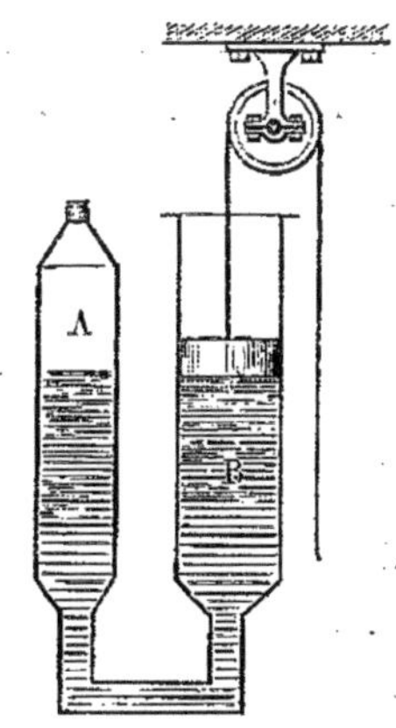

Fig. 343.

augmenter la course du contre-poids qui sert à indiquer la température ou qui fait mouvoir le registre de la cheminée, en plaçant sur l'axe de la poulie une autre poulie d'un plus grand diamètre, sur laquelle se trouverait une corde terminée par deux poids égaux ; celui qui serait fixé au fil de suspension du flotteur ne servirait alors qu'à équilibrer son poids. Mais, pour que l'appareil prît plus rapidement la température du milieu environnant, il faudrait employer la disposition représentée par la figure 344. Le vase fermé est composé d'un faisceau de tubes parallèles et d'un tube latéral qui indique la hauteur du niveau de l'eau.

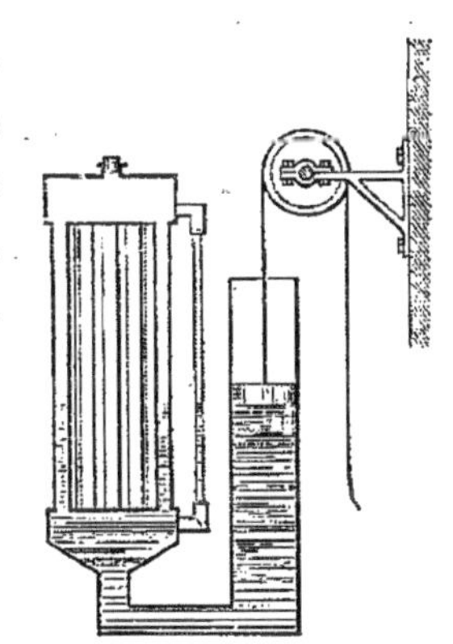

Fig. 344.

1501. Cet appareil est très-simple ; mais il ne pourrait pas servir pour des températures supérieures à 100°, parce que les tensions croissent trop rapidement avec les températures. Il a même, pour des températures inférieures à 100°, deux inconvénients graves : le premier consiste en ce que la masse d'eau renfermée dans l'appareil étant considérable, elle ne se met que lentement en équilibre de température avec l'air environnant ; le second résulte de ce que l'appareil est soumis aux variations de la pression atmosphérique, variations qui en produisent d'autres dans les températures extrêmes du séchoir. Supposons, par exemple, que, l'appareil ayant les dimensions que nous avons indiquées, le baromètre descende de 0,01 ; le liquide montera dans le tube B de $0,01.13,6 = 0,13$; ainsi le registre aurait été fermé à une température inférieure à 50° ; le contraire aurait lieu pour un accroissement de pression.

1502. M. Rolland, ingénieur-inspecteur des constructions du service des Tabacs, a présenté à l'Exposition universelle de 1855, pour la torréfaction des tabacs, un appareil nouveau dont nous parlerons plus loin et dans lequel se trouve un régulateur de température d'une grande exactitude. Ce régulateur est fondé sur le même principe que celui que nous venons d'indiquer ; mais il est disposé de manière à faire disparaître l'influence de la pression barométrique. Le tube mince qui communique avec le réservoir d'air chauffé s'ouvre au-dessus d'une cloche de verre qui plonge dans une autre en partie remplie de mercure et qui est soutenue par un fléau de balance ; l'accroissement de pression produit dans les tubes concentriques un dénivellement qui ne change pas l'effet produit sur la balance ; mais la pression produite par l'air échauffé agit directement sur la balance ; et pour la même température, l'excès de pression de l'air chaud est modifié par les variations de pression barométrique de la même manière que dans le siphon dont nous avons parlé d'abord. Pour détruire l'influence de ces variations, M. Rolland fait plonger la cloche renversée, suspendue à la balance, dans la cuvette d'un baromètre à siphon ; on conçoit facilement que l'équilibre étant établi pour une certaine pression atmosphérique, si elle vient à augmenter, le mercure s'abaissera dans la cuvette du baromètre, et augmentera le poids de la cloche suspendue, et que le contraire arrivera si la pression diminue ; mais pour qu'il y ait compensation dans les deux effets opposés, produits par les variations du baromètre, il faut certains rapports entre le diamètre du tube du baromètre, celui de sa cuvette, et celui de la cloche mobile. Pour soustraire le registre d'accès de l'air dans le cendrier à l'influence des variations de température de l'air dans la cheminée, c'est-à-dire aux variations du tirage, M. Rolland a imaginé une disposition très-simple : l'air peut pénétrer dans le cendrier par deux orifices égaux, percés dans une plaque de tôle horizontale ; ces deux orifices peuvent être fermés par deux plaques horizontales circulaires, d'un plus grand diamètre, placées l'une au-dessus, l'autre au-dessous de l'orifice ; et ces deux plaques sont suspendues aux deux extrémités du fléau de la balance qui supporte l'appareil à mercure décrit d'abord ; il est évident que l'air entrera dans le canal situé au-dessous des orifices en pénétrant au-dessous de la plaque supérieure et au-dessus de l'autre, et que les variations de tirage seront sans influence.

1503. L'appareil de M. Rolland est trop compliqué, surtout à cause de la condition qu'il s'était imposée, de le soustraire à l'influence des variations du baromètre; mais il est facile de voir que ces variations ne peuvent produire que des variations de température tout à fait insignifiantes, quand la température à maintenir est très-élevée. Supposons, pour plus de simplicité, que le réservoir d'air du séchoir communique avec un siphon renversé plein de mercure, et que le volume du réservoir d'air soit très-grand relativement à celui du petit tube et de la branche du siphon où se produit la pression; en négligeant la dilatation du métal et les variations de température de l'air du petit tube et du siphon, qui, dans la supposition que nous avons faite, ne peuvent avoir qu'une influence insensible, l'accroissement de pression pour un accroissement de température de 1°, sera de $0,0366 \times 0,76$ ou de $0^m 00278$ de mercure; et par conséquent, pour une variation dans la hauteur du baromètre de $0^m 03$, qui est réellement exceptionnelle, la variation de température correspondante serait de $0,03 : 0,00278 =$ 10° 077. Ainsi, si la surface libre du mercure portait un flotteur agissant sur la balance de manière à commencer la réduction de l'orifice d'accès de l'air extérieur, quand la température dépasserait 150°, les variations de cette température, par l'influence des variations du baromètre, seraient comprises entre 140° et 160°, ce qui est évidemment sans importance, car la limite de la température que les matières à sécher peuvent supporter sans alté-ration ne peut pas être déterminée à 10° près.

1504. Ainsi, pour les hautes températures, la disposition de M. Rolland peut être simplifiée par la suppression de la partie de l'appareil destinée à éviter les variations du baromètre; c'est d'ailleurs ce qui existe dans les appareils de torréfaction en activité. L'appareil ainsi réduit est représenté dans la figure 345. AA', caisse en fonte communiquant avec le cendrier du fourneau; B et

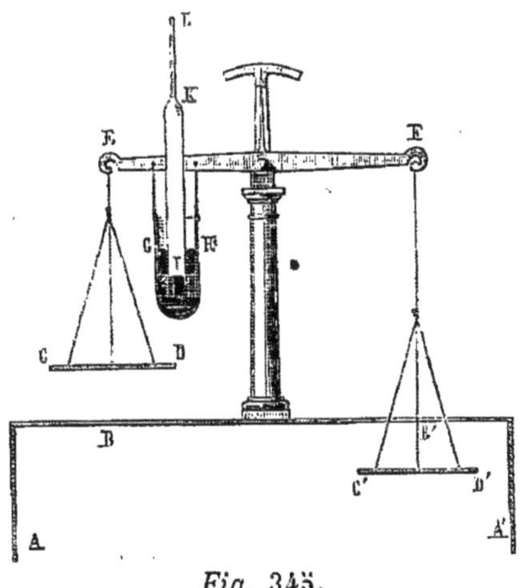

Fig. 345.

B', orifices d'accès de l'air froid, qui peuvent être plus ou moins diminués par le mouvement des plaques CD et C'D' suspendues aux extrémités du fléau de balance EF; dans l'état normal, la distance des plaques mobiles aux orifices B et B' doit être égale à la moitié du rayon des orifices, afin que la surface latérale du cylindre ayant pour base la circonférence des orifices et pour hauteur la distance dont nous venons de parler, soit égale à la surface des orifices; GH, cloche en verre ou en fer renfermant du mercure et suspendue au fléau de balance; IK, cloche en verre ou en fer communiquant par le bas avec la cloche GH, et par le haut avec un tube L d'un très-petit diamètre, en communication lui-même avec le réservoir d'air placé dans le séchoir. Dans l'état normal, le poids de la cloche renversée est équilibré par un contre-poids placé sur la plaque C'D'. En supposant que la température du séchoir puisse être portée jusqu'à 200°, la différence du niveau de mercure dans les cloches GH et IK pourrait aller jusqu'à $0,278 \times 2 = 0^m 556$: ainsi, en supposant la section du tube IK égale à la section de l'espace annulaire compris entre les deux cloches, la hauteur commune des deux cloches devrait être d'environ $0^m 60$; et à la température ordinaire, le mercure devrait s'élever en dedans et en dehors de IK à la moitié de cette hauteur.

Il y aurait plus d'avantage à faire agir la pression de l'air échauffé sur le mercure renfermé dans un siphon MNP (*fig.* 346 et 347), dont la branche ouverte renfermerait un flotteur en fer, soutenu par un fil passant sur deux poulies fixes Q et R, soutenant un poids S, et dont la partie verticale ascendante renfermerait un petit anneau allongé à travers lequel passerait une petite tige horizontale traversant le fléau de la balance. Cette disposition permettrait d'avoir une mesure de la température de l'air chaud, qu'on pourrait indiquer sur une échelle placée à côté d'une des

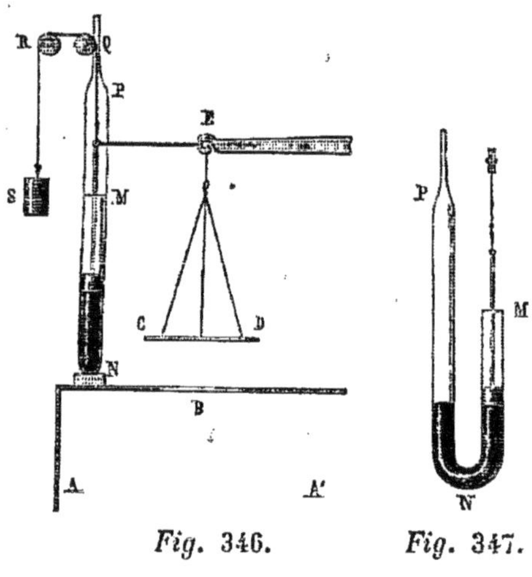

Fig. 346.   Fig. 347.

branches du siphon; en les supposant égales en sections, 10° correspondraient à une variation de la hauteur de chaque colonne égale à $0^m 0278 . 0,5 = 0^m 0139$; on pourrait même, à chaque lecture, faire la correction résultant de la hauteur du baromètre ; ainsi, si la variation de longueur d'une des colonnes était de $0^m 20$, et si le baromètre était à $0^m 74$, il faudrait retrancher $0^m 02$ de la différence de hauteur des deux colonnes, ou seulement $0^m 01$ d'une seule, et la colonne réduite serait de $0^m 19$, ce qui correspond à $0,19 : 0,00139 = 136°$.

1505. L'emploi de la dilatation des métaux ou du mouvement des tuyaux courbes fermés, renfermant seulement de l'air ou de l'air et de l'eau, aurait l'avantage de donner des indications qui ne seraient pas soumises à l'influence du baromètre. A la vérité, les tiges métalliques extérieures, destinées à transmettre le mouvement à la balance, seraient soumises à l'influence des variations de la température extérieure ; mais ces influences sont très-petites : en effet, la dilatation linéaire d'une tige de fer est de 0,00123 de sa longueur primitive, pour une variation de température de 100° ; et pour une longueur de 10^m et une variation de température de 20°, l'allongement serait de $0^m 00246$. Ces appareils sont d'une construction plus simple que celui de M. Rolland, et pourraient souvent être préférés, mais en conservant toujours la disposition des plaques d'accès qui évitent l'influence du tirage. Cependant, s'il était important d'avoir la température moyenne sur une grande étendue, les tubes à air pouvant avoir un très-grand développement seraient préférables ; et en employant la disposition indiquée (1504), on obtiendrait avec une grande précision l'excès moyen de la température intérieure sur la température extérieure.

1506. Les appareils fondés sur l'électricité sont trop compliqués ; ils exigent une pile en permanence, et ne peuvent indiquer que la température du lieu où se trouve le thermomètre ; d'ailleurs l'abaissement du registre aurait lieu brusquement en totalité, et non pas progressivement, comme dans les dispositions fondées sur les principes précédents.

1507. Pour les basses températures, l'appareil de M. Rolland devrait être abandonné, parce qu'alors l'influence des variations de température devient trop considérable : il faudrait dans ce cas avoir recours aux appareils fondés sur la dilatation des métaux ou sur les mouvements des tubes fermés.

1508. Tous les appareils dont nous venons de parler sont fondés sur le rétrécissement de l'orifice d'accès de l'air extérieur dans le foyer ; mais il est important que ce rétrécissement puisse avoir lieu dans une très-grande proportion, attendu que le même poids de combustible peut être brûlé avec des volumes d'air très-différents, suivant la quantité de ce gaz qui échappe à la combustion. Ainsi, si la combustion avait lieu avec un volume d'air double de celui qui est rigoureusement nécessaire, en diminuant la surface de l'orifice d'accès, on augmenterait l'effet produit, et ce ne serait qu'au delà de cette limite que la consommation du combustible diminuerait ; en supposant toutefois, qu'il ne se formât point d'oxyde de carbone. Il résulte évidemment de là que le mouvement des registres doit être très-grand et qu'ils doivent même pouvoir fermer complétement les orifices.

1509. *Régulateur du docteur Arnott.* — M. le docteur Arnott, dont nous avons déjà parlé à l'occasion des foyers, a imaginé un régulateur de température, et il a appliqué son appareil à un poêle, ce qui est évidemment sans utilité, car un poêle est destiné à chauffer la pièce dans laquelle il est placé, et sa température doit varier avec les circonstances extérieures. La figure 348 représente une coupe de l'appareil de

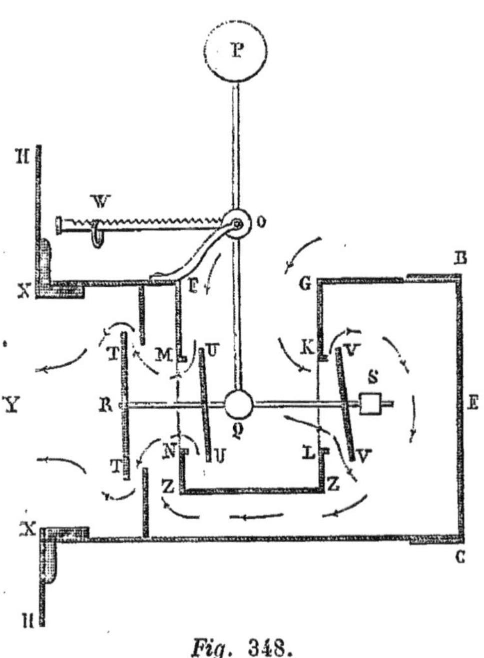

Fig. 348.

M. Arnott, d'après l'ouvrage qu'il a publié en 1855. XBCX est une boîte fixée sur l'orifice XYX, par lequel l'air extérieur pénètre dans le foyer ; cette caisse est fermée en E et renferme une cavité FZZG, percée latéralement de deux ouvertures MN et KL par lesquelles l'air extérieur doit entrer pour passer ensuite dans l'ouverture XX. PQ est une tige verticale mobile autour du point O, portant à la hauteur du centre de rotation une tige horizontale dentée WO, sur laquelle on place un anneau à différentes distances du centre ; l'extrémité Q porte une tige horizontale sur laquelle sont fixés perpendiculairement trois disques TT, UU, VV ; le premier en R, derrière un orifice d'un plus petit diamètre ; le second devant l'orifice MN, le troisième devant l'orifice KL. Un poids S, dont on peut faire varier la distance au point Q, sert, avec l'anneau W, à placer le centre de gravité de l'appareil dans la verticale du point O. Il résulte de cette disposition, que les pressions provenant du tirage, qui se manifestent de la même manière sur les plaques égales UU et VV se font équilibre, et que la pression dont il s'agit ne produit son effet que sur la plaque TT ; si donc le tirage augmente, la plaque TT s'éloignera de l'orifice voisin ; par suite les plaques UU et VV se rapprocheront des orifices MN et KL ; les orifices d'accès seront diminués, la consommation de combustible le sera pareillement, le tirage se trouvera réduit, et les plaques reviendront à leur position primitive, qui d'ailleurs pourra être changée en déplaçant l'anneau W.

1510. Voici maintenant mes observations sur cet appareil. Il est d'abord évident que les plaques UU et VV ne servent à rien, qu'elles compliquent l'appareil sans aucun avantage, et qu'on pourrait, au lieu de trois plaques, en employer une seule, comme l'indique la figure 349 ; lorsque la plaque aurait son maximum d'inclinaison, le passage de l'air serait diminué de moitié ; si l'on voulait que l'ouverture pût être complétement fermée, il faudrait que le tuyau fût coupé par un plan passant par l'axe de rotation suivant la ligne ponctuée, et que la plaque fût elliptique. Dans les deux cas, la surface du cylindre droit ou tronqué par laquelle l'air s'introduit devrait être égale à la section du tuyau.

J'ajouterai que l'appareil, même simplifié comme je viens de le dire, règle le tirage, mais ne règle pas la température produite par le foyer ; car, pour qu'il en fût ainsi, il faudrait que le foyer fût toujours dans le même état, afin que la même quantité d'air brûlât toujours la même quantité de combustible et produisît toujours la même quantité de

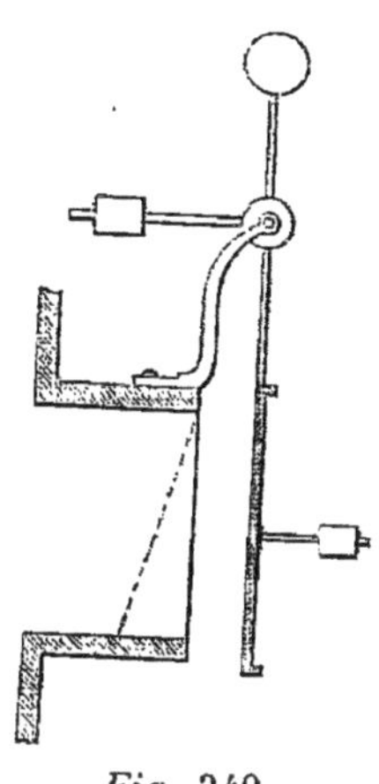

Fig. 349.

chaleur, ce qui n'arrive que dans les calorifères à alimentation continue, comme nous le verrons plus loin ; mais dans ces appareils la température ne doit jamais être constante. Je ne vois réellement aucune circonstance dans laquelle le régulateur en question puisse être employé avec avantage.

1511. Dans le même ouvrage de M. Arnott se trouve une autre disposition, encore appliquée à maintenir un poêle à une température constante. Elle est représentée en coupe figure 350. A est un vase en fonte garni d'une grille à la partie inférieure, et entièrement rempli de coke ; BB est une enveloppe qui doit être maintenue à une température constante ;

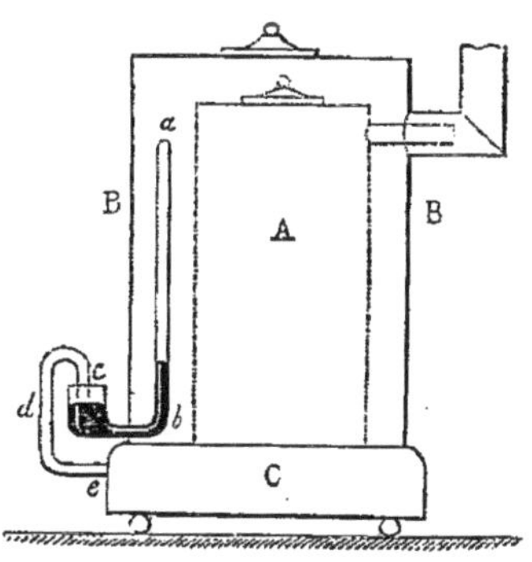

Fig. 350.

ab est un tube fermé par le haut, qui se recourbe par le bas, et se termine par une large cuvette c ; la cuvette et une partie du tube renferment du mercure, et la partie supérieure contient de l'air ; un tube cde, dont l'orifice c est placé à une certaine distance du mercure, communique par l'autre extrémité avec le cendrier C du foyer. Lorsque la température de B s'élèvera, le mercure descendra dans *ab* et s'élèvera dans *c*; et on conçoit que la distance de l'extrémité *c* au niveau du mercure pourrait être telle, qu'à partir d'une certaine température l'accès de l'air fût diminué de manière à produire un ralentissement dans la combustion, et par suite un abaissement de température. Mais l'appareil serait beaucoup moins sensible que si le réservoir d'air échauffé avait un très-grand volume relativement aux variations résultant de la colonne de mercure, parce que le gaz, à mesure qu'il se dilate, éprouve une compression croissante. Dans ce dernier cas, pour une variation de température de 100° à 120°, l'accroissement de pression serait de $0^m 056$ de mercure; et dans l'appareil de M. Arnott, en supposant que la hauteur du tube soit égale à $0^m 76$, pour une variation de température de 100° à 120°, la variation de pression serait seulement de $0^m 01$. En outre, la variation dans la cuvette serait beaucoup plus petite, parce que son diamètre devrait excéder de beaucoup celui du tube *cde*; et ce tube, pour alimenter un foyer brûlant 1^k de coke par heure, en admettant une vitesse de 4^m, devrait avoir au moins $0^m 04$ de diamètre. Il est évident que le régulateur de M. Arnott, même appliqué à un poêle, n'aurait aucune sensibilité, qu'il pourrait permettre des variations énormes de température, et qu'il ne peut pas être appliqué à de grands foyers.

Après avoir exposé les principes généraux du séchage par l'air ou par le chauffage direct, nous allons examiner les différentes dispositions employées pour les séchoirs.

CHAPITRE VI.

DISPOSITIONS DES SÉCHOIRS A AIR CHAUD.

1512. On n'a eu longtemps que des idées inexactes sur le séchage par la chaleur; on pensait que la chaleur seule suffisait, et que le renouvellement de l'air était inutile. D'après cela, les séchoirs étaient exactement fermés, et on les échauffait par des tuyaux métalliques dans lesquels on faisait circuler de l'air chaud ou de la vapeur. Alors il fallait des séchoirs d'une grande capacité, et on devait élever beaucoup la température de l'air pour qu'il pût tenir en dissolution toute la vapeur formée par l'eau qui mouillait les matières à dessécher; et d'ailleurs, quand la température que devait atteindre l'air était limitée, une fois que l'air était saturé et que sa température devenait constante, l'évaporation cessait complètement, et les matières pouvaient rester indéfiniment dans le même état.

Il paraît que, dans plusieurs ateliers, la ventilation ayant été établie par un accident, tel que la rupture d'une vitre, on reconnut que la dessiccation était plus prompte, et qu'il était avantageux d'avoir une ventilation continue ou seulement intermittente.

1513. Les étuves des raffineries de sucre, qui ont pour objet de dessécher les pains, étaient disposées autrefois d'une manière très-défectueuse, non-seulement sous le rapport de la ventilation et de l'économie du combustible, mais encore sous celui des chances d'incendie. Ces étuves sont ordinairement des pièces carrées d'une grande hauteur, garnies d'étagères rapprochées, à claire-voie, sur lesquelles les pains de sucre sont rangés en sortant des formes. A la partie inférieure, on plaçait un foyer surmonté d'un dôme en fonte; l'ouverture du foyer était en dehors, ainsi que la cheminée ; le dôme en fonte, qui n'avait jamais qu'une petite étendue, rougissait, et échauffait l'air du séchoir. On conçoit, d'après cette disposition, qu'il y avait une énorme quantité de chaleur perdue, parce que la surface de chauffe était souvent dix fois plus petite que celle qui aurait été nécessaire ; aussi l'air qui se dégageait du foyer était à une température très-élevée. De plus, on ne prenait pas la précaution de ménager à l'entrée de l'air de séchage des ouvertures suffisantes. Cette disposition était en outre très-dangereuse, parce que la chute d'un pain sur la pièce de fonte incandescente risquait d'occasionner l'incendie de l'établissement : c'est ce qui est arrivé plusieurs fois. A la vérité, dans quelques raffineries, on couvrait par une voûte en briques la chaudière de fonte renversée qui répandait la chaleur dans l'étuve ; mais alors on empêchait l'air de circuler librement sur la surface de chauffe, dont le rayonnement se trouvait considérablement diminué. Maintenant on évite complètement ces accidents et on économise beaucoup de temps et de combustible, soit en échauffant l'air extérieurement par des calorifères à air ou à vapeur, soit en le chauffant intérieurement par la vapeur. Un registre, placé dans la prise d'air, extérieur ou au sommet du séchoir, permet de régler l'activité de la ventilation. Cette disposition, quoique bien préférable aux anciennes, occasionne certainement beaucoup de perte de chaleur, parce que l'air, s'élevant, suit nécessairement les chemins de moindre résistance et de moindre refroidissement, et à sa sortie n'est certainement pas saturé, surtout à la fin de l'évaporation.

1514. Les séchoirs employés dans les fabriques de toiles peintes consistent en une tour carrée assez élevée, et terminée supérieurement par une galerie en saillie ; lorsque le temps est favorable, les étoffes sont suspendues à l'air libre au moyen de la galerie, et, dans les temps pluvieux et humides, elles sont séchées intérieurement par des courants d'air chaud dirigés de bas en haut. Cette disposition est peu convenable, du moins pour le séchage intérieur ; car, comme nous l'avons déjà dit, une grande partie de l'air chaud doit se dégager à la partie supérieure sans être saturé. Ces séchoirs ont été très-répandus en Alsace. Voici les résultats de plusieurs expériences faites à Mulhouse en 1839 ; elles feront voir le peu d'effet utile qu'on obtient dans ces appareils.

D'après deux expériences faites par M. Penot sur deux séchoirs différents, on a obtenu dans l'un $1^k 36$ de vapeur d'eau par kilogramme de houille, et dans l'autre seulement $1^k 02$. Dans ce dernier, les murs étaient minces et percés d'un grand nombre de fenêtres, et la température n'a pas pu être portée au delà de 30°.

D'autres expériences faites par le même physicien, en fermant les soupiraux qui se trouvent à la partie supérieure du séchoir, ont donné les résultats suivants : Le premier séchoir avait 2983^{mc} de capacité et $9^m 6$ de hauteur ; il était garni de trois soupiraux ayant chacun $1^{mq} 6$ de surface. A 1 heure, on introduisit dans le séchoir des toiles qui renfermaient 1050^k d'eau ; de 1 heure à 5 heures $\frac{3}{4}$, la température intérieure augmenta progressivement de 23° à 60°, et l'hygromètre diminua constamment de 75° à 30°. Pour obtenir une dessiccation complète des toiles, on brûla 625^k de houille ; ainsi 1^k de houille a évaporé $1^k 68$ d'eau. Le séchoir n'était pas complètement fermé. Une autre expérience, faite dans des conditions plus favorables, a donné $2^k 86$.

Dans toutes ces expériences, les opérations n'ont cessé que quand les toiles ont toutes été parfaitement sèches. Mais, en opérant d'une manière continue, c'est-à-dire en enlevant successivement les toiles sèches pour les remplacer par des toiles humides, on obtient de meilleurs résultats.

D'après M. Royer, dans un étendage ayant $9^m 68$ de longueur, $8^m 2$ de largeur, $19^m 28$ de hauteur, pour lequel la surface de chauffe du calorifère était de $70^{mq} 5$, avec une consommation moyenne de 25^k de houille à l'heure, trois expériences, qui ont duré chacune quinze jours, et durant lesquelles la température moyenne de l'air a toujours été comprise entre 30 et 50°, ont donné pour effet utile moyen $2^k 37$, $2^k 53$, et $2^k 18$ d'eau évaporée par kilogramme de houille.

Ces dispositions de séchoirs sont très-mauvaises, et par la trop grande étendue des surfaces extérieures, et surtout par le mode d'évacuation de l'air. On obtiendrait de bien meilleurs résultats dans des séchoirs peu élevés, à courants d'air continus et à sortie d'air par le bas, et disposés comme nous l'avons indiqué (1484).

1515. Les figures 351 et 352 représentent une disposition très-com-

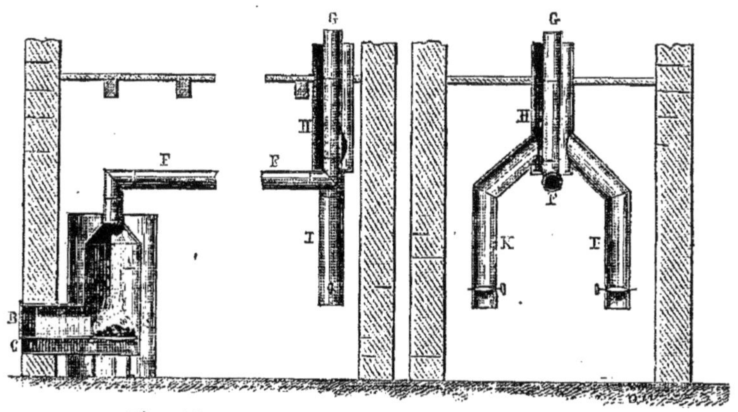

Fig. 351.   Fig. 352.

mode du foyer et de la cheminée d'appel pour de petits séchoirs. Le calorifère se compose uniquement d'un cylindre de tôle A, renfermant le foyer; la porte du foyer, celle du cendrier et celle d'appel de l'air sont extérieures. Le cylindre A est environné d'un autre cylindre en tôle, complètement ouvert en dessus, et qui communique par la partie inférieure avec la porte d'accès de l'air. Il se termine à la partie supérieure par un tuyau de tôle FFG, qui s'élève à une certaine hauteur, chemine ensuite horizontalement dans toute la longueur du séchoir, puis s'élève verticalement et sort du bâtiment. La dernière partie verticale du tuyau est environnée d'un tuyau d'un plus grand diamètre H, fermé inférieurement, et recevant deux autres tuyaux K et I, qui descendent jusqu'à une petite distance du sol, où ils sont complètement ouverts. Au-dessus des toits, les tuyaux sont terminés, à des hauteurs différentes, par des calottes sphériques, pour éviter l'action des vents sur la sortie de l'air.

1516. Pour les toiles et les étoffes en général, les séchoirs peuvent être réduits à des appareils d'une petite étendue, dans lesquels on fait circuler en sens contraire l'air chaud et la matière à sécher. La figure 353 représente un appareil de cette espèce. ABCD est une caisse en bois, garnie intérieurement d'un grand nombre de cloisons *ab*, *cd*, parallèles, également distantes, s'appuyant alternativement sur les deux faces CD et AB de la caisse. A chaque extrémité de ces cloisons se trouvent des rouleaux très-mobiles. A la partie supérieure et dans l'axe de la caisse sont deux autres rouleaux I et K, et deux autres R et S à la partie infé-

rieure. La caisse est percée, à la partie inférieure, de deux ouvertures
E et F, par lesquelles arrive l'air chaud, et, à la partie supérieure, de
deux autres ouvertures G et H, qui communiquent avec la cheminée
d'appel. Une toile sans fin passe sur tous les rouleaux, et on la fait mar-

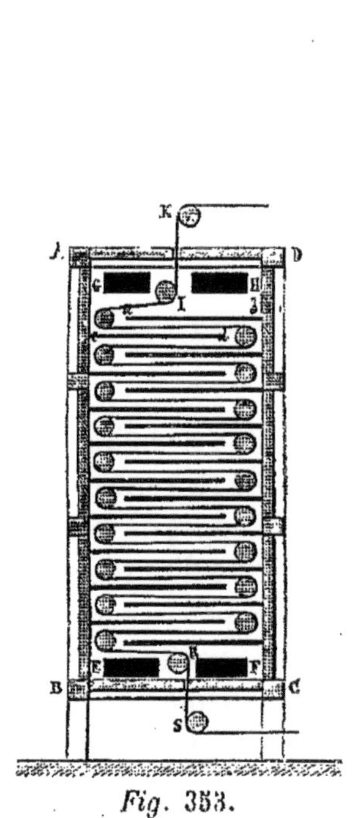

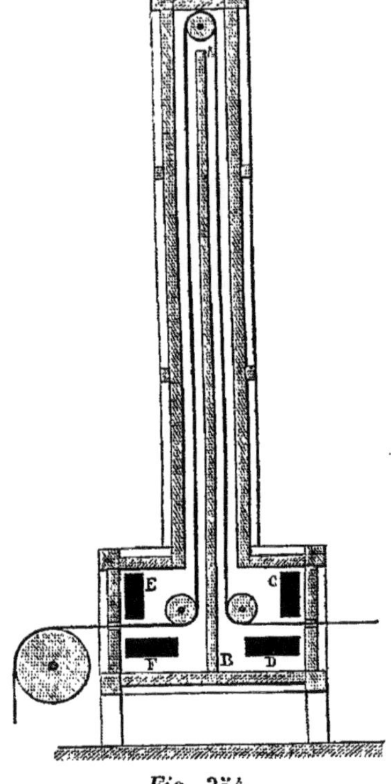

Fig. 353.　　　　　　　　　　　　　Fig. 354.

cher de manière qu'elle parcoure la caisse de haut en bas. Il est facile
de voir, à l'inspection de la figure, que les orifices E et F donnent de
l'air chaud, chacun sur une face de l'étoffe, et que, si le courant d'air
chaud et la vitesse de la toile sont convenables, la toile sortira complètement sèche. Le mouvement de l'air chaud peut être produit par
un ventilateur aspirant ou soufflant, ou par une cheminée d'appel.

L'appareil représenté par la figure 354 est analogue à celui que nous
venons de décrire, mais beaucoup plus simple. La cloison AB divise la
caisse en deux parties; les orifices C et D amènent l'air chaud, et les
orifices E et F permettent l'écoulement de l'air humide.

1517. Dans ces deux appareils, le mélange d'air et de vapeur doit
s'échapper à une température peu différente de la température extérieure, parce qu'il sort après avoir rencontré les étoffes froides ; ainsi,
l'air saturé renfermant peu de vapeur, ces appareils doivent exiger une

certaine dépense de travail pour mettre en mouvement le volume d'air nécessaire au séchage. Cette circonstance ne se rencontre pas dans les séchoirs ordinaires, parce que les matières y sont fixes et qu'elles s'échauffent progressivement par la condensation d'une partie des vapeurs produites dans les parties supérieures du séchoir. Ces deux appareils pourraient facilement être modifiés de manière à ne laisser sortir le mélange qu'à une température peu inférieure à 100°. Il suffirait que les cloisons *ab* du premier et la cloison AB du second fussent chauffées par un moyen quelconque, afin d'échauffer l'air à mesure qu'il se refroidirait en produisant de la vapeur. Dans la disposition de la figure 354, le mode de chauffage le plus simple consisterait à former la cloison AB avec une série de petits tubes parallèles, communiquant par le haut et par le bas avec des tubes horizontaux, dont l'un amènerait la vapeur, et dont l'autre ferait écouler l'eau du condensateur. Le mélange pourrait sortir à une température très-voisine de 100°. En plaçant deux autres séries de tubes parallèles à AB de l'autre côté de l'étoffe, contre les cloisons de bois, on augmenterait beaucoup la quantité de matière séchée dans un temps donné. Si la vapeur était à une température supérieure à 100°, les vapeurs produites s'écouleraient d'elles-mêmes sans l'intervention de l'air ; les orifices C et D devraient être supprimés, et il suffirait que les orifices E et F communiquassent avec l'air extérieur. Dans ce dernier cas, en supposant que l'appareil soit enveloppé de matières conduisant mal la chaleur, et d'une épaisseur suffisante, la quantité de vapeur formée serait égale à celle qui se condenserait dans les tuyaux. Ces derniers devraient avoir des surfaces ternes, afin d'émettre le plus de chaleur possible par le rayonnement.

1518. La figure 355 représente une coupe transversale d'un séchoir à draps. Ces séchoirs, qu'on désigne ordinairement sous le nom de *rames*, doivent contenir de l'air à une température supérieure à 40° ; ils ren-

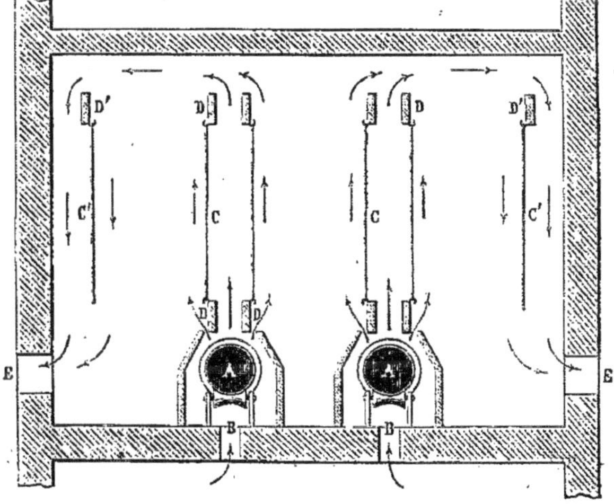

Fig. 355.

ferment deux tuyaux à vapeur A, A', qui les parcourent dans toute leur longueur. Ces tuyaux sont enveloppés de planches, de manière que l'air échauffé autour d'eux puisse s'échapper par la partie supérieure. L'air froid arrive par des orifices nombreux B, placés au-dessous des tuyaux. Les draps sont tendus sur des traverses horizontales D, D, qui laissent entre elles un intervalle de 0^m10 environ ; les pièces C', C' sont seulement suspendues aux traverses D', D'. L'air chaud s'élève contre les surfaces des quatre nappes de drap centrales C, C, et descend contre les deux surfaces des nappes extrêmes C', C', pour gagner les orifices E, qui sont uniformément distribués dans la longueur du rame, et communiquent avec la cheminée d'appel.

1519. La figure 356 représente une coupe verticale d'un séchoir à

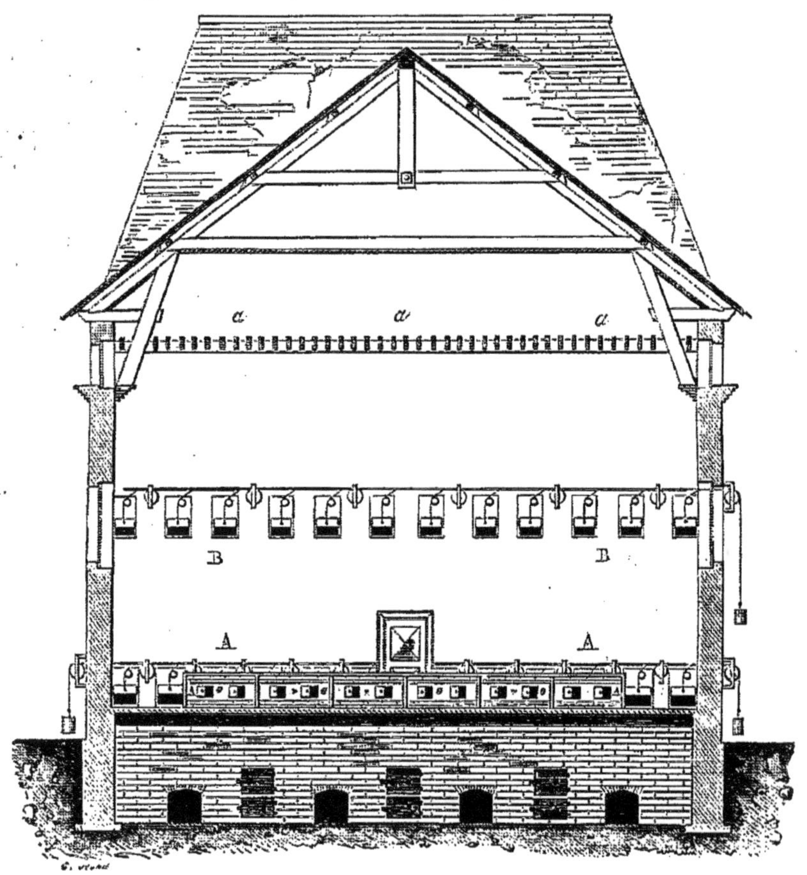

Fig. 356.

étoffes, construit, il y a plusieurs années, par M. René Duvoir, pour une blanchisserie. Les pièces de calicot sont suspendues verticalement à des pièces de bois *a, a, a* qui forment un plancher à claire-voie, sur lequel les ouvriers peuvent marcher pour aller étendre les pièces dans toutes les parties du séchoir. Trois calorifères, placés au-dessous du sol, lancent l'air chaud à la température moyenne de 120° dans un canal en briques, d'où il s'échappe latéralement par un grand nombre d'ouvertures o, o, o...... fermées par des portes à coulisses qui permettent de le répartir également des deux côtés. L'air chaud s'élève d'abord ; il est ensuite obligé de descendre pour gagner les orifices des cheminées d'évaporation, dont une partie se trouve au bas du séchoir en A, A, et l'autre en B, B, à moitié de sa hauteur. On n'ouvre ces dernières qu'au commencement de l'opération, et on les ferme ensuite complètement, afin que l'air soit obligé de descendre jusqu'à la surface du sol. Les cheminées se réunissent trois à trois, et forment de chaque côté un seul corps qui s'élève au-dessus du toit.

Dans cet appareil, on sèche en 6 heures 150 pièces de calicot, qui contiennent ordinairement 1130^k d'eau. La consommation de houille est de 4 hectolitres ou 320^k, ce qui correspond à une évaporation de $1130 : 320 = 3^k52$ par kilogramme de houille.

Le volume d'air lancé dans le séchoir était de 55000^{mc}. La température extérieure étant de 25°, on a trouvé que la température de sortie à l'extrémité des cheminées était en moyenne de 38°. Il est facile de s'assurer, par un calcul très-simple, que l'air qui sort est loin d'être saturé : c'est ce qui doit arriver surtout à la fin des opérations, quand le séchage est sur le point d'être terminé ; il y a alors une grande perte de chaleur. Le principal inconvénient de ce séchoir réside dans l'impossibilité de répartir uniformément les courants d'air chaud et dans les irrégularités qui en résultent.

1520. Dans un grand nombre de circonstances, il est facile d'utiliser pour le chauffage de l'air, et par suite pour le séchage, une partie de la chaleur perdue des générateurs et des autres fourneaux, dans lesquels on peut abaisser la température de la fumée sans nuire au tirage, attendu que presque toujours les cheminées ont un grand excès de tirage qui est constaté par l'abaissement permanent du registre. M. René Duvoir a établi dans la même blanchisserie un appareil composé de tuyaux verticaux en fonte, chauffés extérieurement par la circulation de la fumée à la sortie du générateur. Ces tuyaux communiquent par le bas avec l'air extérieur, et par le haut avec le séchoir ; l'air y prend une température de 100°. Le volume d'air fourni par l'appareil dans une heure s'élève à 3750^{mc}, lorsque la température extérieure atteint 25° ; la quantité de chaleur utilisée devient alors de $3750 . 1,23 . 75 . 0,24 = 87747$ calories, ce qui correspond à peu près à l'effet utile réel de 21^k de houille dans les calorifères. L'expérience a

confirmé exactement ce résultat. Dans un séchoir qui exigeait auparavant 240^k de houille en 6 heures, pour le séchage des pièces de calicot
qu'il contient, on n'en consomme plus que 120^k pour produire le
même effet dans le même temps. La consommation des générateurs
est de 130^k par heure. Le calorifère refroidit la fumée de 400° à 200°.
Ces nombres s'accordent d'une manière très-satisfaisante avec ceux
que nous avons donnés sur la température de la fumée ; en supposant que toute la chaleur produite par 1^k de houille serve à chauffer
les 18^{mc} d'air employés à sa combustion, la température de la fumée
serait à peu près de 1200° ; un refroidissement de 200° correspond à un
sixième du combustible, et le sixième de 130 est 21.

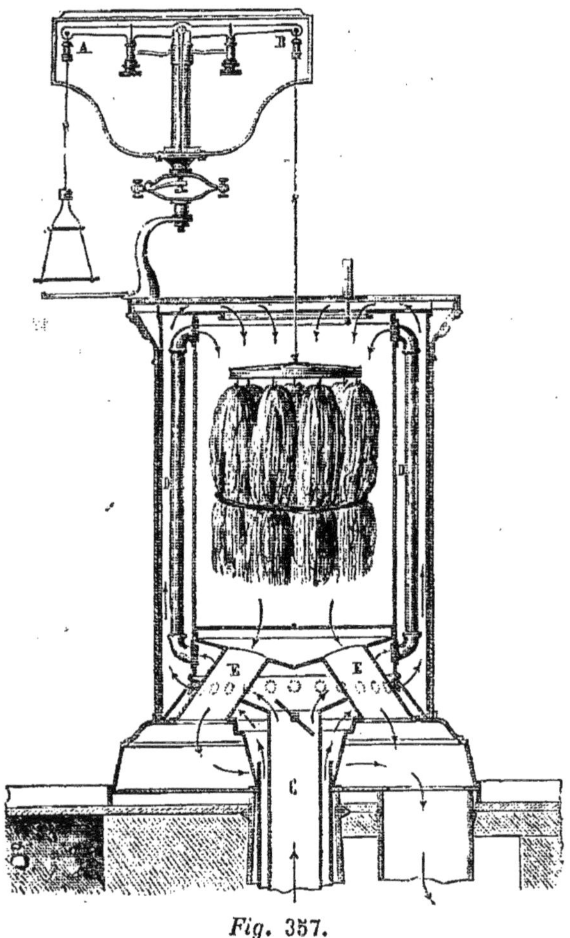

Fig. 357.

1521. *Conditionnement des soies.* — Dans le langage de l'industrie , *conditionner* une matière textile, c'est déterminer la quantité d'eau qu'elle contient. Cette opération est évidemment d'autant plus importante que la matière est d'un prix plus élevé. Elle s'exécute partout sur la soie, en desséchant complétement un certain nombre d'échantillons. C'est à M. Talabot qu'on doit les premiers bons appareils de conditionnement. Ils consistaient en deux cylindres concentriques en tôle , dont l'intervalle était constamment rempli de vapeur d'eau. L'échantillon était suspendu au centre du cylindre intérieur, à une balance très-sensible, et la partie supérieure était fermée par un couvercle ; la matière à sécher, chauffée par le rayonnement de la surface intérieure et par les courants qui s'établissaient dans le cylindre , finissait par atteindre une température un peu supérieure à 100°, et la vapeur produite s'échappait par une fente étroite, ménagée dans le couvercle. L'opération était terminée quand la balance, remise de temps en temps en équilibre par la suppression de poids, finissait par y demeurer d'une manière constante ; ce qui indiquait évidemment que le corps ne perdait plus d'eau. Cet appareil a été modifié par M. Persoz : la vapeur est remplacée par l'air chaud, qui circule d'abord entre les deux enveloppes, et parcourt ensuite le cylindre intérieur de haut en bas. La dessiccation est ainsi rendue plus rapide, parce que la surface du cylindre intérieur est portée à une plus haute température, et que l'air, en descendant, se répartit uniformément à travers le corps à dessécher.

La figure 357 représente une coupe de l'appareil. AB est le fléau d'une balance de précision, supportant à l'extrémité A un plateau qu'on allége successivement pendant l'opération, et à l'extrémité B, les flocons de matières à sécher ; le fil de suspension passe à travers un petit trou pratiqué dans le couvercle du cylindre intérieur ; l'air chaud, qui arrive du calorifère par le tuyau C, s'élève par 32 petits tubes D placés entre les deux cylindres concentriques, qui débouchent à la partie supérieure du cylindre intérieur ; il s'échappe par les tuyaux E,E qui communiquent avec une cheminée d'appel.

Cet appareil est établi dans un grand nombre de conditions de soie.

CHAPITRE VII.

SÉCHAGE DU LINGE.

1522. Lorsque le linge a subi toutes les opérations qui constituent le blanchissage, il faut le sécher, et le plus promptement possible, parce que l'humidité prolongée altère sa solidité et sa blancheur. La plus grande partie de l'eau est enlevée par l'égouttage, le tordage, la presse ou l'essoreuse (1441 et suiv.). La quantité d'eau que le linge retient encore, après avoir été soumis à l'action mécanique, est très-variable, suivant la nature des tissus et l'énergie de la puissance mécanique à laquelle il a été soumis. On peut admettre en moyenne qu'il en renferme 0,5 de son poids.

Le séchage s'effectue souvent à l'air libre ; on étend le linge sur des cordes horizontales, fixées à une certaine distance du sol. Souvent le séchoir est placé dans des combles dont les parois latérales sont formées de persiennes. Ce mode de séchage, qui dépend à la fois, comme nous l'avons dit, de la température de l'air, de son état hygrométrique et du vent, est très-irrégulier, quelquefois rapide, d'autres fois très-lent, et toujours incertain. Le séchage par l'air mis en mouvement par une action mécanique échapperait à l'influence du vent, mais il serait soumis à toutes les autres. On pourrait le rendre régulier en desséchant l'air; mais les frais seraient plus considérables qu'en employant la chaleur seule : aussi toutes les blanchisseries doivent-elles être pourvues d'un séchoir à air chaud pour régulariser le travail ou pour le rendre plus rapide.

1523. Les séchoirs de la plupart des blanchisseurs se composent simplement d'une chambre close dans laquelle le linge est étendu, et où se trouve un poêle avec ses tuyaux à fumée d'un grand développement. L'air extérieur pénètre autour du poêle, et s'échappe par une cheminée communiquant avec le bas du séchoir; quelquefois le linge est suspendu sur des châssis à roulette, qui peuvent facilement sortir du séchoir.

1524. En 1850, une commission nommée par M. Dumas, ministre des travaux publics, fut chargée d'étudier la question si importante des bains et lavoirs publics destinés à la classe ouvrière. M. de Saint-Léger, ingénieur en chef des mines, fut chargé de visiter les établissements de l'Angleterre. Les rapports de cette commission, publiés par l'ordre du ministre, renferment un grand nombre de renseignements intéressants que je vais résumer.

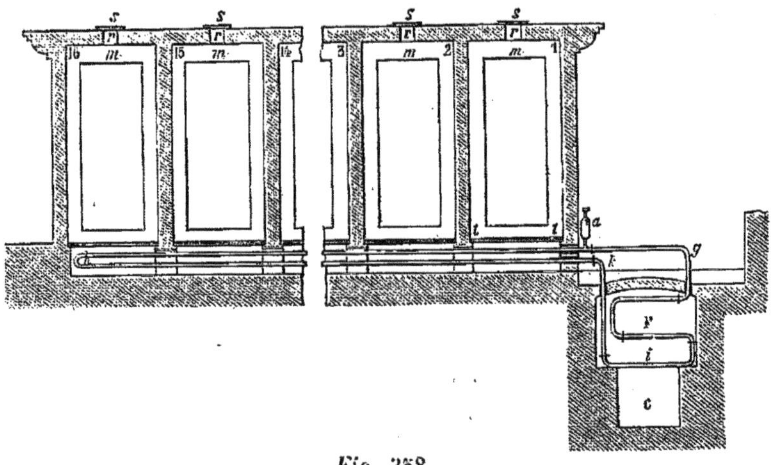

Fig. 358.

1525. Dans l'établissement de Easton-Square, à Londres, qui renferme des bains et des lavoirs publics, il y a 16 cabinets de séchage du linge adossés à un mur; l'ensemble de ces cabinets occupe environ 18ᵐ de longueur sur 1ᵐ 60 de profondeur et 2ᵐ de hauteur. Cet espace est divisé par des cloi-sons transversales de maçonnerie légère, en 16 compartiments égaux de 1ᵐ 125 de largeur (*fig*. 358). On entre dans chacun des cabinets par une porte ordinaire en bois *m*, de 1ᵐ 80 de hauteur. Chacun est percé à la partie supérieure d'un orifice *r*, fermé par une soupape *s*, qu'on soulève à volonté. Le sol de ces cabinets est formé par des plaques de tôle *tt*, percées d'un grand nombre de trous. Au-dessous se trouvent 20 tuyaux parallèles (système Perkins) dans lesquels circule de l'eau à une haute température; ils ont 0ᵐ025 de diamètre extérieur, 0ᵐ012 de diamètre intérieur. Chacun d'eux forme un circuit fermé *ighk*, disposé comme l'indique la figure ; les tuyaux qui se trouvent à la partie la plus basse du circuit forment la grille du foyer F ; au-dessous est le cen-drier C. Les variations de volume de l'eau en circulation s'effectuent dans le vase *a*. Au-dessous de chaque cabinet, la surface des tuyaux de chauffage s'élève à 3ᵐ 60. D'après M. de Saint-Léger, la température des tuyaux dépasserait 266°. Les femmes étendent leur linge le mieux possible sur les nombreuses traverses de grands chevalets en bois, de 1ᵐ 40 de longueur, 0ᵐ 40 de largeur, et 1ᵐ 70 de hauteur : ces che-valets sont placés dans les cabinets, dont les portes sont ensuite fermées. D'après les renseignements fournis sur les lieux à M. de Saint-Léger, l'air extérieur ne peut entrer que par les fissures des portes ; on soulève les soupapes, quelque temps après le commencement du séchage, pour donner issue à la vapeur formée ; puis on les ferme, pour ne les ouvrir qu'à la fin de l'opération. Le séchage dure environ une demi-heure. Le rapport ne contient aucun renseignement sur la quantité d'eau éva-porée, ni sur la quantité de coke consommée.

1526. Dans l'établissement de Goulston-Square, à Londres, qui, ainsi que le précédent, renferme des bains et des lavoirs publics, le séchoir est disposé d'une manière très-différente. La figure 359 en représente une coupe transversale. A et B, tuyaux de fonte que la fumée d'un foyer à coke parcourt successivement en sens contraire : chacun d'eux a la longueur du séchoir. Le canal en maçonnerie dans lequel ils sont placés a 1ᵐ 50 de largeur, 10ᵐ de longueur, et environ 0ᵐ 50 de pro-fondeur. CD, pièces de fonte qui supportent un grillage de fil de fer galvanisé, qui s'étend sur toute la longueur et la largeur du canal. GHIK, châssis en fer, garni de pièces longitudinales LL en fer galva-nisé ; les deux faces opposées, GH et IK, sont pleines, de manière à fermer complètement l'ouverture de la face antérieure du séchoir, quand le châssis est complètement en dedans ou en dehors du séchoir. On fait mouvoir ces châssis au moyen de la poignée M ; ils sont supportés par des poulies, N et P, qui roulent sur des rails EF. Les châssis ont $1^m\,95$ de hauteur, $0^m\,34$ de largeur et $1^m\,60$ de longueur. Q, canal d'écoulement des vapeurs; il communique avec le séchoir par des ouvertures garnies de soupapes qu'on ouvre à volonté. Lorsque le linge d'un châssis est sec, on fait glisser celui-ci sur ses roulettes, jusqu'à ce que la face IK

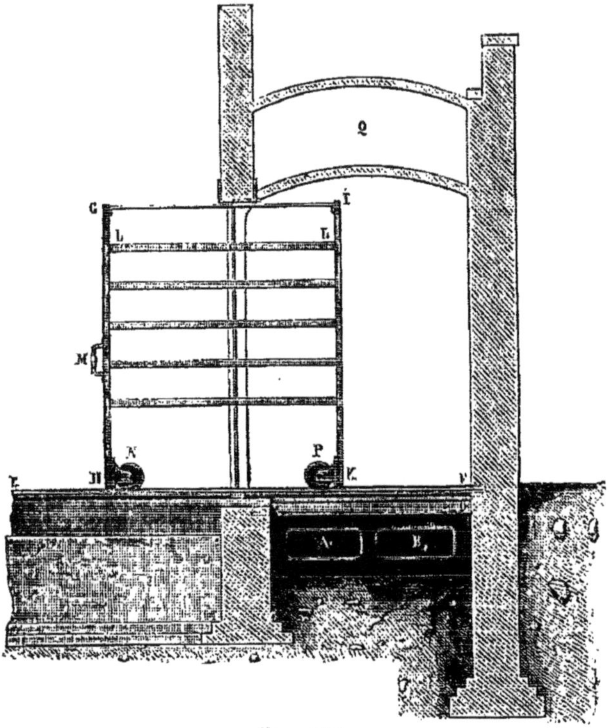

Fig. 359.

vienne fermer l'ouverture du séchoir ; on enlève alors le linge sec, on le remplace par du linge humide, et on enfonce de nouveau le châssis. La capacité du séchoir est de 32^{mc}, et la surface de chauffe est de 30^{mq}. M. de Saint-Léger n'a pas vu fonctionner l'appareil; mais, d'après les résultats obtenus dans celui de Easton-Square, il n'est pas douteux que cette nouvelle disposition ne réussisse parfaitement, d'autant plus que les surfaces de chauffe peuvent être élevées à une plus haute température. Le projet est de laisser les registres fermés jusqu'à ce que la température intérieure se soit élevée à 100° ; on doit alors ouvrir convenablement les soupapes, de manière que cette température soit maintenue. M. Hawes assure que le procédé est d'autant plus rapide et plus économique, que l'air éprouve plus de difficulté à se renouveler.

1527. L'établissement de bains et lavoirs publics de Saint-Martin des

Champs (à Londres) contient des cases à sécher, disposées d'une manière particulière ; elles sont placées à la suite l'une de l'autre, de manière à n'être séparées que par des murs de refend. Leur face supérieure est à $3^m 60$ de la surface du sol, leur face inférieure à $1^m 80$, et cette dernière face est formée par le fond du chevalet, qui porte le linge à sécher, qu'on élève ou qu'on abaisse par des cordes passant sur des poulies. La face supérieure est percée d'une ouverture garnie d'un registre mobile. Les cases sont chauffées par un calorifère à eau chaude (système Perkins); les tuyaux, de même dimension que dans le séchoir de Easton-Square, traversent horizontalement toutes les cases : dans chacune il y a deux rangées de tuyaux parallèles, à une distance de $0^m 02$ à $0^m 03$ des surfaces intérieures. Le nombre des tuyaux est de 10 :. c'est dans leurs intervalles que le linge à sécher est suspendu sur les traverses du chevalet. La surface des tuyaux de chauffage d'une case est de $1^{mq} 18$; la capacité de la case est de $0^{mc} 756$. Le séchage dure de 15 à 30 minutes. La consommation de combustible est beaucoup plus grande que dans le séchoir de Goulston-Square.

1528. M. de Saint-Léger cite dans son mémoire les résultats de deux expériences faites dans les ateliers de M. Healy, avec des appareils semblables à ceux de Saint-Martin. L'appareil était composé de 3 cases en bois; chacune avait $1^m 45$ de longueur, $1^m 23$ de hauteur, $0^m 19$ de profondeur, et $0^{mc} 339$ de capacité. A la partie supérieure de chaque case était une ouverture de $0^m 02$, fermée par un registre mobile. La surface de chauffe était de $0^{mq} 91$ par case. Les expériences ont duré 8 heures. Dans deux expériences partielles, on a tenu compte de la quantité d'eau évaporée, dont les poids ont été, dans une seule case et en 30 minutes, de $1^k 40$ et $2^k 60$. Il est fâcheux qu'on n'ait pas mesuré le combustible consommé ; cette mesure n'a été faite que dans des expériences où on négligeait d'observer la quantité d'eau vaporisée. La quantité de coke brûlé par heure a été de $2^k 55$ pour les 3 cases. En supposant que tout se soit passé comme dans les expériences partielles dont nous venons de parler, la consommation par case aurait été de $0^k 85$ pour vaporiser $2^k 60$ d'eau, ce qui donnerait 3^k de vapeur par kilogramme de coke. L'ingénieur qui a construit ces appareils y a probablement reconnu des inconvénients ; car, depuis la construction de l'appareil de Saint-Martin, tous ceux qu'il a projetés ont été disposés d'une manière différente.

1529. Dans un projet de séchoir pour l'établissement de Hull, dans l'East-Riding, qui était en voie d'exécution au moment de l'enquête, M. Baly a supprimé les chevalets mobiles ; il conserve la circulation Perkins, mais il place tous les tuyaux dans un même plan vertical, au milieu de la case. Ce sont les tuyaux eux-mêmes qui supportent le linge ; seulement chacun d'eux doit être entouré d'un manchon en fil de fer galvanisé, maintenu à une certaine distance, pour empêcher le linge de toucher les tuyaux. En outre, les tuyaux devront occuper la partie supérieure des cases.

1530. Dans un projet, aussi en exécution à la même époque, pour un établissement de bains publics et de lavoirs de Westminster à Londres, où l'une des principales conditions imposées était l'économie dans les frais de premier établissement, M. Baly a adopté la disposition de Goulston-Square.

1531. Dans l'établissement de Saint-Marylebone à Londres, qui était aussi en construction en 1850, les cases des séchoirs étaient disposées comme à Saint-Martin des Champs, c'est-à-dire élevées au-dessus du sol, et fermées en dessous par la plaque du chevalet, quand il était renfermé dans la case. Le chauffage devait avoir lieu par la vapeur à basse pression ; l'appareil devait être formé de deux tuyaux verticaux placés aux deux extrémités du fond, communiquant entre eux par 32 petits tuyaux. Cette espèce de grille verticale était au fond de la caisse et derrière le chevalet, et séparée du linge par une grille légère en bois. Les cases devaient avoir $1^m 52$ de longueur, $0^m 305$ de profondeur, et $1^m 83$ de hauteur ; les gros tuyaux de chauffage, $0^m 06$ de diamètre ; les petits, $0^m 025$; les premiers devaient être en fonte, les seconds en fer étiré, de $0^m,0015$ d'épaisseur, et les assemblages devaient être faits au mastic de fonte. Capacité d'une case, $0^{mc} 847$; surface de chauffe, $3^{mq} 80$. Dans des expériences faites sur une seule case, on a trouvé qu'une couverture mouillée, contenant $1^k 300$ d'eau, en contenait encore, après 1 heure, $0^k 172$; après 1 heure $\frac{1}{4}$, seulement $0^k 058$; après 1 heure $\frac{1}{2}$, elle était complètement sèche. La température moyenne de la case était de 58°. Un courant d'air la traversait constamment.

1532. De tout ce que nous venons de rapporter, il résulte évidemment, suivant l'avis de M. de Saint-Léger, que le mode de séchage par la méthode employée dans l'établissement de Goulston-Square est à la fois le plus simple et le plus économique, sous le rapport des frais d'établissement et de la consommation de combustible. Le chauffage Perkins, par de petits tuyaux à eau chaude, doit être abandonné, parce que la dépense d'établissement est très-considérable, et que la fumée se dégageant nécessairement à une température élevée, la chaleur est bien moins utilisée que dans le cas du chauffage direct de l'air ; en outre, les tuyaux qui environnent le foyer exigent des réparations assez fréquentes. La disposition des tiroirs est ingénieuse et commode. Enfin les surfaces de chauffe sont disposées de manière que la température moyenne des tuyaux, au-dessous de chaque tiroir, est sensiblement constante ; et, en modérant la consommation, on peut n'abandonner la fumée qu'à une température peu supérieure à 100°. On pourrait très-facilement augmenter l'effet des surfaces de chauffe, en plaçant entre les deux tuyaux une lame métallique ou un petit mur en briques de champ, qui serait échauffé par le rayonnement des faces voisines. Il faudrait aussi que les orifices de dégagement de la vapeur fussent fermés par des registres équilibrés de manière à s'ouvrir sous un très-petit excès de pression.

D'après les renseignements recueillis par M. de Saint-Léger, le séchage dans tous les appareils décrits aurait lieu par la chaleur et par un courant d'air. Il est sûr, en effet, qu'il s'introduit une certaine quantité d'air par les joints des têtes des tiroirs ; mais ce n'est qu'un accident. Dans aucune description il n'est question d'orifices d'accès de l'air extérieur, qui d'ailleurs seraient tout à fait inutiles, la température pouvant dépasser 100°. Ainsi, à mon avis, dans ces séchoirs, l'effet est en très-grande partie produit par la formation directe de la vapeur, et les courants d'air sont surtout nuisibles à la fin de l'opération, parce qu'alors l'air se dégage non saturé. On conçoit facilement, en effet, que la chaleur peut aussi bien se transmettre, par les mouvements de bas en haut et de haut en bas de la vapeur surchauffée, que par l'air mêlé de vapeur. La transmission par la vapeur est même plus facile, parce que sa capacité calorifique est plus grande que celle de l'air.

Il ne serait pas impossible de disposer ces appareils de manière à utiliser une partie de la chaleur de la vapeur ; il suffirait pour cela, comme je l'ai déjà dit, de faire écouler la vapeur par des tuyaux autour desquels on chaufferait de l'air, qui serait employé à produire dans un appareil à part un commencement de séchage ; mais cela amènerait une certaine complication.

1533. La figure 360 représente un séchoir construit par MM. Bouillon et Muller, et destiné au séchage du linge. Il se compose : d'un calorifère placé à la partie inférieure du séchoir proprement dit, dans lequel le linge est étendu, et d'une cheminée d'appel qui produit dans le séchoir une circulation d'air.

Le calorifère se compose d'un foyer F en fonte, placé latéralement ; l'air brûlé, à sa sortie, parcourt une série de tuyaux A... B, placés dans un même plan horizontal et fermés aux extrémités par des tampons mobiles, qu'on peut enlever facilement pour le nettoyage. Il se rend de là par un tuyau dans une cheminée R qui produit le tirage.

L'air de ventilation arrive par un canal souterrain C ; il est chauffé dans le calorifère, et entre dans le séchoir S par une ouverture *a*, régnant

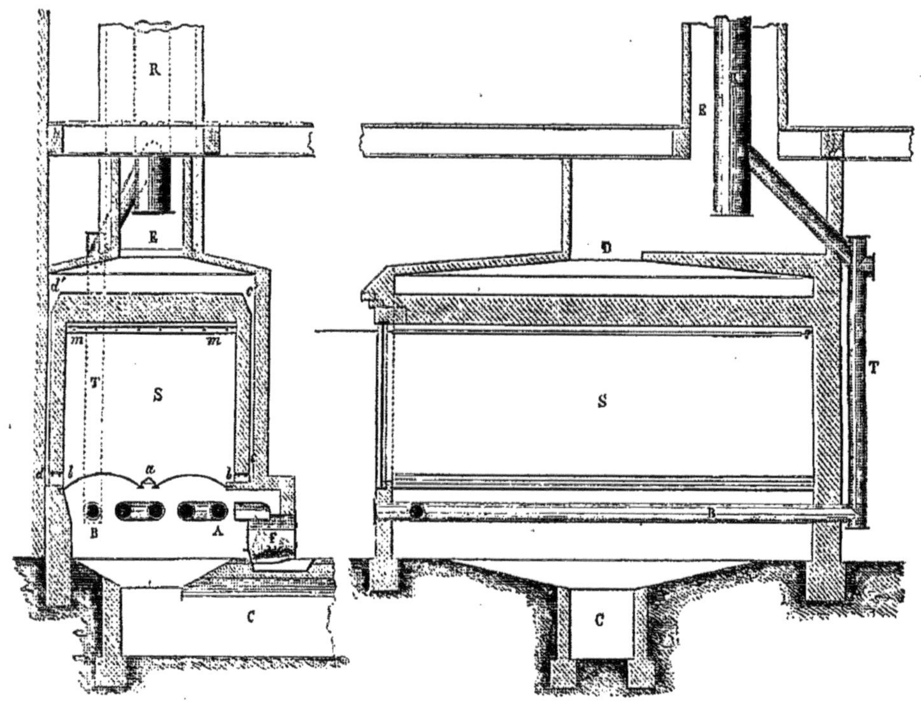

Fig. 360.

sur toute la longueur. Il monte d'abord à la partie supérieure, et redescend ensuite pour s'écouler par les orifices *b*, *b*, placés au bas du séchoir, et se rendre, par des conduits *dd'*, *cc'*, ménagés de chaque côté dans l'épaisseur des parois, dans une cheminée E en briques qui entoure la cheminée en tôle du calorifère. Le linge mouillé est étendu sur des espèces de manchons, de la longueur du séchoir, reposant sur des tringles *m*, de longueur double. Les manchons peuvent glisser sur ces tringles de manière à pouvoir être amenés séparément à l'extérieur. On peut ainsi facilement étendre le linge, et l'enlever quand il est sec, sans entrer dans le séchoir, qui a autant de petites portes qu'il y a de tringles *m*. Cette disposition diminue beaucoup les pertes de chaleur qui résulteraient de l'ouverture totale d'une face du séchoir, pendant l'étendage et l'enlèvement du linge. D'après des expériences faites par le génie militaire, la quantité d'eau évaporée s'élèverait à 4^k par kilogramme de houille.

1534. Plusieurs appareils de blanchissage ont été présentés à l'exposition française universelle de 1855. Voici quelques renseignements recueillis sur celui exposé par Mme Charles et essayé à l'École militaire. Dans une expérience, on a d'abord placé le linge dans une essoreuse de $0^m 60$ de diamètre, à laquelle on a imprimé une vitesse de 600 tours à la minute. 2 hommes, en 4 minutes de travail, ont réduit 45^k de linge mouillé à 23^k; le linge renfermait encore $\frac{1}{5}$ de son poids d'eau. On a séché, en 12 heures 1500^k de linge essoré, en brûlant 220^k de houille; il s'ensuit qu'on a employé 220^k de houille pour évaporer 300^k d'eau. Ainsi, 1^k de houille évapore $1^k 36$ d'eau. C'est un bien faible effet utile du combustible; cependant l'écoulement de l'air plus ou moins saturé de vapeur a lieu par le bas du séchoir.

CHAPITRE VIII.

DESSICCATION DU BOIS ET DE LA TOURBE.

1535. Les bois de chauffage, dans l'état où ils sont employés, renferment toujours de 0,30 à 0,40 d'eau, dont la vaporisation exige une quantité notable de chaleur. Il est donc important de les dessécher avant de les employer, quand cette dessiccation peut s'effectuer sans frais ou avec peu de dépense. Pour nous rendre compte de l'avantage qui résulte de l'emploi des bois secs, rappelons-nous que la puissance calorifique du bois sec est de 4000^c (67); celle du bois à 0,35 d'eau est seulement de 2850; et comme la vaporisation de $0^k 35$ d'eau n'exige que 224 calories, l'économie résultant de l'emploi du bois sec serait de 224 : 2850, à peu près de 0,07. Mais il est très-probable qu'il y a en réalité une plus grande économie, résultant de ce que les bois secs brûlent plus facilement et laissent dégager moins de fumée et de gaz combustibles. Toutefois, si, pour sécher les bois, il fallait en brûler une partie pour produire la chaleur nécessaire à la vaporisation de l'eau, comme il faudrait dépenser plus de chaleur que n'en exigerait rigoureusement la vaporisation de l'eau hygrométrique du bois, il n'y aurait aucun avantage à effectuer cette dessiccation, et, sans aucun doute, il y aurait accroissement de dépense.

Tout ce que nous venons de dire est exactement applicable aux tourbes.

1536. Mais quand les foyers doivent produire une température très-élevée, la présence de l'eau hygrométrique dans le combustible, en abaissant la température du foyer, présente un inconvénient beaucoup plus grave; il peut arriver qu'une certaine proportion d'eau hygrométrique empêche d'obtenir la température nécessaire à l'opération. Nous avons vu que, pour le bois sec brûlé sans dégagement d'oxygène libre (219), on pouvait produire une température de 2330°, et que le bois à 0,30 d'eau produisait seulement 2166°; et le calcul montre qu'avec une proportion d'eau de 0,40, la température serait abaissée à peu près à 1800°. Dans le cas dont il s'agit, on conçoit qu'il devient utile et souvent indispensable de sécher le bois, même avec une dépense considérable de combustible.

M. Leplay, ingénieur en chef des mines, a traité la question de la dessiccation des bois dans un mémoire très-remarquable, inséré dans les *Annales des mines* (année 1853). Je rapporterai d'abord les renseignements pratiques renfermés dans ce mémoire.

1537. Dans les forges de Lippitzbach, en Carinthie, on dessèche le bois en brûlant une partie de ce combustible. La figure 361 représente

Fig. 361.

une coupe de l'appareil employé, dans le sens de la longueur du foyer. Chaque séchoir se compose d'une chambre rectangulaire en maçonnerie, de 8ᵐ 55 de longueur sur 5ᵐ 52 de largeur, terminée à la partie supérieure par une voûte dont le sommet est à 4ᵐ 37 au-dessus du sol. Cette chambre est divisée en deux étages par un grillage horizontal; l'étage supérieur, d'une capacité de 130ᵐᶜ, est destiné à recevoir le bois à dessécher; l'étage inférieur, qui n'a que 60ᵐᶜ de capacité, renferme les foyers et l'espace dans lequel les gaz brûlés sont amenés à une température inférieure à celle qui altérerait le bois. Le grillage formant la séparation des deux étages se compose de poutres engagées par leurs extrémités dans les murailles, et de poutrelles mobiles posées en travers. Le bois est introduit dans le séchoir, en partie par deux portes latérales dont le seuil est au niveau du grillage, en partie par trois orifices pratiqués dans la voûte. Pour faciliter la circulation des gaz chauds au milieu de la masse à sécher, on y réserve plus de vide qu'il n'en existe dans le bois cordé. Le rapport du plein au vide, qui est de 0,67 environ dans le bois cordé, se trouve réduit à 0,56. Dans l'étage inférieur de la chambre se trouvent deux foyers, composés chacun d'une galerie voûtée de 0^m47 de largeur sur 0^m68 de hauteur, occupant en longueur la largeur de la chambre. Le combustible qui se compose en partie de débris, est chargé sur deux rangées de briques, servant de chenêts, sur un espace de 2^m environ, par une porte en tôle, au-dessous de laquelle arrive constamment un fort courant d'air. La flamme et les gaz se portent d'abord vers l'extrémité postérieure du foyer ; de là ils reviennent en avant, et ordinairement les gaz combustibles entraînés sont brûlés, par leur mélange avec l'air, lorsque le mélange est revenu dans la partie contiguë à la porte du foyer. Dans ce trajet, les gaz cèdent d'abord une partie de leur chaleur sensible aux parois du foyer, qui la dispersent par rayonnement ; ils se refroidissent encore, en se mêlant avec de l'air affluant directement par les interstices de la porte, avant de déboucher par les nombreux ouvreaux, dans le compartiment inférieur de la chambre. Dans cette région, la température des gaz brûlés est à peu près de 180°. De là, ils s'élèvent à travers le bois, et descendent contre les surfaces intérieures des murs, qui sont nécessairement à une plus basse température que le bois ; ils sortent chargés de vapeurs, et s'échappent dans l'air par six orifices ayant ensemble une surface de 14 décimètres carrés, situés au-dessous des ouvreaux du foyer, à une température qui s'élève graduellement de 30° à 90°. La durée d'une opération varie avec l'état hygrométrique du bois et la température extérieure ; en été, la durée du feu peut être réduite à 2 jours et demi ; en hiver, elle peut s'étendre à 6 jours. Lorsqu'on juge, à l'apparence des gaz, qu'ils ne sont plus chargés de vapeur d'eau, on cesse le chauffage, on ouvre les portes latérales et les orifices pratiqués dans la voûte, et on peut bientôt procéder au déchargement. La consommation varie avec la durée de l'opération ; en moyenne, elle est de 0,33 du poids desséché.

1538. Dans l'usine de Neuberg, les gaz provenant du foyer ne passent pas à travers le bois. Le mode de dessiccation est différent. Les bûches ont 0^m80 de longueur, et $0^{mq}0015$ à $0^{mq}0020$ de section. Une chambre, toujours en maçonnerie et voûtée, présente une capacité de 63^{mc} d'une forme allongée. A une des extrémités se trouve le foyer ; à l'autre, la cheminée. A la sortie du foyer, la flamme circule dans une espèce de poêle en maçonnerie, à minces parois ; puis les gaz brûlés se rendent à la cheminée, à travers deux gros tuyaux de fonte établis à quelques décimètres au-dessus du sol. Le bois à dessécher est introduit dans la chambre par deux portes latérales. La charge, dans chaque opération, est de 48 stères, qui remplissent toute la chambre, sauf un espace de 9^{mc} environ, maintenu vide au-dessus du poêle et des tuyaux. On a soin de maintenir dans le bois plus de vide qu'il ne s'en trouve dans le bois cordé. Pendant l'opération, les portes de chargement sont fermées. L'air dilaté par la chaleur et la vapeur d'eau qui se dégage du bois passent à travers les fissures des portes. La durée du feu varie de 40 à 60 heures. Dans l'origine, on chauffait au bois, et on consommait en moyenne 0,16 de bois sec pour 1 de bois desséché. Depuis, on a employé les escarbilles des forges à houille, qui étaient sans usage.

Malgré toutes les précautions que l'on peut prendre pour empêcher l'élévation de température, le bois est exposé à prendre feu, et les accidents de ce genre sont assez fréquents. L'appareil que nous avons décrit (1537) présente les mêmes dangers d'incendie.

1539. Dans la seconde méthode de séchage, la quantité de chaleur employée n'est que la moitié de celle qui est consommée dans la première. M. Leplay s'est assuré que cette différence ne provient pas d'une inégalité dans l'état hygrométrique du bois ; d'ailleurs la même différence dans les dépenses de séchage par les deux méthodes se retrouve dans d'autres contrées. M. Leplay est alors conduit à attribuer aux méthodes elles-mêmes la différence de consommation constatée par l'expérience, et il l'explique de la manière suivante.

1540. La température du bois ne peut pas dépasser 170°, car à cette température le bois s'enflammerait. Dans le premier mode de séchage, pour abaisser à ce point la température des gaz sortant du foyer, on emploie trois moyens différents : 1° on brûle dans le foyer des copeaux qui contiennent souvent au delà de 0,50 d'eau ; 2° on admet dans le foyer un grand excès d'air ; 3° on fait séjourner les gaz dans l'espace vide qui forme le compartiment inférieur, où ils se refroidissent, circonstances qui occasionnent toutes une certaine perte de chaleur. D'après une expérience faite par M. Leplay, dans un beau jour du mois d'octobre, le combustible brûlé dans le foyer renfermait 0,40 d'eau ; la température des gaz brûlés était de 500° à leur sortie du foyer, de 200° à leur entrée dans la masse ligneuse ; et, à la fin de l'opération, la température du bois et de l'enceinte était de 150°. La combustion de 1^k de ligneux dans le foyer produit 4000 calories ; 1000 seulement sont employées à vaporiser l'eau et à échauffer le combustible ; les 3000 autres sont perdues par les différentes causes que nous avons énoncées, et par la sortie de l'air à une température moyenne de 80°.

1541. Dans le second mode d'opération, les circonstances sont très-différentes. Au commencement de l'opération, on pousse le feu, mais avec ménagement, afin que le bois ne brûle pas par le contact de l'air chauffé par les tuyaux ; l'air qui se trouvait dans la chambre est successivement expulsé par les vapeurs qui se produisent ; la température du mélange d'air et de vapeurs va en croissant ; et, comme le mélange est saturé, tout l'air est expulsé quand la température de la vapeur à sa sortie est de 100°. Lorsque le bois a atteint cette température, on modère le feu, et vers la fin de l'opération on cesse de chauffer, quand la température du bois est portée à 170° vers le centre, et à 140° au contact des murs. Dans ce dernier mode de séchage, la moitié de la chaleur précédente est employée à vaporiser l'eau hygrométrique, à échauffer le bois sec, et l'autre moitié est perdue par la cheminée du foyer, ou absorbée par les murailles.

1542. M. Leplay indique une disposition qui serait plus avantageuse que les précédentes. L'appareil se composerait d'une grande chambre divisée en quatre parties égales, formant quatre séchoirs adossés, pourvus chacun d'un foyer et d'un système de tuyaux dans lesquels circulerait l'air brûlé, et d'un autre système de tuyaux destinés à condenser la vapeur déjà produite dans la chambre précédente. Supposons le régime du système établi, et qu'on chauffe le foyer de la chambre que nous désignerons sous le n° 1, les autres étant éteints ; le bois qui s'y trouve est déjà en partie desséché, et la dessiccation s'achève comme dans le second mode de séchage que nous venons de décrire. Pendant cette période, la vapeur d'eau produite se rend dans la chambre n° 2, contiguë, où elle se condense en partie, en cédant sa chaleur latente au bois qui s'y trouve ; et cette chambre reçoit en même temps les gaz brûlés du foyer de la chambre n° 1. Sous cette double influence, le bois de la chambre n° 2 subit un commencement de dessiccation. Lorsque le bois de la chambre n° 1 est complétement sec, on ferme la communication des chambres n° 1 et n° 2, on éteint le foyer n° 1, et on allume le foyer n° 2. Durant la première période, la chambre n° 3 reçoit une charge de bois ; et vers la fin, quand la charge est complète, on admet déjà la vapeur qui ne se condense plus dans la chambre n° 2. Enfin la chambre n° 4, au début de la première période, contient une charge de ligneux récemment fabriqué. On peut utiliser une partie de la chaleur renfermée dans le combustible desséché de la chambre n° 1, en alimentant le foyer n° 2 par de l'air qui a passé à travers la chambre n° 1. Pendant la deuxième période, la dessiccation du bois partiellement desséché s'exécute dans la chambre n° 2, comme elle s'est opérée pendant la première période dans la chambre n° 1 ; puis on pratique respectivement dans les chambres n°ˢ 3, 4 et 1, les manipulations qui ont eu lieu précédemment dans les chambres n°ˢ 2, 3 et 4. Dans la troisième période, le foyer n° 3 est allumé, et la conversion du bois en ligneux a lieu dans la chambre n° 3. Le travail continue ainsi de proche en proche, et dans le même sens, jusqu'à ce que, dans la cinquième période, les choses se passent comme dans la première. M. Leplay estime que, dans un appareil ainsi disposé, 10 parties de bois seraient séchées par la combustion de 1 partie du même combustible ; mais par cette disposition on n'évite pas les inconvénients qui résultent de l'intermittence des opérations, du refroidissement des enceintes où le ligneux est préparé, et de la main-d'œuvre qu'exigent le chargement et la reprise du bois sec.

1543. M. Leplay a proposé une nouvelle disposition des chambres de dessiccation, dont nous allons donner une idée sommaire. L'appareil se compose d'une galerie voûtée, dont le sol est garni d'un chemin de fer un peu incliné, sur lequel peuvent rouler par leur propre poids des waggons chargés de bois à dessécher ; la galerie est divisée, par des registres verticaux, en quatre sections contiguës, dans lesquelles les wagons séjournent un temps plus ou moins long. Le premier compartiment, celui d'entrée, qui se trouve au point le plus élevé du chemin de fer, contient des wagons chargés de bois humide ; il est chauffé au moyen des gaz et de la vapeur d'eau qui ont traversé les compartiments précédents. Le second compartiment contient du bois qui s'échauffe graduellement jusqu'à 100°, et perd environ la moitié de l'eau hygrométrique par l'influence de trois sources de chaleur : par le contact des gaz brûlés, qui ont produit leur principal effet dans la troisième section ; par le contact de l'air qui s'est échauffé dans la quatrième section, en refroidissant le ligneux fabriqué ; enfin par la chaleur latente de la vapeur d'eau formée dans la troisième section, qui cède cette chaleur en se condensant dans des tuyaux échauffant eux-mêmes l'air situé au niveau du sol de la galerie. La dessiccation du bois s'achève dans la troisième section par la chaleur d'un foyer spécial, transmise à travers des tuyaux de fonte ou de tôle. Les gaz de ce foyer, après avoir circulé dans le troisième compartiment, dans des tuyaux, débouchent dans la deuxième section de la galerie, où ils sont en contact avec le bois. La vapeur surchauffée, développée dans la troisième section, traverse la deuxième dans des tuyaux fermés. La quatrième section est celle du refroidissement du bois desséché; le refroidissement du ligneux y est produit par de l'air froid circulant autour de l'enveloppe en tôle mince qui forme cette partie de la galerie. Dans ce système, la chaleur du ligneux se transmet à l'air contenu dans l'enceinte, à la tôle, puis à l'air extérieur. Ce dernier s'échauffe progressivement, en circulant en spirale, depuis l'extrémité de la galerie jusqu'à la porte placée entre la quatrième et la troisième section; il se rend ensuite par un conduit spécial dans la deuxième section, où il concourt à la dessiccation préalable du combustible. En résumé, le bois introduit froid et humide, par une des extrémités de la galerie, en sort à l'extrémité opposée converti en ligneux, à une température peu supérieure à celle de l'atmosphère ; les agents de la dessiccation et du refroidissement, savoir, la chaleur du foyer et l'air froid, parcourent la galerie dans une direction opposée à celle des waggons. Admis aux extrémités de la troisième et de la quatrième section, tous les gaz plus ou moins refroidis sortent ensemble à l'extrémité de la galerie, où l'on peut supposer qu'ils sont appelés par un ventilateur. Quant à l'eau hygrométrique admise dans la galerie avec le bois lui-même, elle en sort sous deux états différents : la partie vaporisée, dans la première et la deuxième section, reste en dissolution dans le mélange d'air et de gaz qui a produit la dessiccation; la partie vaporisée dans la troisième section se condense dans les tuyaux des deux sections précédentes, et forme une source d'eau distillée à 100°, qu'on peut utiliser à l'alimentation des chaudières à vapeur. La galerie est fermée à ses extrémités, et subdivisée aux trois points de jonction des sections par des portes mobiles, au moyen desquelles on interrompt ou on établit à volonté, soit la communication des sections extrêmes avec l'atmosphère, soit la communication des sections contiguës.

1544. Les dimensions des différentes parties de l'appareil, et les détails de construction, ne peuvent être déterminés qu'à la suite d'essais, ainsi que la quantité de chaleur consommée. M. Leplay a cependant étudié les dispositions de la galerie et calculé l'effet utile produit, en supposant d'abord qu'on emploie un foyer spécial, et en admettant qu'on emploie la chaleur perdue des générateurs.

1545. M. Leplay examine ensuite le cas où il serait important de recueillir les eaux provenant de la condensation des vapeurs pour l'alimentation des générateurs. Il faudrait alors dessécher en vase clos ; la construction et le service de la galerie se trouveraient simplifiés. Les gaz du foyer, ou ceux qui s'échappent des générateurs, circuleraient exclusivement autour des parois en tôle de la galerie, depuis l'extrémité de la section n° 3 jusqu'à l'extrémité opposée de la section n° 1. L'eau hygrométrique vaporisée dans la troisième section circulerait dans des tuyaux placés près du sol des sections n° 2 et n° 1 ; celle qui serait produite dans la deuxième section pénétrerait dans les premiers tuyaux traversant la section n° 1. La portion de vapeur qui ne serait pas condensée échaufferait au moyen de serpentins, en dehors de la galerie, de l'eau contenue dans des bâches. M. Leplay a donné un aperçu de la distribution probable de la chaleur dans cette disposition.

1546. Les renseignements que je viens de donner permettent d'apprécier les effets que peuvent produire les différents modes de dessiccation, et les dispositions proposées par M. Leplay. Je m'occuperai d'abord des séchoirs chauffés par un foyer spécial. D'abord il convient de rejeter le séchage par un courant d'air préalablement chauffé dans un calorifère, parce que la température du mélange d'air et de vapeur serait trop peu élevée pour produire un grand effet utile.

1547. Le chauffage direct par la combustion n'est praticable qu'en introduisant dans le foyer ou dans les gaz qui s'en dégagent un grand excès d'air, de manière que la température du mélange n'atteigne pas 200° ; mais on se trouve alors dans le cas du séchage par de l'air préalablement échauffé dans un calorifère. On augmenterait beaucoup la température du mélange d'air et de vapeurs à la sortie, si on refroidissait les gaz qui sortent du foyer, en les faisant circuler dans des tuyaux de fonte ou de terre cuite, placés au-dessous du bois, avant de les abandonner à la partie supérieure de la chambre.

1548. Le meilleur de tous les systèmes de séchage est évidemment celui qui a lieu en vase clos, parce qu'alors on ne perd réellement que la chaleur employée à la vaporisation et à l'échauffement du bois, celle qui passe à travers les murailles du séchoir, et celle qui reste dans la fumée du calorifère, quand elle pénètre dans la cheminée. La première perte est inévitable ; la seconde l'est également, mais elle est très-petite relativement à la première, et seulement dans le rapport de 40 à 320 ; la troisième peut être diminuée en donnant aux murailles une grande épaisseur ; enfin la dernière peut être réduite à moins de 0,1 de la chaleur produite, en abandonnant la fumée à une température peu supérieure à 100°.

1549. Quant aux dispositions proposées par M. Leplay, la dernière est un peu compliquée ; elle exigerait de grands frais d'établissement, et ne sera que difficilement adoptée par l'industrie. La première est dans le même cas, à cause surtout de la multitude des tuyaux formant les calorifères à air chaud et à vapeur.

1550. A mon avis, la disposition la plus simple et la plus économique consisterait en deux galeries parallèles un peu allongées, A et A', ayant chacune à la partie inférieure un foyer F, F'', et des tuyaux horizontaux placés au-dessous du sol, que la fumée parcourrait simultanément ou successivement, mais de manière à répartir la chaleur le plus uniformément possible sur le fond des galeries. Chacune des galeries serait fermée aux deux extrémités par des portes doubles en tôle, et renfermerait au niveau du sol, et prolongés en dehors, deux rails qui porteraient des waggons en fer sur lesquels le bois serait placé de manière à remplir la plus grande partie de la galerie. Les fumées des deux foyers se rendraient dans une cheminée commune d'une grande section et garnie à son sommet d'un registre destiné à régler le tirage. Les murailles voisines des deux galeries formeraient un espace fermé ; au milieu se trouverait la cheminée qui communiquerait par le bas avec chacune des galeries au moyen d'orifices garnis de registres, de chaque côté de la cheminée, à la partie inférieure seraient placés les foyers F, F' ; au-dessus de la voûte des foyers, chacun des espaces communiquerait avec une des galeries par des ouvertures munies de registres, et avec l'air par la partie inférieure ; enfin, dans les espaces dont je viens de parler, se trouveraient des tuyaux de condensation de la vapeur pouvant communiquer avec les galeries, et ouverts par le bas à l'extérieur. Voici de quelle manière on opérerait avec cet appareil. Les deux galeries étant occupées par des waggons chargés de bois vert, on allumerait le foyer F, et on ouvrirait les registres d'un côté. Dans la première galerie la dessiccation aurait lieu par la chaleur seule, et dans la seconde il y aurait un commencement de dessiccation par un courant d'air chaud, dirigé de haut en bas à une température qui s'élèverait constamment. Lorsque le bois de la galerie A serait sec, on éteindrait le foyer F, on allumerait le foyer F', on fermerait les registres d'un côté et on ouvrirait les registres de l'autre ; alors on enlèverait rapidement les waggons de bois sec pour les remplacer par des waggons de bois vert ; les choses resteraient en cet état jusqu'à la dessiccation complète du bois de A' ; après quoi on ferait sur A' la même manœuvre que sur A.

Par cette disposition on utiliserait une grande partie de la chaleur de la vapeur, la manœuvre serait très-simple et les frais d'établissement peu considérables. A la vérité on n'utiliserait pas la chaleur du bois desséché, mais cette perte serait peu considérable ; pour l'éviter il faudrait trop compliquer l'appareil ; d'ailleurs on ne peut utiliser la chaleur du bois qu'en le faisant traverser par un courant d'air qui refroidit en même temps les murs de l'enceinte, et il est douteux qu'il en résulte un grand avantage; tandis que dans la disposition dont je viens de parler, si les changements des waggons s'effectuent rapidement, les enceintes des deux galeries ne se refroidiront pas sensiblement.

1551. Avec les procédés de dessiccation que nous avons décrits (1537, 1538) le bois le plus sec se trouve soumis à la température la plus élevée, ce qui occasionne assez souvent l'inflammation des portions déjà desséchées, inflammation qui risque de se communiquer à toute sa masse : aussi ces procédés ne permettent-ils pas d'effectuer une dessiccation complète; ils présentent aussi l'inconvénient d'exiger des appareils d'une très-grande dimension, des installations très-coûteuses et même presque impossibles pratiquement pour le menu bois qui occupe bien plus d'espace à poids égal que celui qui est coupé en bûches d'un gros diamètre; enfin ils ne peuvent pas s'appliquer au bois coupé en morceaux de $0^m 25$ à $0^m 30$, longueur qu'il ne peut pas dépasser lorsqu'il doit être employé pour les hauts fourneaux par exemple, ou bien pour les gazogènes ou générateurs de gaz, et ce n'est pas sans quelque difficulté que l'on coupe le bois desséché, la dessiccation le durcissant beaucoup.

Ces dernières années, MM. Thomas et Laurens ont proposé et réalisé une méthode basée sur des principes différents et qui convient pour tous les bois, mais surtout pour le traitement de celui destiné à être brûlé en bûchettes de petite longueur. Elle consiste dans l'installation de chambres ou fours en maçonnerie épaisse, fonctionnant tour à tour méthodiquement comme nous allons le dire, et que l'on remplit simplement avec le bois vert après en avoir échauffé les parois intérieures jusqu'au rouge sombre. Supposons quatre chambres étroites et longues A, B, C et D garnies de registres disposés de telle façon que chacune d'elles puisse recevoir la flamme d'un foyer spécial ou bien la fumée très-chaude d'un foyer dont on voudrait utiliser la chaleur perdue, et que cette flamme ou fumée se rende ensuite dans deux des autres pour commencer à les échauffer en finissant de se refroidir elle-même. Supposons la première, A, déjà portée au rouge sombre ; on arrête l'introduction de la chaleur dans son intérieur; on l'isole des autres après l'avoir remplie de bûchettes à l'aide d'ouvertures supérieures, et on ferme toutes les issues, sauf quelques orifices nécessaires pour le dégagement de la vapeur : en même temps on introduit la flamme ou la fumée directement dans la chambre B d'où elle passe dans celles C et D. Au bout de peu de temps, quelques heures seulement, le bois remplissant la la chambre A sera déjà sec, on l'en retirera par le bas; la chambre B aura atteint au même moment la température voulue, on l'isolera à son tour et on y mettra le bois vert : ensuite on établira la communication de la chambre A avec celle D de manière à ce qu'elle commence à s'échauffer à l'aide de la fumée sortant de cette dernière, et ainsi de suite. Les produits de la combustion du foyer spécial ou bien la fumée venant d'un autre foyer, se trouveront ainsi refroidis d'une manière méthodique, en parcourant successivement des fours ou chambres de moins en moins chauds, et leur chaleur, qu'ils auront transmise directement aux parois de ces chambres, sera rendue en entier par rayonnement au bois à dessécher dont on remplit successivement chacune d'elles lorsqu'elle a atteint la température voulue.

L'on voit que, contrairement à ce qui se passe dans les deux méthodes habituelles, le bois est d'abord soumis à la température la plus élevée, et que la température du four diminue à mesure que la dessiccation avance; malgré cette condition qui semblerait éloigner toute chance d'inflammation, et aussi malgré l'absence de courants d'air, le feu se manifeste encore quelquefois à la partie supérieure, lorsqu'on cherche à arriver au maximum de dessiccation; mais ici elle est facile à arrêter, soit en bouchant bien toutes les issues, soit de préférence en ajoutant un peu de bois nouveau dans l'espace vide résultant, à la partie supérieure de la chambre, de la diminution de volume produite par la dessiccation elle-même.

Dans des chambres ou fours de $0^m 80$ de largeur, $1^m 10$ de hauteur, sur 4^m de longueur et chauffés au rouge sombre, du menu bois vert de $0^m 01$ à $0^m 03$ de diamètre en bûchettes de $0^m 22$ à $0^m 27$ de longueur perd en $2\frac{1}{4}$ heures de 25 à 30 p. 100 de son eau, en subissant une réduction de volume de 18 à 20 p. 100 : ce temps de 2 heures à $2\frac{1}{2}$ heures que dure la dessiccation dans ces conditions est celui utile pour réchauffer la chambre suivante; du moins on doit s'arranger pour qu'il en soit ainsi, de telle sorte que les opérations se succèdent d'une manière continue. Comme elles sont très-courtes, les chambres peuvent être petites et l'appareil complet coûte peu d'installation et n'exige pas à beaucoup près autant d'espace que les appareils précédents, pour la dessiccation d'une même quantité de bois.

Dessiccation de la tourbe.

1552. Tout ce que nous avons dit, sur l'importance de la dessiccation des bois de chauffage, s'applique à plus forte raison à la tourbe, qui peut renfermer des quantités d'eau plus considérables encore. On trouve dans une notice de M. Delesse, alors élève ingénieur des mines, publiée en 1842 dans les *Annales des mines*, les renseignements suivants relatifs à l'emploi de la tourbe dans la métallurgie du fer, et à la construction de fours pour la dessiccation de la tourbe. A l'usine de Kœnigsbronn dans le Wurtemberg, les fours sont chauffés directement par l'air brûlé d'un foyer alimenté par des menus de tourbe; l'air brûlé, mêlé à beaucoup d'air non altéré, s'écoule d'abord par un canal horizontal en briques, situé au-dessous du four de dessiccation, et débouche dans une chambre latérale étroite, d'où les gaz brûlés passent dans le four par un grand nombre d'orifices percés dans le mur de séparation; les gaz et les vapeurs s'écoulent par une cheminée; la température de la chambre varie de 36 à 40°; on consomme 0,33 du combustible desséché. Dans d'autres appareils, la chaleur est fournie par un foyer spécial, dont l'air brûlé circule dans des tuyaux de fonte placés à la partie inférieure du four, et par de l'air extérieur qui s'échauffe contre ces tuyaux; l'air pur et l'air brûlé traversent la tourbe, et les gaz et les vapeurs s'échappent par une cheminée placée à la partie supérieure; on chauffe aussi l'air envoyé dans le séchoir avec la chaleur perdue des fours à réchauffer. Tous ces appareils laissent à désirer : l'opération est très-lente, et la consommation de combustible trop considérable.

1553. La meilleure disposition des fours à dessécher la tourbe serait, à mon avis, celle que j'ai indiquée pour le bois; seulement, comme la dessiccation de certaines tourbes compactes doit être plus lente que celle du bois en morceaux de $0^{mq}15$ à $0^{mq}20$ de section, et que la tourbe s'enflamme facilement, il faudrait modérer l'activité des foyers.

CHAPITRE IX.

DESSICCATION DES LÉGUMES.

1554. La conservation des légumes de toute nature, par une dessiccation complète, a pris dans ces dernières années un grand développement. La dessiccation a toujours lieu dans des séchoirs par un courant d'air chaud ; mais, comme il est nécessaire que l'opération s'effectue promptement, il faut que l'air chaud se renouvelle avec rapidité sur les surfaces des corps à dessécher.

1555. En 1845, M. Bresson a présenté à la Société d'encouragement une disposition particulière de séchoir, qu'il destinait à la dessiccation de la betterave, des autres matières végétales ou des matières quelconques en poudre ou adhérentes. Cet appareil est représenté dans la figure 362 en coupe verticale. Il est composé d'une enceinte en maçonnerie, fermée à la partie supérieure par une voûte en plein cintre, dont l'arête supérieure est à une distance du sol qui est à peu près égale au diamètre de la voûte, et dont les murs latéraux sont rentrés de manière à former une surface à peu près cylindrique circulaire. C est le canal d'entrée de l'air chaud; D, le canal de sortie de l'air humide. Ces caniveaux sont recouverts de plaques de

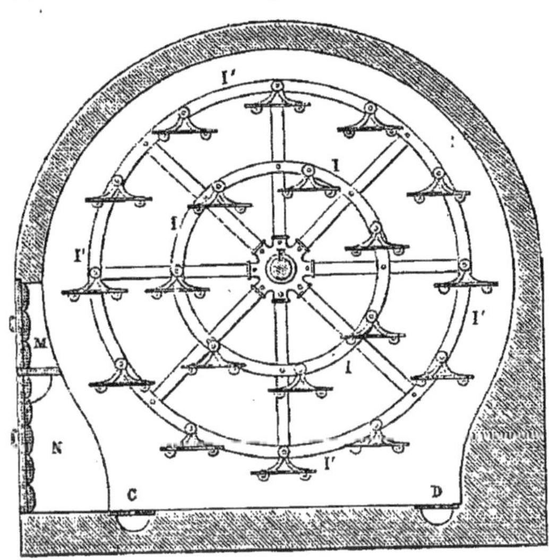

Fig. 362.

fonte percées de trous dont les diamètres augmentent à mesure qu'ils s'éloignent de l'entrée ou de la sortie. Au centre de l'appareil se trouve un arbre en fer F, mobile dans des coussinets; sur cet arbre est calé un tourteau portant huit bras sur lesquels sont fixés les cercles I, I'. Ces cercles sont traversés par des tiges cylindriques supportant des paniers, qui dans le mouvement de rotation de l'arbre F conservent toujours la position horizontale. M et N forment deux portes : celle qui se trouve à la partie supérieure sert à garnir les paniers de matières humides et à enlever celles qui sont sèches ; celle d'en bas, à entrer dans le séchoir. Quand les matières sont adhérentes, M. Bresson remplace les paniers par des cylindres en toiles métalliques fixés sur leur support, de sorte que les matières qui y sont renfermées sont retournées par la rotation de l'appareil. Cet appareil remplit très-bien la condition de renouveler l'air qui touche les surfaces des corps à dessécher, mais les paniers ou les cylindres les plus voisins de l'axe de rotation sont difficiles à remplir et à vider. Le mouvement de l'air peut être produit par la colonne d'air chaud du calorifère, par une cheminée d'appel, ou par une action mécanique. Il résulte évidemment de ce que nous avons dit au commencement de ce chapitre que, pour utiliser le mieux possible la chaleur, il faut que l'air sorte saturé ; et pour qu'il en soit ainsi, il faut que l'air humide s'écoule à une température déterminée par celle de l'air chaud à son entrée dans le séchoir.

1556. M. Mége, fabricant de conserves alimentaires, a disposé l'appareil d'une manière plus commode : les paniers sont au nombre de six, disposés dans une seule rangée autour de l'axe. Chaque panier porte 11 châssis rectangulaires, sur lesquels sont placées les matières à dessécher ; le service se fait ainsi facilement par la porte.

1557. Les légumes, épluchés et découpés, sont soumis à un commencement de cuisson par leur immersion dans un vase en cuivre étamé plein d'eau, chauffé par un serpentin placé à la partie inférieure, percé d'un grand nombre de petits trous et parcouru par de la vapeur à haute pression ; les légumes sont placés dans un panier à claire-voie qui repose sur le serpentin, et éprouvent par l'écoulement de la vapeur un mouvement de tourbillonnement très-rapide qui paraît favorable à l'opération ; la cuisson est terminée dans un espace de temps qui varie de 1 à 4 minutes suivant la nature des matières.

Les légumes sont ensuite portés dans le séchoir, dans lequel arrive l'air, poussé par un ventilateur et chauffé dans un calorifère. La température du séchoir est maintenue à 60°.

1558. On arriverait au même résultat en donnant à l'appareil une autre disposition, qui occuperait moins de place. Le séchoir se composerait d'une caisse rectangulaire, renfermant deux rangées de tiroirs dont les fonds seraient en toile métallique, et ne seraient séparés les uns des autres que par un petit intervalle. A chaque bout de l'espace occupé par les tiroirs se trouverait un espace libre, d'une petite largeur, régnant sur toute la hauteur et la profondeur du séchoir, et pouvant à volonté communiquer avec le calorifère. Les tiroirs étant remplis de matière à sécher, l'air chaud, arrivant d'un côté, parcourrait successivement tous les tiroirs ; lorsque la moitié des matières serait desséchée, on arrêterait l'écoulement de l'air chaud, on remplacerait les matières desséchées par d'autres sortant de la cuisson, et on ferait mouvoir l'air en sens contraire.

CHAPITRE X.

TORRÉFACTION DU TABAC A FUMER.

1559. Le tabac à fumer, en sortant des machines dans lesquelles il a été haché, doit éprouver une première dessiccation à une température voisine de 150° ; il est ensuite porté dans des séchoirs, où se complète sa dessiccation. On a employé en France deux espèces d'appareils de torréfaction : ceux qui sont chauffés par la vapeur, et ceux dans lesquels les plaques sont chauffées directement par un foyer. Nous décrirons ces appareils avec détail, parce qu'ils sont applicables à d'autres usages, et parce qu'ils renferment des dispositions qui peuvent être utiles dans un grand nombre de cas.

1560. Les premiers fours de torréfaction à feu nu, que l'Administration des tabacs de France a fait exécuter, se composaient de plaques de fonte ou de tôle, placées à la suite les unes des autres, reposant sur deux murs de briques ; le foyer était à une des extrémités ; la fumée parcourait toute la longueur des plaques, et se rendait ensuite dans la cheminée. Mais, par cette disposition, la température des plaques était très-irrégulière, l'opération exigeait beaucoup de soin de la part des ouvriers, et on perdait beaucoup de chaleur.

1561. M. Rudler, ingénieur de la manufacture des tabacs de Paris, a fait construire des fours qui n'offrent aucun de ces inconvénients, et qui servent en même temps à brûler les côtes de tabac, dont on ne fait aucun usage et qu'on doit détruire, afin qu'elles ne deviennent pas un élément de fraude. Cette dernière condition était difficile à remplir, du moins en brûlant complétement la fumée, parce que les côtes de tabac, renfermant beaucoup d'eau et de sels, s'enflamment difficilement ; mais la combustion de la fumée doit absolument être complète ; car, lorsqu'elle ne l'est pas, il en résulte dans le voisinage une odeur insupportable.

La figure 363 représente une coupe longitudinale suivant la ligne OP du four dont il s'agit ; la figure 364, une coupe horizontale, et la figure 365, une coupe verticale suivant la ligne M. — *a*, foyer à houille ; *b*, foyer à côtes de tabac ; *c*, partie des carneaux où se réunissent les flammes des deux foyers ; *d, d, d, d*, carneaux parcourus par l'air brûlé ; *gg*, bassin en fonte, composé de trois parties ; sur ce bassin est boulonnée une grande plaque de tôle *hh*, sur laquelle se fait la torréfaction du

tabac : cette plaque est terminée à un bout par une plaque en fonte sur
laquelle est fixée la cheminée *f*. La cheminée est composée de deux

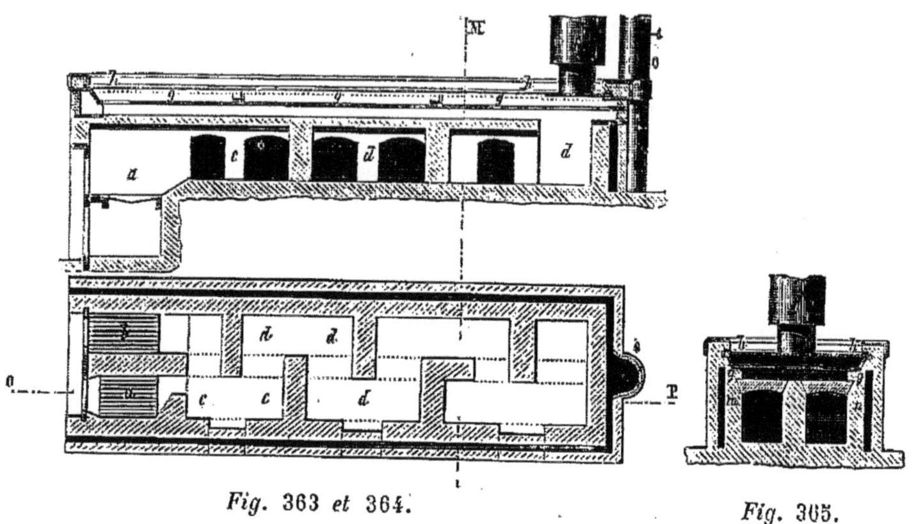

Fig. 363 et 364.   *Fig. 365.*

cylindres concentriques, dans l'intervalle desquels circule de l'air qui,
après s'être échauffé, alimente un séchoir placé à un étage supérieur.
Le bassin de fonte *gg* est appuyé sur des murs en briques *m* et *n*, qui
renferment un espace vide, dans lequel de l'air s'échauffe et s'écoule
par le tube O.

Pour mettre cet appareil en train, on commence par allumer le foyer
à houille ; lorsqu'il est en pleine activité et que la plaque de torréfaction a atteint 120° à 150°, on commence la combustion des côtes et le
travail de la torréfaction. On étale uniformément sur la table à peu
près 40 kilog. de tabac, que deux ouvriers retournent pendant 20 minutes environ ; la dessiccation du tabac se termine ensuite dans les
séchoirs. On consomme, terme moyen, $12^k 37$ de houille pour torréfier
100^k de tabac, et $72^k 15$ pour évaporer 100 kilogr. d'eau, sans compter
la chaleur fournie par la combustion des côtes. Dans l'appareil décrit,
on brûle environ 5^k de côtes par heure.

1562. Les fours de torréfaction à la vapeur que l'Administration des
tabacs de France a fait établir à la manufacture de Paris, avaient d'a-
bord la forme d'un parallélipipède à base rectangulaire. Ces appareils,
construits tantôt en fer, tantôt en cuivre, ne pouvaient résister à la
faible pression de la vapeur, qui n'excédait pourtant jamais $0^m 96$ de
mercure. L'administration, sur la proposition de M. Gay-Lussac, dé-
cida en 1834, qu'ils seraient remplacés par d'autres, formés de tuyaux

de cuivre, et M. Rudler fut chargé d'en faire les plans et d'en surveiller l'exécution.

1563. Chacun de ces nouveaux appareils (*fig.* 366 et 367) est formé

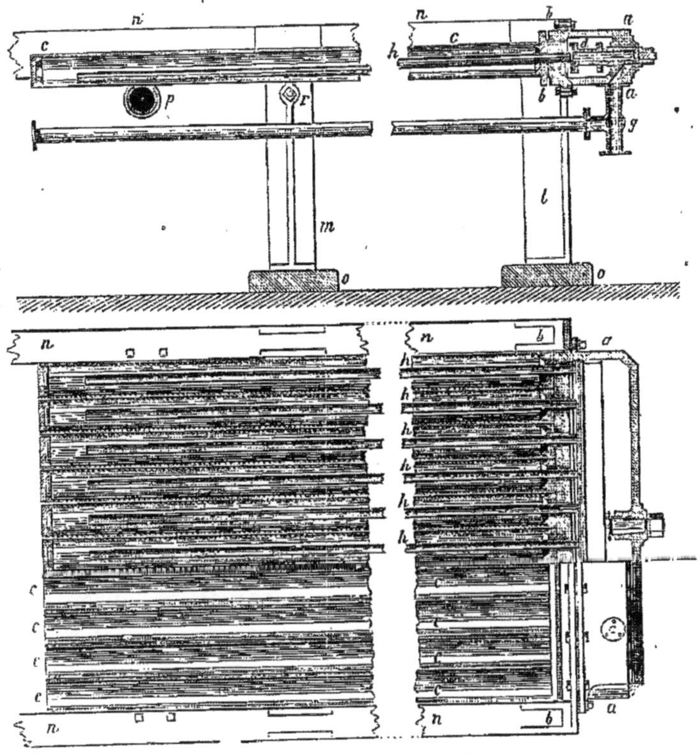

Fig. 366 et 367.

d'un châssis de fonte *nnnn*, horizontal, de 12^m de longueur, monté sur six pieds *l, m*..., aussi en fonte; le fond du châssis se compose de deux parties parfaitement symétriques, dont chacune comprend dix tuyaux de cuivre *c, c*,..., de 6^m 22 de longueur et 0^m 115 de diamètre, fixés par un bout dans une caisse de fonte *aa*, qui termine le châssis, fermés par l'autre extrémité, et soutenus par des rouleaux de fonte cannelés *p*. Les extrémités libres des deux systèmes de tuyaux laissent entre elles un intervalle suffisant pour qu'ils puissent facilement se dilater. Chacune des caisses en fonte renferme une caisse intérieure *d* en cuivre, de même longueur, sur laquelle sont fixés 10 tuyaux *h* de 6^m de longueur et de 0^m 03 de diamètre, qui sont placés dans les gros tuyaux dont nous venons de parler; ils sont destinés à conduire la vapeur jusqu'à l'extrémité des tuyaux de chauffage. Les caisses intérieures communiquent avec le générateur par le tuyau *f* et le robinet *g*. Les eaux de condensation se rassemblent dans les deux boîtes de fonte, d'où elles s'écoulent par un tuyau placé au fond ; un petit robinet, établi au-dessus des boîtes, sert à l'écoulement de l'air, au commencement du chauffage. Le tabac à torréfier est placé sur les tuyaux ; pour qu'il ne passe pas entre eux (car ils ne sont pas exactement en contact), on a mis dans l'intervalle des bandes de plomb d'une forme triangulaire. L'appareil condense par heure 45^k de vapeur, et torréfie 160 à 180^k de tabac.

1564. *Torréfacteur mécanique de M. Rolland, ingénieur inspecteur des constructions du service des tabacs.* — Dans la disposition de cet appareil, M. Rolland s'est proposé de produire un effet continu, toujours le même, et de soustraire les ouvriers aux vapeurs qui se dégagent des appareils de torréfaction ordinaires.

Ce torréfacteur se compose d'un cylindre horizontal en tôle, de 0^{m}90 de diamètre, et de 5^{m}50 de longueur, armé à l'intérieur de nervures héliçoïdales de 0^{m}15 de hauteur, garnies de fourches ; ce cylindre est chauffé en dessous par un foyer, et tourne uniformément sur lui-même. Les matières à torréfier entrent d'une manière continue par une extrémité, et s'écoulent par l'autre. Le mouvement de translation est produit par les nervures héliçoïdales ; l'uniformité des effets produits par la chaleur résulte : 1° du mouvement que les matières éprouvent par la rotation, qui les retourne continuellement, de manière à renouveler celles qui sont en contact avec le métal ; 2° des fourches, qui s'opposent à ce qu'elles se pelotonnent ; 3° de l'uniformité de température maintenue dans le cylindre, au moyen du régulateur dont j'ai parlé. Les plus grandes difficultés se trouvaient dans le distributeur mécanique à l'entrée du cylindre, et dans la conservation de la même température ; elles ont été habilement vaincues. A l'époque de l'exposition universelle, 4 torréfacteurs mécaniques fonctionnaient à la manufacture des tabacs de Strasbourg, et torréfiaient à peu près 0,2 de la fabrication totale de la France. L'administration générale a décidé que ces appareils seraient établis dans les manufactures de Paris, de Lyon et de Toulouse. D'après M. Rolland, les nouveaux appareils ont de grands avantages économiques sur les anciens, sous le rapport de la main-d'œuvre et du combustible consommé pour produire le même travail ; ils produisent moins de menu ; enfin, et c'est certainement l'amélioration la plus importante, ils soustraient les ouvriers aux vapeurs qui se dégagent de la torréfaction. La régularité du service dans cet appareil exige nécessairement une grande régularité dans la température, dans la répartition des matières, et enfin dans la vitesse de rotation. Les deux premières conditions sont satisfaites par la disposition du distributeur, et par le régulateur; quant à la dernière, elle paraît plus difficile à obtenir; et ne pourrait-on pas craindre que, si le moteur venait à s'arrêter, les matières renfermées dans le cylindre ne fussent grillées? L'appareil de M. Rolland est très-compliqué, surtout à cause de la matière sur laquelle on opère; et comme il est destiné à une industrie dont le gouvernement s'est réservé le monopole, j'ai pensé qu'il était inutile d'en donner un dessin et une description plus détaillée.

1565. La machine deviendrait beaucoup plus simple, si elle était appliquée à une matière en grains égaux, comme le café et le cacao. Une simple trémie, placée à une extrémité, verserait constamment dans le cylindre la matière, qui s'écoulerait à l'autre extrémité, uniformément torréfiée, si la vitesse de rotation était convenable, et la température constante. MM. Bellanger et Arson, ingénieurs distingués, ont employé depuis plusieurs années cette méthode à la fabrication du plâtre avec le menu des mines. J'en parlerai dans le livre consacré au chauffage des corps solides.

CHAPITRE XI.

SÉCHAGE DES ÉTOFFES PAR RAYONNEMENT.

1566. Dans les fabriques de toiles peintes, on se sert de la chaleur rayonnante pour sécher les étoffes après certaines opérations, principalement après le placage, parce que le séchage doit être prompt, et que les frottements qui se produisent dans les séchoirs ordinaires nuiraient à la netteté des réserves. On emploie pour cela différentes dispositions. Ordinairement les étoffes sont tendues à la partie supérieure d'une caisse en bois, ayant la longueur de la pièce, et l'on fait mouvoir au-dessous, sur un chemin de fer, un chariot qui porte un brasier (*fig.* 368).

On emploie aussi la disposition suivante. Au-dessus d'un foyer est un canal vertical court, qui conduit la fumée dans deux tuyaux de tôle parallèles, un peu inclinés à l'horizon, se réunissant ensuite en un seul,

Fig. 368.

qui s'élève verticalement et sort de l'atelier. Les deux tuyaux sont placés entre deux cloisons en planches, et au-dessus on fait passer les
étoffes d'une manière continue. Un appareil, dans lequel les tuyaux ont
33^m de longueur et $0^m 33$ de diamètre, consomme en 24 heures 2 stères
de bois de hêtre, pour sécher 300 pièces de calicot plaqué.

CHAPITRE XII.

SÉCHAGE DES CORPS PAR LEUR APPLICATION CONTRE DES SURFACES MÉTALLIQUES CHAUFFÉES.

1567. Le séchage des étoffes se fait aussi en mettant les étoffes humides en contact immédiat avec des surfaces métalliques chauffées par
la vapeur. D'après une expérience citée par Clément, une pièce de calicot, qui pesait 5^k, qui renfermait moitié de son poids d'eau, et qui avait
24 mètres de longueur sur $0^m 90$ de largeur, ayant été étendue sur une
lame de cuivre de même surface, en contact avec de la vapeur à 100°,
a été séchée en 1 minute. La quantité d'eau évaporée par heure a donc
été de $2^k 50 \times 60 = 150^k$, pour une surface de $24^m \times 0,90 = 21^{mq} 60$;
ce qui donne, par heure et par mètre carré, $150 : 21,60 = 6^k 94$.

1568. Ce mode d'opération n'est point en usage. On emploie ordinairement des cylindres mobiles dans lesquels on fait arriver la vapeur,
et sur lesquels on fait circuler les étoffes.

La figure 369 représente un appareil de ce genre, construit par

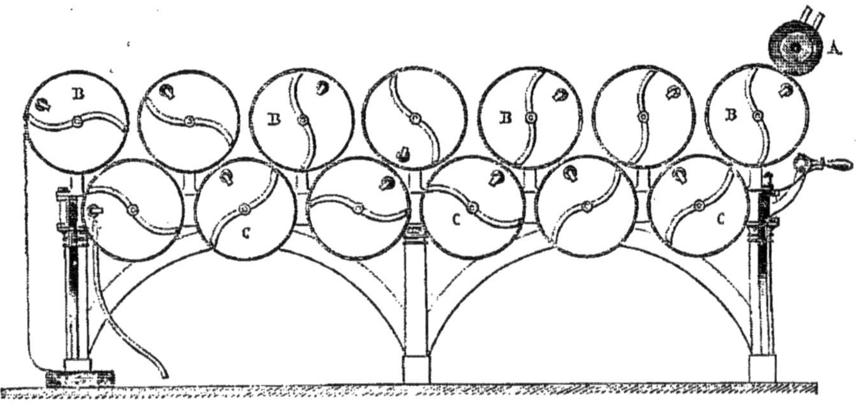

Fig. 369.

M. Moulfarine. Cette machine est composée d'un bâtis en fonte, sur lequel sont ajustées horizontalement l'une sur l'autre deux rangées de cylindres creux en cuivre rouge, d'égal diamètre, B,B..., C,C..., dans chacun desquels la vapeur arrivant de la chaudière est admise par l'un des fonds. L'étoffe que l'on veut faire sécher passe successivement entre ces cylindres, en embrassant la surface inférieure de ceux qui forment la rangée du dessous, et la surface supérieure des cylindres du dessus; elle va ensuite s'enrouler autour d'un rouleau A, placé sur le premier des cylindres supérieurs, et qui tourne par le simple frottement qu'il éprouve contre ce cylindre.

Les deux extrémités des cylindres sont représentées, en coupe verticale par le centre de l'axe, dans la figure 370; l'extrémité de droite est celle par laquelle la vapeur, arrivant de la chaudière, est admise dans l'intérieur du cylindre. La figure 371

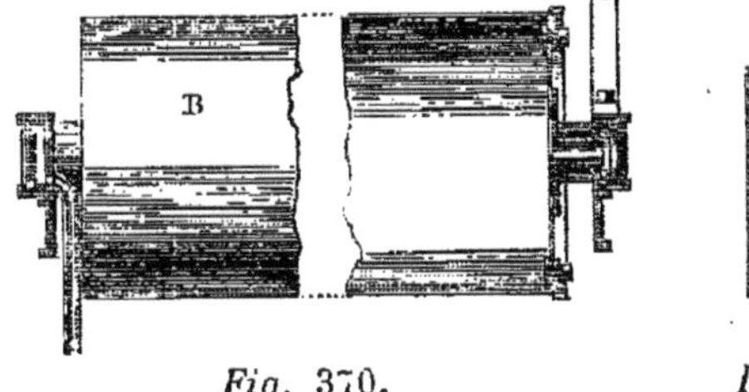

Fig. 370.   Fig. 371.

représente, en coupe et sur une plus grande échelle, la boîte à étoupes dans laquelle tourne le tourillon de ce cylindre.

Dans chacun des cylindres, l'extrémité qui ne reçoit pas la vapeur est munie intérieurement d'un tube en forme d'S (*fig.* 369), tournant avec le cylindre dans lequel il est adapté, et ayant pour objet de ramasser, en tournant, l'eau formée dans le cylindre par la condensation de la vapeur, pour la reporter à la hauteur de l'axe du cylindre, où elle est évacuée par un tuyau. A cet effet, le tourillon de ce bout du cylindre est, comme celui de l'autre bout, formé d'une douille qui reçoit à son centre l'eau que lui amène le tuyau ; et comme cette douille est placée dans une boîte à étoupe pareille à celle d'admission de la vapeur, l'eau qui arrive par le centre de la douille passe entre les fuseaux de la lanterne qui comprime l'étoupe, et se rend au dehors. Chaque cylindre est percé sur un des fonds d'un orifice fermé par une plaque intérieure, maintenue par un ressort, afin d'éviter la rupture du cylindre par un vide partiel qui pourrait s'y produire.

Chacun des cylindres à vapeur porte, sur le bout par lequel se fait l'entrée de la vapeur, un cercle denté. Les cercles dentés, placés sur les trois premiers cylindres de droite, portent chacun 98 dents, et le nombre des dents de tous les autres augmente successivement d'une unité, de manière à faire subir au tissu que l'on fait sécher une petite traction qui sert à le tendre convenablement, à mesure qu'il passe d'un cylindre sur l'autre, jusqu'à ce qu'il arrive au rouleau. Les tourillons de ce rouleau tournent librement dans deux fourchettes fixes ; ils montent dans les fentes des fourchettes, qui lui servent de guides, à mesure que le rouleau se garnit d'étoffe.

L'appareil est disposé de manière à recevoir, par une des roues dentées extérieures, celle de droite, le mouvement du moteur, et de façon qu'on puisse établir ou interrompre facilement la communication. Chacun des cercles dentés de la rangée de cylindres supérieurs engrène avec deux cercles dentés de la rangée inférieure, à l'exception des deux extrêmes, qui n'engrènent qu'avec un seul. Par ce moyen, toutes les parties de l'engrenage concourent à attirer le tissu vers le rouleau A, qui doit le recevoir sec et bien tendu.

La pièce de tissu que l'on se propose de faire sécher est d'abord placée en travers à l'extrémité, derrière la machine ; le bout de cette pièce est ensuite cousu à des rubans que l'on a eu soin d'engager entre les treize cylindres, et d'amorcer sur le rouleau. Ces dispositions faites, l'ouvrier chargé de diriger le travail établit la communication de la machine avec le moteur.

1569. On emploie dans quelques circonstances des appareils beaucoup plus simples, et qui sont formés d'un seul tambour en cuivre d'une grande dimension. Tel est celui qui est indiqué dans les figures 372 et 373. Les dispositions sont les mêmes que dans l'appareil précédent ;

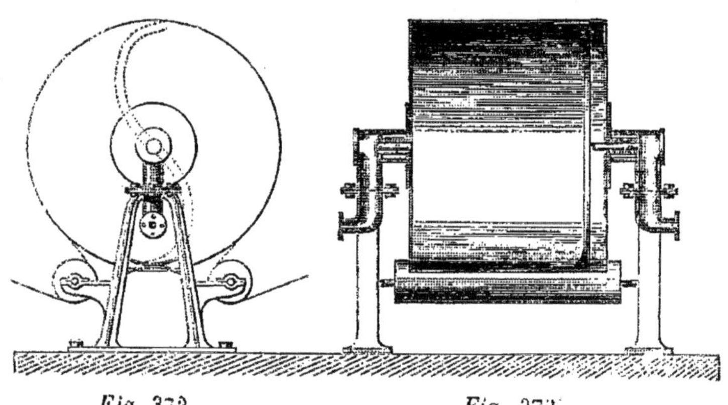

Fig. 372.   Fig. 373.

mais le mouvement est donné au cylindre d'enroulement, et c'est l'adhérence de la toile avec la surface du tambour qui détermine sa rotation.

1570. Des machines analogues à celles que nous avons décrites d'abord, sont employées pour sécher les papiers continus. Ces appareils sont placés immédiatement au-dessus de la machine à papier, et se lient avec elle au moyen d'une pièce de drap sans fin, qui vient prendre le papier humide à la sortie de la machine, pour le monter à l'appareil à sécher. Un autre drap sans fin conduit le papier sur des cylindres chauffés à la vapeur.

1571. Quant à l'effet utile de ces appareils, on conçoit d'abord facilement que la quantité d'eau évaporée doit être beaucoup plus petite que la quantité de vapeur condensée, à cause de la chaleur rayonnée par les corps humides, de l'échauffement de l'air, et parce que la totalité de la surface des cylindres n'étant pas couverte d'étoffe humide, une partie se refroidit librement dans l'air ; l'effet utile doit aussi diminuer pour le même corps à mesure que la dessiccation fait des progrès, parce que la perte par le rayonnement est sensiblement constante, tandis que la quantité d'eau vaporisée va constamment en diminuant. Il doit varier aussi avec la nature des tissus et surtout avec leur épaisseur.

1572. En 1850, M. Chameroy a fait plusieurs expériences sur le séchage de différents tissus par leur application sur un cylindre de zinc de 2^m de développement, chauffé intérieurement par la vapeur à 100°. On observait la durée de la dessiccation et la quantité d'eau vaporisée. Les quantités d'eau vaporisée par heure ont été de $17^k 70$; $8^k 90$; $2^k 94$; $1^k 28$; $0^k 79$; $1^k 66$, en couvrant le cylindre successivement avec un drap simple, un drap double, des serviettes ouvrées, des chemises neuves de grosse toile, des langes de laine, des chemises de coton. La comparaison de la première et de la seconde expérience fait voir l'influence de l'épaisseur de l'étoffe ; il n'est pas douteux que les autres différences ne proviennent de la même cause... M. Darcy, ingénieur en chef des ponts et chaussées, dans le mémoire qui renferme les détails des expériences dont nous venons de parler, pense que des cylindres en cuivre ou en fer, chauffés intérieurement par la vapeur, transmettraient plus de chaleur que le zinc, parce que la conductibilité des premiers métaux est plus grande que celle du dernier ; mais c'est une erreur, la conductibilité des métaux ainsi que leur épaisseur sont sans influence dans les circonstances dont il s'agit, comme cela résulte des expériences rapportées.

Voici les résultats de plusieurs expériences faites par M. Royer (*Bulletin de la société de Mulhouse*, 1839). 20 pièces de calicot sortant de la presse pesaient 150^k ; après $3^h 1/_2$ de dessiccation, elles pesaient 76^k ; la quantité d'eau évaporée a été par conséquent de 74^k, et comme la quantité de vapeur condensée a été de 102^k, 1^k de houille a évaporé $5 \times \frac{74}{102} = 3^k 63$. Des expériences faites sur 325 pièces ont donné, pour l'effet utile de 1^k de houille, $3^k 65$. La machine était à un seul cylindre et l'eau de condensation était bouillante; la pression de la vapeur dans la chaudière était de $1^m 37$. D'autres expériences faites avec une machine à 6 cylindres ont donné seulement $2^k 45$, pour l'effet utile; mais ces dernières expériences ont eu lieu en hiver, dans une salle mal fermée et où la température était voisine de zéro.

1573. Les conclusions d'un mémoire de M. Penot, appuyées par les expériences de M. Royer et par celles de M. Léon Schwartz, sont : 1° que le mode de séchage des toiles le plus économique est celui qui consiste à les appliquer sur des cylindres chauffés à la vapeur ; 2° que quand les séchoirs, disposés comme ils le sont en Alsace, ferment bien et qu'on peut élever la température de 45 à 50°, il y a de l'économie à n'ouvrir les soupiraux que quand les toiles sont sèches; 3° qu'il est toujours avantageux d'élever la température autant que possible.

1574. Je partage complétement l'opinion de M. Penot, et d'autant plus que les appareils de séchage, par l'application des toiles sur des cylindres chauffés par la vapeur, peuvent facilement être améliorés de manière à produire un grand accroissement d'effet utile. La chaleur latente de la vapeur condensée dans le cylindre se dissipe de deux manières : par la vaporisation de l'eau renfermée dans la toile, par le rayonnement de la surface et l'échauffement de l'air. Ces pertes réunies forment une partie très-notable de la chaleur dépensée, parce que le rayonnement de l'eau étant très-considérable (794), la chaleur perdue excède celle que perdrait une surface de fonte à la même température, exposée à l'air. On peut éviter en très-grande partie la perte de chaleur due au rayonnement en recouvrant à distance l'appareil d'une enveloppe de bois épaisse, garnie à l'intérieur d'une plaque métallique qui s'échaufferait d'abord par le rayonnement des cylindres, transmettrait peu de chaleur à l'extérieur à cause de son épaisseur et de sa faible conductibilité, et qui, ayant atteint la température du cylindre, lui enverrait autant de chaleur qu'elle en recevrait. Quant au renouvellement de l'air autour des cylindres, on l'évitera presque complétement, si l'enveloppe descend au même niveau tout autour du cylindre.

CHAPITRE XIII.

SÉCHAGE DES MATIÈRES PULVÉRULENTES.

1575. Le séchage des matières pulvérulentes peut s'exécuter à l'air libre comme celui de toutes les autres substances; mais ce mode de séchage présente beaucoup plus de difficultés pour les corps dont il s'agit, parce que, ces corps ne pouvant être étendus que dans le sens horizontal, leur dessiccation exige un espace très-grand, disposé d'une manière particulière. C'est cette méthode que l'on emploie dans tous les moulins à farine dans lesquels on lave le blé; ce dernier est séché sur des aires pavées exposées à l'air libre.

1576. Mais quand le séchage doit être prompt et continu, on emploie les mêmes procédés que nous avons déjà indiqués pour les tissus; on place les matières en couches minces dans un espace où l'on fait circuler de l'air chaud, ou sur des surfaces métalliques que l'on chauffe directement par l'air chaud ou par la vapeur. La seule différence entre ces séchoirs et ceux dont nous avons déjà parlé, consiste dans la disposition des matières dans le séchoir.

1577. Nous ne nous arrêterons que sur quelques modes de dessiccation qui présentent des particularités intéressantes, et d'abord sur celui de l'orge germée dans les brasseries.

1578. On sait que, dans les brasseries, pour disposer l'orge à la fermentation alcoolique, on commence par lui faire éprouver un commencement de germination, qu'on arrête, par une dessiccation à l'air chaud, quand elle a acquis le développement convenable. Les séchoirs employés portent le nom de *tourailles*. Les tourailles sont ordinairement composées d'un plancher ab de 4 à 6^m de côté (*fig.* 374), formé d'une toile métallique à maille serrée, ou de feuilles de tôle percées

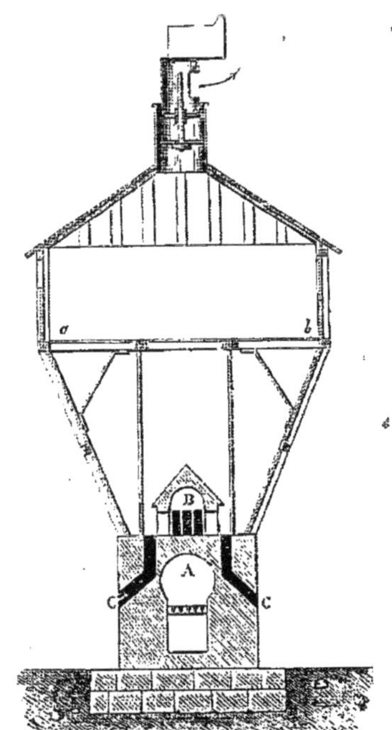

Fig. 374.

d'un grand nombre de petits trous, sur lesquelles on étale l'orge germée, qu'on fait traverser par un courant d'air chaud. En Angleterre, le sol est recouvert de briques également percées d'un grand nombre de petits trous. Le foyer est surmonté d'une voûte, et l'air brûlé se dégage en B par des orifices latéraux où il est mêlé avec de l'air froid qui pénètre par les conduits C, C ; cette disposition a pour objet d'abaisser la température de l'air brûlé et d'empêcher la combustion des germes qui se détachent des grains et dont la chute dans le foyer produirait une fumée nuisible. On emploie toujours des combustibles qui ne donnent pas de fumée : du coke, du charbon de bois, des houilles sèches ou certains anthracites. A Paris, on emploie des houilles de Frênes. Au-dessus du sol du séchoir se trouve une chambre garnie d'une cheminée destinée à l'écoulement de l'air chaud et des vapeurs. L'orge germée, en entrant dans la touraille, renferme de 0,34 à 0,38 d'eau. La dessiccation doit s'effectuer lentement ; car si la température était portée brusquement à 60°, la fécule se convertirait en empois, et celui-ci, par sa dessiccation, formerait un corps dur qui se délayerait difficilement dans l'eau. La température finale varie suivant la nature de la bière qu'on veut fabriquer. L'épaisseur de la couche est de 0^m 15 à 0^m 20. L'opération dure de 36 heures à 50 heures.

1579. Pour éviter les inconvénients qui peuvent résulter du chauffage par la combustion directe, on peut employer un calorifère quelconque, disposé de manière à répartir l'air chaud à peu près uniformément dans la section de la touraille, et par conséquent à produire une dessiccation uniforme, ce qui n'arrive pas dans les tourailles à chauffage direct ; car l'air chaud, en sortant du foyer, s'élève rapidement et doit plus chauffer le centre du plancher que les parties environnantes.

1580. Ce mode de séchage doit occasionner une grande perte de chaleur, surtout à la fin de l'opération, parce que l'air ne sort pas saturé. Dans quelques établissements on a évité l'inconvénient que je viens de signaler en employant des tourailles à deux étages dont les planchers en toile métallique sont couverts d'orge germée. Indépendamment de l'économie de combustible, cette méthode doit être plus avantageuse que l'ancienne, parce que l'orge de l'étage supérieur sèche lentement et qu'il ne se forme pas d'empois.

1581. La figure 375 représente la disposition d'une touraille continue, construite dans une grande brasserie de Louvain par M. Lacambre, ingénieur distingué, et auteur bien connu par ses travaux sur la fabrication de la bière et la distillation. L'orge est séchée sur des cadres eu fer inclinés A, A..., garnis de toiles métalliques, mobiles autour de leurs centres, auxquels la tige verticale BB imprime des secousses continues qui font tomber l'orge, successivement d'un cadre sur l'autre ; chaque châssis dépasse le précédent de 0ᵐ 12. L'orge est amenée d'une manière continue à l'extrémité la plus élevée des deux châssis supérieurs par des tuyaux C. DD est un plancher sur lequel l'orge tombe après sa dessiccation. L'espace E est occupé par les calorifères ; l'espace voisin par un tarare destiné à nettoyer l'orge desséchée.

Les deux calorifères ont ensemble 100 mètres carrés de surface de chauffe ; on y brûle 450ᵏ de houille en 12 heures, et on sèche 50 hectolitres de malt, renfermant chacun de 27 à 36ᵏ d'eau. Chaque kilogramme de combustible évapore donc de 1ᵏ7 à 2ᵏ2 d'eau. D'après M. Lacambre, pour dessécher 100 hectolitres de malt, on consommait de 1100 à 1200ᵏ de houille dans les anciennes tourailles à 2 étages, et seulement 900 dans l'appareil que nous venons de décrire.

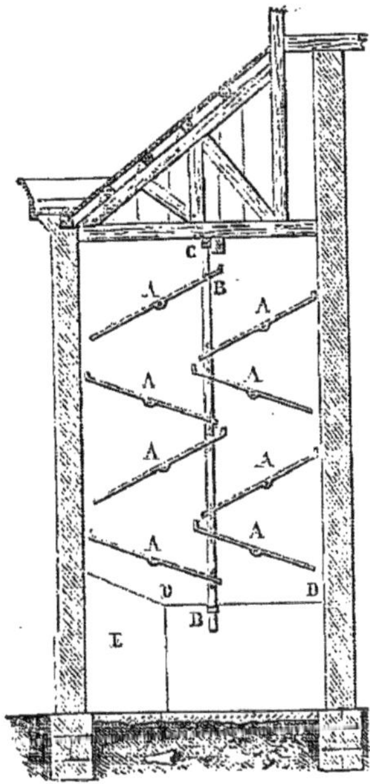

Fig. 375.

1582. Dans ces différents modes de dessiccation, la chaleur est fort mal employée, car on n'utilise qu'une très-petite partie de celle que produit la combustion ; en outre, les appareils me semblent difficiles à conduire et à diriger, de manière à graduer le séchage et à atteindre à la fin la température déterminée par la nature de la bière qu'on veut produire. On arriverait certainement à de meilleurs résultats en opérant la dessiccation dans des vases de quelques mètres carrés de section, à double fond, le fond supérieur étant formé d'une toile métallique serrée, et l'intervalle des deux fonds recevant un courant d'air chaud lancé par un ventilateur, courant dont on pourrait à volonté régler la vitesse et la température. Cette disposition permettrait de faire varier l'épaisseur de la couche de matière, et de l'agiter du moins vers la fin de l'opération. On pourrait aussi effectuer le séchage dans le vide, en chauffant le vase extérieurement au bain-marie par un courant d'eau chaude, dont on réglerait facilement la température et la vitesse ; mais il faudrait renouveler continuellement les matières en contact avec le vase, car autrement la chaleur se transmettrait difficilement dans la masse. A mon avis, la première disposition serait bien préférable.

1583. La figure 376 représente une autre disposition de séchoir, imaginée aussi par M. Lacambre. La matière à dessécher est étalée sur 8 planchers A, A....., inclinés successivement en sens contraire; un calorifère *a, b, c, d,* placé au bas du séchoir, chauffe un courant d'air chaud qui, entrant par l'orifice O, parcourt successivement tous les étages et s'échappe dans une cheminée par l'orifice O'. La matière à sécher est descendue périodiquement d'un étage au suivant, par des portes latérales B, B....; elle est enfin reçue dans un sac S placé à la partie inférieure. Par cette disposition, l'air chaud parcourt successivement les toiles et les surfaces des corps à sécher, mais ne passe pas nécessairement à travers leur épaisseur. Il est évident qu'on le forcerait à suivre ce chemin, en fermant, pendant les intervalles de déplacement de la matière, les plus petites distances des étages. Cet appareil a été principalement appliqué à la dessiccation de la fécule; il pourrait l'être également à la dessiccation du malt.

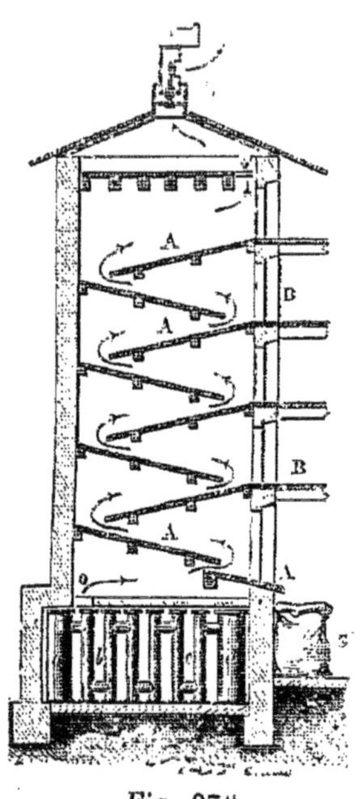

Fig. 376.

1584. On peut obtenir la continuité dans les appareils de dessiccation des matières pulvérulentes par les mêmes moyens que dans la dessiccation des étoffes. La figure 377 représente un appareil très-simple,

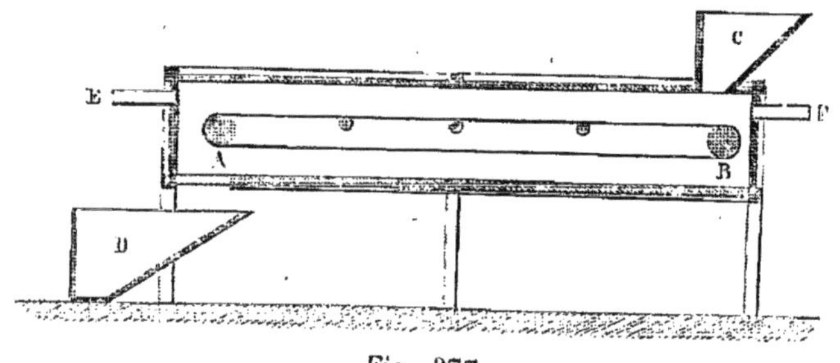

Fig. 377.

qui satisfait complètement à cette condition. A et B sont deux rouleaux placés dans une caisse fermée, et autour desquels se trouve une toile sans fin, mise en mouvement par la rotation que l'on imprime à l'un des rouleaux. La matière à sécher tombe sur la toile sans fin par la trémie C; et, après avoir parcouru la longueur de la caisse, elle est reçue dans la trémie D. L'air chaud arrive à l'extrémité E et sort à l'extrémité opposée F, par des tuyaux rectangulaires de la largeur de la caisse ; son mouvement est produit par un ventilateur ou par une cheminée d'appel. On obtiendrait certainement un plus grand effet utile si la partie supérieure de la caisse était occupée par des tuyaux pleins de vapeur. La matière serait exposée au rayonnement de ces tuyaux ; l'air serait échauffé à mesure qu'il se refroidirait par la vaporisation, et il pourrait sortir saturé à une plus haute température.

1585. La figure 378 représente une disposition analogue, mais qui contient plusieurs toiles sans fin, dont les mouvements ont lieu en sens contrai-

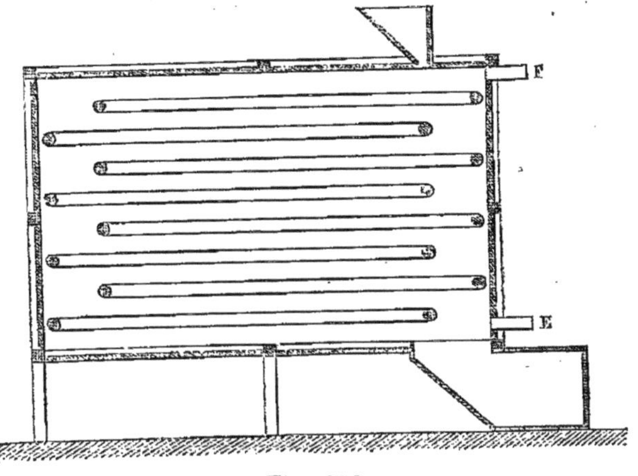

Fig. 378.

res, par des engrenages fixés sur les axes des rouleaux placés du côté de celui sur lequel le moteur agit directement. L'air chaud arrive par le tube E, et sort par le tube F. Cette disposition permet de ne donner qu'une petite longueur à l'appareil ; mais il exige des roues dentées nombreuses, et un travail plus considérable que celui qui est employé dans le séchoir décrit précédemment. Cet appareil n'a pas donné de bons résultats.

1586. La figure 379 représente un séchoir à tiroirs, qui,

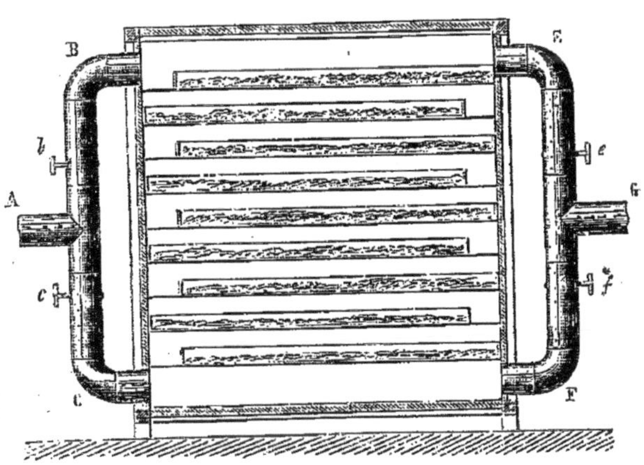

Fig. 379.

sans être continu, permet de ne laisser échapper que de l'air saturé. Les tiroirs s'appuient alternativement à gauche et à droite, contre les faces latérales de la caisse dans laquelle ils sont placés, et les planches qui les supportent sont garnies de larges orifices dans les parties qui ne sont pas couvertes par les tiroirs ; par cette disposition, l'air peut circuler successivement sur toutes les matières déposées dans la caisse. L'air chaud arrive par le canal A ; mais il peut être dirigé vers la partie supérieure ou vers la partie inférieure de la caisse, au moyen des deux tuyaux B et C et des registres c et b. De même, l'air qui a traversé la caisse peut s'écouler dans le canal G, par le bas ou par le haut, au moyen des tuyaux E et F et des registres e et f. En fermant les registres c et e, l'air chaud arrivera par la partie supérieure de la caisse, et s'écoulera par sa partie inférieure ; et quand la dessiccation, qui se fera nécessairement plus vite à la partie supérieure qu'à la partie inférieure, aura atteint les tiroirs du milieu, on videra ceux de la partie supérieure, on les remplira de matière humide, et on fera marcher l'air en sens contraire. Lorsque la moitié inférieure des tiroirs, dans lesquels la dessiccation s'opérera alors plus vite que dans l'autre, ne renfermera plus que des matières sèches, on les videra, on les remplira de matières humides, et on fera marcher l'air chaud en sens contraire.

1587. Dans ces deux dernières dispositions, comme dans celle de la figure 377, on augmenterait beaucoup l'effet utile et la rapidité de l'opération, si dans chaque circuit il y avait une série de tuyaux à vapeur, destinés à chauffer les corps par le rayonnement, et l'air par le contact.

CHAPITRE XIV.

SÉCHAGE DANS LE VIDE.

1588. Si l'on plaçait dans un espace fermé une substance humide et un corps très-hygrométrique, la dessiccation s'effectuerait d'elle-même. L'appareil devrait être disposé de manière qu'il pût facilement recevoir la chaleur des corps environnants. Dans l'air la dessiccation serait très-lente, mais dans le vide elle serait rapide.

La dépense de ce dernier mode de séchage consisterait dans le prix de l'action mécanique nécessaire pour former et maintenir le vide, et dans celui de la dessiccation ou du renouvellement de la matière absorbante. Les matières qu'on pourrait employer sont la chaux, le chlorure de calcium, l'acide sulfurique concentré, etc.

1589. Ce mode de séchage présenterait de grands avantages pour la dessiccation des viandes, qui pourraient alors être conservées très-longtemps sans perdre aucune de leurs propriétés. M. Gay-Lussac a fait à ce sujet une expérience intéressante ; il avait suspendu un morceau de bœuf dans le récipient d'une machine pneumatique, au-dessus d'une capsule renfermant du chlorure de calcium ; il fit le vide dans la cloche ; la viande se dessécha complètement ; deux mois après avoir été retirée, elle fut employée à faire du bouillon qui était fort bon : la viande n'était pas coriace et se coupait très-bien. Comme cette question pourrait être d'un grand intérêt pour la marine et pour l'utilisation générale des viandes des pays de production, je pense qu'il serait intéressant de reprendre les expériences de M. Gay-Lussac, d'étudier les circonstances les plus favorables à la dessiccation et les prix de revient de la viande ainsi préparée.

LIVRE XI.

CHAUFFAGE DE L'AIR.

1590. On peut chauffer l'air d'un grand nombre de manières différentes : 1° en le mêlant aux produits de la combustion ; 2° en le mettant
en contact avec des surfaces chauffées directement, soit par la fumée ou
la vapeur, soit par l'eau chaude ou d'autres liquides. Le premier mode
de chauffage est principalement employé pour produire le tirage des
cheminées d'appel ; il l'est aussi dans le chauffage domestique : je m'en
occuperai quand il sera question du chauffage et de l'assainissement
des lieux habités. Quant aux autres modes de chauffage de l'air, je les
examinerai successivement.

On désigne sous le nom de calorifères à air chaud, les appareils dans
lesquels l'air est échauffé par la chaleur de l'air brûlé à travers des
enveloppes métalliques ou en terre cuite. Je ne m'occuperai ici que
des grands calorifères destinés à chauffer de l'air pris à l'extérieur et à
le verser ensuite dans les lieux où il doit être utilisé.

CHAPITRE PREMIER.

CALORIFÈRES A AIR CHAUD PLACÉS DANS LES PIÈCES QUI DOIVENT ÊTRE CHAUFFÉES ET VENTILÉES.

1591. Le cas que nous considérons est celui des salles des écoles pri-
maires, des salles d'asile, parce que les calorifères doivent y être sur-
veillés par les maîtres eux-mêmes, et qu'en plaçant les calorifères dans
les salles, on profite de toute la chaleur produite, ce qui n'arriverait
pas si l'appareil était placé en dehors. C'est aussi le cas des petites salles
d'hôpital.

1592. La disposition la plus simple de ces appareils consiste en une
colonne verticale rectangulaire ou cylindrique de $1^m 50$ à 2^m de hauteur,
renfermant le foyer, surmontée d'un tuyau également vertical qui se
recourbe ensuite horizontalement pour aboutir à la cheminée ; la
colonne qui contient le foyer est environnée d'une enveloppe de tôle ou

de maçonnerie légère; l'intervalle de la colonne et de l'enveloppe communique par le bas avec un canal qui s'ouvre au dehors, et par le haut, avec l'air de la pièce. Cette disposition est évidemment la plus économique sous le rapport des frais d'établissement et de l'effet utile du combustible; car le tirage a lieu dans la partie verticale du tuyau, et la fumée pourrait être complétement refroidie dans le tuyau horizontal.

1593. La surface de la grille peut se déterminer d'après la quantité maximum de combustible à brûler par heure ; cette quantité doit représenter le nombre de calories qui passent dans le même temps à travers les vitres et les murailles, dans les circonstances les plus défavorables. Mais il convient toujours d'employer de très-grandes grilles de manière à avoir des feux dormants.

1594. Connaissant la hauteur de leur partie verticale, on pourrait calculer avec une approximation suffisante la section des tuyaux, par la même méthode que pour les générateurs. Mais cette section doit être déterminée par une autre considération, celle de l'étendue de la surface de refroidissement, ce qui, à moins que les tuyaux n'aient une très-grande longueur, conduit à des sections plus grandes que celles qu'exigerait le tirage. Dans la disposition que nous avons indiquée, on ne peut pas compter que le foyer soit à une température supérieure à 600 ou 700°, à cause de la chaleur rayonnée sur l'enceinte constamment refroidie par le courant d'air traversant l'espace qui la sépare de l'enveloppe extérieure. L'air brûlé qui sort du foyer se refroidit dans les tuyaux, et toujours davantage à mesure qu'il s'approche de la cheminée : ce refroidissement dépend à la fois de la vitesse d'écoulement, de la perte de chaleur par le tuyau et de la répartition de la chaleur dans chaque tranche transversale. Ces phénomènes sont si compliqués, et si variables, qu'il est impossible de calculer exactement la température des différents points des tuyaux et par suite l'étendue de la surface de chauffe. Mais on peut trouver une valeur suffisamment approchée pour les applications, en admettant que l'air brûlé s'échappe du foyer à une température voisine de 500°, qu'il se réfroidit complétement dans son parcours, que la température de la pièce est de 15°, et que la quantité de chaleur émise est la même que si le tuyau avait dans toute son étendue la température moyenne de 250°. D'après cela, la quantité de chaleur émise par mètre carré et par heure, pour un tuyau de $0^m 15$ de diamètre, serait donc, d'après la formule (806), égale à $712 . 3,36 + 462 . 2,3 = 3358$ calories : ainsi, pour refroidir l'air brûlé qui, en sortant de la colonne, renferme encore à peu près les $\frac{5}{12}$ de la chaleur produite, c'est-à-dire 3333^c, il faudra $\frac{3333}{3358}$ = 1^{mq} de surface de chauffe. C'est une évaluation un peu grossière, mais il faut remarquer qu'une variation même assez considérable dans l'étendue de la surface, n'a pas une influence très-grande sur l'effet utile, attendu que les variations se portent toujours sur l'extrémité du tuyau, laquelle transmet le moins de chaleur : c'est comme pour les générateurs à vapeur. On compte ordinairement 1^{mq} 50 à 2^{mq} de surface de chauffe pour chaque kilog. de houille à brûler par heure, non compris les surfaces du foyer.

1595. Les figures 380, 381 et 382 représentent un appareil destiné à la

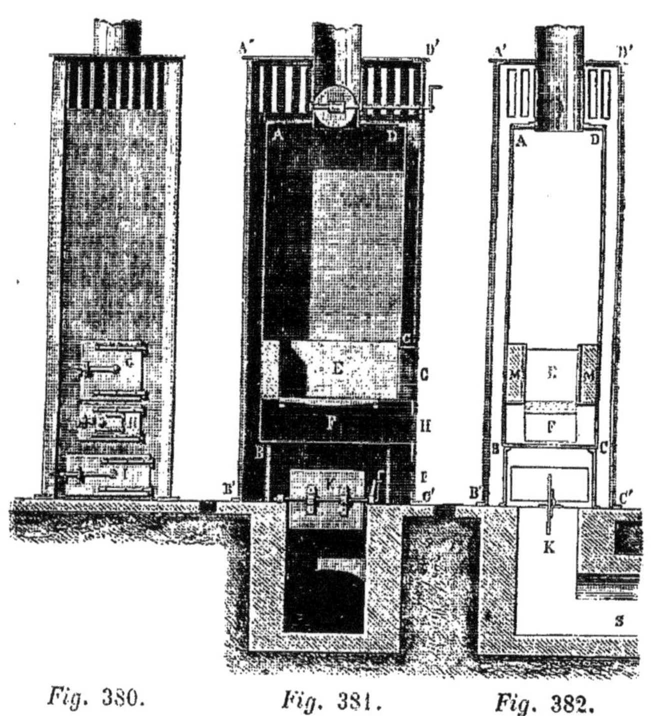

Fig. 380.   Fig. 381.   Fig. 382.

combustion du bois ou de la tourbe. La première est une élévation ; les deux autres sont deux coupes verticales. ABCD, prisme rectangulaire en tôle ou en fonte qui renferme le foyer ; A'B'C'D', prisme extérieur en tôle fixé sur le sol ; E, foyer ; F, cendrier ; G, porte du foyer ; H, porte du cendrier ; I, porte au-dessous du cendrier, qui ne reste ouverte que lorsque l'on chauffe la pièce sans la ventiler ; K, registre tournant qui permet d'intercepter la communication de la pièce avec l'extérieur ; on peut le maintenir dans différentes positions, au moyen d'une manivelle dont l'extrémité est munie d'une cheville qui s'engage dans des trous percés sur un demi-cercle en fer fixé sur le sol ; M, briques qui environnent le foyer ; S, canal qui amène l'air extérieur dans le calorifère.

1596. Si l'on voulait placer une plus grande surface de chauffe dans l'enveloppe, ce qui serait nécessaire si le tuyau à fumée ne devait avoir qu'un très-petit développement, on pourrait employer un grand nombre de dispositions différentes. Celle qui est représentée dans la figure 383 est une des plus simples.

Dans nombre de cas, il convient de faire descendre la fumée au lieu de la faire monter. La fumée descend entre deux cylindres ayant toute la hauteur du cylindre extérieur et concentriques avec lui ; l'air extérieur s'élève dans les deux espaces annulaires qui se trouvent sur chacune des faces du canal de descente, et l'air brûlé s'échappe au-dessous du sol. C'est une bonne manière de loger une grande surface de chauffe dans un petit espace ; cette surface est d'ailleurs bien utilisée, car elle est chauffée uniformément et parcourue dans toute

Fig. 383.

son étendue par l'air extérieur. On pourrait aussi faire descendre l'air brûlé simultanément par un grand nombre de tuyaux d'un petit diamètre. Enfin toutes les dispositions des calorifères d'appartement, dont nous parlerons plus loin, seraient applicables ; et dans toutes la fumée pourrait se dégager par le haut ou par le bas de l'appareil.

Calorifères à alimentation continue.

1597. Dans tous les appareils dont nous venons de parler, l'alimentation du foyer doit avoir lieu à des intervalles assez rapprochés, ce qui est un grand inconvénient, surtout quand le chauffage et la ventilation doivent se prolonger pendant la nuit, comme dans les hôpitaux. Mais on peut, par une disposition analogue à celle que nous avons indiquée pour les générateurs à anthracite (697), construire des calorifères qu'on n'alimente qu'à des intervalles très-éloignés, par exemple de 8 et même 12 heures.

1598. *Appareil de M. Th. Walker.* — Cet appareil (*fig.* 384) se compose d'un tronc de cône ouvert par le bas, fermé par le haut au moyen d'une plaque R dont les rebords plongent dans une petite boîte annulaire TT remplie de sable fin ; la partie inférieure s'ouvre à une certaine distance de la grille G. MMLL est une enveloppe extérieure en tôle,

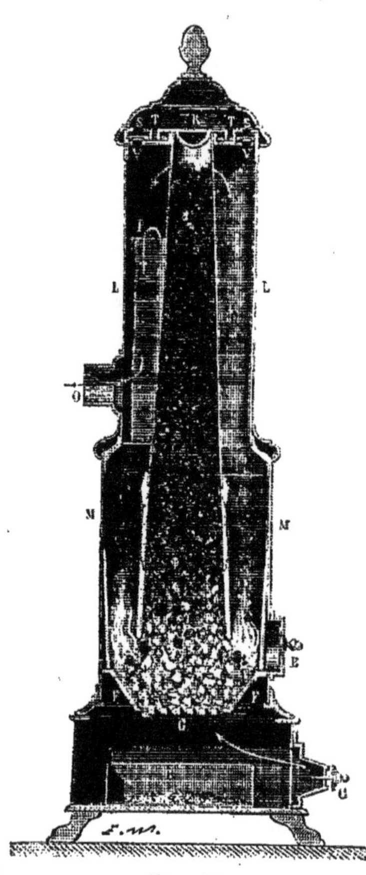

Fig. 384.

munie aux environs du foyer d'un revêtement intérieur en fonte; E représente une porte formée d'une plaque de tôle et d'une toile métallique qui permet, quand la plaque pleine est ouverte, de voir le feu, à travers un orifice percé dans le revêtement en fonte du foyer ; C est le régulateur d'accès de l'air extérieur dans le foyer; F, F, parois du foyer; B, cendrier ; O, origine du tuyau d'écoulement de l'air brûlé : il est environné de deux cloisons verticales, dont l'intervalle est ouvert par le haut et fermé par le bas, afin que l'air brûlé ne puisse se dégager qu'après avoir monté à la partie supérieure, comme l'indiquent les flèches. Les ouvertures S et V servent pour le nettoyage. Pour allumer le calorifère, on met sur la grille quelques copeaux enflammés et un peu de charbon et on ferme la porte du foyer; lorsque le charbon est embrasé, on remplit le tronc de cône de coke et on ferme son orifice supérieur R. Cet appareil est bien disposé, il fonctionne régulièrement, et le registre C permet de régler à volonté l'activité de la combustion. Mais ce n'est qu'un poêle et non pas un calorifère. Pour le transformer en un calorifère, il faudrait évidemment l'environner d'une enveloppe ouverte par le haut ou fermée en dessus et garnie latéralement d'orifices, et faire communiquer la partie inférieure de l'espace formé par l'enveloppe avec un canal ouvert à l'extérieur.

1599. *Calorifère de M. Martin, ingénieur à Besançon.* — Cet appareil (*fig.* 385) est disposé à peu près comme celui de M. Walker, mais c'est un véritable calorifère et non un poêle. A, réservoir de coke d'une capacité de $0^{mc}025$; E, tuyau d'écoulement de l'air brûlé, muni d'un registre qui n'est pas indiqué dans la figure ; une cloison transversale, placée à la moitié de la hauteur et percée d'un orifice opposé à E, force l'air brûlé à circuler dans toutes les parties; G, porte du foyer formée de deux plaques de fonte séparées, et qui ne s'ouvre que pour l'allumage; H, orifice d'accès de l'air dans le foyer fermé par un papillon; I, cendrier; K, tuyau d'arrivée de l'air extérieur; LL, canal annulaire dans lequel s'échauffe l'air avant de pénétrer dans la pièce par un grand nombre d'orifices percés dans l'enveloppe extérieure du calorifère. Dans l'espace PQ on peut placer un vase renfermant de l'eau. L'allumage se fait par la porte G, avant le remplissage du réservoir A; cette disposition est en général bien entendue, à quelques détails près. La fermeture du réservoir A devrait être établie par un joint à sable comme dans l'appareil de M. Walker, parce que l'air extérieur qui pénètre

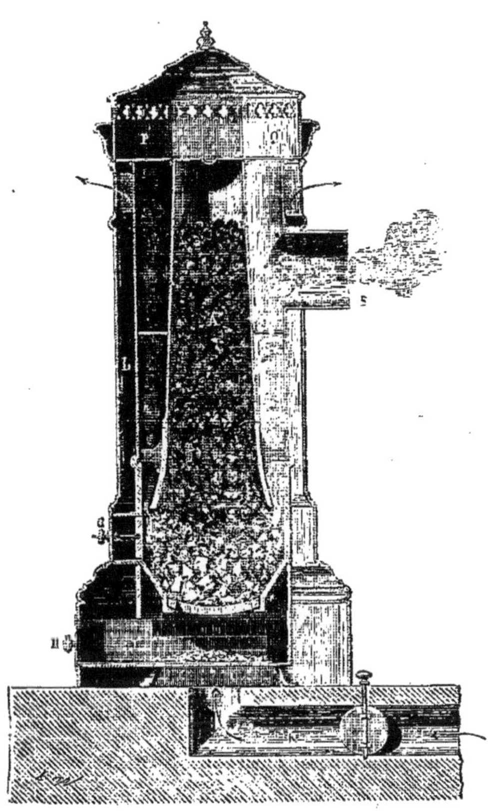

Fig. 385.

dans l'appareil par les fissures des joints diminue son effet utile. La plaque supérieure devrait être garnie d'orifices destinés au nettoyage de l'espace annulaire. Le vase plein d'eau chaude, qui se trouve au-dessus de l'appareil, est en général peu utile et embarrassant pour le remplissage du réservoir A. Les plaques de fonte qui environnent le foyer doivent s'user rapidement, et l'inventeur reconnaît lui-même qu'elles ne peuvent durer que trois ou quatre ans. D'après l'auteur, la quantité de chaleur qui passe par mètre carré et par heure correspond à peu près à 0^k5 de coke, et l'appareil brûlant 1^k de coke par heure peut suffire à une pièce de 150^{mc} ayant une surface de muraille de 144^{mq}, dont une moitié serait en contact avec l'air extérieur.

1600. *Calorifère de M. Hurez.* — Ce calorifère (*fig.* 386) a la plus grande analogie avec celui que nous venons de décrire. Le coke ou l'an-

thracite est placé dans un cylindre en fonte un peu évasé et au bas
duquel se trouve une grille mobile; l'air brûlé se dégage par un orifice,

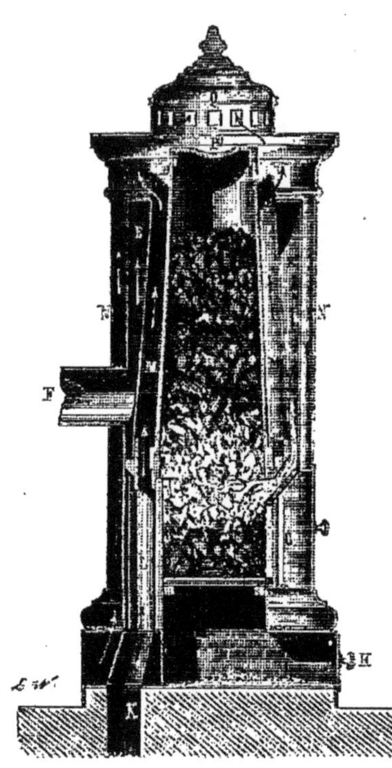

Fig. 386.

pour s'étendre dans un espace annulaire E, communiquant avec le
tuyau F d'écoulement. G est une porte
en fonte, H est l'orifice d'accès de l'air
de combustion, appliqué à la face
extérieure du cendrier I. KL est le
tuyau d'accès de l'air à chauffer; il
s'élève autour du foyer, traverse trois
orifices et se répand dans le canal
annulaire M qui aboutit à des orifices
supérieurs Q. Une partie de l'air
s'élève en même temps dans l'espace
annulaire compris entre E et N, d'où
il s'écoule dans la pièce par les ouvertures Q; P est une plaque qui
ferme le réservoir de combustible.

Dans une autre disposition, il n'y
a que deux enveloppes concentriques; l'air extérieur s'élève en rampant dans une hélice entre la surface
du réservoir de combustible et la
première enveloppe, et l'air brûlé
se répand entre la première et la seconde enveloppe.

D'après un rapport de MM. Arnoux, administrateur des Messageries
générales, et Garnier, inspecteur général des Mines, ce calorifère est
très-propre à brûler les anthracites et les charbons maigres.

1601. *Appareil du docteur Arnott.*—Cet appareil est représenté dans
la figure 387. A, réservoir d'eau à sa partie supérieure; B,B, fermetures
à sable; C, tampon fermant le réservoir de combustible; D, tuyau d'é-
coulement de la fumée; E, tuyau d'écoulement de la fumée et de l'air de
la pièce entré dans l'espace H par l'orifice K; G, enveloppe extérieure du
poêle; H, espace annulaire dans lequel circule la fumée; JJ, enveloppe
du foyer en briques réfractaires; l'orifice K ne s'ouvre que pour diminuer le tirage; L, orifice d'accès de l'air dans le foyer; en N se trouve une
couche de sable de 2 pouces de hauteur; O, ouverture du cendrier; PP,
cendrier; Q, grille mobile. Cet appareil a la plus grande analogie avec
ceux que nous avons déjà décrits, mais ce n'est qu'un poêle comme
celui de M. Walker. Pour le transformer en calorifère, il faudrait éloi-

gner les deux enveloppes et ouvrir leur intervalle, par le bas, dans
un canal communiquant avec l'air extérieur, et par le haut avec la pièce.

Dans cet appareil l'effet utile doit
être peu considérable, car la chaleur ne se transmet dans la pièce qu'à
travers une double enveloppe quand
l'orifice K est fermé, et la perte est
encore plus grande quand il est ouvert, puisque l'air qui s'échauffe entre
les deux enveloppes passe dans le conduit à fumée. En outre, la hauteur du
foyer est beaucoup trop grande, et
il est à craindre qu'il ne se forme de
l'oxyde de carbone ; le réservoir de
combustible est trop petit : à la vérité on pourrait attendre, pour l'alimentation, que le coke fût descendu
d'une certaine quantité dans le foyer ;
mais alors les circonstances de la
combustion changeraient à mesure

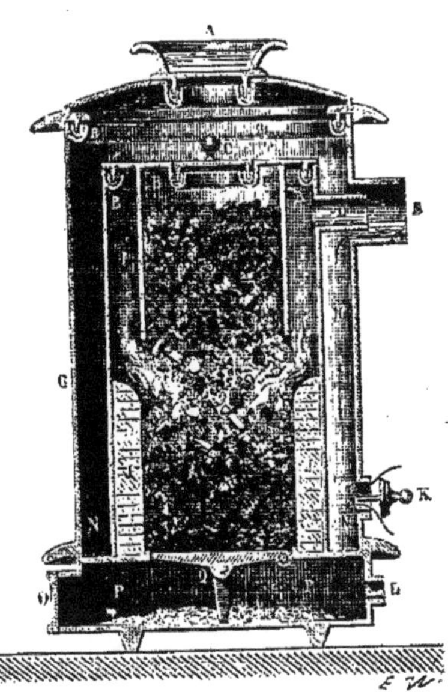

Fig. 387.

que la couche de combustible diminuerait, et elles deviendraient de

plus en plus défavorables à cause de
l'air qui échapperait sans altération.
Enfin, M. Arnott a appliqué à son
poêle, dans l'orifice L, le régulateur
dont nous avons parlé (1509); mais
en supposant que ce régulateur fonctionne régulièrement, il n'est certainement pas applicable à un poêle, car
ce n'est pas le poêle qui doit être maintenu à une température à peu près
constante, mais la pièce dans laquelle
il est placé ; et pour cela la température de l'appareil doit varier, ainsi
que la consommation de combustible, avec la température extérieure.

1602. *Calorifère de M. Joly.* —
Ce calorifère à alimentation con-

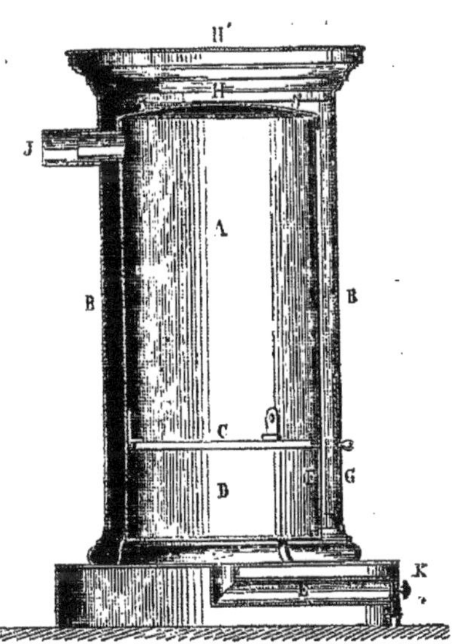

Fig. 388.

tinue, du moins pendant un temps assez long, diffère complétement de
ceux dont nous venons de parler. La figure 388 en représente une

coupe verticale. A, cylindre renfermant le combustible; B, enveloppe extérieure destinée à diminuer le refroidissement du foyer; C, grille; D, cendrier; E, tuyau de prise d'air extérieur pour l'alimentation du foyer; F, porte du cendrier; G, porte de l'enveloppe extérieure correspondant à celle du cendrier; H, couvercle du foyer; H', couvercle de l'enveloppe; J, tuyau de dégagement de l'air brûlé; son diamètre varie de 0ᵐ04 à 0ᵐ08, suivant les dimensions de l'appareil; K, régulateur de l'entrée de l'air. D'après tous les renseignements qui m'ont été donnés, ces appareils fonctionnent très-régulièrement jusqu'à la combustion complète du coke, pourvu que les morceaux soient d'une grosseur convenable.

Pour se servir de cet appareil, on enlève le cylindre A, on le remplit de coke qu'on allume par la partie supérieure; quand il est enflammé, on replace le cylindre A dans le cylindre B et on ferme au moyen des couvercles H et H'.

1603. Dans cet appareil, la permanence de la combustion est due à l'enveloppe d'air stagnant du foyer, qui rend son refroidissement très-lent et maintient le combustible à la chaleur rouge. Quoique l'air qui environne le foyer ne se renouvelle pas, ou du moins ne se renouvelle que très-lentement, j'ai reconnu que le cylindre de tôle du foyer s'oxyde assez rapidement; on éviterait cet inconvénient en environnant la tôle d'une couche de terre à briques, maintenue par un fil de fer.

On arriverait, sans aucun doute, à produire une combustion lente et continue, en employant un seul cylindre de terre réfractaire de quelques centimètres d'épaisseur, qui fermerait le foyer et qui renfermerait au bas une grille, au-dessous un orifice pour l'accès de l'air, et au-dessus un petit tuyau pour l'écoulement de l'air brûlé.

1604. Aucun des appareils que je viens de décrire ne pourrait être employé comme calorifère chauffant l'air d'appel, sans recevoir des changements importants. Les calorifères anglais de M. Walker et de M. Arnott ne sont que des poêles; mais, pour les convertir en calorifères, il faudrait, comme je l'ai déjà dit, leur mettre une enveloppe dans laquelle passerait l'air de ventilation. Celui de M. Walker serait préférable, parce que l'épaisseur du combustible y est plus petite et qu'il est peu probable qu'il se forme de l'oxyde de carbone. Celui de M. Martin est bien disposé : il faudrait seulement supprimer la caisse à eau qui surmonte l'appareil, faire partir la fumée d'un point plus bas, augmenter la section du canal à air en diminuant celui de l'air brûlé, et faire sortir l'air échauffé par la partie supérieure de l'enveloppe. Dans celui de M. Hurez, il faudrait supprimer une des deux enveloppes, de manière à faire monter l'air brûlé autour du réservoir de combustible, et augmenter les sections des orifices d'entrée et de sortie de l'air chaud. Je pense qu'il y aurait de l'avantage à environner le foyer d'une couche de terre réfractaire, comme dans le poêle de M. Arnott.

CHAPITRE II.

CALORIFÈRES PLACÉS LOIN DES LIEUX QUI DOIVENT ÊTRE ÉCHAUFFÉS.

1605. Les calorifères de ce genre sont toujours composés d'une chambre en maçonnerie renfermant un foyer et des tuyaux ordinairement en fonte, qui sont parcourus successivement ou simultanément par l'air qui s'échauffe ou la fumée qui se refroidit. Ces appareils ont été disposés d'un grand nombre de manières différentes; avant de décrire les principaux, j'indiquerai quelques principes généraux qui serviront à les apprécier.

1606. D'abord il est évident que tous les calorifères peuvent produire le même effet utile, quand la combustion a lieu dans les conditions ordinaires et que les surfaces de transmission de la chaleur sont assez étendues pour refroidir la fumée à la même température. Mais les surfaces de chauffe peuvent être plus ou moins bien utilisées, et il convient aussi de considérer la commodité du nettoyage, la facilité à rendre les joints étanches, l'espace occupé, les conditions de durée et le prix.

1607. L'air ne s'échauffe que par contact avec les corps chauds et par une transmission de la chaleur de proche en proche, transmission que j'ai appelée la *diffusion* de la chaleur; les rayons de chaleur le traversent sans l'échauffer. Il résulte de là une grande différence entre les effets produits par un tuyau échauffé, suivant qu'il est parcouru par la fumée ou par l'air à échauffer. Dans le premier cas, la chaleur rayonnée par la surface du tuyau échauffe la surface intérieure de l'enceinte et l'air s'échauffe en passant sur les deux surfaces; l'effet produit varie peu avec l'étendue de l'enceinte, parce que la quantité de chaleur qu'elle reçoit est constante, et par conséquent elle s'échauffe d'autant plus qu'elle a moins d'étendue. Dans le second cas, les rayons de chaleur qui traversent le tuyau parcouru par l'air sont perdus pour son échauffement. Ainsi les surfaces de chauffe extérieures sont plus efficaces que les surfaces intérieures, à peu près dans le rapport de 2 à 1. Mais on peut augmenter l'échauffement de l'air qui parcourt les tuyaux, en y plaçant des feuilles de tôle diversement contournées qui s'échauffent par rayonnement et transmettent à l'air, par le contact, la chaleur qu'elles ont reçue.

1608. Les mouvements de l'air pur et de l'air brûlé peuvent avoir lieu dans le même sens, en sens contraire, ou enfin dans des directions quelconques. Quand les mouvements ont lieu dans le même sens, la transmission de la chaleur s'arrête évidemment lorsque les deux gaz ont pris la même température; si les deux courants avaient la même section et la même vitesse, la température commune serait à peu près la moitié de celle de l'air brûlé; mais comme le volume de l'air pur est toujours beaucoup plus considérable que celui de l'air brûlé, celui-ci peut être amené à une assez basse température. Supposons, par exemple, que l'air doive être échauffé à 100°; comme l'air brûlé provenant de la combustion de la houille est à peu près à 1200°, on voit que, si toute la chaleur produite était employée à échauffer l'air, le volume d'air neuf chauffé à 100° pourrait être égal à 11 fois celui de l'air brûlé, et que ce dernier gaz pourrait être amené à 100°. Le refroidissement de l'air brûlé serait encore plus considérable si l'air devait être moins échauffé. Mais la direction opposée du mouvement des deux gaz devient nécessaire, quand l'air doit être porté à une haute température; il est évident que, si les poids des gaz étaient les mêmes, il pourrait y avoir sensiblement échange de température, et que si le poids de l'air était 2, 3, 4 fois plus considérable que celui de la fumée, le refroidissement complet de l'air brûlé porterait la température de l'air pur à 600°, 400°, 300°. Enfin quand les deux courants sont perpendiculaires, et que l'air froid passe simultanément dans des tuyaux, placés en travers du courant d'air brûlé, la transmission de la chaleur est la plus grande qu'on puisse obtenir, parce que toutes les parties du courant d'air brûlé sont rencontrées simultanément par de l'air froid, du moins à travers le métal des tuyaux; et avec la même étendue de surface de chauffe, on peut refroidir l'air brûlé à une plus basse température que par toute autre disposition. Mais cette méthode ne peut être employée que lorsqu'il s'agit de chauffer un très-grand volume d'air à une température peu élevée. Les tubes traversés par l'air peuvent être verticaux, horizontaux ou plus ou moins inclinés; ces circonstances n'ont d'influence que sur le tirage de l'air échauffé, pour lequel la disposition verticale est évidemment la plus favorable. Si les tuyaux parallèles étaient parcourus simultanément par l'air brûlé, et si l'air à échauffer s'écoulait perpendiculairement, les circonstances seraient à peu près les mêmes relativement à la transmission de la chaleur; mais cette disposition est rarement employée.

1609. D'après ce que nous avons dit (451), on ne doit jamais diviser l'air pur ou l'air brûlé en plusieurs veines dans le mouvement ascendant, parce que le gaz suit toujours de préférence celui qui présente le moins de résistance; et quand tout semble d'ailleurs disposé d'une manière parfaitement symétrique, les plus légères différences déterminent le mouvement dans un sens ou dans l'autre. Le courant ne se répartirait à peu près également qu'autant que la section totale des tuyaux resterait constante. Si le premier tuyau et ceux qui viennent après avaient la même section, on pourrait obtenir un partage du courant par des registres convenablement ouverts. Mais lorsque le mouvement a lieu de haut en bas, le partage du courant se fait uniformément dans tous les tuyaux (453), en supposant toutefois que chacun d'eux présente la même résistance (455) ; et c'est ce qui arrive, quand ils ont la même section et la même longueur.

1610. Dans les calorifères, il y a toujours deux espèces de tirage, celui de l'air brûlé qui provient de la cheminée, et celui de l'air pur qui provient de la colonne d'air chaud, depuis l'entrée de l'air dans le calorifère jusqu'à l'orifice d'écoulement dans l'atmosphère. Ces deux tirages se manifestent dans tous les joints des tuyaux, et si ceux-ci ne sont pas étanches, de l'air pur passe dans l'air brûlé quand le tirage de la cheminée l'emporte sur celui de l'air pur, et de l'air brûlé passe dans l'air pur quand le tirage de l'air est plus grand que celui de la cheminée. Il semblerait, d'après cela, que les joints devraient être forcément étanches; mais on se contente presque constamment de joints en terre à four, qui laissent de petites fissures capillaires; il n'en résulte pas un grand inconvénient, parce que le tirage de la cheminée étant ordinairement beaucoup plus grand que celui de l'air pur, il y a seulement un peu d'air pur qui passe dans l'air brûlé. Mais si l'air brûlé était ramené à une basse température, et si le tirage de l'air pur était très-grand, une certaine quantité d'air brûlé pourrait passer dans l'air pur; il faudrait alors avoir recours aux joints faits avec du mastic de fonte, et dont nous parlerons quand il sera question des calorifères à vapeur. Dans tous les cas, il est important que les joints soient peu nombreux et faits avec soin, et il ne faut pas employer de trop grandes surfaces de chauffe, parce que si la consommation de combustible était très-faible, l'air brûlé serait amené à une basse température, le tirage deviendrait très-faible et pourrait être inférieur à celui de l'air de ventilation.

1611. Une circonstance qu'il est très-important d'éviter dans la construction des calorifères, c'est de mettre l'air en contact avec des surfaces métalliques chauffées au rouge, parce qu'alors l'air acquiert une mauvaise odeur, provenant de la combustion des matières organiques qu'il tient en suspension. L'air, en effet, quelque transparent qu'il paraisse, retient en suspension une grande quantité de poussières impalpables, qui se déposent lentement quand il est en repos ; on les aperçoit d'une manière très-nette en faisant pénétrer un rayon solaire dans une chambre obscure. Ces poussières sont de nature différente suivant les localités, mais il n'est pas douteux qu'une partie ne soit organique. Cependant, quand l'étendue des surfaces incandescentes est très-petite relativement à celle des surfaces de chauffe, il n'y a que peu d'air altéré, et l'odeur devient insensible.

1612. Lorsque l'air s'échauffe, la quantité de vapeur qu'il peut absorber augmente, et par conséquent son état hygrométrique s'abaisse, et quoiqu'il renferme toujours, sous le même poids, la même quantité d'eau, il se dessèche réellement. Cette circonstance peut avoir des effets fâcheux en provoquant un excès de transpiration. En conséquence, il est toujours utile de placer dans le calorifère un vase plein d'eau, destiné à mêler à l'air chaud une certaine quantité de vapeur qui devrait être telle que, dans les lieux habités, l'air à peu près à 15° fût à moitié saturé. On pourrait satisfaire à cette condition au moyen d'un vase placé en dehors du calorifère, renfermant de l'eau à une hauteur constante, disposé comme le vase de Mariotte, garni d'un tube à robinet, par lequel l'eau tomberait d'une manière continue sur une surface métallique chauffée, se réduirait en vapeur et serait entraînée par le courant d'air ; l'ouverture du robinet pourrait être réglée par l'observation d'un hygromètre placé dans les salles ventilées.

1613. Les surfaces de chauffe des calorifères transmettent moins de chaleur que les tuyaux à air brûlé des appareils placés dans les pièces qui doivent être échauffées, et dont nous avons parlé d'abord, parce que la différence des températures de l'air brûlé et de l'air pur est plus petite ; il faut compter sur $1^{mq}5$ à 2^{mq} de surface de chauffe directe par kilogramme de houille à brûler par heure. Je répéterai à cette occasion qu'une variation, même assez considérable, dans l'étendue de la surface a peu d'influence sur l'effet utile, parce qu'elle se porte toujours sur les surfaces extrêmes qui transmettent moins de chaleur. Il est important de remarquer que pour les calorifères employés au chauffage des habitations, la consommation de combustible étant très-variable, si on calculait les dimensions pour le maximum de consommation, il y aurait un excès de surface de chauffe pendant une grande partie du temps du chauffage, et le tirage de la cheminée pourrait être trop faible; pour ce cas, il vaut mieux prendre la surface de chauffe pour la consommation moyenne, ce qui revient à prendre 1^{mq} de surface de chauffe pour la consommation maximum.

1614. Quoique l'on puisse refroidir l'air brûlé à une assez basse température, en conservant cependant un bon tirage, il n'est pas à supposer que les calorifères placés en dehors des pièces qu'ils doivent échauffer, produisent un effet utile dépassant 0,60 à 0,70, à cause de la chaleur perdue par la cheminée, par l'enveloppe du calorifère, par l'excès d'air qu'on doit laisser passer à travers la grille pour éviter de chauffer trop fortement les surfaces environnantes, et encore par l'air depuis la sortie du calorifère, car dans le trajet aux pièces à chauffer la perte peut varier dans des limites très-étendues.

1615. Les grilles doivent être très-grandes, afin d'avoir des foyers languissants, il faudrait compter sur moins de 0^k5 de houille par décimètre carré et par heure.

1616. La section de la cheminée et celle des conduits à air brûlé ne peuvent pas être calculées d'après les nombres indiqués pour les générateurs, parce que l'air brûlé est abandonné en général à une plus faible température; en supposant que l'excès moyen de température soit de 50°, comme l'air brûlé dans les cheminées des générateurs est à peu près à 300°, et que pour ces excès de température, le tirage varie dans le rapport de 39 à 71, les sections des cheminées des calorifères devront être égales à celles des générateurs consommant la même quantité de combustible, multipliées par $71 : 39 = 1,82$. Ainsi pour des cheminées de 10^m, 20^m, 30^m, les poids de houille brûlée par décimètre carré, seront 1^k87; 2^k58; 3^k02. Avec ces nombres on aura certainement un grand excès de tirage, mais on pourra toujours le détruire par un registre ; et il sera très-faible, quand la consommation de combustible sera très-petite, à cause du grand excès de surface de chauffe qui produira un grand refroidissement.

1617. On pourrait faire une notable économie dans les frais d'établissement en employant des tuyaux en terre cuite, d'une petite épaisseur ; mais les surfaces de chauffe devraient avoir plus d'étendue; la terre cuite étant toujours perméable, il y aurait beaucoup d'air chaud qui passerait dans la fumée; et, en outre, la rupture d'un tuyau pourrait occasionner de graves inconvénients.

Je vais examiner successivement les différentes dispositions de calorifères.

1618. *Calorifères dans lesquels les tuyaux sont parcourus par l'air.* — La figure 389 représente un appareil de ce genre. A, foyer ; B, B..., tuyaux de fonte ouverts par les deux bouts, maintenus en dessus

Fig. 389.

et en dessous par des plaques de fonte percées d'orifices, dont les bords s'appuient contre les renflements extérieurs des tuyaux ; D, espace libre situé au-dessous des tuyaux et communiquant avec l'air extérieur ; FF, réservoir d'air chaud ; G, tuyau d'écoulement de l'air chaud ; H, porte du foyer ; I, porte du cendrier ; L, cheminée.

Dans cette disposition, les cylindres de fonte se touchent, et forment des rangées que l'air brûlé parcourt successivement ; par conséquent on a enlevé dans une partie du contour les rebords qui terminent les tubes ; on aurait pu laisser les rebords entiers, en remplissant avec de l'argile les intervalles des cylindres ; on aurait pu également laisser ces espaces libres, de manière à obliger l'air brûlé à passer autour de chacun d'eux. Des regards ont été ménagés pour nettoyer les carneaux formés par les rangées de tuyaux. Cet appareil a le grand inconvénient d'avoir beaucoup de joints, car il y en a deux pour chaque tuyau. On augmenterait beaucoup la quantité de chaleur transmise à l'air, si les cylindres de fonte étaient garnis d'appendices intérieurs comme l'indique la figure 390 ; ces appendices devraient être courts et placés de manière à contrarier les mouvements de l'air chaud. On pourrait produire le même effet, en plaçant dans chaque cylindre un autre cylindre en tôle d'un plus petit diamètre (*fig.* 391) qui s'échaufferait par le rayonne-

Fig. 390.

Fig. 391.

Fig. 392.

Fig. 393.

ment et transmettrait sa chaleur à l'air ; une feuille de tôle, placée comme l'indiquent les figures 392 et 393, serait préférable, parce qu'elle recevrait une plus grande partie de la chaleur rayonnée par la surface extérieure du cylindre.

1619. On pourrait rendre les joints presque étanches, par la disposition indiquée figure 394 ; ABA'B' est un tuyau cylindrique qui pénètre librement dans une ouverture percée dans la plaque de fonte CC' ; cette plaque porte un petit cylindre DED'E', fixé à sa partie inférieure et qui environne le cylindre ABA'B' ; on introduit d'abord entre les deux cylindres de la terre délayée dans un peu d'eau, de manière à former le joint, et on remplit le reste de l'intervalle des deux cylindres avec du

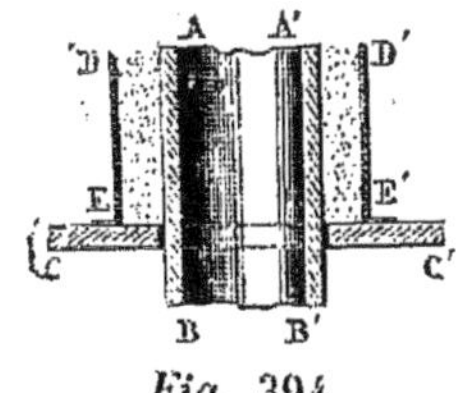

Fig. 394.

sable très-fin. Le cylindre enveloppant pourrait être venu de fonte avec sa plaque CC'.

1620. La figure 395 représente une coupe transversale d'un appareil disposé d'une autre manière. Il est composé d'un certain nombre de tuyaux de fonte, ayant la forme d'un Y renversé, placés verticalement les uns à côté des autres. L'air brûlé sorti du foyer parcourt le carneau inférieur, revient en avant dans le carneau B, et retourne par le carneau C qui le conduit à la cheminée; les canaux N,N amènent l'air qui doit être échauffé ; M est la chambre à air chaud. Cet appareil est préférable au précédent, parce qu'il renferme beaucoup moins de joints, et que ces joints, étant formés par une épaisseur de maçonnerie très-considérable, offrent peu de jours, malgré les mouvements qui résultent de

Fig. 395.

la dilatation; mais la fumée est nécessairement abandonnée à une température assez élevée. On pourrait fixer à la partie verticale des tuyaux, d'autres tuyaux disposés comme l'indiquent les lignes ponctuées de la figure, et qui formeraient le plafond des carneaux supérieurs ; les joints de ces tuyaux pourraient être en mastic de fonte. Il serait très-avantageux d'employer des tuyaux de fonte garnis d'appendices intérieurs (*fig.* 990), ou d'employer les moyens indiqués dans les figures 391, 392 et 393. Mais cette disposition a le grand inconvénient de faire rougir les tuyaux qui se trouvent au-dessus du foyer.

1621. La figure 396 représente un autre appareil : le foyer est dans une chambre en maçonnerie; l'air brûlé s'échappe par des orifices percés dans la voûte qui ferme le foyer à la partie supérieure, et ne rencontre les tuyaux qu'après avoir perdu une partie de sa chaleur; de plus les tuyaux sont soustraits au rayonnement du foyer; d'un côté, ils s'ouvrent dans une caisse communiquant avec l'air extérieur et de l'autre dans la chambre à air chaud.

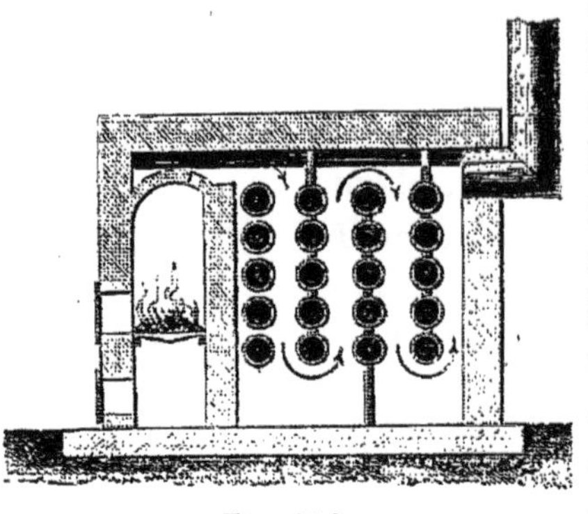

Fig. 396.

1622. La disposition représentée par la figure 397 est plus simple; l'air brûlé en descendant se répartit uniformément entre les tuyaux, et il doit en être de même dans le canal ascendant.

1623. L'agencement de tuyaux indiqué dans les figures 398 et 399 et imaginé par M. Talabot est bien plus simple encore : l'air brûlé, en descendant dans la chambre, se répand uniformément autour de tous les tuyaux; la température diminuè uniformément à mesure qu'il descend et les tuyaux d'une même rangée horizontale sont également chauffés. Cette disposition permet d'échauffer l'air beaucoup plus que celles dont

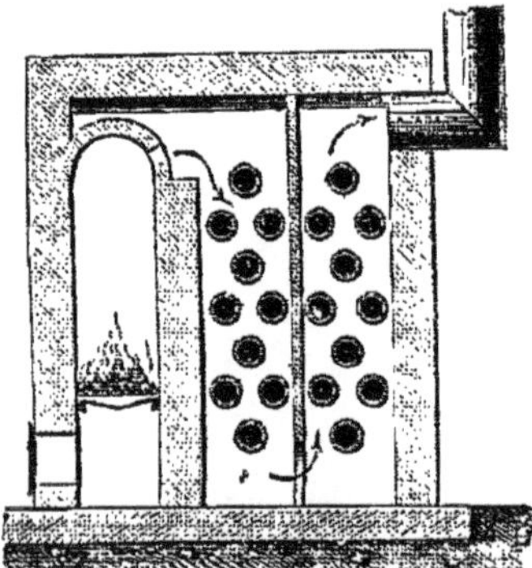

Fig. 397.

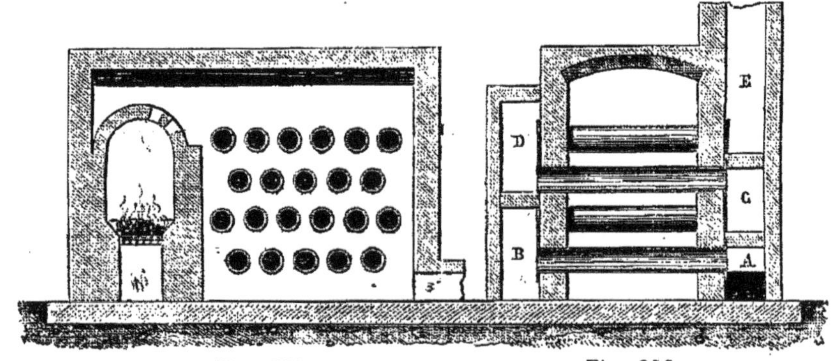

Fig. 398.   Fig. 399.

nous avons déjà parlé, en le faisant passer successivement par les différentes rangées de tuyaux de bas en haut, comme l'indique la figure 399 : l'air extérieur arrive en A, et passe successivement dans les caisses en maçonnerie B, C, D et dans le tuyau d'écoulement de l'air chaud E.

1624. Dans les calorifères, qui avaient été établis par M. Talabot, pour le chauffage des anciennes chambres des pairs et des députés, le nombre des tuyaux était de 36 ; leur longueur de 1^m 50, mais 0^m 50 étaient engagés dans la maçonnerie ; ils avaient 0^m 20 de diamètre extérieur et 0^m 01 d'épaisseur. La grille avait 1^m sur 0^m 30 ; la distance de la voûte à la grille était de 0^m 60. La hauteur de la chambre aux tuyaux était de 1^m 80 ; sa longueur, en y comprenant le foyer, de 2^m 70 ; sa profondeur, d 1^m. L'enveloppe de maçonnerie était garnie d'un grand nombre d'armatures destinées à s'opposer à sa déformation ; il y avait quatre tirants extérieurs maintenus par des clavettes, et deux tiges verticales maintenues par d'autres tiges horizontales passant à travers les tuyaux. La surface de chauffe totale, en comptant celle qui était engagée dans la maçonnerie, était à peu près de 14^{mq} ; on pouvait brûler 10^k de houille par heure dans le foyer. L'air sortait ordinairement des ca-

lorifères à une température peu élevée ; le tirage était très-bon, car l'air extérieur s'introduisait avec une grande vitesse à travers les fissures de la maçonnerie ; ainsi on ne pouvait pas craindre que la fumée pût pénétrer dans l'air chaud.

Ces appareils, qui sont d'une construction très-simple, produiraient un plus grand effet utile, si les tuyaux de chauffage renfermaient des plaques de tôle disposées comme dans les figures 391, 392 et 393. Il est indispensable de ménager dans les bouts des ca-

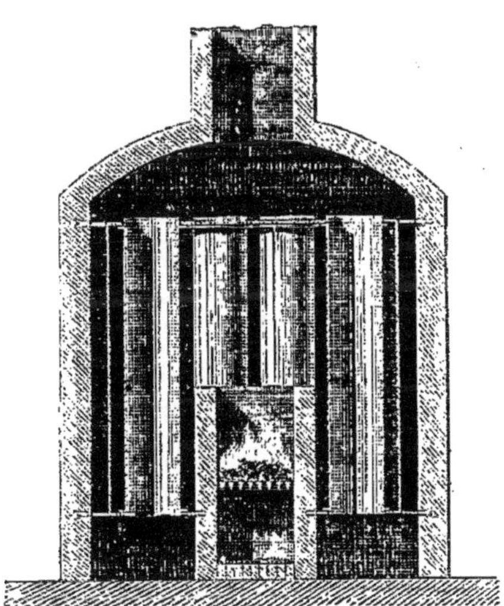

Fig. 400.

lorifères des regards qui permettent de nettoyer de temps en temps la surface extérieure des tuyaux.

1625. Les figures 400 et 401 représentent une coupe verticale et une coupe horizontale d'un calorifère dont les tuyaux sont parcourus par l'air et placés verticalement. L'appareil se compose d'une caisse de fonte rectangulaire, renfermant un foyer environné de maçonnerie sur les côtés ; autour se trouvent des tuyaux de fonte ouverts par les deux bouts ; la caisse est en communication, par la partie inférieure, avec la cheminée, et elle est placée dans une enveloppe en maçonnerie qui communique par le bas avec l'air extérieur, et par le haut avec le tuyau d'écoulement de l'air chaud.

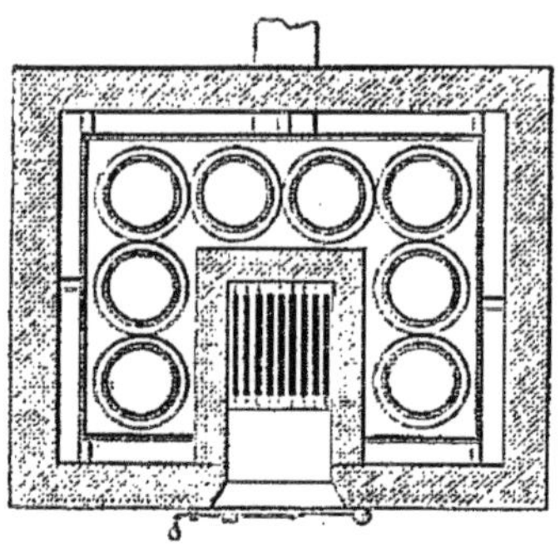

Fig. 401.

1626. M. L. F. Staib, de Genève, a présenté à l'Exposition universelle de 1855 un calorifère disposé à peu près de la même manière, et dont la figure 402 représente une coupe horizontale ; les parois de la caisse sont ondulées, afin d'augmenter l'étendue des surfaces de chauffe. On a ménagé des regards pour le nettoyage des tuyaux. L'appareil renferme un vase plein d'eau destiné à maintenir l'état hygrométrique de l'air, et un petit foyer additionnel pour établir le tirage au commencement du chauffage, si cela est nécessaire. L'appareil exposé était construit avec beaucoup de soin et avait été parfaitement étudié, jusque dans ses moindres détails.

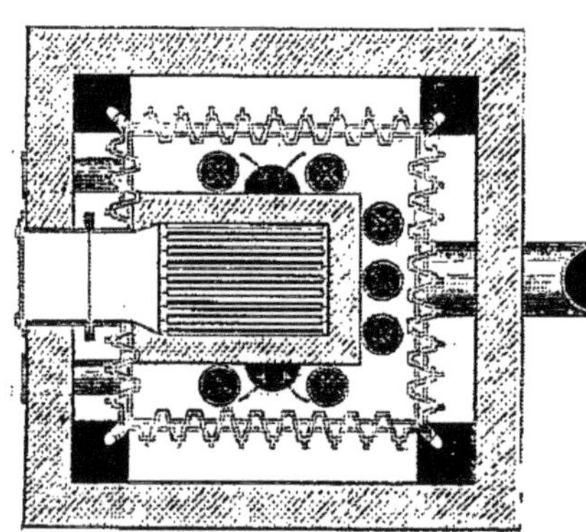

Fig. 402.

1627. On a aussi employé des rangées horizontales de tuyaux, placées au-dessus du foyer et disposées de manière que l'air brûlé fût obligé de les parcourir successivement ; mais, par cette disposition, les premières rangées s'échauffaient au rouge, et l'air prenait une mauvaise odeur. Les rangées de tuyaux ont aussi été placées verticalement : la première formait une des parois du foyer, et l'air brûlé parcourait successivement toutes les rangées, comme dans la figure 396 ; mais cette disposition avait le même inconvénient que la précédente. On a aussi remplacé les rangées de tuyaux par des caisses de tôle ou de fonte, rectangulaires, ouvertes par deux bouts opposés, placées de manière à être parcourues par l'air tantôt horizontalement, tantôt verticalement, l'air brûlé faisant le tour des caisses dans des directions perpendiculaires à celles de l'air pur.

1628. *Calorifères dans lesquels l'air brûlé parcourt les tuyaux de chauffage*. — Tous ces appareils consistent en une chambre en maçonnerie renfermant un foyer recouvert par une cloche en fonte, d'où la fumée s'écoule par un tuyau diversement contourné ; la partie inférieure de la chambre communique avec l'air extérieur et la partie supérieure avec un canal destiné à l'écoulement de l'air chaud. On a construit des appareils dans lesquels le tuyau à fumée en partant de la cloche s'élevait d'abord verticalement jusqu'au sommet de la chambre, descendait ensuite, puis remontait un certain nombre de fois autour du foyer; cette disposition ne peut être employée, pour les combustibles qui produisent de la fumée, qu'en se réservant des moyens de nettoyage.

1629. On a aussi construit des appareils composés de tuyaux horizontaux que la fumée parcourait successivement en commençant par le bas; chacun de ces tuyaux traversait les murs opposés de la chambre, était fermé par des tampons, ce qui permettait de les nettoyer facilement, et, de plus, communiquait avec le précédent par un bout et avec le suivant par l'autre bout. Cette disposition avait l'inconvénient de rendre difficile la mise en feu du foyer, à cause du refroidissement rapide de l'air brûlé, et de faire marcher dans le même sens l'air pur et l'air brûlé.

1630. On a aussi fait circuler l'air brûlé sortant de la cloche dans une série de tuyaux formant différents étages de rectangles que l'air brûlé parcourait successivement. Pour cela, chaque rectangle était fermé par une cloison; d'un côté se trouvait l'orifice d'accès de l'air brûlé du cadre inférieur, et de l'autre l'orifice de sortie. Chaque tuyau se prolongeait à travers la maçonnerie, comme dans l'appareil précédent, afin d'en permettre le nettoyage. Cet arrangement avait les mêmes inconvénients.

1631. On a modifié cette dernière méthode en faisant sortir l'air de la cloche par deux ou par quatre orifices, qui communiquaient chacun avec une série de tuyaux disposés comme dans l'appareil décrit (1629). Cette disposition qui a été souvent employée et qui a été présentée à l'Exposition universelle de 1855 par plusieurs constructeurs, offre les inconvénients déjà signalés, et de plus celui d'offrir à l'air brûlé plusieurs chemins entre lesquels il ne se partage pas nécessairement, malgré la symétrie apparente, comme cela résulte de l'expérience; aussi une grande partie de la surface de chauffe peut-elle être perdue.

1632. Les figures 403 et 404 représentent une coupe verticale et une coupe horizontale d'une disposition qui n'a pas les inconvénients que nous venons d'indiquer. L'air brûlé parvenu au sommet du tuyau placé au-dessus de la caisse du foyer, descend en parcourant successivement une série de tuyaux horizontaux. L'air brûlé et l'air pur marchent

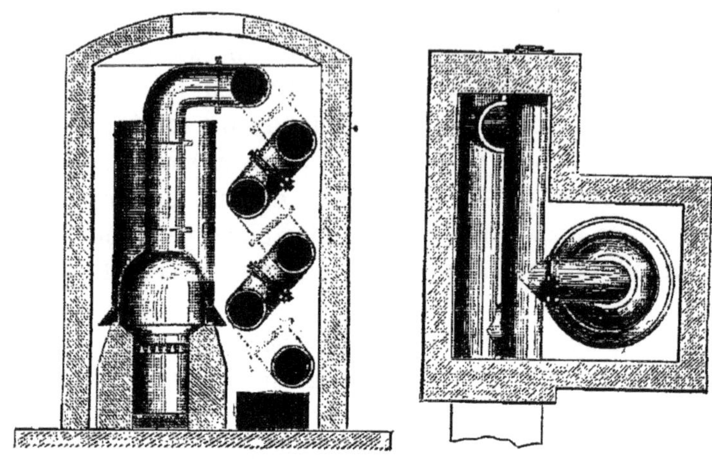

Fig. 403.   Fig. 404.

ainsi en sens contraire. Les joints peuvent facilement être rendus à peu près étanches ; et le nettoyage des tuyaux n'offre aucune difficulté, si l'on a eu soin de ménager des tampons aux extrémités.

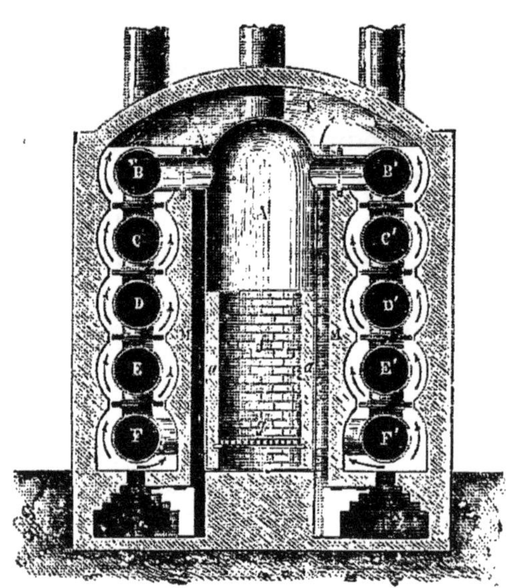

Fig. 405.

Cet appareil permettrait de chauffer l'air à une température élevée. On pourrait faire descendre la fumée par plusieurs systèmes de tuyaux, elle se répartirait nécessairement dans chacun d'eux, si les sections étaient convenables.

1633. M. Réné Duvoir construit des calorifères, fondés sur le même principe que le dernier dont nous venons de parler. Les figures 405 et 406 représentent une coupe verticale et une coupe horizontale d'un de ces appareils.

Le foyer f est placé dans un cylindre de fonte A, revêtu intérieurement de briques réfractaires a, a, jusqu'à une certaine hauteur ; l'air brûlé descend simultanément par

les deux rangées de tuyaux B, C, D, E, F, et B′, C′, D′, E′, F′, s'élève
ensuite dans le cylindre G, d'où il passe dans la cheminée. L'air qui
doit être chauffé arrive par les ca-
naux souterrains I, I′, s'élève simultanément dans les intervalles M, M
et N, N autour des cylindres A, G, et
des deux rangées de tuyaux, et se
réunit dans la capacité K, d'où il est
conduit dans les lieux où il doit être
utilisé. Tous les cylindres sont en
fonte. Le foyer a deux portes : l'une,
celle qui est inférieure, est destinée
au nettoyage de la grille g, l'autre,
à l'introduction du combustible.

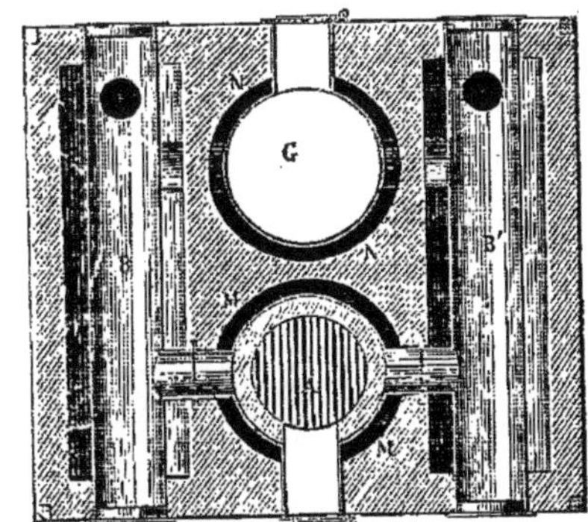

Fig. 406.

L'anthracite brûle très-bien dans cet appareil, et on en peut charger
le foyer pour 7 à 8 heures.

1634. Lorsqu'on allume le feu pour la première fois, le tirage est
très-faible, parce que la chaleur est absorbée, presque à mesure qu'elle
se produit, par la masse de fonte qui environne le foyer, et la mise en
train exige que l'on chauffe d'abord la chemi-
née. Pour cela il y a dans le cylindre G un petit
foyer additionnel qu'on n'allume que lorsque
l'appareil a été pendant plusieurs jours sans
fonctionner et qu'il est complétement froid. On
a remarqué que, dans ce calorifère, les houilles
grasses se distillent en grande partie, à cause
de la haute température de l'enveloppe du foyer,
et du faible tirage qui résulte du grand refroidissement qu'éprouve la fumée. Les houilles
sèches et les anthracites sont les combustibles
qui conviennent le mieux dans cet appareil,
comme dans la plupart des autres calorifères.

1635. Dezarnod a imaginé, il y a bien longtemps, une disposition, qui avec certaines
modifications est employée par un grand nombre de constructeurs. Elle est représentée en
coupe verticale dans la figure 407. Tout l'ap-

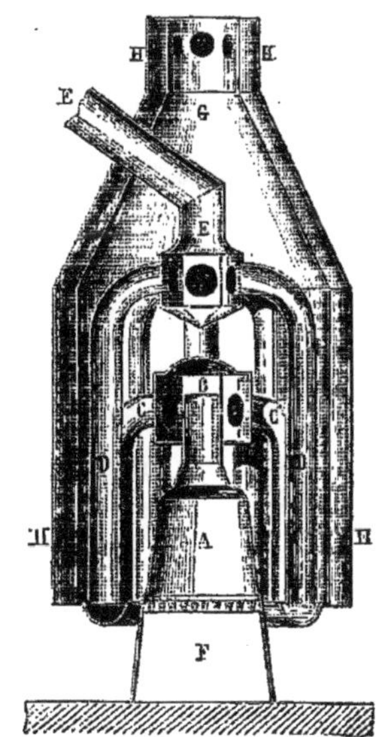

Fig. 407.

pareil est en fonte, excepté les deux surfaces enveloppantes qui
sont en tôle. A, foyer ; B, lanterne dans laquelle se rend d'abord
l'air brûlé ; C, C, tuyaux par lesquels l'air brûlé descend simulta-

nément dans une couronne annulaire située à la hauteur de la grille ; D, D, tuyaux par lesquels la fumée s'élève dans la lanterne E, d'où elle se rend dans la cheminée ; G, tuyau de dégagement de l'air chaud ; H, H, double enveloppe dans laquelle circule de l'air qui s'empare de la chaleur absorbée par l'enveloppe intérieure. Cet appareil a l'avantage de renfermer une grande étendue de surface de chauffe bien disposée dans un petit espace, et de ne pas diminuer le tirage par des circulations trop longues. Mais il faut le démonter complétement pour le nettoyer ; et, par conséquent, il serait bien incommode d'y brûler d'autre combustible que du coke. En outre, il renferme bien des joints qui ne peuvent se fermer qu'avec de l'argile, et qui, par conséquent, doivent laisser passer de la fumée dans l'air chaud, quand, le tirage de la cheminée étant très-faible, celui de la colonne d'air chaud est très-grand, comme nous l'avons déjà dit en parlant de plusieurs autres appareils. Enfin la prise d'air du foyer n'étant pas distincte de celle du calorifère, il peut en résulter quelquefois des inconvénients, surtout quand on allume le feu.

1636. M. Chaussenot a présenté à l'Exposition universelle de 1855 un calorifère dont les figures 408 et 409 représentent une coupe verticale et une coupe horizontale suivant XY. Cet appareil se compose d'un foyer A, et de deux caisses en fonte B

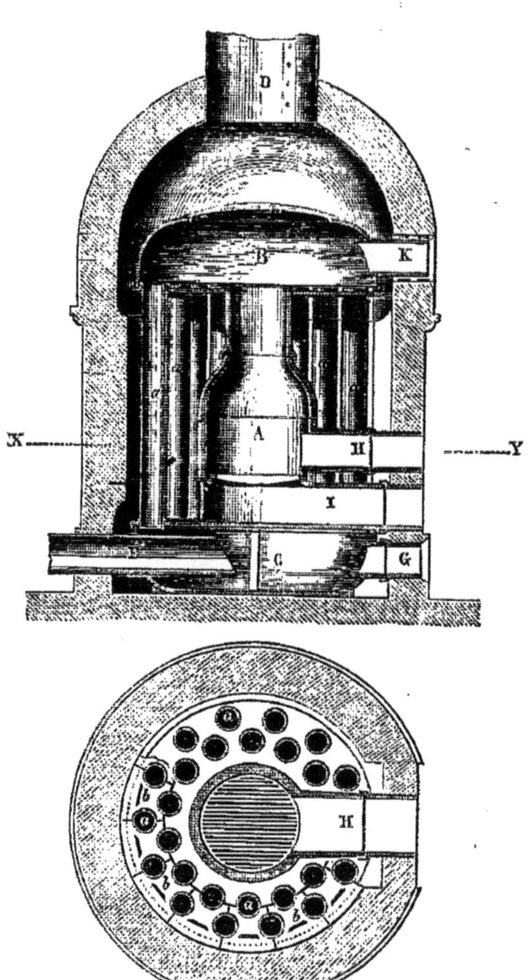

Fig. 408 et 409.

et C, réunies par un très-grand nombre de tuyaux verticaux $a, a,...$;
l'air brûlé passe du foyer dans la caisse B, descend ensuite par les
tuyaux $a, a,...$ dans la caisse C, d'où il s'écoule dans la cheminée
par le tuyau E. L'air extérieur entre dans l'enveloppe par des orifices nombreux $b, b...$ pratiqués dans la base de l'enceinte en briques,
s'échauffe autour des caisses en fonte et des tuyaux et s'échappe par
le tuyau D. Les conduits H et I servent à charger le foyer et à nettoyer le cendrier; les ouvertures K et G sont destinées au nettoyage
des caisses en fonte et des tuyaux. Cette disposition laisse beaucoup
à désirer. D'abord l'appareil doit être assez cher, car il renferme une
masse énorme de fonte; de plus la surface de chauffe est assez mal
utilisée, puisque l'air chaud monte principalement autour de l'appareil et que l'on ne profite que d'une très-petite partie du rayonnement et du contact des tuyaux.

1637. M. Porchez, de Lille, construit des calorifères disposés d'une
manière à peu près analogue, et dont la figure 410 représente une

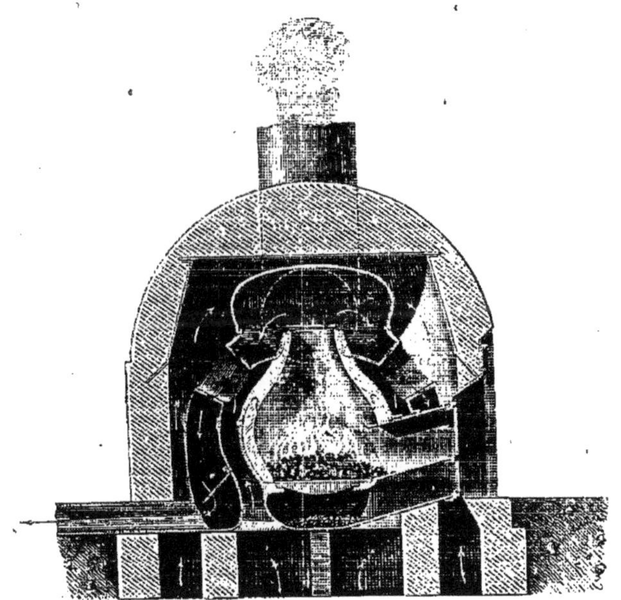

Fig. 410.

coupe verticale. Le foyer est placé à la partie inférieure d'une capacité
en fonte rétrécie à la partie supérieure; l'air brûlé, après s'être élevé,
descend dans une double enveloppe qui le conduit à la cheminée; l'air
extérieur arrive au bas de l'intervalle du vase et de la double enveloppe, et s'échappe par un grand nombre de tuyaux qui traversent

cette dernière. Cette disposition exige nécessairement qu'on ne brûle dans le foyer que du côke ou des houilles sèches.

1638. Un grand nombre de calorifères ont été admis à l'Exposition universelle de 1855, mais il est inutile d'en faire une description détaillée. Plusieurs grands appareils étaient disposés comme je l'ai indiqué (1631). Dans d'autres, les constructeurs s'étaient uniquement occupés de l'ornementation ; enfin, dans quelques-uns, les circuits à air brûlé étaient excessivement compliqués. Dans la plupart, les surfaces de chauffe étaient peu efficaces, et souvent le nettoyage était impossible. En examinant ces appareils, exposés par des constructeurs de tous les pays, on était étonné de voir combien les notions les plus élémentaires sur la transmission de la chaleur étaient peu connues, et on pouvait penser que chacun avait cherché à faire autrement que les autres, afin de se dire breveté, sans s'inquiéter si ce qu'il faisait était bon ou mauvais.

1639. Je terminerai ce qui regarde l'espèce de calorifères dont il est question par la description d'un appareil très-simple, qui me paraît satisfaire mieux que tous les autres aux conditions exigées. La figure 411 en représente une coupe verticale. Il est composé d'une cloche placée au-dessus du foyer et surmontée d'un tuyau qui communiqué, par sa partie supérieure et au moyen de quatre tuyaux horizontaux, avec une double enveloppe cylindrique, au bas de laquelle se trouve un autre tuyau communiquant avec la cheminée ; entre cette double enveloppe et le tuyau d'ascension de l'air brûlé, se trouve un cylindre de tôle ouvert par les deux bouts. L'air brûlé s'élève d'abord dans le tuyau central et descend ensuite dans la double enveloppe annulaire, en se répandant par couches isothermes dans l'intervalle des deux cylindres. L'air

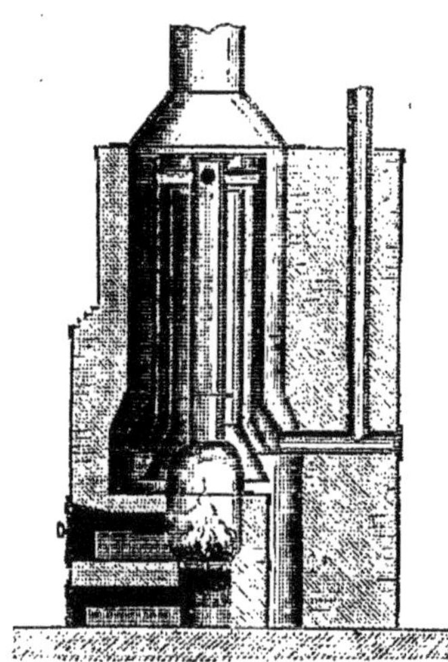

Fig. 411.

chaud s'élève simultanément autour du tuyau et de l'enveloppe annulaire ; il est échauffé par son contact avec les surfaces rencontrées par l'air brûlé, par le cylindre de tôle intérieur et par la surface de la maçonnerie échauffés par rayonnement. Le tuyau central et la double enveloppe peuvent être facilement nettoyés, en enlevant le cône qui reçoit l'air chaud à la partie supérieure de l'appareil et ensuite les couvercles des deux tuyaux.

1640. En Angleterre on a employé, il y a plus de vingt ans, des calorifères disposés d'une manière particulière qu'il peut être utile de connaître.

Le calorifère du vaste hôpital du Derbyshire est composé (*fig.* 412) d'une grande cloche en tôle de 5 millimètres d'épaisseur, ayant la forme d'un prisme quadrangulaire surmonté d'une calotte formée de deux cylindres qui se pénètrent à angle droit, comme une voûte en arc de cloître. Cette cloche est posée sur le foyer, qui est en forme de trémie. Sur deux côtés opposés de la partie inférieure de la cloche se trouve une ouverture large de $0^m 012$ qui se prolonge sur tout le côté; ces ouvertures sont destinées à évacuer la fumée et à la conduire dans un canal horizontal qui aboutit à la cheminée. Comme elles sont sujettes à s'obstruer par la suie, en avant de l'appareil se trouvent deux tringles

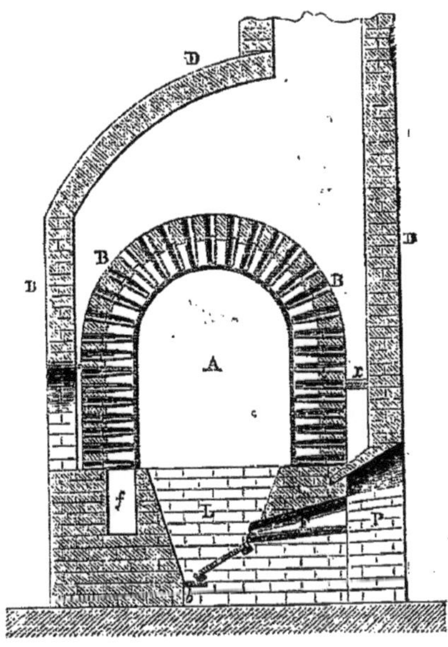

Fig. 412.

dont les extrémités sont garnies de petites plaques, qui par le mouvement des tringles parcourent les ouvertures dont nous venons de parler et les dégorgent de la suie qui aurait pu s'y amasser. Autour de la cloche existe une enveloppe en maçonnerie de même forme, et qui en est distante de $0^m 20$. Cette enveloppe est percée dans toute son étendue d'un grand nombre d'ouvertures égales et circulaires, dans lesquelles sont scellés des tuyaux de même diamètre, ouverts par les deux bouts, et qui pénètrent dans l'espace vide situé entre la cloche et son enveloppe, jusqu'à deux centimètres de la cloche. Elle est environnée de murailles terminées par une voûte, à la partie supérieure de laquelle se trouve un canal qui conduit l'air chaud dans le lieu que l'on veut échauffer. L'espace compris entre la première et la seconde enveloppe est séparé en deux parties par une cloison horizontale; la partie inférieure est en communication avec l'air froid qui doit être échauffé, l'autre reçoit l'air chaud. D'après cette description, on voit que l'air froid arrive sur la surface extérieure de la cloche par les tubes qui sont placés au-dessous du diaphragme, qu'il s'élève ensuite en cheminant entre les tubes placés au-dessus, et qu'il se dégage dans le réservoir d'air chaud par les tubes supérieurs qui sont de plus en plus inclinés. DD, muraille extérieure formant la seconde enveloppe; L, foyer; b, châssis contenant une plaque à coulisse pour laisser tomber les cendres; F, tuyau en fonte pour l'introduction du combustible; P, embrasure voûtée de la porte du foyer; f, canal par lequel la fumée se rend à la cheminée; A, cloche en tôle; BB, première enveloppe de la cloche garnie de tuyaux; x, diaphragme en brique qui force l'air froid à entrer dans l'enveloppe B, en passant par les tuyaux inférieurs.

1641. Il paraît, d'après une expérience faite sur ce calorifère, qu'un kilogramme de houille échauffe 252^{mc} d'air ou 327^{k} de 33°, ou 10790^{k} de 1°. Ainsi l'effet utile d'un kilogramme de houille est de 2700 unités de chaleur. Dans une autre expérience faite avec un calorifère portatif, construit sur le même principe mais perfectionné, l'auteur a échauffé 12500^{k} d'air de 1° par kilogramme de houille. Ces résultats font voir que, dans les calorifères dont il est question, la chaleur est employée bien moins avantageusement que dans les autres appareils; la raison en est évidente : la surface de chauffe est trop petite, et on n'utilise guère que la chaleur rayonnante. Cette disposition a cependant l'avantage d'empêcher le métal, chauffé directement par le foyer, d'acquérir une température élevée, à cause du courant d'air froid amené sur sa surface.

1642. Depuis l'époque de l'apparition de ces calorifères, on en a construit sur de plus grandes dimensions, en donnant aux tubes une enveloppe en tôle au lieu d'une enveloppe en briques. La cloche est plus longue que dans les premiers, d'environ la profondeur du foyer; celui-ci est en fer, il a la forme d'une trémie sur trois côtés, et la paroi antérieure va rejoindre verticalement la cloche; il est entouré de briques sur les trois côtés obliques, et sur le devant il a une ouverture pour l'introduction du combustible. Par cette disposition, le conduit de la fumée commence dans un petit espace à droite et à gauche de la cloche, entre elle et la partie extérieure du foyer, et sur une largeur d'environ un centimètre; cet espace, en raison de la forme en trémie du foyer, s'élargit en descendant, de telle sorte qu'au niveau de la grille il a une largeur assez considérable; ces cavités latérales se réunissent à une cavité semblable pratiquée sur la partie postérieure du foyer, d'où la fumée passe dans un canal construit sous le sol, et ensuite dans la cheminée. Cette dernière partie du canal qui conduit la fumée à la cheminée est séparée du cendrier par une porte en tôle qui s'ouvre à volonté pour permettre de nettoyer les conduits de fumée.

Comme l'air qui entre par la rangée la plus basse des tubes doit s'élever entre les tubes de la deuxième rangée; que celui qui entre par la première et la deuxième doit passer entre les tubes de la troisième; . et finalement, que l'air qui est entré par tous les tubes au-dessous de la rangée la plus élevée de la chambre à air frais doit passer entre ceux-ci pour gagner la chambre à air chaud, où il se dégage; il s'ensuit que l'espace compris entre les tubes de la rangée la plus élevée doit être égal à la somme des surfaces des bouches de tous les tubes qui sont au-dessous de cette rangée, afin que l'air, dans sa course, ne soit pas obligé de changer de vitesse. Ces considérations ont engagé l'auteur à donner aux calorifères la forme indiquée.

1643. Un appareil qui a beaucoup d'analogie avec ceux dont je viens de parler a été établi dans les bâtiments des archives de la guerre. Il se composait d'une cloche chauffée exactement comme celle de la figure 412; mais l'air à chauffer circulait autour de sa surface dans un canal rampant.

1644. Tous les calorifères, dans lesquels l'air ne circule pas librement autour des surfaces de chauffe, sont compliqués et d'une construction difficile; ils ne produisent qu'un faible effet utile à cause du peu d'étendue des surfaces de transmission de la chaleur; aussi ne se sont-ils pas propagés.

1645. *Calorifères à alimentation continue.* — Les foyers de ces calorifères peuvent être disposés comme ceux des calorifères placés dans les pièces à chauffer et à ventiler; mais, comme ces appareils doivent renfermer de grandes surfaces de chauffe, et qu'il est important de diminuer autant que possible la transmission de la chaleur par l'enveloppe du calorifère, il est plus commode de placer le foyer sur une des faces latérales. Tous les calorifères horizontaux ou verticaux peuvent facilement être modifiés de manière à satisfaire à cette condition. Il est important de remarquer que ces foyers devant être alimentés par du coke ou des houilles sèches, on a moins à se préoccuper, dans la disposition de l'appareil, des moyens de nettoyage des tuyaux.

1646. M. Poncini a présenté à l'Exposition universelle de 1855 un calorifère à alimentation continue, dont la figure 413 représente une coupe verticale. Le foyer est alimenté par une trémie et l'air brûlé s'élève dans trois tubes verticaux B, qui le conduisent dans un tuyau perpendiculaire au plan de la figure et ensuite dans deux tuyaux parallèles C; il redescend ensuite de chaque côté par cinq tuyaux verticaux E dans deux tuyaux horizontaux D, qui communiquent avec la cheminée FF. L'air pur est amené par un canal inférieur et s'écoule par le tuyau G.

1647. La figure 414 représente une coupe verticale d'un calorifère

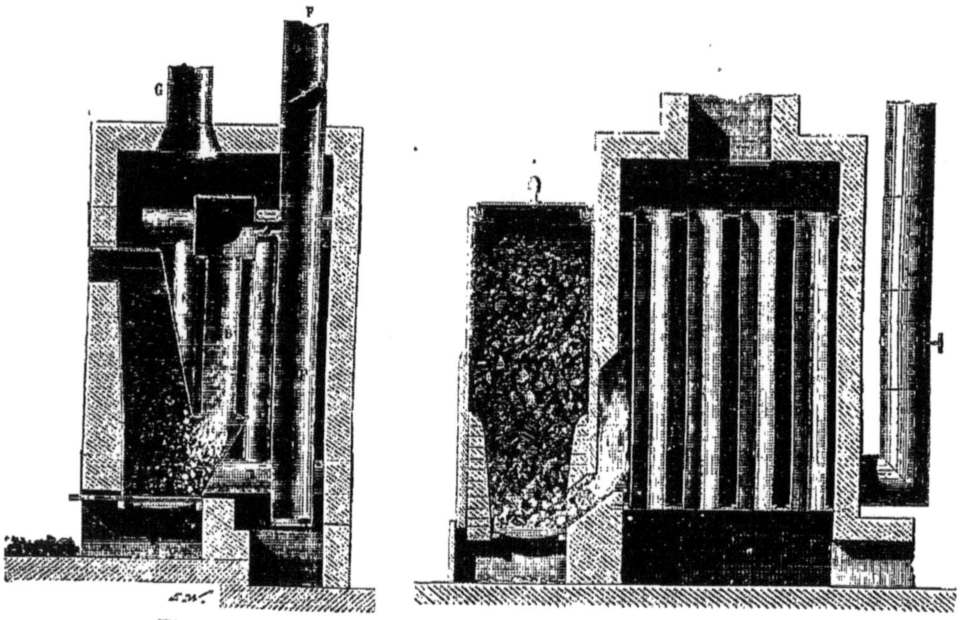

Fig. 413.   Fig. 414.

à tubes verticaux garni d'un foyer à alimentation continue. La vue de la figure suffit pour faire comprendre la disposition de l'appareil.

CHAPITRE III.

CALORIFÈRES DESTINÉS A CHAUFFER L'AIR A UNE HAUTE TEMPÉRATURE.

1648. Pour le chauffage de l'air à une haute température, l'économie des surfaces de chauffe et celle du combustible exigent nécessairement que la fumée et l'air à échauffer marchent en sens contraire. Quand l'air est lancé par une machine soufflante, ce qui arrive presque toujours, il s'écoule dans des tuyaux de fonte placés dans des canaux que parcourt l'air brûlé.

1649. La disposition la plus simple consisterait en un canal voûté, horizontal, en briques, d'une suffisante épaisseur, terminé à un bout par un foyer, à l'autre par une cheminée, et renfermant un tuyau de fonte, placé de manière que l'air brûlé pût circuler autour ; le tuyau recevrait l'air froid par l'extrémité voisine de la cheminée, et communiquerait par l'autre avec le tuyau qui doit conduire l'air chauffé dans le lieu où il doit être utilisé. Cette disposition, d'abord essayée pour chauffer l'air d'alimentation des hauts-fourneaux, produit peu d'effet utile à cause de la grande surface exposée à l'air que présente le canal de chauffe ; d'ailleurs elle tient trop de place.

Ordinairement, pour diminuer l'espace occupé, on replie le canal à fumée sur lui-même, dans un plan horizontal, ou plus souvent dans un plan vertical. Ces trois dispositions offrent l'inconvénient d'exposer les joints à l'action directe des gaz sortant du foyer et de ne permettre leur visite et leur réparation qu'en démolissant le fourneau.

1650. Les figures 415 et 416 représentent un calorifère construit en

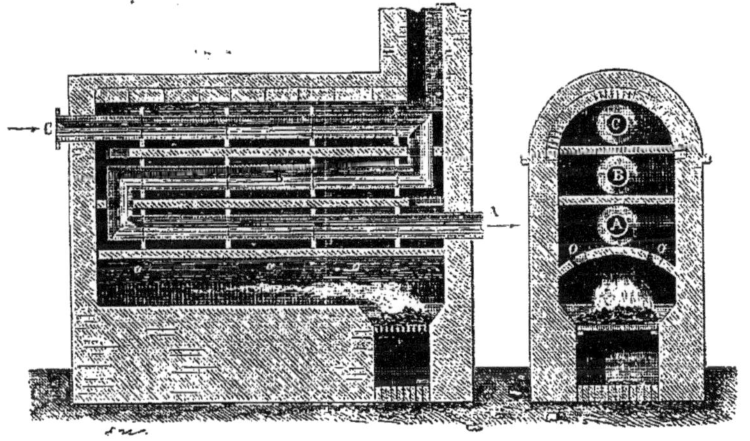

Fig. 415.   Fig. 416.

Angleterre, il y a un grand nombre d'années et que nous citons comme historique. L'appareil se compose de trois gros tuyaux A, B, C, de 0m70 de diamètre intérieur, placés horizontalement l'un au-dessus de l'autre, séparés par des voûtes et réunis deux à deux par des tuyaux courbés à angles droits. L'air, au sortir de la machine soufflante, entre dans l'appareil en C, et sort en A après avoir parcouru successivement la longueur des trois tuyaux. Les parties coudées qui établissent la communication entre les tuyaux horizontaux portent des oreilles et sont réunis par des boulons. Les tuyaux ont 4 centimètres d'épaisseur, et reposent sur de petits murs en briques placés de distance en distance. Cette disposition permet à la flamme de les envelopper de tous les côtés.

Le premier tuyau A n'est pas exposé immédiatement à l'action du
feu ; il est séparé de la grille par une voûte, qui règne dans toute la
longueur de l'appareil, et qui laisse passer la flamme par des orifices
o, o. La consommation de cet appareil est de 620^k de houille par
tonne de fonte. L'air est élevé à 182°. Cet appareil, outre l'altération
rapide des joints, avait l'inconvénient de peu chauffer l'air. On a cherché
à l'améliorer par la disposition représentée dans les figures 417 et 418.

Fig. 417.   Fig. 418.

L'appareil s'est alors composé de deux tuyaux D et E superposés, et dans
lesquels étaient insérés les petits tuyaux *ll*, *mm*, ayant les mêmes axes.
Ces différents tuyaux étaient réunis par des coudes, de telle façon que
l'air, au sortir de la machine soufflante, arrivait dans le tuyau intérieur
ll, se rendait dans l'espace annulaire compris entre les tuxaux D et *ll*,
passait ensuite dans le tuyau intérieur *mm*, et de là dans le fourneau
en traversant la seconde surface annulaire. Cette disposition de doubles
tuyaux concentriques avait été adoptée pour remédier à un inconvénient grave que présentent en général les tuyaux d'un grand diamètre ;
l'air s'échauffant inégalement, il se produit un courant d'air froid dans
l'axe des tuyaux, et il devient impossible de porter l'air à une température élevée. Les tuyaux D, E étaient en fonte et avaient 0^m 70 de diamètre intérieur. Les petits tuyaux *ll*, *mm* étaient en tôle, de 0^m 014
d'épaisseur et de 0^m 48 de diamètre intérieur. La disposition du fourneau était exactement la même que dans l'appareil précédent. La consommation de houille était de 6 quintaux par tonne de fonte. Ces deux
appareils sont abandonnés depuis longtemps.

1651. Dans l'usine de Wenesbury (Staffordshire) on employait, pour utiliser la flamme du gueulard d'un haut-fourneau, un appareil qui diffère complétement de ceux que nous venons de décrire. Il est composé (*fig.* 419 et 420), de deux cylindres concentriques dont l'inter-

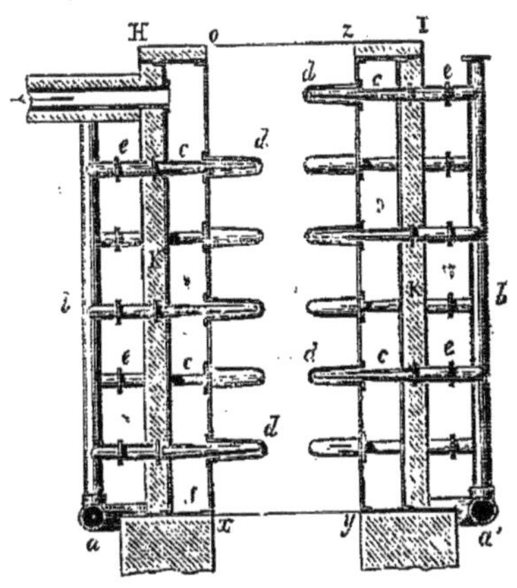

Fig. 419.

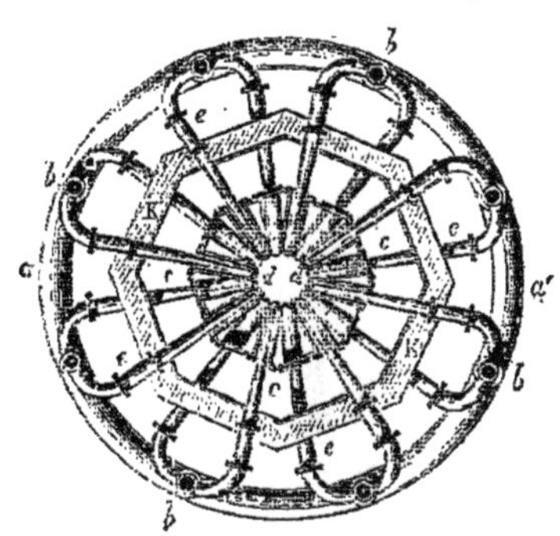

Fig. 420.

valle forme une capacité fermée, et d'une série de petits tuyaux qui s'avancent dans le fourneau. Le cylindre intérieur $oxyz$ est en fonte, de 4^m de hauteur, et a pour base un octogone de 1^m 30 de diamètre; il remplace la cheminée qui surmonte quelquefois le gueulard. Le cylindre extérieur est en tôle, de même hauteur, et a pour base un octogone de 2^m de diamètre, d'où il résulte que le vide annulaire a 0^m 35 environ de largeur. Pour que la surface extérieure de cet appareil soit garantie du contact de l'air, elle est recouverte d'une enveloppe de briques KHIK.

Le vent, au sortir de la machine soufflante, es t porté au haut du fourneau, et se répand dans un tuyau annulaire aa', placé à la hauteur du gueulard : il se divise ensuite dans huit tuyaux verticaux $b, b,...$ élevés devant les faces de l'appareil, et adaptés sur le tuyau annulaire ; enfin, chacun de ces tuyaux communique avec six autres plus petits $c, c,...$ qui traversent horizontalement le vide annulaire et se prolongent jusque dans l'intérieur même du gueulard. Les tubes c entrent dans des tuyaux $d, d,...$ fermés à leur extrémité, de telle façon que l'air, dans son mouvement, est forcé de se répandre dans le vide annulaire. Ces différents tuyaux sont en fonte. La réunion des tubes c sur les tuyaux de distribution b a lieu au moyen de manchons en cuir e. L'air, après s'être échauffé dans les tuyaux d et dans l'enveloppe annulaire, descend vers les tuyères ; il n'est échauffé qu'à 182°. Cet appareil est compliqué et il exige des réparations fréquentes ; on ne l'a pas imité dans d'autres usines.

Les appareils précédents ont été en général remplacés par les deux dispositions suivantes, qui ont entre elles une grande analogie.

1652. La première, connue sous le nom de Calder, usine anglaise où elle a été construite pour la première fois, est représentée dans les figures 421 et 422. L'appareil se compose de deux cylindres horizon-taux A et B, et de neuf petits tuyaux C, C,... recourbés en forme de siphons, et dont les extrémités sont fixées et mastiquées dans des tubulures des cylindres. Le tuyau d'arrivée de l'air est fermé à son extrémité en dehors du four, et il en est de même du tuyau de départ. Ce système de tuyaux est placé dans un fourneau. Les assemblages des petits

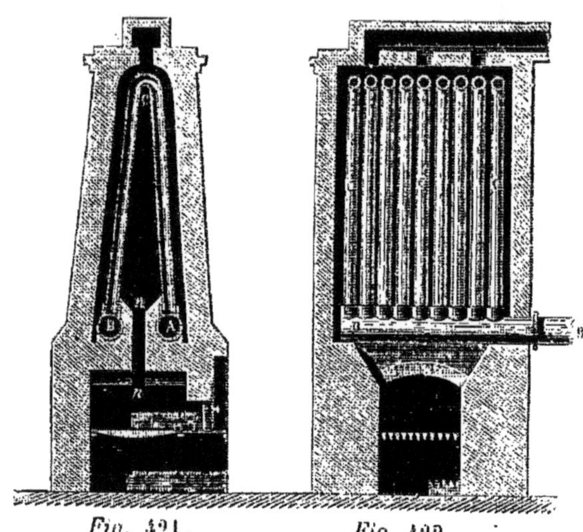

Fig. 421.   Fig. 422.

tuyaux avec les gros sont enveloppés de maçonnerie ; la flamme du foyer arrive dans le four par une fente longitudinale nn, pratiquée dans toute sa largeur, et l'air brûlé s'écoule dans la cheminée par un conduit en maçonnerie établi à la partie supérieure du four. Dans un appareil qui a bien fontionné, les tuyaux A et B avaient 3ᵐ 30 de longueur et 0ᵐ 25 de diamètre ; les petits tuyaux C avaient 0ᵐ 08 de diamètre intérieur. La température de l'air peut atteindre dans cet appareil 300° et plus. L'effet utile doit être bien faible, à cause surtout de la disposition des orifices de sortie de l'air brûlé.

1653. Les figures 423, 424 représentent une coupe verticale longitudinale du deuxième appareil connu sous le nom de Taylor, son inventeur. Il se compose, comme le précédent, de deux gros tuyaux horizontaux, réunis par huit tuyaux courbés en demi-cercles, fixés à leurs extrémités dans des tubulures des gros tuyaux. On a donné à ceux-ci 3ᵐ 60 de longueur, 0ᵐ 36 de diamètre extérieur, 0ᵐ 025 d'épaisseur, ce qui fait 7ᵐ⁹ 06 de surface. Les tuyaux courbes avaient pour axe un cercle de 0ᵐ 78 de rayon, et une longueur de 2ᵐ 25 ; leur diamètre était de

0^m 17, leur surface totale de 11^{mq} 60. Les joints sont faits comme l'indique le détail au-dessus de la figure 423, et noyés dans la maçonnerie.

Fig. 423.   Fig. 424.

M. Taylor admet que, dans son appareil, 1 mètre carré de surface de fonte chauffée au rouge cerise suffit pour porter 1^{mc} d'air à 300°, par minute. Cette disposition doit donner un meilleur effet utile que la précédente, parce que l'orifice de sortie des gaz brûlés est à la partie inférieure du four; mais il y a trop peu de tuyaux et ils sont trop espacés. L'appareil, abandonnant l'air brûlé à une très-haute température, doit nécessairement utiliser assez mal la chaleur du combustible.

1654. Une disposition totalement différente, due à MM. Thomas et Laurens, tend à se répandre aujourd'hui. L'appareil à air chaud, cons-

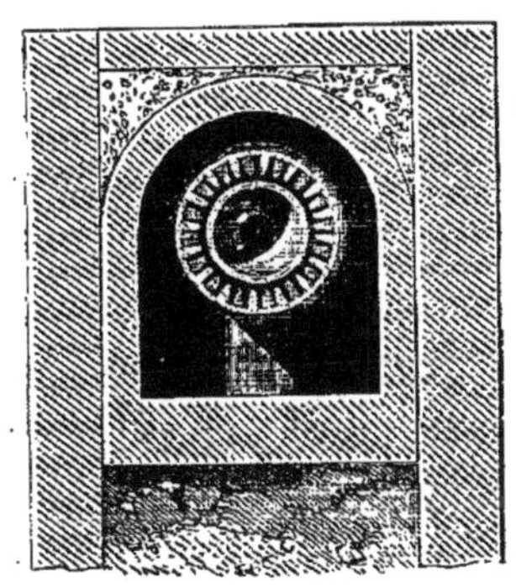

Fig. 425.

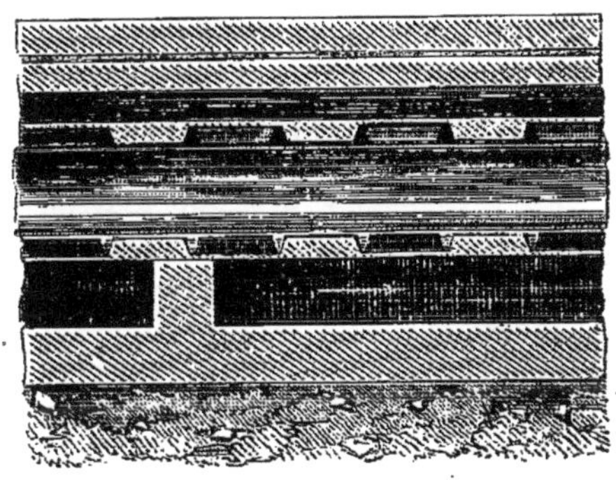

Fig. 425 bis.

truit par ces ingénieurs, se compose de deux cylindres en fonte (fig. 425 et 425 bis), d'un diamètre plus grand que celui d'arrivée d'air froid et de départ d'air chaud, garnis intérieurement de nervures venues de fonte ; chaque cylindre ou gros tube est dans un canal vertical ou horizontal en maçonnerie, parcouru par l'air brûlé sortant d'un foyer à gaz. Dans l'intérieur des cylindres s'en trouve un autre, fermé par les deux bouts, et dont la surface s'approche très-près des nervures. Par cet agencement l'air est obligé de passer simultanément dans tous les petits conduits formés par les nervures et les cylindres intérieurs et extérieurs, circonstances très-favorables à son rapide échauffement. En outre, les mouvements de l'air à échauffer se produisant tout à fait en sens contraire de celui de la fumée, cet appareil produit un grand effet utile.

Il est toutefois bon de remarquer que tous les appareils à chauffer l'air destiné à alimenter les hauts-fourneaux étant aujourd'hui chauffés avec les gaz perdus, l'économie de combustible est moins importante.

Cette disposition d'appareil permet de réduire de plus de moitié la surface exposée à la flamme, et le nombre des joints se trouve limité à quatre qu'il est facile de placer à l'extérieur.

CHAPITRE IV.

CALORIFÈRES CHAUFFÉS PAR LA CHALEUR PERDUE DES FOURNEAUX.

1655. Quand les foyers sont alimentés par des machines soufflantes, l'air brûlé peut être complétement refroidi, et on peut, à l'aide d'un calorifère convenablement disposé, faire passer toute la chaleur perdue dans l'air neuf ; mais il y a un accroissement de résistance et, par conséquent, de travail, qui peut varier dans des limites très-étendues, suivant la disposition de l'appareil.

1656. Quand les foyers, toujours alimentés d'air par une machine, abandonnent l'air brûlé mêlé à des gaz combustibles, l'utilisation de la chaleur perdue exige nécessairement que la combustion soit rendue complète. C'est ce qui arrive pour les gaz qui s'échappent des hauts-fourneaux. Autrefois, on plaçait au gueulard des calorifères diversement disposés, qui étaient chauffés par la flamme qui s'y produit. Ces appareils présentaient de nombreux inconvénients, et la combustion des gaz était nécessairement incomplète. On emploie maintenant des appareils qui recueillent les gaz, les font descendre au niveau du sol, et les brûlent dans des foyers convenablement disposés ; on place le calorifère à la suite de ces foyers à gaz.

Lorsque les foyers sont alimentés d'air par une cheminée, il y a presque toujours un excès de tirage que l'on modère par un registre, et qui permet d'utiliser une partie de la chaleur perdue pour chauffer de l'air; d'autant plus que, pour des excès de température de 150° à 400°, le tirage varie seulement dans le rapport des nombres 15 et 19 (443). Cependant il faut avoir soin de ne pas rétrécir sensiblement la section du canal et de ne pas produire trop de frottement.

1657. Le moyen le plus simple consisterait (*fig.* 426) à augmenter la hauteur d'une partie du canal qui conduit l'air brûlé à la cheminée, et à y placer des tuyaux de fonte ouverts par les deux bouts, qui traverseraient les murs opposés ; une des extrémités des tuyaux communiquerait avec l'air extérieur,

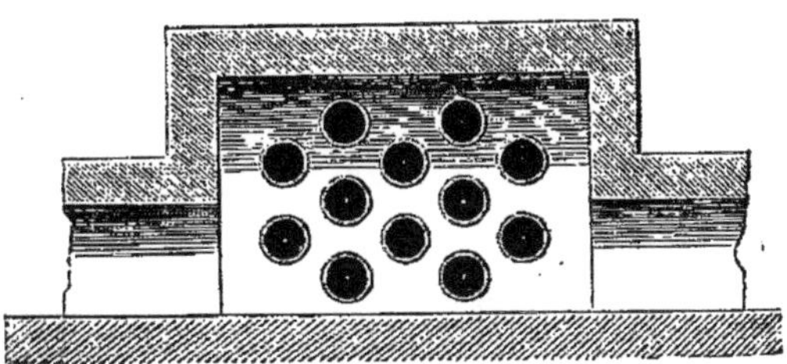

Fig. 426.

et l'autre déboucherait dans une chambre, d'où l'air chaud serait ensuite conduit dans les lieux où il doit être utilisé.

1658. On pourrait aussi employer la disposition indiquée par la figure 427 : les tubes sont placés dans une chambre communiquant avec la cheminée par une large ouverture ; un registre permet de faire circuler à volonté l'air brûlé à travers les tubes. Cette dernière circonstance pourrait facilement être réalisée dans le premier appareil, au moyen de deux canaux parallèles, dont l'un seulement renfermerait des tubes, et de registres qui forceraient l'air brûlé à passer dans l'un ou dans l'autre de ces canaux.

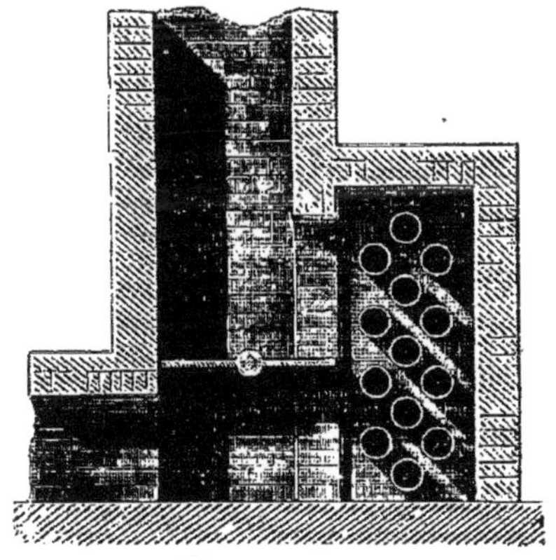

Fig. 427.

1659. M. René Duvoir a construit à Gisors un appareil destiné à utiliser la chaleur perdue de générateurs à vapeur. Il consiste en un canal horizontal en briques, divisé en trois étages par deux systèmes de plaques de fonte; l'étage inférieur communique avec l'air extérieur; le troisième reçoit l'air échauffé pour le conduire dans les séchoirs, et celui du milieu est divisé en deux parties, dans le sens de sa longueur, par des caisses en fonte qui s'ouvrent dans le premier et dans le troisième étage. La première partie reçoit l'air brûlé, la seconde le conduit à la cheminée, et chacune d'elles renferme, sur la face opposée aux caisses de fonte, une rangée de tuyaux verticaux en même métal, qui communiquent avec l'étage supérieur et l'étage inférieur. La surface de chauffe est de 72 mètres carrés pour 130^k de houille brûlés par heure dans les foyers des chaudières à vapeur. La fumée est reçue à 400°, et versée dans la cheminée à 200°.

CHAPITRE V.

CHAUFFAGE DE L'AIR PAR LA VAPEUR.

1660. Les appareils de chauffage à vapeur consistent toujours : 1° en un générateur de vapeur avec tous ses accessoires ; 2° en tuyaux qui conduisent la vapeur dans les capacités où elle doit être condensée ; 3° en appareils de condensation ; 4° en tuyaux destinés à ramener à la chaudière l'eau qui provient de la condensation de la vapeur ou à l'évacuer au dehors. Dans le livre VII, nous avons donné tous les détails nécessaires sur la disposition des chaudières à vapeur, et, par conséquent, nous n'avons rien à dire sur cet objet ; mais nous examinerons avec soin toutes les autres parties dont se compose un chauffage à vapeur.

1661. Ordinairement, les grands chauffages à vapeur ont lieu par des tuyaux parcourus par la vapeur et placés dans les salles qui doivent être échauffées ; plus rarement la vapeur se condense dans des vases de différentes formes également placés dans l'intérieur des pièces ; enfin, dans quelques circonstances, la vapeur est employée à chauffer l'air de ventilation. Nous nous occuperons successivement de ces trois espèces d'appareils.

1662. *Tuyaux de conduite de vapeur.* — Les tuyaux qui sont destinés à conduire la vapeur de la chaudière aux appareils de condensation, doivent être disposés de manière à n'occasionner eux-mêmes qu'une faible condensation ; on ne peut cependant employer que des métaux dans leur construction ; mais on les recouvre de matières qui transmettent difficilement la chaleur.

Différents moyens ont été proposés pour préserver les tuyaux du refroidissement, parmi lesquels nous citerons un feutre très-léger et très-épais, fabriqué spécialement pour cet usage, et l'enduit plastique de

M. Pimont, composé de terre, de bourre et de plâtre. Le moyen qui nous paraît le plus efficace consiste à placer, quand on le peut, les tuyaux dans des caisses renfermant une matière peu conductrice.

1663. Il faut éviter de donner aux tuyaux de conduite, sur une ou plusieurs parties de leur trajet, la forme d'un siphon renversé, parce que l'eau résultant de la vapeur condensée s'y accumulerait, et produirait une pression qui pourrait avoir des inconvénients. Dans le cas où l'on serait obligé d'employer cette forme, il faudrait prendre des dispositions pour enlever l'eau qui pourrait s'y accumuler.

1664. Le diamètre des tuyaux de conduite peut être déterminé au moyen des formules que nous avons données dans le livre II. La formule (381) donne la vitesse d'écoulement en supposant que la vapeur conserve la densité qu'elle avait dans le générateur, vitesse d'où l'on peut déduire le poids de vapeur écoulée, en faisant abstraction de la chaleur perdue dans le trajet. Mais la vapeur éprouve dans le chemin une détente qui augmente sa vitesse réelle ; on ne s'écartera pas beaucoup de la vérité en supposant que la détente soit complète, c'est-à-dire qu'à l'extrémité de la conduite la tension de la vapeur soit égale à celle de l'espace dans lequel elle se rend.

1665. Les tuyaux de conduite de vapeur et les tuyaux de condensation sont en fer ou en cuivre pour les petits tuyaux, et en fonte pour les gros. Ceux de condensation sont plus généralement en fonte, quelquefois en cuivre, pour diminuer le nombre des joints et leur donner plus de légèreté. Les tuyaux en plomb et en zinc ne valent absolument rien pour ces deux usages.

1666. *Tuyaux de condensation.* — Les phénomènes qui se produisent dans un tuyau parcouru par la vapeur, et placé dans l'air, sont assez compliqués, mais pourtant faciles à reconnaître d'une manière générale. Considérons d'abord un tuyau cylindrique d'un petit diamètre, recevant de la vapeur par une extrémité, ouvert par l'autre, et un peu incliné, de manière à permettre l'écoulement des eaux de condensation. Si le tuyau a une longueur assez grande, et si la vapeur y pénètre avec une vitesse suffisante, la vapeur non condensée sortira complétement détendue, en même temps que l'eau de condensation ; mais si la quantité de vapeur qui arrive dans le tuyau est inférieure à celle qui pourrait être condensée par le contact de l'air et le rayonnement de la surface du tuyau, la vapeur ne pénétrera que dans une partie de la longueur du tuyau, dont le reste sera occupé par de l'air, que l'eau de condensation chauffera et saturera de vapeur ; et les variations dans la vitesse d'accès de la vapeur, ou dans la température de l'air ambiant, feront allonger ou raccourcir la colonne de vapeur : c'est ce qui s'observe facilement à l'extrémité du serpentin d'un alambic. Si le tuyau a une grande section, l'air se mêlera à la vapeur, du moins sur une partie de la longueur du tuyau, et la condensation pourra avoir lieu sur toute la longueur, mais en quantité décroissante, à partir de la section où l'air commence à se mêler avec la vapeur; ceci aurait également lieu si l'orifice de sortie était rétréci. Si le tuyau avait été entièrement purgé d'air, et ensuite complétement fermé, et si la quantité de vapeur admise dans le tuyau était inférieure à celle qu'il peut condenser par son exposition à l'air, sa vapeur prendrait une tension décroissante d'une extrémité à l'autre du tuyau, et celle de l'extrémité la plus éloignée serait d'autant plus faible, pour le même tuyau, que la quantité de vapeur introduite serait plus petite: ainsi la quantité de chaleur émise par le tuyau irait en décroissant de l'une des extrémités à l'autre. Si une certaine quantité d'air entrait dans le tuyau, mêlé avec la vapeur, ce qui arrive toujours quand le générateur est alimenté par de l'eau aérée, cet air s'accumulerait d'abord contre la surface intérieure du tuyau, et serait entraîné vers son extrémité par le mouvement de la vapeur; circonstances qui diminueraient beaucoup la quantité de chaleur transmise par le tuyau.

1667. La quantité de chaleur transmise à travers l'enveloppe d'une capacité remplie de vapeur est sensiblement indépendante de la nature et de l'épaisseur du métal; car, dans le chauffage à vapeur, comme la quantité de chaleur qu'émet l'autre surface, par le rayonnement et par le contact de l'air, est très-petite relativement à celle qui pourrait être transmise par la plaque métallique, il s'ensuit nécessairement que la surface extérieure est sensiblement à la température de la surface intérieure. Si le fluide qui mouille la surface intérieure des tuyaux, et si l'air extérieur se renouvelaient avec une très-grande vitesse, il n'est pas douteux que l'influence de la nature et de l'épaisseur du métal ne se manifestât; mais il faudrait certainement que ces deux fluides se renouvelassent avec une prodigieuse vitesse, pour que les quantités de chaleur transmises fussent en raison inverse des épaisseurs des tuyaux, pour la même différence de température, à l'intérieur et à l'extérieur, et pour que, dans les mêmes circonstances, ces quantités de chaleur fussent proportionnelles aux facultés conductrices des matières qui forment les tuyaux.

1668. Nous avons vu (807) que, pour des tuyaux de fonte horizontaux ayant pour rayons

$$0^m03 \qquad 0^m10 \qquad 0^m15;$$

les quantités de vapeurs condensées par mètre carré et par heure, en supposant la tension de la vapeur peu supérieure à celle de l'atmosphère et la température extérieure de 15°, sont

$$1^k 50 \qquad 1^k 44 \qquad 1^k 34.$$

On trouverait de même, par la formule du n° 806, que les poids de vapeur condensée par mètre carré et par heure, l'air extérieur étant toujours à 15°, pour des tuyaux de 0^m05; 0^m10 et 0^m15 de diamètre, et pour des hauteurs de

1^m	2^m	3^m,

seraient de

$1^k 51$	$1^k 45$	$1^k 43,$
$1^k 48$	$1^k 42$	$1^k 40,$
$1^k 46$	$1^k 41$	$1^k 39.$

Si les tuyaux étaient en fer-blanc ou en cuivre poli, le poids de vapeurs condensées serait à peu près deux fois plus petit; mais il deviendrait un peu supérieur, si ces métaux étaient recouverts de papier.

1669. D'après des expériences faites par Tredgold sur le refroidissement de vases pleins d'eau exposés à l'air, et rapportées dans son ouvrage sur le chauffage, les quantités de vapeur condensées par heure et par mètre carré dans des tuyaux de différentes substances exposés à l'air libre à 15°, sont :

Pour le fer-blanc.. 1^k07

— le verre... 1,76

— la tôle neuve... 1,80

— la tôle rouillée... 2,10

D'après des expériences faites par Clément à une température de 25°, les quantités de vapeurs condensées sont :

Pour la fonte nue en tuyau horizontal...................... 1^k600

— la fonte noircie... 1,500

— le cuivre nu en tuyau horizontal........................ 1,300

— le cuivre noirci en tuyau horizontal 1,500

— le cuivre noirci en tuyau vertical....................... 1,750

En ramenant ces nombres à une température extérieure de 15°, on trouve :

Pour la fonte nue en tuyau horizontal .... 1^k81

— la fonte noircie en tuyau horizontal.................... 1,70

— le cuivre nu en tuyau horizontal 1,47

— le cuivre noirci en tuyau horizontal.................... 1,70

— le cuivre noirci en tuyau vertical....................... 1,98

1670. Les nombres obtenus par Tredgold sont beaucoup plus élevés que ceux qui résultent de mes expériences, parce que cet ingénieur n'a pas pris toutes les précautions nécessaires pour observer le refroidissement de l'eau chaude dans un vase; précautions indispensables, à défaut desquelles on obtient des résultats qui peuvent varier dans des limites très-étendues. Lorsqu'on observe, à l'air libre, la présence de l'expérimentateur, les mouvements qu'il produit dans l'air peuvent augmenter de beaucoup la vitesse qu'on trouverait dans une enceinte où les mouvements de l'air proviendraient uniquement de son échauffement. En outre, et pour toutes les espèces de surfaces, les quantités de chaleur émises varient, avec la forme des vases, leurs dimensions et leurs positions. Cependant le rapport entre les quantités de vapeurs condensées par le fer-blanc et la tôle rouillée est, dans Tredgold, à peu près ce qu'il devait être.

1671. Dans les expériences de Clément, il manque divers éléments assez importants : la température de la vapeur, les rayons des tuyaux, et, en outre, la hauteur pour ceux qui étaient verticaux. En admettant, pour le premier résultat, la vapeur à 100°, un rayon de 0^m10 qui se rencontre assez ordinairement, la quantité de vapeur condensée excéderait celle qui résulte de mes expériences, à peu près de 1/6 ou de 0,17; la différence pourrait être attribuée à la quantité d'eau entraînée mécaniquement; car, dans les expériences dont il est question, la quantité de vapeur condensée se déduirait de celle de l'eau écoulée. La seconde expérience, qui est relative à un tuyau de fonte horizontal noirci, indique une condensation plus petite que lorsque la surface du tuyau était à son état naturel; ce résultat, qui paraît singulier, ne peut pas résulter de la faible conductibilité de l'enduit; il provient probablement de ce que la surface de la fonte, qui est très-irrégulière à cause des aspérités, était devenue plus régulière par l'enduit, et que la surface rayonnante avait réellement diminué. Les deux premières expériences, faites sur un tuyau de cuivre horizontal, prouvent que le cuivre nu était oxydé; car s'il eût été brillant, la quantité de chaleur émise aurait été à peu près la moitié de celle qu'on a observée pour le cuivre noirci.

1672. Voici enfin les résultats de deux expériences faites dans deux fabriques chauffées à la vapeur, l'une par des tuyaux de fonte, et l'autre par des tuyaux de cuivre, en grande partie horizontaux, et de 0^m10 de rayon; les tuyaux de cuivre étaient fortement oxydés. Dans la première, un chauffage de 11 heures, par 253^{mq} de surface de fonte, a produit 4950 litres d'eau de condensation, ce qui correspond à 1^k77 par heure et par mètre carré ; dans l'autre, par un chauffage de $9^h 12'$, une surface de $136^{mq} 2$ de tuyaux de cuivre a fourni 2214 litres d'eau de condensation, ce qui correspond à $1^k 75$ de vapeur condensée par mètre carré et par heure. Le nombre relatif à la fonte se rapproche plus de mes expériences que ceux de Clément. La différence peut s'expliquer en admettant qu'il y avait 0,15 d'eau entraînée mécaniquement par la vapeur, nombre qui est bien souvent dépassé. Quant aux tuyaux de cuivre, si leur surface avait été parfaitement terne, l'effet produit aurait dû dépasser celui de la fonte.

Malgré les résultats que je viens de rapporter, je pense que ceux que j'ai obtenus, dans des circonstances exemptes des causes d'erreur que j'ai signalées, présentent beaucoup plus de certitude, et doivent être adoptés de préférence.

1673. Le diamètre des tuyaux de condensation n'est pas entièrement arbitraire ; car il faut que l'air soit expulsé des tuyaux le plus promptement et le plus complétement possible, attendu que l'air, même en petite quantité, mêlé avec la vapeur, en ralentit beaucoup la condensation. Or, l'évacuation de l'air est très-difficile et très-lente quand les tuyaux ont un grand diamètre ; quand, au contraire, les tuyaux ont un diamètre très-petit, leur longueur pour la même surface est très-grande, et les frottements ralentissent la marche de la vapeur, consomment une partie de sa pression dans la chaudière, et produisent une détente qui abaisse sa température. Ainsi il faut éviter d'employer des tuyaux d'un trop grand ou d'un trop petit diamètre. Les diamètres varient ordinairement de $0^m 07$ à $0^m 20$. Les grands tuyaux ont 2^m à $2^m 50$ de longueur ; $0^m 20$ de diamètre intérieur ; $0^m 02$ d'épaisseur.

1674. Si l'on voulait que les tuyaux, après la cessation du feu, donnassent de la chaleur pendant plusieurs heures encore, il faudrait laisser séjourner de l'eau dans leur intérieur, en plaçant les tuyaux horizontalement, et les tubes de retour d'eau à une certaine hauteur. Mais l'eau ne prend qu'une température très-inférieure à celle de la vapeur, parce que ce liquide conduit mal la chaleur de haut en bas, et que celle qui est transmise par le tuyau lui-même est en grande partie dissipée par sa surface. Il serait bien plus avantageux d'avoir des réservoirs d'eau chauffés en dessous par la vapeur, ou bien par des serpentins.

1675. D'après les nombres que nous avons rapportés précédemment, sur les quantités de chaleur qu'émettent les tuyaux chauffés par la vapeur et exposés librement à l'air, on pourra calculer la surface qu'on doit leur donner pour chauffer une pièce avec ou sans ventilation, quand on connaîtra la quantité maximum d'unités de chaleur que les murailles et les vitres perdent dans une heure.

1676. Les tuyaux de fonte sont ordinairement terminés par des rebords qu'on désigne sous le nom de *brides* ou *collets,* percés d'un certain nombre de trous également distants, destinés à recevoir des boulons. Pour des tuyaux de 0ᵐ 20, les boulons sont au nombre de sept ou huit. Quelquefois on emploie des tuyaux de fonte terminés à un bout par un renflement, dans lequel pénètre l'extrémité du tuyau avec lequel il doit être réuni. Ce système, qui exige en outre un masticage, porte le nom de joint à emboîtement.

1677. Le masticage nécessaire pour éviter toute fuite se fait avec du mastic de fonte que l'on tasse dans l'espace annulaire qui sépare les deux parties qui se pénètrent; pour que le joint soit solide et que le mastic ne quitte pas les surfaces de fonte, par les mouvements qui proviennent des variations de température, on donne à la partie du tuyau qui doit recevoir l'extrémité de l'autre, un diamètre un peu plus grand au fond qu'à l'extrémité. Ce mode d'ajustage a l'inconvénient de faire quelquefois éclater le tuyau enveloppant par la grande dilatation qu'éprouve le mastic en se solidifiant; on évite cet accident en laissant peu d'intervalle entre les parties réunies, et en donnant par conséquent peu d'épaisseur à la couche de mastic. Pour les conduites d'eau, les joints des tuyaux à emboîtement se font avec du plomb; mais cette méthode ne convient pas pour les tuyaux à vapeur, les joints perdraient promptement.

1678. Ordinairement on réunit les tuyaux par d'autres méthodes plus simples et plus expéditives, qui toutes se réduisent à placer entre les collets des rondelles plus ou moins compressibles, que l'on serre fortement par des boulons.

1679. Lorsque les joints doivent être défaits de temps en temps, on emploie des étoupes tressées qui ont été plongées dans du suif fondu. Pour les joints qui ne doivent pas être défaits, on se sert fréquemment de plaques de plomb de 3 à 5 millimètres d'épaisseur, rayées sur les deux faces et recouvertes de mastic rouge (mélange de céruse, d'huile de lin et de minium); ce mastic durcit assez promptement et adhère très-bien aux métaux. Quelquefois les faces des collets sont tournées et rayées circulairement. On se borne souvent à employer des anneaux de toile très-forte, ou de carton, recouverts d'une couche épaisse de mastic rouge. Les joints au mastic rouge ont l'inconvénient de donner pendant assez longtemps une odeur désagréable. On fait aussi des joints sans enduit, en tournant les faces des collets, et plaçant entre eux un anneau formé d'un fil de cuivre rouge de 1 à 2 millimètres de diamètre : ce joint, quand il est bien fait, est préférable à tous les autres. Lorsque les collets ont été tournés, on peut les réunir en mettant seulement entre eux une feuille de papier épaisse, mouillée avec une dissolution de sel marin. Le métal s'oxyde promptement, et le joint devient étanche et très-solide.

1680. On a proposé, dans ces dernières années, de faire les joints des tuyaux avec des rondelles de caoutchouc vulcanisé ; cette matière, quand elle est de bonne qualité, peut être employée avec sécurité et donne de bons joints en permettant un démontage facile.

1681. Quand les tuyaux sont destinés à supporter des pressions très-considérables, on les fait en fer étiré, et, pour les assembler, on termine l'un par une surface plane, l'autre par un biseau, et on serre fortement au moyen d'un écrou roulant de manière que les deux tuyaux se pénètrent.

Nous donnerons plus loin une description plus complète de cet assemblage.

1682. Les petits tuyaux qui servent à conduire la vapeur dans les tuyaux de condensation sont presque toujours réunis par des collets à boulons. Quand ils sont en cuivre, ils sont garnis de brides en fer, soudés à la soudure forte ; quelquefois ils ont des collets en cuivre mince, qui sont serrés l'un contre l'autre par des rondelles libres en fonte ou en fer. Quand ces tuyaux sont d'un très-petit diamètre, on les ajuste par des vis ou des écrous roulants.

Les tuyaux de cuivre sont toujours soudés à la soudure forte. Dans aucun cas il ne faut employer la soudure d'étain, parce que l'inégale dilatation des métaux les sépare promptement et fait perdre les joints.

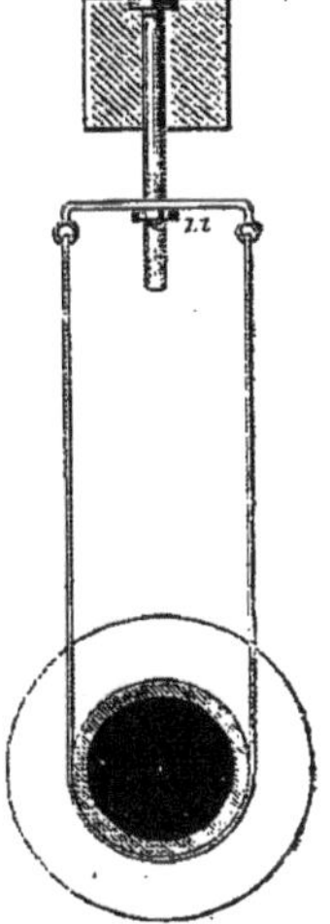

Fig. 428.

1683. Souvent les petits tuyaux sont suspendus au plafond des pièces, par de simples fils de fer fixés à des pitons. Mais le mode de suspension indiqué dans la figure 428 est bien préférable ; car, au moyen de l'écrou m, on peut facilement raccourcir ou allonger la suspension.

1684. Lorsque dans les pièces se trouvent des poteaux très-rapprochés, on supporte souvent les tuyaux par la disposition indiquée dans la figure 429.

1685. *Robinets.* — Tous les robinets doivent être en bronze, et pour les gros diamètres de 0ᵐ 04 et plus, il convient de les remplacer par des soupapes. En Angleterre, presque tous les tuyaux de distribution sont en fonte ou en fer. Cela tient à ce que les tuyaux en fer sont à bien meilleur marché en Angleterre qu'en France.

1686. La figure 430 est une coupe d'une soupape se manœuvrant

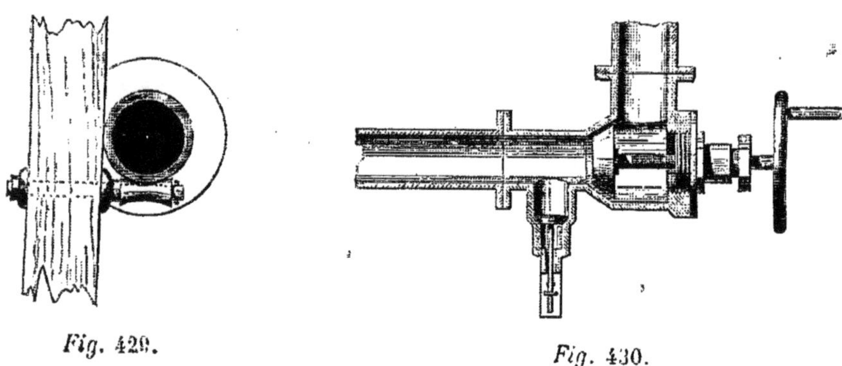

Fig. 429.	Fig. 430.

au moyen d'une manivelle qui fait mouvoir dans une boîte à étoupe la tige taraudée de la soupape; à côté se trouve une soupape à air, ou reniflard.

1687. La figure 431 représente une soupape, importée d'Amérique, qui est maintenant très-employée. Elle a l'avantage de permettre de conserver au tuyau une direction rectiligne. La tige de la soupape traverse, comme dans la disposition précédente, une boîte à étoupes.

1688. *Compensateurs.* — Quelle que soit la nature des tuyaux de conduite et de condensation, les variations de température qu'ils éprouvent produisant des variations dans leur longueur, ils doivent être disposés de manière à ce que ces mouvements puissent se faire

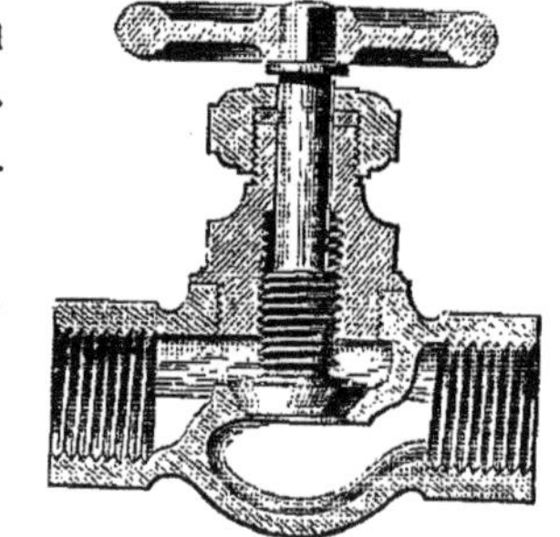

Fig. 431.

facilement. Par conséquent ils ne doivent point être fixés par les deux bouts à des parties immobiles des bâtiments, car la force avec laquelle les métaux tendent à se dilater et à se contracter étant très-grande, les tuyaux renverseraient les obstacles s'opposant à leurs mouvements, ou se briseraient eux-mêmes s'ils n'étaient pas élastiques. L'allongement que prennent les tuyaux, lorsqu'ils sont chauffés à 100°, est assez con-

sidérable; car le coefficient de dilatation de la fonte étant de 0,0011,
10 mètres s'allongent de $0^m,011$ et 100 mètres de $0^m,11$. Si tout le
circuit était en fonte, et horizontal, on obvierait aux effets de la
dilatation, en suspendant librement tous les tuyaux et en n'en fixant
aucune partie. Mais il y a toujours des parties verticales qui, en
s'allongeant, soulèveraient les parties horizontales contiguës, lesquelles, ne portant plus sur leurs supports, pourraient se briser. Ainsi,
dans presque tous les cas, il est indispensable de disposer certaines
parties du circuit de manière qu'il puisse facilement, sans produire
d'accidents, obéir aux efforts de la dilatation. On emploie pour cela
deux dispositions différentes : des tuyaux de cuivre d'un petit diamètre
et fortement courbés, dont la courbure peut changer facilement, souvent et longtemps, sans que le métal se déchire, et des tuyaux d'un
grand diamètre, qui se pénètrent et qui peuvent entrer plus ou moins
les uns dans les autres à l'aide de stuffing-box.

1689. Les compensateurs de cuivre ont toujours un petit diamètre,
et ils sont pliés de manière que leur longueur soit quatre à cinq fois
plus grande que la plus courte distance de leurs extrémités. Si, par
exemple, un tuyau de conduite vertical devait distribuer simultanément de la vapeur dans des tuyaux de chauffage placés à différents
étages, on fixerait le tuyau vertical à sa partie inférieure, l'autre
extrémité serait libre; les tuyaux de chauffage seraient fermés à
chaque extrémité, et la vapeur serait admise dans chacun d'eux,
au moyen d'un tube de cuivre d'un petit diamètre, qui, partant
du tuyau vertical, s'élèverait à une certaine hauteur, et descendrait
ensuite pour communiquer avec le
tuyau condensateur. Si les deux
extrémités d'une série horizontale
et rectiligne de tuyaux étaient fixées
aux murailles d'un bâtiment, il
faudrait interrompre la conduite
dans une certaine étendue, fermer
lés bouts des tuyaux en regard A
et B (*fig.* 432), et faire communiquer leurs parties supérieures par
un tube recourbé *abc*, et leurs parties inférieures par un tube de même
forme $a'b'c'$; le premier serait des-

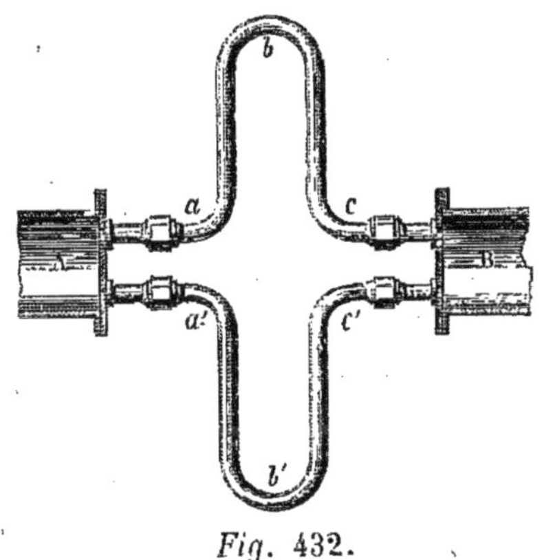

Fig. 432.

tiné à faire passer la vapeur, le second l'eau de condensation, de la
première partie du tuyau dans la seconde. Si l'on ne plaçait qu'un

, seul tuyau *abc*, il faudrait faire écouler par un tube particulier l'eau de condensation de l'une des parties (*fig.* 433).

1690. On ne pourrait pas remplacer les tuyaux de cuivre par des tuyaux de plomb, parce que les petits mouvements que ceux-ci éprouveraient les auraient bientôt déchirés. L'expérience en a été faite à Paris, dans un grand chauffage à vapeur; les compensateurs en plomb ont été déchirés en peu de temps. A la vérité, les tuyaux étaient courts et d'un gros diamètre; mais il n'est pas douteux qne le même effet ne se fût produit, peut-être seulement

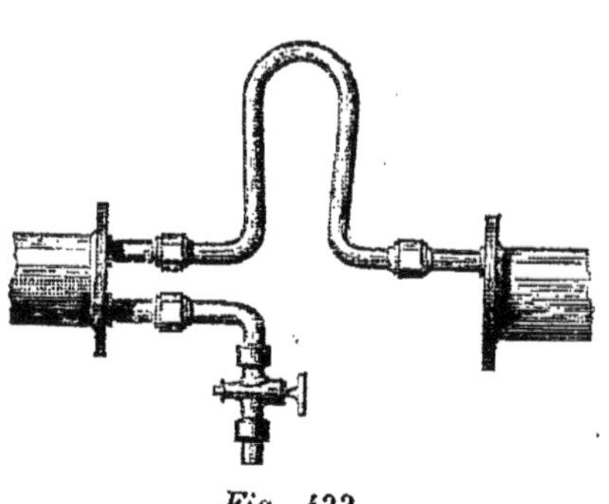

Fig. 433.

après un temps plus long, si les tuyaux avaient eu une plus grande longueur et un plus petit diamètre.

1691. Quand on ne peut pas employer les dispositions dont nous venons de parler, il faut se servir de celle qui est indiquée par les figures 434 et 435. Un des tuyaux est alésé sur une partie de sa

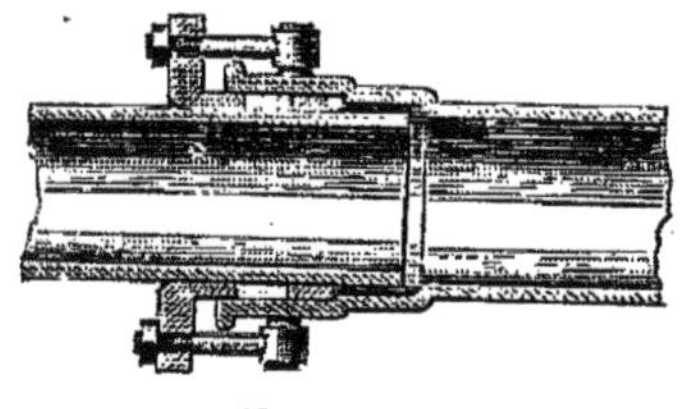

Fig. 434.

Fig. 435.

longueur, qui pénètre, à travers une boîte à étoupe, dans un renflement de l'autre : par les variations de température, le tuyau intérieur glisse dans la boîte. Ce compensateur a été employé dans le chauffage de la Bourse, et appliqué à des tuyaux de fonte d'un grand diamètre; il fonctionne bien, quand on a soin de graisser les étoupes de temps en temps; mais des compensateurs qu'on avait entièrement négligés ont cessé de fonctionner, et la dilatation des tuyaux a brisé de grandes bâches de fonte placées à leurs extrémités, et auxquelles ils étaient fixés. Pour éviter cet inconvénient, M. Talabot a remplacé chacun des grands compensateurs en fonte par deux plus petits en cuivre (*fig.* 436), placés l'un à la partie supérieure, l'autre à la partie inférieure des tuyaux. Le premier est destiné à établir la communication

de la vapeur entre les deux tuyaux; le second, celle de l'eau de condensation.

1692. M. Bourdon a construit, pour un autre usage, de petits appareils en cuivre mince embouti, qui, dans quelques cas exceptionnels,
pourraient servir comme compensateurs. Ils sont formés (*fig.* 437)

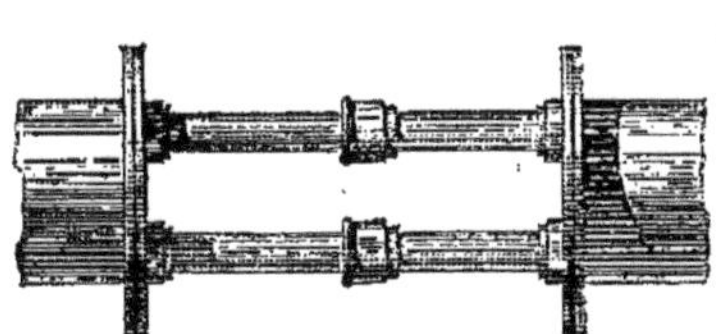

Fig. 436.

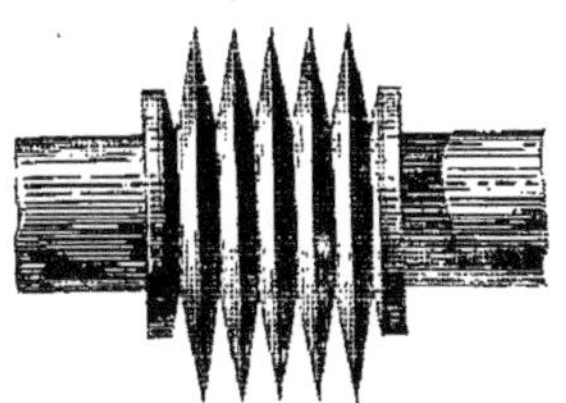

Fig. 437.

d'une série de troncs de cônes égaux réunis alternativement par leurs
petites et leurs grandes bases; ils sont très-flexibles, et leur longueur
peut varier du simple au double.

1693. De quelque manière que les compensateurs soient disposés,
ils compliquent toujours les appareils, ils sont d'un prix assez élevé, et
il est par conséquent important de chercher à en diminuer le nombre
autant que possible, ou même à les éviter.

Dans beaucoup de chauffages à vapeur, quand les tuyaux ont une
petite longueur, on n'emploie point de compensateur ; on compte sur
l'élasticité du métal pour éviter les fractures. Par exemple, lorsqu'un
tuyau de fonte vertical distribue de la vapeur à des tuyaux horizontaux, souvent ces derniers sont directement embranchés sur le tuyau
vertical, et les tuyaux horizontaux sont suspendus et entièrement libres
à leur extrémité. Il résulte de là que les parties des tuyaux horizontaux voisines de l'embranchement sont soulevées quand le métal est
échauffé, que les tuyaux se courbent et qu'ils ne portent qu'à une certaine distance sur leurs supports. Cette disposition est sans inconvénient, quand il n'y a qu'un ou deux étages à chauffer, c'est-à-dire
quand le tuyau vertical n'a que 6 à 7 mètres de longueur : au delà, il
serait dangereux de l'employer. On peut également éviter les compensateurs, quand les tuyaux sont librement suspendus dans une pièce et
peuvent se mouvoir sans obstacles dans divers sens. Dans tous les
cas qui se présenteront, le calcul de l'effet produit par la dilatation
fera facilement connaître s'il est indispensable d'employer des compensateurs.

1694. *Souffleurs.* — On désigne ainsi de petits tubes garnis de robinets, placés aux extrémités des grandes lignes de tuyaux de chauffage, et destinés à expulser l'air qui remplit les tuyaux lors de l'arrivée de la vapeur. Les souffleurs sont toujours placés à la partie supérieure des tuyaux (*fig.* 438), et conduisent l'air au dehors. Dans les petits appa-

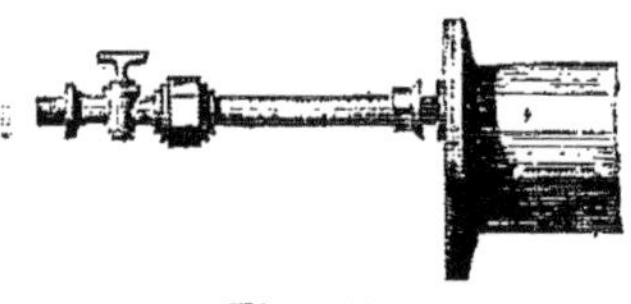

Fig. 438.

reils, les souffleurs se composent simplement d'une vis fixée sur une des faces du vase de condensation, et renfermant un canal intérieur, qui débouche latéralement près de la tête de la vis. On ouvre les robinets des souffleurs au commencement du chauffage, et on les ferme quand ils commencent à laisser dégager de la vapeur. On est cependant obligé de les ouvrir de temps en temps pendant le chauffage, pour laisser dégager l'air qui s'est accumulé dans les tuyaux ; quelquefois même on est obligé de les laisser constamment ouverts : ce dernier cas se présente surtout quand les tuyaux sont d'un grand diamètre.

1695. Il est facile de se rendre compte de la nécessité d'expulser l'air des appareils au commencement du chauffage, et d'ouvrir de temps en temps les souffleurs pendant l'opération, ainsi que des circonstances qui peuvent rendre nécessaire leur ouverture permanente. Supposons les tuyaux pleins d'air, fermés et communiquant avec une chaudière à vapeur ; la vapeur se propagera lentement dans la masse d'air des tuyaux, et ne se condensera qu'en petite quantité. Mais si les tuyaux sont d'un petit diamètre et si l'on ouvre un orifice à leur extrémité, l'air sera chassé par la vapeur comme par un piston, et quand la vapeur commencera à sortir à l'autre extrémité, tout l'air aura été expulsé : alors, en fermant l'orifice, la vapeur se condensera sans obstacle contre les parois des tuyaux ; et s'il n'arrivait pas d'air avec la vapeur, le souffleur pourrait rester fermé pendant toute la durée du chauffage, sans que la condensation fût ralentie. Mais, comme l'eau d'alimentation, à moins qu'elle ne provienne de l'eau de condensation introduite très-chaude dans la chaudière, renferme toujours de l'air, on est obligé d'ouvrir le souffleur de temps en temps pour faire dégager celui qui s'est accumulé. Supposons maintenant que le tuyau ait un grand diamètre. Au commencement du chauffage, la vapeur se mêlera à l'air ; et il faudra laisser le souffleur ouvert assez longtemps, après l'apparition de la vapeur, pour expulser la totalité de l'air que renfermait le tuyau ; si les joints ne sont pas parfaitement étanches, comme il y a un appel considérable à l'extrémité du tuyau où la veine de vapeur pénètre dans un conduit d'un diamètre beaucoup plus grand, l'air entrera par les fissures des joints, et nécessitera l'ouverture permanente du souffleur, autrement la quantité de vapeur condensée serait très-petite.

1696. *Soupapes à air ou Reniflards.* — Lorsqu'on emploie des tuyaux de cuivre pour surfaces de chauffe, comme le métal a peu d'épaisseur, et par conséquent peu de résistance, les tuyaux s'écraseraient par une condensation subite de la vapeur provenant d'un ralentissement dans l'activité du foyer, de la fermeture du robinet d'admission ou de toute autre cause imprévue. Pour éviter cet accident, on place sur les tuyaux, de distance en distance, des soupapes qui s'ouvrent par un petit excès de la pression extérieure sur la pression intérieure. Ces soupapes peuvent être disposées d'une infinité de manières différentes : la plus simple consiste en une soupape intérieure maintenue sur son siége par un ressort à boudin très-faible.

1697. *Écoulement de l'eau de condensation de la vapeur.* — Dans quelques cas, on pourrait faire revenir directement à la chaudière, et par le même chemin que suit la vapeur, mais en sens contraire, l'eau qui résulte de la condensation ; mais il faudrait pour cela, comme nous l'avons dit à propos de l'évaporation, que la vapeur eût dans tout son cours une marche ascendante, et que les tuyaux conducteurs eussent un grand diamètre, afin que les mouvements opposés de la vapeur et de l'eau ne se gênassent pas l'un l'autre. On pourrait aussi faire revenir l'eau de condensation à la chaudière par un canal distinct, pourvu d'une soupape qui s'opposât à l'ascension de l'eau de la chaudière dans les vases de condensation (1391); mais l'eau ne rentrerait dans la chaudière qu'à la condition que la pression résultant de la hauteur de la colonne d'eau et de la tension de la vapeur à l'extrémité de la conduite excéderait celle de la vapeur dans la chaudière. Dans tous les grands chauffages, on emploie des appareils très-simples pour faire sortir l'eau de condensation des condenseurs, sans permettre à l'air d'y rentrer ; l'eau chaude se rend ensuite dans une bâche qui se trouve près des chaudières, et là elle est employée à l'alimentation, par un des moyens que nous avons vus dans le livre VII.

1698. Dans tous les appareils de chauffage à vapeur, l'étendue de la surface de condensation, la section du canal d'écoulement de la vapeur et les dimensions du générateur sont toujours déterminées de manière que, dans les parties les plus éloignées des tuyaux de condensation, la tension de la vapeur excède toujours la pression de l'atmosphère ; car c'est à cette condition qu'on parvient, au commencement du chauffage, à faire sortir tout l'air des tuyaux. Ainsi, pour évacuer l'eau de condensation, il suffit de placer, dans les parties de l'appareil où elle s'accumule, des tuyaux garnis de robinets qu'on ouvre de manière à ce qu'ils laissent écouler, dans un certain temps, un volume d'eau sensiblement égal à celui qui se produit.

1699. Les tubes d'écoulement ont ordinairement la forme d'un siphon renversé ; l'une des extrémités communique avec la partie inférieure du vase de condensation, et l'autre débouche dans une bâche. Cette disposition a pour objet d'éviter la sortie de la vapeur par un petit accroissement de pression intérieure, et la rentrée de l'air par une diminution de tension qui rendrait la force élastique de la vapeur plus petite que celle de l'atmosphère ; circonstances qui peuvent se produire par la seule variation d'intensité du foyer.

1700. Lorsque la force élastique de la vapeur, au-dessus de l'eau de condensation, varie dans des limites très-étendues, il faudrait donner une grande longueur aux tubes du siphon pour éviter la rentrée de l'air ou la sortie de la vapeur ; il est alors plus avantageux d'employer un des deux appareils (*fig.* 322 *et* 323) décrits (1397).

1701. Quelquefois l'eau de condensation est recueillie à une très-grande distance des générateurs, et on néglige de l'y faire retourner ; cependant, quand l'alimentation des chaudières peut se faire avec l'eau de condensation, il en résulte un grand avantage ; car, non-seulement on utilise la chaleur que renferme cette eau, mais on évite encore les dépôts qui se forment toujours quand on emploie de l'eau qui n'a pas été distillée, dépôts qui exigent des nettoyages fréquents et qui produisent une altération rapide des chaudières. Maintenant, dans les grands chauffages, de petites machines à vapeur spéciales sont préférées aux autres modes d'alimentation.

1702. *Poêles à vapeur.* — Les poêles à vapeur sont des vases de différentes formes, communiquant avec une chaudière à vapeur et placés dans l'intérieur des pièces qui doivent être échauffées. On peut donner à ces vases une forme quelconque ; les conditions à remplir se réduisent à pourvoir chacun d'eux d'un souffleur et d'un tube de retour d'eau.

1703. M. Grouvelle a construit, il y a quelques années, dans l'établissement des Néothermes, des poêles à vapeur, représentés par les figures 439, 440 et 441. Chaque appareil est composé d'une caisse en fonte fermée de toute part ; la vapeur y arrive par le tube A, et l'eau de condensation s'échappe par le tuyau B ; le souffleur C est composé simplement d'une petite vis. L'air extérieur arrive derrière le poêle et pénètre dans la chambre à travers une grille placée à la partie supérieure de l'appareil.

1704. *Calorifères à vapeur.* — Dans tout ce qui précède, nous n'avons parlé que des appareils placés dans les lieux mêmes qui doivent

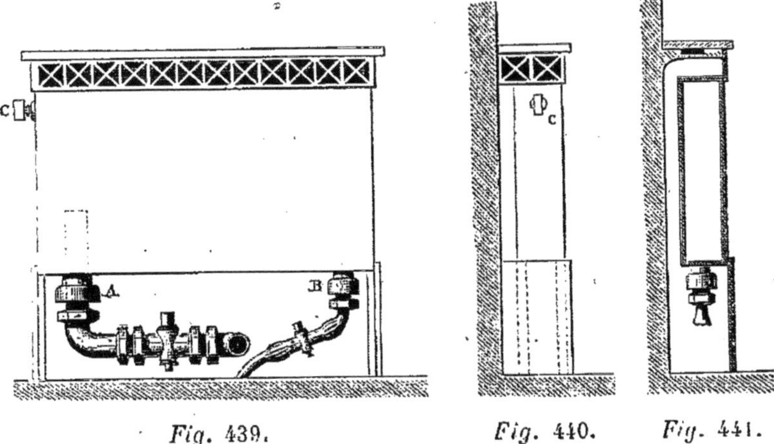

Fig. 439.   *Fig.* 440.   *Fig.* 441.

être échauffés. Mais on emploie souvent la vapeur pour chauffer l'air, qui est introduit ensuite dans les pièces à chauffer et à ventiler.

1705. La disposition la plus simple des calorifères à vapeur consiste dans des caniveaux en briques, renfermant un ou plusieurs tuyaux dans lesquels circule de la vapeur, et que parcourt l'air qui doit s'échauffer ; ces caniveaux peuvent être au-dessus ou au-dessous du sol. L'air doit marcher en sens contraire de la vapeur, attendu que la pression et par conséquent la température de la vapeur décroissent de l'extrémité par laquelle arrive la vapeur à l'extrémité par où s'échappe l'eau de condensation. Les tuyaux sont supportés par des rouleaux en fonte d'un diamètre plus petit au milieu que vers les bouts, et qui reposent sur des socles en fonte, ou sur le sol, ou dans des cavités pratiquées dans les murs latéraux du caniveau.

Lorsque le calorifère ne doit occuper qu'un petit volume, on emploie plusieurs dispositions que nous allons décrire successivement.

1706. On a d'abord employé un calorifère formé de deux caisses de fonte, réunies par un grand nombre de tuyaux de cuivre parallèles, fixés sur les tubulures des caisses. La vapeur arrivait dans la caisse inférieure, et l'eau de condensation débouchait dans un compartiment de la même caisse ; le robinet souffleur était placé au sommet de la caisse supérieure. L'appareil était logé dans une chambre en bois ou en maçonnerie qui communiquait par le bas avec l'air extérieur, et par le haut avec le lieu où l'air chaud devait être envoyé. Ces appareils perdaient toujours, quelque soin qu'on eût apporté d'ailleurs à leur construction, parce que les tuyaux ne sont pas traversés simultanément par la vapeur, qu'ils s'échauffent inégalement, et qu'il en résulte des tiraillements qui déforment les joints.

A la Manufacture des tabacs de Paris, on a essayé d'éviter cet inconvénient en employant des boîtes en cuivre étamées intérieurement, en faisant pénétrer les tuyaux de cuivre de $0^m 01$ dans ces boîtes et en y coulant une lame épaisse d'étain ; mais ce métal se sépara bientôt du cuivre et les appareils perdaient beaucoup. On éviterait très-probablement la destruction des joints en employant des tuyaux courbes ; mais la disposition suivante est bien préférable.

1707. La figure 442 représente un calorifère à vapeur construit par

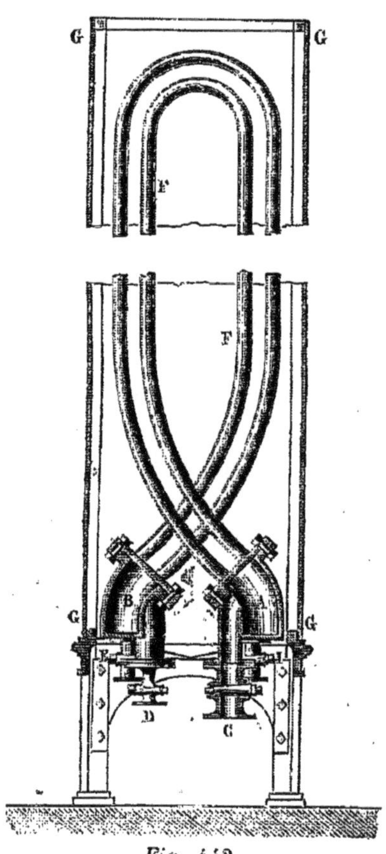

Fig. 442.

. Rudler, ingénieur de la Manufacture des tabacs de Paris, et qui fonctionne depuis un grand nombre d'années, sans qu'aucune fuite de vapeur se soit manifestée. Cet appareil est formé de deux caisses de fonte symétriques A et B, très-allongées horizontalement. Leurs couvercles sont percés d'un grand nombre d'orifices, auxquels s'adaptent des brides soudées à la soudure forte aux extrémités des tuyaux de cuivre rouge F, F... La vapeur entre dans la caisse A par le tuyau C, et parcourt simultanément tous les tuyaux F, F ; D est le tube souffleur. E, I, sont les retours de l'eau de condensation, qui se réunit également dans les deux caisses A et B. G est une caisse de tôle ouverte par les deux bouts, qui environne l'appareil.

1708. Dans les calorifères que nous venons de décrire, la vapeur doit parcourir simultanément plusieurs tuyaux, et c'est un grave inconvénient, parce qu'il est plus difficile d'expulser complétement l'air, au commencement du chauffage ; et comme les tuyaux qui conservent de l'air condensent fort peu de vapeurs, il en résulte souvent une perte de surface de chauffe et des inégalités de dilatation qui occasionnent des fuites. Pour éviter ces inconvénients, il faut en général, et autant que possible, faire parcourir à la vapeur un seul tuyau, qui peut être contourné de différentes manières, pourvu que la pente soit toujours dirigée dans le même sens.

1709. On peut disposer le tuyau comme l'indiquent les figures 443, 444; le circuit doit être enveloppé d'une caisse communiquant

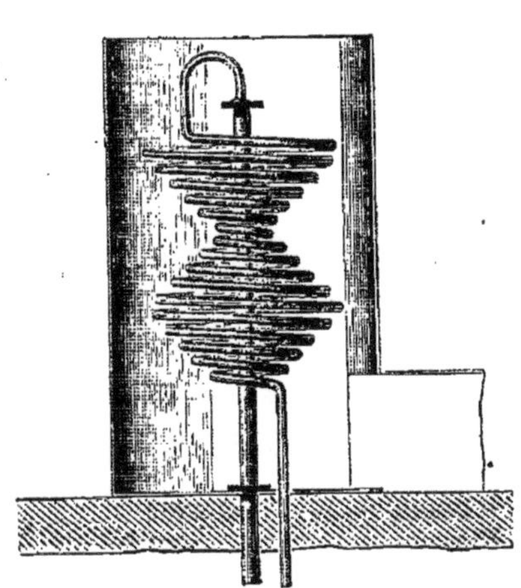

Fig. 443.

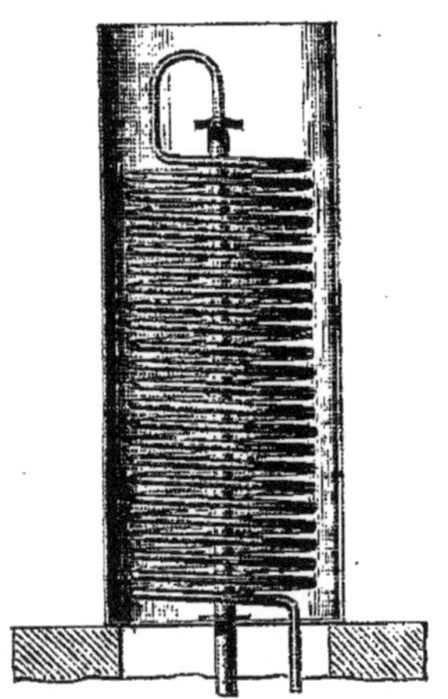

Fig. 444.

par le bas avec l'air extérieur, et par le haut avec le lieu dans lequel se rend l'air chaud. Si les tubes étaient d'un petit diamètre et devaient avoir une très-grande longueur pour présenter une surface de chauffe suffisante, il serait convenable de placer dans la même enveloppe plusieurs tubes ayant chacun un souffleur. Des tubes de $0^m 03$ de diamètre ne devraient pas avoir plus de 20 à 30 mètres de longueur. Ils peuvent être en cuivre ou en fer; dans ce dernier cas ils coûtent beaucoup moins, et n'exigent pas autant de supports.

Ces dispositions assez simples produisent plus d'effet que les précédentes, et doivent leur être préférées.

CHAPITRE VI.

CHAUFFAGE DE L'AIR PAR DES CALORIFÈRES A EAU CHAUDE A BASSE PRESSION.

1710. Lorsque de l'eau chaude est renfermée dans un vase fermé, elle se refroidit, et par conséquent échauffe l'air environnant. L'eau ayant une grande chaleur spécifique, un poids peu considérable de ce

liquide peut échauffer un très-grand volume d'air. Par exemple,
1 kilog. d'eau à 100°, en se refroidissant jusqu'à 20°, laisse dégager
80 unités de chaleur, qui peuvent échauffer de 10°, $8 \times 4 = 32^k$ d'air,
ou $\frac{32}{1,3} = 24^{mc} 61$. Aussi on emploie souvent, dans l'économie domestique, des vases pleins d'eau chaude, pour entretenir des corps à une
douce température.

1711. Tous les appareils que nous avons décrits pour le chauffage à
vapeur, pourraient servir de calorifères à eau chaude ; pour cela, il suffirait de remplir les vases ou les tuyaux d'eau bouillante, et quand
cette eau serait suffisamment refroidie, de la faire écouler et de la remplacer par d'autre eau chaude.

Mais on peut facilement établir dans les tuyaux une circulation continue d'eau chaude, par la différence de densité du liquide chaud, et
de celui qui est refroidi. En effet, soit A (*fig.* 445), une chaudière,

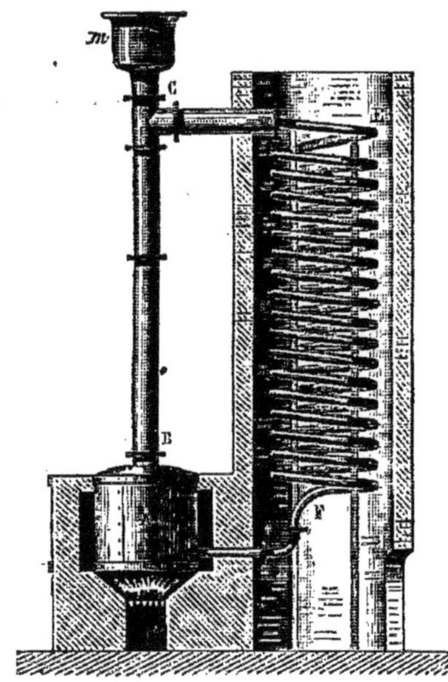

Fig. 445.

BCEF un tuyau partant de la partie
supérieure de la chaudière, et aboutissant par l'autre extrémité à sa
partie inférieure. L'appareil étant
complètement rempli d'eau, et la
chaudière étant chauffée par un
foyer, l'eau la plus chaude tendra à
monter à la partie supérieure et
bientôt le liquide de la colonne
d'eau BC ayant une plus faible densité que celui de la colonne EF, il
se produira un mouvement dan
le sens ABCEFA ; ce mouvement
sera continu, parce que la température de l'eau dans la colonne descendante sera toujours moins élevée
que dans la colonne ascendante.

1712. Il est évident que, pour
rendre la circulation plus active, il
faut disposer l'appareil de manière que le tuyau ascendant fasse le moins
possible de contours, afin que le liquide s'y refroidisse peu, et qu'au
contraire, le canal descendant présente une grande surface. Le tuyau
ascendant est toujours terminé par un vase ouvert m, désigné sous le
nom de vase d'expansion, qui sert à l'introduction de l'eau dans
l'appareil, au dégagement de l'air quand on chauffe pour la pre-

mière fois, et dans lequel s'effectuent les variations de volume de l'eau.

1713. Le courant descendant peut être formé de tuyaux parcourant les salles, comme dans le chauffage à vapeur, et l'eau peut y séjourner dans des poêles de différentes formes. Les poêles de tous les étages pourraient être parcourus par le même courant d'eau chaude; mais pour éviter le décroissement de température du courant, à mesure qu'on s'éloigne de l'étage supérieur, il pourrait y avoir un courant spécial pour chaque étage, comme l'indique la figure 446. Ils pourraient être traversés par des tuyaux ouverts aux deux bouts, dans lesquels s'échaufferait l'air de la pièce ou de l'air pris à l'extérieur.

1714. Le premier appareil de chauffage à l'eau chaude a été établi par Bonnemain, en 1777, pour maintenir une température constante dans un couvoir artificiel. L'appareil se composait (*fig.* 447) d'une petite chaudière à foyer intérieur A, d'un tube BC, qui s'élevait au-dessus de la chaudière et communiquait avec un

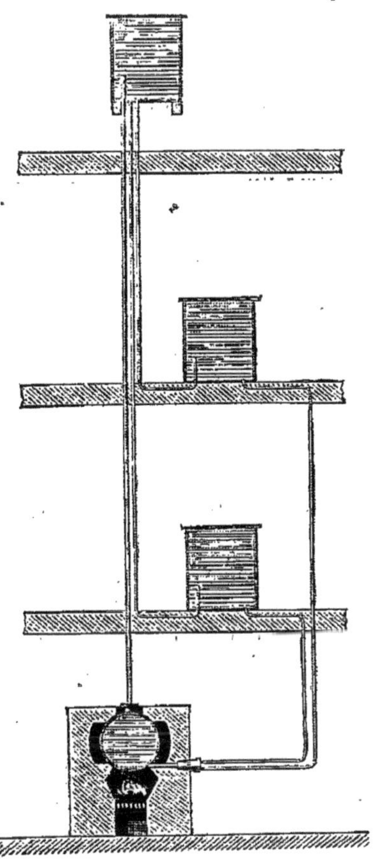

Fig. 446.

autre tube qui, après avoir parcouru les différents étages du couvoir, revenait au bas de la chaudière par le tube DE; le tube F servait à remplir la chaudière, et le tube G à l'écoulement de l'eau résultant de l'accroissement de volume du liquide par son échauffement. La chaudière renfermait, pour régler la température de l'eau, un appareil qui se composait d'un cylindre de fer vertical renfermant une tige de plomb, fixée par son extrémité inférieure, et dont l'autre extrémité agissait sur un levier relié à un registre qui faisait varier la section d'arrivée de l'air dans le foyer. Cet appareil, malgré quelques imperfections, est remarquable pour l'époque à laquelle il a été construit.

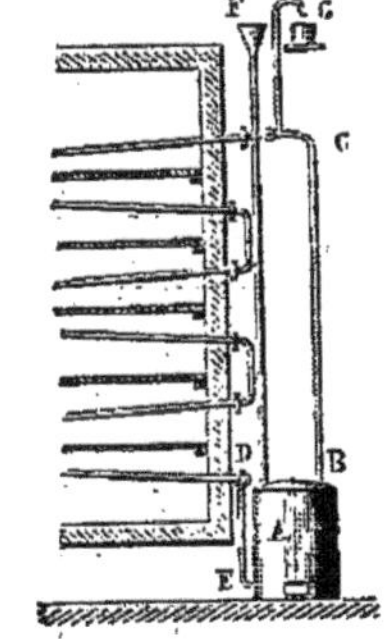

Fig. 447.

1715. Le chauffage par l'eau chaude a été employé en 1820, par le marquis de Chabannes, pour des maisons particulières et des établissements publics. Les frères Price, de Bristol, prirent en France, en 1831, pour ce système de chauffage, un brevet d'invention et de perfectionnement, dans lequel se trouvent indiquées toutes les dispositions dont j'ai parlé. Enfin ces appareils se trouvent décrits complétement dans un ouvrage publié par Robertson en 1839. Depuis, M. Léon Duvoir a pris de nombreux brevets relatifs au chauffage par l'eau chaude, sans apporter toutefois aucune modification importante aux dispositions d'ensemble ou aux appareils.

1716. *Calorifères à eau chaude.* — Les appareils qui ont pour objet de chauffer l'air en dehors des pièces, sont disposés d'une manière analogue à celui que nous avons décrit (1711). Dans les calorifères à eau chaude se produit un phénomène que nous avons déjà signalé dans certains calorifères à air chaud, et qui permet de diminuer beaucoup la longueur du circuit et de leur donner des formes beaucoup plus simples. Quand l'eau chaude en descendant, au lieu de parcourir un seul canal, se divise dans plusieurs tuyaux, quels que soient d'ailleurs leurs formes, leurs diamètres et leurs longueurs, le liquide s'écoule dans tous à la fois et avec des vitesses qui ne diffèrent qu'à cause des frottements que le liquide éprouve, et qui sont parfaitement égales quand les tubes sont dans les mêmes conditions; car, si l'on supposait que la vitesse fût plus petite dans un tuyau que dans tous les autres, le liquide y serait plus froid, et par suite la vitesse augmenterait. C'est d'ailleurs un fait bien constaté par l'expérience. Il résulte de là qu'il n'y a jamais que très-peu de différence entre les températures des diverses parties de l'appareil, et que les joints ne sont pas sujets à s'altérer comme dans certains calorifères à vapeur. C'est d'après ce principe que sont construits les calorifères que nous allons décrire.

1717. La figure 448 représente un appareil dans lequel les tuyaux de chauffe sont en fonte; ils font plusieurs circonvolutions horizontales dans le même plan vertical, et sont embranchés sur deux tuyaux horizontaux, placés à la hauteur des deux extrémités de la colonne d'eau chaude.

1718. La figure 449 représente une forme et une disposition beaucoup plus convenables pour les tuyaux horizontaux; avec une moindre circulation, on en obtiendrait plus de surface de chauffe, et aucune veine d'air n'échapperait au contact des surfaces métalliques. En employant cette disposition, il faudrait compter toutes les surfaces extérieures comme surfaces de chauffe.

1719. La figure 450 représente le calorifère à eau chaude de

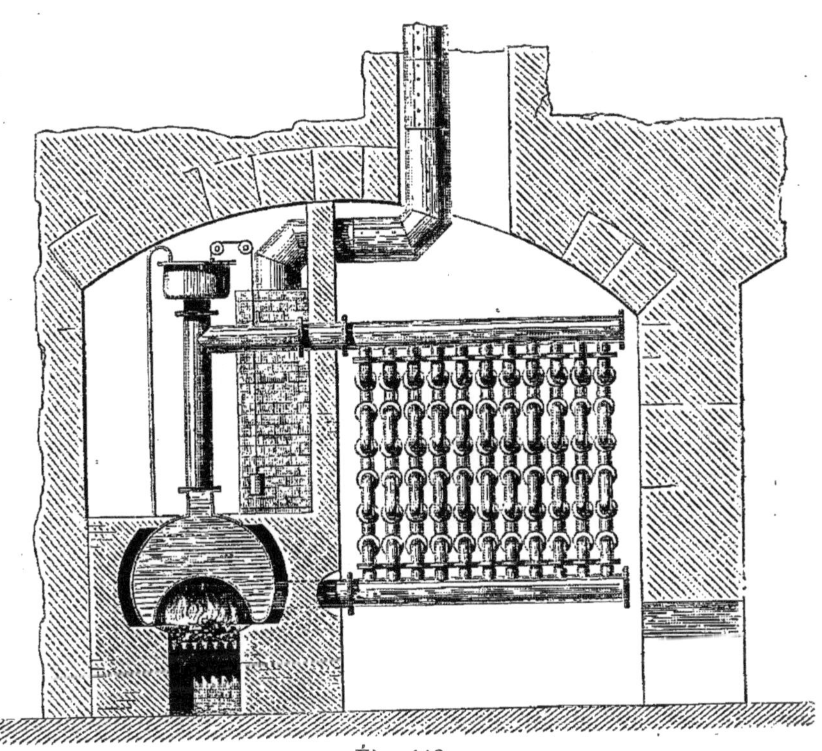

Fig. 448.

M. H.-C. Price, qui est employé maintenant dans un assez grand nombre d'établissements publics en Angleterre. Les surfaces de chauffe

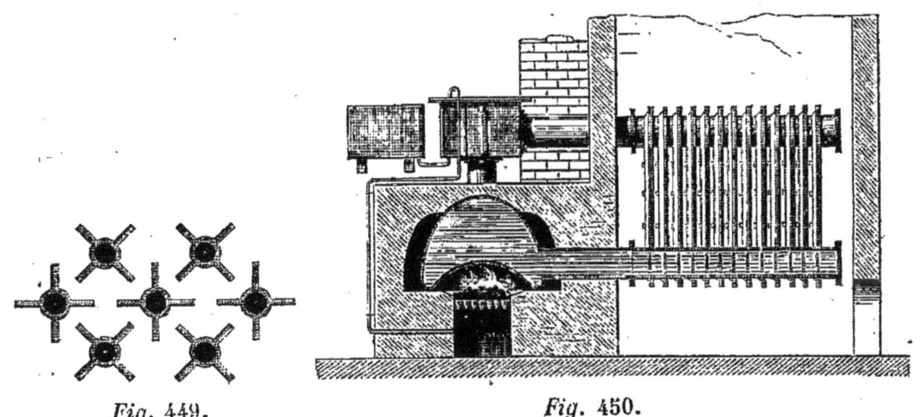

Fig. 449.

Fig. 450.

sont des caisses en fonte, étroites, verticales, de section carrée, ayant

1^{mq} de surface; elles sont en communication par deux angles opposés avec deux tuyaux horizontaux. On fait les joints en interposant entre les collets une toile en fil de fer, enduite de mastic rouge; ce mode de jonction a très-bien réussi. Ces appareils, quoique entièrement dépourvus de compensateurs, ne perdent pas, et les joints n'ont jamais besoin d'être réparés.

1720. Il y aurait un grand avantage à placer, entre les canaux rectangulaires parcourus par l'eau, et au milieu de leurs intervalles, des lames de tôle verticales qui s'échaufferaient par le rayonnement des surfaces de fonte et qui transmettraient ensuite la chaleur à l'air par le contact.

On peut facilement se rendre compte de la faible influence des variations de température sur les tuyaux de chauffage : supposons que le tuyau inférieur horizontal communiquant avec le bas de la chaudière soit fixe; pour une variation de 100°, la partie supérieure du tuyau d'ascension de l'eau chaude s'élèvera de 0^{m}0012 par mètre ; l'ensemble des tuyaux de descente s'élèvera moins ; car si l'on suppose que l'eau rentre dans la chaudière à 30°, la température moyenne serait de 65°, et l'élévation par mètre, de 0,0012. 0,65 = 0^{m}0008. Ainsi il y aurait, dans le tube de communication du tuyau ascendant à l'appareil de chauffage, une flexion de 4 dixièmes de millimètre par mètre, flexion que peut très-bien supporter ce tuyau, s'il est assez long et surtout s'il est en tôle, pourvu que la hauteur de l'appareil soit peu considérable. Dans toutes les dispositions, si l'appareil de chauffage avait une grande hauteur, il faudrait faire le tuyau de communication en cuivre, et lui donner la forme d'un S, afin de faciliter le mouvement provenant des inégales dilatations des appareils de chauffage et de refroidissement.

1721. Il serait facile de disposer ces appareils de manière que le chauffage fût continu, ou du moins de manière que le foyer n'eût besoin d'être alimenté qu'à des intervalles assez éloignés. Toutes les dispositions que nous venons d'indiquer pourraient aisément être employées, ainsi que celles qui sont relatives aux calorifères à air chaud, en remplaçant les canaux destinés au chauffage de l'air par des canaux remplis d'eau qui communiqueraient avec la partie supérieure et la partie inférieure des réservoirs communiquant eux-mêmes avec la partie supérieure et la partie inférieure des tuyaux destinés au chauffage de l'air extérieur. Il paraît que les appareils chauffés à l'anthracite commencent à se répandre.

1722. MM. Thomas et Laurens ont construit, il y a quelques années, dans une raffinerie de sucre, un calorifère à eau chaude, disposé d'une manière particulière. Ils avaient pour but d'utiliser la chaleur des eaux de condensation de deux appareils d'Howard, et de faire servir plusieurs fois la même eau à la condensation de la vapeur. On condensait par heure à peu près 900^k de vapeur, et l'eau de condensation était à 45°. Les figures 451 et 452 représentent une coupe verticale et une coupe horizontale de l'appareil. AA est un réservoir dont le fond est garni de douze tubes en cuivre ; il est placé dans une chambre en bois GG, ouverte en haut et en bas ; chacun de ces tubes en renferme un autre C, concentrique, qui s'élève au-dessus du réservoir ; à la partie inférieure, l'intervalle des tubes concentriques est fermé, et de petits tubes D, D... établissent une communication entre ces espaces annulaires et un tube I à trois branches horizontales H, H, H. L'eau chaude est élevée dans le réservoir A, au moyen d'une pompe, et s'y maintient à une hauteur sensiblement constante, au moyen du robinet à flotteur E, et du tuyau F qui sert de trop-plein ; l'eau chaude descend par les douze conduits annulaires, passe par les tubes D dans les tuyaux H, par lesquels elle s'écoule ; tandis que l'air extérieur monte dans les tuyaux C et se répand dans les greniers. Ces tuyaux

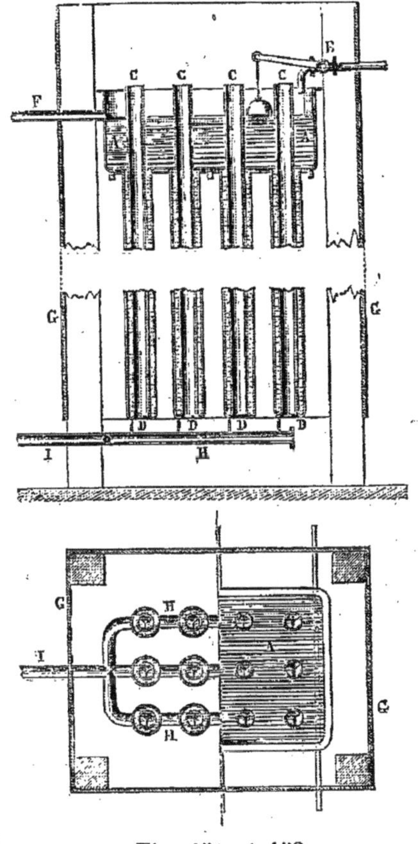

Fig. 451 et 452.

renferment des plaques de zinc qui s'échauffent principalement par le rayonnement des tuyaux enveloppants, et qui transmettent ensuite cette chaleur à l'air par le contact.

1723. Les calorifères à eau chaude sont quelquefois placés dans les pièces mêmes qui doivent être échauffées. Dans les serres, l'appareil se compose de la chaudière, et d'un tube peu incliné qui part du sommet de la chaudière, parcourt la longueur du bâtiment, et revient au bas de la chaudière.

1724. *Chauffage des habitations par la circulation de l'eau chaude.*

— Pour un bâtiment renfermant plusieurs étages, l'appareil comprend la chaudière, le tuyau d'ascension, le vase d'expansion, un certain nombre de poêles placés dans les pièces, et des tuyaux établissant la communication du réservoir avec les poêles. Ordinairement les poêles d'un même étage se trouvent dans un même circuit communiquant avec le vase d'expansion et avec le bas de la chaudière.

La détermination des dimensions des différentes parties des appareils, pour obtenir un effet donné, est une question assez compliquée, si on veut la traiter d'une manière générale, mais qu'on peut facilement résoudre dans chaque cas particulier, de manière à obtenir une approximation suffisante.

1725. Les dimensions des chaudières doivent toujours être calculées pour le cas le plus défavorable, c'est-à-dire pour celui où il y a le plus de chaleur à produire. La surface de chauffe se calculera comme pour les chaudières à vapeur ; mais ici toute la surface de la chaudière devient surface de chauffe, et par conséquent, pour la production de la même quantité de vapeur, la surface totale de la chaudière est plus petite que pour les générateurs. On parviendrait facilement à refroidir l'air brûlé à 100°, en plaçant le tuyau d'ascension dans la cheminée. Comme dans ces chaudières il ne se forme point d'autre dépôt que celui du carbonate de chaux tenu en dissolution par un excès d'acide carbonique qui se dégage au premier instant du chauffage, on peut employer des formes quelconques de chaudières. Dans certaines circonstances, les pressions qu'elles doivent supporter sont très-faibles ; c'est ce qui arrive toujours quand les circuits n'ont qu'une petite hauteur et que les vases d'expansion sont ouverts. Quand le contraire a lieu, les pressions peuvent être très-grandes ; car chaque hauteur de 10^m dans la colonne d'ascension correspond à peu près à une atmosphère, et la pression pourrait être augmentée par la fermeture du tuyau d'ascension. Dans tous les cas il faut employer des chaudières de tôle, et la meilleure disposition consiste à la former de deux cylindres concentriques, avec foyer intérieur, et à faire passer ensuite l'air brûlé sur la surface extérieure. On pourrait aussi placer dans le cylindre intérieur des tuyaux courbes communiquant avec la chaudière en deux points inégalement élevés.

La figure 453 représente une coupe d'une chaudière verticale : A, foyer ; BB, chaudière annulaire ; C, C, tuyaux pleins d'eau formant des appendices à la chaudière ; D, tuyau d'ascension de l'eau chaude ; HE, tuyau de dégagement de l'air brûlé ; FF, canal de descente de l'air brûlé ; G, canal conduisant l'air brûlé à la cheminée. Cette disposition a l'avan-

tage de diminuer le volume de l'appareil de chauffage direct, par suite
la perte de chaleur à travers la maçonnerie environnante, et le temps
nécessaire à l'établissement du
régime, par la diminution de la
masse d'eau à chauffer directement. La disposition que je viens
d'indiquer pourrait être modifiée
d'un grand nombre de manières
différentes ; mais il faut éviter,
même pour les chaudières qui
ne doivent supporter qu'une
faible pression, les formes qui
tendent à changer. Une condition indispensable à remplir consiste à obliger l'eau à s'élever sur
tous les points de la chaudière ;
car s'il y avait des surfaces contre
lesquelles l'eau fût obligée de

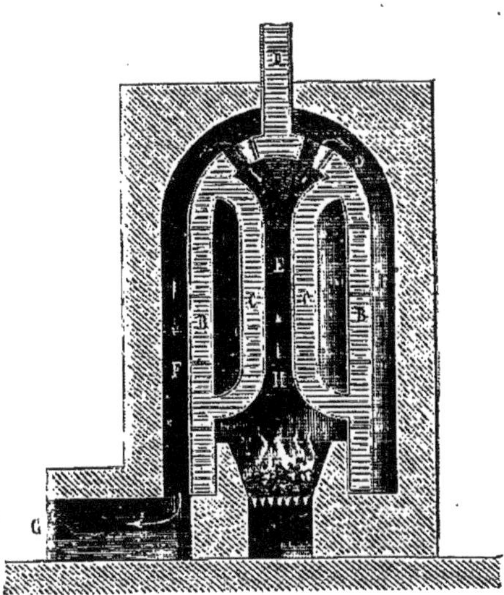

Fig. 453.

descendre pour s'élever ensuite dans le grand canal d'ascension, ce qui
arriverait si ce tuyau ne partait pas du point culminant de la chaudière, celle-ci ne serait pas complétement remplie d'eau, et la tôle
pourrait être brûlée. Il est toujours avantageux d'employer de grandes
grilles et des feux languissants.

1726. La cheminée doit être pourvue d'un registre destiné à régler
la combustion. On pourrait utiliser une partie de la chaleur renfermée
dans l'air brûlé à sa sortie du fourneau, en le faisant passer dans un
calorifère parcouru par de l'air de ventilation. En augmentant la
section du circuit à air brûlé, on arriverait facilement à abaisser sa
température à 50°, tout en conservant un bon tirage, surtout, ce qui
arrive ordinairement, quand la cheminée a une grande hauteur. Le calorifère à air pourrait être disposé de bien des manières différentes : la
plus simple consisterait, si la cheminée n'était pas isolée, à placer dans
son intérieur une série de tubes, ayant la hauteur d'un étage, fermés
par les deux bouts, et communiquant par le bas avec l'air extérieur,
et par le haut avec la partie supérieure de l'étage.

1727. Les tuyaux d'ascension peuvent être en tôle ou en fer étiré.
La fonte doit être abandonnée, quand les pressions dépassent 4 à 5 atmosphères. On n'emploiera le fer étiré que dans le cas où les tuyaux
doivent avoir un petit diamètre.

1728. Les vases d'expansion sont en tôle ou fonte. Leur capacité doit excéder 0,05 du volume total de l'appareil, pour qu'ils puissent recevoir l'accroissement du volume de l'eau. Ils sont ordinairement recouverts par une plaque percée d'un orifice. De cette manière, la pression à la partie supérieure de l'appareil ne peut jamais dépasser la pression atmosphérique. La vapeur, qui se forme quelquefois dans la chaudière et les tuyaux, peut ainsi se dégager facilement; comme lorsqu'elle se produit elle arrive à gros bouillons, il est bon de donner au vase d'expansion une assez grande section pour éviter l'entrainement de l'eau et des projections à l'extérieur.

On a quelquefois fermé hermétiquement le vase d'expansion et on y a placé une soupape de sûreté pour empêcher la pression de dépasser une certaine limite. Cette disposition, qui permet d'élever la température dans les tuyaux et les poêles à eau chaude, et par suite de réduire la surface de chauffe, présente des inconvénients tellement graves que je n'hésite pas à dire qu'elle doit être proscrite. En effet, la soupape est dans les combles du bâtiment et le chauffeur dans la cave, et on peut compter qu'il n'en surveillera pas le jeu; si elle venait à adhérer sur son siége, ce qui pourrait arriver quand elle n'a pas fonctionné depuis longtemps, et si un ou plusieurs robinets de distribution étaient fermés, ou si la circulation était interrompue par de l'air accumulé dans certains points du circuit, ou enfin si une obstruction se manifestait dans ces tuyaux étroits, le chauffage serait ralenti ou supprimé dans certaines parties; le chauffeur serait conduit à augmenter l'activité du foyer, et il en résulterait un accroissement de pression qui pourrait produire la rupture de la chaudière ou des vases dans lesquels la circulation a lieu. En outre, la charge de la soupape est à la disposition du chauffeur, qui pourrait l'augmenter à volonté, pour obvier, dans un temps très-court, à l'effet d'une négligence dans son service.

On pourrait remplacer la soupape de sûreté par un manomètre à air libre, qui laisserait dégager la vapeur quand la pression aurait atteint une certaine limite; mais, en général, le tube devrait avoir une trop grande section, pour laisser dégager toute la vapeur qui pourrait se produire. Ainsi, à mon avis, il est toujours préférable de ne point produire de pression dans le vase d'expansion.

1729. Lorsque l'appareil est destiné au chauffage intérieur d'un bâtiment à plusieurs étages, chacun des étages est chauffé par un circuit particulier; chaque tuyau formant l'origine de ces circuits partiels doit partir du fond du vase d'expansion et être garni d'un robinet, au moyen duquel on peut faire varier la quantité d'eau qui le parcourt. Ces tuyaux doivent toujours être courbés de manière à obéir facilement aux effets qui résultent des variations de température. Ils sont ordinairement en fer étiré et réunis par des écrous roulants. Ils pourraient être en cuivre, soudés à la soudure forte. Il serait dangereux d'employer du plomb, surtout si la pression était un peu élevée, parce que le plomb, étant presque entièrement dépourvu d'élasticité, s'étend par la pression et ne revient pas à ses dimensions primitives quand la pression cesse. Les tuyaux de zinc seront rejetés, parce que ce métal change de forme et de dimension par la chaleur, sans revenir à son état primitif par le refroidissement, et qu'on est obligé d'employer des soudures à l'étain, qui, se dilatant d'une autre manière que le zinc, cassent souvent. C'est par cette dernière raison qu'il ne faut jamais employer des tuyaux de cuivre soudés à l'étain. Ces tuyaux, placés dans les greniers ou sous les planchers, doivent être environnés de matières peu conductrices de la chaleur; lorsqu'ils doivent rester libres, en les recouvrant d'une feuille d'étain, on diminue de moitié la quantité de chaleur qu'ils perdraient si leur surface était terne. Ils doivent avoir la pente nécessaire pour que l'air qu'ils contiennent avant le remplissage et celui qui se dégage de l'eau pendant son échauffement puissent facilement s'écouler par le vase d'expansion. Si l'on était obligé de leur donner la forme d'un siphon, il faudrait que le point le plus élevé fût au-dessous du niveau de l'eau dans le vase d'expansion, et que ce point fût garni d'un robinet ou d'un orifice fermé par une vis, pour laisser dégager non-seulement l'air qui s'y trouve au moment du remplissage, mais encore celui que l'eau laisse dégager par suite de son échauffement. L'accumulation progressive de l'air dans un coude rétrécit d'abord la veine et finit par interrompre la circulation; l'interruption n'a pas lieu aussitôt que l'air occupe l'espace qui se trouve au-dessus du plan horizontal mené par le point le plus bas de la courbure, parce que l'inégalité de densité de l'eau dans les deux colonnes produit une différence de niveau qui favorise l'écoulement à travers l'air, d'autant plus que la différence de poids des deux colonnes est plus grande.

1730. Les appareils de chauffage sont des tuyaux de fonte placés dans des caniveaux pratiqués dans l'épaisseur des planchers ou au-dessous du sol, dans lesquels circule de l'air extérieur, qui, après s'être échauffé, se dégage dans les pièces; la disposition est la même que pour le chauffage à vapeur.

1731. Pour diminuer le nombre des joints, on a quelquefois employé de grandes caisses rectangulaires en fonte, peu profondes, dont les grandes faces sont maintenues par des entretoises venues de fonte. La figure 454 représente une vue de l'appareil et une coupe transversale du caniveau dans lequel il est placé ; la figure 455 est une coupe

Fig. 454.

Fig. 455.

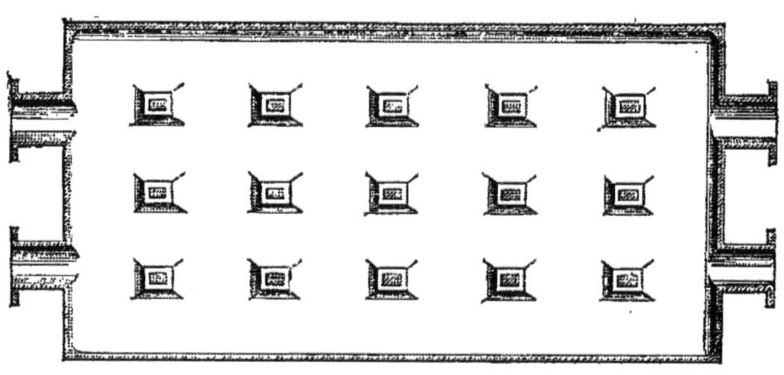

Fig. 456.

transversale de la caisse, et la figure 456 une coupe horizontale suivant l'axe des tubulures.

1732. D'autres fois, les appareils de chauffage consistent en caisses cylindriques en fonte ou en tôle, garnies à la partie inférieure de deux tubes : l'un, qui se prolonge à une certaine hauteur, communique avec le tuyau qui amène l'eau chaude ; l'autre, qui part du fond, est destiné à l'écoulement de l'eau refroidie. Ces caisses sont ordinairement traversées par un ou plusieurs tuyaux verticaux ouverts par les deux bouts et parcourus par l'air de ventilation.

1733. M. Duvoir-Leblanc emploie des poêles en fonte formés de deux cylindres concentriques ; le plus petit est ouvert par les deux bouts et donne passage à l'air extérieur ; l'intervalle des deux cylindres renferme de l'eau. Le fond du vase annulaire et les parties cylindriques ne forment qu'une seule pièce, et la partie supérieure est fixée par un joint au mastic de fonte. On augmenterait à peu de frais l'effet du tube extérieur, en y plaçant des feuilles de tôle disposées comme dans les figures 390 à 393.

1734. Les poêles à eau chaude en tôle sont préférables. On leur donne la forme qui convient le mieux au local; en y adaptant un grand nombre de tubes verticaux traversés par l'air, il est toujours facile d'obtenir une surface de chauffe suffisante.

Quelle que soit la forme des poêles, ils doivent toujours être percés à la partie supérieure d'un petit orifice, ordinairement fermé par une vis, qui sert au dégagement de l'air.

Quelquefois les surfaces extérieures des poêles en fonte sont polies, mais c'est un enjolivement qui coûte très-cher, car la quantité de chaleur émise est diminuée de moitié.

1735. Les poêles ne doivent jamais être employés avant d'avoir été essayés à une pression beaucoup plus forte que celle qu'ils doivent supporter. Ceux en fonte risquent de donner lieu à de graves accidents (1). L'essai préalable ne me semble pas suffisant pour en motiver l'usage, à cause de leur grand diamètre et des grandes pressions qu'ils éprouvent dans les rez-de-chaussée des bâtiments élevés, même quand le vase d'expansion est ouvert; car les essais des poêles sous des pressions bien supérieures à celles qu'ils doivent supporter, mais qui ne durent jamais qu'un temps très-court, ne peuvent pas donner l'assurance qu'ils résisteront toujours sous des pressions permanentes beaucoup plus petites; et les appareils construits jusqu'ici ne datent que de quelques années. D'ailleurs, dans les conduites d'eau, il y a très-souvent des tuyaux qui cassent, malgré la faible variation de température qu'ils éprouvent, et cependant ils ont toujours été essayés sous des pressions quatre ou cinq fois plus élevées que celles qu'ils supportent habituellement; les chemises des cylindres des machines à vapeur, qui sont disposées de la même manière que les poêles de plusieurs établissements publics, cassent quelquefois, malgré les épreuves qu'elles ont subies. D'ailleurs c'est un principe bien reconnu que la fonte ne convient, pour soutenir de fortes pressions, que lorsqu'elle est en tuyaux d'un petit diamètre, et qu'on ne doit l'employer, pour des vases d'un grand diamètre, que s'il y a impossibilité complète de la remplacer par de la tôle. Enfin les poêles en tôle ne sont pas d'un prix plus élevé que ceux de fonte, à cause de la différence des épaisseurs qui compense à

____

(1) Lorsque ces lignes ont été écrites, on n'avait pas à déplorer la mort de plusieurs personnes, causée dernièrement à l'église de Saint-Sulpice, par la rupture d'un poêle en fonte à eau chaude.   L. S.

peu près la différence des prix de ces métaux. Si l'on ajoute à toutes ces considérations la gravité des conséquences de la rupture d'un poêle à eau chaude, on sera nécessairement conduit à préférer dans tous les cas la tôle à la fonte, à moins qu'il ne s'agisse de vases d'un petit diamètre.

1736. Les poêles peuvent être remplacés par des serpentins en fer ou en cuivre, environnés d'une enveloppe dans laquelle circule l'air extérieur ou l'air de la pièce ; il serait plus avantageux de donner au serpentin la forme d'une hélice conique que d'une hélice cylindrique. Pour obtenir une plus grande surface de chauffe sous le même volume, on pourrait employer plusieurs hélices concentriques que l'eau parcourrait simultanément. L'eau s'élèverait d'abord, par un tuyau central, à la partie supérieure des spires, et descendrait ensuite en les parcourant ; mais la partie culminante de l'appareil devrait être percée d'un orifice fermé par un bouchon à vis, qui servirait à faire dégager l'air pendant le remplissage, et qu'il faudrait ouvrir de temps en temps, pour évacuer l'air qui se serait accumulé dans le haut des spires et qui pourrait interrompre la circulation ; en plaçant un petit réservoir à la partie supérieure de l'appareil, on éviterait l'inconvénient d'avoir à ouvrir souvent l'orifice de dégagement de l'air.

1737. Quand les calorifères à eau chaude sont placés dans les pièces mêmes qui doivent être chauffées, et que les surfaces de chauffe sont libres, on peut admettre comme une approximation suffisante, pour des excès de température inférieurs à 30°, limite qui est rarement dépassée, que les quantités de chaleur émises par mètre carré et par heure sont sensiblement représentées par $8t$, t étant l'excès de température ; dans ces conditions la quantité de chaleur rayonnée est sensiblement égale à celle qui provient du contact de l'air. Si les surfaces étaient en métal poli, la quantité de chaleur émise serait à peu près diminuée de moitié.

1738. Quand l'air est chauffé en passant dans des tuyaux, l'effet du rayonnement disparaît, et il ne s'échauffe plus que par le contact. Il résulte de l'expérience que la quantité de chaleur absorbée est à peu près la moitié de celle qu'une surface émettrait à l'air libre dans les mêmes conditions ; aussi, dans ce cas, il faut prendre $4t$ pour la quantité de calories émises par mètre carré et par heure, quand l'appel est produit naturellement par le tuyau et que la vitesse est à peu près celle de l'air chaud s'élevant dans un espace indéfini. Mais si l'air, attiré par une cheminée d'appel, parcourait le tuyau avec une grande vitesse, il serait porté à une température moins élevée, et absorberait pourtant une plus grande quantité de chaleur, qui varierait très-probablement avec le diamètre du tuyau. Les expériences manquent sur ce sujet important ; cependant, comme les vitesses d'écoulement sont rarement considérables et que les tuyaux n'ont jamais qu'une petite longueur, en attendant que des expériences positives permettent de résoudre cette question, je pense qu'on peut prendre, dans tous les cas, $4t$ pour le nombre de calories que le tuyau transmet à l'air, par mètre carré et par heure.

1739. Enfin, si l'air est échauffé dans un calorifère placé en dehors des pièces à chauffer, les phénomènes deviennent encore bien plus compliqués. Suivant la forme et la disposition des tuyaux parcourus par l'eau chaude, il y a une partie plus ou moins grande de la chaleur rayonnée qui est employée à chauffer la surface de chauffe ; et suivant la vitesse de l'air, la quantité de chaleur qu'il absorbera sera plus ou moins grande. Si les tuyaux parcourus par l'eau chaude sont disposés de manière que la plus grande partie de leur chaleur rayonnante arrive sur la surface de l'enceinte, ou si l'on a placé des feuilles de tôle convenablement disposées pour recevoir les rayons qui n'y arriveraient pas directement, comme la vitesse de l'air est rarement très-grande, je pense qu'on s'éloignera peu de la vérité en supposant que la quantité de chaleur émise est égale à celle qui sortirait de l'appareil, s'il était exposé à l'air libre, à la température moyenne de l'air à l'entrée et à la sortie.

1740. On peut admettre que lorsque l'appareil produit son maximum d'effet, l'eau chaude y entre à 90° et qu'elle revient dans la chaudière à 30° ; la température moyenne de l'eau serait alors de 60°. Dans le cas d'un chauffage intérieur et d'une température de l'air de 15°, l'excès moyen serait de 45°, et la quantité de chaleur transmise par mètre carré et par heure serait de 8 . 45 = 360 calories ; mais elle serait de 8 . 75 = 600^c à la partie supérieure, et de 8 . 15 = 120^c à la partie inférieure. Ainsi, si les pièces des différents étages devaient être également chauffées, en supposant trois étages, les surfaces de chauffe devraient être dans le rapport des nombres 16, 32, 83, si le même courant les parcourait successivement. La différence entre ces surfaces irait évidemment en diminuant à mesure que la température de l'eau rentrant dans la chaudière serait plus élevée ; mais elle ne pourrait pas être nulle, parce qu'il faudrait pour cela qu'il n'y eût pas de refroidissement, et alors la circulation n'aurait pas lieu. Ainsi il est impossible de déterminer les surfaces de chauffe, chauffées par le même courant d'eau chaude, nécessaires pour produire le même effet dans chaque étage, attendu que le rapport de ces surfaces varie avec la température de rentrée de l'eau refroidie dans la chaudière, température qui change avec l'activité du foyer; il faut alors des circuits partiels pour chaque étage, et on peut prendre des surfaces de chauffe égales. Si le chauffage s'effectue par de l'air échauffé dans un appareil spécial, rien de semblable n'a lieu, et il faut alors s'arranger de manière à faire entrer le même volume d'air chaud dans chaque étage.

1741. Examinons maintenant la cause du mouvement de l'eau. De 30 à 100°, la densité de l'eau est sensiblement représentée par la formule

$$d = 1,0086 - 0,0005t,$$

en désignant par t et d la température et la densité de l'eau chaude. Appelons t' et d' la température et la densité de l'eau au bas du circuit, et H la hauteur totale du circuit; la hauteur de la colonne ascensionnelle d'eau chaude ramenée à t' sera $H \frac{d}{d'}$; celle de la colonne descendante sera $H \frac{(d+d')}{2d'}$; la différence, qui représentera la charge en vertu de laquelle l'eau chaude rentrera dans la chaudière, sera $H \frac{(d'-d)}{2d'}$; et si l'on désigne par R la fraction qui représente la réduction que la vitesse théorique V éprouve par les frottements, la vitesse d'accès de l'eau refroidie en mètres sera :

$$v = RV = R \sqrt{\frac{2gH(d'-d)}{2d'}} = R \sqrt{\frac{2gH \times 0,0005(t-t')}{2(1,0086 - 0,0005t')}}.$$

En représentant par S la section du tuyau de retour en mètres carrés, au bas du circuit, et par A la quantité de chaleur employée par seconde au chauffage, on aura :

$$A = 1000 SRV(t - t') \dots\dots\dots\dots\dots\dots\dots (a)$$

Dans chaque cas particulier A est connu, et on pourra facilement trouver le diamètre qu'il convient de donner au tuyau d'entrée et de sortie de l'eau dans la partie du circuit où l'eau se refroidit, comme nous allons le voir.

1742. Le circuit total se compose toujours de la chaudière, du canal d'ascension et du canal de retour, formé lui-même d'un tuyau unique ou de réservoirs réunis par des tuyaux de même section. Alors la valeur de R est donnée par la formule (381),

$$R = \sqrt{\dfrac{1}{1 + \dfrac{KH}{D}\dfrac{D^4}{D^4} + \dfrac{KL}{D'} + n + n'}},$$

K étant égal à 0,024, D et H représentant le diamètre et la hauteur du tuyau d'ascension, L et D′ la longueur totale du tuyau de retour, n le nombre des poêles, et n' le nombre de changements brusques de direction à angle droit, ou la moitié du nombre des changements contenus sous le même angle. Dans la valeur de R tout est connu excepté d; si le tuyau d'ascension avait un grand diamètre, le second terme du dénominateur de la valeur de R pourrait être négligé, et on aurait :

$$A^2 = \left(1000\,\frac{\pi D'^2}{4}\right)^2 . V^2\,\frac{D'(t-t')^2}{KL + (n + n' + 1)D'} = \frac{MD'^5}{N + PD'} \ldots\ldots (b)$$

équation du 5me degré en D′, mais qu'on pourra facilement résoudre par la méthode indiquée (492).

1743. Si la valeur de D n'était pas très-grande relativement à D′, on serait conduit encore à une équation du 5me degré, mais qui serait très-compliquée ; mais, dans ce cas, on arriverait encore très-simplement à une valeur approchée de D′ par la méthode suivante. On négligerait d'abord, comme précédemment, le terme $KH\,\dfrac{D'^4}{D^5}$; la valeur de D′ qu'on obtiendrait permettrait de calculer la valeur du terme négligé dont on ajouterait la valeur à $n + n' + 1$ ou à P; on aurait une nouvelle équation qui donnerait une nouvelle valeur de D′, et on continuerait ainsi jusqu'à ce que deux valeurs de D′ consécutives différassent de moins de $0^m 001$. Ces calculs sont peut-être longs, mais ils ne présentent pas de difficultés.

1744. Si le calorifère était placé en dehors des pièces à chauffer, en supposant les surfaces de chauffe d'une étendue suffisante, on serait conduit aux mêmes calculs pour les diamètres des orifices d'accès et de sortie. Il faudrait vérifier, en outre, si la vitesse d'écoulement de l'air chaud, résultant de sa température et de la section du canal, est suffisante. L'examen d'un cas particulier fera facilement voir ce qu'il faudra faire dans un cas quelconque.

1745. Considérons un pavillon isolé, composé de trois étages, ayant chacun 5^m de hauteur, $0^m 50$ d'épaisseur de plancher, 6^m de largeur et 20^m de longueur. Supposons que le nombre d'unités de chaleur à fournir par heure à chaque étage soit de 20000 calories par heure, et par conséquent de $\frac{20000}{3600} = 5,5$ par seconde; admettons que la colonne d'eau ascensionnelle soit de 18 mètres, et qu'il y ait cinq poêles à chaque étage, parcourus successivement par le même courant. La vitesse théorique de retour de l'eau refroidie V sera de $2^m 33$, en supposant $t = 90°$ et $t' = 30$. Chaque tuyau de retour, parcourant deux fois la longueur du bâtiment, et une fois la hauteur, aura 58^m de développement, et on aura $KL = 0,024 . 58 = 1,39$. Le nombre des rélargissements brusques sera égal à 5, et on aura $n = 5$. Le nombre des changements de direction à angle droit sera de 2 pour chaque poêle, et de 5 dans le reste du circuit; et en admettant, ce qui arrive toujours, que les changements aient lieu par une courbure des tuyaux, la valeur de n' sera $7,5$. Par suite, l'équation (b) donnera, en l'élevant au carré,

$$(5,5)^2 = \left(\frac{1000\pi}{4}\right)^2 \frac{(2,33)^2.60^2.D'^5}{1,39 + 13,5D'} \; ; \text{ ou } 30,25 = \frac{12046000000D'^5}{1,39 + 13,5D'} ;$$

et par suite

$$D'^5 = 0,000000003414 + 0,0000000339D'.$$

En négligeant d'abord le second terme du second membre, et substituant successivement à la place de D' dans ce terme la dernière valeur de D' obtenue, on trouve successivement pour D' les valeurs : $0^m 0202$; $0^m 02100$; $0^m 02105$.

1746. Ces calculs sont faciles; mais ils deviendraient longs et compliqués, si le diamètre du tuyau d'ascension n'était pas très-grand relativement à celui du tuyau du circuit descendant, ou si leur rapport n'était pas donné. En général, comme il ne s'agit pas de calculer le diamètre des tuyaux à quelques millimètres près, il est plus commode de chercher, par quelques tâtonnements, le diamètre du tuyau de retour. Dans le cas dont il s'agit, en supposant $D' = 0,02$, on trouve $R = 0,11$; $v = 0,25$; $S = 0,000314$; le volume écoulé par seconde est de $0^{mc} 0000785$; en litres, il serait de $0,0785$; et le nombre d'unités de chaleur correspondant serait de $0,0785 . 60 = 4,71$; ainsi $D' = 0,02$ est trop petit. En supposant $D' = 0,03$, on trouve $R = 0,13$; $v = 0,30$; $S = 0,000706$; le volume écoulé est de $0^{mc} 00021$; en litres, il est de $0,21$; et la quantité de chaleur correspondante serait de 0,21 . 60 = 12,6. Ainsi le diamètre cherché est compris entre 0,02 et 0,03. Ce mode de tâtonnement est évidemment applicable à tous les cas qui peuvent se présenter.

On pourrait supposer un moindre refroidissement; alors la vitesse d'écoulement diminuerait, la section du tuyau deviendrait plus grande, et les surfaces de chauffe produiraient plus d'effet. Il est évident que le maximum correspondrait à une température de l'eau, dans le canal descendant, égale à celle du tuyau d'ascension; on ne peut pas l'atteindre, parce que la vitesse d'écoulement serait nulle, mais on peut en approcher d'autant plus que la hauteur du circuit est plus considérable et que la section du tuyau est plus grande. Il est important de remarquer que, dans le cas où la température de l'air des pièces serait de 15°, l'excès moyen de température serait de 65 — 15 = 50°; et que, dans le cas où l'eau conserverait la température de 90°, l'excès de température serait de 90 — 15 = 75. Ainsi l'effet des surfaces de chauffe par l'accroissement de la valeur de D' augmenterait seulement dans le rapport de 50 à 75, ou dans celui de 2 à 3.

1747. Lorsque, dans un appareil ayant des dimensions fixes, le foyer brûlant la quantité de houille nécessaire pour produire au sommet de la colonne descendante 90°, et 30° au bas, on augmente l'activité du foyer, la température de la colonne ascendante et la vitesse de circulation augmentent, ainsi que la température de l'eau au bas du circuit; la quantité de chaleur transmise augmente aussi, mais jusqu'à une certaine limite, correspondant à la température de 100° si le vase d'expansion est ouvert. Si l'on diminuait la consommation de combustible, la température de la colonne ascendante, la vitesse de la circulation, la température moyenne du liquide descendant, et la quantité de chaleur transmise diminueraient en même temps.

1748. Pour comparer les quantités de chaleur transmises par la vapeur et par l'eau chaude dans les mêmes circonstances, considérons deux tuyaux de même section S, conduisant, l'un de l'eau sous la pression de 2 atmosphères, et par conséquent à 121°; l'autre, de la vapeur sous la même pression et à la même température. La vitesse d'écoulement de la vapeur étant de 423ᵐ, on trouve que la quantité de chaleur transmise par seconde par la vapeur, à travers une tranche du tuyau, est de S . 299 unités. La densité de l'eau à 121° étant à peu près de 0,948, la charge en eau chaude sera de 10ᵐ 89; la vitesse d'écoulement de 14ᵐ 61 ; et, par suite, la quantité de chaleur transmise à travers la section S sera de 1686 S unités, nombre à peu près cinq fois et demie plus grand que le premier. Mais, dans les chauffages à eau chaude, la charge qui produit l'écoulement, $H \frac{(d'-d)}{2d'}$, est toujours très-petite, même pour de grandes hauteurs ; en supposant $H = 40^m$, $t = 121°$, $t' = 30°$, on a $d = 0,9481$, $d' = 0,9956$; et, par suite, la charge devient $0^m 88$; la vitesse est égale à $4^m 15$, et la quantité de chaleur qui traverserait la tranche serait de 490S unités de chaleur.

1749. *Chauffage par des circuits partiels d'eau chaude, dont les réservoirs sont chauffés par la vapeur.* — Quand les bâtiments à chauffer ont une grande étendue, le chauffage par un seul circuit présenterait beaucoup de difficultés. Dans ce cas, M. Grouvelle emploie une disposition qui consiste dans l'établissement de circuits partiels, dont les réservoirs sont chauffés par un serpentin à vapeur. Nous reviendrons sur cette disposition, en parlant du chauffage et de la ventilation des établissements publics.

CHAPITRE VII.

CHAUFFAGE DE L'AIR PAR L'EAU CHAUDE A HAUTE TEMPÉRATURE.

1750. M. Perkins a imaginé, il y a déjà longtemps, un autre mode de chauffage de l'air par l'eau chaude, et son système est maintenant employé dans un grand nombre d'établissements publics d'Angleterre parmi lesquels nous citerons plus spécialement le Musée Britannique. Le calorifère de Perkins se compose d'un circuit de tuyaux, comme pour le chauffage à eau chaude ordinaire, mais il n'y a pas de poêles ; les tuyaux n'ont qu'un petit diamètre, le vase d'expansion est exactement fermé, et enfin l'eau est portée, du moins en sortant du foyer, à une température très-élevée. Une partie du circuit est placée dans un fourneau, le reste circule dans les pièces qui doivent être chauffées, ou serpente dans des caisses ouvertes par les deux bouts, où il échauffe l'air qui doit servir au chauffage et à la ventilation.

1751. *Disposition générale des appareils.* — La figure 457 représente la disposition la plus simple des appareils dont il est question. Le circuit Aa Cb Bc A est exactement fermé. A, B, C sont trois spirales à bases circulaires ou carrées formées par le tube : l'une, A, est placée dans un foyer ; les autres, dans les pièces qui doivent être échauffées ; m est un vase dans lequel se fait l'expansion de l'eau ; n, un orifice pour le dégagement de l'air quand on remplit l'appareil. L'eau chaude, arrivée à la partie supérieure du circuit, peut descendre en se

divisant de manière à chauffer simultanément plusieurs serpentins,
comme dans le chauffage par l'eau chaude à basse pression.

On comprend facilement les dispositions qu'il faudrait employer pour chauffer de l'air extérieur, qui serait ensuite introduit dans les différentes pièces.

1752. Les tuyaux ont $0^m 025$ de diamètre extérieur (1 pouce anglais), $0^m 0125$ de diamètre intérieur, et ordinairement 4 mètres de longueur. Avec ces dimensions, ils peuvent supporter une pression supérieure à 3000 atmosphères. Les tuyaux sont essayés à la presse hydraulique sous une pression de 200 atmosphères, mais ils sont quelquefois soumis à une pression beaucoup plus grande.

1753. La figure 458 représente la fermeture d'un tuyau à un des bouts. Le tuyau est taraudé, et son extrémité est

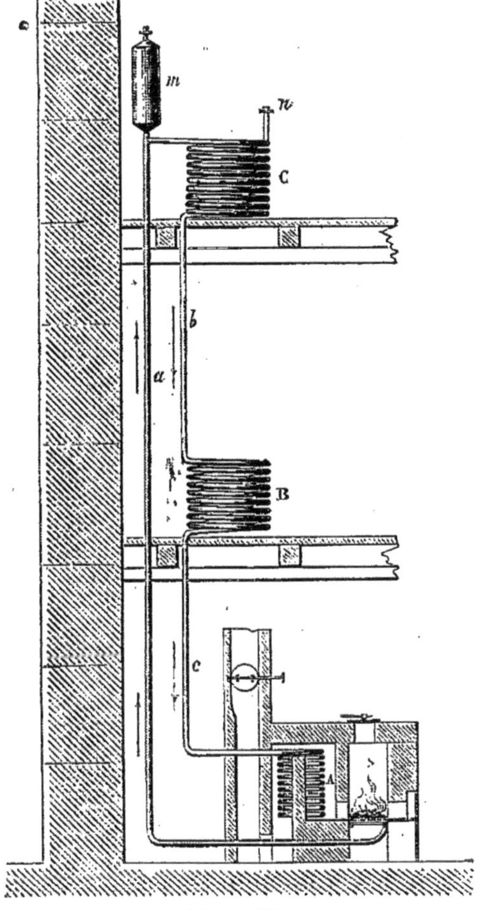

Fig. 457.

taillée en biseau ; il est recouvert d'un écrou dont le fond est plat ; en serrant fortement l'écrou, le biseau du tuyau entre dans le fer de l'écrou, et forme un joint parfaitement étanche.

On voit (*fig.* 459) le moyen qu'on emploie pour fermer un orifice percé dans un vase de fer terminé par une surface plane. La partie inférieure du talon de la vis présente un biseau annulaire dont l'arête, par un fort serrage, s'applique exactement sur la surface plane du vase.

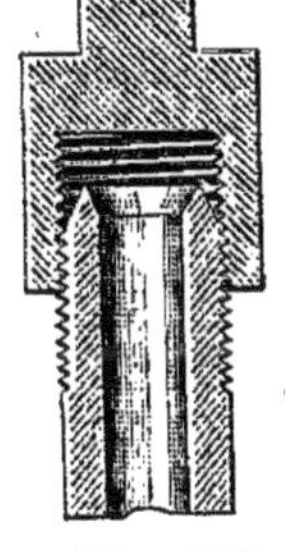

Fig. 458.

Fig. 459.

1754. Les figures 460 et 461 représentent le mode de jonction de deux tuyaux réunis bout à bout; les deux extrémités des tuyaux sont

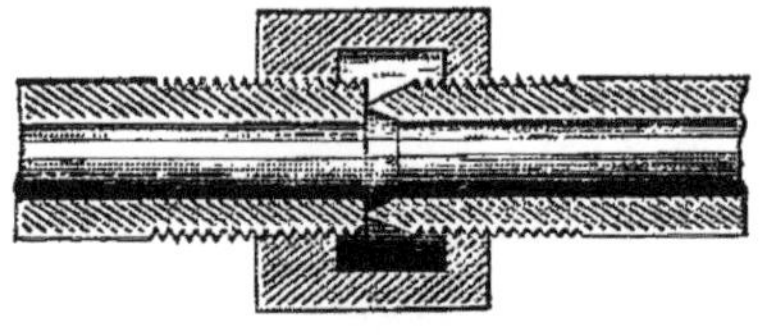

Fig. 460.   Fig. 461.

taraudées dans le même sens; le bout de l'un d'eux est plat, celui de l'autre est en biseau. On les réunit par un écrou taraudé, à gauche dans un bout, et à droite dans l'autre; en serrant l'écrou, les tuyaux ne pouvant pas tourner, tendent à se rapprocher; et par un fort serrage on obtient un joint parfait. J'ai vu des tuyaux dans lesquels le biseau de l'un d'eux avait pénétré de près de 1 millimètre dans le plan qui terminait l'autre.

1755. Le vase d'expansion est un tube, d'un plus grand diamètre que les tubes de circulation; il est placé à la partie la plus élevée du circuit. Sa capacité doit être au moins des 0,15 de la capacité totale des tubes. A côté du tube d'expansion se trouve un tube d'une moindre hauteur, destiné, comme nous l'avons dit, à faire écouler l'air quand on remplit l'appareil d'eau. Les orifices du vase d'expansion et du tube à air se ferment par la disposition indiquée figure 459.

1756. On pourrait remplir l'appareil en versant simplement de l'eau par le tube d'expansion, le tube à air étant ouvert. Mais, comme les tubes n'ont qu'un très-petit diamètre, il serait à craindre qu'il ne restât de l'air dans l'appareil, circonstance qui l'empêcherait de marcher et qui pourrait produire de graves accidents. On opère généralement le remplissage au moyen d'une pompe foulante, qui sert à essayer l'appareil sous une pression d'au moins 200 atmosphères. On introduit longtemps, par le tube d'expansion ou par le tube à air, de l'eau qui sort par celui des deux orifices qui reste ouvert.

1757. Lorsque la partie du circuit qui descend du sommet de la colonne ascendante renferme plusieurs branches, l'eau circule simultanément dans toutes, comme nous l'avons déjà remarqué plusieurs fois, et tous les calorifères partiels sont chauffés. On a essayé différentes dispositions pour arrêter le mouvement de l'eau dans un ou plusieurs de ces tuyaux, mais on n'a rien obtenu de satisfaisant. Dans tous ces appareils on chauffe toujours tous les embranchements.

1758. *Fourneaux*. — On a reconnu par expérience que la longueur des tubes renfermés dans le foyer devait être à peu près un sixième de la longueur totale du circuit. Il y a des fourneaux dans lesquels la grille du foyer est formée par des tubes de circulation, comme dans la figure 457. Les figures 462 et 463 représentent le fourneau employé dans les calorifères du Musée Britannique. La première est une coupe verticale, et la seconde une coupe horizontale. Le foyer est alimenté par la partie supérieure; l'air brûlé parcourt un canal qui fait le tour du foyer et dans lequel circulent les tubes.

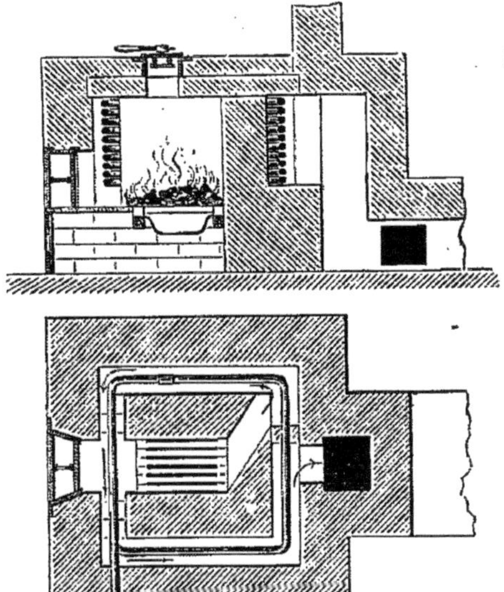

Fig. 462 *et* 463.

1759. Dans les appareils qui existent en Angleterre, la température des tuyaux, à la partie supérieure du circuit, est ordinairement de 300 à 400° Fahrenheit, à peu près de 150 à 200° centigrades; à la partie inférieure de la colonne descendante, près du foyer, elle n'est que de 60 à 70° centigr. Ces températures correspondent à des pressions de 4 à 15 atmosphères seulement. Mais, comme dans le foyer les tubes sont portés au rouge, les pressions intérieures peuvent devenir beaucoup plus considérables; si l'eau atteignait la température du rouge obscur, qui correspond à peu près à 500°, la pression s'élèverait à plus de 500 atmosphères.

1760. Malgré tous les soins apportés dans la fabrication des appareils et les essais sous des pressions incomparablement supérieures à celles qu'ils supportent habituellement, il paraît qu'ils perdent toujours un peu; car, d'après les renseignements recueillis près de M. Perkins lui-même, il faut ajouter, tous les huit ou dix jours, à peu près un demi-litre d'eau dans les grands appareils. On ne sait pas d'où proviennent ces pertes, car on n'aperçoit aucune fuite.

1761. On ne donne jamais aux tubes un développement total qui excède 150 à 200^m, afin que la circulation s'établisse convenablement, à moins qu'il n'y ait plusieurs embranchements et que la hauteur de l'appareil ne soit considérable. Dans le Musée Britannique, toutes les circulations sont simples; mais un fourneau sert pour deux appareils. En 1842, il y avait 18 fourneaux et 36 circuits, qui ont coûté 90,000 francs.

1762. En Angleterre, on compte 2 pieds de longueur de tuyaux pour chauffer 100 pieds cubes de capacité, ce qui revient à peu près à 1 mètre carré pour 80 mètres cubes.

Je reviendrai sur les différents modes de chauffage de l'air, quand il sera question du chauffage et de la ventilation des lieux habités.

LIVRE XII.

CHAUFFAGE DES LIQUIDES.

1763. Les liquides peuvent être échauffés de différentes manières :
1° par l'action directe d'un foyer; 2° par la vapeur; 3° par circulation; 4° par échange de température avec d'autres liquides. J'examinerai successivement ces différents modes de chauffage, ensuite le chauffage de l'eau des bains, les appareils de lessivage et les appareils d'économie domestique. Dans le dernier chapitre, je parlerai de quelques appareils qui, à la rigueur, auraient pu être placés dans le livre suivant; mais il m'a paru convenable de grouper dans le même livre tous les appareils servant à la préparation des aliments.

CHAPITRE PREMIER.

CHAUFFAGE DIRECT DES LIQUIDES.

1764. Nous rappellerons d'abord quelques principes que nous avons déjà énoncés. Lorsqu'un liquide est renfermé dans un vase, on peut l'échauffer directement, en le plaçant sur un foyer et en faisant circuler la fumée autour des parois du vase. Si la circulation avait lieu seulement autour des parois et au-dessus du vase, l'échauffement se ferait avec une très-grande difficulté; car les liquides sont très-mauvais conducteurs de la chaleur, et ne s'échauffent réellement que par les mouvements que la chaleur y produit. Quand la chaleur est appliquée à la partie inférieure du vase, les couches liquides qui sont immédiatement en contact avec le fond, et qui s'échauffent directement, deviennent spécifiquement plus légères que celles qui sont au-dessus, s'élèvent et sont remplacées par d'autres, qui, après s'être échauffées, s'élèvent à leur tour. Il en est évidemment de l'échauffement des liquides comme de la vaporisation : la capacité des vases n'a aucune influence sur l'emploi utile du combustible; c'est uniquement la surface de la chaudière qui transmet la chaleur; par conséquent, cet élément est le seul qui doive être calculé de manière à enlever à l'air chaud la plus grande quantité possible de chaleur.

1765. Pour déterminer l'étendue de la surface de chauffe, on peut se servir des mêmes données que pour la vaporisation, c'est-à-dire, estimer que la quantité de chaleur que transmet un mètre carré de surface est équivalente à celle qui vaporiserait de 15 à 30 kilogr. d'eau par heure. A la vérité, dans le cas dont il s'agit, si la température que doit acquérir le liquide était de beaucoup au-dessous de 100°, la quantité de chaleur qui passerait à travers une même étendue de la surface de la chaudière serait plus grande que si cette chaleur devait être employée à la vaporisation; car nous avons vu que la chaleur qui traverse le métal augmente avec la différence entre la température moyenne de l'air chaud et celle du liquide; mais l'accroissement de cette différence est peu considérable, et, d'ailleurs, il vaut mieux avoir un excès de surface. Ainsi on prendra 1 mètre carré de surface de chauffe pour 3 à 5 kilogr. de houille ou 6 à 10 kilogr. de bois à brûler par heure.

1766. La surface de la grille, la section des carneaux et celle de la cheminée se calculeront comme pour les chaudières à vapeur.

1767. Quand le liquide que l'on doit échauffer est volatil, il est important de fermer exactement la chaudière, ou du moins de la couvrir de manière que l'air qui est au-dessus du liquide ne se renouvelle pas facilement, parce que, l'évaporation qui aurait lieu absorbant une grande quantité de chaleur, l'effet utile du combustible serait diminué, et l'échauffement serait retardé. Il pourrait même arriver, si l'étendue de la surface du liquide était très-grande, relativement à la quantité de combustible brûlée dans le foyer, que la température du liquide ne pût pas dépasser une certaine limite.

1768. Tous les appareils que nous avons indiqués pour la vaporisation peuvent servir à l'échauffement des liquides; mais on emploie toujours, pour ce dernier objet, les appareils les plus simples.

1769. Il est important de remarquer que, dans le chauffage des liquides, on peut utiliser presque complétement la chaleur dégagée, en produisant le tirage par la chaleur avant ou pendant la chauffe, ou par une action mécanique. Mais, dans presque tous les cas particuliers, il y a des conditions particulières à remplir, qui ne permettent pas d'employer les moyens de chauffage les plus économiques.

1770. Les figures 464 et 465 représentent deux coupes verticales d'une chaudière destinée à chauffer de l'eau, et dans laquelle les principes précédents sont mis à profit.

1771. On employait autrefois, pour le même objet, de grands cuviers renfermant un foyer intérieur dont la porte était percée dans la face

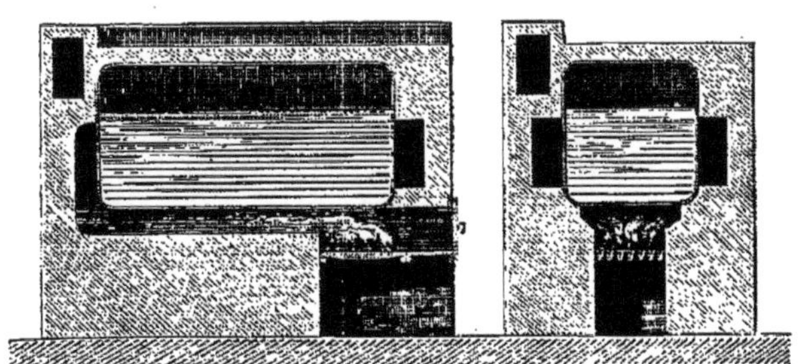

Fig. 464.   Fig. 465.

du cuvier ; la fumée s'élevait d'abord jusqu'au niveau de l'eau, et redescendait pour s'élever de nouveau et gagner la cheminée. Cette disposition n'a réellement aucun avantage; il est très-difficile de rendre étanches les joints de l'embrasure de la porte avec les douves du cuvier; aussi ce mode de chauffage est abandonné, malgré l'économie des frais de premier établissement qu'il permet de réaliser. Ce système, mais avec des cuviers en cuivre, est cependant encore employé dans de petits établissements de bains.

1772. Dans les établissements des bains Vigier, situés sur la Seine, M. Darcet avait établi un système de chauffage de l'eau, dans lequel la totalité de la chaleur produite par la combustion était utilisée. L'appareil se composait d'une chaudière rectangulaire en tôle, à deux foyers, chauffée en dessous, et traversée par des tuyaux parcourus par l'air brûlé, qui s'élevait ensuite dans deux cheminées verticales en tôle communiquant à volonté avec un système de petits tuyaux horizontaux placés dans le réservoir d'eau froide; à l'autre extrémité, ces petits tuyaux se rendaient dans une caisse fermée, communiquant avec le centre d'un ventilateur à force centrifuge; celui-ci était mis en mouvement par un ouvrier, et produisait le tirage nécessaire à la combustion, quand on faisait passer l'air brûlé à travers les tuyaux placés dans le réservoir d'eau froide. La figure 466 représente une élévation des deux cheminées et une coupe verticale, dans le sens de la longueur du reste de l'appareil; et la figure 467, une coupe transversale du réservoir d'eau froide. Ce dernier avait 20^m de longueur, $1^m 30$ de largeur, et $1^m 20$ de hauteur; les tuyaux, au nombre de douze, avaient $0^m 10$ de diamètre.

1773. Dans une expérience faite avec beaucoup de soin, on a brûlé en deux heures 0,53 stères de bois pelard pesant 200 kilogr.; on a élevé de 58° 75 la température de 7180^k d'eau que renfermait la

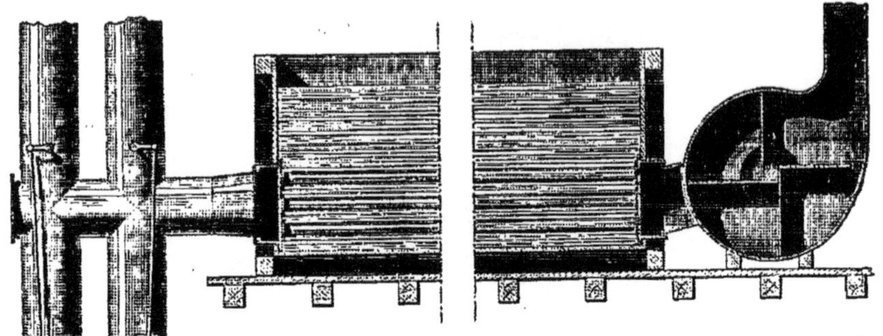

Fig. 466.

chaudière, et de 8° 75 la température de celle que contenait le réservoir, qui avait un volume triple. Cet effet est équivalent à 7180^k d'eau élevée à 85°, ou à 20343^k d'eau chauffée de 30°, ou à 72 bains. Le prix du bois consommé étant de $0,53 \times 17,50 = 9_f 27$, le prix de revient de chaque bain est de $\frac{9,27}{72} = 0^f 13$. On voit, d'après les détails que nous venons de donner, que, par l'emploi du ventilateur, l'effet utile a augmenté dans le rapport de 59 à 85. La disposition du fourneau n'était pas bonne;

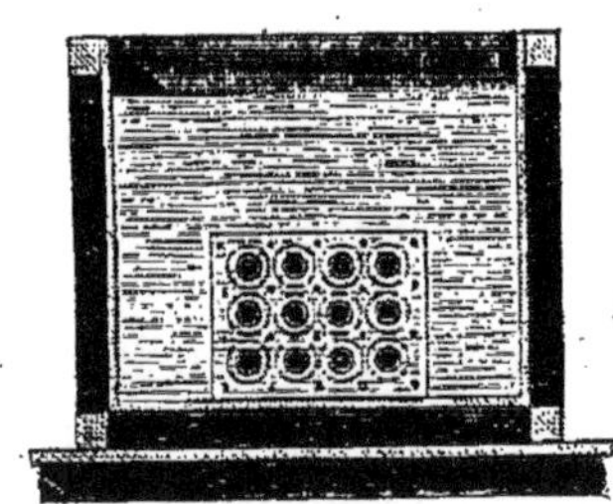

Fig. 467.

les foyers étaient trop petits, ainsi que les carneaux qui les suivaient : il en résultait que la flamme s'éteignait très-vite, et qu'il se produisait beaucoup de fumée; aussi les tuyaux qui traversent le réservoir d'eau froide étaient-ils promptement obstrués par une suie gluante, difficile à enlever. La surface de chauffe était suffisante, car elle était de 18^{mq} 60 pour 100^k de bois brûlé par heure, et par conséquent chaque mètre carré correspondait à $\frac{100}{18,60} = 5^k 3$ de bois; mais toute la partie de la surface de chauffe inférieure des chaudières ne produisait que très-peu d'effet. La section de la cheminée était de dimension convenable.

1774. On trouve dans quelques établissements de bains une disposition simple, qui produit beaucoup d'effet utile. Elle est représentée dans les figures 468 et 469.

L'appareil se compose d'une chaudière cylindrique horizontale, réunie, par une de ses extrémités, à une autre chaudière verticale de

3^m de hauteur, celle-ci renfermant neuf tubes verticaux en cuivre, fixés de la même manière que les tubes des chaudières des locomotives, et ouverts par les deux bouts. La maçonnerie est disposée de telle sorte que l'air brûlé entoure les deux parties de la chaudière, et qu'il puisse s'élever simultanément par les tubes intérieurs. A l'extrémité supérieure de la chaudière se trouve un entonnoir renversé en tôle, destiné à conduire l'air brûlé dans la cheminée; on l'enlève pour nettoyer les carneaux. Un réser-

Fig. 469.   Fig. 468.

voir placé à côté contient de l'eau qui est chauffée par circulation. L'appareil renferme 16^{mq} de surface de chauffe, et peut consommer 10^{kil} de houille à l'heure ; l'air brûlé s'échappe à la partie supérieure, à une température de 50 à 60° ; le tirage est très-bon, même quand le cône qui surmonte le fourneau est enlevé. Cette disposition, sous le rapport du faible espace occupé, de la simplicité de l'appareil et de l'effet utile produit, est supérieure aux autres.

CHAPITRE II.

CHAUFFAGE PAR LA VAPEUR.

1775. Un liquide peut être chauffé, au moyen de la vapeur d'eau, par deux procédés différents : 1° par la condensation de la vapeur dans le liquide lui-même; 2° par la circulation de la vapeur dans un serpentin, ou dans tout autre appareil analogue, plongé dans le liquide.

1776. *Échauffement d'un liquide par la condensation directe de la vapeur.* — Ce mode de chauffage n'est évidemment applicable que quand la condensation de la vapeur d'eau ne peut pas nuire à l'opération ; il est principalement employé pour les cuves de teinture, les cuves à papier, les bains, etc.

1777. Le calcul de la quantité de vapeur à fournir dans un temps donné, des dimensions de la chaudière, des tuyaux à vapeur et de tous les éléments des fourneaux, ne présente aucune difficulté. Supposons, par exemple, qu'il s'agisse, avec de la vapeur à 5^{at}, d'amener à l'ébullition dans une heure, et successivement, une série de cuves de teinture, contenant chacune 1000 litres d'eau à 15°. Lorsque l'ébullition sera déterminée, chaque kilogramme de vapeur condensée aura réellement fourni au liquide à chauffer 652,94 — 100 = 552,94 unités de chaleur, puisque l'eau provenant de la condensation reste dans le liquide. Ainsi la quantité de vapeur à fournir par heure sera de $\frac{1000.85}{552,94} = 153^k 7$.

1778. Le chauffage par la vapeur présente, dans les teintureries et les papeteries, un très-grand avantage sur le chauffage direct : 1° parce que chaque cuve, devant être chauffée séparément, exigeait, dans l'ancien système, un foyer à part, tandis que, dans le nouveau, un seul suffit pour toutes, quelque nombreuses qu'elles soient ; ce qui produit une très-grande économie de combustible, car la perte de chaleur par les parois des fourneaux augmente avec leur nombre ; 2° parce que l'on n'a point à craindre dans le chauffage par la vapeur, comme dans le chauffage direct, l'altération des matières qui se déposent au fond des chaudières ; 3° parce que l'on peut avec une très-grande facilité, et par le seul mouvement d'un robinet, commencer, suspendre le chauffage, et maintenir le liquide à une température sensiblement constante ; 4° parce qu'enfin les cuves peuvent être en bois, et disposées arbitrairement dans toutes les parties de l'atelier.

1779. La disposition le plus généralement employée dans le chauffage par la vapeur consiste en un tube vertical plongeant au fond de la cuve, ouvert par le bas, et communiquant, par sa partie supérieure, avec une chaudière à vapeur. Mais pour éviter le bruit que les condensations subites de la vapeur occasionnent par cette disposition, ainsi que les grandes oscillations de l'eau dans le tube, qui, dans certaines circonstances, pourraient la faire remonter jusque dans le générateur, on place au fond des cuves un tube en cuivre, contourné suivant la forme des appareils, et dont les parties latérales sont percées d'un grand nombre de petits trous très-capillaires ; ce tube communique extérieurement avec un autre, qui amène la vapeur du générateur, et qui est garni d'un robinet et ordinairement d'une petite soupape à air,

destinée à s'opposer au mouvement de l'eau de la cuve vers le générateur.

Les figures 470 et 471 représentent la disposition la plus ordinaire.

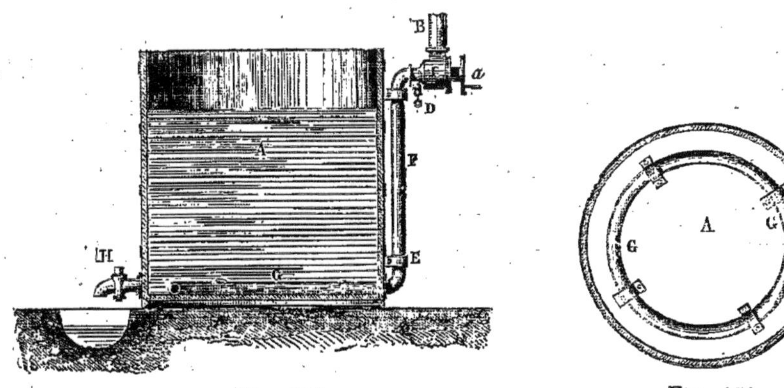

Fig. 470. Fig. 471.

A, cuve circulaire; B, tuyau communiquant avec le générateur; C, robinet à clapet, se fermant à l'aide de la manivelle a; D, soupape à air;
EF, tuyau latéral communiquant avec le tuyau intérieur GG, fermé
par le bout, mais percé à sa partie inférieure, et un peu de côté, d'un
grand nombre de trous capillaires; H, robinet de vidange. Une disposition analogue est appliquée aux cuves rectangulaires destinées à
passer des étoffes à la teinture.

1780. On place à l'extérieur des cuves le tube qui amène la vapeur
dans les tubes de dégagement; d'abord, parce que, s'il était placé dans
l'intérieur, il embarrasserait pendant les opérations; en second lieu,
parce que la vapeur qui se condenserait dans ce tube réchaufferait
plus la partie du liquide environnante que le reste de la masse et
cette inégalité pourrait avoir des inconvénients dans quelques circonstances. On a remarqué que les trous de sortie de la vapeur gran-
dissaient de près des deux tiers en deux ans : on a essayé de les remplacer par des fentes très-étroites; mais la pression de la vapeur
écartait les bords, et les tuyaux étaient promptement hors de service.

1781. *Chauffage des liquides à la vapeur par un contact indirect.*
— Ce mode de chauffage consiste à faire arriver la vapeur dans un serpentin ou un appareil équivalent, plongé dans le liquide que l'on veut
chauffer, ou dans une enveloppe extérieure. Les appareils sont exactement les mêmes que ceux que nous avons décrits en parlant de l'évaporation par le chauffage à vapeur. La seule différence consiste en ce
qu'on doit éviter les courants d'air en dessus, afin d'éviter l'évaporation

et la perte de chaleur qu'elle occasionnerait. Lorsque le liquide doit être amené à 100°, et à plus forte raison à une température supérieure, la vapeur doit être employée à haute pression. Du reste, tous les calculs que nous avons faits pour l'évaporation sont applicables au simple chauffage ; il faut seulement, pour déterminer la quantité de chaleur à fournir dans un temps donné, multiplier la chaleur spécifique du liquide par son poids et par l'accroissement de sa température.

On calculerait les surfaces de chauffe, en admettant que la quantité de vapeur condensée par mètre carré et par heure, pour une différence de température de 1°, est de 5^k à 7^k, si l'appareil de condensation est un serpentin, et seulement de 1^k à 3^k, si l'appareil n'est pas disposé de manière à expulser complétement l'air. Quelle que soit la disposition de l'appareil, il serait avantageux de maintenir la pression dans le condensateur, au moyen de la disposition indiquée (1397).

CHAPITRE III.

CHAUFFAGE PAR CIRCULATION.

1782. Ce mode de chauffage est représenté dans la figure 472. La chaudière est placée à côté de la cuve à chauffer, mais elle pourrait en être plus ou moins éloignée ; les parties supérieures et inférieures des deux vases communiquent par des tubes garnis de robinets. La circulation s'effectue comme dans les calorifères à eau chaude. Plusieurs cuves pourraient évidemment être chauffées par la même chaudière, et des robinets permettraient de régler les courants partiels qui les parcourent.

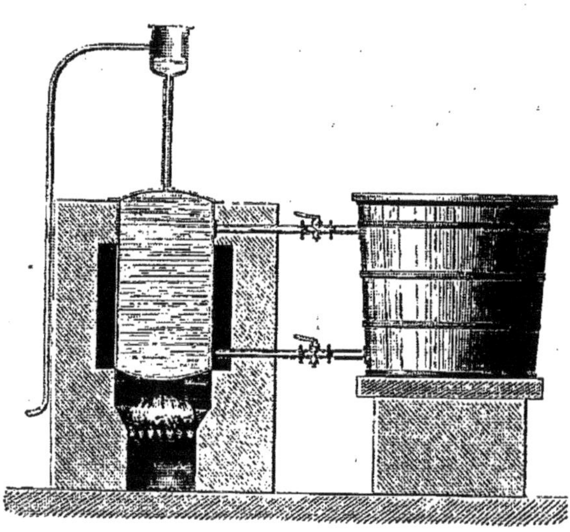

Fig. 472.

1783. On peut aussi chauffer un liquide par la circulation d'un autre liquide, comme on le voit dans la figure 473. L'appareil se compose de plusieurs cuves renfermant chacune un serpentin dont les extrémités communiquent, par le haut et par le bas, avec deux tuyaux aboutissant , l'un à la partie supérieure, et l'autre à la partie inférieure de la chaudière , dans laquelle on échauffe l'eau qui doit transmettre sa chaleur aux liquides renfermés dans les cuves.

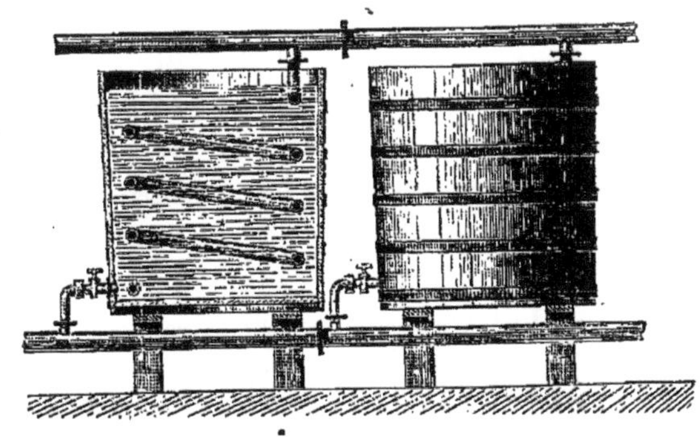

Fig. 473.

CHAPITRE IV.

CHAUFFAGE D'UN LIQUIDE PAR ÉCHANGE DE TEMPÉRATURE AVEC UN AUTRE LIQUIDE.

1784. Ce mode de chauffage peut présenter des avantages dans quelques industries, parce qu'il permet souvent d'utiliser la chaleur de liquides devenus inutiles et qu'on abandonne à une température assez élevée, et celle qui est produite par le refroidissement des liquides dont la température doit nécessairement être abaissée.

1785. Deux liquides à des températures différentes, renfermés dans le même vase, mais séparés par des cloisons métalliques, prennent la même température après une action suffisamment prolongée. Si on désigne par P, c et t le poids, la capacité calorifique et la température du premier, par P', c' et t' les quantités analogues pour le second, et par θ la température finale commune, en négligeant la perte de chaleur par les surfaces libres des liquides et du vase, la chaleur renfermée dans les liquides n'aura pas changé, et on aura

$$P c t + P' c' t' = \theta (P c + P' c') \quad ; \text{d'où} \quad \theta = \frac{P c t + P' c' t'}{P c + P' c'} \cdot$$

1786. Il en serait de même, si les liquides, n'ayant point d'action chimique l'un sur l'autre, étaient mêlés. En supposant que les liquides soient les mêmes, $c = c'$, et on aura $0 = \frac{Pt + P't'}{P + P'}$; si les deux poids sont égaux, on a $0 = \frac{t + t'}{2}$; et il est facile de voir que la chaleur étant toujours répartie entre les deux liquides en raison de leur poids et de leurs capacités calorifiques, la chaleur de l'un ne pourra jamais passer complétement dans l'autre. Mais il n'en est plus ainsi quand les deux liquides se meuvent en sens contraire, en restant en contact avec une même paroi métallique.

1787. Considérons deux vases renfermant l'un de l'eau à 100°, l'autre de l'eau à la température ordinaire ; supposons que le liquide du premier s'écoule par un long tube d'un petit diamètre, et que celui du second s'écoule par un tube environnant le premier, mais en sens contraire ; supposons encore que les orifices d'écoulement soient pourvus chacun d'un robinet destiné à rendre égaux les volumes de liquide écoulés dans le même temps, et qu'enfin le tube enveloppant soit recouvert d'une matière conduisant mal la chaleur, de manière à pouvoir négliger la chaleur perdue par sa surface. Il est évident que, si les sections des tuyaux d'écoulement ne sont pas trop grandes, et si leur longueur est suffisante, on pourra toujours régler les vitesses d'écoulement de manière à ce qu'il y ait échange complet de température ; car le liquide qui s'échauffe rencontre toujours, dans son mouvement, le liquide chaud à une température plus élevée. Il est nécessaire que les tuyaux d'écoulement n'aient qu'une petite section, afin qu'il n'y ait qu'une faible différence dans les températures des divers points des tranches transversales.

1788. Si les deux liquides ont des capacités calorifiques différentes, pour qu'il y ait échange complet de température, leurs poids doivent être en raison inverse de leurs capacités calorifiques. Si la valeur de $P'c'$ du liquide qui s'échauffe était plus grande que celle de Pc du liquide qui se refroidit, le refroidissement serait encore complet, mais la température acquise par le liquide qui s'échauffe serait inférieure à celle du liquide chaud. Si le contraire avait lieu, il est évident que le refroidissement du liquide chaud ne serait pas complet.

Les principes que nous venons d'énoncer sont connus depuis très-longtemps. Il paraît que la première application en a été faite par Nickols, dans la disposition d'un réfrigérant destiné aux brasseries, et qui est antérieure à 1824.

1789. Au lieu de faire écouler les liquides en sens contraire, par des tuyaux concentriques ou des dispositions équivalentes, on pourrait faire écouler le liquide chaud par une série de vases renfermant des serpentins qui seraient parcourus en sens contraire par le liquide à échauffer ; dans chaque vase, les deux liquides prendraient sensiblement la même température ; l'échange de chaleur ne serait jamais complet, mais il en approcherait d'autant plus que le nombre des vases serait plus considérable. Cette méthode aurait cet avantage que les dépôts que pourrait former le liquide chaud ne gêneraient en rien la circulation, et qu'ils pourraient être facilement enlevés. Supposons, par exemple, que les deux liquides aient sensiblement la même capacité calorifique, que T soit la température de l'eau chaude, t la température de l'eau froide, et que les volumes des deux liquides, écoulés dans le même temps, soient égaux. S'il n'y a qu'un vase, la température des deux liquides sera

$$\frac{T+t}{2}.$$

1790. S'il y a 2 vases, désignons par T, T′, T″, les températures de l'eau chaude à son entrée dans le premier vase, dans le second et à sa sortie ; par $t, t′, t″$, les températures de l'eau froide à son entrée dans le second vase, dans le premier et à sa sortie. On aura évidemment :

$$t'' = \frac{T+t'}{2} \; ; \; t' = \frac{T'+t}{2} \; ; \; T' = t'' \; ; \; T'' = t' \; ; \text{ d'où } t'' = \frac{2T+t}{3},$$

S'il y avait 3 vases, on aurait de même :

$$t''' = \frac{T+t''}{2} \; ; \; t'' = \frac{T'+t'}{2} \; ; \; t' = \frac{T''+t}{2} \; ; \; t''' = T' \; ; \; t'' = T'' \; ; \; t' = T''' \; ;$$

d'où

$$t''' = \frac{3T+t}{4}.$$

1791. On trouverait de même que pour 4, 5, 6,... 10 vases, la température de sortie de l'eau échauffée serait de

$$\frac{4T+t}{5} \; ; \; \frac{5T+t}{6} \; ; \; \frac{6T+t}{7} \;\dots\dots\dots\; \frac{10T+t}{11}.$$

En supposant T = 70°, t = 15, pour

| 1, | 2, | 3, | 4, | 5, | 6,... | 10 |

vases, les températures de sortie de l'eau échauffée seraient de

42°50 ; 51°6 ; 56°25 ; 59°00 ; 60°83 ; 62°00 ;... 65°.

1792. Quand les appareils sont destinés à produire un échange de chaleur entre deux liquides qui ne produisent pas de dépôts pendant leurs mouvements, ils peuvent être disposés d'un grand nombre de manières différentes ; les plus avantageuses seraient celles dans lesquelles il y aurait le moins de joints, où les mouvements provenant des variations de température pourraient s'effectuer librement. Si la circulation avait lieu verticalement, il faudrait garnir les points culminants de petits tuyaux pour le dégagement de l'air. Il est impossible de déterminer d'avance l'étendue que doivent avoir les surfaces de transmission, pour que l'échange de température entre deux masses liquides connues à des températures également connues ait lieu dans un temps donné ; les phénomènes sont trop compliqués, non-seulement pour être calculés, mais seulement assimilés à ceux qui se produisent dans le chauffage des liquides par la vapeur ; mais la durée de l'échange n'est jamais une condition bien importante, pourvu qu'elle ne dépasse pas une certaine limite, qui d'ailleurs peut être prévue par des expériences faites sur une petite échelle.

1793. Dans les brasseries, le moût, après sa cuisson, doit être promptement refroidi. Cette opération s'exécute souvent en le plaçant dans des cuves en bois ou en métal, d'une grande surface, où le liquide n'occupe qu'une petite hauteur, comprise entre $0^m 10$ et $0^m 20$; le refroidissement provient de l'évaporation, du rayonnement et de l'échauffement de l'air. Pour activer le refroidissement, on se sert aussi d'un courant d'eau froide, en perdant la chaleur qu'elle acquiert. On emploie souvent maintenant des réfrigérants à eau, disposés de manière à produire un échange de température qui permette d'employer utilement l'eau échauffée. Je ne parlerai que de ces derniers appareils ; les autres ne seront examinés que quand il sera question du refroidissement.

1794. Le plus ancien appareil est celui de Nickols ; il est formé de trois tuyaux concentriques. Le moût passe entre le plus extérieur et le suivant, l'eau entre celui-ci et le plus intérieur. Il est très-efficace ; mais il tient beaucoup de place, et ne peut pas facilement être nettoyé.

1795. Les figures 474 et 475 représentent, la première une coupe verticale, la seconde une coupe horizontale d'un réfrigérant de MM. Schiers et Son, qui était, il y a dix ans, répandu dans les brasseries anglaises. $a, a, a,\ldots$ sont des canaux fermés en dessus et en dessous, qu'un des deux liquides parcourt successivement dans le sens indiqué par les flèches. Les canaux rectangulaires $b, b, b,$ qui séparent les premiers, sont fermés latéralement et parcourus par l'autre liquide, mais dans un sens perpendiculaire au premier mouvement, de sorte que dans le premier circuit les vitesses sont horizontales et successivement en sens contraire, tandis que dans le second les vitesses sont verticales et

successivement de bas en haut et de haut en bas. L'enveloppe ex-
térieure est en fonte, les cloisons intérieu-res en cuivre étamé. B représente l'entrée du moût, A sa sortie, C l'entrée de l'eau froide, D sa sortie. h, h,.... appendices qui établissent les communications des canaux horizontaux; e, e, tubes pour l'écoulement de l'air par la partie supérieure des canaux verticaux. Un appareil qui a 1^m55 de largeur, $2^m 80$ de longueur, et $0^m 84$ de

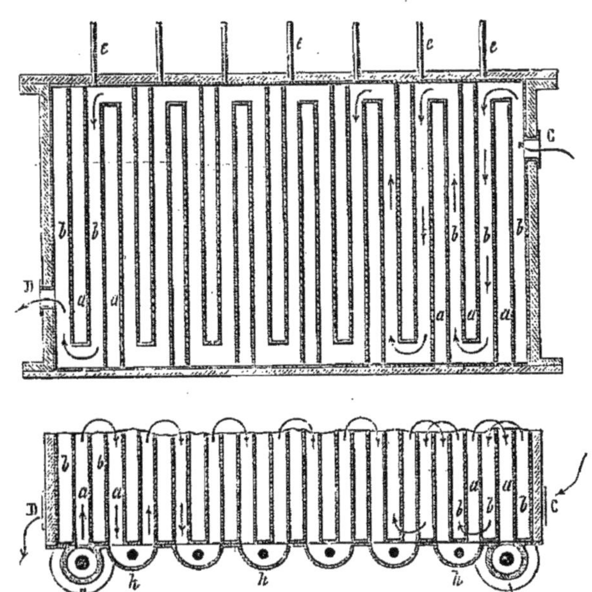

Fig. 474 et 475.

hauteur, renferme 80 mètres carrés de surfaces de refroidissement. D'après M. Lacambre, qui en avait fait établir un dans la grande bras-serie de Louvain, on a refroidi en 2 heures à 22°, 120 hectolitres de moût bouillant, avec 200 hectolitres d'eau froide qui a été portée à 65°. Cet appareil a l'avantage de réunir une grande surface de chauffe dans un petit volume; mais il est difficile à nettoyer, car pour faire cette opération il faut démonter les pièces h,h,h, ce qui exige beaucoup de temps et de soins.

1796. Les figures 476, 477, représentent une coupe verticale et

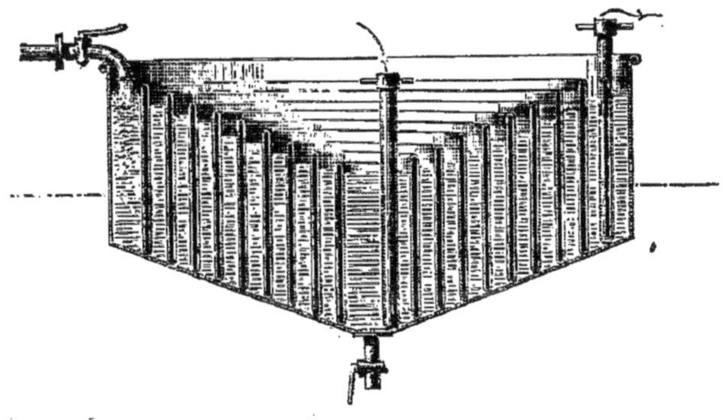

Fig. 476.

une coupe horizontale d'un appareil employé dans les brasseries anglaises, qui n'offre pas l'inconvénient que je viens de signaler. Il se compose d'un serpentin courbé en spirale, à section rectangulaire allongée, placé dans un vase en cuivre ; le serpentin est parcouru par l'eau, et les intervalles des spires par le moût, mais en sens contraire. Pour se servir de cet appareil, on règle les robinets d'entrée et de sortie du moût, de manière qu'il remplisse les intervalles des spires du serpentin. Cet appareil peut se nettoyer facilement sans rien déranger et le serpentin pourrait même facilement être enlevé ; il est d'ailleurs beaucoup plus simple que le précédent, et lui est bien préférable.

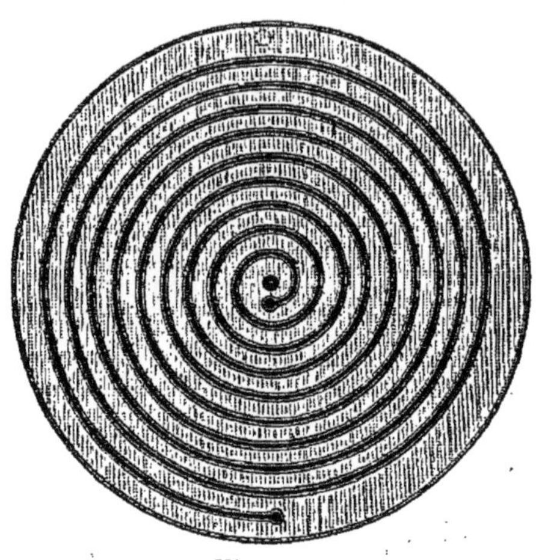

Fig. 477.

1797. L'ouvrage de M. Lacambre sur la fabrication des bières, auquel nous avons emprunté les détails qui précèdent, renferme encore la description d'un autre appareil qui existe dans plusieurs brasseries anglaises et notamment dans celle de Windsor, la plus remarquable. La figure 478 représente le plan de l'appareil. $a\,a\,a\,a$, réservoir en

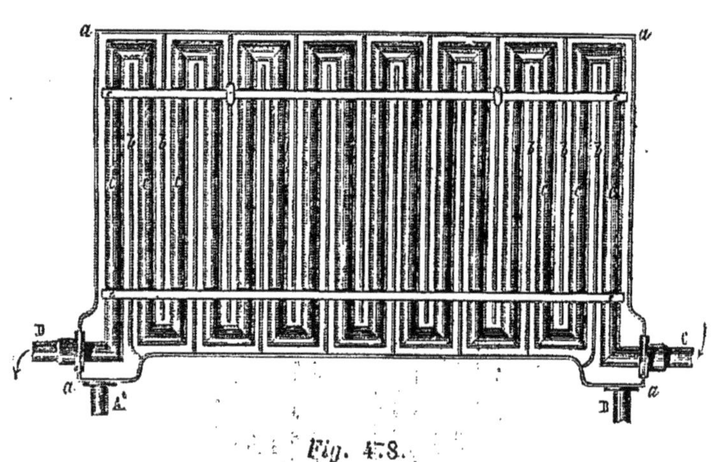

Fig. 478.

cuivre, garni de chicanes verticales b, b, destinées à obliger le moût à suivre les contours du serpentin c. A et B, entrée et sortie du moût ; C et D, entrée et sortie de l'eau. Le serpentin est composé, tantôt de tuyaux cylindriques, tantôt d'un seul tuyau aplati, à section rectangulaire. En démontant les extrémités C et D, il est facile de faire sortir le serpentin *c* de la caisse dans laquelle il est logé.

1798. La figure 479 représente une coupe verticale de l'appareil ima-

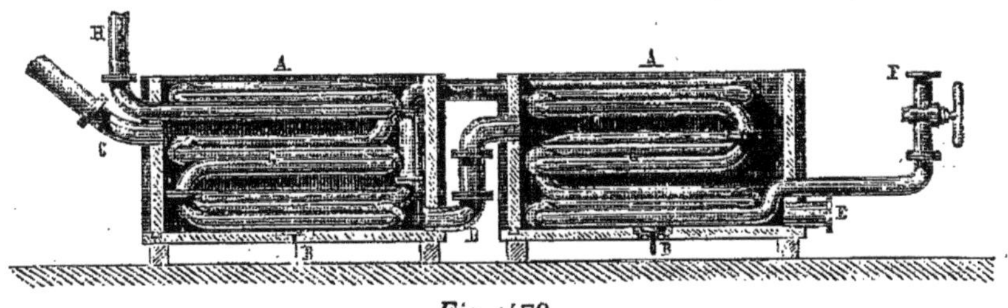

Fig. 479.

giné par M. Pimont de Rouen, et qu'il a appliqué aux bains de teinture épuisés. A, A, cuves rectangulaires en bois épais, placées sur une même ligne; B, B, soupapes pour l'écoulement des eaux refroidies; C, tuyau d'arrivée des eaux des bains épuisés dans la première cuve; D, tuyau qui conduit ces eaux de la partie inférieure de chaque cuve à une certaine hauteur dans la suivante; E, tuyau d'écoulement des eaux des bains à l'extérieur, lorsqu'elles ont été refroidies; F, tuyau d'arrivée de l'eau froide; G, G, serpentins à trois étages, placés dans les cuves, et qui sont parcourus successivement par l'eau pure; H, tuyau d'écoulement de l'eau pure échauffée. L'appareil complet renferme jusqu'à 120 mètres carrés de surface de cuivre. Les effets produits ont été constatés par plusieurs séries d'expériences faites par différents fabricants. D'après une de ces séries, la température moyenne des eaux de bains épuisés était de 58°, celle de l'eau échauffée de 53°. Dans une journée de travail de 11 heures, l'appareil avait reçu les eaux de 70 cuves renfermant chacune de $0^{mc}750$ à $0^{mc}800$, c'est-à-dire de $56^{mc}00$ à $42^{mc}50$, et le volume d'eau chaude fourni était de $43^{mc}200$. Dans une autre série, la température moyenne des eaux sales était de 56°, celle de l'eau échauffée de 48°; le volume des eaux sales écoulées par jour était de $40^{mc}00$, et celui de l'eau froide était de 37^{mc}. Dans une autre expérience, qui a duré une heure, l'appareil a reçu $3^{mc}10$ d'eau sale à 66°, et a rendu $3^{mc}33$ d'eau propre à 50°; on reprenait ainsi environ les 8/10 de la chaleur.

1799. *Observations sur les différents appareils décrits.*—L'appareil de Nickols, le plus ancien de tous, que je n'ai fait qu'indiquer, serait certainement le meilleur pour produire l'échange de température, si ses dimensions étaient convenables et si sa surface extérieure était couverte d'une matière conduisant mal la chaleur ; mais sa trop grande longueur, et surtout la difficulté du nettoyage, le placent sous le rapport industriel au-dessous des autres, du moins quand les eaux chaudes forment des dépôts.

1800. L'appareil de MM. Schiers et Son a l'avantage d'occuper peu de place ; les surfaces de refroidissement sont bien utilisées, car les 80^{mq} de surfaces de transmission suffisent au refroidissement de 6^{mc} de moût par heure, de 100° à 22° ; mais il a le grand inconvénient de la difficulté du nettoyage.

1801. Les dispositions indiquées par les figures 474, 475, 476, 477, ont l'inconvénient de placer le courant d'eau à chauffer entre deux courants qui marchent en sens contraire, mais qui sont nécessairement à des températures différentes, et par conséquent l'effet produit est moindre que si chaque courant élémentaire d'eau chaude était environné de courants d'eau froide particuliers. Dans la disposition indiquée figure 478, chaque courant d'eau froide suit bien un courant d'eau chaude opposé ; mais les courants séparés par une simple cloison métallique, et qui se meuvent en sens contraire, ne s'échauffent pas autant que s'ils étaient rectilignes. Dans la disposition des figures 476 et 477, il faudrait évidemment que les spires fussent séparées par une lame de matière non conductrice, qui diviserait en deux parties égales l'espace intermédiaire. Dans le cas de la figure 478, les cloisons de lames métalliques minces devraient être formées de lames épaisses de matières conduisant mal la chaleur.

1802. L'appareil de M. Pimont occupe beaucoup de place, et les surfaces de transmission ne sont pas bien utilisées, parce que les mouvements en sens contraires n'ont pas lieu d'une manière prononcée, et que les sections des deux circuits sont trop grandes. C'est d'ailleurs ce qui résulte des nombres que nous avons rapportés ; dans l'appareil de MM. Schiers et Son, avec 80 mètres carrés de surfaces de transmission on a refroidi dans une heure 6^{mc} de moût de 100° à 22° ; et par conséquent on a chauffé 5 mètres cubes d'eau à 65° ; tandis que dans les appareils de M. Pimont, l'effet des 120 mètres carrés de surfaces de transmission, serait d'échauffer à peu près à 48°, environ 4 mètres cubes d'eau froide par heure, les eaux chaudes sales étant à 56°. Il est important de remarquer que si l'eau froide était entrée à 15°, par le seul fait de l'égale répartition de la chaleur entre les deux masses égales, supposées de même capacité calorifique, la température commune serait de 35°. A la vérité, dans une série d'expériences faites à Mulhouse, les eaux chaudes sales étant à une température de 67° 54, les eaux propres sous le même volume ont été, en 2 heures 1/2, échauffées à 65° 58, mais les volumes des eaux ont été seulement de 1me 600 et par conséquent de 0me 64 par heure, et il est naturel que l'échange des températures se fasse d'autant mieux que les mouvements sont plus lents.

1803. M. Pimont, quoique son appareil soit bien inférieur à ceux qui produisent un effet analogue dans la fabrication de la bière et dans d'autres industries, a cependant rendu un service réel aux propriétaires d'établissements de teinture en appelant leur attention sur la perte énorme de chaleur résultant de l'abandon des eaux chaudes des bains épuisés, et en leur offrant un appareil qui utilisait cette chaleur.

1804. La disposition qui nous paraîtrait la meilleure pour effectuer l'échange de température entre deux liquides est représentée en coupe verticale et en coupe horizontale dans les figures 480 et 481 ; cette dernière est une coupe par le plan XY de la première. L'appareil se compose d'une série de caisses verticales très-étroites, ayant à peu près 1 centimètre de largeur, ouvertes en dessus et fermées en dessous, et séparées les unes des autres par des intervalles d'égale largeur ; ces caisses communiquent toutes

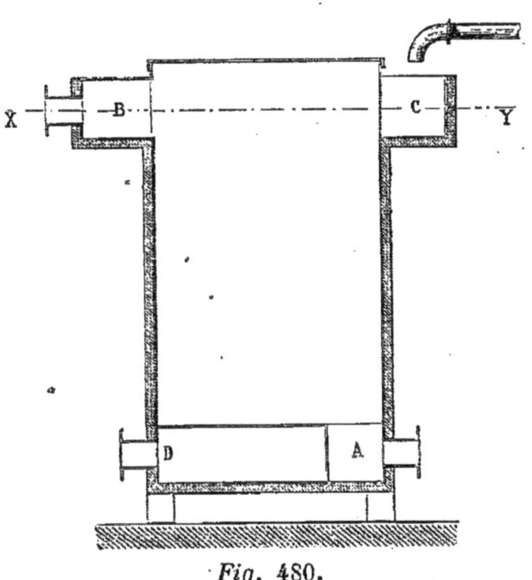

Fig. 480.

par le bas avec une petite caisse A par laquelle arrivent les eaux neuves, et latéralement un peu au-dessous de la partie supérieure avec une caisse B, par laquelle s'écoule le liquide échauffé ; les intervalles communiquent, à la partie supérieure, avec la caisse latérale C par laquelle arrivent les eaux chaudes , qui s'écoulent à la partie inférieure par la tubulure D. On voit d'après cette

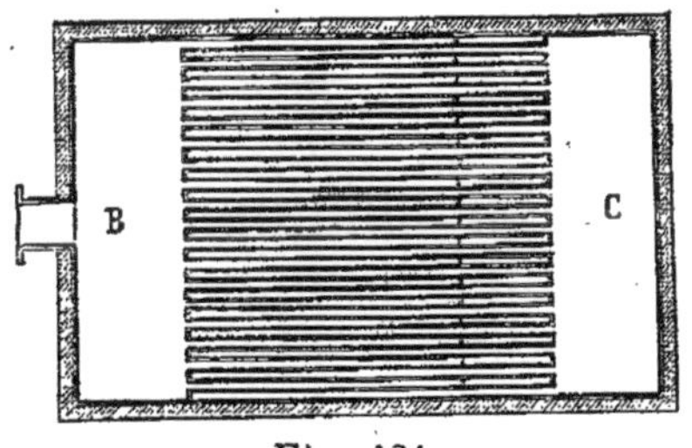

Fig. 481.

disposition qu'en réglant convenablement les écoulements des eaux neuves et des eaux sales, les mouvements de ces liquides ayant lieu en sens contraire dans des canaux très-étroits, on peut obtenir un échange à peu près complet de température, et que les canaux parcourus par les deux liquides peuvent facilement être nettoyés, tous étant ouverts à la partie supérieure. Pour éviter la perte de chaleur par l'évaporation à la partie supérieure, on pourrait fermer l'appareil par un couvercle en bois recouvert d'une lame métallique brillante. Les deux liquides tendront à se mouvoir régulièrement par tranches isothermes; les eaux sales parce qu'elles descendent en se refroidissant, les eaux neuves parce qu'elles s'élèvent en s'échauffant. Cette disposition n'a qu'un inconvénient, celui de ne pas permettre de maintenir une certaine pression dans les eaux neuves qui s'échauffent, à cause de la nécessité de conserver ouverts les canaux parcourus par les deux courants pour permettre le nettoyage; il serait toutefois possible de l'éviter en fermant hermétiquement le couvercle supérieur par un joint qu'on pourrait faire ou défaire promptement.

1805. Les liquides peuvent encore être échauffés par l'immersion des vases qui les renferment dans d'autres vases renfermant les liquides chauffés directement. Ce mode de chauffage qu'on appelle au *bain-marie*, ne présente aucune particularité importante à signaler, j'indiquerai plus loin quelques dispositions de ce genre employées principalement pour la préparation du bouillon.

CHAPITRE V.

CHAUFFAGE DES BAINS.

1806. La quantité de chaleur à produire par heure est facile à calculer dans chaque cas particulier. Le volume d'eau renfermé dans une baignoire est d'environ 280 litres, la température à peu près de 30°. En désignant par t la température de l'eau froide; la quantité de chaleur employée au chauffage de l'eau sera de 280 (30—t). En prenant $t = 12°$ qui représente à peu près la température moyenne annuelle à Paris, la quantité de chaleur absorbée serait de 280°. 18 = 5040; ce qui est à peu près la quantité de chaleur qu'on utilise par la bonne combustion de 1ᵏ de houille. Au prix actuel de ce combustible, la dépense de chauffage varierait de 0ᶠ 03 à 0ᶠ 05.

1807. Voici quelques renseignements sur un des plus grands établis-

sements de bains de Paris non situé sur la Seine. Chaque bain renferme 280 litres d'eau. La température moyenne des bains est de 30°
en hiver et de 28° en été. L'établissement donne par jour 80 à 100
bains en hiver, 180 à 200 en été. Dans une année, on a chauffé 35796
bains pour lesquels on a brûlé 318 voies de bois pélard de 750^k, à
30 francs ; en ajoutant au prix d'achat 445 francs de frais de voi-
ture et de transport, la dépense totale de combustible s'est élevée à
9985 francs, et pour chaque bain à 0^r 28. Depuis on a remplacé le
bois par la houille, dont la voie de 15 hectolitres ras pesant de 1000 à
1200 kilogr. a été payée 58^r 20, et le prix moyen du bain, déduit de la
consommation moyenne de trois années, pour 170000 bains, a été réduit à 0^r 186. Au prix du bois en supposant qu'il contienne 33 pour 100
d'eau, le prix de 1000 unités de chaleur serait de 0^r 015, tandis que
pour la houille la valeur de 1000 calories serait seulement de 0^r 007,
un peu moins de moitié ; si la houille employée avait été de bonne
qualité et si la combustion avait été faite dans de bonnes conditions, le prix d'un bain chauffé à la houille aurait été de 0^r 140.

1808. D'après les renseignements recueillis par M. Darcy, ingénieur en chef des ponts et chaussées (*Rapport de la commission chargée en 1850 d'étudier la question des bains et lavoirs publics*), dans
l'établissement thermal d'Enghien, la dépense moyenne annuelle par
bain, y compris le combustible nécessaire pour élever l'eau à 15 ou
20 mètres de hauteur, a été de 0^r 23 ; c'est la moyenne de 4 années ;
la dépense minimum d'une année a été de 0^r 165. Dans deux autres
établissements situés dans l'intérieur de Paris, la dépense était
seulement de 0^r 125. La différence entre le résultat du calcul et des expériences en grand résulte du chômage pendant lequel la température
de l'eau doit être maintenue constamment au même point. Aux bains
d'Enghien dans les mois de mai, juillet et octobre, les prix de revient du chauffage d'un bain sont 0^r 40 ; 0^r 157; 0^r 363 ; pendant le
premier et le dernier mois il y avait peu de baigneurs, et beaucoup plus
dans le second. A l'hospice de la Salpêtrière, où il n'y a point de chômage, le prix de revient de chaque bain est de 0^r 10; l'excès de prix sur
celui qui résulte du calcul provient de l'interruption forcée du chauffage pendant la nuit. Dans les établissements de Paris, en ajoutant à la
dépense de chauffage le prix de l'eau fournie par la ville, soit 0,05 par
bain, les frais de personnel, le loyer et les impositions, l'entretien du
matériel, un bain revient à 0^r 47.

1809. Une disposition de chaudières qui me paraît convenable
est celle qui a été indiquée (1774). Seulement il serait avantageux

de diviser la chaudière en deux parties ; la partie horizontale fournirait de la vapeur ou de l'eau bouillante, et la partie verticale servirait à échauffer l'eau froide du réservoir. Beaucoup d'autres combinaisons pourraient être employées pour abandonner l'air brûlé à une
température peu élevée en produisant le tirage avant ou pendant le
chauffage ; dans toutes une condition importante à remplir consiste à
diminuer autant que possible le refroidissement du fourneau pendant
la nuit.

1810. Dans un des bains établis sur la Seine on remarque un appareil
destiné à élever l'eau et qui fonctionne sans dépense de combustible
depuis un grand nombre d'années. C'est une machine dans laquelle la
vapeur presse directement sur le liquide pour l'élever ; elle consomme
beaucoup plus de vapeur, pour produire le même effet, que les machines
à piston, mais comme toute la vapeur employée pour monter le liquide sert en même temps et en totalité à l'échauffer, il est presque indifférent d'en consommer une plus ou moins grande quantité.

1811. Les figures 482 et 483 représentent la disposition de l'appareil dont il est question. A est un réservoir en cuivre exactement fermé ; sa partie inférieure communique par un tube avec la partie supérieure d'un cylindre B, garni d'une soupape s'ouvrant de bas en haut et au-dessous de laquelle se trouve le tube d'aspiration. Le même vase A communique avec la partie inférieure d'un autre cylindre C, également muni d'une soupape, s'ouvrant aussi de bas en haut, et au-dessus de laquelle se trouve un tube E

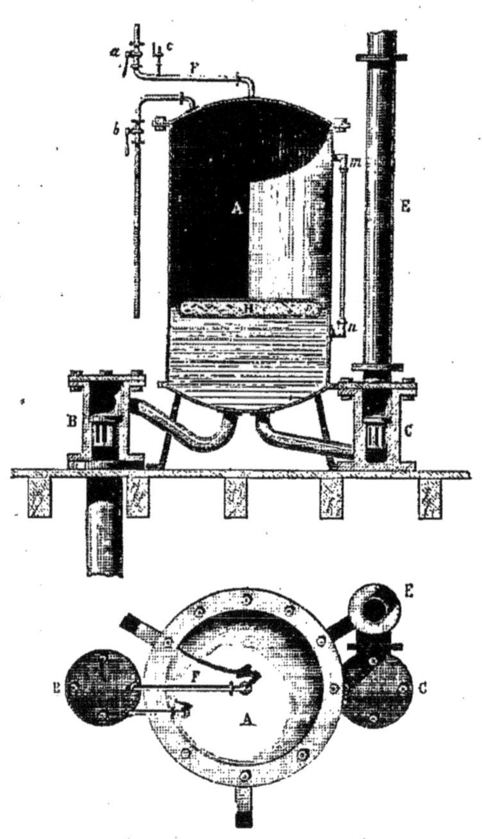

Fig. 482 et 483.

destiné à conduire l'eau dans un réservoir supérieur. Sur le couvercle
du vase A, sont fixés deux tubes, garnis des robinets a et b, et

communiquant, l'un avec le réservoir d'eau supérieur, et l'autre avec une chaudière à vapeur. Sur le tuyau F est ajusté un petit tube ouvert à son extrémité et garni d'un robinet c. Le vase A renferme un flotteur H plus léger que l'eau et d'un diamètre peu différent de celui du vase ; mn est un tube de verre destiné à indiquer le niveau du liquide. Voici maintenant comment on fait fonctionner cet appareil. On ouvre le robinet b qui donne accès à la vapeur, et le robinet c; après quelques instants, l'air du vase A a été expulsé et il se trouve remplacé par la vapeur; on ferme alors les robinets b et c, et on ouvre pendant quelques secondes le robinet a; la vapeur se condense, et le vase A se remplit d'eau froide par suite du soulèvement de la soupape B; en ouvrant ensuite le robinet b, l'eau est refoulée dans le canal d'ascension E. Le flotteur H a pour objet de diminuer la quantité de vapeur condensée à la surface de l'eau, en empêchant cette surface de se renouveler par l'agitation.

Cet appareil, analogue à ceux qui sont connus dans les fabriques de sucre sous le nom de *monte-jus*, exige une manœuvre assez compliquée, qu'on a cherché à éviter en faisant ouvrir mécaniquement les robinets par différents moyens. Manoury d'Ectot a fait construire, il y a long-temps, à l'abattoir de Grenelle, une machine dans laquelle les mouvements des robinets a et b étaient produits par les variations de dilatation qu'éprouvaient deux tiges, l'une de fer l'autre de cuivre, placées dans l'intérieur du vase, lorsqu'il était plein de vapeur ou d'eau froide. L'appareil était disposé comme celui que nous venons de décrire; un tube de fer était fixé sur les bords d'un orifice percé à la partie inférieure du vase, et s'élevait, près de sa paroi jusqu'à son sommet; il renfermait une tringle de cuivre plus longue, fixée à sa partie supérieure, et qui dépassait l'extrémité inférieure, en sortant du vase; l'extrémité libre de cette tringle agissait à l'aide de plusieurs leviers sur les clefs des robinets à eau et à vapeur, de manière à les ouvrir et à les fermer aux moments convenables. J'ai vu marcher cet appareil ; il fonctionnait, mais avec embarras, et exigeait beaucoup de surveillance.

1812. M. Gengembre a fait construire les machines des bains Vigier dont j'ai parlé (1810); l'appareil est disposé comme l'indiquent les figures 482 et 483, mais les robinets d'accès de la vapeur et celui d'injection d'eau froide se règlent d'eux-mêmes; ces machines marchent régulièrement, depuis un très-grand nombre d'années ; elles sont assez simples, et fonctionnent sous un faible excès de pression. Je les ai décrites avec beaucoup de détails dans la seconde édition de cet ouvrage ; je n'en reproduirai pas la description. Ce genre d'appareil exige que la couche d'eau froide ne soit pas située à plus de quelques mètres en contre-bas (l'élévation de l'eau n'ayant lieu que par le vide partiel résultant de la condensation de la vapeur), et le plus souvent il sera aussi avantageux de lui substituer une petite machine à vapeur à piston, à haute pression, sans condensation, en employant ensuite la vapeur détendue à chauffer l'eau ; le travail ne coûterait presque point de chaleur ; mais il faudrait faire condenser la vapeur dans des tuyaux placés dans le réservoir d'eau froide, car, par une condensation directe, l'eau pourrait acquérir une mauvaise odeur et être salie par la graisse entraînée par la vapeur, et de plus il se produit toujours un bruit qui pourrait être incommode dans des établissements de bains.

1813. Une économie assez considérable, susceptible d'être réalisée dans tous les établissements de bains, consisterait à faire passer la chaleur, des eaux sales dans les eaux propres, au moyen des dispositions que nous avons indiquées (1794 et suiv.). Dans ce cas, les pertes se réduiraient presque au refroidissement de l'eau pendant la durée des bains. Il y aurait en outre une diminution dans la perte de chaleur des fourneaux pendant la nuit et dans les intervalles de chômage, parce que les dimensions des appareils seraient beaucoup plus petites. On pourrait craindre que le public ne pensât que les eaux propres ne fussent mêlées aux eaux sales, mais il serait facile de le rassurer à cet égard, en lui faisant comprendre et voir par un petit appareil qui fonctionnerait toujours, comment s'effectue la transmission de la chaleur, et qu'il est réellement dans l'intérêt de l'établissement de ne pas effectuer ce mélange. Les eaux des bains après leur usage pourraient aussi être colorées avec différentes matières à bon marché qui feraient facilement reconnaître le mélange s'il existait, même en très-petite proportion.

1814. L'application de ce principe ne présenterait aucune difficulté dans les établissements, où les baignoires sont toujours occupées, comme par exemple à l'hospice de la Salpêtrière, parce que le courant d'eau sale est presque continu, et peut facilement être rendu régulier. Mais quand il y a une grande variation dans le nombre des baignoires occupées à chaque instant, il faudrait nécessairement réunir les eaux sales dans un réservoir, environné de matières conduisant mal la chaleur, qu'on ne viderait que quand il serait plein, en appelant en même temps un égal volume d'eau pure.

1815. Le rapport de la commission qui avait été chargée en 1850 d'étudier la question des bains et lavoirs publics, et dont j'ai parlé plusieurs fois, contient un mémoire de M. Darcy, dans lequel cet habile ingénieur examine les moyens qu'on pourrait employer afin de diminuer le prix des bains pour la classe ouvrière de Paris. M. Darcy propose d'abord de se servir des eaux de condensation des machines à vapeur de la ville, dont les eaux moyennement à 38° sont versées dans les égouts ; les machines à vapeur de Chaillot, fournissant plus de 2000 hectolitres d'eau chaude par jour permettraient de donner 700 bains dont le chauffage ne coûterait rien, et qui reviendraient chacun à peu près à $0^r 125$, en retranchant du prix de revient moyen $0^r 475$ comprenant tous les frais, la dépense de chauffage et le prix de l'eau. Je partage complétement l'opinion de M. Darcy, mais les eaux de condensation ne pourraient pas être utilisées directement, parce qu'elles sont salies par les matières grasses entraînées par la vapeur ; ainsi il faudrait qu'elles fussent employées à échauffer le même volume d'eau propre à peu près à la même température. Avec cette modification on pourrait donner à la classe ouvrière un grand nombre de bains à très-bon marché, dans tous les établissements de la ville ou de l'État où se trouvent des machines à vapeur à condensation. Avec quelques encouragements on obtiendrait la création de pareils établissements dans les grandes usines particulières ; et dans tous avec une très-légère dépense de combustible on parviendrait à utiliser plusieurs fois de suite la même chaleur.

1816. M. Darcy propose en outre de chauffer l'eau dans un établissement central qui la distribuerait par des tuyaux souterrains aux établissements voisins ; mais la perte de chaleur par ces tuyaux de communication serait très-considérable, surtout si le régime n'était pas permanent. Un chauffage direct de l'eau dans chacun, en utilisant la chaleur des eaux sales, serait bien préférable.

1817. Enfin M. Darcy pense qu'on parviendrait facilement à réduire partout le prix des bains pour la classe ouvrière en formant dans chaque établissement plusieurs classes de bains distingués par l'état du matériel et à des prix différents, par analogie à ce qui a lieu dans les convois de chemin de fer. Ce système pourrait être avantageux dans les localités où les différentes classes de la société sont mêlées ; il ne serait pas applicable à Paris, ou du moins il aurait peu de chance de succès, parce que les différentes classes de la population s'y trouvent très-diversement disséminées.

1818. Les eaux du puits artésien de Grenelle qui sont à une température voisine de 28°, toute l'année, et dans une grande partie de leur parcours, présenteraient évidemment une très-grande économie sous le rapport de leur chauffage direct, pour les établissements de bains.

Nous parlerons des bains à domicile quand il sera question des appareils d'économie domestique.

CHAPITRE VI.

BLANCHISSAGE.

1819. Pendant longtemps le blanchissage du linge s'est fait exclusivement, soit dans les maisons particulières à des époques plus ou moins éloignés, soit chez de petits industriels, opérant sur une échelle restreinte. L'imperfection des appareils de lessivage et des moyens de produire le séchage maintenaient cet état de choses qui tend aujourd'hui à se modifier par l'emploi des machines, d'appareils perfectionnés et de séchoirs artificiels. L'opération du blanchissage est d'ailleurs d'une grande importance, aussi bien à cause des dépenses qu'elle entraîne que de son action sur la durée du linge ; et on ne doit négliger par conséquent aucune des améliorations dont elle est susceptible.

1820. Le blanchissage s'effectue par plusieurs opérations distinctes : 1° l'*essangeage* : c'est le lavage du linge sale dans une eau claire et courante afin d'enlever les matières solubles dans l'eau ; 2° l'*encuvage :* rangement du linge essangé dans un cuvier sur un fond mobile et percé de trous ; 3° le *coulage :* cette opération consiste à faire passer la lessive provenant des cendres de bois ou de l'eau dans laquelle on a fait dissoudre du carbonate de soude ou de potasse, au travers du linge rangé dans la cuve, d'abord à froid, puis à des températures croissantes jusqu'à 100°. Dans la plupart des ménages, le fourneau destiné à chauffer la lessive est à côté de la cuve ; on verse à la main sur le linge le liquide chaud, qui, après avoir passé à travers, s'écoule le plus souvent directement dans la chaudière. Le coulage fait ainsi dure de 15 à 24 heures ; 4° le *savonnage*, qui a pour but d'enlever les taches qui ont résisté au coulage ; 5° le *rinçage :* lavage à l'eau claire et courante pour enlever la lessive et le savon ; 6° le *passage au bleu ;* 7° l'*essorage* où le *tordage ;* 8° enfin le *séchage* qui se fait le plus souvent par l'exposition du linge à l'air libre ou dans des greniers et quelquefois dans des séchoirs à air chaud.

1821. Le procédé que nous venons de décrire plusieurs a graves inconvénients : 1° il exige un temps très-long et un grand volume de lessive ;

2° la température de la lessive est au-dessous de 100°, ce qui n'est pas suffisant pour enlever certaines taches; 3° la consommation de combustible est considérable; 4° le cuvier et la chaudière étant généralement ouverts, il y a constamment dans la pièce un dégagement de vapeur incommode et nuisible. Toutefois on peut supprimer ce dernier inconvénient, en mettant un couvercle, et en faisant monter la lessive par une pompe.

1822. On peut ranger les appareils de lessivage en cinq classes: 1° les anciens appareils que nous venons d'indiquer sommairement ; 2° ceux dans lesquels la lessive est montée par la pression de la vapeur; 3° les appareils à circulation continue; 4° les appareils à vapeur ; 5° les appareils mécaniques.

1823. Les appareils dans lesquels la lessive est remontée par la pression de la vapeur, se composent ordinairement d'un cuvier à double fond au-dessous duquel se trouve une chaudière ; celle-ci communique par un tuyau placé latéralement avec le double fond et par un autre tuyau placé dans l'axe du cuvier avec la partie supérieure ; chacun des tuyaux est muni d'un robinet. Il résulte de cette disposition que lorsqu'on chauffe la lessive dans la chaudière fermée, la pression de la vapeur la fait monter dans le tuyau central du cuvier d'où elle est projetée sur le linge. L'on fait ensuite communiquer la chaudière avec l'atmosphère et avec le double fond, la lessive passe à travers le linge et revient à la chaudière par le tuyau latéral. On continue ainsi jusqu'à ce que le linge soit convenablement lessivé.

1824. M. René Duvoir a construit sur ce principe un appareil de les-

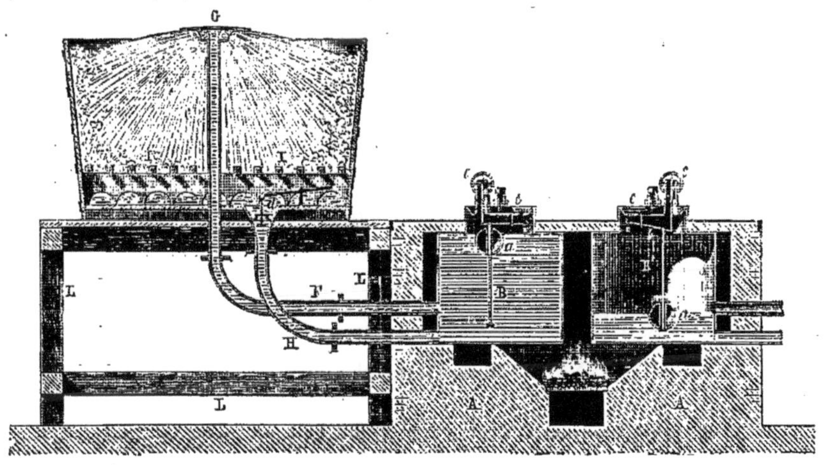

Fig. 484.

sivage ingénieusement disposé; il est représenté dans la figure 484. AA, massif du fourneau; B,B′, chaudières; C, cuvier; F, tuyau ascendant partant des chaudières; G, calotte qui termine le tuyau; H, tuyau descendant ramenant la lessive dans la chaudière; I I, grille en bois sur laquelle on place le linge; LL, charpente portant les cuviers; *a*, *a*, flotteurs; *b*, *b*, leviers à contre-poids auxquels sont attachées les tiges des flotteurs; *c*, *c*, soupapes à air; *d*, soupape pour la fermeture du tuyau descendant; *e*, *e*, couvercles des chaudières serrés par des vis. La vapeur formée dans la chaudière presse le liquide et le fait monter par le tuyau F sous la calotte G, qui le projette sur le linge dans tous les sens. Lorsque tout le liquide est monté, le flotteur *a* fait ouvrir la soupape à air *c*; alors la soupape *d* s'ouvre par la pression du liquide, et la lessive qui a passé sur le linge retourne à la chaudière par le tuyau H. Aussitôt que la chaudière est remplie, la soupape à air se ferme par l'effet de l'élévation du flotteur. L'équilibre s'établissant, la soupape *d* se ferme, et les mêmes effets se reproduisent périodiquement.

Cet appareil est un des premiers qui aient apporté dans le lessivage une grande économie de temps et de combustible. Il a toutefois le grand inconvénient de projeter immédiatement la lessive bouillante sur le linge; ce qui rend souvent les taches presque indélébiles.

Comme on le voit dans la figure un même foyer peut servir pour deux appareils distincts de lessivage.

1825. On a employé quelquefois dans les blanchisseries un peu importantes, la disposition indiquée par la figure 485, dans laquelle la lessive est à la fois chauffée et élevée par la vapeur. Dans le double fond du cuvier A, se trouve un tuyau DD, percé de petits trous et communiquant avec une chaudière à vapeur par le tube E; un tuyau central B descend près du fond et s'élève à la partie supérieure où il est surmonté d'un chapeau. Lorsque la lessive s'est écoulée dans le double fond, on ouvre la communication avec la chaudière, la vapeur arrive dans la lessive, la chauffe et ne pouvant s'échapper à travers le linge placé entre les deux grilles de bois HH et I I,

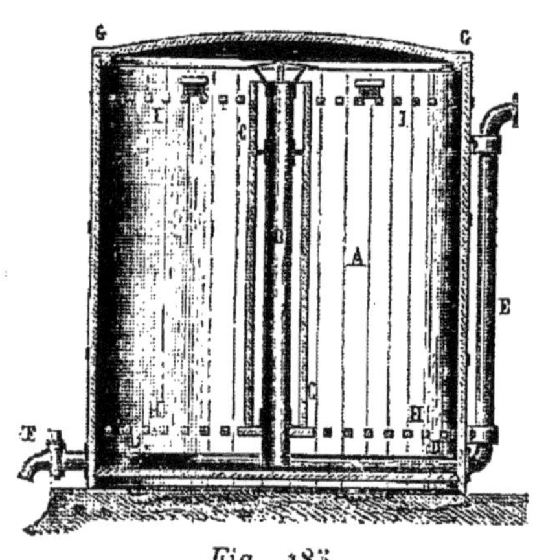

Fig. 485.

produit une pression qui fait monter la lessive. On ferme ensuite les robinets jusqu'à ce que le liquide ait de nouveau traversé les toiles.

G G est un couvercle placé pour empêcher les vapeurs de se répandre dans la pièce; CC, un cylindre en bois qui préserve du contact du linge le tuyau métallique B; F, un robinet qui sert à faire écouler la lessive à la fin de l'opération.

1826. Le lessivage par circulation continue peut s'effectuer simplement par une disposition analogue à celle que nous avons décrite figure 472. La chaudière et le cuvier sont placés à la même hauteur et communiquent par des tuyaux situés l'un près du fond, l'autre à la partie supérieure. On remplit l'une et l'autre de lessive, et, en chauffant sous la chaudière, il s'établit une circulation continue comme dans le chauffage à l'eau chaude décrit (1711). Ce système exige une quantité considérable de lessive, et par suite une dépense beaucoup plus grande de sel de soude et de combustible. La saponification se fait en outre très-lentement; il faut 25 à 30 heures pour lessiver le linge convenablement.

1827. La figure 486 représente l'appareil de lessivage de MM. Muller

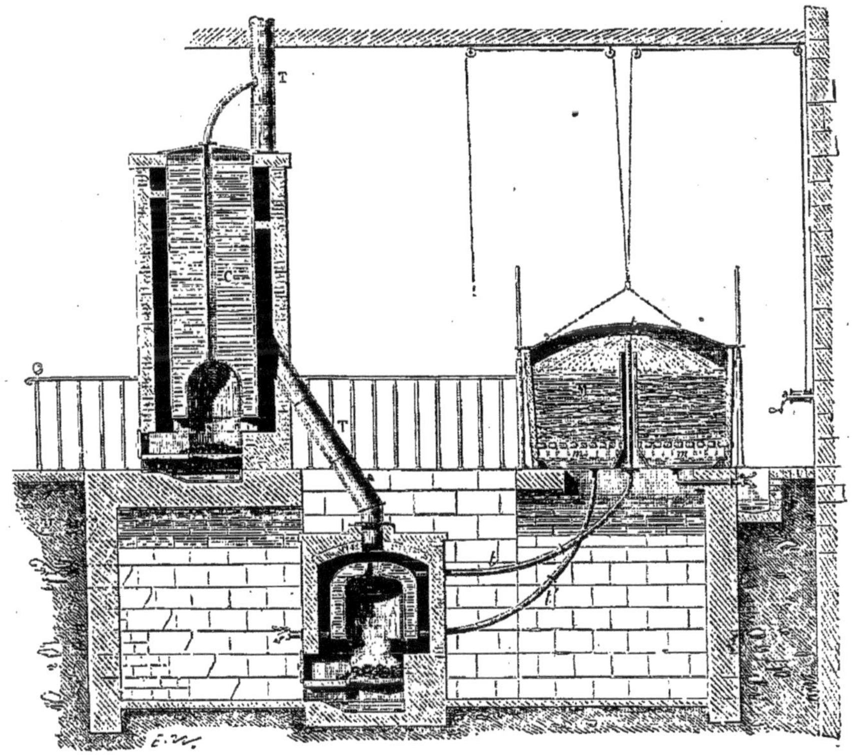

Fig. 486.

et Bouillon, qui peut être rangé dans la classe des appareils à circulation continue. Il se compose d'une chaudière en fonte A placée dans le sous-sol, et construite de manière à présenter une grande surface de chauffe, tout en renfermant un faible volume d'eau ; le linge est disposé sur un grillage dans un cuvier M, fermé par un couvercle, autour d'un tube placé dans l'axe et surmonté d'un chapeau. Le cuvier communique à son centre, par le tuyau *tt*, avec la partie supérieure de la chaudière, et en un point de la circonférence, par le tuyau *t'*, avec la partie inférieure. Lorsqu'on chauffe la chaudière et que la température est arrivée à 60° environ, la lessive monte dans le tube central et vient se déverser sur le linge ; à partir de ce moment il s'établit une circulation continue, à des températures croissantes jusqu'à 100°.

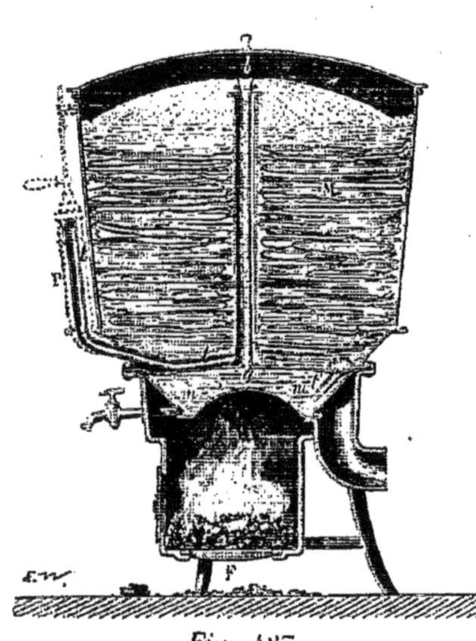

Fig. 487.

Pour que l'arrosage puisse commencer à la température ordinaire et se continuer à des températures graduées, une pompe est placée latéralement au cuvier et permet de verser la lessive sur le linge dès le commencement de l'opération.

Afin d'utiliser une partie de la chaleur renfermée dans les gaz qui ont servi à chauffer la chaudière à lessive, et qui s'échappent par la cheminée TT, MM. Muller et Bouillon placent au niveau du sol une chaudière C pleine d'eau qui est portée à 50° et qu'on peut employer à divers usages.

Un foyer spécial F permet de la chauffer lorsque la chaudière de lessivage ne fonctionne pas.

Avec cet appareil la durée du lessivage est réduite à 4 heures, et on voit que toutes les conditions nécessaires à un bon blanchissage sont remplies.

1828. La figure 487 représente un appareil portatif basé sur les mêmes principes. Le foyer F est placé directement au-dessous du cuvier. La lessive, renfermée dans le double fond *mm*, monte quand elle est chauffée par le tube *ab*, se répand sur le linge M et revient dans le double fond par le tuyau *t'*. La pompe P amène la lessive sur le linge, par le tuyau *tt* au commencement de l'opération.

1829. Le lessivage par la vapeur est dû à Chaptal. Depuis, MM. Bosc, Roard, Cadet de Vaux, Curaudeau s'en sont beaucoup occupés. L'ap-

pareil consiste en un cuvier renfermant le linge, qui a été préalablement trempé et macéré dans une dissolution alcaline ; il est placé
au-dessus d'une chaudière pleine d'eau ; la vapeur formée dans la
chaudière, passe à travers le linge par des jours qui résultent de nombreuses baguettes de bois placées contre la surface intérieure de la
cuve et par des tuyaux verticaux formés de lattes non jointives, ouverts
par le bas et autour desquels le linge est tassé. La vapeur d'eau pénètre
successivement toute la masse, élève la température et s'écoule condensée avec la lessive que le linge contenait ; après un certain temps le
linge se trouve presque complétement dépouillé de lessive et l'opération est terminée. Ce mode de lessivage, qui est assez rapide et peu dispendieux, paraîtrait avoir le grave inconvénient d'altérer le linge et de
détruire assez promptement sa solidité.

Les appareils pour le lessivage à la vapeur ont été disposés par
Mme Charles d'une manière très-commode et très-simple. Elle a groupé
le foyer, la chaudière et le cuvier de manière à les rendre portatifs, et
elle est parvenue à les introduire dans les ménages, où ils peuvent
d'ailleurs servir à d'autres usages.

1830. Les appareils mécaniques de lessivage ont tous pour objet
d'agiter le linge au contact de la lessive. Ils peuvent être disposés
d'un grand nombre de manières différentes. En Angleterre, un de
ceux qui ont obtenu le plus de succès est la roue à laver (*dash-wheed*).
Elle consiste en un grand tambour en bois, mobile autour de son axe
et divisé en plusieurs compartiments fermés ; dans chacun d'eux on
introduit la lessive et le linge renfermé dans des sacs de toile très-claire.
Par le mouvement de la roue, le liquide entre et sort des sacs de manière à renouveler constamment celui qui est en contact avec le
linge.

1831. A l'exposition universelle de 1855, se trouvait un appareil
mécanique de lessivage présenté par M. Lejeune. Il se compose de
six roues à laver, analogues aux dash-wheel : chaque roue plonge
dans une auge renfermant, la première de l'eau pure, les autres des
dissolutions de soude à des degrés croissants de concentration et à des
températures de plus en plus élevées. Une machine à vapeur sans condensation fait tourner les roues, et la vapeur qui en sort est employée
au chauffage des lessives ; au bout d'un certain temps, les roues sont
relevées et reçoivent un mouvement de translation, qui amène chacune
d'elles au-dessus de l'auge suivante ; en abaissant les axes, les roues
plongent de nouveau dans les auges et on reprend le mouvement de
rotation. L'opération est terminée dans une roue quand elle est reve-

nue au point de départ. Cet appareil, qui présentait des dispositions ingénieuses ne s'est pas répandu.

1832. Il faut reconnaître que malgré son importance la question du blanchissage est réellement peu avancée; car on ne connaît pas bien les phénomènes physiques qui se produisent dans le lessivage. Il paraît bien établi qu'il est avantageux d'élever progressivement la température de la lessive; mais le mouvement est-il nécessaire ou seulement la durée de l'action? Les résultats obtenus dans le blanchissage par la vapeur, après une macération plus ou moins longue dans la lessive à froid seraient favorables à cette dernière opinion. Il serait à désirer que cette question fût approfondie; il pourrait en résulter des améliorations importantes.

1833. Il serait encore intéressant d'examiner si le lessivage dans une machine semblable à l'essoreuse, et dans laquelle la lessive serait introduite par la partie centrale ne serait pas préférable au lessivage ordinaire et si ce moyen de faire traverser le linge, avec des vitesses plus ou moins grandes, par des lessives froides ou chaudes ne serait pas préférable au mode généralement employé.

Dans tous les cas il ne me paraît pas douteux que les différentes espèces de linge ne devraient pas être soumises aux mêmes opérations, et il conviendrait de rechercher les circonstances les plus favorables pour chaque espèce particulière.

CHAPITRE VII.

APPAREILS D'ÉCONOMIE DOMESTIQUE.

1834. Nous nous occuperons d'abord des grands appareils, de ceux qui sont destinés à préparer les aliments d'une grande réunion d'hommes, parce que l'économie du combustible devient alors importante; j'indiquerai ensuite les petits appareils les plus remarquables.

Fourneaux de cuisine.

1835. *Préparation du bouillon de viande.* — Dans les grands établissements, on a longtemps préparé le bouillon dans de vastes chaudières, et pour économiser le combustible on en a placé plusieurs, à la suite les unes des autres, chauffées successivement par le courant d'air brûlé sortant du foyer; mais dans les premières, l'ébullition était trop vive, et dans les dernières la température n'était pas assez élevée. On a imaginé ensuite de préparer le bouillon, au bain-marie d'eau mêlée de sels pour que la température pût dépasser 100°, et enfin par le chauffage à vapeur. Mais cette question n'a été bien étudiée que depuis l'organisation à Paris d'une compagnie ayant pour objet la préparation en grand du bouillon destiné à être vendu au détail dans un certain nombre de boutiques spéciales disséminées dans tous les quartiers de Paris. La compagnie Hollandaise, fondée en 1829, et qui fabriquait, il y a quelques années, tant pour vendre au détail que pour plusieurs établissements publics, plus de 5,000 litres de bouillon par jour, a employé successivement divers appareils. Nous décrirons sommairement les diverses phases de sa fabrication.

1836. Les conditions à remplir dans la préparation du bouillon, sont : 1° d'élever assez rapidement le liquide à une vive ébullition ; 2° de le maintenir ensuite pendant 5 à 6 heures, à la température de l'ébullition, mais sans fournir plus de chaleur qu'il ne s'en perd par le refroidissiment de la surface du vase exposée à l'air, de manière qu'il ne se forme que peu ou point de vapeurs; 3° d'opérer dans des vases dont le volume ne dépasse pas 50 à 60 litres. La première condition est nécessaire pour coaguler l'albumine du sang, et pour clarifier le bouillon; la durée de l'action de la chaleur est nécessaire pour effectuer la cuisson de la viande ; l'absence presque complète de vapeur est indispensable pour obtenir du bouillon ayant l'odeur et la saveur qu'on y recherche ; quant à la dernière, elle résulte des expériences nombreuses de M. Copenhal, gérant de la compagnie Hollandaise. On conçoit facilement que s'il avait été possible d'obtenir dans de grands vases, des bouillons de même qualité que ceux qu'on prépare, avec les mêmes éléments, dans des vases d'une petite dimension, les appareils auraient été beaucoup plus simples, d'un prix moins élevé, d'une conduite et d'une surveillance plus faciles, et auraient certainement exigé moins de combustible ; ce n'est donc qu'après des essais multipliés que l'on s'est résigné à opérer sur un grand nombre de vases d'une petite dimension. L'expérience a fait connaître que leur volume ne doit pas dépasser 50 à 60 litres. Il est assez difficile d'expliquer l'influence du volume des vases sur la qualité du bouillon ; on pourrait se rendre compte de l'influence de la profondeur du vase, par l'accroissement de température qui en résulte pour le commencement de l'ébullition, mais on ne voit rien qui puisse bien expliquer l'influence des dimensions latérales.

1837. A l'origine, la compagnie Hollandaise préparait le bouillon dans 40 caléfacteurs de Lemare, contenant chacun 40 litres de bouillon, et dans des marmites de terre de 20 litres, placées chacune dans un fourneau particulier ; tous ces appareils marchaient au charbon de bois. Mais la dépense qu'occasionnait l'emploi d'un combustible aussi cher, et surtout la surveillance qu'exigeaient des foyers si nombreux, engagèrent les gérants à chercher un autre mode d'opération. M. Darcet, consulté, conseilla l'emploi d'un bain-marie d'eau salée, et M. Grouvelle, ingénieur civil, fut chargé de l'exécution.

1838. L'appareil de M. Grouvelle consistait en une chaudière rectangulaire en tôle de 9^m de longueur, $1^m 33$ de largeur et $0^m 60$ de profondeur, placée dans un fourneau en briques ; le foyer était à une extrémité, et l'air brûlé parcourait d'abord le fond et ensuite les parois de la chaudière ; à la partie la plus éloignée du foyer, se trouvait une capacité séparée du reste de la chaudière et destinée à chauffer l'eau pour le lavage. La surface supérieure était percée de 12 orifices de $0^m 50$ de diamètre destinés à recevoir des marmites de $0^m 60$ de hauteur, qui ne descendaient pas jusqu'au fond de la chaudière et qui étaient soutenues par une saillie qui s'appuyait sur les bords des orifices. Un registre convenablement placé servait à volonté à faire passer l'air brûlé dans le canal qui entourait la chaudière ou directement dans la cheminée quand la température du bain était trop élevée. Toutes les marmites étaient en fer-blanc. Des tringles en fer rond, fixées horizontalement à une certaine hauteur, et sur chacune desquelles pouvait courir une poulie supportant une moufle, servaient à enlever les marmites. Le bain-marie renfermait 250 kilog. de chlorure de potassium provenant du raffinage du salpêtre, et remplissait la chaudière aux trois quarts. Un tube était destiné à conduire hors de l'atelier les vapeurs qui se produisaient dans le bain-marie, lorsqu'on chauffait trop vivement.

L'appareil de M. Grouvelle a bien fonctionné, et a présenté une grande économie de combustible. Par l'ancienne fabrication, avec des appareils ayant chacun leur foyer, la dépense en charbon de bois était de 18 à 20 fr. pour 600 à 700 litres de bouillon ; tandis que par le nouvel appareil, 120 kilog. de houille, qui coûtent de 5 à 6 fr., suffisaient pour fabriquer 1200 litres de bouillon.

Ce résultat était très-avantageux comparé à celui des anciens appareils ; mais il laissait encore beaucoup à désirer. En effet, la surface totale de tôle maintenue à $100°$ et exposée à l'air libre, produirait par heure une condensation de $11^k 4$ de vapeur, et pendant 10 heures de chauffage 114^k, qui correspondent à 20^k de houille ; en outre, le chauffage journalier à $100°$ des 1200 litres de bouillon équi-

vaut à 120000 unités de chaleur et à $120000 : 6000 = 20^k$ de charbon. Ces deux effets réunis représentent 40 kilog. de houille. Ainsi,
il y avait $120 - 40 = 80$ kilog. de houille employés à réchauffer le
bain-marie et à former de la vapeur. Cet appareil avait en outre l'inconvénient de chauffer inégalement les deux extrémités de la chaudière, et de ne porter à l'ébullition les marmites les plus éloignées du
foyer, que lorsqu'on forçait le feu ; mais alors les marmites voisines
du foyer bouillaient trop fortement, et on perdait beaucoup de chaleur. Enfin la disposition des tuyaux qui enveloppaient les marmites
et plongeaient dans le liquide du bain-marie, ne permettait pas de maintenir une certaine pression dans la chaudière, parce que le liquide du
bain serait sorti par les intervalles de ces cylindres et des marmites.

1839. M. Rudler, ingénieur de la manufacture de tabacs de Paris,
a modifié cet appareil de manière à éviter les inconvénients que nous
venons de signaler, et à mieux utiliser le combustible. Les principales
modifications ont consisté à établir deux foyers sous la chaudière, à disposer les carneaux de manière à chauffer uniformément les marmites, à

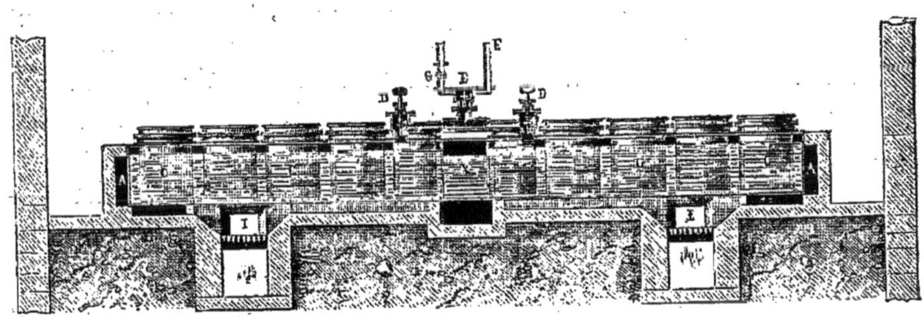

Fig. 488.

fixer les chaudières dans le bain-marie, de manière à pouvoir y établir
une petite pression sans que pourtant la vapeur sortît dans l'atelier, et
enfin à utiliser la va-
peur qui se dégage
de la dissolution sa-
line. Cette nouvelle
disposition est re-
présentée dans les
figures 488, 489,
490 : la première est
une coupe longitu-

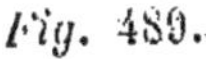

Fig. 489.

Fig. 490.

dinale de l'appareil, la seconde une coupe transversale, et la dernière une coupe d'une marmite sur une plus grande échelle. AA, chaudière de forme rectangulaire, en tôle, dont l'épaisseur au fond est de 0ᵐ 004, et sur toutes les autres parties de 0ᵐ 003 seulement ; de fortes armatures verticales, en fer forgé, et placées dans l'intérieur, s'opposent à la déformation des deux faces horizontales. La chaudière est divisée en trois parties ; celle du milieu X sert à chauffer l'eau pour les lavages ; les deux autres parties renferment de l'eau salée et sont destinées à recevoir les marmites. Le chauffage s'effectue par deux foyers I, I ; les gaz brûlés, après avoir parcouru la moitié du fond de la grande chaudière, peuvent gagner directement la cheminée ou faire le tour de l'autre moitié, en chauffant les parois latérales. Les dessus de ces deux parties extrêmes de la chaudière sont percés, chacun de 10 trous circulaires, dans lesquels on place les marmites. B, B (*fig.* 490), pièces de fonte dont les bords sont boulonnés ou rivés sur les bords des orifices de la chaudière. C,C,C, marmites en fer étamé, auxquelles sont soudés à l'étain des cercles en fer forgé, pour les soutenir sur les pièces B, B, auxquelles elles sont fixées par des pinces en fer ; entre les surfaces en contact on place un anneau en feutre ou en tresse de chanvre, afin de rendre le joint étanche et d'empêcher la vapeur du bain-marie de se dégager dans l'atelier. D,D, soupapes destinées à faire écouler ou à retenir la vapeur qui se forme dans les deux chaudières partielles. E, soupape placée dans un tuyau communiquant avec les chapelles des deux premières ; elle est disposée de manière à introduire à volonté, dans l'une des chaudières ou dans toutes les deux, l'eau provenant de la vapeur condensée dans un serpentin placé dans un réservoir supérieur. Ce dernier étant plein d'eau froide, la vapeur qui s'échappe du bain-marie par la soupape E, arrive par le tuyau F dans le serpentin et s'y condense en grande partie. La vapeur condensée tombe dans un autre réservoir au-dessous du premier ; sur le côté de celui-ci est placé un niveau d'eau à tube de verre qui indique à quel moment il faut ouvrir le robinet placé au-dessus de la soupape E pour laisser rentrer l'eau dans la chaudière. Quand on s'aperçoit que l'eau du réservoir dans lequel circule le serpentin est tellement chaude qu'elle ne condense plus la vapeur formée dans la chaudière, on la remplace par de l'eau froide ; l'eau qui sort du réservoir sert à alimenter la chaudière intermédiaire X.

Voici de quelle manière on se servait de cet appareil. On introduisait 500 kilogr. de chlorure de potassium dans chacune des deux chaudières destinées à recevoir les marmites, et la quantité d'eau nécessaire pour que le niveau, quand les marmites étaient en place, s'élevât à 0ᵐ 08 du couvercle. On remplissait la petite chaudière X de manière que l'eau y fût à peu près au même niveau. Alors on allumait le feu, on fermait les registres, afin que la fumée suivît le plus court trajet pour se rendre dans la cheminée, et produisît un bon tirage. Quand l'eau salée était arrivée à l'ébullition, on plaçait les marmites pleines, et on laissait les registres fermés jusqu'à ce que l'ébullition fût bien établie ; on ouvrait alors les registres et on couvrait le feu ; un léger frémissement se maintenait dans les marmites pendant le temps nécessaire à la cuisson de la viande. Au moyen de cet appareil on obtenait 2000 litres de bouillon en brûlant moins de 100 kilog. de houille.

Ce mode de chauffage, employé à la maison de Force de Gand, présentait pourtant encore quelques inconvénients ; les vases s'altéraient assez promptement, et il s'échappait souvent de la vapeur par les joints des rebords des vases et des douilles sur lesquelles ils reposent. Ces considérations engagèrent l'administration à effectuer le chauffage par la vapeur à haute pression.

1840. Ce nouvel appareil a encore été construit par M. Rüdler, et il est représenté dans les figures 491 et 492. La première est une coupe

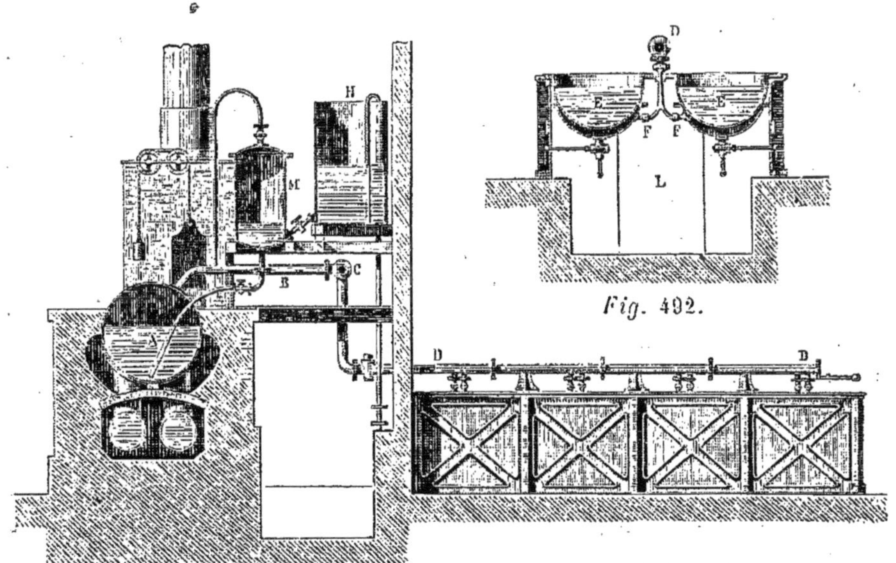

Fig. 492.

Fig 491.

longitudinale ; la seconde, une coupe transversale passant par le centre de deux chaudières jumelles. A, générateur, dont la vapeur s'écoule par le tuyau BCDD ; E, E,... marmites en cuivre, étamées intérieurement, au nombre de vingt, formant 2 groupes chacun de 10 ; elles sont garnies d'un double fond, dans lequel la vapeur pénètre par le tuyau F, et dont l'eau provenant de la vapeur condensée s'écoule par un tube dans la bâche H. Des robinets servent à régler l'admission de la vapeur et l'écoulement de l'eau. Chaque groupe de chaudières est renfermé dans une caisse L, fermée latéralement par des plaques de fonte. M est un vase qui sert à alimenter les chaudières par intermittence. Depuis, l'appareil d'alimentation a été remplacé par une pompe mue par une petite machine à vapeur. La vapeur est constamment maintenue dans la chaudière à $2^{\mathrm{atm}} \frac{1}{2}$.

Cet appareil est d'un usage très-commode, car il permet de régler, à volonté et immédiatement, l'activité de l'ébullition dans les chaudières; mais il consomme un peu plus de combustible que le bain-marie, et il est d'un prix beaucoup plus élevé.

1841. On pourrait aussi se servir d'un fourneau échauffant une grande plaque de fonte horizontale, sur laquelle on placerait en contact des marmites rectangulaires qui couvriraient toute la surface de la plaque; un petit mur élevé tout autour préserverait les marmites extérieures du refroidissement; cette disposition a été employée avec succès. Elle a l'inconvénient de ne pas chauffer également toutes les marmites; mais on parviendrait très-facilement à répartir uniformément la température sur la plaque de fonte en employant la méthode dont M. Rudler s'est servi dans la construction des fours de torréfaction du tabac : l'air passerait successivement au-dessous de deux plaques de fonte horizontales avant de parcourir celle qui supporte les marmites, et en quittant cette dernière il devrait circuler autour d'un vase destiné à chauffer de l'eau pour les besoins du service.

1842. J'ai recueilli sur ces différentes méthodes de fabrication, quelques renseignements que je crois utile de rapporter. Par le chauffage à vapeur on écume en 15′, par le chauffage à feu nu dans un temps plus long, par l'emploi du bain-marie dans un temps plus long encore. Les vases de fer-blanc s'altèrent promptement, parce que le bouillon est toujours acide; les vases de cuivre étamés sont bien préférables à ceux de fer-blanc, mais pourtant l'étamage doit être renouvelé assez fréquemment; on donne maintenant la préférence aux vases de fonte étamés. Les dépenses de combustible par le chauffage au bain-marie, à la vapeur et à feu nu, sont dans le rapport des nombres 8, 10 et 11.

1843. En 1681, Papin imagina d'extraire la gélatine des os en les traitant par l'eau à une température élevée, au moyen de l'appareil connu sous le nom de *marmite de Papin;* la dissolution de gélatine ainsi obtenue est toujours trouble, et il se forme un peu d'ammoniaque. En 1812 M. Darcet reconnut que les os cèdent lentement leur gélatine à l'eau à la température de 40° ou à une température peu supérieure sans que la matière organique soit altérée, et il eut l'idée d'employer cette méthode pour obtenir des dissolutions de gélatine qu'il destinait à la nourriture des malades dans les hôpitaux. L'appareil de M. Darcet consistait en 4 cylindres de fonte, verticaux, fermés par les deux bouts, renfermant chacun un cylindre en toile métallique contenant les os ; un tuyau y amenait de la vapeur à 106°; un petit jet d'eau la condensait en partie et l'eau chargée de gélatine s'écoulait par la partie inférieure du cylindre; on employait 4 cylindres afin d'obtenir un effet continu, attendu qu'il faut 4 jours pour extraire par la vapeur à basse pression presque toute la gélatine renfermée dans les os. Par ce moyen les os fournissent à peu près 0,28 de gélatine. Avec 60^k d'os, on obtenait 900 litres de dissolution en 24 heures, en brûlant 144^k de houille. Les dissolutions de gélatine obtenues par ce procédé ont une saveur fade, souvent repoussante, et sont fort peu nutritives, ainsi qu'une commission de l'Académie des sciences l'a constaté ; aussi tous les appareils qui avaient été établis ont-ils été abandonnés.

1844. *Fourneaux de cuisines des grands établissements.* — Dans les grands établissements d'instruction publique, les hospices, les prisons, la préparation des aliments se fait à l'aide d'un seul foyer dont l'air brûlé passe successivement ou simultanément au-dessous de différentes chaudières, et circule en dernier lieu, avant d'entrer dans la cheminée, autour d'une chaudière renfermant de l'eau destinée au lavage. Au-dessus du foyer se trouve une série de barreaux de fer, sur lesquels on place les vases qui doivent être chauffés à une température élevée ; les intervalles des barreaux ne laissent point dégager de fumée, ils donnent au contraire accès à l'air extérieur appelé par la cheminée. Quelquefois ces barres de fer sont remplacées par des plaques de fonte qu'on peut enlever et qui permettent d'ouvrir au-dessus du foyer un orifice de diamètre variable pour y placer des marmites de différentes dimensions. Souvent il y a à la partie inférieure du fourneau des caisses de fonte ou de tôle, dont la surface peut être échauffée par le courant d'air brûlé, et qui servent de fours pour différents usages ; les portes de ces fours sont garnies de petits orifices, ainsi que la surface supérieure, afin d'y produire une certaine ventilation. Ces grands fourneaux sont construits en briques et garnis d'armatures. Ils sont ordinairement isolés au milieu de la cuisine afin que l'on puisse circuler autour, et l'air brûlé descend au-dessous du sol pour gagner la cheminée. Ils sont quelquefois doubles, afin que le service ne puisse pas être interrompu par le nettoyage des canaux à fumée ou par une réparation. Souvent, pour la commodité du service, l'eau froide arrive d'un réservoir supérieur par des tuyaux qui circulent au-dessus du fourneau et qui sont terminés par des robinets qu'on peut amener facilement au-dessus des chaudières pour les remplir. Ces appareils varient beaucoup de forme et de dimension, suivant les besoins du service auquel ils sont destinés.

1845. La figure 493 représente une coupe horizontale d'un grand fourneau de cuisine d'une maison de santé. Au delà du foyer A, se trouvent quatre marmites B,C,D,E, destinées à la cuisson des aliments, et une chaudière à eau chaude F. L'air brûlé peut, au moyen des registres a, a', b, b, c, c', passer sous les marmites que l'on veut, et les porter à une température plus ou moins élevée.

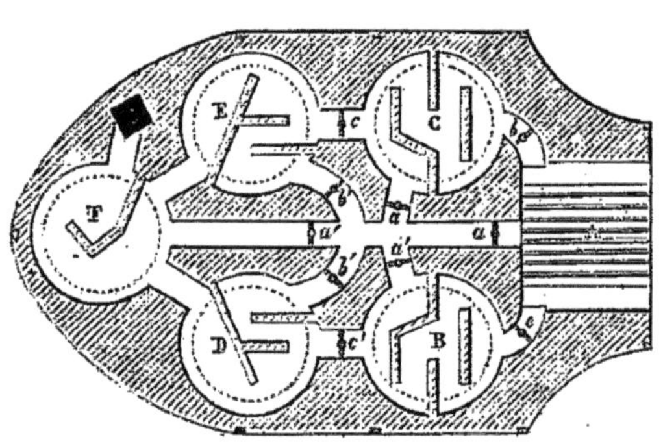

Fig. 493.

élevée. Les fonds seuls des marmites sont chauffés; mais il serait facile de disposer l'appareil de manière que la fumée fît aussi le tour des parois latérales.

1846. On pourrait employer pour le service des cuisines la disposition indiquée dans les figures 494 et 495 : le foyer chauffe directe-

Fig. 494.

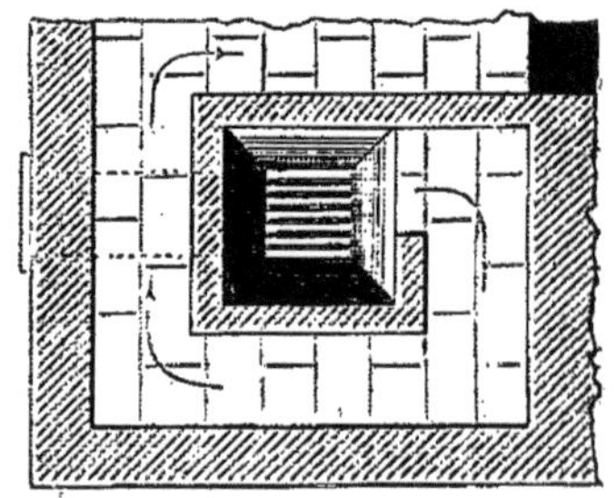

Fig. 495.

ment une plaque de fonte épaisse, au-dessous de laquelle circule ensuite l'air brûlé dans des carneaux rectangulaires. A l'extrémité du circuit se trouve la chaudière à eau chaude. Par cette disposition les marmites pourraient être placées sur la partie la plus convenable de la plaque de fonte; mais il y aurait toujours une perte de chaleur assez notable par les surfaces de la plaque qui ne seraient pas couvertes. On pourrait éviter cette perte en faisant passer la fumée successivement sous des plaques de fonte circulaires, le canal étant couvert de briques dans les intervalles.

1847. L'exposition universelle renfermait une multitude de fourneaux de cuisine, en fonte et de dimensions très-variables; mais les dispositions intérieures étaient les mêmes que celles que nous avons indiquées pour les fourneaux en briques. Dans beaucoup d'entre elles, le foyer s'ouvrait à la partie supérieure, et la plaque de fonte qui le recouvrait était formée de parties annulaires, ce qui permettait d'y placer des vases de différentes grandeurs. L'air brûlé circulait au-dessous de la plaque qui formait la partie supérieure du fourneau, autour des chaudières et des étuves. En examinant avec soin tous ces appareils et les dessins qui ont été remis au jury, je n'ai remarqué que deux améliorations qui puissent être signalées et qui se retrouvent à peu près dans tous. A une des extrémités du fourneau est placé un foyer à grille verticale qu'on allume pour faire les rôtis; la rôtissoire se pose sur une plaque horizontale qu'on relève pour fermer le foyer. En outre une partie de la plaque supérieure du fourneau renferme un petit foyer additionnel destiné à la cuisson des viandes qui doivent être grillées, et au-dessus une petite caisse en fonte communiquant avec la cheminée, et qui est ouverte en avant pour permettre le service du foyer; par cette disposition il se produit autour des viandes une ventilation active qui entraîne les gaz et les vapeurs qui se produisent. Les fourneaux en fonte sont très-commodes, parce qu'ils s'achètent tout faits, et que leur mise en place est des plus simples. Ils sont réellement avantageux quand ils n'ont que de petites dimensions, qu'ils sont employés, en même temps, comme appareils de chauffage, et qu'ils ne servent que l'hiver. Mais quand ils ont de grandes dimensions, et que les surfaces de fonte ne sont pas recouvertes d'une forte épaisseur de brique, ce qui a lieu ordinairement, il y a une certaine quantité de chaleur perdue par la haute température que prennent les parois; la surface supérieure, qui est presque toujours formée d'une seule plaque de fonte, casse souvent, par suite de l'inégalité de dilatation de ses différentes parties; et ce qu'il y a de plus fâcheux, les gens de service se trouvent constamment soumis à une température très-élevée, qui altère leur santé, surtout quand les cuisines sont mal ventilées, ce qui a lieu le plus souvent. J'ai eu plusieurs fois l'occasion de reconnaîtré dans les cuisines des lycées de France, les inconvénients que je viens de signaler; ainsi, à mon avis, les grands fourneaux de cuisine en fonte, sans revêtement intérieur en briques, doivent être complétement abandonnés.

1848. *Fourneaux de casernes.* — Dans les anciens fourneaux, un seul foyer servait à chauffer deux marmites circulaires. La flamme frappait d'abord une plaque de fonte horizontale et l'air brûlé se divisait en deux courants, qui, après avoir chauffé chacun une marmite, se réunissaient ensuite pour circuler autour d'une chaudière à eau chaude. Par cette disposition, les marmites ne s'échauffaient pas également, et la plaque de fonte placée au-dessus du foyer se détériorait promptement. Ces inconvénients avaient fait donner la préférence aux fourneaux ne renfermant qu'une seule marmite d'une capacité double. En 1832, M. Choumara a introduit dans la forme des marmites et dans la construction du fourneau, des modifications ingénieuses qui ont produit une grande économie de combustible. Les chaudières sont au nombre de deux ou de quatre. Dans le premier cas, elles ont chacune pour section horizontale un demi-cercle, et elles sont réunies par leurs faces planes, mais de manière qu'il y ait entre elles une distance de $0^m 05$. Quand les chaudières sont au nombre de quatre, chacune a pour section un secteur égal à un quart de cercle, et elles sont groupées autour d'une ligne verticale, de manière que la section commune soit un cercle et que les faces planes des chaudières soient écartées les unes des autres à peu près de $0^m 05$. Dans tous les cas, les chaudières se placent sur des croisillons en fer fixés dans le fourneau; le foyer est au-dessous, et l'air brûlé circule autour du système avant de se rendre sous la chaudière à eau chaude et de là dans la cheminée.

Les marmites ont $0^m 40$ de hauteur et une capacité de 72 litres, afin que, sans être complétement remplies, elles puissent servir à la préparation de 64 kilogr. de soupe (viande et légumes compris), ration d'une compagnie de 64 hommes. Les fonds des chaudières sont chauffés par le foyer, et les faces latérales libres par le courant d'air brûlé.

Voici les résultats des expériences faites en 1829. A la caserne du Mont-Blanc, à Paris, dans un fourneau à deux chaudières on a consommé moyennement $5^k 08$ de bois par marmite, fournissant 64 kilogr. de soupe. A la caserne de l'Ave-Maria, pour la même quantité de soupe, la consommation a été seulement de $4^k 85$ de bois, ou de $2^k 67$ de houille. Avec les anciens appareils la consommation de houille s'élevait à 5 kilogr. Dans les fourneaux à quatre chaudières, établis à la caserne de l'Ave-Maria, la consommation de bois a été de $3^k 832$, et celle de houille de $2^k 208$.

Dans des expériences qui avaient pour objet de déterminer la quantité de chaleur utilisée, on a introduit dans les quatre chaudières d'un fourneau 224 litres d'eau à 14°; on les a vidées aussitôt que l'ébullition s'est manifestée : alors on a introduit le même volume d'eau froide qui a été chauffée à 38°, par la braise qui restait dans le foyer et par la chaleur de la maçonnerie. La quantité de chaleur absorbée par l'eau a été de $224 \times (100 - 14) + 224 (38 - 14) = 24640$. On avait consommé 10 kilogr. de bois, et par conséquent on avait produit dans le foyer $3000 \times 10 = 30000$ unités de chaleur; ainsi l'effet utile a été de $24640 : 30000 = 0,82$.

Dans une autre expérience, faite en employant 7 kilogr. de houille et 3 kilogr. de bois, on a chauffé à l'ébullition 224 kilogr. d'eau, et le même volume d'eau de 11° à 65°. L'effet utile a été de $224 (100 - 11) + 224 (65 - 11) = 32032$. Et comme la quantité de chaleur produite était $7 \times 8000 + 3 \times 3000 = 65000$, il s'ensuit que l'effet utile a été seulement de 0,49. La houille employée était probablement de mauvaise qualité ou elle a été mal brûlée, car ce résultat est bien inférieur au premier.

En prenant d'autres nombres pour la puissance calorifique du bois et de la houille, le capitaine Choumara conclut que ses appareils à quatre marmites utilisent les deux tiers de la chaleur produite quand on emploie de la houille, et les trois quarts quand on brûle du bois; que dans les appareils à deux marmites, pour le bois et pour la houille, l'effet utile est seulement 0,6; et que l'économie annuelle qui résulterait de l'emploi de ses appareils dans toutes les casernes de France, s'élèverait à plus de 50,000 francs.

Je vais maintenant donner quelques détails sur plusieurs petits appareils destinés à préparer les aliments; au point de vue industriel, ils ne sont pas actuellement d'une grande importance, mais ils présentent de l'intérêt, soit par leurs dispositions ingénieuses, soit par les résultats économiques qu'ils ont produits : ils peuvent d'ailleurs conduire à des applications plus vastes dans d'autres industries.

1849. *Fourneau potager d'Harel.* — La figure 496 est une coupe verticale de la marmite; la figure 497, une coupe du fourneau en supposant qu'on ait enlevé cette dernière; CC, espace dans lequel circule la fumée avant de se rendre dans la cheminée D; E, marmite en poterie, recouverte extérieurement et à la partie inférieure d'une feuille de tôle; F, casserole de fer-blanc qui repose sur les bords de la marmite par trois oreilles; G, autre casserole qui se place sur la précédente; H, vase cylindrique en fer-blanc à double enveloppe ; il renferme un diaphragme I au tiers de sa hauteur, et on le ferme par un couvercle K ; ce seau repose sur les bords supérieurs de la marmite et embrasse les casseroles F et G ; lorsqu'il est retourné, il n'en embrasse qu'une seule. Voici de quelle manière on emploie l'appareil que nous venons de décrire. Après avoir mis la viande et l'eau dans la marmite, on allume le feu dans le fourneau, et on fait écumer ; on remplit ensuite le fourneau de charbon; on met dans les casseroles F et G les ragoûts qu'on doit préparer, et dans la partie supérieure du vase enveloppant, des pommes de terre ou d'autres légumes et de l'eau ; on ferme les portes du foyer et du cendrier, et on abandonne l'appareil à lui-même ; après 4 heures, le pot au feu, les ragoûts et les légumes sont cuits. M. Harel a imaginé une foule d'autres petits ustensiles de ménage fort ingénieux et très-économiques.

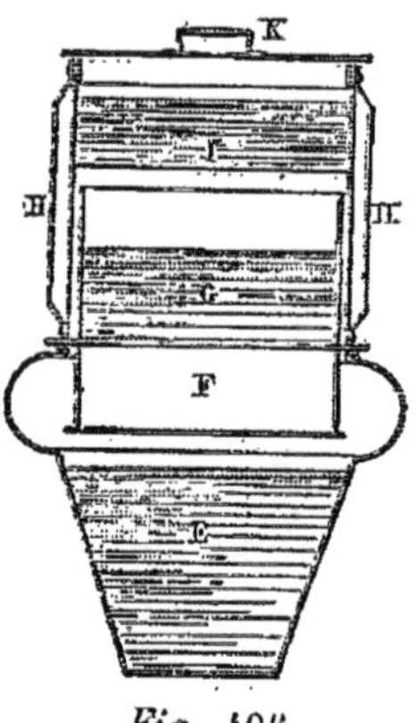

Fig. 496.

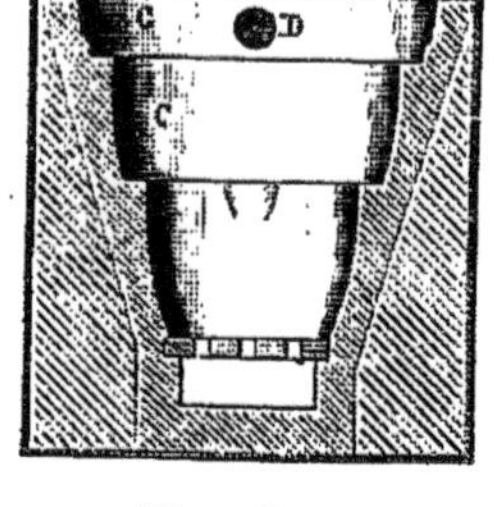

Fig. 497.

1850. M. Harel a introduit dans les fourneaux potagers une amélioration très-importante et qui devrait être généralement adoptée. On sait que ces fourneaux sont toujours chauffés au charbon de bois, et que les gaz qui proviennent de la combustion se dégagent autour des vases placés sur le fourneau, et se répandent nécessairement dans les cuisines, quand les potagers ne sont pas placés sous un manteau de cheminée. Mais même dans ce cas il en est encore ainsi, parce que les cheminées étant très-grandes, et les appels extérieurs insuffisants, il se forme toujours dans la cheminée deux courants opposés, et celui qui est dirigé de haut en bas amène dans la pièce une partie des gaz provenant de la combustion. M. Harel est parvenu à éviter cet inconvénient, en fermant les portes des cendriers et en faisant communiquer chaque fourneau par un orifice latéral (*fig.* 498 *et* 499) avec une cheminée en tôle ; par cette

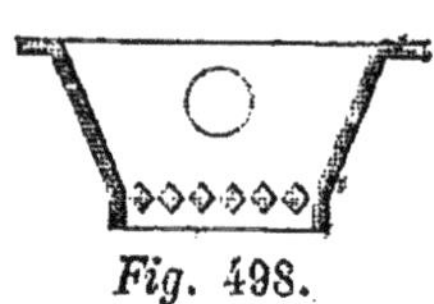
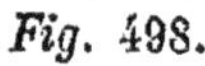

Fig. 498.

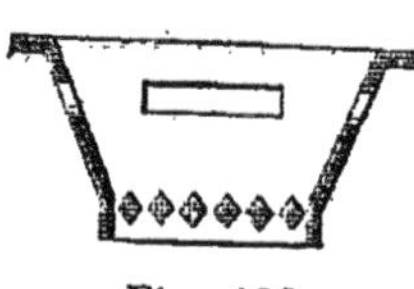

Fig. 499.

disposition, l'air qui alimente la combustion arrive sur le combustible par la partie supérieure du fourneau, et les produits de la combustion s'échappent par l'orifice latéral.

1851. *Caléfacteur de Lemare.* — Cet appareil est représenté en coupe verticale (*fig.* 500). Il est composé d'un vase cylindrique ABCD, soudé à un autre semblable A'B'C'D' concentrique, qui l'enveloppe de toute part. Au fond du vase à double enveloppe se trouve une ouverture E, fermée par un registre m. L'espace compris entre les deux enveloppes a trois ouvertures : l'une, située à la partie supérieure, est destinée à introduire l'eau que cette capacité doit contenir ; une autre, située à la partie inférieure, est garnie d'un robinet; enfin la dernière est destinée à faire écouler la va-

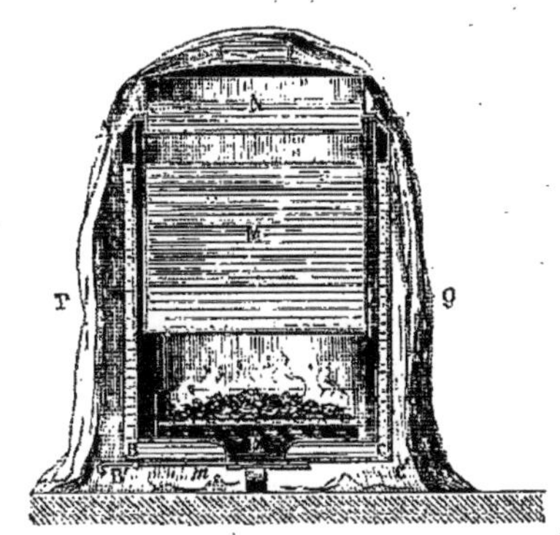

Fig. 500.

peur par un tuyau qu'on y adapte, lorsque l'on couvre l'appareil d'une enveloppe ouatée, ou quand on utilise la vapeur. Le vase dont nous venons de parler et qui forme le corps du fourneau, reçoit à la partie supérieure un vase concentrique M, d'un diamètre plus petit de 0^m 009, d'une moindre hauteur, et soutenu par des rebords qui s'appuient sur ceux du vase enveloppant. L'espace qui se trouve libre au-dessous du vase M, forme le foyer; on y place un disque en tôle à rebords, dont le fond percé d'un grand nombre de trous, est soutenu par 3 petits pieds à 0^m 006 du fond du vase double. N est un vase de fer-blanc fermé par un couvercle de même métal et qu'on place sur le premier. Pour se servir de cet appareil, on commence par mettre l'eau et la viande dans le vase M, on allume le feu, et on met ce vase en place, de manière que ses bords ne s'appliquent pas exactement sur ceux de l'enveloppe, afin que l'air brûlé puisse se dégager; pour cela on a ménagé sur les rebords du vase trois petites saillies qui le maintiennent soulevé quand ils ne sont pas en regard de trois petites entailles correspondantes pratiquées sur les bords de l'enveloppe. Aussitôt que l'ébullition se manifeste, on écume; alors on tourne la marmite de manière que les saillies dont nous avons parlé entrent dans les échancrures des bords du vase; on place le vase N qui doit contenir les légumes; on ferme le registre m, et on couvre l'appareil de l'enveloppe ouatée PQ. Après 6 heures, la viande et les légumes sont cuits. On peut remplacer le vase M par deux autres demi-circulaires de même hauteur, dont l'un sert pour le

pot au feu, l'autre pour faire un bœuf à la mode ou d'autres mets analogues. Pour faire des rôtis, on remplace le vase M par un four de
campagne, et on met le vase M dans un autre, placé à côté, où il est
chauffé par la vapeur qui s'échappe. Dans cet appareil, la chaleur nécessaire est produite par une faible combustion, alimentée par une
petite quantité d'air qui passe à travers les fissures du registre m, et
qui s'échappe par les orifices très-étroits qui restent autour des rebords de la marmite M.

Cet appareil est très-économique, car il utilise presque toute la chaleur développée par le combustible. Dans une expérience faite par
M. Thenard, on a versé 13^k 5 d'eau à 22° dans le vase extérieur, et
15^k 5 à la même température dans le vase intérieur. En 3^h ½ on a brûlé
918 grammes de charbon. Le vase intérieur ne renfermait plus que
13^k 69 d'eau, et le vase extérieur 9, par conséquent on avait vaporisé
6^k 31 d'eau. L'effet utile a donc été de $6,31 \times 537 = 3388$, plus
$29 \times 78 = 2262$, ou 5650 unités ; et les 918 grammes de charbon
brûlé ont développé $0,918 \times 7000 = 6426$ unités ; ainsi l'appareil
utilise $5650 : 6426 = 0,88$ de la chaleur produite. Pour un pot-au-
feu de 3^k de viande et de 4^k 5 d'eau, on consomme 280 grammes de
charbon.

Le caléfacteur de Lemare est très-économique et il n'exige aucun
soin ; mais il est sujet à des accidents, car ce n'est que par des tâtonnements qu'on parvient à régler la combustion pendant la cuisson.

1852. En 1820, Lemare avait livré au commerce un grand nombre
d'appareils de ménage sous le nom d'*autoclaves*, destinés à cuire les
viandes à une température élevée, et par conséquent sous une grande
pression. Ces appareils étaient des marmites en cuivre, dont l'orifice
rétréci et elliptique était fermé par un couvercle ovale dont les axes
avaient de plus grands diamètres que ceux de l'orifice ; la pression de
la vapeur pressait le couvercle contre les bords, et la fermeture était
d'autant plus étanche que la pression était plus forte. Les autoclaves
étaient garnis d'une soupape de sûreté. Au moyen de ces appareils,
on préparait un pot-au-feu dans un temps très-court ; cet avantage
les répandit promptement, mais plusieurs accidents fâcheux les firent
abandonner.

1853. *Appareil culinaire de Sorel.* — La figure 501 représente une
coupe de l'appareil réduit à sa plus grande simplicité. Il se compose
d'un vase enveloppant formé de deux cylindres concentriques dont
l'intervalle est rempli de charbon menu ; d'un vase B à double paroi
verticale, garni extérieurement de petits appendices, qui s'appuient

sur la surface de l'enveloppe A; il est fermé par un autre vase C garni d'un couvercle. Les vases B et C renferment les liquides qui doivent être échauffés, l'espace D de l'eau. Ce vase annulaire communique avec un cylindre vertical E, dans lequel se trouve un flotteur F, qui agit par l'intermédiaire d'une chaîne sur le registre G de l'orifice d'accès de l'air dans le foyer. Le vase annulaire D étant fermé, quand le liquide qu'il contient s'échauffera, la pression à sa partie supérieure augmentera très-rapidement par l'accroissement de tension de l'air et de la vapeur, et on conçoit facilement que la longueur de la chaîne de suspension du registre G puisse être déterminée de manière que le registre soit fermé, et que la combustion s'arrête quand le liquide de D commence à entrer en ébullition. On pourrait de même maintenir le liquide des vases B et D à une température sensiblement constante.

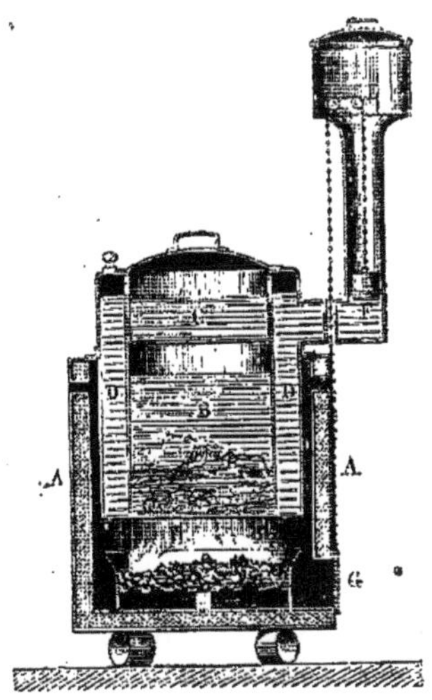

Fig. 501.

1854. Les figures 502 et 503 représentent deux coupes verticales

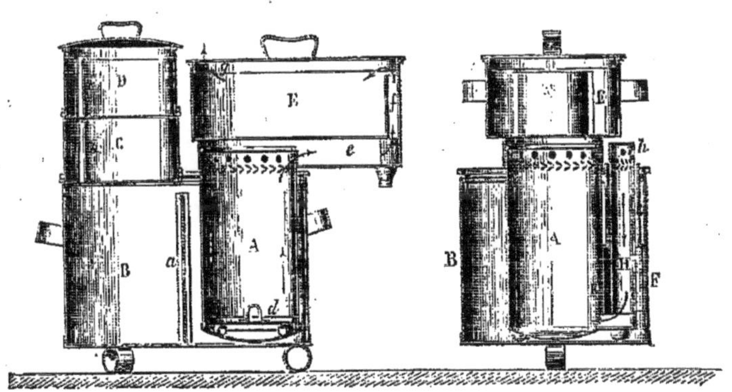

Fig. 502.   Fig. 503.

perpendiculaires d'un appareil culinaire complet. A, foyer; il est placé dans l'intérieur de la marmite B; un diaphragme *a*, percé de trous, qui entre à coulisse dans la marmite, empêche le contact de la viande et des légumes avec les parois du fourneau. C, première casserole placée au-dessus de la marmite; on y met des légumes qui sont cuits par la vapeur du bouillon, qui passe à travers le tuyau *b*. D, seconde casserole qui surmonte la précédente et dans laquelle pénètre la vapeur de la casserole C, en traversant le tuyau *c*. E, rôtissoire montée au-dessus du fourneau ; elle reçoit directement l'action du feu ; l'air chaud qui s'échappe du combustible placé sur la grille *d*, passe dans la capacité *e*, et pénètre dans l'intérieur de la rôtissoire par le conduit *f*, pour s'échapper ensuite par une fente *g*, percée dans le couvercle. Cette circulation est indiquée par des flèches. Le régulateur du feu, comme l'appelle M. Sorel, se compose d'une cloche F, plongée dans le bouillon ; elle est fermée au-dessus, ouverte inférieurement et munie d'un tuyau, qui enveloppe le tube H, destiné à conduire l'air extérieur dans le fourneau. Ce tube, fermé en dessus, débouche au-dessous de la grille qui reçoit le combustible ; sa partie supérieure est percée de petits trous *h*, par lesquels pénètre l'air, dont la marche est indiquée par les flèches. La vapeur qui se forme sous la cloche par l'effet de l'ébullition, en chasse d'abord l'air, qui s'échappe par un tuyau, qu'on ferme ensuite avec un bouchon. Elle soulève alors la cloche, ainsi que le tuyau, qui, couvrant en partie les orifices *h*, rétrécit le passage de l'air. A ce moment, le feu se ralentit, l'ébullition cesse, et la pression de la vapeur sous la cloche diminue ; celle-ci descend lentement, et le tuyau, découvrant les orifices *h*, permet à une nouvelle quantité d'air de pénétrer dans le foyer pour activer la combustion. Par le jeu non interrompu du régulateur, l'ébullition se maintient d'elle-même constamment au même point.

Dans une expérience faite à la Société d'encouragement, on a placé dans l'appareil 2^k de bœuf avec 6^k d'eau, 1^k 312 de veau à rôtir, 0^k 500 de haricots secs, et 0^k 500 de pruneaux. Le charbon introduit dans le foyer pesait 0^k 612. L'expérience a duré 5 heures 40 min. Pendant cet intervalle, le régulateur a fonctionné de manière à entretenir le bouillon à une légère ébullition. A la fin de l'opération on s'est assuré que le bouillon ne laissait rien à désirer, et que les viandes, les légumes et les pruneaux étaient parfaitement cuits. Le charbon non consommé qui restait dans le foyer, pesait 250 grammes ; ainsi la consommation a été seulement de 372 grammes ; 1^k de charbon coûtant 0^f 20, la valeur du combustible consommé était de 7 centimes. Des expériences faites individuellement par chacun des membres du comité des arts économiques de la Société d'encouragement, ont donné les mêmes résultats.

1855. M. Sorel s'est servi du même principe pour maintenir un liquide à une température constante. Un de ces appareils a été employé au chauffage d'un couvoir artificiel par une circulation d'eau chaude. Sous tous les rapports cet appareil est préférable à celui de Bonnemain ; mais M. Sorel a fait comme ce dernier la faute de maintenir l'eau du réservoir à une température constante ; ce n'est pas l'eau au départ de la circulation, qui doit être maintenue à une température constante, mais l'air du couvoir ; par conséquent le régulateur devait se trouver dans le couvoir, et non dans le fourneau.

Ce dernier appareil modifié a été employé par M. Becquerel dans ses recherches sur la chaleur animale ; il maintient le liquide qu'il renferme à une température qui, pendant un temps très-long, ne varie pas de $\frac{1}{10}$ de degré.

1856. Pour la cuisson des légumes destinés à la nourriture des animaux, on emploie des appareils très-simples, qui se composent d'une chaudière, au-dessus de laquelle on place un vase de bois ou de métal, renfermant les légumes, et dont le fond est percé d'un grand nombre d'orifices pour admettre la vapeur. On favorise cette circulation en fixant au fond du vase un ou plusieurs cylindres fermés par le haut, ouverts par le bas, et percés latéralement d'un grand nombre de petits trous.

Chauffage des bains à domicile.

1857. Le moyen le plus commode est le chauffage par circulation, très-facile à disposer quand les baignoires sont fixes et que le fourneau peut s'établir à côté. On a proposé plusieurs dispositions pour chauffer les bains avec des foyers mobiles ; un de ces appareils consiste en un cylindre en tôle renfermant un foyer à la partie inférieure, et surmonté d'une chaudière à eau chaude échauffant le bain par circulation ; au-dessus est un espace pour chauffer le linge. On a proposé aussi de placer l'appareil de chauffage dans l'eau de la baignoire. Toutes ces dispositions présentent un grand embarras pour faire écouler l'air brûlé hors de la pièce. Il serait dangereux de le faire dégager dans l'appartement ; car pour chauffer un bain, dans les conditions ordinaires, il faut à peu près 1^k de charbon qui produit un volume d'acide carbonique suffisant pour transformer complètement en acide carbonique l'oxygène de 9 mètres cubes d'air.

1858. On a proposé plusieurs fois de chauffer les bains au moyen d'une lampe ordinaire à huile, dont la cheminée serait formée de deux tuyaux concentriques en fer-blanc ; l'intervalle qui les sépare communiquerait par le bas avec la baignoire, et par le haut avec un vase d'un plus grand diamètre percé d'une ouverture pour le dégagement de la fumée ; ce vase communiquant lui-même par un petit tuyau horizontal avec la baignoire, il en résulte que l'eau qu'elle contient s'échaufferait par circulation. Cette disposition serait certainement très-simple ; mais il est facile de reconnaître que l'expérience n'en a pas même été faite. Un bain renferme de 280 à 300 litres ; la température de l'eau à chauffer varie de 0° à 15°, et se trouve en moyenne à 7°. Si 30° est la température du bain, la quantité de chaleur à produire serait environ de $23.280 = 6440^c$; la puissance calorifique de l'huile est de 10400. Si toute la chaleur produite était utilisée, il faudrait brûler $6440 : 10400 = 0^k 62$ d'huile. Mais dans un appareil ainsi disposé on n'utiliserait certainement pas les deux tiers de la chaleur produite, et on peut compter qu'il faudrait brûler au moins 1^k d'huile ; une lampe ordinaire à gros bec brûle 42 grammes d'huile par heure : ainsi il faudrait pour le chauffage à peu près 24 heures, sans compter le refroidissement par la surface de l'eau et par la surface du métal. On pourrait, à la vérité, employer plusieurs lampes ou des lampes à plusieurs mèches concentriques, et diminuer le temps de l'échauffement autant qu'on voudrait ; mais alors on altérerait l'air environnant presque de la même manière qu'en chauffant la baignoire avec du coke qu'on brûlerait dans un appareil placé au-dessous ou dans l'intérieur, et le chauffage coûterait à peu près 40 fois plus.

Appareils de torréfaction du café.

1859. Tout le monde connaît les appareils généralement employés pour produire cet effet. A l'exposition universelle de 1855, on avait admis deux torréfacteurs qui contenaient chacun une amélioration que je crois devoir signaler. Dans l'appareil de M. Corroyer, d'Amiens, un cylindre en tôle fixe est placé au-dessus d'un foyer dont la flamme parcourt successivement toute la surface ; dans ce cylindre s'en trouve un autre concentrique, de même longueur, dont la surface est formée d'une toile métallique serrée, et auquel on donne un mouvement de rotation à l'aide d'une manivelle : c'est dans ce dernier cylindre qu'on place le café à torréfier. Il paraîtrait que le café, étant échauffé par le rayonnement de l'enveloppe extérieure et par l'air, et ne touchant jamais la tôle, les produits sont supérieurs à ceux qu'on obtient dans les brûloirs ordinaires. M. Renou, de Rouen, avait à l'exposition un appareil composé de plusieurs brûloirs disposés à la méthode ordinaire, mais de grandes dimensions, et mis en mouvement par une petite machine, dont la vapeur était produite par la chaleur de l'air brûlé qui avait chauffé les cylindres ; l'axe de rotation était creux, et renfermait un thermomètre qui permettait d'opérer la torréfaction à une température à peu près constante.

1860. Le torréfacteur à cacao, de M. Devinck (*Bulletin de la Société d'encouragement*, tome XLIX), se compose d'un foyer à large grille, qui rayonne sur une plaque de tôle forte, percée de trous, placée à une certaine distance, et qui a pour effet de distribuer uniformément la chaleur ; au-dessus de cette plaque se trouve l'appareil de torréfaction, formé de deux cylindres de tôle concentriques, soumis à un mouvement de rotation continu ; le cacao est placé dans le cylindre intérieur; l'air brûlé parcourt la surface du cylindre extérieur ; l'axe de rotation est creux et peut recevoir une sonde, qui permet de reconnaître à chaque instant l'état de l'opération ; un thermomètre, qui communique avec l'espace qui environne les cylindres, en donne la température.

Je pense que, pour la torréfaction des graines sur une grande échelle, il y aurait avantage à employer le mode d'opération imaginé par M. Rolland pour la torréfaction du tabac à fumer.

Emploi du gaz d'éclairage dans l'économie domestique.

1861. J'ai dit (209), à l'occasion de la chaleur développée par les différents combustibles, qu'un kilogramme de gaz d'éclairage produisait par sa combustion 13000 calories, et qu'au prix de 0f 30 le mètre cube, le prix de revient de 1000 calories était de 0f 03, tandis que celui de 1000 calories obtenues par la combustion du charbon de bois était, à Paris, de 0f 0266. La différence est très-faible, et se trouve certainement plus que compensée par les pertes de chaleur qui ont lieu pendant l'allumage du charbon et lors de l'extinction du foyer, pertes qui n'existent pas quand on emploie le gaz comme combustible, parce que l'allumage et l'extinction ont lieu instantanément. Il est important de remarquer que les charbons de Paris (113) et tous ceux de même nature, dont l'usage est maintenant très-répandu, coûtent à peu près autant que le charbon de bois. Au prix de 4 francs l'hectolitre comble de charbon de 22k, les 100k reviendraient à 18f 18 ; le charbon de Paris, à 0,20 de cendres, revient à 16f. En retranchant 0,14 de cendres pour l'assimiler au charbon de bois, le prix s'élèverait à 18f 61. Le grand obstacle qu'on rencontrera dans l'établissement du chauffage au gaz, appliqué à la préparation des aliments, consiste dans les frais d'installation et dans la crainte des explosions qui peuvent résulter d'une négligence dans la fermeture des robinets, ou des fuites dans les tuyaux de conduite. Il paraît cependant qu'en Prusse ce mode de chauffage est assez répandu.

1862. Les appareils de chauffage au gaz sont tous établis d'après les mêmes dispositions de principe, et ne varient que par les détails de construction. Une de ces dispositions consiste à faire arriver le gaz par un tuyau vertical dans une enceinte, fermée à la partie supérieure par une toile métallique. Le gaz, en s'épanouissant sous la toile, se mêle avec de l'air extérieur, et, quand on l'enflamme au-dessus, il produit un grand nombre de petites flammes courtes, peu lumineuses. On arrive, en employant ainsi un excès d'air, à répartir la flamme sur une plus grande surface, et à produire une combustion complète. Si on se servait de becs ordinaire, la flamme s'éteindrait au contact des surfaces froides des vases à chauffer ; il en résulterait une dépense plus grande, et en même temps un dépôt de noir de fumée sur les vases, ce qui serait encore un inconvénient.

On pourrait penser qu'avec cet appareil il est facile de faire varier la quantité de chaleur dégagée dans un temps donné, et qu'il suffit pour cela d'ouvrir plus ou moins le robinet du tuyau qui amène le gaz : il n'en est pas tout à fait ainsi. Si on ferme un peu ce robinet, les flammes deviennent plus courtes, et le moindre courant d'air suffit pour les éteindre ; si on l'ouvre davantage, la flamme s'allonge et vient s'éteindre contre les surfaces froides, et on a les inconvénients que nous avons signalés plus haut. Afin d'obtenir la variation d'intensité du foyer, indispensable dans l'économie domestique, on a imaginé plusieurs appareils, et la figure 504 représente la disposition adoptée par MM. Thauvin et Georgi.

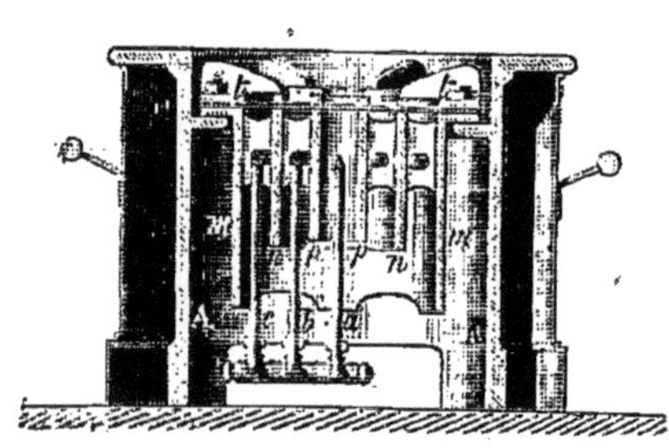

Fig. 504.

1863. L'appareil se compose de 3 cylindres concentriques mm, nn, pp, fermés par le haut par une toile métallique tt qui est recouverte par une plaque de fonte, à jour, portant des saillies destinées à supporter les vases à chauffer. Dans l'axe du cylindre central arrive un tuyau à gaz a, percé d'un orifice, et muni d'un robinet ; dans les deux intervalles annulaires des trois cylindres se trouvent deux tubes circulaires, percés de trous, et communiquant avec la conduite de gaz par des tuyaux b et c munis aussi de robinets. Chacun de ces tuyaux est indépendant des autres, et on peut, en ouvrant un, deux ou trois robinets, produire une combustion qui peut varier, par des combinaisons convenables, d'une manière presque continue, du simple au décuple.

Les appareils à toile métallique sont, comme on le voit, d'une grande simplicité; mais la toile est sujette à s'encrasser, et nécessite d'être remplacée assez fréquemment.

1864. Une autre disposition de principe, représentée figure 505, n'a pas cet inconvénient. Elle se compose d'un tuyau circulaire horizontal TAB, portant un certain nombre de tubes verticaux a, par lesquels le gaz s'échappe; ces tubes sont entourés d'un autre cd, d'un diamètre beaucoup plus grand, légèrement conique à la partie supérieure, et percé, à la hauteur du dégagement du gaz, de deux trous circulaires o pour l'introduction de l'air. Le mélange des deux gaz se fait ainsi dans le tube extérieur, et vient brûler à l'orifice supérieur. Par cette disposition, on n'a pas à craindre l'encrassement des toiles métalliques; mais le rapport des sections d'entrée du gaz et de l'air doit être déterminé avec le plus grand soin dans la construction, sans quoi la combustion s'effectue mal.

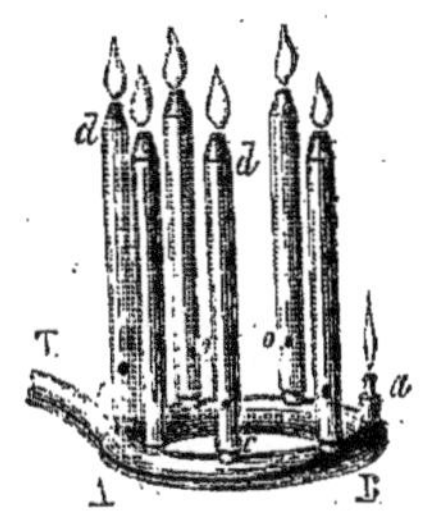

Fig. 505.

1865. Le chauffage au gaz a été appliqué à un grand nombre d'usages : à la cuisson des aliments, à la torréfaction du café, au chauffage des fers à repasser et à souder, à des calorifères et dans les laboratoires de chimie, où il est d'un usage très-commode. Des difficultés de diverses natures, parmi lesquelles se trouvent les frais d'installation et les craintes d'explosion, s'opposent pour le moment à la généralisation de son emploi; mais il nous paraît probable que les avantages qu'il présente sous le rapport de la commodité du service finiront par le faire adopter dans l'économie domestique et dans un grand nombre d'industries.

Observations sur les différents appareils employés dans la préparation des aliments.

1866. Pour la préparation en grand du bouillon destiné à être livré à la consommation, dans des établissements analogues à celui de la compagnie Hollandaise, il faut s'en rapporter aux résultats obtenus dans les nombreux essais faits par cette compagnie, et préférer les appareils à vapeur aux autres. On peut aussi employer les bains de liquide bouillant à des températures élevées, et placer dans les chaudières des régulateurs de Sorel pour obtenir une température constante dans le bain.

1867. Pour les cuisines d'hôpitaux, et en général pour les grands établissements publics, les appareils devant être appropriés aux besoins du service, aucun appareil, quelque bien disposé qu'il fût, ne conviendrait à plusieurs établissements que dans des circonstances tout à fait identiques. Dans tous les cas, les fourneaux en briques sont préférables aux fourneaux en fonte, dont les dimensions, toujours limitées, peuvent rarement convenir exactement à tous les besoins, et qui d'ailleurs ont le grand inconvénient d'occasionner une grande perte de chaleur par leur surface, et de chauffer les cuisines de manière à les rendre très-insalubres. Il est toutefois utile de conserver la fonte pour envelopper les fourneaux en briques, de manière à les rendre plus propres et plus solides.

1868. En général, on peut diviser en cinq parties l'appareil le plus complet : 1° la partie où l'on prépare la cuisine particulière et accidentelle, et les mets qui exigent une température élevée : elle se compose de plaques métalliques placées immédiatement au-dessus du foyer; 2° les marmites destinées à la préparation du bouillon, des soupes, et à la cuisson des légumes et des ragoûts ; 3° les fours à faire les rôtis, et qui remplacent les fours de campagne; 4° la chaudière à eau chaude ; 5° les fours qui doivent maintenir les plats chauds.

1869. Les plaques qui sont placées au-dessus du foyer sont indispensables toutes les fois que le fourneau doit servir à la préparation de toutes sortes de mets. Il est préférable que ces plaques soient en fer plutôt qu'en fonte, ces dernières étant sujettes à se casser et à se voiler par l'action de la chaleur. On emploie de préférence le fer en bandes, de 0,005 à 0,01 d'épaisseur. Les petits jours qui restent entre les bandes ne laissent point dégager de fumée, parce que l'air extérieur est toujours appelé dans l'intérieur du fourneau. Il serait important que ces plaques restassent toujours couvertes, car, lorsqu'elles sont libres, elles occasionnent une grande perte de chaleur par leur rayonnement. En les supposant seulement à 300°, la perte de chaleur correspondrait au moins, par heure et par mètre carré, à la chaleur produite par la combustion de 1 kilog. de houille.

1870. Les chaudières destinées à contenir des liquides dont la température ne doit pas dépasser 100°, sont placées au delà du foyer. Il est important qu'elles ne soient pas chauffées successivement par le courant d'air brûlé, parce qu'elles le seraient inégalement, et que l'une d'elles n'aurait la température convenable qu'autant que celle des autres serait trop haute ou trop basse. Cette condition peut facilement être remplie à l'aide de registres ; seulement il faut un peu de surveillance pour maintenir les marmites à la température la plus favorable, et toujours pleines jusqu'à la partie supérieure des carneaux qui les environnent.

Les marmites destinées aux ragoûts sont ordinairement peu profondes. Elles peuvent être placées à la suite de celles dont nous venons de parler; mais elles doivent aussi avoir des prises distinctes d'air chaud, pour ne pas être chauffées nécessairement par le même courant.

Pour ces différentes marmites, le chauffage direct par l'air brûlé pourrait être remplacé, dans quelques cas, par un chauffage au bain-marie.

1871. Les fours à rôtir sont toujours des caisses en fonte ou en tôle, ouvertes seulement sur une des faces latérales, où elles sont munies d'une porte, et autour desquelles on fait passer un courant d'air chaud. Ces fours peuvent facilement être placés au-dessous des marmites à ragoûts, et, comme toutes les autres parties du fourneau, ils doivent avoir des prises d'air chaud distinctes. Il est utile de laisser au fond des fours, et à la partie supérieure, de petits orifices s'ouvrant dans les carneaux, afin de faire dégager dans la cheminée les vapeurs qui se produisent pendant la cuisson des viandes.

La chaudière à eau chaude, chauffée par l'air brûlé qui a circulé autour des autres appareils de chauffage, doit être placée à l'extrémité du fourneau. L'air brûlé passera d'abord sous le fond, et ensuite autour de la surface latérale, avant de se rendre dans la cheminée. La quantité d'eau qu'on peut chauffer avec la chaleur perdue des fourneaux de cuisine, excède en général de beaucoup celle qui est nécessaire pour les besoins du service et l'appareil de cuisine proprement dit; mais il est souvent facile d'utiliser cet excès.

1872. Quand les plats sont nombreux, qu'ils ne peuvent être préparés que successivement, dans un intervalle assez long, et qu'ils doivent être servis simultanément, ce qui arrive dans les grandes maisons d'éducation, il devient indispensable de les maintenir chauds jusqu'à l'instant du service. On se sert quelquefois de la partie supérieure du fourneau, qui est toujours à une température assez élevée; mais la surface libre qu'il présente n'est pas toujours suffisante. Dans ce cas il serait facile de placer au delà du fourneau, ou contre les murs, des caisses en tôle, longues, peu profondes, d'une faible hauteur, qui seraient chauffées par la chaleur perdue, et qui rempliraient parfaitement l'objet qu'on se propose : on pourrait détourner momentanément le courant d'air brûlé de la chaudière à eau chaude pour chauffer ces fours.

1873. Dans tous les modes de préparation des aliments, la quantité de chaleur rigoureusement nécessaire est toujours très-petite relativement à celle qui est consommée dans les fourneaux, même dans ceux qui sont le mieux disposés. Ainsi, dans la préparation du bouillon, on ne doit point produire de vapeurs, ou du moins on doit en produire le moins possible : par conséquent, la dépense réelle de chaleur se réduit à celle qui est nécessaire pour échauffer le liquide à 100° ; mais, pour le maintenir à cette température pendant plusieurs heures, on perd toute la chaleur qui passe à travers l'enveloppe et celle qui reste dans l'air brûlé entrant dans la cheminée. Il en est de même pour toutes les autres opérations qui exigent une température plus élevée. On voit facilement, d'après cela, qu'il est réellement impossible de déterminer les quantités de combustible à consommer, et les dimensions du foyer et du canal d'air brûlé, d'après les effets utiles à produire. Quand les fourneaux ne doivent faire que du bouillon, on pourrait prendre pour point de comparaison les résultats des expériences faites sur les appareils où le chauffage a lieu au bain-marie, en donnant un excès de section au canal, et en se réservant de maîtriser le tirage de la cheminée par un registre. Mais quand le foyer est surmonté de plaques de fer, qui doivent être fortement échauffées pour certaines opérations, il faut uniquement s'en rapporter aux dimensions du canal et du foyer, qui se trouvent dans les appareils reconnus comme satisfaisant complétement aux besoins du service.

Dans beaucoup de grands établissements, les dépenses de combustible sont considérables, par suite de la mauvaise disposition des fourneaux. Beaucoup chauffent encore au bois ou au charbon de bois ; la substitution de la houille, que permet l'emploi des appareils que nous avons décrits, procurerait une notable économie.

1874. Dans presque toutes les maisons particulières, les fourneaux de cuisine n'ont depuis longtemps éprouvé aucune amélioration ; ils se composent de trémies en fonte, engagées dans une maçonnerie, et dans lesquelles on brûle du charbon de bois. Ce mode de chauffage est insalubre et très-cher ; il est insalubre, parce que la totalité ou au moins une partie des produits de la combustion se répand dans la pièce, quoique le fourneau soit surmonté d'une hotte ; il est très-cher, parce qu'on n'utilise qu'une très-petite partie de la chaleur produite par la combustion, et que le combustible employé est le plus cher de tous. Les fourneaux d'Harel évitent le premier inconvénient, mais ils laissent subsister le dernier.

Pour les familles nombreuses, la meilleure disposition que l'on puisse

employer est celle des fourneaux dont on se sert dans les grands établissements, mais réduits à l'échelle convenable ; ils présentent en effet
plusieurs avantages : aucune partie des gaz qui proviennent de la combustion ne peut se dégager dans les pièces ; on utilise une grande partie
de la chaleur produite dans le foyer, soit directement, soit pour le
chauffage de l'eau ; enfin on peut brûler de la houille, qui, dans presque
toutes les localités, est moins chère que le charbon de bois, ou le charbon de Paris et ses analogues. Mais, pour de petits ménages, ces fourneaux, bien loin d'être économiques, peuvent occasionner un grand
excès de dépenses, parce qu'il faut toujours chauffer le fourneau, quelque faible que soit la chaleur dont on a besoin. Ainsi dans ce cas, qui
est le plus général, les anciennes dispositions sont encore préférables
aux fourneaux à un seul foyer, malgré les inconvénients que nous
avons signalés, surtout si on emploie les foyers d'Harel, à flamme renversée. Cependant les petits fourneaux potagers pourraient être modifiés de manière à devenir encore économiques, et d'un prix très-peu
élevé. Il suffirait de placer une plaque de fer, de $0^m 004$ à $0^m 005$ d'é-
paisseur, sur toute la surface du fourneau ; une partie recouvrirait le
foyer, et l'autre serait échauffée par le courant d'air brûlé, qui circulerait ensuite autour d'une petite chaudière à eau chaude ; un four à
rôtir pourrait, à l'aide d'un registre, être chauffé directement par l'air
brûlé ; la plaque ayant une température décroissante, depuis la partie
qui reçoit le rayonnement du foyer jusqu'à celle qui est abandonnée la
dernière par le courant d'air brûlé, on trouverait sur sa surface la température qui convient à l'opération que l'on veut effectuer.

1875. Il n'est pas douteux que le chauffage au gaz serait encore plus
simple et plus économique, du moins quand le prix du gaz n'est pas
trop élevé, parce qu'on peut avoir un foyer pour chaque vase, le régler de manière à ce qu'il produise exactement la quantité de chaleur
nécessaire, et que la vapeur d'eau dégagée et l'acide carbonique peuvent encore être utilisés au delà pour le chauffage de l'eau.

1876. L'amélioration la plus importante à introduire dans les appareils destinés à la préparation des aliments, consiste dans l'évacuation
des vapeurs produites, vapeurs qui non-seulement sont nuisibles pour
les personnes qui restent dans les cuisines, mais qui se répandent dans
les pièces voisines, et sont souvent très-désagréables. Les fourneaux de
cuisine, les grands comme les petits, sont presque toujours surmontés
d'une hotte ; mais cette disposition est loin d'être d'une efficacité suffisante, parce que les vapeurs, étant disséminées dans un grand volume
d'air, n'ont pas une température assez élevée pour déterminer un ti-

rage par le tuyau aboutissant de la partie supérieure de la hotte à l'extérieur. Il est toujours important de faire communiquer ce tuyau avec une cheminée, et de faire descendre la hotte aussi bas que possible.

1877. En 1821, M. Darcet, a publié à ce sujet un mémoire et une description très-détaillée de la disposition qu'il avait adoptée pour son usage. Elle consiste dans l'emploi de rideaux mobiles, suspendus à la hotte, ce qui permet de réduire autant que possible les sections d'accès de l'air extérieur. Pour les grands fourneaux de cuisine, l'emploi de châssis vitrés serait préférable, parce qu'ils permettraient de voir tous les appareils. La chaleur dégagée par les surfaces du fourneau serait alors suffisante pour produire le tirage : on pourrait d'ailleurs placer la cheminée d'air brûlé dans celle de sortie des vapeurs. Pour les petits appareils, le même effet serait produit, d'autant mieux que les gaz brûlés se dégagent directement.

Chauffage des fours à cuire le pain.

1878. En France, dans toutes les boulangeries, à un très-petit nombre d'exceptions près, on suit encore l'ancienne méthode pour la cuisson du pain. Les fours n'ont d'autre issue que la bouche par laquelle on enfourne, et on les chauffe en brûlant dans l'intérieur du bois léger sec et refendu. La combustion est très-imparfaite, parce qu'il doit se produire dans le four deux courants opposés, l'un d'air extérieur de dehors en dedans, l'autre d'air brûlé dirigé en sens contraire. En outre, ce mode de chauffage est peu économique, parce que l'air chaud s'échappe, surtout à la fin de l'opération, à une température très-élevée. Les boulangers sont cependant indemnisés d'une partie de la dépense du combustible, par la vente de la braise qu'ils retirent du four. La température de la cuisson du pain varie de 200° à 300° ; la durée est d'environ une demi-heure ; elle doit, d'ailleurs, nécessairement changer avec la grosseur des pains et la température du four.

1879. Il y a un grand nombre d'années, le comte Chabrol de Volvic et M. Legallois, ingénieur, firent établir, pour le service des armées, un four chauffé à la houille et à sole tournante, mais les résultats ne furent pas satisfaisants. Plus tard, M. Caveley construisit des fours aussi à sole tournante, mais disposés d'une autre manière, et qui fonctionnèrent avec succès ; le combustible était de la houille et le chauffage avait lieu par la circulation de l'air chaud ; la sole était mobile autour d'un axe vertical ; son mouvement régularisait la température et facilitait l'enfournement et le défournement. En 1835, MM. Jametel et Lemare ont modifié le mode de chauffage des fours de manière à obtenir une grande uniformité de température, en permettant l'emploi de toute espèce de combustible.

1880. Le four qu'ils avaient construit avait la forme ordinaire ; l'air brûlé qui s'échappait du foyer circulait dans des carneaux horizontaux placés au-dessus et s'écoulait ensuite dans la cheminée. Entre ces carneaux et la sole se trouvait un espace B, de peu d'élévation et garni de nombreuses chicanes. Autour du foyer on avait pratiqué des caniveaux voûtés C d'une grande section. Un côté de l'intérieur du four communiquait avec l'espace B, celui-ci avec les carneaux C, et ces derniers aboutissaient au côté opposé du four. Il résultait de là que la cuisson du pain s'effectuait par une circulation d'air chaud ; des registres convenablement placés permettaient de régler la température.

Dans les premiers fours de ce genre qui ont été employés, les foyers étaient sans grille, et on reconnut avec surprise que la combustion continuait quoique les portes du foyer et du cendrier fussent fermées hermétiquement et tous les joints garnis d'argile. Ces circonstances avaient fait dire que la combustion s'effectuait sans air ; mais il paraît qu'il se produisait dans la cheminée deux courants en sens contraire, dont l'un amenait de l'air extérieur sur le combustible. Il est possible encore que l'air pénétrât à travers les briques, comme on l'a constaté dans des foyers analogues également fermés. On a essayé dans ces fours de se servir de grilles ordinaires, mais on a obtenu de moins bons résultats qu'avec les foyers sans grille à combustion très-lente.

La *Revue scientifique* (mars 1842) renferme, sur les fours dont il est question, un article de M. Saigey, dans lequel ce physicien a cherché à déterminer la quantité de chaleur utilisée. Voici les données du calcul :

Quantité de farine employée	157^k
Eau de pétrissage	79
Pâte	236
Température de la cuisson...... 300°	
Température du pain à la sortie.. 100°	
Coke brûlé pendant l'opération	22^k 25

Le four étant maintenu à une température sensiblement constante, l'effet utile se compose, 1° de la chaleur employée à la vaporisation de 32 kilog. d'eau, qui représente $650 \times 32 = 20800$ unités ; 2° de la chaleur employée à chauffer à 100° les 47 kilog. d'eau qui restent dans le pain, et qui est égale à $47 \times 70 = 3290$; 3° de la chaleur employée à échauffer 157 kilog. de farine de 30° à 100° : en admettant que la chaleur spécifique de la farine soit, comme celle du bois et de la gomme, la moitié de celle de l'eau, on a $157 . 70 . 0,50 = 5495$. En réunissant ces trois quantités, on trouve 29585 unités, tandis que la combustion du coke brûlé a produit $22,25 . 8000 = 178000$. Ainsi l'effet utile est seulement égal à 0,166 de la chaleur produite dans le foyer.

1881. Depuis, M. Carville a imaginé une autre disposition, dont je donnerai une description succincte. La sole du four est formée de plaques épaisses de fonte ; au-dessous et au centre se trouve le foyer, dont l'air brûlé circule en spirale sous une voûte séparée des plaques de fonte par une couche de sable. La fumée circule ensuite dans des carneaux, autour et au-dessus du four, et se rend dans une cheminée placée au centre. Un intervalle plein d'air stagnant est destiné à diminuer le refroidissement de la partie supérieure ; l'activité de la combustion se règle par les registres de la cheminée. D'après des expériences faites à la boulangerie centrale militaire de Paris, ce four réaliserait une économie de 0,50 sur les fours ordinaires chauffés au bois.

1882. Récemment, M. Rolland a construit des fours à cuire le pain, qui paraissent satisfaire à toutes les conditions qu'on peut désirer. Ce nouveau four est circulaire ; la sole est formée de plaques de tôle recouvertes d'un carrelage : elle peut tourner facilement, au moyen d'une manivelle, autour d'un axe vertical reposant sur une crapaudine, qu'on peut soulever plus ou moins pour rapprocher l'âtre de la voûte. Il est chauffé par un foyer à grille, dans lequel on peut brûler toute espèce de combustible. L'air brûlé, en sortant du foyer, s'écoule par 6 tuyaux de fonte placés au-dessous de la sole, et arrive par des carneaux verticaux dans un espace fermé, compris entre le plafond en tôle du four et une enveloppe en fonte, recouverte d'une épaisse couche de cendres. Quand on brûle du bois, on recueille la braise qui tombe à travers les barreaux très-espacés de la grille, dans un étouffoir fermé par une soupape très-mobile, qui s'ouvre par la chute de la braise, et se referme aussitôt. La rotation de la sole rend plus facile l'enfournement et le défournement, ainsi que l'uniformité de la cuisson.

1883. On a fait récemment en Allemagne quelques essais pour effectuer la cuisson du pain au moyen de la vapeur surchauffée. Le four, en métal, est établi dans un massif de maçonnerie, et l'âtre mobile peut glisser sur un chemin de fer, pour être amené à l'extérieur. A droite se trouve le foyer, et à gauche la chaudière. La vapeur surchauffée arrive dans l'intérieur du four, et s'écoule par la partie supérieure. La température est réglée par un thermomètre. Il paraît qu'avec cet appareil on a obtenu de bons résultats. Si quelques difficultés nous semblent pouvoir se produire pour une fabrication irrégulière comme celle du pain ordinaire, il n'en serait pas de même pour celle du biscuit, et la vapeur surchauffée pourrait, dans ce cas, rendre des services réels.

1884. La boulangerie a été jusqu'à présent une industrie purement locale, dont la clientèle ne s'étendait jamais qu'à une faible distance. Elle n'a pu être exploitée sur une vaste échelle, si ce n'est dans les cas particuliers, où il s'agissait, dans les grandes villes, de la fourniture du pain pour les troupes et les hospices. Quelques grands établissements, fondés en France dans ces dernières années, n'ont pu réussir. Malgré cet insuccès, il me semble que par les économies résultant d'un pétrissage mécanique, d'une cuisson continue dans des fours bien disposés, on doit arriver à créer, dans des conditions favorables, de grandes usines de fabrication du pain. C'est ce qui a lieu, du reste, en Amérique, où cette fabrication s'effectue sur une échelle considérable, et devient même une annexe des moulins à farine.

LIVRE XIII

CHAUFFAGE DES CORPS SOLIDES.

CHAPITRE PREMIER.

CONSIDÉRATIONS GÉNÉRALES.

1885. Le but qu'on se propose en échauffant les corps solides, est quelquefois de les employer à chauffer d'autres corps, ou par leur contact, ou par leur rayonnement ; mais le plus souvent on a pour objet de produire la fusion de ces corps, ou certaines actions chimiques.

Dans chaque cas particulier, la nature et la forme des appareils que l'on peut employer, dépendent de la nature des corps sur lesquels on opère et de l'effet qu'on veut produire. L'examen de tous les cas qui peuvent se présenter nous obligerait à entrer dans des spécialités qui sont hors de l'objet de cet ouvrage. Nous nous contenterons d'exposer des considérations générales que nous appliquerons ensuite à quelques cas particuliers.

1886. Dans presque tous les fourneaux où l'on soumet les corps à une haute température, l'air brûlé est abandonné, du moins à la fin de l'opération, à une température supérieure à celle des corps chauffés. On n'utilise alors qu'une très-faible partie de la chaleur développée. Par exemple, dans les fourneaux destinés à la fusion de la fonte, on emploie 0^k 30 de coke pour fondre 1^k de fonte, c'est-à-dire environ 2000 unités de chaleur ; or, d'après une expérience de Clément, 1 kilogr. de fonte en fusion projetée dans 20 kilogr. d'eau, en élève la température de 14° ; ainsi la quantité de chaleur nécessaire pour chauffer et fondre ensuite 1 kilogr. de fonte est $14 \times 20 = 280$ unités, et par conséquent la chaleur utilisée dans les fourneaux à fondre la fonte est $\frac{280}{2000} = 0,14$ de la quantité totale de chaleur développée.

1887. Dans la plupart des usines, l'utilisation de la chaleur perdue est d'une haute importance, parce que la dépense de combustible entre toujours pour une forte proportion dans le prix de revient des produits et que partout où la consommation de combustible est considérable, une économie sur cette dépense est un bénéfice notable immédiatement réalisé.

Dans les fourneaux à haute température, il y a réellement deux espèces de perte de chaleur : celle emportée par l'air brûlé en pénétrant dans la cheminée, et celle que possède à sa sortie du fourneau le corps solide échauffé, qu'il faut souvent faire refroidir en perdant toute la chaleur contenue dans sa masse.

Sans rien changer aux dispositions des appareils, on peut utiliser la chaleur de l'air brûlé sortant du fourneau à différents usages ; pour chauffer des chaudières à vapeur, des étuves, des séchoirs, des ateliers, etc., en lui conservant une température seulement suffisante pour le tirage. On peut aussi, dans certaines circonstances, disposer les appareils de manière que le corps solide à chauffer marche en sens contraire de l'air brûlé ; par cette disposition, qu'il faut adopter toutes les fois que ce sera possible, l'utilisation consiste dans le commencement du chauffage du corps solide lui-même.

1889. Quant à l'utilisation de la chaleur contenue dans le corps échauffé, lorsqu'il doit être refroidi, elle est plus difficile ; cette chaleur pourrait être, dans certains cas, employée, en partie du moins, par l'intermédiaire d'un courant d'air, à commencer l'échauffement du corps solide. On peut aussi en utiliser une partie pour échauffer l'air d'alimentation du foyer.

1890. Dans tous les cas, il faut chercher à rendre le travail continu afin d'éviter les pertes de chaleur qui ont lieu à chaque interruption par le refroidissement des appareils.

1891. L'utilisation des chaleurs perdues présente quelquefois des difficultés, par la complication des appareils ; d'autres fois on n'a pas l'emploi utile de cette chaleur ; mais ces cas sont rares et il y a réellement peu d'usines dans lesquelles un ingénieur intelligent ne puisse réaliser d'importantes économies de combustible.

1892. Les principes généraux que je viens d'exposer trouvent leur application dans un grand nombre d'industries ; et il est impossible de les passer toutes en revue. Beaucoup, telles que le traitement des métaux, la fabrication du gaz de l'éclairage, etc., ont été l'objet d'ouvrages spéciaux auxquels je renvoie. Je me contenterai donc, pour faire voir l'usage de ces principes, d'examiner quelques opérations, et, pour éviter d'en augmenter le nombre, je traiterai, dans un chapitre spécial, d'un moyen général de chauffage des corps solides, applicable toutes les fois qu'on doit maintenir les corps à une température constante, entre 100° et 400°, je veux parler de l'emploi de la vapeur surchauffée.

CHAPITRE II.

FOURS A CHAUX.

1893. La chaux s'obtient, comme on sait, en calcinant à une assez haute température la pierre calcaire (carbonate de chaux), composée de 0,56 de chaux et de 0,44 d'acide carbonique quand elle est pure. Sous l'influence de la chaleur, l'acide carbonique se dégage et, d'après une opinion assez généralement admise, la décomposition serait considérablement favorisée par un courant de vapeur d'eau.

On emploie presque toujours pour la cuisson de la chaux des fours qu'on peut classer en fours intermittents et en fours continus.

Fours intermittents.

1894. Un four intermittent assez généralement employé pour la fabrication de la chaux sur une petite échelle consiste en un four ovoïde, revêtu intérieurement d'une enveloppe en briques réfractaires. Il est percé d'une porte au niveau du sol. Pour cuire la chaux, on construit à la partie inférieure, avec les pierres calcaires les plus grosses, une voûte ; on dispose les autres aussi également que possible, en ayant soin d'employer des pierres de plus en plus petites. Le combustible, qui est le plus souvent du bois en fagots, est jeté sur le sol, sous la voûte, et la combustion est alimentée par l'air qui pénètre par la porte latérale. Au bout de trois ou quatre jours, la cuisson est terminée et on procède au défournement. On laisse refroidir le four et on le recharge ensuite de la même manière.

Il y a par cette méthode une grande perte de chaleur, à la fin de chaque opération, car il est nécessaire de porter à une température élevée les pierres qui se trouvent à la partie supérieure, et pendant ce temps les gaz s'échappent à peine refroidis. C'est afin de diminuer la durée de cette période qu'on a soin de placer dans le haut les pierres les plus petites.

1895. On ne peut, avec cette disposition, brûler que des fagots ou du bois, et encore la combustion est-elle nécessairement imparfaite, et la consommation de combustible considérable. On pourrait remédier à ces inconvénients en plaçant une grille à la partie inférieure du four, et la figure 506 représente cette modification qui permettrait l'emploi de toute espèce de combustible et produirait un meilleur effet utile.

Afin d'éviter la perte considérable qui résulte de la haute température des gaz à la sortie, pendant la dernière période, on a construit des fours doubles qui se composent de deux fours ordinaires superposés et séparés par une voûte à claire-voie. On utilisait alors le four supérieur pour la cuisson de la brique ou toute autre opération.

1896. Tous les fours intermittents ont les mêmes vices de principe qui occasionnent des pertes de chaleur impossibles à éviter. La totalité de la chaleur renfermée dans la chaux cuite et dans les gaz qui s'échappent est perdue, et il en est de même de celle qui se

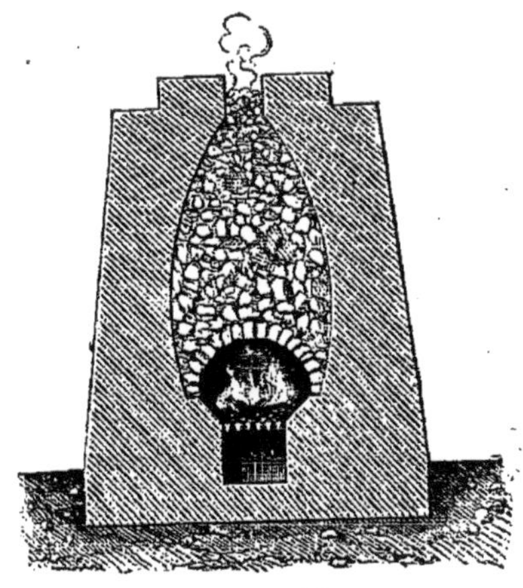

Fig. 506.

trouve dans la masse de maçonnerie, car on est obligé d'attendre, pour procéder à un nouveau chargement, que le four soit refroidi. C'est dans le but d'éviter ces pertes de chaleur, qui ne laissent pas que d'être considérables, que l'on a été conduit à employer des fours continus.

Fours à feu continu.

1897. Les fours continus peuvent être disposés de deux manières différentes. Dans le premier système, le combustible est mélangé avec la pierre calcaire ; dans le second, il est brûlé dans des foyers latéraux.

Les fours du premier système ont en général la forme d'un tronc conique, quelquefois cylindrique ou légèrement ovoïde. A la partie inférieure se trouvent un certain nombre d'ouvertures pour le défournement. La pierre à chaux et le combustible, qui est en général de la houille maigre, des anthracites ou du coke, se chargent par le gueulard, par couches alternatives aussi uniformément que possible, en ayant soin toutefois de ne pas mettre de charbon vers les parois, car c'est dans ces parties que passent surtout les produits de la combustion. Les épaisseurs des couches doivent être déterminées de telle sorte que le combustible soit seulement suffisant pour calciner la couche supérieure de calcaire, et pour que la combustion d'une couche de houille ne commence que lorsque celle de la couche au-dessous est près de finir. La première condition est indispensable pour qu'il ne se brûle pas du charbon inutilement, et la seconde pour éviter la production de l'oxyde de carbone, ou que la chaux ne soit pas trop cuite. Le règlement des couches nécessite donc pour chaque combustible un tâtonnement qui demande à être fait avec intelligence.

Le défournement de la chaux doit être réglé de manière que la zone de grand feu se trouve environ aux deux tiers de la hauteur à partir du sol. La chaux pendant la descente trouve ainsi le temps de se refroidir à peu près complétement au contact de l'air qui vient alimenter la combustion et il en résulte deux avantages : il y a d'abord économie dans la consommation de combustible et ensuite le travail des ouvriers employés au défournement est rendu beaucoup moins pénible.

1898. L'emploi des fours continus semble au premier abord nécessiter une production régulière de chaux, mais il n'en est pas ainsi. La zone de combustion peut varier dans certaines limites de hauteur sans qu'il en résulte d'excès sensible de consommation. On peut, par exemple, si l'on ne veut pas travailler le dimanche, défourner le samedi une plus grande quantité qu'à l'ordinaire, ce qui fera baisser la zone de combustion ; dans la journée du dimanche elle se relèvera peu à peu, et, si l'on a opéré convenablement, on se retrouvera le lundi dans les conditions normales. Mais en général, on préfère suspendre le courant d'air le dimanche ; cette suspension peut même durer plusieurs jours. Elle s'effectue simplement en recouvrant la partie supérieure de cendres de chaux que l'on tasse bien et que l'on arrose d'eau au besoin. L'emploi des portes à la partie inférieure gêne constamment le déchargement, et la fermeture par le bas, fût-elle même parfaitement étanche, n'empêche jamais aussi bien les mouvements d'air à l'intérieur qu'un bouchage bien fait par le haut.

La hauteur des fours varie de 6^m à 15^m. Le plus grand diamètre est environ le tiers de la hauteur.

1899. Les figures 507 et 508 représentent un four à chaux dans lequel le combustible est brûlé dans quatre foyers latéraux. La chaux se retire par quatre ouvertures placées entre les foyers et à quelques mètres plus bas, et on recharge en même temps le four, de manière à ce qu'il soit constamment rempli : par cette disposition, on peut obtenir une bonne combustion et la régler à volonté dans les différentes parties, ce qui est difficile avec les fours à couches alternatives ; l'air brûlé se dissémine assez uniformément dans la masse de pierre à chaux, et si le four a une hauteur suffisante, il pourra se dégager à une température peu élevée ; mais il y aura nécessairement une grande perte de chaleur pendant les défournements par le grand volume d'air froid qui pénètre dans le four pendant que les portes de sortie de la chaux sont ouvertes.

Le four que nous venons de décrire présente seul l'avantage de permettre l'emploi des combustibles végétaux, en appropriant le foyer à chaque combustible ; mais la chaux est extraite à la plus haute température qu'elle ait éprouvée, et, sous le rapport économique aussi bien que sous celui de la facilité du travail, les fours à couches alternatives bien conduits sont préférables.

1900. Tout ce que je viens de dire suppose que le calcaire employé produit des chaux grasses, généralement employées pour les mortiers ordinaires et pour l'agriculture. Mais quand les pierres à chaux ou les mélanges artificiels sont de nature à produire des chaux maigres, des mortiers hydrauliques et des ciments, il y a dans la cuisson des conditions particulières à remplir, qui exigent des dispositions particulières dans les

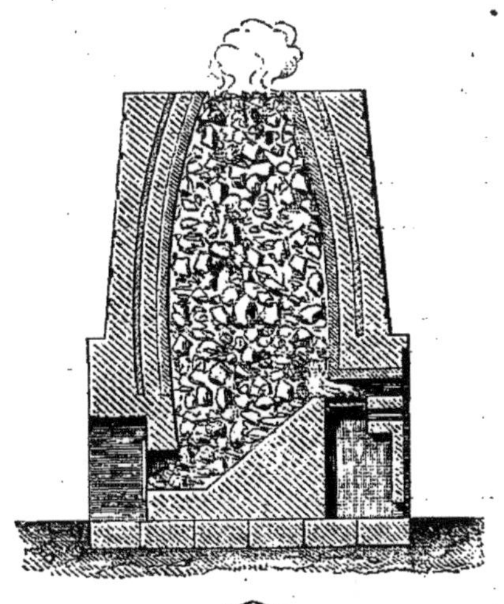

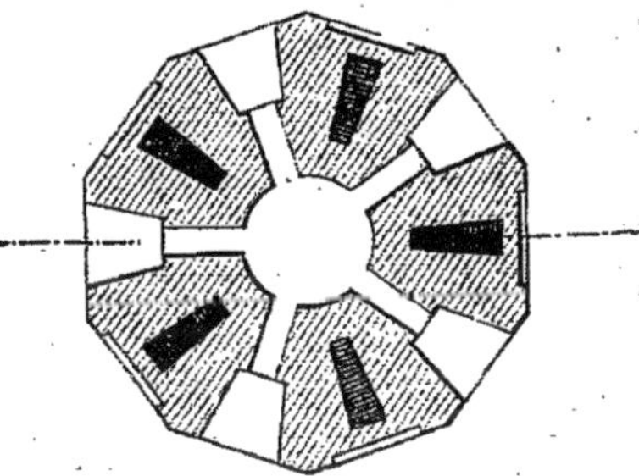

Fig. 507 et 508.

fours, que la nature de cet ouvrage ne me permet pas d'examiner. Je dirai seulement que si la température que doit supporter la matière devait être inférieure à celle qui est nécessaire pour la combustion, on parviendrait facilement à remplir cette condition, en employant des foyers au delà desquels on introduirait de l'air extérieur de manière à abaisser la température de l'air brûlé.

CHAPITRE III.

FOURS A PLATRE.

1901. La cuisson du plâtre a pour objet, comme on sait, d'enlever à la pierre à plâtre l'eau de cristallisation qu'elle renferme, et de lui donner, par suite, la propriété de prendre plus ou moins de solidité lorsqu'il est mêlé avec de l'eau. On cuit ordinairement le plâtre dans des fours qui ont beaucoup d'analogie avec les fours à chaux intermittents ; seulement le four est rectangulaire et les gros blocs sont arrangés de manière à former une série de voûtes qui s'appuient les unes sur les autres ; on forme en avant un mur avec les mêmes matériaux, et on remplit de morceaux menus l'intervalle qui se trouve entre les trois murs permanents du four et celui dont nous venons de parler. Les espaces terminés supérieurement par les voûtes servent de foyers, et on y brûle des branchages et du bois menu ; un grand excès d'air pénètre nécessairement par l'ouverture libre du foyer. Les blocs qui forment les voûtes étant soumis à une température trop élevée, sont altérés, du moins jusqu'à une profondeur de quelques centimètres, et ne produisent que de mauvais plâtre.

1902. Les pierres à plâtre renferment au plus 0,20 d'eau qu'il faut enlever par la chaleur. La capacité calorifique du plâtre étant de 0,196, la quantité de chaleur employée, en supposant que la vapeur et le plâtre soient chauffés à 200°, serait pour obtenir 0^k 8 de plâtre cuit, égale à $637 \times 0,2 + 0,475 \times 0,2 \times 100 + 0,8 \times 200 \times 0,196 = 168^c\ 26$; par conséquent, pour obtenir 100^k de plâtre, il faudrait $\frac{168,26 \cdot 100}{0,8} = 21030^c$, à peu près 7^k de bois ordinaire, en supposant qu'il n'y ait pas de chaleur perdue. D'après quelques informations, la quantité de bois brûlé par mètre cube de plâtre, varie de 210^k à 135^k. Le poids du mètre cube de plâtre étant de 1500 à 1600^k, pour en calciner 100^k il faudrait de 14^k à 9^k de bois. Ce dernier nombre se rapproche assez de celui qui est indiqué par le calcul.

1903. On a cherché dans ces dernières années à se servir de la houille comme combustible ; on a modifié pour cela les fours que nous venons de décrire en construisant, à la partie inférieure, des foyers à grilles surmontés de voûtes en maçonnerie, qui supportent la pierre à plâtre. Ces voûtes sont percées d'orifices destinés à répartir aussi également que possible la chaleur dans toute la masse. La figure 509 représente une de ces dispositions. Les foyers, qu'on peut disposer pour brûler tous les divers combustibles minéraux, sont surmontés d'une voûte dans laquelle sont percés des orifices a, a de déga-

Fig. 509.

gement de l'air brûlé ; B, B, B, larges espaces communiquant avec l'extérieur et par lesquels s'introduit l'air pour abaisser la température des gaz au degré convenable ; *b, b,* orifices par lesquels le mélange d'air brûlé et d'air pur pénètre dans le four.

1904. La conduite du foyer demande à être faite avec soin ; il faut maintenir le feu toujours clair et brillant, afin d'éviter toute trace de fumée, qui altérerait la qualité du plâtre ; on peut, dans ce but, introduire un grand excès d'air, qui dans le cas qui nous occupe n'est pas un inconvénient, puisqu'il faut abaisser la température des gaz sortant du foyer.

1905. Pour produire un mélange plus intime et une combustion plus complète, on se sert aussi de ventilateurs dont l'emploi a bien réussi dans une grande usine qui fabrique du plâtre pour la consommation de Paris. Pour empêcher les houilles qui colleraient ou qui produiraient du mâchefer, de s'agglomérer sur la grille, on a dans la même usine un appareil spécial placé dans le cendrier. Il se compose de tiges de fer fixées sur une même traverse mobile autour d'un axe ; en appuyant sur un levier, les tiges se relèvent, viennent passer dans les intervalles des barreaux et fourgonnent ainsi simultanément sur toute la surface de la grille.

L'emploi de la houille présente de grands avantages sur celui du bois ; il est d'abord considérablement plus économique, et il dispense en outre des approvisionnements de bois qui présentent toujours des chances d'incendie.

Appareils particuliers employés à la cuisson du plâtre.

1906. Les fours que nous venons de décrire sont les appareils le plus généralement employés pour la fabrication du plâtre ; mais il en est d'autres qui ont été essayés ou qui sont appliqués dans des cas particuliers et dont nous venons de dire quelques mots.

1907. M. Violette a essayé, il y a quelques années, de cuire le plâtre ordinaire en employant la vapeur surchauffée à 200°, qu'il faisait passer successivement dans deux fours de forme ovoïde. Ce n'est pas évidemment le cas de faire usage de ce véhicule de chaleur, du moment que l'opération permet sans le moindre inconvénient des moyens beaucoup plus simples et moins coûteux d'installation. Toutefois, comme la vapeur surchauffée procure une température parfaitement régulière et ne donne pas la plus légère coloration, peut-être pourrait-elle servir pour cuire des albâtres destinés à faire du plâtre de moulage de qualité tout à fait supérieure.

1908. Le menu des mines de plâtre ne peut évidemment être calciné dans les fours que nous avons étudiés; pendant longtemps il est resté à peu près sans emploi. Dans ces dernières années, MM. Arson et Bellanger ont réussi à en opérer la cuisson; ils se sont servis d'un cylindre horizontal en tôle, mobile autour de son axe et chauffé extérieurement. Ce cylindre garni intérieurement de nervures hélicoïdales, est placé dans un canal en briques, ayant un foyer à une extrémité et une cheminée à l'autre. Il tourne uniformément et reçoit le plâtre en poudre d'un côté, pour le rejeter calciné à l'autre bout. C'est évidemment de ce dernier côté que les foyers doivent être placés afin que la fumée et le plâtre circulent en sens contraire. Nous avons déjà parlé de ce genre d'appareil à propos de la torréfaction du tabac (1565).

1909. Dans quelques cas particuliers, où l'on a le débit du coke, on a cuit le plâtre par la chaleur perdue des fours à coke. Ceux-ci sont disposés comme à l'ordinaire, mais les gaz qui s'en échappent, se rendent dans un espace voûté, situé au-dessus, où ils se mélangent avec une certaine quantité d'air extérieur avant de pénétrer dans le four à plâtre par un grand nombre d'orifices pratiqués dans la voûte. Deux cheminées communiquant avec cet espace voûté sont destinées à évacuer directement les gaz, pendant le chargement et le déchargement du plâtre.

1910. Pour compléter ce qui est relatif à l'industrie importante de la fabrication du plâtre, voici quelques indications sur une disposition proposée en 1845 par M. Peronnet, de Grenoble. D'après son brevet, l'appareil se compose de deux fours adjacents, rectangulaires, ayant à la partie inférieure la forme d'une trémie, et terminés par un canal incliné destiné au défournement et par un tuyau communiquant avec une cheminée; à la partie supérieure de chaque four se trouve une large trémie renfermant la charge de pierre à plâtre; elle est maintenue fermée par une couche de plâtre cru, comprimée à sa partie inférieure. Entre les deux fours est placé un foyer dont l'air brûlé peut s'élever à la partie supérieure de l'un ou de l'autre. Lorsque le plâtre qui se trouve dans la trémie inférieure de l'un des fours est cuit, on fait passer l'air brûlé soit dans l'autre four, soit directement dans la cheminée, et on défourne jusqu'à ce que le plâtre de la trémie supérieure se soit écoulé en totalité; on ferme alors l'orifice de défournement, la partie inférieure de la trémie par du plâtre menu et tassé, et on fait arriver de nouveau l'air brûlé à la partie supérieure.

Nous ne savons si cette disposition a été essayée et quels ont été les résultats; mais elle nous paraît présenter l'avantage de faire marcher dans le four l'air brûlé en descendant.

CHAPITRE IV.

FOURS A BRIQUES ET A POTERIES.

1911. On cuit souvent, notamment en Belgique et dans le nord de la France, les briques de qualité inférieure, en formant avec les briques crues de grands massifs rectangulaires dans lesquels on ménage des espèces de cheminées verticales. Le combustible est disposé entre les briques à cuire, et l'air brûlé s'échappe par des orifices placés à la surface extérieure du massif, et qu'on règle de manière à répartir la chaleur le plus uniformément possible. Ce système est certainement économique sous le rapport des frais d'installation; mais la conduite du feu est difficile : les vents et la pluie exercent une grande influence, et on a beaucoup de déchets.

Toutes les fois que les briques doivent être cuites régulièrement, sans risquer d'être altérées dans leur forme, on doit avoir recours à des fours. Les fours les plus simples se composent de foyers surmontés de voûtes à jour, et établis directement au-dessous de grandes chambres circulaires ou rectangulaires, abrités de la pluie par une toiture ordinaire placée à une hauteur suffisante pour ne pas être détruite par la chaleur : les briques sont rangées au-dessus des voûtes du foyer de manière à répartir l'air brûlé aussi uniformément que possible à travers leur masse. Le tirage s'effectue naturellement par la haute température des gaz.

Quelquefois les fours sont recouverts d'une voûte percée sur toute sa surface d'orifices qui communiquent avec un canal aboutissant à une cheminée. On peut alors disposer des séchoirs au-dessus des chambres de cuisson et utiliser ainsi une partie de la chaleur perdue.

1912. Les fours à briques varient beaucoup de forme et de disposition, suivant les pays et la nature de la marchandise. Quelle que soit la disposition adoptée, la cuisson s'opère toujours à peu près de la même manière. Quand le chargement est effectué, on mure la porte d'entrée et on commence par faire un feu très-doux ; on élève progressivement la température jusqu'au grand feu, que l'on maintient jusqu'à cuisson complète. On laisse ensuite refroidir lentement, jusqu'à ce qu'on puisse pénétrer dans l'intérieur pour enlever les briques cuites et faire un nouveau chargement.

1913. Avec les fours que nous venons de décrire, on perd complétement la chaleur renfermée dans les briques cuites, et une partie de celle que contiennent les gaz. Néanmoins, ils sont les seuls applicables dans les petites industries et ils sont employés avec succès par des tuiliers intelligents. Quelquefois le four à briques est placé à la suite d'un four à chaux, dont il utilise la chaleur perdue ; d'autres fois on place à la partie supérieure des chambres des tuyaux de drainage et des tuiles qui, cuisant plus rapidement, permettent de diminuer la durée du grand feu. Dans chaque cas particulier, on peut en général trouver le moyen de réduire les frais dans une proportion notable.

1914. Lorsque la fabrication des briques doit s'effectuer sur une grande échelle, on peut employer plusieurs dispositions pour utiliser la chaleur des briques cuites et les gaz de la combustion ; j'ai indiqué la suivante, il y a bien des années, dans mon cours à l'École centrale.

Imaginons un certain nombre de fours, six par exemple, rangés circulairement autour d'une cheminée ; supposons que chaque four ait un foyer et une cheminée débouchant à la partie supérieure du four, que chacun puisse communiquer de sa partie inférieure avec la partie supérieure du suivant par une autre cheminée pratiquée dans l'épaisseur des murs de séparation, et enfin par sa partie inférieure avec la grande cheminée, toutes les ouvertures étant pourvues de registres en fonte ou en briques placées dans des cadres de fer. Représentons ces fours par les lettres A, B, C, D, E, F, et supposons que, les trois premiers étant remplis de briques crues, on allume le foyer de A, en faisant communiquer le bas du four avec la cheminée ; les briques s'échaufferont progressivement. Lorsque celles du bas du four commenceront à s'échauffer, on fera passer l'air brûlé de haut en bas à travers le four B, et puis enfin, un certain temps après, à travers le four C. Lorsque les briques de A seront cuites, on éteindra le foyer de A, on allumera le foyer de B, et on fera passer l'air brûlé dans la cheminée successivement par la partie inférieure des fours B, C, D. En même temps qu'on allumera le foyer de B, on fera passer de l'air extérieur à travers le four A de bas en haut pour refroidir les briques cuites, air qui se réunira au sommet du four B à l'air brûlé du foyer pour parcourir de haut en bas les fours B, C, D. On pourrait aussi utiliser la chaleur des briques cuites en faisant arriver l'air chaud sous le cendrier pour servir à la combustion ; mais cette disposition présenterait peut-être des inconvénients. Le nombre des fours, la durée des opérations, celle du refroidissement de chaque four, celle du chargement et du déchargement devront être déterminées de manière qu'il n'y ait jamais d'interruption dans la marche des opérations, et que, quand on allumera le foyer F, les fours A et B soient remplis de briques crues. Par ce système d'opération, on utilise presque toute la chaleur produite dans les foyers, et on peut placer dans les fours des briques moins sèches que lorsqu'on suit les méthodes ordinaires, attendu que, dans chaque four, les briques sont traversées par des courants d'air chaud dont la température croît très-lentement. Il serait possible qu'il y eût de l'avantage, après avoir éteint le foyer de A, à faire traverser ce four par un courant d'air extérieur qui refroidirait les briques qui s'y trouvent, et transmettrait cette chaleur aux suivants, avant d'allumer le foyer de B. Il est important de remarquer qu'à toutes les périodes de ce mode d'opération le tirage a toujours lieu par une série de cheminées dans lesquelles l'air chaud marche d'abord de bas en haut, et ensuite successivement de haut en bas et de bas en haut, avec des températures décroissantes, et, par conséquent, que le tirage peut être toujours suffisant, si les sections sont convenables ; la résistance provenant du frottement à travers les briques dans les mouvements de haut en bas sera faible, parce que la vitesse sera très-petite, l'air étant uniformément réparti dans toute la section. Ce mode de fabrication a commencé à être mis en pratique, vers 1840, par un ingénieur sorti de l'École centrale; plus tard, il a été appliqué avec des perfectionnements par M. Muller, ancien élève de la même école, qui a créé dans ce système une usine considérable aux portes de Paris.

1915. M. Barbier a présenté à l'exposition universelle de 1855 un modèle et des dessins d'un nouveau système de four pour la cuisson des briques et des tuyaux de drainage. Ce nouvel appareil se compose d'un canal rectangulaire de 20 mètres de longueur sur 13 mètres de largeur, formant un circuit horizontal destiné à recevoir les briques et les tuyaux à cuire ; ce canal est environné d'un autre, d'une plus petite section qui conduit l'air brûlé, plus ou moins refroidi, d'un point quelconque du premier canal à une des deux cheminées qui se trouvent dans les milieux des deux longs côtés du circuit. Un foyer mobile sur un chemin de fer peut être amené devant des ouvertures pratiquées sur les faces verticales internes du canal constituant le four, et fermées par des registres quand le foyer est retiré; d'autres ouvertures sont destinées à l'enfournement et au défournement; des registres convenablement placés permettent de faire parcourir à l'air brûlé un certain chemin avant de l'abandonner dans l'une des deux cheminées, et d'appeler de l'air extérieur qui s'échauffe en traversant les briques cuites et chaudes pour passer ensuite à travers les briques qui viennent d'être enfournées. La figure 510 représente une coupe verticale de cette disposition de l'appareil ; A foyer mobile ; B, B′ four ; C, C′ canal de cein-

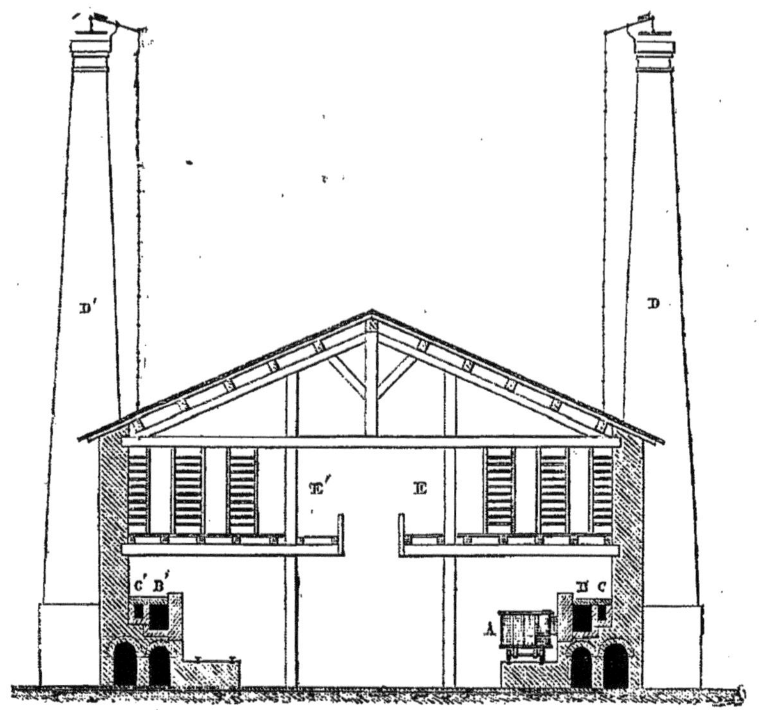

Fig. 510.

ture qui conduit l'air brûlé aux cheminées ; D, D′ cheminées ; E, E′ séchoir. Ce four, qui n'a été essayé que sur une petite échelle, occupe
beaucoup d'espace et doit être d'un service peu commode. La manœuvre du foyer mobile qui se trouve nécessairement à une température
très-élevée doit présenter en outre de sérieuses difficultés.

1916. Ces dernières années, M. Demimuid a imaginé un système de
four qui réalise d'une autre façon le principe d'utilisation de toutes les
chaleurs. Il se compose d'un canal en maçonnerie, légèrement incliné,
dans l'intérieur duquel roulent sur un chemin de fer des wagons chargés de briques ou de tuyaux à cuire. Le foyer qui se trouve placé latéralement au tiers environ de la longueur est alimenté par l'air qui a refroidi les briques cuites placées dans le premier tiers du canal ; les produits de la combustion chauffent les briques qui se trouvent dans les
deux autres tiers avant de se rendre à la cheminée qui produit l'appel.
Un système de doubles portes placées aux extrémités, permet d'introduire ou de retirer les wagons sans que l'accès de l'air extérieur
ou la sortie des gaz puisse se faire. Malgré toutes les précautions

prises, le matériel exige nécessairement des soins continuels et un entretien coûteux.

Tous ces fours continus ne peuvent s'appliquer qu'à des fabrications considérables ; les petites industries sont nécessaires pour les campagnes, et d'ailleurs, dirigées par des gens intelligents, elles peuvent, comme nous l'avons dit, donner les meilleurs résultats.

1917. *Fours à porcelaine.* — Ces fours sont à deux ou trois étages, que l'air brûlé parcourt successivement de bas en haut ; les deux premiers donnent ce qu'on appelle le grand feu, le dernier, le dégourdi. Le four est chauffé par 4 ou 6 foyers extérieurs qu'on désigne sous le nom d'*alandiers*. Ces foyers sont à bois et à flamme renversée ; ils se composent d'un espace rectangulaire terminé à la partie inférieure par une grille, où l'on place le bois, et qui communique avec le four par un grand nombre de petits orifices ; l'air extérieur entre dans le foyer par la partie supérieure de l'alandier. Les étages étant remplis de pièces de porcelaine renfermées dans des vases en terre réfractaire appelées *gazettes*, on commence la cuite par le *petit feu*, qui consiste à brûler des bûches un peu grosses placées au fond de l'alandier ; ce chauffage conduit avec gradation dure de 16 à 20 heures. Lorsque le four est convenablement échauffé, on commence le grand feu en remplissant les alandiers de bois refendu. Pendant toute la durée du chauffage, les gaz brûlés passent des alandiers dans le premier four, du premier dans le second par les orifices percés dans la voûte, et de ce dernier dans l'air par une ouverture garnie d'un registre qui permet de régler le tirage. La seconde période de chauffage dure de 10 à 12 heures. Depuis quelques années, la substitution de la houille au bois a produit une économie de plus de moitié dans la dépense de combustible ; les foyers à bois sont remplacés par des foyers à houille qu'il est nécessaire de rapprocher davantage autour du four ; mais on ne peut employer la houille pour la porcelaine très-fine, qui sous son influence prend une teinte jaune.

1918. Cette disposition de four, qui est très-ancienne, est très-peu favorable à l'uniformité de la distribution de la chaleur dans les fours, parce que l'air chaud tend à s'élever par les chemins les plus courts et de moindre résistance ; et par suite elle est peu favorable à l'économie du combustible. Il faudrait évidemment, d'après ce que nous avons dit précédemment, que l'air chaud cheminât de haut en bas dans chaque four. Le problème n'est pas encore résolu, et il est probable que sa solution complète se trouve dans l'emploi des foyers à gaz.

1919. M. Booth, de Londres, a pris, en 1849, un brevet d'invention pour un four à poteries, disposé d'une autre manière. Le foyer est au-dessous du four, et l'air brûlé s'élève à sa partie supérieure par une cheminée centrale, ouverte en dessus et percée latéralement d'un grand nombre d'orifices ; l'air chaud s'écoule par de petites cheminées qui s'ouvrent à la partie inférieure du four ; un peu au-dessus de la grille se trouvent des tuyaux d'admission de l'air extérieur dont on fait varier l'ouverture pour régler la température de l'air brûlé. Cette disposition est bonne en principe, mais il est inutile que la cheminée d'admission de l'air brûlé dans le four soit percée latéralement, et il faudrait placer à la suite, ou en dessus, plusieurs autres fours dans lesquels l'air brûlé marcherait de haut en bas avant de se rendre dans la cheminée extérieure, afin d'utiliser une grande partie de la chaleur.

CHAPITRE V.

CHAUFFAGE DES CORPS SOLIDES PAR LA VAPEUR SURCHAUFFÉE.

1920. Une des difficultés du chauffage des corps solides est de faire pénétrer la chaleur au milieu de ces corps ordinairement en fragments. Pour la chaux, le plâtre, et quelques autres corps qui ne sont pas altérés par la fumée, on a effectué ce chauffage avec succès, comme nous l'avons vu, en faisant passer l'air brûlé au milieu d'eux ; mais quand les opérations sont délicates et exigent des températures sensiblement constantes, et aussi quand on veut recueillir certains produits résultant du chauffage, on ne peut plus se servir de foyers directs ; l'air brûlé exigerait d'ailleurs une force motrice assez considérable pour traverser des matières très-divisées, comme le noir animal, par exemple. La vapeur surchauffée peut dans ces cas-là rendre de véritables services.

1921. Si de la vapeur d'eau s'écoule d'un générateur par un tube environné d'air brûlé sortant d'un foyer, il est possible de lui donner une haute température, sans changer sensiblement sa tension. Cette vapeur peut alors être employée avec avantage pour chauffer certains corps, et plus spécialement les corps solides, à cause de la grande capacité calorifique de la vapeur d'eau, et surtout parce que, ne renfermant point d'oxygène libre, elle n'exerce aucune des actions chimiques que produirait l'air chaud, même quand il a servi à la combustion, attendu qu'il n'est jamais alors entièrement dépouillé d'oxygène. Ce mode de chauffage imaginé par MM. Thomas et Laurens, a été principalement appliqué par ces ingénieurs à la révivification du noir animal, à la carbonisation du bois et au traitement de certaines matières contenant des hydrocarbures ou des corps gras.

1922. Dans les premières applications, la vapeur fournie par un générateur à moyenne pression, parcourait un serpentin formé d'un tube de fer étiré, placé dans un fourneau muni d'un foyer à grille : la vapeur ainsi surchauffée passait ensuite dans un vase de fonte préservé du refroidissement par une enveloppe convenable, lequel contenait la matière à traiter. Cette vapeur arrivait au haut de ce vase et elle sortait à sa partie inférieure après avoir été, durant ce trajet, au contact de la matière même soumise à l'opération. Au moyen d'un appareil de ce genre, MM. Thomas et Laurens se livrèrent à diverses fabrications : ils opéraient avec succès la carbonisation et la distillation de tous les combustibles et la révivification du noir animal. Le traitement du bois offrit certaines particularités intéressantes, notamment celle de convertir toute la masse en charbon roux, à tel degré d'avancement que l'on voulait. Cette propriété a été très-utilement appliquée à la fabrication du charbon des poudres de chasse, en Belgique et en France. Depuis une dizaine d'années, les poudreries de Saint-Chamas et d'Esquerdes n'emploient pas d'autre procédé pour le charbon destiné à la fabrication de la poudre de chasse.

La température de la vapeur surchauffée, à son entrée dans le récipient de travail, ne dépasse pas celle de la fusion du plomb ; sa force élastique est très-faible ; $1\frac{1}{4}$ d'atmosphère suffisent pour que la vapeur traverse facilement une masse de noir en grain de plus de 3 mètres d'épaisseur.

1923. Plus tard, les difficultés pratiques que présente le chauffage de la vapeur à une si haute température, conduisirent ces mêmes ingénieurs à diverses modifications dans la constitution des appareils. Le serpentin en fer, employé pour le surchauffement de la vapeur, fut remplacé par des séries de tuyaux en fonte, portant un noyau plein dans leur centre, tuyaux que l'on plaçait dans une sorte de four à réverbère. La vapeur, après avoir agi dans un premier récipient, fonctionne successivement dans d'autres, ou bien est utilisée pour des chauffages n'exigeant qu'une faible température.

Enfin, pour certaines matières qui ne craignent pas le contact de l'acide carbonique, un appareil plus récent encore de MM. Thomas et Laurens, consiste à effectuer le surchauffage de la vapeur en l'injectant dans un foyer clos spécial, disposé pour la réunir aux produits mêmes de la combustion. Par ce procédé on parvient à donner à la vapeur une température beaucoup plus élevée que celle qu'il est possible d'atteindre à l'aide de serpentins en fer ou en fonte.

1924. Le traitement par la vapeur surchauffée peut avoir aussi pour objet la fabrication de certains produits susceptibles d'être entraînés par son passage : dans ce cas, il faut recourir à divers modes de condensation. Telle est la distillation des schistes bitumineux, dont on retire l'huile minérale ; tel est aussi le traitement des matières grasses destinées à la fabrication des bougies, lequel a donné lieu à une modification importante de cette industrie. Telle est aussi la fabrication de certains hydrocarbures dont les usages ont pris un si grand développement : dans cette dernière industrie, la vapeur est ordinairement surchauffée par l'intermédiaire d'un bain de plomb.

La révivification du noir animal par la vapeur surchauffée a été adoptée par un grand nombre de raffineries. Nous ne pourrions citer toutes les applications de ce nouvel agent qui ont été tentées avec plus ou moins de succès ; nous mentionnerons toutefois la cuisson du pain et celle du biscuit qui a été essayée, comme nous l'avons dit (1883), et à laquelle on paraît attacher certains avantages.

CHAPITRE VI.

CHAUFFAGE DES CORPS SOLIDES A DES TEMPÉRATURES ÉLEVÉES ET UTILISATION DES CHALEURS PERDUES.

1925. Dans certaines industries, et principalement dans la métallurgie, il faut chauffer des corps solides à des températures très-élevées. Les fours à puddler, à réchauffer et les hauts-fourneaux remplissent ce but. Dans tous ces appareils, on n'utilise qu'une faible partie de la chaleur que produit le combustible, soit que les gaz s'échappent à une haute température, comme dans les fours à puddler et à réchauffer, soit que, par la nature même des foyers, le combustible ne cède pour l'opération principale que la portion de chaleur résultant de la formation de l'oxyde de carbone, comme dans les hauts-fourneaux. Nous allons d'abord étudier les moyens de produire des températures très-élevées, et ensuite passer en revue les appareils imaginés pour l'utilisation des chaleurs perdues.

1926. *Moyens de produire une température très-élevée.* — Nous avons vu précédemment (218) que la température obtenue par la combustion augmente très-rapidement à mesure que le volume d'air qui échappe à la combustion est plus faible, parce qu'alors la chaleur produite, qui est toujours la même, se répartit dans une plus petite masse, et, par suite, lui donne une température plus élevée. Par exemple, pour le carbone brûlé avec de l'air à double dose, de l'air dont tout l'oxygène est absorbé ou avec de l'oxygène pur, les températures produites sont de 1406°, 2786° et 10126°. Les plus hautes températures, observées dans la combustion par l'air, ont donc lieu quand l'air brûlé ne contient point d'oxygène ; dans ce cas, les températures produites (220), dépassent 2700 pour les houilles et le coke. Pour réaliser des températures plus élevées, il faudrait nécessairement employer de l'oxygène pur.

1927. Le procédé chimique le plus économique pour obtenir de l'oxygène consiste à calciner du peroxyde de manganèse dans un cylindre de fonte chauffé au rouge ; 1^k de cette matière fournit à peu près 80 litres d'oxygène ; ainsi 1^{mc} d'oxygène exigerait $12^k 50$ de peroxyde de manganèse, qui, au prix actuel, coûteraient 6 fr. 25 c., somme à laquelle il faudrait ajouter le prix du combustible consommé et celui de la main-d'œuvre.

1928. On pourrait se procurer non de l'oxygène pur, mais de l'air plus riche en oxygène que l'air atmosphérique, par une simple action mécanique. En effet, l'eau dissout $\frac{1}{22}$ de son volume d'oxygène, et $\frac{1}{40}$ de son volume d'azote, ces gaz étant mesurés sous des pressions égales à celles de ces deux gaz dans l'atmosphère qui pèse sur l'eau, quelle que soit d'ailleurs la force élastique totale de cette atmosphère. Il résulte de là que le volume d'air renfermé dans l'eau à la température ordinaire est composé de 0,32 d'oxygène et de 0,68 d'azote. Supposons maintenant qu'on comprime de l'air dans de l'eau sous une pression de 2 atmosphères, qu'on fasse passer cette eau sous un gazomètre, qu'on recueille l'air qui se dégagera, on obtiendra de l'air qui renfermera 0,32 d'oxygène. Mais le travail mécanique consommé serait très-considérable, à cause de la masse d'eau sur laquelle il faudrait opérer. En faisant le calcul du prix de revient de 1^{mc} d'air, on trouve qu'il serait au moins équivalent au prix de 8^k de houille ; ainsi cette méthode est loin d'être industrielle. Cependant, si l'on pouvait disposer d'un courant d'eau sur lequel on établirait une large cloche de tôle dans laquelle une pompe aspirante maintiendrait un vide de 1 à 2^m, l'air extrait de l'eau, qui se renouvellerait constamment, reviendrait à un prix beaucoup moins élevé. Cette disposition mériterait d'être étudiée dans le cas où il serait important d'obtenir des températures supérieures à 3000° ; le combustible devrait être un gaz très-riche en carbone et en hydrogène, et on combinerait le foyer comme nous l'avons indiqué (714). Toutefois à ces hautes températures les matières les plus réfractaires ne résisteraient pas à la fusion. On sait que dans les fours à souder on donne seulement à la voûte du four de 0^m15 à 0^m20 d'épaisseur, attendu que si on dépassait cette limite, les parties inférieures des briques fondraient ; et cependant les briques qu'on emploie dans la construction de ces fours sont déjà fort réfractaires.

1929. *Utilisation des chaleurs perdues.* — Dans un grand nombre de cas, on peut utiliser la chaleur perdue pour échauffer les corps sur lesquels on doit opérer, et pour cela il suffit que les fours soient allongés ou formés de plusieurs étages, parcourus successivement par l'air brûlé. Depuis longtemps, la chaleur perdue dans les fours à puddler et à réchauffer est appliquée à la formation de la vapeur. La chaleur perdue peut aussi être employée à produire des actions chimiques qui n'exigent pas une température aussi élevée que les élaborations qui s'exécutent dans le premier four. Je citerai comme exemple les fours adoptés pour la décomposition du sulfate de soude par le charbon, opération qui exige une température très-élevée. A l'origine des fabriques de soude, et même longtemps après, on perdait complétement la chaleur renfermée dans les gaz qui sortaient de ces fours ; mais, plus tard, on plaça immédiatement après, les fours dans lesquels on décompose le sel marin par l'acide sulfurique, et où l'on calcine le sulfate produit ; la chaleur perdue des premiers fut suffisante pour le travail des derniers, et on économisa complétement le combustible que ceux-ci consommaient auparavant. Mais ce mode d'opération a l'inconvénient de rendre beaucoup plus difficile la condensation de l'acide chlorhydrique, parce qu'il se trouve disséminé dans un grand volume de gaz, ce qui avait conduit à le verser dans l'atmosphère, où ce mélange est très-nuisible à la végétation des lieux environnants ; mais les règlements de salubrité ont forcé les usines à condenser tous ces produits.

1930. On a proposé dernièrement, en Angleterre, d'enflammer la fumée après son action dans les fours à réverbère, afin de produire un tirage plus énergique, ou pour toute autre opération. Des expériences dans lesquelles ce réallumage a été tenté ont pu faire croire à quelques personnes qu'on pouvait ainsi réaliser de sérieuses économies ; mais il est facile de voir que si le foyer est bien conduit, il ne saurait en résulter aucun avantage réel. En effet, les gaz combustibles qui se dégagent à la sortie du four n'existent dans l'air brûlé que parce que la combustion a été incomplète dans le foyer, et on peut empêcher la production d'une quantité notable de ces gaz combustibles en admettant une proportion d'air suffisante pour que la transformation en acide carbonique soit complète. Il résulte de cette manière d'opérer l'avantage de développer une température plus élevée et, par suite, de réaliser une économie dans la consommation du combustible. Ainsi, par les procédés proposés en Angleterre, on arriverait à un résultat tout à fait opposé à celui que les inventeurs se flattaient d'atteindre.

Quand l'utilisation de la chaleur n'exige pas des circuits trop prolongés de l'air brûlé, et quand la température de la fumée n'est pas abaissée au-dessous de 100 à 150°, le tirage de la cheminée est peu diminué ; car, de 100 à 400°, le tirage n'augmente que dans le rapport de 1,31 à 1,96 pour une même section et hauteur de cheminée. D'ailleurs, comme les cheminées doivent toujours avoir un excès de puissance due à un excès de section, une plus grande ouverture du registre compense la perte de tirage, pourvu que les moyens employés pour le refroidissement ou l'utilisation ne causent pas une trop grande résistance.

1931. Mais quand on a l'emploi de toute la chaleur perdue, et qu'on peut disposer d'une action mécanique, il y a bien plus d'avantage à produire l'appel de l'air dans le foyer par une machine, que de conserver à l'air brûlé une température assez élevée pour effectuer le tirage, surtout quand l'action mécanique peut provenir d'un moteur à vapeur ou à eau, car le travail des hommes et des animaux n'est pas assez régulier, et d'ailleurs revient à un prix beaucoup plus élevé.

1932. Il y a même des circonstances dans lesquelles un tirage mécanique, ou une introduction forcée de l'air dans le foyer, évite de graves inconvénients ; je citerai comme exemple les verreries. Dans les fours où l'on fond le verre, il n'y a point réellement de cheminée ; le tirage résulte de la force ascensionnelle de l'air chaud dans la hauteur du four, et ce faible tirage est souvent influencé par les vents. D'après des renseignements qui m'ont été donnés par M. de Fontenay, ancien élève de l'École centrale, ingénieur chimiste, la fonte dans un four à verre, dont la halle était placée dans une vallée étroite, ne marchait que par certains vents ; mais, en établissant à côté des cendriers un ventilateur à force centrifuge mis en mouvement par un homme, il rendit le travail indépendant du vent. Le ventilateur fonctionne seulement pendant la fonte, qui dure 14 heures ; deux ouvriers, qui se relayent d'heure en heure, suffisent pour effectuer une combustion de près de 200^k de bois par heure. Les creusets ont un 1^m de hauteur sur $0^m 30$ de largeur, et les grilles sont en terre cuite.

1933. La révivification du noir animal, dans les fabriques et raffineries de sucre, s'exécute quelquefois dans des cylindres de fonte que l'on chauffe progressivement jusqu'au rouge obscur. On conçoit facilement que ces cylindres pourraient être portés sur deux rails parallèles entre eux, perpendiculaires à la direction des barreaux de la grille, qui se prolongeraient dans l'espèce de four qui se trouve à côté du foyer, et qui seraient un peu inclinés vers lui ; les cylindres arriveraient progressivement vers le foyer au-dessus duquel l'opération se terminerait. L'air brûlé reviendrait au-dessus de la voûte du four, sous des plaques de tôle, pour dessécher le noir animal qui aurait d'abord été étendu sur la surface. Cette disposition a été essayée et a donné d'assez bons résultats. La figure 511 représente une coupe verticale de l'appareil par le milieu du foyer.

En parlant de la fabrication de la chaux et du plâtre, j'ai indiqué des dispositions fondées sur le même principe, qui peuvent être facilement employées quand les matières premières sont pulvérulentes ; et, en effet, il existe un certain nombre d'appareils à révivifier le noir, presque identiques à celui que nous avons décrit pour la fabrication du plâtre (1908).

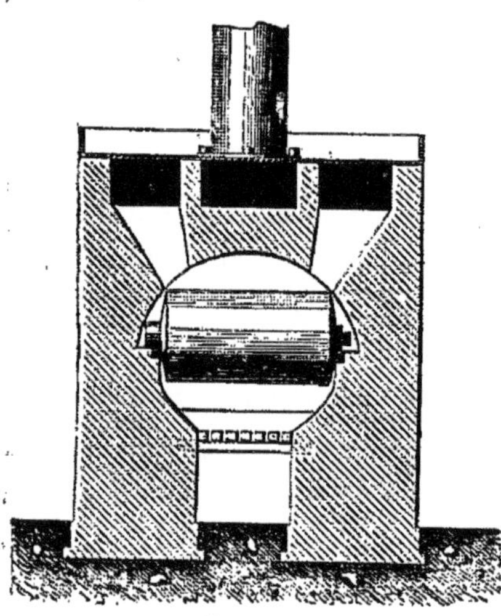

Fig. 511.

1934. Indépendamment de la perte de chaleur provenant de la haute température à laquelle l'air brûlé est abandonné dans la plupart des appareils de chauffage, il existe dans quelques-uns, comme nous l'avons déjà dit, une cause de perte beaucoup plus considérable encore, qui provient de ce que les gaz qui se dégagent renferment une proportion notable de gaz combustibles. C'est ce qui arrive pour les fours à coke, pour les hauts-fourneaux et quelques autres appareils métallurgiques à foyers soufflés, dans lesquels le combustible se transforme presque uniquement en oxyde de carbone. Pour utiliser la chaleur perdue, il faut effectuer la combustion des gaz avant de les faire passer dans les appareils qui doivent en absorber la chaleur.

1935. Nous avons déjà, en parlant des fours à coke (1204 et suiv.), indiqué un moyen d'utiliser leurs chaleurs perdues ; nous avons également vu (708 et suiv.) que le premier emploi de la flamme des hauts-fourneaux avait été fait en 1812, par M. Aubertot, pour la cuisson de la chaux et des briques, et qu'elle fut successivement appliquée au chauffage des appareils à air chaud, des chaudières, à la carbonisation des bois, etc. Nous avons ensuite décrit les appareils servant à recueillir avant leur inflammation et à nettoyer les gaz développés dans ces fourneaux, ainsi que divers foyers pour les brûler ; nous ne reviendrons pas sur ce que nous avons dit à ce sujet ; mais, comme les hauts-fourneaux offrent un intérêt tout particulier, nous ajouterons quelques indications sur le travail du fer obtenu au moyen de leurs gaz et sur l'emploi des gaz en général.

1936. En juin 1841, MM. Thomas et Laurens, conjointement avec MM. d'Andelarre et de Lisa, maîtres de forges à Tréveray, communiquèrent à l'Académie des sciences les résultats qu'ils obtenaient d'une manière régulière dans la fabrication du fer, par la combustion des gaz des hauts-fourneaux. Cette application manufacturière était venue à la suite de plusieurs années de recherches et d'études de MM. Thomas et Laurens, sur les divers éléments qui entrent dans la constitution du système du travail du fer par les gaz combustibles.

Au mois d'août suivant, M. Faber-Dufaur fit lire à l'Académie des sciences une note dans laquelle il annonçait qu'il était lui-même parvenu, dans l'usine allemande de Wasseralfingen, depuis plusieurs années, à fabriquer du fer par les gaz des hauts-fourneaux ; mais que tous ses essais avaient été tenus secrets par ordre de l'administration.

On voit que les essais relatifs au chauffage des fours employés au travail du fer par les gaz qui se dégagent des hauts-fourneaux ont été tentés simultanément en France et en Allemagne. Mais la priorité scientifique appartient aux métallurgistes français qui ont fait connaître les premiers leurs procédés. La priorité légale de cette importante amélioration dans l'industrie métallurgique, leur fut acquise également par des brevets antérieurs à ce qui avait été exécuté en Allemagne.

Du reste, les principes et les appareils employés en France sont très-sensiblement différents et ils me paraissent bien supérieurs à ceux dont on s'est servi en Allemagne.

1937. D'abord le recueillement des gaz ne doit être opéré qu'au gueulard des hauts-fourneaux, quel que soit d'ailleurs l'usage de ces gaz qu'on ait en vue ; car il est bien évident qu'on ne gagne rien à le faire au-dessous, l'excès de matières combustibles que renferment alors les gaz devant nécessairement être compensé par un accroissement de consommation du charbon dans le fourneau. D'ailleurs une prise des gaz, sensiblement en contre-bas du gueulard, change l'allure du fourneau ; car, si l'on prenait tous les gaz, tout se passerait comme si le fourneau se terminait au niveau de la prise. Enfin on doit chercher à utiliser la totalité des gaz produits et non simplement une fraction de ceux-ci.

Le mode de recueillement des gaz décrit au n° 710, étant basé sur les principes que nous venons de poser, devait produire de meilleurs résultats que celui d'abord employé à Wasseralfingen : c'est, en effet, ce qui eut lieu dans la pratique.

Un nettoyage attentif des gaz, d'après les expériences faites aux forges de Tréveray, est une précaution fort utile ; car les matières entraînées nuisent au soudage du fer et en altèrent souvent la qualité. C'est le système de nettoyage décrit au n° 711 qui a été employé pour le travail du fer.

1938. Les appareils de combustion, qui furent appliqués en France dans la même circonstance sont bien plus complets que ceux qui ont été essayés par M. Faber-Dufaur ; l'air et les gaz y sont plus divisés ; on peut régler plus facilement les quantités relatives de ces fluides qui sont mises en contact : enfin on obtient une combustion plus complète en réduisant juste à la proportion théorique le volume d'air introduit ; circonstance qui exerce une grande influence sur la température produite.

1939. Je terminerai ces considérations générales par la simple indication des dispositions particulières d'un four à puddler tel qu'on le fit à Tréveray : celles d'un four à réchauffer au gaz présentant la plus grande analogie, il sera inutile de nous en occuper.

Le four à puddler est disposé à la méthode ordinaire, avec un petit four à la suite où l'on chauffe la fonte au rouge, avant de la porter sur la sole de travail. Le foyer est celui que j'ai décrit (714, *fig.* 141) ; les gaz s'échappent par 50 buses, et chaque veine de gaz est pénétré par une veine d'air forcé ; les gaz et l'air sont préalablement échauffés, à 300° au moins, dans des tuyaux de fonte placés à la suite du petit four et à sa chaleur perdue. En divers points du four, des soupapes de sûreté servent à prévenir les effets fâcheux des détonations que la maladresse des ouvriers peut occasionner lors de l'allumage du gaz. Autour des ouvertures des portes de travail, de petits jets d'air froid refoulent dans le four les jets de flamme qui tendent à sortir par l'excès de la pression intérieure.

1940. Quoiqu'il ait été bien constaté en France par des roulements de véritable fabrication, que le puddlage au moyen des gaz des hauts-fourneaux peut s'effectuer avec régularité et économie du combustible, ce mode d'utilisation de la chaleur perdue est momentanément délaissé. La question d'art avait été complétement résolue ; mais la question industrielle régit la première.

1941. Le plus grand obstacle qui s'opposa à l'application du procédé fut l'absence de force motrice disponible dans les usines à hauts-fourneaux qui auraient pu employer leurs gaz. Ces usines n'ont généralement qu'un moteur hydraulique insuffisant déjà à leur marche ; il aurait fallu cependant y trouver de quoi faire fonctionner la soufflerie du four à gaz et le marteau, ou le laminoir, qui eût cinglé le fer. Nos hauts-fourneaux, loin d'être réunis en nombre, sont en général dispersés et éloignés des usines à laminoir et à marteaux ; c'étaient donc des installations importantes à créer à leur proximité. D'un autre côté, comme les gaz d'un haut-fourneau ne suffiraient pas à faire marcher sa soufflerie à vapeur, son appareil d'air chaud et un four à puddler, les fourneaux qui ont besoin de leurs gaz pour les deux premières opérations ne peuvent songer à la troisième, qui obligerait elle-même à créer un surcroît de force motrice. Il faudra une modification dans l'état actuel des choses pour que l'application des gaz des hauts-fourneaux au travail du fer prenne sa place dans la métallurgie. Les gaz que lui apporterait le procédé du gazogène lui seront une aide puissante ; c'est même sur la réunion des deux procédés que repose la solution industrielle du travail du fer par les gaz.

1942. En attendant, il est bien peu de hauts-fourneaux qui ne tirent pas profit des procédés nouveaux d'utilisation des gaz perdus : tous ceux qui ont des machines à vapeur, et leur nombre s'est considérablement accru, ne les chauffent pas autrement ; il en est de même des appareils à air chaud.

1943. Dans les usines à fonte placées sur les cours d'eau et où les gaz ne sont pas employés au chauffage de l'air, on les a utilisés avec avantage à la cuisson de la chaux. Comme nous l'avons dit, cette utilisation avait été tentée déjà par M. Aubertot en 1812 ; mais elle avait été abandonnée par suite de la difficulté de placer les fours à chaux au sommet du haut-fourneau et aussi à cause du dérangement à la marche normale résultant de l'appel des gaz ou plutôt de la flamme que produisaient ces gaz. On ignorait à cette époque qu'on pût transporter les gaz à de grandes distances et les brûler dans des foyers spéciaux. Grâce aux nouveaux procédés de prise et de conduite de gaz, cette application est devenue facile. Les fours à chaux ont une hauteur à peu près égale à celle des hauts-fourneaux ; ils peuvent être desservis par les mêmes monte-charges. Avec un foyer à gaz disposé de manière à ce qu'il n'entre pas trop d'air, on obtient avec le simple tirage du four une température suffisante à la cuisson de la chaux. Les fours peuvent d'ailleurs être intermittents ou continus. La chaux obtenue ainsi peut servir à tous les usages ; elle est plus propre, cuite plus régulièrement que celle qu'on obtient dans les fours coulants à la houille. Quelques maîtres de forges en France tirent déjà ainsi un parti important des gaz de leurs hauts-fourneaux.

Le bénéfice considérable que procurent les chauffages au gaz est aujourd'hui nécessaire à l'existence de nos forges, et depuis l'Exposition universelle, l'imitation en Angleterre, malgré le bas prix du combustible, des procédés usités en France pour l'emploi des gaz des hauts-fourneaux, a pris une remarquable extension.

TABLE DES MATIÈRES

RENFERMÉES DANS LE DEUXIÈME VOLUME.

LIVRE VII.

VAPORISATION.

LIVRE XI.

CHAUFFAGE DE L'AIR.

LIVRE XII.

CHAUFFAGE DES LIQUIDES.

LIVRE XIII.

CHAUFFAGE DES CORPS SOLIDES.

FIN DU DEUXIÈME VOLUME.

Corbeil, typog. et stéréot. de Crété.